全国科学技术名词审定委员会

公　布

科学技术名词·工程技术卷（全藏版）

30

计算机科学技术名词

（第二版）

CHINESE TERMS IN COMPUTER SCIENCE AND TECHNOLOGY

（Second Edition）

计算机科学技术名词审定委员会

国家自然科学基金资助项目

科 学 出 版 社

北 京

内 容 简 介

    本书是全国科学技术名词审定委员会公布的计算机科学技术基本名词（第二版）。全书涵盖计算机科学理论、计算机体系结构、计算机硬件、计算机软件、计算机应用技术、人工智能等各个方面，也注意收集热点分支学科，如计算机网络、多媒体技术、计算机图形学、计算机安全保密等方面的名词。计算机科学技术名词审定委员会对本学科出现的基本词进行了深入的讨论研究，反复推敲，慎重定名，为计算机科技名词的规范统一付出心血，作出贡献。全书公布基本词 9 471 条，均系科研、教学、生产、经营以及新闻出版等部门应遵照使用的规范词。为了读者使用方便，书后列有全部词条的英汉、汉英对照。

图书在版编目（CIP）数据

科学技术名词. 工程技术卷：全藏版 / 全国科学技术名词审定委员会审定.
—北京：科学出版社，2016.01

    ISBN 978-7-03-046873-4

    I. ①科…　II. ①全…　III. ①科学技术–名词术语 ②工程技术–名词术语
IV. ①N-61 ②TB-61

    中国版本图书馆 CIP 数据核字（2015）第 307218 号

责任编辑：卢慧筠 / 责任校对：陈玉凤
责任印制：张　伟 / 封面设计：铭轩堂

科 学 出 版 社 出版
北京东黄城根北街 16 号
邮政编码：100717
http://www.sciencep.com

北京厚诚则铭印刷科技有限公司印刷
科学出版社发行　各地新华书店经销
*

2016 年 1 月第　一　版　开本：787×1092 1/16
2016 年 1 月第一次印刷　印张：35 3/4
字数：1 032 000

定价：7800.00 元（全 44 册）
（如有印装质量问题，我社负责调换）

全国科学技术名词审定委员会
第四届委员会委员名单

特邀顾问：吴阶平　　　钱伟长　　　朱光亚　　　许嘉璐

主　　任：卢嘉锡

副 主 任：路甬祥　　　章　综　　　邵立勤　　　朱作言　　　江蓝生　　　于永湛

　　　　　张尧学　　　马　阳　　　王景川　　　王健儒　　　宣　湘　　　李宇明

　　　　　汪继祥　　　潘书祥

委　　员（以下按姓氏笔画为序）：

马大猷	王　夔	王大珩	王之烈	王永炎	王国政
王树岐	王祖望	王铁琨	王蒪骧	韦　弦	方开泰
卢鉴章	叶笃正	田在艺	冯志伟	冯英涛	师昌绪
朱照宣	仲增墉	华茂昆	刘　民	刘瑞玉	祁国荣
许　平	孙家栋	孙敬三	孙儒泳	苏国辉	李行健
李启斌	李星学	李保国	李焯芬	李德仁	杨　凯
吴　奇	吴凤鸣	吴志良	吴希曾	吴钟灵	汪成为
沈国舫	沈家祥	宋大祥	宋天虎	张　伟	张　耀
张广学	张光斗	张爱民	张增顺	陆大道	陆建勋
陈太一	陈运泰	陈家才	阿里木·哈沙尼		范少光
范维唐	林玉乃	季文美	周孝信	周明煜	周定国
赵寿元	赵凯华	姚伟彬	贺寿伦	顾红雅	徐　僖
徐正中	徐永华	徐乾清	翁心植	席泽宗	黄玉山
黄昭厚	康景利	章　申	梁战平	葛锡锐	董　琨
韩布新	粟武宾	程光胜	程裕淇	傅永如	鲁绍曾
蓝　天	雷震洲	褚善元	樊　静	薛永兴	

计算机科学技术名词审定委员会委员名单

顾　问：张效祥　　　徐家福　　　唐泽圣　　　张　修

主　任：张　伟

副主任：史忠植　　　郑纬民　　　查良钿

委　员（按姓氏笔画为序）：

王　珊　　　卢慧筠　　　冯　惠　　　过介堃　　　华绍和

刘凤昌　　　刘恩德　　　汤宝兴　　　李海泉　　　杨士强

杨小平　　　杨真荣　　　吴秋峰　　　余娟芬　　　闵应骅

陈鸿安　　　林　闯　　　林　兼　　　周晓云　　　南相浩

俞士汶　　　徐美瑞　　　唐卫清　　　黄克勋　　　彭心炯

程　虎　　　程女范

秘　书：刘慧洁

参加部分名词审定工作的人员（按姓氏笔画为序）：

王能斌　　　刘庭华　　　刘慎权　　　苏振泽　　　李晓黎

何志均　　　汪东升　　　沈　理　　　张江陵　　　陈书明

陈华平　　　陈国良　　　周荣春　　　赵鹏程　　　胡俊峰

钱华林　　　童　颀　　　穗志方

卢 嘉 锡 序

科技名词伴随科学技术而生,犹如人之诞生其名也随之产生一样。科技名词反映着科学研究的成果,带有时代的信息,铭刻着文化观念,是人类科学知识在语言中的结晶。作为科技交流和知识传播的载体,科技名词在科技发展和社会进步中起着重要作用。

在长期的社会实践中,人们认识到科技名词的统一和规范化是一个国家和民族发展科学技术的重要的基础性工作,是实现科技现代化的一项支撑性的系统工程。没有这样一个系统的规范化的支撑条件,科学技术的协调发展将遇到极大的困难。试想,假如在天文学领域没有关于各类天体的统一命名,那么,人们在浩瀚的宇宙当中,看到的只能是无序的混乱,很难找到科学的规律。如是,天文学就很难发展。其他学科也是这样。

古往今来,名词工作一直受到人们的重视。严济慈先生 60 多年前说过,"凡百工作,首重定名;每举其名,即知其事"。这句话反映了我国学术界长期以来对名词统一工作的认识和做法。古代的孔子曾说"名不正则言不顺",指出了名实相副的必要性。荀子也曾说"名有固善,径易而不拂,谓之善名",意为名有完善之名,平易好懂而不被人误解之名,可以说是好名。他的"正名篇"即是专门论述名词术语命名问题的。近代的严复则有"一名之立,旬月踟躇"之说。可见在这些有学问的人眼里,"定名"不是一件随便的事情。任何一门科学都包含很多事实、思想和专业名词,科学思想是由科学事实和专业名词构成的。如果表达科学思想的专业名词不正确,那么科学事实也就难以令人相信了。

科技名词的统一和规范化标志着一个国家科技发展的水平。我国历来重视名词的统一与规范工作。从清朝末年的科学名词编订馆,到 1932 年成立的国立编译馆,以及新中国成立之初的学术名词统一工作委员会,直至 1985 年成立的全国自然科学名词审定委员会(现已改名为全国科学技术名词审定委员会,简称全国名词委),其使命和职责都是相同的,都是审定和公布规范名词的权威性机构。现在,参与全国名词委领导工作的单位有中国科学院、科学技术部、教育部、中国科学技术协会、国家自然科学基金委员会、新闻出版署、国家质量技术监督局、国家广播电影电视总局、国家知识产权局和国家语言文字工作委员会,这些部委各自选派了有关领导干部担任全国名词委的领导,有力地推动科技名词的统一和推广应用工作。

全国名词委成立以后,我国的科技名词统一工作进入了一个新的阶段。在第一任主任委员钱三强同志的组织带领下,经过广大专家的艰苦努力,名词规范和统一工作取得了显著的成绩。1992 年三强同志不幸谢世。我接任后,继续推动和开展这项工作。在国家和有关部门的支持及广大专家学者的努力下,全国名词委 15 年来按学科共组建了50多个学科的名词审定分委员会,有1800多位专家、学者参加名词审定工作,还有更多的专家、学者参加书面审查和座谈讨论等,形成的科技名词工作队伍规模之大、水平层次之高前所未有。15年间共审定公布了包括理、工、农、医及交叉学科等各学科领域的名词共计50多种。而且,对名词加注定义的工作经试点后业已逐渐展开。另外,遵照术语学理论,根据汉语汉字特点,结合科技名词审定工作实践,全国名词委制定并逐步完善了一套名词审定工作的原则与方法。可以说,在20世纪的最后15年中,我国基本上建立起了比较完整的科技名词体系,为我国科技名词的规范和统一奠定了良好的基础,对我国科研、教学和学术交流起到了很好的作用。

在科技名词审定工作中,全国名词委密切结合科技发展和国民经济建设的需要,及时调整工作方针和任务,拓展新的学科领域开展名词审定工作,以更好地为社会服务、为国民经济建设服务。近些年来,又对科技新词的定名和海峡两岸科技名词对照统一工作给予了特别的重视。科技新词的审定和发布试用工作已取得了初步成效,显示了名词统一工作的活力,跟上了科技发展的步伐,起到了引导社会的作用。两岸科技名词对照统一工作是一项有利于祖国统一大业的基础性工作。全国名词委作为我国专门从事科技名词统一的机构,始终把此项工作视为自己责无旁贷的历史性任务。通过这些年的积极努力,我们已经取得了可喜的成绩。做好这项工作,必将对弘扬民族文化,促进两岸科教、文化、经贸的交流与发展作出历史性的贡献。

科技名词浩如烟海,门类繁多,规范和统一科技名词是一项相当繁重而复杂的长期工作。在科技名词审定工作中既要注意同国际上的名词命名原则与方法相衔接,又要依据和发挥博大精深的汉语文化,按照科技的概念和内涵,创造和规范出符合科技规律和汉语文字结构特点的科技名词。因而,这又是一项艰苦细致的工作。广大专家学者字斟句酌,精益求精,以高度的社会责任感和敬业精神投身于这项事业。可以说,全国名词委公布的名词是广大专家学者心血的结晶。这里,我代表全国名词委,向所有参与这项工作的专家学者们致以崇高的敬意和衷心的感谢!

审定和统一科技名词是为了推广应用。要使全国名词委众多专家多年的劳动成果——规范名词——成为社会各界及每位公民自觉遵守的规范,需要全社会的理解和支持。国务院和4个有关部委[国家科委(今科学技术部)、中国科学院、国家教委(今教育部)和新闻出版署]已分别于1987年和1990年行文全国,要求全国各科研、教学、生产、经营以及新闻出版等单位遵照使用全国名词委审定公布的名词。希望社会各界自觉认真地执行,共同做好这项对于科技发展、社会进步和国家统一极为重要的基础工作,为振兴中华而努力。

值此全国名词委成立15周年、科技名词书改装之际,写了以上这些话。是为序。

卢嘉锡

2000年夏

钱 三 强 序

科技名词术语是科学概念的语言符号。人类在推动科学技术向前发展的历史长河中,同时产生和发展了各种科技名词术语,作为思想和认识交流的工具,进而推动科学技术的发展。

我国是一个历史悠久的文明古国,在科技史上谱写过光辉篇章。中国科技名词术语,以汉语为主导,经过了几千年的演化和发展,在语言形式和结构上体现了我国语言文字的特点和规律,简明扼要,蓄意深切。我国古代的科学著作,如已被译为英、德、法、俄、日等文字的《本草纲目》、《天工开物》等,包含大量科技名词术语。从元、明以后,开始翻译西方科技著作,创译了大批科技名词术语,为传播科学知识,发展我国的科学技术起到了积极作用。

统一科技名词术语是一个国家发展科学技术所必须具备的基础条件之一。世界经济发达国家都十分关心和重视科技名词术语的统一。我国早在 1909 年就成立了科学名词编订馆,后又于 1919 年中国科学社成立了科学名词审定委员会,1928 年大学院成立了译名统一委员会。1932 年成立了国立编译馆,在当时教育部主持下先后拟订和审查了各学科的名词草案。

新中国成立后,国家决定在政务院文化教育委员会下,设立学术名词统一工作委员会,郭沫若任主任委员。委员会分设自然科学、社会科学、医药卫生、艺术科学和时事名词五大组,聘任了各专业著名科学家、专家,审定和出版了一批科学名词,为新中国成立后的科学技术的交流和发展起到了重要作用。后来,由于历史的原因,这一重要工作陷于停顿。

当今,世界科学技术迅速发展,新学科、新概念、新理论、新方法不断涌现,相应地出现了大批新的科技名词术语。统一科技名词术语,对科学知识的传播,新学科的开拓,新理论的建立,国内外科技交流,学科和行业之间的沟通,科技成果的推广、应用和生产技术的发展,科技图书文献的编纂、出版和检索,科技情报的传递等方面,都是不可缺少的。特别是计算机技术的推广使用,对统一科技名词术语提出了更紧迫的要求。

为适应这种新形势的需要,经国务院批准,1985 年 4 月正式成立了全国自然科学名词审定委员会。委员会的任务是确定工作方针,拟定科技名词术语审定工作计划、实施方案和步骤,组织审定自然科学各学科名词术语,并予以公布。根据国务院授权,委员会审定公布的名词术语,科研、教学、生产、经营以及新闻出版等各部门,均应遵照使用。

　　全国自然科学名词审定委员会由中国科学院、国家科学技术委员会、国家教育委员会、中国科学技术协会、国家技术监督局、国家新闻出版署、国家自然科学基金委员会分别委派了正、副主任担任领导工作。在中国科协各专业学会密切配合下，逐步建立各专业审定分委员会，并已建立起一支由各学科著名专家、学者组成的近千人的审定队伍，负责审定本学科的名词术语。我国的名词审定工作进入了一个新的阶段。

　　这次名词术语审定工作是对科学概念进行汉语订名，同时附以相应的英文名称，既有我国语言特色，又方便国内外科技交流。通过实践，初步摸索了具有我国特色的科技名词术语审定的原则与方法，以及名词术语的学科分类、相关概念等问题，并开始探讨当代术语学的理论和方法，以期逐步建立起符合我国语言规律的自然科学名词术语体系。

　　统一我国的科技名词术语，是一项繁重的任务，它既是一项专业性很强的学术性工作，又涉及到亿万人使用习惯的问题。审定工作中我们要认真处理好科学性、系统性和通俗性之间的关系；主科与副科间的关系；学科间交叉名词术语的协调一致；专家集中审定与广泛听取意见等问题。

　　汉语是世界五分之一人口使用的语言，也是联合国的工作语言之一。除我国外，世界上还有一些国家和地区使用汉语，或使用与汉语关系密切的语言。做好我国的科技名词术语统一工作，为今后对外科技交流创造了更好的条件，使我炎黄子孙，在世界科技进步中发挥更大的作用，作出重要的贡献。

　　统一我国科技名词术语需要较长的时间和过程，随着科学技术的不断发展，科技名词术语的审定工作，需要不断地发展、补充和完善。我们将本着实事求是的原则，严谨的科学态度做好审定工作，成熟一批公布一批，提供各界使用。我们特别希望得到科技界、教育界、经济界、文化界、新闻出版界等各方面同志的关心、支持和帮助，共同为早日实现我国科技名词术语的统一和规范化而努力。

钱三强

1992 年 2 月

前　言

　　第一版《计算机科学技术名词》于 1994 年公布后,受到国内外众多读者和用户的欢迎并且开始使用和推广,对于计算机名词的规范化起到了积极作用。但是,由于计算机科学技术发展十分迅猛,计算机及其网络应用日益广泛和社会化,计算机名词大量涌现且与日俱增。普遍反映第一版《计算机科学技术名词》公布的名词数量太少,不够使用。为了适应计算机科学技术发展的新形势,全国科学技术名词审定委员会(以下简称全国科技名词委)委托我们进行第二批《计算机科学技术名词》的审定工作。在全国科技名词委和中国计算机学会的指导和支持下,我们收选和审定了 7000 多条名词。为了便于阅读和使用,将第一批名词与第二批名词合编在一起,形成《计算机科学技术名词》新版本,共有名词 9 471 条。

　　《计算机科学技术名词》新版本的正文顺序大体上是按照分支学科层次概念排列的。书中分支学科的框架基本上是根据名词的来源设置的,而不是学科的分类。但是考虑到计算机科学技术的整体安排以及便于应用,对少数分支学科名词做了合并或调整。例如,将计算机安全与保密合为一个分支,将佩特里网并入计算机科学理论分支,将计算机层析成像并入图像处理分支,将微型计算机及抗恶劣环境计算机的名词分散到相应分支。本书共有 23 个分支(详见目录),其中 01 是总论,这里收的是通用的基本名词,凡是几个分支学科共用的名词原则上收到总论部分,而两个相近分支学科共用的名词,原则上按目录的先后顺序编排。正文的各分支学科名词顺序基本上是按概念层次排列的,但是在将第一批名词与第二批名词合并时,为了少打乱第二批名词的词序,将一些名词插在第二批名词的相应位置,而有些名词则排在了尾部。

　　第二批计算机科学技术名词的收选范围及原则是:(1) 重点收选计算机科学技术的基本名词,其内容应涵盖计算机科学理论、计算机体系结构、计算机硬件、计算机软件、计算机应用技术、人工智能等整个学科,尤其是注意收集热点分支学科,如计算机网络、多媒体技术、人工智能、计算机图形学、计算机安全保密等方面的名词;(2) 适当收选与计算机学科密切相关的且经常使用的跨学科名词;(3) 尽可能多地收选近几年出现的,概念或内涵比较明确的,相对稳定的新名词,特别是注重收集有关互联网技术、因特网及其应用的名词,有关多媒体技术的名词;(4) 补充第一批遗漏的基本名词;(5) 不收概念尚未确定或含混不清的名词;(6) 不收计算机硬件和软件产品或商品的名称、型号,不收计算机病毒的名称,以及商品广告用语。

　　审定名词的基本原则是:(1) 认真执行全国科技名词委关于科技名词审定的原则和要求及有关国家标准;(2) 尊重第一批公布的名词,只修订个别不妥的名词,绝大多数名词原则上不动;(3) 尽可能与公布的国家标准术语保持一致;(4) 参照相关学科的审定名词;(5) 广泛征求海内外专家学者的意见和使用者的意见。

计算机名词审定委员会的大多数委员是由中国计算机学会各专业委员会和工作委员会推荐产生的。他们每个人都代表一个分支学科,有几十年的实际工作经历,且热心于名词审定工作。在名词审定过程中委员们充分依靠各专业委员会,与学术活动相结合或召开专门会议,讨论术语命名问题,对分支学科名词进行初审。按照全国科技名词委的要求,我们召开多次计算机名词委员会全体会议或分组会议,对名词进行多次复审和终审,先后形成汇总稿、征求意见稿、送审稿及报批稿。

在名词审定过程中,我们遵照定名的科学性、系统性、简明性、惟一性等原则,对一些重点名词或涉及面较大的名词,组织了专题讨论。例如:disk 和 disc 两个名词,很久以来,在国内外被看做是等同的,使用时常常不加以区分。但是,从 20 世纪 90 年代中期起,美、英等国出版的一些很有影响的、权威性的计算机词典和书刊,以及普通英语词典,已开始把 disk 和 disc 鲜明地区分开来,用 disk 专门表示磁盘(magnetic disk)及其复合词,而用 disc 专门表示光碟(optical disc)及其复合词。用 disk 和 disc 分别表示两种不同的物质或概念后,在语言表述,技术交流,术语构成,文字简练方面,都取得很好的效果。考虑到国际上的这个发展变化,结合我国计算机术语的现状及术语体系的发展,我们决定与国际接轨,用"盘"字对应于"disk",专指磁盘,而用"碟"字对应于"disc",专指光碟,即把目前用得比较乱的光盘和光碟,统一命名为"光碟"。这样定名,既便于构成复合词,又可方便地省略"光"字或"磁"字,例如:软盘、硬盘、盘阵列、头盘界面、只读碟、影碟、影碟机、唱碟等。又如,过去在人工语言中,长期把"文法"对应于"grammar","语法"对应于"syntax"。这种用法与汉语自然语言中的"语法"(grammar)和"句法"(syntax)不一致,影响了使用和交流。此次,决定将人工语言中的"文法"定名为"语法","语法"定名为"句法"(形式语言中的名词除外),与自然语言保持一致。

对于第一版《计算机科学技术名词》中的个别名词,做了适当的修改。例如 menu,当时汉语定名为"选单","菜单"为曾称,是十分确切的,是符合其内涵的。若把"菜单"定位计算机名词,那么因为它的写法与饮食业中惯用的"菜单"完全相同,而内涵则完全不同,所以用一个相同的汉语名词表示两个不同的事物或概念,显然是不科学的。因此,建议放弃使用"菜单"。此次,考虑到社会上计算机行业已经习惯使用"菜单",决定将"菜单"作为"选单"的俗称来处理。

在名词审定过程中,始终得到全国科技名词委和中国计算机学会的支持和指导,得到学会各专委会、工委会和办公室的帮助和指导,得到国内外众多专家、学者的帮助和指导。他们对名词的定名,提出了许多宝贵的建议,在此,特致衷心的谢意。

计算机科学技术名词审定委员会

2001 年 12 月 5 日

第 一 版 前 言

计算机科学技术名词的审定和规范化,对于推动我国计算机科学技术的发展,计算机的生产及推广应用,是一件意义重大的基础性工作。

计算机科学技术诞生五十年来,一直保持蓬勃发展的势头,并且更新换代快,应用推广快,效益增长快,新的分支学科不断涌现。因此,新的名词术语层出不穷,而且很快进入社会生产和社会活动的各个领域,涉及和影响范围非常广泛。为了适应计算机科学技术的高速发展与各行各业应用的需要,国内已经出版了计算机专业词典、词汇、字典等词书一百余种,但绝大多数都是从国外词书、文献中汇集和翻译出来的,不同程度地存在一义多名、词不达意、用词错误、汉语不规范等问题。因此,开展计算机术语规范化的研究,进行审定,求得统一,是一项十分迫切的基础工作。

中国计算机学会计算机科学技术名词审定委员会(以下简称计算机名词委)受全国自然科学名词审定委员会(以下简称全国名词委)的委托,作为全国自然科学名词审定委员会的分委员会,于 1988 年开始了我国计算机名词的审定工作。根据全国名词委制定的"自然科学名词审定的原则和方法",计算机名词委贯彻从科学概念出发,以汉文定名为主的原则,完成了计算机学科第一批基本名词和少量新名词的审定工作。在审定过程中,力求做到一词一义,遵循定名的科学性、系统性、简明性,并适当照顾约定俗成的名词。对概念易混淆的某些词和新词,给予简明的注释。审定的名词若具有相同概念的某些异名,在注释中分别注明"又称"、"曾用名"、"全称"、"俗称"。"又称"为不推荐用名;"曾用名"是指过去用过,今后不再使用的名称;"俗称"为通俗名。

遵照上述原则,这次审定中对过去用得比较乱的、不严谨的或不确切的名词确定了规范名。例如:"电子计算机(electronic computer)"这一重要词条仍定名为"电子计算机",而"电脑"作为俗称;"选单(menu)"过去多处从英文直译成"菜单",考虑到术语的科学性及避免与生活用词混淆,定为"选单",而不用"菜单";"绑定(binding)"一词过去有几个异名,如联编、汇集、拼接等。此次定为"绑定",既与英文读音相近,又符合实际的含义;"文件(file)"过去有文件、文卷之称,经多次会议的深入讨论,以及对其概念和定名进行的专题讨论,又广泛征求意见,特别是软件方面专家的意见,现定名为"文件"。

对于具有我国特色的汉文专业名词,在选择所对应的英文词时,尽可能选用汉文和英文双方习惯的用词。例如,"汉字"在文献中有几种译法,如 Chinese character, Hanzi, Kanji 等,考虑到"汉字"在计算机学科中的专有性,以及与一般意义下的中文字之区别,特选用 Hanzi,希望这一名词能得到推广,而以 Chinese character 为注释,便于外国人理解。

本批公布的名词共 2 907 条，划分为 18 个部分。这种划分主要是为了便于审定、检索和查阅，并非严谨的学科分类。由于计算机科学技术名词太多，而计算机名词委力量有限且经验不足，故首批审定的名词仅限于本学科常用的部分基本名词和少量成熟的新名词。为了适应计算机科学技术飞跃发展的需要，现已初步拟定第二批名词的收集、审定工作设想，请计算机界同仁给予支持。

五年来，计算机名词委在全国名词委和中国计算机学会的领导下，前后召开了三次全体委员会，六次工作组成员会。在形成第二稿后印发给国内计算机界众多专家、学者，广泛征求意见，反复研究、磋商、修改。1992 年 4 月完成本批名词的第三稿，并印发给中国计算机学会各专业委员会主任、地方学会主任及 160 名理事进行审查。有关专业委员会在他们召开的学术会议上，也对第三稿进行了审查。1992 年 12 月经修改后形成终审稿，报送中国计算机学会常务理事会，请 33 位常务理事进行复审。他们提出了很多宝贵意见。计算机名词委经再次修改，于 1993 年 6 月形成送审稿，报送全国名词委。现经全国名词委批准予以公布。

在名词审定过程中，始终得到全国名词委和中国计算机学会的热情关怀和指导，得到了国内计算机界及有关学科众多专家、学者的帮助和指导，得到了中国计算机学会各专业委员会、工作委员会的支持和帮助，在此一并表示衷心的感谢，并恳请各位同仁及读者继续给予指导和帮助，提出意见。

计算机科学技术名词审定委员会

1993 年 8 月

编 排 说 明

一、本书公布的名词(包括第一批公布的名词)主要是计算机科学技术的基本名词。

二、全部词条分为 23 个分支学科。

三、各分支学科词条顺序大致按相关概念层次排列,并附有层次分类序码,在每个汉文词后附
有对应的英文名词。

四、一个汉文词可对应几个英文同义词时,一般只取最常用的一个或两个词,两者之间用逗号
分开。

五、少数新名词和概念易混淆的词附有简明的注释。

六、对一些名词标明"全称"、"简称"、"又称"、"曾称"、"俗称"。"又称"为可使用名,"曾称"
为淘汰名。

七、条目中〔 〕内的字是可省略部分。

八、一般英文名词的首字母一律小写,专有名词的首字母大写。英文名词除必须用复数外,一
般用单数形式。

九、书末附英汉索引和汉英索引。索引中的号码为该词条在正文中的序码,带" * "者为注释
栏内的条目。

目　　录

01. 总　　论

序　号	汉　文　名	英　文　名	注　释
01.0001	信息技术	information technology, IT	
01.0002	信息产业	information industry	
01.0003	计算技术	computing technology	
01.0004	计算机科学	computer science	
01.0005	计算机技术	computer technology	
01.0006	计算机工程	computer engineering	
01.0007	计算机产业	computer industry	
01.0008	计算机应用	computer application	
01.0009	计算机应用技术	computer application technology	
01.0010	计算机管理	computer management	
01.0011	信息	information	
01.0012	信息处理	information processing, IP	
01.0013	信息处理系统	information processing system, IPS	
01.0014	信息管理	information management, IM	
01.0015	信息管理系统	information management system, IMS	
01.0016	数据处理	data processing, DP	
01.0017	数据处理系统	data processing system, DPS	
01.0018	容错计算	fault-tolerant computing	
01.0019	计算机可靠性	computer reliability	
01.0020	体系结构	architecture	又称"系统结构"。
01.0021	外围设备	peripheral equipment, peripheral device, peripherals	又称"外部设备"，简称"外设"。
01.0022	信息存储技术	information storage technology	
01.0023	计算机维护与管理	computer maintenance and management	
01.0024	语言	language	
01.0025	自然语言	natural language	
01.0026	人工语言	artificial language	
01.0027	操作系统	operating system, OS	
01.0028	数据库	database	
01.0029	软件工程	software engineering, SE	
01.0030	人工智能	artificial intelligence, AI	

序　号	汉　文　名	英　文　名	注　释
01.0031	模式识别	pattern recognition	
01.0032	计算机网络	computer network	
01.0033	数据通信	data communication	
01.0034	中文信息处理	Chinese information processing	
01.0035	计算机辅助设计	computer-aided design, CAD	
01.0036	计算机图形学	computer graphics	
01.0037	计算机控制	computer control	
01.0038	多媒体技术	multimedia technology	
01.0039	计算机安全与保密	computer security and privacy	
01.0040	计算语言学	computational linguistics	
01.0041	信息系统	information system	
01.0042	图像处理	image processing	
01.0043	计算系统	computing system	
01.0044	计算机系统	computer system	
01.0045	单片系统	system on a chip	
01.0046	计算机	computer	
01.0047	计算机类型	computer category	又称"计算机型谱"。
01.0048	电子计算机	electronic computer	俗称"电脑"。
01.0049	数字计算机	digital computer	
01.0050	模拟计算机	analog computer	
01.0051	混合计算机	hybrid computer	又称"数字模拟计算机"。
01.0052	单片计算机	single-chip computer, computer on a chip	简称"单片机"。
01.0053	单板计算机	single-board computer	
01.0054	多合一[主板]计算机	all-in-one computer	
01.0055	位片计算机	bit-slice computer	
01.0056	微型计算机	microcomputer	简称"微机"。
01.0057	个人计算机	personal computer, PC	
01.0058	小型计算机	minicomputer	
01.0059	中型计算机	medium-scale computer	
01.0060	超级小型计算机	super-minicomputer	
01.0061	大型计算机	large-scale computer	
01.0062	巨型计算机	supercomputer	又称"超级计算机"。
01.0063	小巨型计算机	mini-supercomputer	

序　号	汉　文　名	英　文　名	注　释
01.0064	工作站	workstation	
01.0065	图形工作站	graphic workstation	
01.0066	便携式计算机	portable computer	
01.0067	台式计算机	desktop computer	
01.0068	膝上计算机	laptop computer	
01.0069	移动计算机	mobile computer	
01.0070	笔记本式计算机	notebook computer	
01.0071	手持计算机	handheld computer	
01.0072	掌上计算机	palmtop computer	
01.0073	可穿戴计算机	wearable computer	
01.0074	笔输入计算机	pen computer	
01.0075	个人数字助理	personal digital assistant, PDA	
01.0076	单用户计算机	single-user computer	
01.0077	多用户系统	multiuser system	
01.0078	智能卡	smart card, IC card	
01.0079	开放系统	open system	
01.0080	抗恶劣环境计算机	severe environment computer	
01.0081	冯·诺依曼[计算]机	von Neumann machine	
01.0082	非传统计算机	non-traditional computer	
01.0083	智能计算机	intelligent computer	
01.0084	神经计算机	neural computer	
01.0085	绿色计算机	green computer	
01.0086	光计算机	optical computer	
01.0087	生物计算机	biocomputer	
01.0088	量子计算机	quantum computer	
01.0089	多媒体计算机	multimedia computer	
01.0090	计算机资源	computer resource	
01.0091	计算机性能	computer performance	
01.0092	计算机性能评价	computer performance evaluation	
01.0093	系统兼容性	system compatibility	
01.0094	运算速度评价	arithmetic speed evaluation	
01.0095	吉布森混合法	Gibson mix	
01.0096	平均等待时间	average waiting time	
01.0097	平均存取时间	average access time	又称"平均访问时间"。

序　号	汉　文　名	英　文　名	注　释
01.0098	存储空间	storage space	
01.0099	运算速度	arithmetic speed	
01.0100	计算机代	computer generation	
01.0101	第一代计算机	first generation computer	
01.0102	第二代计算机	second generation computer	
01.0103	第三代计算机	third generation computer	
01.0104	第四代计算机	fourth generation computer	
01.0105	第五代计算机	fifth generation computer	
01.0106	计算机化	computerization	
01.0107	互联网[络]	interconnection network，internet	又称"互连网[络]"。
01.0108	面向对象的	object-oriented	又称"对象式"。
01.0109	平台	platform	
01.0110	硬件平台	hardware platform	
01.0111	软件平台	software platform	
01.0112	网络平台	network platform	
01.0113	计算机硬件	computer hardware	
01.0114	计算机软件	computer software	
01.0115	硬件	hardware	
01.0116	处理器	processor，processing unit	又称"处理机"，"处理单元"。
01.0117	微处理器	microprocessor	
01.0118	协处理器	coprocessor	
01.0119	单处理器	uniprocessor	
01.0120	双处理器	dual processor	
01.0121	多处理器	multiprocessor	
01.0122	前端处理器	front-end processor	
01.0123	服务器	server	
01.0124	超级服务器	superserver	
01.0125	中央处理器	central processing unit，CPU	又称"中央处理机"。
01.0126	运算器	arithmetic unit	
01.0127	控制器	control unit	
01.0128	存储器	memory，storage	
01.0129	接口	interface	
01.0130	界面	interface	
01.0131	人机界面	human-machine interface	又称"人机接口"。
01.0132	通道	channel	
01.0133	适配器	adapter	

序　号	汉　文　名	英　文　名	注　释
01.0134	计时器	timer	又称"定时器"。
01.0135	设施	facility	
01.0136	总线	bus	
01.0137	地址总线	address bus	
01.0138	双向总线	bidirectional bus	
01.0139	公共总线	common bus	
01.0140	数据总线	data bus	
01.0141	同步总线	synchronous bus	
01.0142	异步总线	asynchronous bus	
01.0143	硬件验证	hardware verification	
01.0144	算法	algorithm	
01.0145	并行计算	parallel computing	
01.0146	超级计算	supercomputing	
01.0147	移动计算	mobile computing	
01.0148	固件	firmware	
01.0149	软件	software	
01.0150	程序设计	program design	
01.0151	编程	programming	又称"程序设计"。
01.0152	程序	program	
01.0153	微程序	microprogram	
01.0154	编译	compile	
01.0155	基准程序	benchmark program	
01.0156	基准测试	benchmark test	
01.0157	文件	file	
01.0158	文档	document	
01.0159	模块	module	
01.0160	选单	menu	俗称"菜单"。
01.0161	数据	data	
01.0162	数据共享	data sharing	
01.0163	数据结构	data structure	
01.0164	库	library	
01.0165	容量	capacity	
01.0166	文本	text	
01.0167	正文	text	
01.0168	篇章	text	
01.0169	脚本	script	
01.0170	记录	record	

序 号	汉 文 名	英 文 名	注 释
01.0171	段	segment	
01.0172	词	word	
01.0173	字	word	
01.0174	计算机字	computer word	
01.0175	字长	word length	
01.0176	可变字长	variable word length	
01.0177	固定字长	fixed word length	
01.0178	八位[位]组	octet	又称"八比特组"。
01.0179	字段	field	
01.0180	数制	number system	
01.0181	串	string	
01.0182	二进制	binary system	
01.0183	有效位	significant bit	
01.0184	二进制数字	binary digit	
01.0185	八进制	octal system	
01.0186	八进制数字	octal digit	
01.0187	十进制	decimal system	
01.0188	十进制数字	decimal digit	
01.0189	十六进制	hexadecimal system	
01.0190	十六进制数字	hexadecimal digit	
01.0191	二进制字符	binary character	
01.0192	二进制单元	binary cell	
01.0193	定点数	fixed-point number	
01.0194	浮点数	floating-point number	
01.0195	数字	digit	
01.0196	字符	character	
01.0197	字符串	character string	
01.0198	字符集	character set	
01.0199	编码字符集	coded character set	
01.0200	字母表	alphabet	
01.0201	字母字符集	alphabetic character set	
01.0202	字母数字字符集	alphanumeric character set	
01.0203	字母字	alphabetic word	
01.0204	数字字符	numeric character	
01.0205	数字字符集	numeric character set	
01.0206	图形字符	graphic character	
01.0207	特殊字符	special character	

序　号	汉　文　名	英　文　名	注　释
01.0208	有效数字	significant digit	
01.0209	有效字	significant word	
01.0210	有效字符	significant character	
01.0211	信号	signal	
01.0212	符号	symbol	
01.0213	指令	instruction	
01.0214	指令集	instruction set	又称"指令系统"。
01.0215	指令类型	instruction type	
01.0216	超长指令字	very long instruction word, VLIW	
01.0217	精简指令	reduced instruction	
01.0218	地址	address	
01.0219	微指令	microinstruction, micros	
01.0220	宏指令	macro instruction, macros	
01.0221	命令	command	
01.0222	微命令	microcommand	
01.0223	编码	coding	
01.0224	译码	decoding	又称"解码"。
01.0225	代码转换器	code converter	
01.0226	〔代〕码	code	
01.0227	补码	complement	
01.0228	反码	radix-minus-one complement, complement on $N-1$	
01.0229	微码	microcode	
01.0230	标志	tag	
01.0231	块	block	
01.0232	项	term, item	
01.0233	语句	statement	
01.0234	操作	operation	
01.0235	运算	operation	
01.0236	初始化	initialization	
01.0237	周期	cycle	
01.0238	机器周期	machine cycle	
01.0239	循环	loop	
01.0240	搜索	search	
01.0241	检索	retrieve	
01.0242	索引	index	
01.0243	关键词	keyword	又称"关键字"。

序 号	汉文名	英 文 名	注 释
01.0244	队列	queue	
01.0245	排队	queuing	
01.0246	共享	share	
01.0247	任务	task	
01.0248	工效学	ergonomics	
01.0249	人机环境	man-machine environment	
01.0250	人机控制系统	man-machine control system	
01.0251	人机权衡	man-machine trade-off	
01.0252	人机交互	human-computer interaction, man-machine interaction	
01.0253	人机对话	human-computer dialogue, man-machine dialogue	
01.0254	用户界面管理系统	user interface management system, UIMS	
01.0255	访问	access	又称"存取"。
01.0256	接入	access	
01.0257	中断	interrupt	
01.0258	软中断	soft interrupt	又称"陷阱(trap)"。
01.0259	设置	setup	又称"建立"。
01.0260	流	stream, flow	
01.0261	流程图	flowchart, flow diagram	
01.0262	数据流图	data-flow graph	
01.0263	框图	block diagram	
01.0264	图	graph	
01.0265	数据项	data item	
01.0266	数据驱动	data driven	
01.0267	消息	message	又称"报文"。
01.0268	消息传递	message passing	
01.0269	运行	run	
01.0270	清除	clear	
01.0271	写	write	
01.0272	写保护	write protection	
01.0273	读	read	
01.0274	联机	on-line	又称"在线"。
01.0275	脱机	off-line	又称"离线"。
01.0276	近线	near line	
01.0277	兼容性	compatibility	

序 号	汉 文 名	英 文 名	注 释
01.0278	维护	maintenance	
01.0279	可靠性	reliability	
01.0280	可用性	availability, usability	又称"易用性"。
01.0281	可维护性	maintainability	又称"易维护性"。
01.0282	可移植性	portability	又称"易移植性"。
01.0283	可扩缩性	scalability	又称"易扩缩性"。
01.0284	可扩展性	extensibility	又称"易扩展性"。
01.0285	可扩充性	expandability	又称"易扩充性"。
01.0286	扩充	expansion	
01.0287	扩展	extension	
01.0288	可扩展的	extensible	又称"易扩展的"。
01.0289	可管理性	manageability	又称"易管理性"。
01.0290	调度	scheduling	
01.0291	可调度性	schedulability	又称"易调度性"。
01.0292	拼接	concatenation	
01.0293	机制	mechanism	
01.0294	约束	constraint	
01.0295	透明［性］	transparency	
01.0296	吞吐量	throughput	又称"通过量"。
01.0297	就绪	ready	
01.0298	忙［碌］	busy	
01.0299	［空］闲	idle	
01.0300	选件	option	
01.0301	选项	option	
01.0302	验证	verification	
01.0303	指派	assignment	
01.0304	分配	allocation	
01.0305	识别	recognition	
01.0306	标识	identification	
01.0307	指针	pointer	又称"指引元"。
01.0308	优先级	priority	
01.0309	同步	synchronization	
01.0310	异步	asynchronization	
01.0311	栈	stack	
01.0312	栈上托	stack pop-up	
01.0313	栈下推	stack push-down	
01.0314	并发［性］	concurrency	

序　号	汉　文　名	英　文　名	注　　释
01.0315	奇偶[性]	parity	
01.0316	奇偶检验	parity checking, odd-even check	
01.0317	仿真	emulation, simulation	
01.0318	模拟	simulation, analogy	
01.0319	容错	fault-tolerance	
01.0320	保护	protection	
01.0321	安装	installation	
01.0322	封装	packaging, encapsulation	
01.0323	策略	strategy	
01.0324	决策	decision	
01.0325	权衡	trade-off	
01.0326	冗余	redundancy	
01.0327	调试	debug	又称"排错","除错"。
01.0328	失效	failure	又称"失败"。
01.0329	故障	fault, failure, fail	
01.0330	差错	error	
01.0331	错误	error	
01.0332	误差	error	
01.0333	误动作	malfunction	
01.0334	缺陷	defect	
01.0335	重试	retry	又称"复执"。
01.0336	检验	check	又称"检查"。
01.0337	检查程序	checker	
01.0338	纠错	error correction	
01.0339	出错处理	error handling	
01.0340	帧	frame	
01.0341	证实	confirm, certify	
01.0342	资源分配	resource allocation	
01.0343	层次	hierarchy	
01.0344	复制	copy	又称"拷贝"。
01.0345	副本	copy, backup copy	
01.0346	文字	literal, script	
01.0347	默认	default	
01.0348	对换	swapping	
01.0349	回送	echo	
01.0350	激活	enable, activate	又称"使能"。

序 号	汉 文 名	英 文 名	注 释
01.0351	禁止	disable, inhibition	
01.0352	置位	set	
01.0353	复位	reset	
01.0354	表格	table	
01.0355	[列]表	list	
01.0356	功能	function	
01.0357	函数	function	
01.0358	性能	performance	
01.0359	资源	resource	
01.0360	硬件资源	hardware resource	
01.0361	软件资源	software resource	
01.0362	管理	management	
01.0363	键	key	
01.0364	启动	start	
01.0365	重新启动	restart	又称"再启动"。
01.0366	稳健性	robustness	又称"鲁棒性"。
01.0367	包	package, packet	
01.0368	备份	backup	
01.0369	备用	standby	
01.0370	测量	measurement	
01.0371	测试	test	
01.0372	工作集	working set	
01.0373	结点	node	又称"节点"。
01.0374	可重复性	repeatability	
01.0375	模式	pattern, schema	
01.0376	评审	review	
01.0377	审查	inspection	
01.0378	条件	condition	
01.0379	退役	retirement	
01.0380	网格	mesh, grid	
01.0381	行	row	
01.0382	修补	patch	
01.0383	验收测试	acceptance testing	
01.0384	验收准则	acceptance criteria	
01.0385	语法	grammar	
01.0386	句法	syntax	又称"语构"。
01.0387	语境	context	又称"上下文"。

序　号	汉　文　名	英　文　名	注　释
01.0388	运行时间	running time	
01.0389	模型	model	
01.0390	建模	modeling	又称"造型"。
01.0391	支持	support	
01.0392	单元	unit	
01.0393	单位	unit	
01.0394	虚拟〔的〕	virtual	
01.0395	对象	object	
01.0396	应用	application	
01.0397	批	batch	
01.0398	客户	customer	
01.0399	用户	user	
01.0400	死锁	deadlock	
01.0401	输入	input	
01.0402	输出	output	
01.0403	目标	target	
01.0404	参考	reference	
01.0405	基准	reference	
01.0406	源	source	
01.0407	时间	time	
01.0408	空间	space	

02.　计算机科学理论

序　号	汉　文　名	英　文　名	注　释
02.0001	能行性	effectiveness	
02.0002	丘奇论题	Church thesis	
02.0003	计算	computation	
02.0004	图灵机	Turing machine	
02.0005	递归函数	recursive function	
02.0006	原始递归函数	primitive recursive function	
02.0007	特征函数	characteristic function	
02.0008	哥德尔配数	Gödel numbering	
02.0009	λ 演算	λ-calculus	
02.0010	波斯特系统	Post system	

序　号	汉　文　名	英　文　名	注　释
02.0011	一阶逻辑	first order logic	
02.0012	一阶理论	first order theory	
02.0013	命题逻辑	propositional logic	
02.0014	命题演算	propositional calculus	
02.0015	形式系统	formal system	
02.0016	演绎规则	deduction rule	
02.0017	布尔运算	Boolean operation	
02.0018	布尔代数	Boolean algebra	
02.0019	布尔表达式	Boolean expression	
02.0020	三段论	syllogism	
02.0021	真值表	truth table	
02.0022	合式公式	well-formed formula	
02.0023	逻辑蕴涵	logical implication	
02.0024	析取范式	disjunctive normal form	
02.0025	合取范式	conjunctive normal form	
02.0026	演绎	deduce	
02.0027	假言推理	modus ponens	
02.0028	归约	reduce, reduction	
02.0029	演绎数学	deductive mathematics	
02.0030	数学公式	mathematical axiom	
02.0031	形式规则	formation rule	
02.0032	原子公式	atomic formula	
02.0033	论域	domain	
02.0034	前束范式	prenex normal form	
02.0035	代入	substitution	
02.0036	代入复合	composition of substitution	
02.0037	关系系统	relation system	
02.0038	勒文海姆－斯科伦定理	Löwenheim-Skolem theorem	
02.0039	高阶逻辑	higher order logic	
02.0040	二阶逻辑	second order logic	
02.0041	多值逻辑	multiple value logic	
02.0042	模糊逻辑	fuzzy logic	
02.0043	应用逻辑	applied logic	
02.0044	归结	resolution	
02.0045	子句	clause	
02.0046	基子句	ground clause	

序　号	汉　文　名	英　文　名	注　释
02.0047	霍恩子句	Horn clause	
02.0048	矢列式	sequent	
02.0049	关系逻辑	relational logic	
02.0050	重写规则［系统］	rewriting rule ［system］	
02.0051	定理证明器	theorem prover	
02.0052	截除	cut	
02.0053	逻辑系统	logical system	
02.0054	多类逻辑	many-sorted logic	
02.0055	代数数据类型	algebraic data type	
02.0056	经典逻辑	classical logic	
02.0057	形式演算	formal calculus	
02.0058	逻辑演算	logic calculus	
02.0059	霍尔逻辑	Hoare logic	
02.0060	过程逻辑	process logic	
02.0061	程序设计逻辑	programming logic	
02.0062	连续算子	continuous operator	
02.0063	细胞自动机	cellular automata	
02.0064	程序验证器	program verifier	
02.0065	程序验证	program verification	
02.0066	符号演算	symbolic calculus	
02.0067	计算逻辑	computational logic	
02.0068	变换系统	transformation system	
02.0069	构造性证明	constructive proof	
02.0070	类型论	type theory	
02.0071	线性归结	linear resolution	
02.0072	区间时态逻辑	interval temporal logic	
02.0073	等式逻辑	equational logic	
02.0074	超归结	hyper-resolution	
02.0075	证明策略	proof strategy	
02.0076	模态	modality	
02.0077	模态逻辑	modal logic	
02.0078	因果逻辑	causal logic	
02.0079	直觉主义逻辑	intuitionistic logic	
02.0080	代数逻辑	algebraic logic	
02.0081	证伪	refutation	
02.0082	范畴分析	categorical analysis	

序　号	汉　文　名	英　文　名	注　释
02.0083	自然推理	natural inference	
02.0084	二难推理	dilemma reasoning	
02.0085	条件逻辑	conditional logic	
02.0086	阈值逻辑	threshold logic	
02.0087	概率逻辑	probabilistic logic	
02.0088	埃尔布朗基	Herbrand base	
02.0089	归纳公理	induction axiom	
02.0090	二元预解式	binary resolvent	
02.0091	锁归结	lock resolution	
02.0092	归结原理	resolution principle	
02.0093	协调公式	consistent formula	
02.0094	演绎树	deduction tree	
02.0095	线性演绎	linear deduction	
02.0096	锁演绎	lock deduction	
02.0097	本原演绎	primitive deduction	
02.0098	超演绎	hyperdeduction	
02.0099	超预解式	hyperresolvent	
02.0100	无循环设置	cycle-free allocation	
02.0101	逻辑程序	logic program	
02.0102	条件项重写系统	conditional term rewriting system	
02.0103	分解	decomposition	
02.0104	谓词	predicate	
02.0105	谓词演算	predicate calculus	
02.0106	谓词逻辑	predicate logic	
02.0107	谓词变量	predicate variable	
02.0108	谓词符号	predicate symbol	
02.0109	符号逻辑	symbolic logic	
02.0110	重言式	tautology	
02.0111	自动机	automaton	
02.0112	广义序列机	generalized sequential machine	
02.0113	下推自动机	push-down automaton, PDA	
02.0114	上下文无关文法	context-free grammar, CFG	
02.0115	上下文无关语言	context-free language, CFL	
02.0116	上下文有关文法	context-sensitive grammar, CSG	
02.0117	上下文有关语言	context-sensitive language, CSL	
02.0118	无用符［号］	useless symbol	
02.0119	无穷集	infinite set	

序 号	汉 文 名	英 文 名	注 释
02.0120	非限制文法	unrestricted grammar	
02.0121	开始符号	start symbol	
02.0122	双向下推自动机	two-way push-down automaton	
02.0123	双向无穷带	two-way infinite tape	
02.0124	双向有穷自动机	two-way finite automaton	
02.0125	双栈机	two-stack machine	
02.0126	双带有穷自动机	two-tape finite automaton	
02.0127	双带图灵机	two-tape Turing machine	
02.0128	不可判定问题	undecidable problem	
02.0129	正则序	canonical order	
02.0130	正闭包	positive closure	
02.0131	正规文法	regular grammar	
02.0132	正则集	regular set	
02.0133	可计算函数	computable function	
02.0134	可区别状态	distinguishable state	
02.0135	对角化方法	diagonalization	
02.0136	对偶产生器	pair generator	
02.0137	句型	sentential form, sentence pattern	
02.0138	句柄	handle	
02.0139	生成式	production	
02.0140	生成树问题	spanning-tree problem	
02.0141	左匹配	left-matching	
02.0142	左线性文法	left-linear grammar	
02.0143	右匹配	right-matching	
02.0144	右句型	right sentential form	
02.0145	右线性文法	right-linear grammar	
02.0146	半图厄系统	semi-thue system	
02.0147	半线性集	semilinear set	
02.0148	多义文法	ambiguous grammar	
02.0149	多头图灵机	multihead Turing machine	
02.0150	多带图灵机	multitape Turing machine	
02.0151	多维图灵机	multidimensional Turing machine	
02.0152	闭包	closure	
02.0153	同态	homomorphism	
02.0154	有穷自动机	finite automaton	又称"有限自动机"。
02.0155	有穷自动机最小化	minimization of finite automaton	

序　号	汉文名	英　文　名	注　释
02.0156	有穷状态系统	finite state system	
02.0157	有穷性问题	finiteness problem	
02.0158	有穷转向下推自动机	finite-turn PDA	
02.0159	有限控制器	finite controller	
02.0160	有效过程	effective procedure	
02.0161	有效项	valid item	
02.0162	成员问题	membership problem	
02.0163	次动作函数	next move function	
02.0164	自反传递闭包	reflexive and transitive closure	
02.0165	完全问题	complete problem	
02.0166	形式语言	formal language	
02.0167	初始状态	initial state	
02.0168	词法分析器	lexical analyzer	
02.0169	状态	state	
02.0170	抽象语言族	abstract family of languages	
02.0171	空白符	blank	
02.0172	空栈	empty stack	
02.0173	空集	empty set	
02.0174	枚举	enumeration	
02.0175	终极符	terminal	
02.0176	终结状态	final state	
02.0177	固有多义性	inherently ambiguity	
02.0178	非自反性	irreflexivity	
02.0179	非抹除栈自动机	non-erasing stack automaton	
02.0180	非终极符	non-terminal	
02.0181	非确定型有穷自动机	non-deterministic finite automaton	
02.0182	非确定型图灵机	non-deterministic Turing machine	
02.0183	线性文法	linear grammar	
02.0184	线性有界自动机	linear bounded automaton	
02.0185	线性规划	linear programming	
02.0186	线性语言	linear language	
02.0187	细分	refinement	
02.0188	单一生成式	unit production	
02.0189	单向栈自动机	one-way stack automaton	
02.0190	查讫符号	checking off symbol	

序 号	汉 文 名	英 文 名	注 释
02.0191	穿越序列	crossing sequence	
02.0192	带	tape	
02.0193	带头	tape head	
02.0194	带字母表	tape alphabet	
02.0195	带压缩	tape compression	
02.0196	带减少	tape reduction	
02.0197	带符号	tape symbol	
02.0198	逆代换	inverse substitution	
02.0199	逆同态	inverse homomorphism	
02.0200	标准形式下推自动机	normal form PDA	
02.0201	前缀	prefix	
02.0202	前缀性质	prefix property	
02.0203	泵作用引理	pumping lemma	
02.0204	栈自动机	stack automaton	
02.0205	栈字母表	stack alphabet	
02.0206	格局	configuration	
02.0207	递归可枚举语言	recursively enumerable language	
02.0208	递归定理	recursion theorem	
02.0209	递归语言	recursive language	
02.0210	次递归性	subrecursiveness	
02.0211	通用图灵机	universal Turing machine	
02.0212	接受状态	accepting state	
02.0213	确定型上下文有关语言	deterministic CSL	
02.0214	确定型有穷自动机	deterministic finite automaton	
02.0215	确定型下推自动机	deterministic pushdown automaton	
02.0216	确定型图灵机	deterministic Turing machine	
02.0217	等价关系	equivalence relation	
02.0218	等价问题	equivalence problem	
02.0219	最左派生	leftmost derivation	
02.0220	最右派生	rightmost derivation	
02.0221	道	track	
02.0222	输入字母表	input alphabet	
02.0223	输入带	input tape	

序　号	汉　文　名	英　文　名	注　　释
02.0224	输入符号	input symbol	
02.0225	输出字母表	output alphabet	
02.0226	输出带	output tape	
02.0227	端记号	endmarker	
02.0228	瞬时描述	instantaneous description	
02.0229	0 型文法	0-type grammar	
02.0230	1 型文法	1-type grammar	
02.0231	2 型文法	2-type grammar	
02.0232	3 型文法	3-type grammar	
02.0233	乔姆斯基范式	Chomsky normal form	
02.0234	乔姆斯基谱系	Chomsky hierarchy	
02.0235	CYK 算法	CYK algorithm	
02.0236	格雷巴赫范式	Greibach normal form	
02.0237	克林闭包	Kleene closure	
02.0238	LR(0)文法	LR(0) grammar	
02.0239	LR(k)文法	LR(k) grammar	
02.0240	米利机[器]	Mealy machine	
02.0241	摩尔机[器]	Moore machine	
02.0242	复杂性	complexity	
02.0243	计算复杂性	computation complexity	
02.0244	公理复杂性	axiomatic complexity	
02.0245	科尔莫戈罗夫复杂性	Kolmogrov complexity	
02.0246	复杂性类	complexity class	
02.0247	可满足性问题	satisfiability problem	
02.0248	三元可满足性	three-satisfiability	
02.0249	哈密顿回路问题	Hamilton circuit problem	
02.0250	团集覆盖问题	clique cover problem	
02.0251	并定理	union theorem	
02.0252	加速定理	speed-up theorem	
02.0253	旅行商问题	traveling salesman problem	
02.0254	间隙	gap	
02.0255	间隙定理	gap theorem	
02.0256	完全集	complete set	
02.0257	标签集	tally set	
02.0258	禁集	immune set	
02.0259	度	degree	

序　号	汉　文　名	英　文　名	注　释
02.0260	稀疏集	sparse set	
02.0261	度量	measure	
02.0262	指数时间	exponential time	
02.0263	多项式空间	polynomial space	
02.0264	多项式时间	polynomial time	
02.0265	时间有界图灵机	time-bounded Turing machine	
02.0266	时间复杂性	time complexity	
02.0267	时间复杂度	time complexity	
02.0268	时间谱系	time hierarchy	
02.0269	空间有界图灵机	space-bounded Turing machine	
02.0270	空间复杂性	space complexity	
02.0271	空间复杂度	space complexity	
02.0272	空间谱系	space hierarchy	
02.0273	非确定计算	non-deterministic computation	
02.0274	非确定时间复杂性	non-deterministic time complexity	
02.0275	非确定时间谱系	non-deterministic time hierarchy	
02.0276	非确定空间复杂性	non-deterministic space complexity	
02.0277	线性加速定理	linear speed-up theorem	
02.0278	恰当覆盖问题	exact cover problem	
02.0279	难解型问题	intractable problem	
02.0280	离线图灵机	off-line Turing machine	
02.0281	真值表归约	truth-table reduction	
02.0282	调度问题	scheduling problem	
02.0283	着色数目问题	chromatic number problem	
02.0284	强连通问题	strong connectivity problem	
02.0285	整数线性规划	integer linear programming	
02.0286	谕示	oracle	
02.0287	谕示机	oracle machine	
02.0288	P 完全问题	P-complete problem	
02.0289	可归约性	reducibility	
02.0290	多一可归性	many-one reducibility	
02.0291	图灵可归约性	Turing reducibility	
02.0292	纯正可归约性	honest reducibility	
02.0293	真值表可归约性	truth-table reducibility	
02.0294	库克可归约性	Cook reducibility	

序　号	汉　文　名	英　文　名	注　释
02.0295	卡普可归约性	Karp reducibility	
02.0296	并行计算论题	parallel computation thesis	
02.0297	多项式可归约〔的〕	polynomial reducible	
02.0298	多项式可转换〔的〕	polynomial transformable	
02.0299	多项式有界〔的〕	polynomial-bounded	
02.0300	多项式时间归约	polynomial time reduction	
02.0301	多项式对数时间	polylog time	
02.0302	多项式对数深度	polylog depth	
02.0303	多项式谱系	polynomial hierarchy	
02.0304	性能保证	performance guarantee	
02.0305	性能比	performance ratio	
02.0306	伪多项式变换	pseudo polynomial transformation	
02.0307	相对化	relativization	
02.0308	语言识别	language recognition	
02.0309	NP 完全问题	NP-complete problem	
02.0310	NP 困难问题	NP-hard problem	
02.0311	邻接表结构	adjacency list structure	
02.0312	邻接矩阵	adjacency matrix	
02.0313	邻接关系	adjacency relation	
02.0314	先辈	ancestor	
02.0315	近似算法	approximation algorithm	
02.0316	关节点	articulation point	
02.0317	平均性态分析	average-behavior analysis	
02.0318	回边	back edge	
02.0319	性态	behavior	
02.0320	双分支	bicomponent	
02.0321	双连通分支	biconnected components	
02.0322	双连通性	biconnectivity	
02.0323	双连通度	biconnectivity	
02.0324	装箱问题	bin packing	
02.0325	二分插入	binary insertion	
02.0326	二路归并	binary merge	
02.0327	二元关系	binary relation	
02.0328	二分搜索	binary search	

序 号	汉 文 名	英 文 名	注 释
02.0329	二叉树	binary tree	
02.0330	穿线二叉树	tread binary tree	
02.0331	边界条件	boundary condition	
02.0332	广度优先搜索	breadth first search	
02.0333	冒泡排序	bubble sort	
02.0334	桶排序	bucket sort	
02.0335	二叉排序树	binary sort tree	
02.0336	二叉查找树	binary search tree	
02.0337	二分图	bipartite graph	
02.0338	检索树	trie tree	
02.0339	随机存取机器	random access machine	
02.0340	最优归并树	optimal merge tree	
02.0341	分治［法］	divide and conquer	
02.0342	贪心［法］	greedy	
02.0343	动态规划［法］	dynamic programming	
02.0344	回溯［法］	backtracking	
02.0345	分支限界［法］	branch and bound	
02.0346	概率算法	probabilistic algorithm	
02.0347	哈密顿回路	Hamilton circuit	
02.0348	哈密顿路径	Hamilton path	
02.0349	欧拉回路	Euler circuit	
02.0350	欧拉路径	Euler path	
02.0351	遗传规划算法	genetic programming algorithm	
02.0352	着色数	chromatic number	
02.0353	算法类	class of algorithms	
02.0354	团集	clique	
02.0355	闭合式	closed form	
02.0356	比较－交换	compare-exchange	
02.0357	完全二叉树	complete binary tree	
02.0358	完全图	complete graph	
02.0359	凝聚	condensation	
02.0360	连通性	connectivity	
02.0361	强连通图	strongly connected graph	
02.0362	弱连通图	weakly connected graph	
02.0363	连通分支	connected components	
02.0364	算法正确性	correctness of algorithm	
02.0365	横跨边	cross edge	

序 号	汉 文 名	英 文 名	注 释
02.0366	割点	cutpoint	
02.0367	回路	cycle	
02.0368	子孙	descendant	
02.0369	有向图	digraph, directed graph	
02.0370	加权图	weighted graph	
02.0371	定义域	domain	
02.0372	边覆盖	edge cover	
02.0373	八皇后问题	eight queens problem	
02.0374	交换排序	exchange sort	
02.0375	外路长度	external path length	
02.0376	外排序	external sorting	
02.0377	递归算法	recursive algorithm	
02.0378	可行解	feasible solution	
02.0379	反馈边集合	feedback edge set	
02.0380	图的着色	graph coloring	
02.0381	停机问题	halting problem	
02.0382	堆	heap	
02.0383	堆排序	heap sort	
02.0384	原地	in-place	
02.0385	关联	incident	
02.0386	输入规模	input size	
02.0387	插入排序	insertion sort	
02.0388	内排序	internal sort	
02.0389	k 连通度	k-connectivity	
02.0390	KMP 算法	KMP algorithm	
02.0391	背包问题	knapsack problem	
02.0392	链表	linked list	
02.0393	循环链表	circular linked list	
02.0394	双向链表	doubly linked list	
02.0395	简单链表	simply linked list	
02.0396	表头	list head	
02.0397	归并	merge	
02.0398	归并插入	merge insertion	
02.0399	最小生成树	minimal spanning tree	
02.0400	最小回路	minimal tour	
02.0401	最优性	optimality	
02.0402	划分－交换排序	partition-exchange sort	

序　号	汉　文　名	英　文　名	注　　释
02.0403	路径	path	
02.0404	排列	permutation	
02.0405	平面性	planarity	
02.0406	前序	preorder	
02.0407	优先队列	priority queue	
02.0408	快速排序	quicksort	
02.0409	基数排序	radix sorting	
02.0410	可达性	reachability	
02.0411	可达性关系	reachability relation	
02.0412	递推关系	recurrence relation	
02.0413	替代选择	replacement selection	
02.0414	顺串	run	
02.0415	虚顺串	dummy run	
02.0416	锦标赛算法	tournament algorithm	
02.0417	顺序搜索	sequential search	
02.0418	谢尔排序	Shell sort	
02.0419	最短路径	shortest path	
02.0420	汇点	sink	
02.0421	空间需要〔量〕	space requirement	
02.0422	占用空间	space usage	
02.0423	时空权衡	space versus time trade-offs	
02.0424	生成树	spanning tree	
02.0425	稳定的排序算法	stable sorting algorithm	
02.0426	〔字符〕串匹配	string matching	
02.0427	强连通分支	strongly connected components	
02.0428	子图	subgraph	
02.0429	子集覆盖	subset cover	
02.0430	传递闭包	transitive closure	
02.0431	传递性	transitivity	
02.0432	图的遍历	traverse of graphs	
02.0433	树	tree	
02.0434	三连通分支	triconnected component	
02.0435	顶点覆盖	vertex cover	
02.0436	最坏情况分析	worst case analysis	
02.0437	并行算法	parallel algorithm	
02.0438	树网〔格〕	mesh of trees	
02.0439	正交树	orthogonal tree	

序 号	汉 文 名	英 文 名	注 释
02.0440	树连接结构	tree-connected structure	
02.0441	金字塔结构	pyramid structure	
02.0442	超立方体	hypercube	
02.0443	立方连接结构	cube-connected structure	
02.0444	q 维网格	q-dimensional lattice	
02.0445	立方[连接]环	cube-connected cycles	
02.0446	混洗交换	shuffle-exchange	
02.0447	蝶形[结构]	butterfly	
02.0448	比较器网络	comparator network	
02.0449	同步算法	synchronized algorithm	
02.0450	异步算法	asynchronous algorithm	
02.0451	分布式算法	distributed algorithm	
02.0452	VLSI 并行算法	VLSI parallel algorithm	"VLSI"意为"超大规模集成电路"。
02.0453	概率并行算法	probabilistic parallel algorithm	
02.0454	并行排序算法	parallel sorting algorithm	
02.0455	并行选择算法	parallel selection algorithm	
02.0456	并行外排序	parallel external sorting	
02.0457	分布式选择算法	distributed selection algorithm	
02.0458	分布式定序算法	distributed ranking algorithm	
02.0459	分布式排序算法	distributed sorting algorithm	
02.0460	选择网络	selection network	
02.0461	排序网络	sorting network	
02.0462	流水线算法	pipelining algorithm	
02.0463	划分算法	partitioning algorithm	
02.0464	松弛算法	relaxed algorithm	
02.0465	最优并行算法	optimal parallel algorithm	
02.0466	异步并行算法	asynchronous parallel algorithm	
02.0467	并行图论算法	parallel graph algorithm	
02.0468	同步并行算法	synchronized parallel algorithm	
02.0469	宏流水线算法	macropipelining algorithm	
02.0470	脉动算法	systolic algorithm	
02.0471	预调度算法	prescheduled algorithm	
02.0472	自调度算法	self-scheduled algorithm	
02.0473	路径折叠技术	path doubling technique	
02.0474	迭代改进	iterate improvement	
02.0475	树压缩技术	tree contraction technique	

序 号	汉 文 名	英 文 名	注 释
02.0476	零知识	zero-knowledge	
02.0477	零知识证明	zero-knowledge proof	
02.0478	完美零知识证明	perfect zero-knowledge proof	
02.0479	零知识交互式证明系统	zero-knowledge interactive proof system	
02.0480	随机归约[性]	random reducibility	
02.0481	平均归约[性]	average reducibility	
02.0482	随机自归约[性]	random self-reducibility	
02.0483	交互式协议	interactive protocol	
02.0484	交互式证明协议	interactive proof protocol	
02.0485	证明者	prover	
02.0486	验证者	verifier	
02.0487	加密协议	cryptographic protocol	
02.0488	位提交	bit commitment	
02.0489	模拟者	simulator	
02.0490	证据	witness	
02.0491	知识交互式证明系统	knowledge interactive proof system	
02.0492	语言成员证明系统	language membership proof system	
02.0493	完全性	completeness	
02.0494	知识提取器	knowledge extractor	
02.0495	安全识别	secure identification	
02.0496	平方剩余	quadratic residue	
02.0497	图同构	graph isomorphism	
02.0498	离散对数	discrete logarithm	
02.0499	识别项	identification item	
02.0500	报文加密	message passwording	
02.0501	交互式论证	interactive argument	
02.0502	完美零知识	perfect zero-knowledge	
02.0503	交互式证明	interactive proof	
02.0504	计算零知识	computational zero-knowledge	
02.0505	统计零知识	statistic zero-knowledge	
02.0506	量化知识复杂度	quantify knowledge complexity	
02.0507	零知识交互式论证	zero-knowledge interactive argument	

序 号	汉 文 名	英 文 名	注 释
02.0508	验证算法	verification algorithm	
02.0509	签名模式	signature scheme	
02.0510	签名算法	signature algorithm	
02.0511	证明	proof	
02.0512	伪造算法证明	proof of forgery algorithm	
02.0513	知识证明	knowledge proof	
02.0514	协议失败	protocol failure	
02.0515	平方非剩余	quadratic non-residue	
02.0516	平方剩余交互式证明系统	quadratic residues interactive proof system	
02.0517	伪造算法	forging algorithm	
02.0518	图同构的交互式证明系统	graph isomorphism interactive proof system	
02.0519	图的非同构	graph non-isomorphism	
02.0520	模糊集	fuzzy set	
02.0521	佩特里网	Petri net	
02.0522	网	net	
02.0523	无向网	indirected net	
02.0524	出现网	occurrence net	
02.0525	基网	underlying net	
02.0526	纯网	pure net	
02.0527	逆网	reverse net	
02.0528	对偶网	dual net	
02.0529	简单网	simple net	
02.0530	连通网	connected net	
02.0531	公平网	fair net	
02.0532	安全网	safe net	
02.0533	有界网	bounded net	
02.0534	K 有界网	K-bounded net	
02.0535	自由选择网	free choice net	
02.0536	有限网	finite net	
02.0537	无限网	infinite net	
02.0538	关系网	relation net	
02.0539	加标图	marked graph	
02.0540	子网	subnet	
02.0541	外延网	extension net	
02.0542	非对称选择网	asymmetric choice net	

序　号	汉　文　名	英　文　名	注　释
02.0543	网元	net element	
02.0544	位置	place	
02.0545	变迁	transition	
02.0546	事件	event	
02.0547	流关系	flow relation	
02.0548	多重集	multiset	
02.0549	多重关系	multirelation	
02.0550	前集	pre-set	
02.0551	后集	post-set	
02.0552	前[置]条件	precondition	
02.0553	后[置]条件	postcondition	
02.0554	外延	extension	
02.0555	伴随条件	side condition	
02.0556	逆变迁	reverse transition	
02.0557	有向弧	directed arc	
02.0558	抑止弧	inhibitor arc	
02.0559	容量函数	capacity function	
02.0560	权函数	weight function	
02.0561	并发关系	concurrency relation	
02.0562	自圈	selfloop	
02.0563	片	slice	
02.0564	状态机	state machine	
02.0565	标识	marking	
02.0566	初始标识	initial marking	
02.0567	网论	net theory	
02.0568	特殊网论	special net theory	
02.0569	通用网论	general net theory	
02.0570	同步[论]	synchrony	
02.0571	网拓扑	net topology	
02.0572	赋逻辑[论]	enlogy	
02.0573	局部确定[性]公理	local-deterministic axiom	
02.0574	外延公理	extension axiom	
02.0575	情态公理	case axiom	
02.0576	并发公理	concurrency axiom	
02.0577	网系统	net system	
02.0578	后继标识	successor marking	

序　号	汉 文 名	英 文 名	注　释
02.0579	可达标识	reachable marking	
02.0580	可达标识集	set of reachable markings	
02.0581	可达树	reachability tree	
02.0582	可达图	reachability graph	
02.0583	可覆盖树	coverability tree	
02.0584	可覆盖图	coverability graph	
02.0585	等式系统	equation system	
02.0586	变迁规则	transition rule	
02.0587	实施规则	firing rule	
02.0588	实施变迁	to fire a transition	
02.0589	关联矩阵	incident matrix	
02.0590	S 不变量[式]	S-invariant	
02.0591	T 不变量[式]	T-invariant	
02.0592	支持集	support set	
02.0593	冲突结构	conflict structure	
02.0594	状态方程	state equation	
02.0595	实施向量	firing count vector	
02.0596	可重复向量	repetitive vector	
02.0597	重复性	repetitiveness	
02.0598	守恒性	conservativeness	
02.0599	网化简	net reduction	
02.0600	网合成	net composition	
02.0601	网运算	net operation	
02.0602	网变换	net transformation	
02.0603	网语言	net language	
02.0604	弧标	arc label	
02.0605	标记流路	token flow path	
02.0606	迹语言	trace language	
02.0607	变迁序列	transition sequence	
02.0608	出现序列	occurrence sequence	
02.0609	活性	liveness	
02.0610	死变迁	dead transition	
02.0611	活变迁	live transition	
02.0612	有界性	boundedness	
02.0613	公平性	fairness	
02.0614	步	step	
02.0615	步长值	step value	

序 号	汉 文 名	英 文 名	注 释
02.0616	步可达性	reachability by step	
02.0617	步序列	step sequence	
02.0618	冻结标记	frozen token	
02.0619	基本网系统	elementary net system	
02.0620	条件－事件系统	condition/event system，C/E system	
02.0621	位置－变迁系统	place/transition system，P/T system	
02.0622	谓词－变迁系统	predicate/transition system	
02.0623	高级佩特里网	high level Petri net	
02.0624	着色佩特里网	colored Petri net	
02.0625	时间佩特里网	timed Petri net，time Petri net	
02.0626	个性标记	individual token	
02.0627	丛	constellation	
02.0628	发生权	concession	
02.0629	后继丛	follower constellation	
02.0630	情态集	case class	
02.0631	可重生标识	reproducible markings	
02.0632	家态	home state	
02.0633	向后可达性	backward reachability	
02.0634	向前可达性	forward reachability	
02.0635	顺序发生	sequential occurrence	
02.0636	冲突	conflict	
02.0637	冲撞	contact	
02.0638	网射	net morphism	
02.0639	保 P 映射	P-preserve mapping	
02.0640	保 F 映射	F-preserve mapping	
02.0641	网同构	net isomorphism	
02.0642	网折叠	net folding	
02.0643	网展开	net unfolding	
02.0644	事件依赖性	event dependence	
02.0645	事件独立性	event independence	
02.0646	线	line	
02.0647	绳	rope	
02.0648	N 稠密性	N-dense	
02.0649	K 稠密性	K-dense	
02.0650	自然序	natural order	

序　号	汉文名	英　文　名	注　释
02.0651	自然非序	natural disorder	
02.0652	跳	jump	
02.0653	S 完备化	S completion	
02.0654	变度	variance	
02.0655	同步距离	synchronic distance	
02.0656	挠进程	skew process	
02.0657	加权同步距离	weighted synchronic distance	
02.0658	T 完备化	T-completion	
02.0659	进程变迁	process transition	
02.0660	事实	fact	
02.0661	消解规则	resolution rule	
02.0662	扩张规则	expansion rule	
02.0663	事故变迁	violation transition	
02.0664	随机佩特里网	stochastic Petri nets	
02.0665	变迁实施速率	transition firing rate	
02.0666	广义随机佩特里网	generalized stochastic Petri net	
02.0667	时间变迁	timed transition	
02.0668	瞬时变迁	immediate transition	
02.0669	随机开关	random switching	
02.0670	实存状态	tangible state	
02.0671	消失状态	vanishing state	
02.0672	扩展随机佩特里网	extended stochastic Petri net	
02.0673	互斥变迁	exclusive transition	
02.0674	竞争变迁	competitive transition	
02.0675	并发变迁	concurrent transition	
02.0676	概率弧	probabilistic arc	
02.0677	计数选择弧	counter-alternate arc	
02.0678	随机高级佩特里网	stochastic high-level Petri net	
02.0679	复合标识	compound marking	
02.0680	个体标识	individual marking	
02.0681	标记类型	token type	
02.0682	标记变量	token variable	
02.0683	标识变量	marking variable	
02.0684	复合标记	compound token	

序 号	汉 文 名	英 文 名	注 释
02.0685	覆盖标识	covering marking	
02.0686	重复标识	duplicate marking	
02.0687	等价标识	equivalent marking	
02.0688	死标识	dead marking	
02.0689	等价标识变量	equivalent marking variable	
02.0690	确定和随机佩特里网	deterministic and stochastic Petri net	
02.0691	确定变迁	deterministic transition	
02.0692	指数变迁	exponential transition	
02.0693	受控佩特里网	controlled Petri net	
02.0694	禁止状态	forbidden state	
02.0695	受控标识图	controlled marking graphs	
02.0696	受控事件	controlled event	
02.0697	控制输入位置	control input place	
02.0698	无死锁性	deadlock-free	
02.0699	无饥饿性	starvation-free	
02.0700	加权 T 图	weighted T-graph	
02.0701	加权 S 图	weighted S-graph	
02.0702	可达标识图	reachable marking graph	
02.0703	标号可达树	labeled reachable tree	
02.0704	可达森林	reachable forest	
02.0705	结构有界性	structural boundedness	
02.0706	标号佩特里网	labeled Petri net	
02.0707	状态爆炸	state explosion	
02.0708	网层次	level of net	
02.0709	结点关系度	relation degree of node	
02.0710	［输］入度	input degree	
02.0711	［输］出度	output degree	
02.0712	宏结点	macro node	
02.0713	子网度	degree of subnet	
02.0714	子网层次	hierarchy of subnet	
02.0715	子网门	door of subnet	
02.0716	变迁子网	subnet of transition	
02.0717	位置子网	subnet of place	

03. 容错计算和计算机可靠性

序 号	汉 文 名	英 文 名	注 释
03.0001	N 版本编程	N-version programming	
03.0002	N 模冗余	N-modular redundancy, NMR	
03.0003	PMC 诊断模型	PMC model	
03.0004	α 测试	alpha test	
03.0005	β 测试	beta test	
03.0006	一致性	consistency	又称"相容性"。
03.0007	一致性测试	conformance testing	
03.0008	一致性重演	consistent replay	
03.0009	二叉判定图	binary decision diagram, BDD	
03.0010	［人为］干扰信号	jam signal	
03.0011	人为故障	human-made fault	
03.0012	三模冗余	triple modular redundancy, TMR	
03.0013	下载	download	
03.0014	内建自测试	built-in self-test, BIST	
03.0015	分布式容错	distributed fault-tolerance	
03.0016	分段确定性的	piece-wise deterministic, PWD	
03.0017	区分序列	distinguishing sequence	
03.0018	双机协同	double computer cooperation	
03.0019	双校三验	double error correction-three error detection	
03.0020	双路码	two-rail code	
03.0021	反向恢复	backward recovery	
03.0022	反射的面向对象编程	reflective object-oriented programming	
03.0023	初启序列	initializing sequence	
03.0024	无差错	error free	
03.0025	计算机辅助测试	computer-aided test, CAT	
03.0026	计算使用	computation use, c-use	
03.0027	贝叶斯分析	Bayes analysis	
03.0028	长期相关性	long-range dependence	
03.0029	主从复制	leader follower replication	
03.0030	功能故障	functional fault	

序　号	汉　文　名	英　文　名	注　释
03.0031	功能测试	functional test	
03.0032	加速测试	accelerated test	
03.0033	可存取性	accessibility	
03.0034	可观察性	observability	
03.0035	可诊断性	diagnosability	
03.0036	可信性	dependability	
03.0037	可信计算	dependable computing	
03.0038	可测试性	testability	
03.0039	可测试性设计	design for testability	
03.0040	可控制性	controllability	
03.0041	可靠性工程	reliability engineering	
03.0042	可靠性设计	reliability design	
03.0043	可靠性评价	reliability evaluation	
03.0044	可靠性度量	reliability measurement	
03.0045	可靠性统计	reliability statistics	
03.0046	可靠性预计	reliability prediction	
03.0047	可靠性增长	reliability growth	
03.0048	崩溃	crash	
03.0049	对角线测试	diagonal test	
03.0050	布尔过程	Boolean process	
03.0051	平均无故障时间	mean time to failure, MTTF	
03.0052	平均失效间隔时间	mean time between failure, MTBF	
03.0053	平均未崩溃时间	mean time to crash, MTTC	
03.0054	平均修复时间	mean time to repair, MTTR	
03.0055	永久故障	permanent fault	又称"固定故障"。
03.0056	汉明距离	Hamming distance	
03.0057	电平敏感扫描设计	level sensitive scan design	
03.0058	白箱测试	white box testing	
03.0059	纠错码	error correction code, ECC	
03.0060	边界扫描	boundary scan	
03.0061	边界检测	boundary detection	
03.0062	边缘	edge	
03.0063	边缘检测	edge detection	
03.0064	乒乓过程	ping-pong procedure	
03.0065	交互错误	interaction error	

序　号	汉　文　名	英　文　名	注　释
03.0066	交错路径	zigzag path	
03.0067	产品测试	product test	
03.0068	会话	conversation	
03.0069	全干扰	total-dose	
03.0070	关键计算	critical computation	
03.0071	动态冗余	dynamic redundancy	
03.0072	协同检查点	cooperative check point	
03.0073	同步序列	synchronizing sequence	
03.0074	回归测试	regression test	
03.0075	回送测试	loopback test	
03.0076	因果消息日志	causal message logging	
03.0077	多米诺效应	Domino effect	
03.0078	多芯片模块	multichip module, MCM	
03.0079	字冗余	word redundancy	
03.0080	安全停机	safe shutdown	
03.0081	并发模拟	concurrent simulation	又称"并发仿真"。
03.0082	并行模拟	parallel simulation	又称"并行仿真"。
03.0083	扫描设计	scan design	
03.0084	扫描输入	scan-in	
03.0085	扫描输出	scan-out	
03.0086	有效输入	valid input	
03.0087	死锁恢复	deadlock recovery	
03.0088	约瑟夫效应	Joseph effect	
03.0089	网知计算	network-aware computing	
03.0090	自动测试生成	automatic test pattern generation, ATPG	
03.0091	自动测试设备	automatic test equipment, ATE	
03.0092	自修理	self-repair	
03.0093	自测试	self-testing	
03.0094	自相似网络业务	self-similar network traffic	
03.0095	自检验	self-checking	
03.0096	设计多样性	design diversity	
03.0097	设计差错	design error	
03.0098	负载冒险模型	workload hazard model	
03.0099	过期检查点	obsolete checkpoint	
03.0100	初级输入	primary input	
03.0101	初级输出	primary output	

序 号	汉 文 名	英 文 名	注 释
03.0102	判定使用	predicate use, p-use	
03.0103	完全自检验	totally self-checking, TSC	
03.0104	完全恢复	full recovery	
03.0105	报酬分析	reward analysis	
03.0106	时延分配	delay assignment	
03.0107	时延偏差大小	delay defect size	
03.0108	时间延迟	delay	简称"时延"。
03.0109	时变布尔函数	timed Boolean function	
03.0110	更新过程	renewal process	
03.0111	更新报酬	renewal reward	
03.0112	穷举测试	exhaustive testing	
03.0113	系统诊断	system diagnosis	
03.0114	系统测试	system test	
03.0115	补偿事务[元]	compensating transaction	
03.0116	诊断	diagnosis	
03.0117	诊断系统	diagnostic system	
03.0118	诊断屏幕	diagnostic screen	
03.0119	诊断程序	diagnostic program	
03.0120	走步测试	walking test	
03.0121	运行剖面	operational profile	
03.0122	进化	evolution	
03.0123	进化检查	evolution checking	
03.0124	间歇故障	intermittent fault	
03.0125	单元测试	unit test	
03.0126	单向故障	unidirectional fault	
03.0127	单字节校正	single byte correction, SBC	
03.0128	单事件效应	single event effect, SEE	
03.0129	单事件锁定	single event latchup, SEL	
03.0130	单事件翻转	single event upset, SEU	
03.0131	单校双检	single error correction-double error detection	
03.0132	卷回传播	rollback propagation	
03.0133	卷回恢复	rollback recovery	
03.0134	参数故障	parameter fault	
03.0135	固定开路故障	stuck-open fault	
03.0136	固定型故障	stuck-at fault	
03.0137	孤儿消息	orphan message	

序 号	汉 文 名	英 文 名	注 释
03.0138	定时分析	timing analysis	
03.0139	征兆测试	syndrome testing	
03.0140	易失性检查点	volatile checkpoint	
03.0141	构件软件工程	component software engineering	
03.0142	波形流水线	wavepipeline	
03.0143	物理故障	physical fault	
03.0144	现场置换单元	field replacement unit	
03.0145	线性检测	linear detection	
03.0146	线确认	line justification	
03.0147	表决系统	voting system	
03.0148	质量和性能测试	quality and performance test	
03.0149	软件量度	software metric	
03.0150	软件可靠性工程	software reliability engineering	
03.0151	软差错	soft error	
03.0152	软硬件协同设计	hardware/software co-design	
03.0153	降级运行	degraded running	
03.0154	降级恢复	degraded recovery	
03.0155	非必然性	uncertainty	
03.0156	临界路径	critical path	
03.0157	信息冗余	information redundancy	
03.0158	冒险	hazard	
03.0159	复位序列	homing sequence	
03.0160	复原请求	resume requirement	
03.0161	屏蔽	masking	
03.0162	差错恢复	error recovery	
03.0163	检错	error detection	又称"差错检测"。
03.0164	检错码	error detection code, EDC	又称"差错检测码"。
03.0165	差错潜伏期	error latency	
03.0166	恢复	recovery	
03.0167	恢复块	recovery block	
03.0168	拜占庭弹回	Byzantine resilience	
03.0169	故障包容	fault containment	
03.0170	故障记录	failure logging	
03.0171	故障安全	fail-safe	又称"故障无碍"。
03.0172	故障收缩	fault collapsing	
03.0173	故障冻结	fail-frost	
03.0174	故障沉默	fail silent	

序 号	汉 文 名	英 文 名	注 释
03.0175	故障诊断	fault diagnosis	
03.0176	故障定位	fault location	
03.0177	故障注入	fault injection	
03.0178	症兆	symptom	故障现象。
03.0179	故障屏蔽	fault masking	
03.0180	故障查找	trouble shooting	
03.0181	故障测试	fault testing	
03.0182	故障弱化	fail-soft	
03.0183	故障停止失效	fail-stop failure	
03.0184	故障检测	fault detection	
03.0185	故障等效	fault equivalence	
03.0186	故障隔离	fault isolation	
03.0187	故障禁闭	fault confinement	
03.0188	故障辞典	fault dictionary	
03.0189	故障模拟	fault simulation	
03.0190	故障模型	fault model	
03.0191	故障覆盖率	fault-coverage rate	
03.0192	残错率	residual error rate	
03.0193	测试仪	tester	
03.0194	测试生成	test generation	
03.0195	测试用例	test case	
03.0196	测试存取端口	test access port	
03.0197	测试驱动器	test driver	
03.0198	测试响应	test response	
03.0199	测试套具	test suite	
03.0200	测试症候	test syndrome	
03.0201	测试综合	test synthesis	
03.0202	测试谕示	test oracle	
03.0203	相容收敛	consistency-convergent	
03.0204	突发噪声	noise burst	
03.0205	迷失消息	missing message	
03.0206	重汇聚扇出	reconvergent fan-out	
03.0207	重尾分布	heavy-tailed distribution	
03.0208	重定时	retiming	
03.0209	重定时变换	retiming transformation	
03.0210	重组	reintegration	
03.0211	重演	replay	

序　号	汉　文　名	英　文　名	注　释
03.0212	原子广播	atomic broadcasting	
03.0213	套具驱动器	suite driver	
03.0214	容错计算机	fault-tolerant computer	
03.0215	扇入	fan-in	
03.0216	扇出	fan-out	
03.0217	消息日志	message logging	
03.0218	特征分析	signature analysis	
03.0219	紧致测试	compact testing	
03.0220	诺亚效应	Noah effect	
03.0221	域	domain	
03.0222	基准	benchmark	
03.0223	敏化	sensitization	
03.0224	检查和	checksum	
03.0225	检查表	checklist	
03.0226	检查点	checkpoint	
03.0227	检测	detection	
03.0228	检验序列	checking sequence	
03.0229	检验板测试	checkboard test	
03.0230	检验器	checker	
03.0231	检错停机	check stop	
03.0232	维护延期	maintenance postponement	
03.0233	维修策略	maintenance policy	
03.0234	脱机测试	off-line test	
03.0235	逻辑模拟	logic simulation	
03.0236	随机测试	random testing	
03.0237	循环冗余检验	cycle redundancy check, CRC	
03.0238	程序正确性证明	proof of program correctness	
03.0239	联机测试执行程序	on-line test executive program, OLTEP	
03.0240	群集分析	cluster analysis	
03.0241	黑箱测试	black box testing	
03.0242	微诊断	microdiagnosis	
03.0243	数据多样性	data diversity	
03.0244	概率测试	probabilistic testing	
03.0245	瑕点	flaw	
03.0246	跨步测试	marching test	
03.0247	跳步测试	galloping test, leapfrog test	

序　号	汉　文　名	英　文　名	注　释
03.0248	输出提交	output commit	
03.0249	错误扩散	error extension	
03.0250	模式敏感性	pattern sensitivity	
03.0251	模式敏感故障	pattern sensitive fault	
03.0252	模块测试	module testing	
03.0253	演绎模拟	deductive simulation	
03.0254	稳定化协议	stabilizing protocol	
03.0255	算术平均测试	arithmetical mean test	
03.0256	裴波那契立方体	Fibonacci cube	
03.0257	谱分析	spectrum analysis	
03.0258	静态冗余	static redundancy	
03.0259	噪声清除	noise cleaning	
03.0260	操作测试	operational testing	又称"运行测试"。
03.0261	避错	fault avoidance	又称"故障避免"。
03.0262	瞬时故障	transient fault	
03.0263	覆盖测试	coverage test	

04. 体 系 结 构

序　号	汉　文　名	英　文　名	注　释
04.0001	冯·诺依曼体系结构	von Neumann architecture	
04.0002	计算机体系结构	computer architecture	
04.0003	并行计算机	parallel computer	
04.0004	大规模并行计算机	massively parallel computer, MPC	
04.0005	串行计算机	sequential computer	
04.0006	通用计算机	general purpose computer	
04.0007	专用计算机	special purpose computer	
04.0008	浮点计算机	floating-point computer	
04.0009	定点计算机	fixed-point computer	
04.0010	多地址计算机	multiple-address computer, multiaddress computer	
04.0011	单地址计算机	single-address computer	
04.0012	兼容计算机	compatible computer	

序 号	汉 文 名	英 文 名	注 释
04.0013	插接兼容计算机	plug-compatible computer	
04.0014	嵌入式计算机	embedded computer	
04.0015	实时计算机	real-time computer	
04.0016	仿真计算机	simulation computer	
04.0017	虚拟计算机	virtual computer	
04.0018	流水线计算机	pipeline computer	
04.0019	向量计算机	vector computer	
04.0020	标量计算机	scalar computer	
04.0021	阵列计算机	array computer	
04.0022	主从计算机	master/slave computer	
04.0023	对称[式]计算机	symmetric computer	
04.0024	数据流计算机	data-flow computer	
04.0025	控制流计算机	control-flow computer	
04.0026	分布[式]计算机	distributed computer	
04.0027	多计算机系统	multicomputer system	
04.0028	多处理机系统	multiprocessor system	
04.0029	单计算机系统	unicomputer system	
04.0030	高性能计算机	high performance computer	
04.0031	计算器	calculator	
04.0032	主机	mainframe	又称"特大型机"。
04.0033	外围计算机	peripheral computer	
04.0034	超标量结构	superscalar architecture	
04.0035	超流水线结构	superpipelined architecture	
04.0036	数组处理器	array processor	
04.0037	脉动阵列结构	systolic array architecture	
04.0038	面向对象的体系结构	object-oriented architecture	
04.0039	[宿]主机	host machine	
04.0040	目标机	target machine	
04.0041	虚拟机	virtual machine	
04.0042	精简指令集计算机	reduced instruction set computer, RISC	
04.0043	复杂指令集计算机	complex instruction set computer, CISC	
04.0044	沃伦抽象机	Warren abstract machine	

序　号	汉　文　名	英　文　名	注　释
04.0045	数据库机	database machine	
04.0046	归约机	reduction machine	
04.0047	图归约机	graph reduction machine	
04.0048	串归约机	string reduction machine	
04.0049	并行推理机	parallel inference machine	
04.0050	顺序推理机	sequential inference machine	
04.0051	连接机	connection machine	
04.0052	可重构系统	reconfigurable system	
04.0053	可变结构系统	variable-structured system	
04.0054	松[散]耦合系统	loosely coupled system	
04.0055	紧[密]耦合系统	tightly coupled system	
04.0056	输入输出处理器	I/O processor	
04.0057	标量处理器	scalar processor	
04.0058	虚拟处理器	virtual processor	
04.0059	多计算机	multicomputer	
04.0060	后精简指令集计算机	post-RISC	
04.0061	结构式多处理机系统	structured multiprocessor system	
04.0062	无共享的多处理器系统	shared nothing multiprocessor system	
04.0063	共享内存的多处理器系统	shared memory multiprocessor system	
04.0064	共享磁盘的多处理器系统	shared disk multiprocessor system	
04.0065	全共享的多处理器系统	shared everything multiprocessor system	
04.0066	对称[式]多处理机	symmetric multiprocessor, SMP	
04.0067	非对称[式]多处理机	asymmetric multiprocessor	
04.0068	同构[型]多处理机	homogeneous multiprocessor	
04.0069	异构[型]多处理机	heterogeneous multiprocessor	

序 号	汉 文 名	英 文 名	注 释
04.0070	关联处理机	associative processor	
04.0071	多关联处理机	multiassociative processor, MAP	
04.0072	混合[型]关联处理机	hybrid associative processor	
04.0073	系统维护处理机	system maintenance processor	
04.0074	附属处理器	attached processor	
04.0075	处理机利用[率]	processor utilization	
04.0076	处理机状态字	processor status word, PSW	
04.0077	调度监控计算机	scheduling monitor computer	
04.0078	管理计算机	supervisory computer	
04.0079	大规模并行处理	massively parallel processing, MPP	
04.0080	热备份机群	hot standby cluster	
04.0081	阻塞网络	blocking network	
04.0082	中断信号互连网络	interrupt-signal interconnection network, ISIN	
04.0083	带环立方体网络	3-cube connected-cycle network	
04.0084	单边网络	one-aside network	
04.0085	动态网络	dynamic network	
04.0086	网络带宽	network bandwidth	
04.0087	分布[式]多媒体系统	distributed multimedia system, DMS	
04.0088	机群	cluster	又称"群集"。
04.0089	异构机群	heterogeneous cluster	
04.0090	异构计算	heterogeneous computing	
04.0091	工作站机群	cluster of workstations, COW	
04.0092	工作站网络	network of workstations, NOW	
04.0093	并行操作环境	parallel operation environment, POE	
04.0094	并行虚拟机	parallel virtual machine	
04.0095	多处理器调度	scheduling of multiprocessor	
04.0096	并行性	parallelism	
04.0097	异步并行性	asynchronous parallelism	
04.0098	隐式并行性	implicit parallelism	
04.0099	显式并行性	explicit parallelism	
04.0100	并行化	parallelization	
04.0101	并行度	degree of parallelism	
04.0102	耦合度	coupling degree	

序　号	汉　文　名	英　文　名	注　释
04.0103	并行任务派生	parallel task spawning	
04.0104	并行指令队列	parallel instruction queue	
04.0105	蝶式排列	butterfly permutation	
04.0106	交换排列	exchange permutation	
04.0107	混洗	shuffle	
04.0108	全混洗	perfect shuffle	
04.0109	粗粒度	coarse grain	
04.0110	细粒度	fine grain	
04.0111	向量化	vectorization	
04.0112	向量化率	vectorization ratio	
04.0113	向量化编译器	vectorizing compiler	
04.0114	向量循环方法	vector looping method	
04.0115	冲突向量	collision vector	
04.0116	流水线	pipeline	
04.0117	向量流水线	vector pipeline	
04.0118	标量流水线	scalar pipeline	
04.0119	静态流水线	static pipeline	
04.0120	静态多功能流水线	static multifunctional pipeline	
04.0121	动态流水线	dynamic pipeline	
04.0122	线性流水线	linear pipeline	
04.0123	非线性流水线	non-linear pipeline	
04.0124	流水线效率	pipeline efficiency	
04.0125	建立时间	setup time	
04.0126	流过时间	flushing time	
04.0127	数据操纵网	data-manipulator network	
04.0128	n 立方体网	n-cube network	
04.0129	交叉开关网	crossbar network	
04.0130	移位网	shift network	
04.0131	循环网	recirculating network	
04.0132	静态网络	static network	
04.0133	多级	multistage	
04.0134	多级网络	multistage network	
04.0135	可重排网	rearrangeable network	
04.0136	对准网络	alignment network	
04.0137	集中控制	centralized control	
04.0138	分布[式]控制	distributed control	

序 号	汉 文 名	英 文 名	注 释
04.0139	先行控制	advanced control, look ahead control	
04.0140	开关网格	switch lattice	
04.0141	混洗交换网络	shuffle-exchange network	
04.0142	基准网络	baseline network	
04.0143	双边网络	two-aside network	
04.0144	三级网络	three stage network	
04.0145	逆完全混洗	inverse perfect shuffle	
04.0146	寻径函数	routing function	
04.0147	再聚合	reintegration	
04.0148	可恢复性	recoverability	
04.0149	同时性	simultaneity	
04.0150	空间局部性	spatial locality	
04.0151	时间局部性	temporal locality	
04.0152	程序局部性	program locality	
04.0153	分布[式]共享存储器	distributed shared memory, DSM	
04.0154	存储器层次	memory hierarchy	
04.0155	存储器带宽	bandwidth of memory	
04.0156	存储器平均访问时间	average memory access time	
04.0157	存储器数据寄存器	memory data register	
04.0158	存储器停顿	memory stall	
04.0159	存储器一致性	memory consistency	
04.0160	大容量存储器	bulk memory	
04.0161	高速缓存缺失	cache miss	
04.0162	处理单元存储器	processing element memory, PEM	
04.0163	变换旁查缓冲器	translation lookaside buffer, TLB	又称"[地址]转换后援缓冲器"。
04.0164	变换先行缓冲器	translation lookahead buffer	
04.0165	并发读并发写	concurrent read concurrent write, CRCW	
04.0166	多级高速缓存	multilevel cache	
04.0167	实寻址高速缓存	physically addressing cache	
04.0168	转移预测缓冲器	branch prediction buffer	
04.0169	工作存储器	work storage	

序 号	汉 文 名	英 文 名	注 释
04.0170	交叉存储器	interleaved memory	
04.0171	结构存储器	structural memory	
04.0172	并行存储器	parallel memory	
04.0173	并行查找存储器	parallel search memory	
04.0174	多端口存储器	multiport memory	
04.0175	多重存取存储器	multiaccess memory	
04.0176	缓冲寄存器	buffer storage	
04.0177	局部存储[器]	local memory	
04.0178	内部寄存器	internal storage, internal memory	
04.0179	虚拟存储[器]	virtual memory	
04.0180	虚拟空间	virtual space	
04.0181	存储媒体	storage media	
04.0182	存储体冲突	bank conflict	
04.0183	存储器冲突	memory conflict	
04.0184	交叉存取	interleaving access	
04.0185	多维存取	multidimensional access, MDA	
04.0186	内存保护	memory protection	
04.0187	段式存储系统	segmented memory system	
04.0188	页式存储系统	paged memory system	
04.0189	页表	page table	
04.0190	页[面]失效	page fault	
04.0191	替换策略	replacement policy	
04.0192	最近最少使用	least recently used, LRU	
04.0193	访问局部性	locality of reference	又称"访问局守性"。
04.0194	高速缓存	cache	全称"高速缓冲存储器"。
04.0195	高速缓存冲突	cache conflict	
04.0196	高速缓存一致性	cache coherence	
04.0197	命中率	hit ratio	
04.0198	动态地址转换	dynamic address translation	
04.0199	地址映射	address mapping	
04.0200	直接映射	direct mapping	
04.0201	段映射	sector mapping	
04.0202	全相联映射	fully-associative mapping	
04.0203	组相联映射	set-associative mapping	
04.0204	全高速缓存存取	cache only memory access, COMA	
04.0205	全局一致性存储	global coherent memory, GCM	

序 号	汉 文 名	英 文 名	注 释
	器		
04.0206	全相联高速缓存	fully-associative cache	
04.0207	读后写	write after read, WAR	
04.0208	高速缓存块替换	cache block replacement	
04.0209	高速缓存一致性协议	cache coherent protocol	
04.0210	单一编址空间	single addressing space	
04.0211	共享虚拟存储器	shared virtual memory, SVM	
04.0212	换名缓冲器	rename buffer	
04.0213	逆变换缓冲器	inverse translation buffer, ITB	
04.0214	弱一致性模型	weak consistency model	
04.0215	顺序一致性模型	sequential consistency model	
04.0216	地址变换	address translation	
04.0217	映射地址	mapping address	
04.0218	文件存储器	file memory	
04.0219	写更新协议	write update protocol	
04.0220	写广播	write broadcast	
04.0221	写后写	write after write, WAW	
04.0222	写回	write back	
04.0223	写直达	write through	又称"写通过"。
04.0224	写无效	write invalidate	
04.0225	直接相联高速缓存	direct-associative cache	
04.0226	行主向量存储	row-major vector storage	
04.0227	虚寻址高速缓存	virtually addressing cache	
04.0228	虚页号	virtual page number	
04.0229	组相联高速缓存	set-associative cache	
04.0230	最近最少使用替换算法	least recently used replacement algorithm	
04.0231	可变分区	variable partition	
04.0232	页模式	page mode	
04.0233	均匀存储器访问	uniform memory access	
04.0234	虚跨步	virtual cut-through	
04.0235	水平处理	horizontal processing	
04.0236	垂直处理	vertical processing	
04.0237	单指令[流]单数据流	single-instruction [stream] single-data stream, SISD	

序　号	汉　文　名	英　文　名	注　释
04.0238	单指令[流]多数据流	single-instruction [stream] multiple-data stream, SIMD	
04.0239	多指令[流]单数据流	multiple-instruction [stream] single-data stream, MISD	
04.0240	多指令[流]多数据流	multiple-instruction [stream] multiple-data stream, MIMD	
04.0241	控制驱动	control-driven	
04.0242	相关驱动	dependence-driven	
04.0243	需求驱动	demand-driven	
04.0244	事件驱动	event-driven	
04.0245	性能评价	performance evaluation	
04.0246	资源重复	resource-replication	
04.0247	保留站	reservation station	
04.0248	随机调度	random schedule	
04.0249	抢先调度	preemptive schedule	
04.0250	数据一致性	data consistency	
04.0251	数据权标	data token	
04.0252	寻址方式	addressing mode	
04.0253	静态重定位	static relocation	
04.0254	动态重定位	dynamic relocation	
04.0255	程序重定位	program relocation	
04.0256	内核程序	kernel program	
04.0257	内核语言	kernel language	
04.0258	重新安装	reinstallation	
04.0259	重入监督码	reentrant supervisory code	
04.0260	计算包封	computational envelope	
04.0261	操作包	operation packet	
04.0262	进程存储器开关表示	process-memory-switch representation, PMS representation	简称"PMS 表示"。
04.0263	标准程序法	standard program approach	
04.0264	递归向量指令	recursive vector instruction	
04.0265	指令相关性	instruction dependency	
04.0266	静态相关性检查	static coherence check	
04.0267	动态相关性检查	dynamic coherence check	
04.0268	排队模型	queuing model	
04.0269	关键路径	critical path	
04.0270	响应分析	response analysis	

序 号	汉 文 名	英 文 名	注 释
04.0271	加速比	speed-up ratio	
04.0272	预取技术	prefetching technique	
04.0273	推迟转移技术	postponed-jump technique	
04.0274	重叠寄存器窗口	overlapping register window	
04.0275	华莱士树	Wallace tree	
04.0276	上播状态	upper broadcast state	
04.0277	下播状态	lower broadcast state	
04.0278	时间重叠	time overlapping	
04.0279	时空图	space-time diagram	
04.0280	预约表	reservation table	
04.0281	禁止表	forbidden list	
04.0282	条件同步	conditional synchronization	
04.0283	条件临界段	conditional critical section	
04.0284	控制总线	control bus	
04.0285	比较器	comparator	
04.0286	表决器	voter	
04.0287	仲裁单元	arbitration unit	
04.0288	开关枢纽	switching tie	
04.0289	阵列控制部件	array control unit	
04.0290	相关控制部件	correlation control unit	
04.0291	大于搜索	great-than search	
04.0292	被调用者	callee	
04.0293	比较并交换	compare and swap	
04.0294	边缘触发时钟	edge-triggered clocking	
04.0295	虫孔寻径	wormhole routing	又称"虫蚀寻径"。
04.0296	处理器一致性模型	processor consistency model	
04.0297	单程序流多数据流	single program stream multiple data stream, SPMD	
04.0298	单点故障	single point of failure	
04.0299	单点控制	single point of control	
04.0300	单入口点	single entry point	
04.0301	单系统映像	single system image, SSI	
04.0302	调用者	caller	
04.0303	动态转移预测	dynamic branch prediction	
04.0304	多程序[流]多数据[流]	multiple program multiple data	

序　号	汉　文　名	英　文　名	注　释
04.0305	多指令发射	multiinstruction issue	
04.0306	多周期实现	multicycle implementation	
04.0307	非计算延迟	non-compute delay	
04.0308	非均匀存储器存取	non-uniform memory access, NUMA	
04.0309	非远程存储器存取	non-remote memory access	
04.0310	交叉开关	crossbar	
04.0311	非阻塞交叉开关	non-blocking crossbar	
04.0312	浮点处理单元	floating-point processing unit, FPU	
04.0313	高性能计算和通信	high performance computing and communication, HPCC	
04.0314	字并行位并行	word-parallel and bit-parallel, WPBP	
04.0315	字并行位串行	word-parallel and bit-serial, WPBS	
04.0316	字串行位并行	word-serial and bit-parallel, WSBP	
04.0317	字串行位串行	word-serial and bit-serial, WSBS	
04.0318	字片	word slice	
04.0319	哈佛结构	Harvard structure	
04.0320	级控	stage control	
04.0321	加载和存储体系结构	load/store architecture	
04.0322	结构冲突	structural hazard	
04.0323	自动并行化	automatic parallelization	
04.0324	障栅同步	barrier synchronization	
04.0325	阵列处理	array processing	
04.0326	阵列流水线	array pipeline	
04.0327	向量超级计算机	vector supercomputer	
04.0328	向量处理器	vector processor	
04.0329	向量屏蔽	vector mask	
04.0330	向量指令	vector instruction	
04.0331	主干总线	backbone bus	
04.0332	中断驱动输入输出	interrupt-driven I/O	
04.0333	总线仲裁	bus arbitration	
04.0334	几何平均	geometric mean	
04.0335	控制冲突	control hazard	

序 号	汉 文 名	英 文 名	注 释
04.0336	快速消息	fast message	
04.0337	指令级并行	instruction level parallelism, ILP	
04.0338	指令流	instruction stream	
04.0339	零拷贝协议	zero copy protocol	
04.0340	流水线互锁控制	pipeline interlock control	
04.0341	流水线排空	draining of pipeline	
04.0342	流水线数据冲突	pipeline data hazard	
04.0343	流水线停顿	pipeline stall	
04.0344	按序提交	in-order commit	
04.0345	按序执行	in-order execution	
04.0346	乱序提交	out-of-order commit	
04.0347	乱序执行	out-of-order execution	
04.0348	脉动阵列	systolic arrays	
04.0349	转发	forwarding	
04.0350	转移历史表	branch history table	
04.0351	转移目标地址	branch target address	
04.0352	延迟转移	delayed branch	
04.0353	转移延迟槽	branch delay slot	
04.0354	转移预测	branch prediction	
04.0355	条件冲突	branch hazard	
04.0356	内部转发	inter forwarding	
04.0357	下一状态计数器	next-state counter	
04.0358	先行算法	look ahead algorithm	
04.0359	释放一致性模型	release consistency model	
04.0360	数据并行性	data parallelism	
04.0361	数据冲突	data hazard	
04.0362	数据通路	data path	
04.0363	数据相关冲突〔危险〕	data-dependent hazard	
04.0364	数字信号处理器	digital signal processor, DSP	
04.0365	消息传递接口〔标准〕	message passing interface, MPI	
04.0366	消息传递库	message passing library, MPL	
04.0367	外围处理机	peripheral processor	
04.0368	虚拟终端	virtual terminal	
04.0369	虚拟磁盘系统	virtual disk system	
04.0370	单总线	unibus	

序 号	汉 文 名	英 文 名	注 释
04.0371	多总线	multibus	
04.0372	包交换总线	packet switched bus	
04.0373	通用接口总线	general purpose interface bus	
04.0374	周期窃取	cycle stealing	
04.0375	直接存储器存取	direct memory access, DMA	
04.0376	中断机制	interrupt mechanism	
04.0377	向量中断	vector interrupt	
04.0378	屏蔽寄存器	masking register	
04.0379	通道适配器	channel adapter	
04.0380	智能输入输出接口	intelligent I/O interface	
04.0381	可编程通信接口	programmable communication interface	
04.0382	循环展开	loop unrolling	
04.0383	等待避免	latency avoidance	
04.0384	延迟加载	delayed load	
04.0385	等待隐藏	latency hiding	
04.0386	旁路	bypassing	
04.0387	摩尔定律	Moore law	
04.0388	乒乓模式	ping pong scheme	
04.0389	平均指令周期数	cycles per instruction, CPI	
04.0390	屏蔽向量	masking vector	
04.0391	贪心周期	greedy cycle	
04.0392	奇偶归并排序	odd-even merge sort	
04.0393	起始间隔集合	initiation interval set	
04.0394	迁移开销	migration overhead	
04.0395	开关箱	switch box	
04.0396	任务图	task graph	
04.0397	扇出模块	fan-out modular	
04.0398	上下文切换	context switch	
04.0399	蛇形行主编号	snake-like row-major indexing	
04.0400	时间同步问题	time synchronization problem	
04.0401	算术平均	arithmetic mean	
04.0402	微内核操作系统	microkernel OS	
04.0403	潜伏时间	latency	又称"等待时间"。
04.0404	双模冗余	duplication redundancy	
04.0405	系统对	system pair	

序号	汉文名	英文名	注释
04.0406	处理机对	processor pair	
04.0407	故障覆盖	fault-coverage	
04.0408	测试[码]模式	test pattern	
04.0409	推理步	inference step	
04.0410	合一部件	unification unit	
04.0411	线延迟	wire delay	
04.0412	芯件	chipware	
04.0413	白消耗周期	wasted cycle	
04.0414	硬件多线程	hardware multithreading	
04.0415	硬连线控制	hardwired control	
04.0416	阈值搜索	threshold search	
04.0417	原子操作	atomicity operation	
04.0418	圆片规模集成	wafer-scale integration	
04.0419	中间件	middleware	
04.0420	IEEE 754 浮点标准	IEEE 754 floating-point standard	
04.0421	N 体问题	N-body problem	
04.0422	阿姆达尔定律	Amdahl's law	
04.0423	布思算法	Booth's algorithm	
04.0424	系统可用性	system availability	
04.0425	缺失率	miss rate	
04.0426	缺失损失	miss penalty	
04.0427	故障处理	fault handling	
04.0428	无故障	fault-free	
04.0429	故障切换	fail-over	
04.0430	工业标准体系结构	industry standard architecture, ISA	
04.0431	工业标准结构总线	ISA bus	
04.0432	扩充的工业标准结构	extended industry standard architecture, EISA	
04.0433	扩充的工业标准结构总线	EISA bus	
04.0434	PCI 局部总线	peripheral component interconnection local bus	
04.0435	标量	scalar	
04.0436	向量	vector	

序　号	汉　文　名	英　文　名	注　释
04.0437	阵列	array	
04.0438	超标量	superscalar	
04.0439	超流水线	superpipeline	
04.0440	顺序处理	sequential processing	
04.0441	并行处理	parallel processing	
04.0442	重叠处理	overlap processing	
04.0443	总线结构	bus structure	
04.0444	个人计算机存储卡国际协会	Personal Computer Memory Card International Association, PCMCIA	
04.0445	PCMCIA 卡	PCMCIA card	
04.0446	并行端口	parallel port	
04.0447	串行端口	serial port	
04.0448	冷启动	cold start	
04.0449	热启动	warm start	
04.0450	通用串行总线	universal serial bus, USB	
04.0451	对称[式]多处理器	symmetric multiprocessor, SMP	
04.0452	磁盘高速缓存	disk cache	
04.0453	菊花链	daisy chain	
04.0454	偏移量	offset	
04.0455	下溢	underflow	
04.0456	中断向量	interrupt vector	
04.0457	中断向量表	interrupt vector table	
04.0458	可屏蔽中断	maskable interrupt	
04.0459	掩码	mask	
04.0460	机器码	machine code	
04.0461	二进制运算	binary operation	
04.0462	规格化	normalization	
04.0463	舍入误差	rounding error	
04.0464	截断误差	truncation error	
04.0465	双精度	double precision	
04.0466	门	gate	
04.0467	与门	AND gate	
04.0468	与非门	NAND gate	
04.0469	或门	OR gate	
04.0470	或非门	NOR gate	

序　号	汉　文　名	英　文　名	注　释
04.0471	非门	NOT gate	
04.0472	异[或]门	exclusive-OR gate	
04.0473	多数决定门	majority gate	
04.0474	门阵列	gate array	
04.0475	门延迟	gate delay	
04.0476	延迟时间	delay time	
04.0477	组合逻辑电路	combinational logic circuit	
04.0478	触发器	flip-flop, trigger	
04.0479	单稳触发电路	monostable trigger circuit	
04.0480	双稳触发电路	bistable trigger circuit	
04.0481	锁存器	latch	
04.0482	计数器	counter	
04.0483	寄存器	register	
04.0484	寄存器长度	register length	
04.0485	移位器	shifter	
04.0486	逻辑电路	logic circuit	
04.0487	硬连线逻辑[电路]	hardwired logic	
04.0488	通用阵列逻辑[电路]	generic array logic, GAL	
04.0489	可编程阵列逻辑[电路]	programmable array logic, PAL	
04.0490	专用集成电路	application specific integrated circuit, ASIC	
04.0491	可编程逻辑器件	programmable logic device, PLD	
04.0492	可编程逻辑阵列	programmable logic array, PLA	
04.0493	现场可编程门阵列	field programmable gate array, FPGA	
04.0494	定点运算	fixed-point operation	
04.0495	浮点运算	floating-point operation	
04.0496	逻辑运算	logic operation	
04.0497	对偶运算	dual operation	
04.0498	等价运算	equivalence operation	
04.0499	算术运算	arithmetic operation	
04.0500	算术上溢	arithmetic overflow	
04.0501	算术下溢	arithmetic underflow	
04.0502	进位	carry	

序　号	汉　文　名	英　文　名	注　释
04.0503	〔成〕组进位	group carry	
04.0504	循环进位	end-around carry	
04.0505	循环借位	end-around borrow	
04.0506	循环移位	cyclic shift, end-around shift	
04.0507	算术移位	arithmetic shift	
04.0508	逻辑移位	logical shift	
04.0509	左移	shift left	
04.0510	右移	shift right	
04.0511	移入	shift-in	
04.0512	移出	shift-out	
04.0513	顺序操作	sequential operation	
04.0514	并行操作	parallel operation	
04.0515	串行加法	serial addition	
04.0516	加法器	adder	
04.0517	半加器	half adder	
04.0518	并行加法器	parallel adder	
04.0519	串行加法器	serial adder	
04.0520	全加器	full adder	
04.0521	累加器	accumulator	
04.0522	减法器	subtracter	
04.0523	半减器	half subtracter	
04.0524	全减器	full subtracter	
04.0525	乘法器	multiplier	
04.0526	布思乘法器	Booth multiplier	
04.0527	除法器	divider	
04.0528	乘商寄存器	multiplier-quotient register	
04.0529	补码器	complementer	
04.0530	加减器	adder-subtracter	
04.0531	通用寄存器	general purpose register	
04.0532	运算寄存器	arithmetic register	
04.0533	逻辑部件	logic unit	
04.0534	算术逻辑部件	arithmetic and logic unit, ALU	
04.0535	运算流水线	arithmetic pipeline	
04.0536	指令码	instruction code	
04.0537	指令字	instruction word	
04.0538	指令周期	instruction cycle	
04.0539	指令格式	instruction format	

序　号	汉　文　名	英　文　名	注　释
04.0540	指令预取	instruction prefetch	
04.0541	机器指令	machine instruction	
04.0542	转移指令	jump instruction	
04.0543	分支指令	branch instruction	
04.0544	移位指令	shift instruction	
04.0545	空操作指令	no-op instruction	
04.0546	指令寄存器	instruction register	
04.0547	指令地址寄存器	instruction address register	
04.0548	时钟寄存器	clock register	
04.0549	程序寄存器	program register	
04.0550	地址寄存器	address register	
04.0551	移位寄存器	shift register	
04.0552	指令计数器	instruction counter	
04.0553	程序计数器	program counter	
04.0554	字计数	word count	
04.0555	指令流水线	instruction pipeline	
04.0556	操作码	operation code	
04.0557	操作数	operand	
04.0558	操作表	operation table	
04.0559	编址	addressing	又称"定址"。
04.0560	寻址	addressing	
04.0561	相对地址	relative address	
04.0562	绝对地址	absolute address	
04.0563	间接地址	indirect address	
04.0564	立即地址	immediate address	
04.0565	地址格式	address format	
04.0566	外[部]中断	external interrupt	
04.0567	内[部]中断	internal interrupt	
04.0568	中断请求	interrupt request	
04.0569	禁止中断	interrupt disable	
04.0570	允许中断	interrupt enable	
04.0571	中断屏蔽	interrupt mask	
04.0572	中断寄存器	interrupt register	
04.0573	指令栈	instruction stack	
04.0574	微程序设计	microprogramming	
04.0575	微程序控制	microprogrammed control	
04.0576	先行指令站	advanced instruction station	

序 号	汉 文 名	英 文 名	注 释
04.0577	时钟	clock	
04.0578	主时钟	master clock	
04.0579	时钟脉冲	clock pulse	
04.0580	时钟脉冲发生器	clock-pulse generator	
04.0581	定时脉冲分配器	timing pulse distributor	
04.0582	间隔计时器	interval timer	
04.0583	基址寄存器	base register	
04.0584	变址	index	
04.0585	变址寄存器	index register, modifier register	
04.0586	编码器	encoder	
04.0587	译码器	decoder	
04.0588	运算控制器	operation control unit	
04.0589	指令控制器	instruction control unit	
04.0590	数据通道	data channel	
04.0591	选择通道	selector channel	
04.0592	多路转换通道	multiplexor channel	
04.0593	字节多路转换通道	byte multiplexor channel	
04.0594	字组多路转换通道	block multiplexor channel	
04.0595	通道控制器	channel controller	
04.0596	通道接口	channel interface	
04.0597	自主通道操作	autonomous channel operation	
04.0598	串化器	serializer	又称"并串行转换器"。
04.0599	串并[行]转换	serial-parallel conversion	
04.0600	串并转换器	serial-parallel converter	
04.0601	自检电路	self-checking circuit	
04.0602	边缘检验	marginal check	
04.0603	重复检验	duplication check	
04.0604	溢出检查	overflow check	
04.0605	测试例程	test routine	
04.0606	计算机实现	computer implementation	
04.0607	指令集体系结构	instruction set architecture, ISA	
04.0608	系统中央处理器时间	system CPU time	简称"系统CPU时间"。
04.0609	用户中央处理器	user CPU time	简称"用户CPU时间"。

序　号	汉　文　名	英　文　名	注　释
	时间		
04.0610	时钟周期	clock cycle, clock tick, clock period	
04.0611	数据传输指令	data transfer instruction	
04.0612	基本块	basic block	
04.0613	伪指令	pseudo-instruction	
04.0614	程序存储计算机	stored-program computer	
04.0615	粘着位	sticky bit	
04.0616	提交单元	commit unit	
04.0617	不精确中断	imprecise interrupt	
04.0618	下指令字部	next instruction parcel, NIP	
04.0619	代码生成	code generation	
04.0620	代码移动	code motion	
04.0621	进位传递加法器	carry-propagation adder, CPA	
04.0622	保留进位加法器	carry-save adder, CSA	
04.0623	指令处理部件	instruction processing unit, IPU	
04.0624	除法回路	divide loop	
04.0625	较低指令字部	lower instruction parcel	
04.0626	通道命令字	channel command word, CCW	
04.0627	通道和仲裁开关	channel and arbiter switch, CAS	
04.0628	累加寄存器	accumulator register, ACAR	

05. 外 围 设 备

序　号	汉　文　名	英　文　名	注　释
05.0001	输入输出设备	input/output device, input/output equipment	
05.0002	外存储器	external storage	
05.0003	终端设备	terminal device, terminal equipment	简称"终端"。
05.0004	脱机设备	off-line equipment	
05.0005	输入设备	input device, input equipment, input unit	
05.0006	输出设备	output device, output equipment, output unit	

序 号	汉 文 名	英 文 名	注 释
05.0007	控制器	controller	
05.0008	直接存取	direct access	
05.0009	顺序存取	sequential access	
05.0010	随机存取	random access	
05.0011	存取机构	access mechanism	
05.0012	存取方法	access method	
05.0013	存取时间	access time	
05.0014	平均寻道时间	average seek time	
05.0015	加速时间	acceleration time	
05.0016	减速时间	deceleration time	
05.0017	定位时间	positioning time	
05.0018	稳定时间	settling time	
05.0019	介质	media	存储材料。
05.0020	媒体	media	表现形式。
05.0021	数据媒体	data medium	
05.0022	介质转换	media conversion	
05.0023	磁记录介质	magnetic recording medium	
05.0024	磁表面记录	magnetic surface recording	
05.0025	数字磁记录	digital magnetic recording	
05.0026	接触式磁记录	contact magnetic recording	
05.0027	非接触式磁记录	non-contact magnetic recording	
05.0028	纵向磁记录	longitudinal magnetic recording	
05.0029	垂直磁记录	perpendicular magnetic recording, vertical magnetic recording	
05.0030	饱和磁记录	saturation magnetic recording	
05.0031	非饱和磁记录	non-saturation magnetic recording	
05.0032	方位角磁记录	azimuth magnetic recording	
05.0033	成组传送速率	burst rate	
05.0034	记录方式	recording mode	
05.0035	归零制	return-to-zero, RZ	
05.0036	不归零制	non-return-to-zero, NRZ	
05.0037	不归零 1 制	non-return-to-zero change on one, NRZ1	又称"逢 1 变化不归零制"。
05.0038	调相［制］	phase modulation, PM	
05.0039	调频［制］	frequency modulation, FM	
05.0040	改进调频［制］	modified frequency modulation, MFM	

序 号	汉 文 名	英 文 名	注 释
05.0041	编码方法	encoding method	
05.0042	行程长度受限码	run-length limited code, RLLC	曾称"游程长度受限码"。
05.0043	(2,7)码	(2,7) code	全称"(2,7)行程长度受限码"。
05.0044	相位编码	phase encoding, PE	
05.0045	成组编码记录	group coded recording, GCR	
05.0046	区位记录	zone bit recording, ZBR	
05.0047	编码效率	coding efficiency	
05.0048	密度比率	density ratio	
05.0049	记录密度	recording density	
05.0050	位密度	bit density	
05.0051	道密度	track density	
05.0052	面密度	area density	
05.0053	冒脉冲	extra pulse	
05.0054	漏脉冲	missing pulse	
05.0055	冒码	drop-in	
05.0056	漏码	drop-out	
05.0057	写前补偿	write precompensation, prewrite compensation	
05.0058	盖写	overwrite	
05.0059	位脉冲拥挤	bit pulse crowding	
05.0060	峰位漂移	peak shift	
05.0061	读均衡	read equalization	
05.0062	峰值检测	peak detection	
05.0063	道间串扰	inter track crosstalk	
05.0064	自同步[时钟]	self-clocking	
05.0065	缺陷跳越	defect skip	
05.0066	均衡器	equalizer	
05.0067	过零检测器	zero crossing detector	
05.0068	幅度检测	amplitude detection	
05.0069	磁盘	magnetic disk, disk	简称"盘"。
05.0070	盘[片]组	disk pack	
05.0071	硬磁盘	hard disk, rigid disk	简称"硬盘"。
05.0072	软磁盘	floppy disk, flexible disk, diskette	简称"软盘"。
05.0073	溅射膜盘	sputtered film disk	全称"溅射薄膜磁盘"。

序 号	汉 文 名	英 文 名	注 释
05.0074	盒式磁盘	cartridge disk	
05.0075	电镀膜盘	plating film disk, electroplated film disk	全称"电镀薄膜磁盘"。
05.0076	薄膜磁盘	thin film disk, film disk	
05.0077	涂覆磁盘	coating disk	
05.0078	[磁]盘驱动器	magnetic disk drive	简称"盘驱"。
05.0079	硬盘驱动器	hard disk drive, HDD	
05.0080	软盘驱动器	floppy disk drive, FDD	简称"软驱"。
05.0081	磁盘控制器	magnetic disk controller	
05.0082	磁盘适配器	magnetic disk adapter	
05.0083	温切斯特技术	Winchester technology	
05.0084	温[切斯特]盘驱动器	Winchester disk drive	
05.0085	头盘组合件	head disk assembly, HDA	
05.0086	格式化容量	formatted capacity	
05.0087	未格式化容量	unformatted capacity	
05.0088	磁道	magnetic track	
05.0089	磁道中心距	track center-to-center spacing	
05.0090	磁道宽度	track width	
05.0091	柱面	cylinder	
05.0092	零道	zero track	
05.0093	扇区	sector	又称"扇段"。
05.0094	磁道格式	track format	
05.0095	硬扇区格式	hard sectored format	
05.0096	软扇区格式	soft sectored format	
05.0097	格式化	formatting	
05.0098	低级格式化	low level formatting	
05.0099	逻辑格式化	logical formatting	
05.0100	交错因子	interleave factor	
05.0101	分区	partition	
05.0102	[磁盘]记录块	fragmentation	
05.0103	即插即用	plug and play	
05.0104	磁盘划伤	disk crash	
05.0105	热插拔	hot plug	
05.0106	恒线速度	constant linear velocity, CLV	
05.0107	恒角速度	constant angular velocity, CAV	
05.0108	分区恒角速度	zoned constant angular velocity,	

序　号	汉　文　名	英　文　名	注　　释
		ZCAV	
05.0109	飞行高度	flight height	
05.0110	浮动块	slider	
05.0111	存取臂	access arm	
05.0112	头盘界面	head/disk interface	
05.0113	[磁盘]小车	carriage	
05.0114	主轴	spindle	
05.0115	音圈电机	voice coil motor	
05.0116	伺服电机	servo motor	
05.0117	磁头加载区	head loading zone	
05.0118	磁头起落区	head landing zone	
05.0119	磁头卸载区	head unloading zone	
05.0120	卸载区	unload zone	
05.0121	接触起停	contact start stop, CSS	
05.0122	归零[道]	return to zero, RTZ [track]	
05.0123	寻道时间	seek time	又称"查找时间"。
05.0124	寻道	seek, track seeking	又称"查找"。
05.0125	定位	positioning	
05.0126	粗定位	coarse positioning	
05.0127	精定位	fine positioning	
05.0128	偏调	offset	
05.0129	位置偏差信号	position error signal, PES	
05.0130	执行机构	actuator	
05.0131	磁头加载机构	head loading mechanism	
05.0132	磁头定位机构	head positioning mechanism	
05.0133	磁道跟踪伺服系统	track following servo system	
05.0134	伺服道录写器	servo track writer, STW	
05.0135	埋层伺服	buried servo	
05.0136	扇区伺服	sector servo	
05.0137	嵌入伺服	embedded servo	
05.0138	面伺服	surface servo	
05.0139	双位编码	dibit encoding	
05.0140	三位编码	tribit encoding	
05.0141	索引[信号]	index	
05.0142	往复寻道[测试]	accordion seek	

序　号	汉　文　名	英　文　名	注　释
05.0143	定位重复误差	position repetitive error	
05.0144	热校正	thermal recalibration	
05.0145	磁盘双工	disk duplexing	
05.0146	磁盘镜像	disk mirroring	
05.0147	磁盘阵列	disk array	
05.0148	磁盘冗余阵列	redundant arrays of inexpensive disks, RAID	
05.0149	增强型小设备接口	enhanced small device interface, ESDI	简称"ESDI 接口"。
05.0150	小计算机系统接口	small computer system interface, SCSI	简称"SCSI 接口"。
05.0151	存储模块驱动器接口	storage module drive interface, SMD interface	简称"SMD 接口"。
05.0152	智能外围接口	intelligent peripheral interface, IPI	简称"IPI 接口"。
05.0153	空白软盘	blank diskette	
05.0154	读写孔	access hole	软盘的。
05.0155	磁头读写槽	head slot	软盘的。
05.0156	索引孔	index hole	
05.0157	索引标志	index marker	
05.0158	软盘套	disk jacket	5.25 英寸的。
05.0159	软盘纸套	disk envelop	5.25 英寸的。
05.0160	倍密度软盘	double-density diskette	
05.0161	高密度软盘	high-density diskette	
05.0162	铁氧体薄膜〔磁〕盘	ferrite film disk	
05.0163	调整用软盘	alignment diskette	
05.0164	调整用硬盘	alignment disk	
05.0165	光磁软盘	floptical disk	
05.0166	伯努利盘	Bernoulli disk	
05.0167	清洁软盘	cleaning diskette	简称"清洁盘"。
05.0168	磁带	magnetic tape	
05.0169	卡式磁带	cassette magnetic tape	
05.0170	盒式磁带	cartridge magnetic tape	
05.0171	环形盒式磁带	endless loop cartridge tape	
05.0172	1/4 英寸盒式磁带	quarter inch cartridge tape, QIC	
05.0173	复合磁带	composite tape	

序　号	汉　文　名	英　文　名	注　释
05.0174	铁氧磁带	ferrooxide tape	
05.0175	铬氧磁带	chromium-oxide tape	
05.0176	金属粉末磁带	alloy magnetic particle tape	
05.0177	螺旋扫描	helical scan	
05.0178	纵向扫描	longitudinal scan	
05.0179	横向扫描	transverse scan	
05.0180	磁带驱动器	magnetic tape drive	
05.0181	流式磁带机	streaming tape drive	
05.0182	磁带传送机构	magnetic tape transport mechanism	
05.0183	标准幅度带	master output tape	
05.0184	标准扭斜带	master skew tape	
05.0185	标准速度带	master speed tape	
05.0186	磁带标号	magnetic tape label	
05.0187	磁带头标	beginning-of-tape marker	
05.0188	磁带尾标	end-of-tape marker	
05.0189	磁带格式	magnetic tape format	
05.0190	前同步码	preamble	
05.0191	后同步码	postamble	
05.0192	边写边读	read while write，write while read	
05.0193	写后读	read after write，RAW	
05.0194	写读串扰	［write-to-read］crossfeed	
05.0195	反读	reverse read，backward read	
05.0196	倒带	rewind	
05.0197	带扭斜	tape skew	
05.0198	磁带后援系统	magnetic tape back-up system	
05.0199	磁带控制器	magnetic tape controller	
05.0200	磁带驱动系统	magnetic tape driving system	
05.0201	透录	print-through	
05.0202	主动轮	capstan	
05.0203	动态扭斜	dynamic skew	
05.0204	静态扭斜	static skew	
05.0205	磁头	magnetic head，head	
05.0206	磁鼓	magnetic drum	
05.0207	读写［磁］头	read/write head	
05.0208	擦除［磁］头	erase head	又称"抹头"。
05.0209	数据［磁］头	data head	
05.0210	伺服［磁］头	servo head	

序 号	汉 文 名	英 文 名	注 释
05.0211	组合[磁]头	combined head	
05.0212	整体磁头	monolithic magnetic head	
05.0213	薄膜磁头	thin film magnetic head	
05.0214	磁变阻头	magnetoresistive head	
05.0215	巨磁变阻头	giant magnetioresistive head，GMR head	
05.0216	隙含金属磁头	metal-in-gap head，MIG head	
05.0217	磁头缝隙	head gap	
05.0218	浮动磁头	float head，flying head	
05.0219	叠片式磁头	laminated magnetic head	
05.0220	动压[式]浮动磁头	dynamical pressure flying head	
05.0221	静压[式]浮动磁头	static pressure flying head	
05.0222	铁氧体磁头	ferrite magnetic head	
05.0223	光碟	optical disc，disc，compact disc，CD	曾称"光盘"。
05.0224	唱碟	compact disc digital audio，CD-DA	
05.0225	只读碟	compact disc-read only memory，CD-ROM	
05.0226	激光影碟	laser vision，LV	
05.0227	影碟	video CD，VCD	
05.0228	超级影碟	super video compact disc，super VCD	
05.0229	数字影碟	digital video disc，DVD	
05.0230	数字[多功能光]碟	digital versatile disc，DVD	
05.0231	数字影碟[播放]机	DVD player	
05.0232	可录光碟	compact disc-recordable，CD-R	
05.0233	可重写光碟	CD-rewritable，CD-RW	
05.0234	磁光碟	magnetic-optical disc	
05.0235	相变碟	phase change disc	
05.0236	光带	optical tape	
05.0237	光碟库	optical disc library	
05.0238	自动换碟机	optical jukebox	
05.0239	光碟塔	optical disc tower	

序 号	汉 文 名	英 文 名	注 释
05.0240	光碟阵列	optical disc array	
05.0241	光碟驱动器	optical disc drive	
05.0242	光记录	optical recording	
05.0243	光记录介质	optical recording media	
05.0244	径向伺服	radial servo	
05.0245	聚焦伺服	focus servo	
05.0246	光碟伺服控制系统	optical disc servo control system	
05.0247	光碟[读]头	optical pickup	
05.0248	光[碟]头	optical head	
05.0249	光[碟]轨	optical track	
05.0250	光轨间距	optical track pitch	
05.0251	数据数字音频磁带	data digital audio tape, DAT	又称"DAT 磁带"。
05.0252	固态盘	solid state disc	
05.0253	磁条	magnetic stripe	
05.0254	磁条阅读机	magnetic stripe reader	
05.0255	绘图机	plotter	
05.0256	喷墨绘图机	ink jet plotter	
05.0257	XY 绘图机	X-Y plotter	
05.0258	滚筒绘图机	drum plotter	
05.0259	平板绘图机	flat-bed plotter	
05.0260	静电绘图机	electrostatic plotter	
05.0261	打印机	printer	
05.0262	印刷机	printer	
05.0263	非击打式印刷机	non-impact printer	
05.0264	击打式打印机	impact printer	简称"打印机"。
05.0265	串行打印机	serial printer	
05.0266	行式打印机	line printer	
05.0267	针式打印机	stylus printer	
05.0268	点阵打印机	dot matrix printer	
05.0269	键盘打印机	keyboard printer	
05.0270	图形打印机	graphic printer	
05.0271	喷墨印刷机	ink jet printer	
05.0272	激光印刷机	laser printer	
05.0273	热敏印刷机	thermal printer	
05.0274	液晶印刷机	liquid crystal printer	

序 号	汉 文 名	英 文 名	注 释
05.0275	染料升华印刷机	dye sublimation printer	
05.0276	电灼式印刷机	electric discharge printer	
05.0277	电子照相印刷机	electrophotographic printer	
05.0278	静电印刷机	electrostatic printer	
05.0279	热转印印刷机	heat transfer printer	
05.0280	离子沉积印刷机	ion-deposition printer	
05.0281	发光二极管印刷机	LED printer	
05.0282	热蜡转印印刷机	thermal wax-transfer printer	
05.0283	字符打印机	character printer	
05.0284	彩色打印机	color printer	
05.0285	鼓式打印机	drum printer	
05.0286	页式打印机	page printer	
05.0287	打印机机芯	printer engine	
05.0288	［打印机］托架	carriage	
05.0289	衔铁	armature	
05.0290	打印头	print head	
05.0291	锤头	hammer	
05.0292	击打噪声	hit noise	
05.0293	压电式打印头	piezoelectric print head	
05.0294	电磁式打印头	electromagnetic print head	
05.0295	墨水盒	ink cartridge	
05.0296	墨水罐	ink tank	
05.0297	色带	inked ribbon	
05.0298	聚酯色带	mylar ribbon	
05.0299	碳膜色带	carbon ribbon	
05.0300	打印质量	print quality	
05.0301	草稿质量	draft quality	
05.0302	准铅字质量	near-letter quality	
05.0303	铅字质量	letter quality	
05.0304	双向打印	bidirectional printing	
05.0305	折叠［式打印］纸	fan-fold paper	
05.0306	吸墨性	absorbency	
05.0307	压感纸	action paper	
05.0308	自动送纸器	automatic sheet feeder	
05.0309	单页纸	cut-sheet paper	

序　号	汉　文　名	英　文　名	注　释
05.0310	连续[格式]纸	continuous form paper	
05.0311	换行	line feed	
05.0312	行	line	
05.0313	回车	carriage return	
05.0314	换页	form feed	
05.0315	输纸器	paper transport	
05.0316	链轮输纸	sprocket feed	
05.0317	针式输纸	pin feed	
05.0318	摩擦输纸	friction feed	
05.0319	牵引式输纸器	tractor feeder	
05.0320	卡纸	paper jam	
05.0321	跑纸	paper throw	
05.0322	输纸孔	sprocket hole	
05.0323	叠印	overstrike	
05.0324	色粉	toner	
05.0325	色粉盒	toner cartridge	
05.0326	行密度	line density	
05.0327	显示	display	
05.0328	显示器	display	
05.0329	单色显示	monochrome display	
05.0330	彩色显示	color display	
05.0331	发光二极管显示	light emitting diode display, LED display	
05.0332	液晶显示	liquid crystal display, LCD	
05.0333	等离子[体]显示	plasma display	
05.0334	阴极射线管	cathode-ray tube, CRT	
05.0335	阴极射线管显示器	CRT display	又称"CRT显示器"。
05.0336	彩色显示器	color display	
05.0337	电致发光显示器	electroluminescent display	
05.0338	电致变色显示器	electrochromic display	
05.0339	平板显示器	flat panel display	
05.0340	直角平面显像管	flat squared picture tube	
05.0341	屏幕	screen	
05.0342	大屏幕显示器	large scale display	
05.0343	薄膜晶体管[液	thin film transistor display	

序 号	汉 文 名	英 文 名	注 释
	晶]显示器		
05.0344	监视器	monitor	
05.0345	偏转线圈	yoke	
05.0346	色调	hue	
05.0347	重影	ghost	
05.0348	[观察]允许角	acceptance angle	
05.0349	亮度比	brightness ratio	
05.0350	桶形失真	barrel distortion	
05.0351	消隐	blanking	
05.0352	黑底屏	black matrix screen	
05.0353	彩色	color	简称"色"。
05.0354	反差	contrast	又称"衬比度"。
05.0355	临界停闪频率	critical fusion frequency	
05.0356	清晰度	definition	
05.0357	偏转	deflection	
05.0358	色温	color temperature	
05.0359	圆扫描	circular scanning	
05.0360	回扫时间	flyback time	
05.0361	聚焦	focusing	
05.0362	加亮	highlight	
05.0363	帧频	frame frequency	
05.0364	帧定位	frame alignment	
05.0365	行扫描	line scanning	
05.0366	行频	line frequency	
05.0367	线密度	line density	
05.0368	逐行扫描	non-interlaced scanning	
05.0369	隔行扫描	interlaced scanning	
05.0370	光标	cursor	
05.0371	字符发生器	character generator	
05.0372	绝对分辨率	absolute resolution	
05.0373	视频图形阵列 [适配器]	video graphic array, VGA	
05.0374	彩色图形阵列 [适配器]	multicolor graphics array, MCGA	
05.0375	单色图形适配器	monochrome graphics adapter, MGA	
05.0376	单色显示适配器	monochrome display adapter, MDA	

序　号	汉　文　名	英　文　名	注　释
05.0377	彩色图形适配器	color/graphics adapter, CGA	
05.0378	增强[彩色]图形适配器	enhanced graphics adapter, EGA	
05.0379	超级视频图形适配器	super VGA, SVGA	
05.0380	扩展视频图形适配器	extended VGA, XGA	
05.0381	显示终端	display terminal	
05.0382	智能终端	intelligent terminal	
05.0383	纸带读入机	tape reader	
05.0384	卡片读入机	card reader	
05.0385	磁卡[片]	magnetic card	
05.0386	磁卡[片]机	magnetic card machine	
05.0387	缩微胶卷	microfilm	
05.0388	缩微平片	microfiche	又称"缩微胶片"。
05.0389	光[学]字符阅读机	optical character reader, OCR	
05.0390	光[学]标记阅读机	optical mark reader, OMR	
05.0391	光笔	light pen	
05.0392	字符输入设备	character input device	
05.0393	数字化仪	digitizer	
05.0394	图像输入设备	image input device	
05.0395	图形输入板	plotting tablet	
05.0396	点击设备	pointing device	
05.0397	声音输入设备	audio input device	
05.0398	声音输出设备	audio output device	
05.0399	模拟输入	analog input	
05.0400	模拟输出	analog output	
05.0401	数字输入	digital input	
05.0402	数字输出	digital output	
05.0403	条码	bar code	
05.0404	条码阅读器	bar code reader	
05.0405	条码扫描器	bar code scanner	
05.0406	鼠标[器]	mouse	
05.0407	光机械鼠标[器]	optomechanical mouse	
05.0408	总线鼠标[器]	bus mouse	

序　号	汉　文　名	英　文　名	注　释
05.0409	串行鼠标〔器〕	serial mouse	
05.0410	机械鼠标〔器〕	mechanical mouse	
05.0411	光鼠标〔器〕	optical mouse	
05.0412	单击	click	
05.0413	键盘	keyboard	
05.0414	小键盘	keypad	
05.0415	键帽	key cap	
05.0416	键码	key code	
05.0417	薄膜键盘	membrane keyboard	
05.0418	手持游标器	puck	
05.0419	触摸屏	touch screen	
05.0420	电容式触摸屏	capacitive touch screen	
05.0421	扫描仪	scanner	
05.0422	鼓式扫描仪	drum scanner	
05.0423	平板扫描仪	flat-bed scanner	
05.0424	荧光数码管	fluorescent character display tube	
05.0425	操纵杆	joy stick	
05.0426	摄像管	pickup tube	
05.0427	跟踪球	trackball	
05.0428	模数转换器	analog-to-digital converter, ADC	
05.0429	数模转换器	digital-to-analog converter, DAC	
05.0430	纸带穿孔〔机〕	tape punch	
05.0431	卡片穿孔〔机〕	card punch	

06.　信息存储技术

序　号	汉　文　名	英　文　名	注　释
06.0001	存储系统	memory system	
06.0002	高速缓存块	cacheline	由若干连续排列的字节构成。
06.0003	转储清除	flush	缓冲区内容成组写入主存。
06.0004	监听	snoop	
06.0005	过期数据	stale data	
06.0006	〔存储〕体	bank	由若干单元组成。

序　号	汉　文　名	英　文　名	注　释
06.0007	访问周期	access cycle	相继二次访问内存的间隔时间。
06.0008	便笺式存储器	scratchpad memory	又称"暂存器"。
06.0009	有效〔状态〕	valid〔state〕	高速缓存的一种状态。
06.0010	无效〔状态〕	invalid〔state〕	高速缓存的一种状态。
06.0011	重写〔状态〕	dirty〔state〕	高速缓存内容已被修改且处于有效的状态。
06.0012	层次存储系统	hierarchical memory system	又称"分级存储系统"。
06.0013	存储芯片	memory chip	
06.0014	单片存储器	monolithic memory	
06.0015	半导体存储器	semiconductor memory	
06.0016	双极存储器	bipolar memory	
06.0017	电荷耦合存储器	charge-coupled memory	
06.0018	磁存储器	magnetic memory	
06.0019	光存储器	optical memory	
06.0020	激光存储器	laser memory	
06.0021	全息存储器	holographic memory	
06.0022	磁光存储器	magnetic-optical memory	
06.0023	超导存储器	superconducting memory	
06.0024	固态存储器	solid-state memory	
06.0025	磁心	magnetic core	
06.0026	磁泡	magnetic bubble	
06.0027	磁膜	magnetic film	
06.0028	易失性存储器	volatile memory	
06.0029	非易失性存储器	non-volatile memory	
06.0030	固定存储器	permanent memory	
06.0031	随机存储器	random access memory, RAM	
06.0032	动态随机存储器	dynamic RAM, DRAM	
06.0033	静态随机存储器	static RAM, SRAM	
06.0034	静态存储器	static memory	
06.0035	动态存储器	dynamic memory	
06.0036	冗余存储器	redundant memory	
06.0037	只读存储器	read-only memory, ROM	

序　号	汉　文　名	英　文　名	注　释
06.0038	掩模型只读存储器	mask ROM	
06.0039	可编程只读存储器	programmable ROM，PROM	
06.0040	熔丝[可]编程只读存储器	fusible link PROM	
06.0041	可擦[可]编程只读存储器	erasable PROM，EPROM	
06.0042	快[可]擦编程只读存储器	flash EPROM	
06.0043	电擦除可编程只读存储器	electrically-erasable programmable ROM，EPROM	
06.0044	金属氧化物半导体存储器	metal-oxide-semiconductor memory，MOS memory	简称"MOS存储器"。
06.0045	主存储器	main memory	简称"主存"。
06.0046	缓冲存储器	buffer memory	简称"缓存"。
06.0047	海量存储器	mass storage	
06.0048	辅助存储器	auxiliary memory	
06.0049	全局存储器	global memory	
06.0050	共享存储器	shared memory	
06.0051	功能存储器	functional memory	
06.0052	联想存储器	associative memory	
06.0053	按内容存取存储器	content accessable memory	
06.0054	视频存储器	video memory	
06.0055	声频存储器	audio memory	
06.0056	分布式存储器	distributed memory	
06.0057	二级高速缓存	second level cache	
06.0058	后援高速缓存	backup cache	
06.0059	读取	fetch	
06.0060	预取	prefetch	
06.0061	实地址	physical address	又称"物理地址"。
06.0062	行地址	row address	
06.0063	列地址	column address	
06.0064	行译码	row decoding	
06.0065	列译码	column decoding	
06.0066	选通信号	strobe signal	

序 号	汉 文 名	英 文 名	注 释
06.0067	读出线	sense line	
06.0068	读出电路	sense circuit	
06.0069	读信号	read signal	
06.0070	读噪声	read noise	
06.0071	读数据线	read data line	
06.0072	读选择线	read select line	
06.0073	写数据线	write data line	
06.0074	写选择线	write select line	
06.0075	驱动脉冲	drive pulse	
06.0076	驱动电流	drive current	
06.0077	字驱动	word drive	
06.0078	位驱动	bit drive	
06.0079	行选	row selection	
06.0080	列选	column selection	
06.0081	行地址选通	row address strobe	
06.0082	列地址选通	column address strobe	
06.0083	片选	chip selection	
06.0084	读放大器	sense amplifier	
06.0085	读写周期	read-write cycle	
06.0086	读出时间	read-out time	
06.0087	写周期	write cycle	
06.0088	再生	restore, regeneration	
06.0089	刷新	refresh	
06.0090	刷新电路	refresh circuit	
06.0091	刷新周期	refresh cycle	
06.0092	刷新[速]率	refresh rate	
06.0093	刷新测试	refresh testing	
06.0094	动态刷新	dynamic refresh	
06.0095	静态刷新	static refresh	
06.0096	同步刷新	synchronous refresh	
06.0097	异步刷新	asynchronous refresh	
06.0098	集中[式]刷新	centralized refresh	
06.0099	分布[式]刷新	distributed refresh	
06.0100	透明刷新	transparent refresh	
06.0101	预充电	precharge	
06.0102	存储管理部件	memory management unit, MMU	
06.0103	数据高速缓存	data cache	

序　号	汉　文　名	英　文　名	注　释
06.0104	指令高速缓存	instruction cache	
06.0105	共享高速缓存	shared cache	
06.0106	私有高速缓存	private cache	某处理器专用的。
06.0107	存储矩阵	memory matrix	
06.0108	存储阵列	memory array	
06.0109	存储单元	memory cell	
06.0110	存储元件	memory element	
06.0111	存储密度	memory density	
06.0112	存储容量	memory capacity, storage capacity	
06.0113	存储周期	memory cycle	
06.0114	存储带宽	memory bandwidth	
06.0115	存储板	memory board	
06.0116	存储体	memory bank	
06.0117	存储模块	memory module	
06.0118	最坏[情况]模式	worst pattern	
06.0119	差错校验	error checking and correction, ECC	
06.0120	局部性	locality	
06.0121	顺序局部性	sequential locality	
06.0122	存储器滞后写入	posted memory write	经缓存后写入存储器的方式。
06.0123	页[面]替换	page replacement	
06.0124	地址代换	address substitution	
06.0125	汉明码	Hamming code	
06.0126	存储器交叉存取	memory across access	
06.0127	存储器无冲突存取	memory conflict-free access	
06.0128	替换	replacement	
06.0129	成组传送	block transfer	
06.0130	后援存储器	backup storage	通常用于外部存储器。
06.0131	[存储]单元	cell	
06.0132	扩充数据输出	expanded data out, EDO	
06.0133	可扩缩一致性接口	scalable coherent interface, SCI	IEEE1596 标准。
06.0134	全息	hologram	
06.0135	存储器总线	rambus	

序 号	汉 文 名	英 文 名	注 释
06.0136	同步静态随机存储器	synchronized SRAM, SSRAM	
06.0137	双数据速率	double data rate, DDR	
06.0138	单数据速率	single data rate, SDR	
06.0139	铁电非易失存储器	ferroelectric non-volatile memory	
06.0140	闪速存储器	flash memory	一种可联机擦除和重编的存储器。
06.0141	单列直插式内存组件	single in-line memory module, SIMM	
06.0142	双列直插式内存组件	double in-line memory module, DIMM	

07. 计 算 机 工 程

序 号	汉 文 名	英 文 名	注 释
07.0001	组装技术	packaging technique	
07.0002	安装技术	mounting technique	
07.0003	器件	device	
07.0004	芯片	chip	
07.0005	电路	circuit	
07.0006	分立元件	discrete component	
07.0007	分立电路	discrete circuit	
07.0008	数字电路	digital circuit	
07.0009	集成注入逻辑电路	integrated injection logic circuit, IILC	
07.0010	电流型逻辑	current mode logic, CML	
07.0011	直接耦合晶体管逻辑	direct coupled transistor logic, DCTL	
07.0012	混合集成电路	hybrid integrated circuit, HIC	
07.0013	现场可编程逻辑阵列	field programmable logic array, FPLA	
07.0014	低电压差动信号	low-voltage differential signal, LVDS	
07.0015	晶体管晶体管逻	transistor-transistor logic, TTL	

序　号	汉　文　名	英　文　名	注　释
	辑		
07.0016	低电压晶体管晶体管逻辑	low voltage TTL, LVTTL	
07.0017	射极耦合逻辑	emitter coupled logic, ECL	
07.0018	正电压射极耦合逻辑	positive voltage ECL, PECL	
07.0019	低电压正电源射极耦合逻辑	low voltage positive ECL, LVPECL	
07.0020	指示器	indicator	
07.0021	扩展器	expander	
07.0022	转换器	converter	
07.0023	缓冲器	buffer	
07.0024	接收器	receiver	
07.0025	多路分配器	demultiplexer	
07.0026	驱动器	driver	
07.0027	时钟驱动器	clock driver	
07.0028	时钟分配驱动器	clock distribution driver	
07.0029	差动信号驱动器	differential signal driver	
07.0030	整直器	aligner	
07.0031	禁止电路	inhibit circuit	
07.0032	驱动门	driving gate	
07.0033	接收门	receiving gate	
07.0034	三态门	tri-state gate	
07.0035	转换	conversion	
07.0036	边沿触发	edge trigging	
07.0037	置位脉冲	set pulse	
07.0038	复位脉冲	reset pulse	
07.0039	级联	cascade connection	
07.0040	线或	wired-OR	
07.0041	发射极点接	emitter dotting	
07.0042	发射极下拉电阻	emitter pull down resistor	
07.0043	输出下拉电阻	output pull down resistor	
07.0044	输入阻抗	input impedance	
07.0045	输入特性	input characteristic	
07.0046	输出阻抗	output impedance	
07.0047	输出特性	output characteristic	
07.0048	高电平状态特性	high-state characteristic	

序 号	汉 文 名	英 文 名	注 释
07.0049	低电平状态特性	low-state characteristic	
07.0050	电压电流曲线	voltage-current curve	
07.0051	最小高阈值输入电压	minimum high-threshold input-voltage	
07.0052	最大低阈值输入电压	maximum low-threshold input-voltage	
07.0053	集成度	integration level	
07.0054	高速总线	high speed bus	
07.0055	信号摆幅	signal swing	
07.0056	波形	waveform	
07.0057	阶跃函数	step function	
07.0058	斜坡函数	ramp function	
07.0059	电压阶跃	voltage step	
07.0060	阶跃发生器	step generator	
07.0061	正沿	positive edge	
07.0062	负沿	negative edge	
07.0063	前沿	leading edge	
07.0064	上升沿	rising edge	
07.0065	下降沿	falling edge	
07.0066	正跃变	upward transition	
07.0067	负跃变	downward transition	
07.0068	正逻辑转换	positive logic-transition, upward logic-transition	
07.0069	负逻辑转换	negative logic-transition, downward logic-transition	
07.0070	稳态信号	steady state signal	
07.0071	实线	solid line	
07.0072	虚线	dashed line	
07.0073	脉冲	pulse	
07.0074	脉冲宽度	pulse width	
07.0075	输入脉冲	input pulse	
07.0076	输出脉冲	output pulse	
07.0077	脉冲幅度	pulse amplitude	
07.0078	脉冲频率	pulse frequency	
07.0079	开关时间	switching time	
07.0080	上升时间	rise time	
07.0081	下降时间	fall time	

序　号	汉　文　名	英　文　名	注　释
07.0082	差分电压信号	differential voltage signal	
07.0083	偏移电压	offset voltage	
07.0084	信号退化	signal degradation	
07.0085	信号电压降	signal voltage drop	
07.0086	过冲	overshoot	
07.0087	反冲	undershoot	
07.0088	振铃	ringing, ring	
07.0089	抖动	jitter, dithering	
07.0090	寄生振荡	parasitic oscillation	
07.0091	寄生电容	parasitic capacitance	
07.0092	信号传输	signal transmission	
07.0093	负载线图	load-line diagram	
07.0094	临界负载线	critical load line	
07.0095	梯格图	lattice diagram	
07.0096	延迟	delay	
07.0097	延迟线	delay line	
07.0098	传输延迟	propagation delay	
07.0099	滞后	lag	
07.0100	反射系数	reflection coefficient	
07.0101	入射电压	sending voltage	
07.0102	反射电压	reflected voltage	
07.0103	畸变	distortion	又称"失真"。
07.0104	传输损耗	transmission loss	
07.0105	衰减	attenuation	
07.0106	衰减时间	decay time	
07.0107	假信号	glitch	
07.0108	毛刺	spike	
07.0109	接收端	receiving end	
07.0110	负载端	load end	
07.0111	负载	load	
07.0112	负载电阻	load resistance	
07.0113	电阻负载	resistive load	
07.0114	集中负载	lumped load	
07.0115	分布负载	distributed load	
07.0116	线电阻	line resistance	
07.0117	固有线电容	intrinsic line capacitance	
07.0118	集中电容	lumped capacitance	

序 号	汉 文 名	英 文 名	注 释
07.0119	分布电容	distributed capacitance	
07.0120	介电常数	dielectric constant	
07.0121	时间常数	time constant	
07.0122	系统互连	system interconnection	
07.0123	母板	motherboard, mainboard, master-board	又称"主板"。
07.0124	子板	daughter board	
07.0125	底板	back plane	
07.0126	小背板	mezzanine	
07.0127	卡	card	
07.0128	板	board	
07.0129	印制电路板	printed-circuit board, PCB	简称"印制板"。
07.0130	形状因子	form factor	
07.0131	过孔	via hole	
07.0132	金属化孔	plated through hole	
07.0133	通孔	pin-through-hole, feed-through	
07.0134	连接器	connector	
07.0135	[插件]边缘连接器	edge connector	
07.0136	插针	pin	
07.0137	引脚	pin	
07.0138	插针压力	pin force	
07.0139	触点	contact	
07.0140	触点间距	contact spacing	
07.0141	触点插拔力	contact engaging and separating force	
07.0142	接触电阻	contact resistance	
07.0143	接触压力	contact force	
07.0144	转插[头]	patch plug	
07.0145	转接板	patch panel	
07.0146	转接线	patch cord	
07.0147	跨接	cross-over	
07.0148	跨接线	jumper	
07.0149	插槽	slot	
07.0150	扩充槽	expansion slot	
07.0151	信号线	signal line	
07.0152	传输线	transmission line	

序 号	汉文名	英文名	注 释
07.0153	传输	transmission	
07.0154	带状线	strip line	
07.0155	微带线	micro strip	
07.0156	双绞线	twisted pair	
07.0157	对称传输线	balanced line	
07.0158	地上线	wire over ground	
07.0159	同轴电缆	coaxial cable	
07.0160	扁平电缆	flat cable	
07.0161	带状电缆	ribbon cable	
07.0162	多芯电缆	multiconductor cable	
07.0163	短线	short line	
07.0164	长线	long line	
07.0165	分支线	stub	
07.0166	特性阻抗	characteristic impedance	
07.0167	阻抗匹配	impedance matching	
07.0168	失配	mismatch	
07.0169	串联匹配	series match	
07.0170	并联匹配	parallel match	
07.0171	串联阻尼	series damped	
07.0172	串联阻尼电阻〔器〕	series damping resistor	
07.0173	端接	termination	
07.0174	端接〔传输〕线	terminated line	
07.0175	串联端接	series termination	
07.0176	串联端接线	series terminated line	
07.0177	串联阻尼〔传输〕线	series damped line	
07.0178	并联端接〔传输〕线	parallel terminated line	
07.0179	无端接〔传输〕线	unterminated line	
07.0180	肖特基二极管端接	Schottky diode termination	
07.0181	端接二极管	terminating diode	
07.0182	单端端接	single end termination	
07.0183	端接电阻〔器〕	terminating resistor	
07.0184	电阻排	resistor array	

序　号	汉　文　名	英　文　名	注　释
07.0185	电阻引线电感	inductance of the resistor lead	
07.0186	线衰减	line attenuation	
07.0187	电阻损耗	resistive loss	
07.0188	集肤效应	skin effect	
07.0189	介电损耗	dielectric loss	
07.0190	串扰	cross talk	
07.0191	前向串扰	forward cross talk	
07.0192	后向串扰	backward cross talk	
07.0193	串扰幅度	cross talk amplitude	
07.0194	耦合	coupling	
07.0195	交叉耦合	cross coupling	
07.0196	耦合传输线	coupled transmission line	
07.0197	交叉耦合噪声	cross coupling noise	
07.0198	近端耦合噪声	near-end coupled noise	
07.0199	远端耦合噪声	far-end coupled noise	
07.0200	开关噪声	switching noise	
07.0201	脉冲噪声	pulse noise	
07.0202	噪声容限	noise margin	
07.0203	噪声抗扰度	noise immunity	
07.0204	最坏情况输入逻辑电平	worst case input logic level	
07.0205	阈值	threshold	
07.0206	开关	switch	
07.0207	开关电流	switched current	
07.0208	电子设计规则	electronic design rule, EDR	
07.0209	单端方式	single ended mode	
07.0210	差分方式	differential mode	
07.0211	差分双绞线	differential twisted pair	
07.0212	对地平衡	balanced to ground	
07.0213	最大线长	maximum line length	
07.0214	最大延迟路径	maximum delay path	
07.0215	最大开路线长度	maximum open line length	
07.0216	两倍线程	two-way line	
07.0217	板外时钟分配	off-card clock distribution	
07.0218	时钟偏差	clock skewing	
07.0219	板内时钟分配	on-card clock distribution	
07.0220	布局规则	layout rule	

序 号	汉 文 名	英 文 名	注 释
07.0221	布局接地规则	layout ground rule	
07.0222	负载规则	loading rule	
07.0223	扇出限制	fanout limit	
07.0224	布线规则	wiring rule	
07.0225	硬件描述语言	hardware description language, HDL	
07.0226	硬件冗余	hardware redundancy	
07.0227	试探法	heuristic method	
07.0228	隐线	hidden line	
07.0229	隐面	hidden surface	
07.0230	交互方式	interactive mode	
07.0231	互换性	interchangeability	
07.0232	布局	layout, placement	
07.0233	印制板布局	PCB layout	
07.0234	印制板布线	PCB routing	
07.0235	连线表	netlist	
07.0236	后处理	post processing	
07.0237	重新连接	reconnection	
07.0238	安装	mount	
07.0239	表面安装技术	surface mount technology, SMT	
07.0240	表面安装器件	surface mount device, SMD	
07.0241	扁平封装	flat pack, flat package	
07.0242	组装密度	packaging density	
07.0243	高密度组装	high-density packaging	
07.0244	高密度装配	high-density assembly	
07.0245	微组装	micropackage	
07.0246	微结构	microstructure	
07.0247	微模块	micromodule	
07.0248	机箱	chassis, case, cabinet	又称"机柜"。
07.0249	格式结构	trellis	
07.0250	插件导轨	card guide	
07.0251	插座	socket	
07.0252	装配件	subassembly	
07.0253	插入	plug-in	
07.0254	插件架	card rack	
07.0255	插孔	jack	
07.0256	插孔板	jack panel	

序　号	汉　文　名	英　文　名	注　释
07.0257	操作开关	joyswitch	
07.0258	原型结构	prototype construction	
07.0259	实验电路板	breadboard	
07.0260	多层印制板	multilayer printed circuit board	
07.0261	双面印制板	two-sided printed circuit board	
07.0262	玻璃环氧板	glass epoxy board	
07.0263	层压板	laminate	
07.0264	表面	surface	
07.0265	表面安装焊接	surface mount solder	
07.0266	焊盘	bonding pad	
07.0267	倒焊	face-down bonding	
07.0268	压焊	bonding	
07.0269	热压焊	thermocompression bonding	
07.0270	浸焊	dip-soldering	
07.0271	波峰焊	wave-soldering	
07.0272	可焊性	solderability	
07.0273	去焊枪	desoldering gun	
07.0274	吸锡器	solder sucker	
07.0275	配线架	distribution frame	
07.0276	接线	wiring	
07.0277	绕接	wire wrap	
07.0278	双列直插封装	dual-in-line package，DIP	
07.0279	单列直插封装	single in-line package，SIP	
07.0280	无引线芯片载体	leadless chip carrier，LLCC	
07.0281	小引出线封装	small outline package，SOP	
07.0282	四面扁平封装	quad flat package，QFP	
07.0283	引脚阵列封装	pin grid array，PGA	
07.0284	球阵列封装	ball grid array，BGA	
07.0285	封装可靠性	package reliability	
07.0286	早期失效	early failure	
07.0287	磨损失效	wear-out failure	
07.0288	非特	fit，failure in term	fit $=10^{-9}$失效数/元件数小时
07.0289	厚膜	thick film	
07.0290	厚膜电路	thick film circuit	
07.0291	厚层压板	thick laminated plate	
07.0292	薄膜	thin film	

序 号	汉 文 名	英 文 名	注 释
07.0293	薄膜电路	thin film circuit	
07.0294	介质隔离	dielectric isolation	
07.0295	衬底	substrate	
07.0296	刻蚀	etch	
07.0297	腐蚀切割	etch cutting	
07.0298	老化	burn-in	
07.0299	老化试验	degradation testing	
07.0300	印制板测试	PCB testing	
07.0301	电路内测试	in-circuit test	
07.0302	可检测性	detectability	
07.0303	拉偏测试	high low bias test	
07.0304	诊断软盘	diagnostic diskette	
07.0305	示波器	oscilloscope	
07.0306	时域反射仪	time domain reflectometer, TDR	
07.0307	闭环电波探测器	closed-loop radar	
07.0308	采样器	sampler	
07.0309	采样速率	sampling rate	
07.0310	采样插件	sampling plug-in	
07.0311	采样系统	sampling system	
07.0312	探头	probe	
07.0313	夹具	fixture	
07.0314	电流源	current source	
07.0315	[信号]源阻抗	source impedance	
07.0316	晶体振荡器	crystal oscillator	
07.0317	隧道二极管	tunnel diode	
07.0318	电源	power supply	
07.0319	稳压电源	constant voltage power supply	
07.0320	参考电源	reference power supply	又称"基准电源"。
07.0321	净化电源	power conditioner	
07.0322	集成电源	integrated power supply	
07.0323	不间断电源	uninterruptible power supply, UPS	
07.0324	稳压稳频电源	constant voltage and constant frequency power, CVCF power	
07.0325	顺序加电	sequence power on	
07.0326	远程加电	remote power on	
07.0327	本地加电	local power on	
07.0328	电源跟踪	power supply trace	

序　号	汉　文　名	英　文　名	注　释
07.0329	电源屏幕	power supply screen	
07.0330	后援电池	backup battery	
07.0331	电源控制微码	power control microcode	
07.0332	断路器	circuit breaker, breaker	
07.0333	电路保护器	circuit protector	
07.0334	电源分配系统	power distribution system	
07.0335	板上电源分配	on-card power distribution	
07.0336	电源总线	power bus	
07.0337	汇流条	bus bar	
07.0338	隔震器	shock isolator	
07.0339	减震器	shock absorber	
07.0340	端接电源	termination power	
07.0341	端接电压	termination voltage	
07.0342	额定电压	rated voltage	
07.0343	额定负载	rated load	
07.0344	旁路电容	bypass capacitor	
07.0345	熔断丝	blown fuse	
07.0346	熔丝连接	fusible link	
07.0347	紧急断电	emergency-off	
07.0348	紧急开关	emergency switch	
07.0349	接地平面	grounding plane	
07.0350	地网	ground screen	
07.0351	接地系统	grounding system	
07.0352	系统地	system ground	
07.0353	保护地	protected ground	
07.0354	逻辑地	logic ground	
07.0355	公共接地点	common ground point	
07.0356	活动地板	false floor, free access floor	
07.0357	热控制	thermal control	
07.0358	功耗	power consumption, power dissipation	
07.0359	功率密度	power density	
07.0360	热通量	heat flux	
07.0361	热阻	thermal resistance	
07.0362	热感器	thermal sensor	
07.0363	内热阻	internal thermal resistance	
07.0364	外热阻	external thermal resistance	

序 号	汉 文 名	英 文 名	注 释
07.0365	结至环境热阻	junction-to-ambient thermal resistance	
07.0366	热特性	thermal characteristic	
07.0367	热梯度	heat gradient	
07.0368	热交换	hot swapping	
07.0369	传热	heat transfer	
07.0370	热源	heat source	
07.0371	热流	heat flow	
07.0372	环境温度	ambient temperature	
07.0373	环境湿度	ambient humidity	
07.0374	露点	dew point	
07.0375	工作温度	operating temperature	
07.0376	结温	junction temperature	
07.0377	最高允许结温	maximum allowable junction temperature	
07.0378	散热技术	heat dissipation techniques	
07.0379	散热器	heat dissipator, heat sink	
07.0380	热传导	heat conduction	
07.0381	冷却	cooling	
07.0382	冷却剂	coolant	
07.0383	空气流	airflow	
07.0384	空气流速	air flow rate	
07.0385	空气过滤器	air filter	
07.0386	气冷	air cooling	
07.0387	对流	convection	
07.0388	自然对流	natural convection, free convection	
07.0389	直接液冷	direct liquid cooling	
07.0390	蒸发冷却	evaporative cooling	
07.0391	传导冷却	conduction cooling	
07.0392	强制气冷	forced air cooling	
07.0393	强制对流	forced convection	
07.0394	热[固化]环氧黏合剂	thermabond epoxy	
07.0395	热合金	thermalloy	
07.0396	散热片	thermal fin	
07.0397	热管	heat pipe	
07.0398	热导模块	thermal conduction module	

序 号	汉 文 名	英 文 名	注 释
07.0399	金属[化]陶瓷模块	metallized ceramic module	
07.0400	密封胶	sealant	
07.0401	密封器	sealer	
07.0402	密封连接器	sealed connector	
07.0403	抗震	antivibration	
07.0404	功能软盘	function diskette	
07.0405	远程支持设施	remote support facility	
07.0406	可服务性	serviceability	
07.0407	指令重试	instruction retry	
07.0408	主控台	primary console	
07.0409	副控台	secondary console	
07.0410	指令步进	instruction step	
07.0411	脉冲步进	pulse step	
07.0412	时钟步进	clock step	
07.0413	静启动	dead start	
07.0414	指令停机	instruction stop	
07.0415	暂停	pause, halt	
07.0416	报警信号	alarm signal	
07.0417	客户化	customization	
07.0418	初始微码装入	initial microcode load, IML	
07.0419	初始程序装入	initial program load, IPL	
07.0420	重配置	reconfiguration	
07.0421	退出配置	deconfiguration	
07.0422	参考码	reference code	又称"基准码"。
07.0423	系统升级	system upgrade	
07.0424	跟踪	trace	
07.0425	人工干预	manual intervention	
07.0426	应急按钮	emergency button, panic button	
07.0427	磁带库	tape library	
07.0428	消耗件	consumptive part	
07.0429	活动地板	elevated floor, raised floor	
07.0430	备件	spare part	
07.0431	现场可换单元	field replaceable unit	
07.0432	现场可换件	field replaceable part	

08. 计算机维护与管理

序　号	汉　文　名	英　文　名	注　释
08.0001	报警显示	alarm display	
08.0002	单故障	single fault	
08.0003	多故障	multiple fault	
08.0004	硬件故障	hardware fault	
08.0005	硬故障	hard fault	
08.0006	软件故障	software fault	
08.0007	软故障	soft fault	
08.0008	局部故障	local fault	
08.0009	全局故障	global fault	
08.0010	独立型故障	autonomous fault	
08.0011	相关型故障	dependence fault	
08.0012	暂时故障	temporary fault	
08.0013	衰老失效	wear-out failure	
08.0014	随机故障	random fault	
08.0015	随机差错	random error	
08.0016	随机噪声	random noise	
08.0017	偶发故障	chance fault	
08.0018	边缘故障	edge fault, marginal fault	
08.0019	交互故障	interaction fault	
08.0020	间发错误	intermittent error	
08.0021	敏感故障	sensitive fault, anaphylaxis failure	
08.0022	程序敏感故障	program-sensitive fault	
08.0023	敏感图案	sensitivity pattern	
08.0024	短路故障	shorted fault	
08.0025	断路故障	broken fault	
08.0026	开路故障	open fault	
08.0027	诱发故障	induced fault	
08.0028	逻辑故障	logic fault	
08.0029	桥接故障	bridging fault	
08.0030	随机变化	random variation	
08.0031	随机失效	random failure	
08.0032	随机测试产生〔法〕	random test generation	

序　号	汉　文　名	英　文　名	注　释
08.0033	随机数生成程序	random number generator	
08.0034	随机处理	random processing	
08.0035	随机数	random number	
08.0036	随机数序列	random number sequence	
08.0037	随机扫描	random scan	
08.0038	随机查找	random searching	
08.0039	错误代码	error code	又称"误码"。
08.0040	错误条件	error condition	
08.0041	错误控制	error control	又称"差错控制"。
08.0042	错误控制码	error control code	
08.0043	错误检验码	error checking code	
08.0044	纠错例程	error correcting routine	
08.0045	差错校验系统	error checking and correcting system	
08.0046	检错例程	error detecting routine	
08.0047	错误诊断	error diagnosis	
08.0048	错误封锁	error lock	又称"出错封锁"。
08.0049	差错指示电路	error indication circuit	
08.0050	无错误	error free	
08.0051	无错运行期	error-free running period	
08.0052	差错表	error list	
08.0053	无错操作	error-free operation	
08.0054	出错文件	error file	
08.0055	出错中断	error interrupt	
08.0056	出错登记程序	error logger	
08.0057	传输错误	error of transmission	
08.0058	软件错误	software error	
08.0059	错误模式	error pattern	
08.0060	错误传播受限码	error propagation limiting code	
08.0061	差错范围	error range	
08.0062	出错率	error rate	又称"误码率"。
08.0063	错误恢复过程	error recovery procedure	
08.0064	错误跨度	error span	
08.0065	错误状态字	error status word	
08.0066	局部失效	local failure	
08.0067	整体失效	global failure	
08.0068	退化失效	degeneracy failure	

序　号	汉　文　名	英　文　名	注　释
08.0069	突然失效	suddenly failure	
08.0070	衰变失效	decay failure	
08.0071	漂移失效	floating failure	
08.0072	浴盆曲线	bathtub curve	
08.0073	热备份	warm backup	
08.0074	冷备份	cold backup	
08.0075	后备软盘	backup diskette	
08.0076	后援系统	backup system	又称"后备系统"。
08.0077	人机模拟	man-machine simulation	
08.0078	人工控制	manual control	
08.0079	人工录入	manual entry	
08.0080	人工交换机	manual exchanger	
08.0081	手动输入	manual input	
08.0082	手动输入键	manual load key	
08.0083	人工模拟	manual simulation	
08.0084	物理模拟	physical simulation	
08.0085	数字模拟	digital simulation	
08.0086	故障分析	fault analysis	
08.0087	测试日志	test log	
08.0088	失效测试	failure testing	
08.0089	失效检测	failure detection	
08.0090	故障诊断试验	fault diagnostic test	
08.0091	故障诊断程序	fault diagnostic program	
08.0092	故障诊断例程	fault diagnostic routine	
08.0093	诊断记录	diagnostic logout	
08.0094	诊断检验	diagnostic check	
08.0095	诊断错误处理	diagnostic error processing	
08.0096	故障定位问题	fault location problem	
08.0097	故障支配	fault dominance	
08.0098	并发故障检测	concurrent fault detection	
08.0099	故障矩阵	fault matrix	
08.0100	故障安全电路	fault secure circuit	
08.0101	故障特征	fault signature	
08.0102	故障时间	fault time	
08.0103	故障定位测试	fault location testing	
08.0104	故障树分析	fault tree analysis	
08.0105	故障控制	failure control	

序　号	汉　文　名	英　文　名	注　释
08.0106	故障弱化能力	fail-soft capability	
08.0107	故障弱化逻辑	fail-soft logic	
08.0108	总线隔离模式	bus isolation mode	
08.0109	诊断测试	diagnosis testing	
08.0110	诊断分辨率	diagnosis resolution	
08.0111	自动测试	automatic testing, autotest	
08.0112	人工测试	manual testing	
08.0113	硬件测试	hardware testing	
08.0114	接口测试	interface testing	
08.0115	综合测试	integration testing	
08.0116	静态测试	static testing	
08.0117	动态测试	dynamic testing	
08.0118	合格性测试	qualification testing	
08.0119	面向用户测试	user-oriented test	
08.0120	面向对象测试	object-oriented test	
08.0121	最坏模式测试	worst pattern test	
08.0122	测试计划	test plan	
08.0123	测试数据	test data	
08.0124	现场升级	field upgrade	
08.0125	反馈桥接故障	feedback bridging fault	
08.0126	文件检验程序	file checking program	
08.0127	文件维护	file maintenance	
08.0128	文件安全	file security	
08.0129	软盘抖动	floppy disk flutter	
08.0130	禁用组合检验	forbidden combination check	
08.0131	禁用字符	forbidden character	
08.0132	禁用组合	forbidden combination	
08.0133	强行显示	forced display	
08.0134	失效率	failure rate	
08.0135	失效分布	failure distribution	
08.0136	无故障运行	failure free operation	又称"正常运行"。
08.0137	失效预测	failure prediction	
08.0138	失效模式效应与危害度分析	failure mode effect and criticality analysis	
08.0139	失效节点	failure node	
08.0140	功能无关测试	function independent testing	
08.0141	严重错误	gross error	

序　号	汉　文　名	英　文　名	注　释
08.0142	意外停机	hang up	
08.0143	硬错误	hard error	
08.0144	硬件监控器	hardware monitor	
08.0145	检验总线	check bus, check trunk	
08.0146	检验装置	verifying unit	
08.0147	检验位	check bit, check digit	
08.0148	检验程序	check program	
08.0149	检验例程	check routine	
08.0150	静态检验	static check	
08.0151	检验电路	checking circuit	
08.0152	检验计算	checking computation	又称"验算"。
08.0153	检验步骤	checking procedure	
08.0154	冗余检验	redundancy check	
08.0155	硬件检验	hardware check	
08.0156	自动检验	automatic check	
08.0157	软件冗余检验	software redundancy check	
08.0158	硬件冗余检验	hardware redundancy check	
08.0159	信息冗余检验	information redundancy check	
08.0160	奇偶检验位	parity bit	
08.0161	奇检验	odd-parity check	
08.0162	偶检验	even-parity check	
08.0163	横向检验	horizontal check	
08.0164	横向冗余检验	horizontal redundancy check	
08.0165	纵向检验	vertical check, longitudinal check	
08.0166	纵向奇偶检验	vertical parity check, longitudinal parity check	
08.0167	纵向冗余检验	vertical redundancy check, longitudinal redundancy check	
08.0168	回送检验系统	loopback checking system	
08.0169	继承误差	inherited error	
08.0170	禁止输入	inhibiting input	
08.0171	禁止脉冲	inhibit pulse	
08.0172	禁止信号	inhibit signal	
08.0173	询问站	inquiry station	
08.0174	综合测试系统	integrated test system	
08.0175	完整性控制	integrity control	
08.0176	完整性检查	integrity checking	

序 号	汉 文 名	英 文 名	注 释
08.0177	程序重试	program retry	
08.0178	命令重试	command retry	
08.0179	交互式查找	interactive searching	
08.0180	符号间干扰	intersymbol interference	
08.0181	调整	justification, justify	
08.0182	边缘调整	justified margin	
08.0183	线性探查	linear probing	
08.0184	[传输]线畸变	line distortion	
08.0185	线路噪声	line noise	
08.0186	行位偏斜	line skew	
08.0187	锁定	locking	
08.0188	封锁	lockout	
08.0189	逻辑跟踪	logical tracing	
08.0190	逻辑分析	logic analysis	
08.0191	接口分析	interface analysis	
08.0192	逻辑冒险	logic hazard	
08.0193	逻辑状态分析仪	logic state analyzer	
08.0194	逻辑定时分析仪	logic timing analyzer	
08.0195	逻辑测试笔	logic test pen	
08.0196	逻辑探头	logic probe	
08.0197	逻辑探头指示器	logic probe indicator	
08.0198	逻辑测试	logic testing	
08.0199	逻辑验证系统	logic verification system	
08.0200	循环测试	loop testing	
08.0201	低通滤波器	low pass filter	
08.0202	停机	stop	
08.0203	硬停机	hard stop	
08.0204	软停机	soft stop	
08.0205	符合停机	match stop	
08.0206	机器检查中断	machine check interrupt	
08.0207	机器运行	machine run	
08.0208	机房	machine room	
08.0209	机房管理	room management	
08.0210	机房维护	room maintenance	
08.0211	机器浪费时间	machine-spoiled time	
08.0212	磁带奇偶检验	magnetic tape parity	
08.0213	维护费用	maintenance cost, maintenance	

序　号	汉　文　名	英　文　名	注　释
		charge	
08.0214	维护控制面板	maintenance control panel	
08.0215	维护面板	maintenance panel	
08.0216	维护程序	maintenance program	
08.0217	维护服务程序	maintenance service program	
08.0218	维护时间	maintenance time	
08.0219	维护准备时间	maintenance standby time	
08.0220	维护分析过程	maintenance analysis procedure	
08.0221	预防性维护	preventive maintenance	
08.0222	被测变量	measured variable	
08.0223	微诊断装入器	microdiagnostic loader	又称"微诊断装入程序"。
08.0224	微诊断微程序	microdiagnostic microprogram	
08.0225	微程序只读存储器	microm	
08.0226	微逻辑	micrologic	
08.0227	微中断	microinterrupt	
08.0228	监视状态	monitored state	
08.0229	监控方式	monitor mode	
08.0230	监控程序	monitor, monitor program	
08.0231	噪声	noise	
08.0232	噪声消除器	noise killer	
08.0233	噪声种类	noise type	
08.0234	联机设备	on-line unit, on-line equipment	
08.0235	联机存储器	on-line memory	
08.0236	联机系统	on-line system	
08.0237	联机调试	on-line debug	又称"联机排错"。
08.0238	联机测试	on-line test	
08.0239	联机诊断	on-line diagnostics	
08.0240	联机故障检测	on-line fault detection	
08.0241	联机测试例程	on-line test routine	
08.0242	应急备用设备	on-premise stand by equipment	
08.0243	单步法	one-step method	
08.0244	单步操作	one-step operation	
08.0245	输出流	output stream	
08.0246	可观测误差	observable error	
08.0247	液冷	liquid cooling	

序 号	汉 文 名	英 文 名	注 释
08.0248	强制冷却	forced cooling	
08.0249	溢出	overflow	
08.0250	溢出区	overflow area	
08.0251	应急转储	panic dump	
08.0252	应急维修	emergency maintenance	
08.0253	应急计划	contingency planning, emergency plan	
08.0254	参数测试	parameter testing	
08.0255	脱机存储器	off-line memory	
08.0256	脱机故障检测	off-line fault detection	
08.0257	断路位置	off position	
08.0258	通路敏化	path sensitization	又称"路径敏化"。
08.0259	部分加电	partial power on	
08.0260	可行性	feasibility	
08.0261	传播差错	propagation error	
08.0262	降级	degradation	
08.0263	修理	repair	
08.0264	修理时间	repair time	
08.0265	修理延误时间	repair delay time	
08.0266	重[新]运行	rerun	
08.0267	重运行点	rerun point	
08.0268	重运行例程	rerun routine	
08.0269	重读	reread	
08.0270	重写	rewrite	
08.0271	运行时诊断	run-time diagnosis	
08.0272	预定故障检测	scheduled fault detection	
08.0273	预定维修	scheduled maintenance	
08.0274	预订维修时间	scheduled maintenance time	
08.0275	非预定维修	unscheduled maintenance	
08.0276	非预定维修时间	unscheduled maintenance time	
08.0277	按序检测	sequential detection	
08.0278	可服务时间	serviceable time	
08.0279	服务例程	service routine	
08.0280	服务程序	service program	
08.0281	单个错误	single error	
08.0282	固定性错误	solid error	
08.0283	动态错误	dynamic error	

序 号	汉 文 名	英 文 名	注 释
08.0284	动态处理	dynamic handling	
08.0285	动态冒险	dynamic hazard	
08.0286	动态停机	dynamic stop	
08.0287	静态冒险	static hazard	
08.0288	稳态冒险	steady state hazard	
08.0289	附加维修	supplementary maintenance	
08.0290	支持程序	support program	
08.0291	支持系统	support system	
08.0292	系统错误	system error	
08.0293	系统退化	system degradation	
08.0294	系统评价	system evaluation	
08.0295	系统维护	system maintenance	
08.0296	系统死锁	system deadlock	
08.0297	系统性能监视器	system performance monitor	
08.0298	系统模拟	system simulation	
08.0299	系统启动	system start-up	
08.0300	系统再启动	system restart	
08.0301	系统状况	system status	
08.0302	系统服务	system service	
08.0303	系统测试方式	system test mode	
08.0304	表[格]驱动法	table-driven technique	
08.0305	表[格]驱动模拟	table-driven simulation	
08.0306	锈污	tarnishing	
08.0307	测试码生成程序	test generator	
08.0308	测试指示器	test indicator	又称"测试指示符"。
08.0309	测试时间	testing time	
08.0310	测试点	test point	
08.0311	测试运行	test run	
08.0312	测试台	test desk, test bench	
08.0313	测试板	test board	
08.0314	测试探针	test probe	
08.0315	测试规约	test specification	
08.0316	测试顺序	test sequence	
08.0317	测试设备	test equipment	
08.0318	测试程序	test program	
08.0319	吞吐能力	throughput capacity	

序　号	汉　文　名	英　文　名	注　释
08.0320	全自检查电路	totally self-checking circuit	
08.0321	瞬态分析	transient analysis	
08.0322	瞬时错误	transient error	
08.0323	瞬时冒险	transient hazard	
08.0324	定期维护	schedule maintenance	
08.0325	有效性检查	validity check	
08.0326	踏步测试	crippled leapfrog test	
08.0327	临界通路测试产生法	critical path test generation	
08.0328	边界错误	boundary error	
08.0329	边缘测试	marginal test	
08.0330	边缘操作	marginal operation	
08.0331	数据测试	data test	
08.0332	数据完整性保护	data integrity protection	
08.0333	数据差错	data error	
08.0334	数据有效性	data validity	
08.0335	程序修改	program modification	
08.0336	程序暂停	program halt	
08.0337	调试例程	debugging routine	
08.0338	调试程序包	debugging package	
08.0339	调试程序	debugging program	
08.0340	调试工具	debugging aids	
08.0341	软件测试	software testing	
08.0342	软件轮廓	software profile	
08.0343	软件缺陷	software defect	
08.0344	软件中断	software interruption	
08.0345	软件维护	software maintenance	
08.0346	软件可维护性	software maintainability	又称"软件易维护性"。
08.0347	软件更改报告	software change report	
08.0348	软件事故	software disaster	
08.0349	软件失效	software failure	
08.0350	软件产品维护	software product maintenance	
08.0351	软件容错策略	software fault-tolerance strategy	
08.0352	软件可移植性	software portability	又称"软件易移植性"。
08.0353	软件维护环境	software maintenance environment	

序 号	汉文名	英文名	注 释
08.0354	适应性维护	adaptive maintenance	
08.0355	可修改性	modifiability	又称"易修改性"。
08.0356	通信性	communicativeness	
08.0357	结构性	structuredness	
08.0358	自描述性	self-descriptiveness	
08.0359	简洁性	conciseness	
08.0360	清晰性	legibility	
08.0361	灵活性	flexibility	
08.0362	备份与恢复	backup and recovery	
08.0363	可靠性分析	reliability analysis	
08.0364	维护屏幕	maintenance screen	
08.0365	远程诊断	remote diagnosis	
08.0366	正常响应	normal response	
08.0367	恢复能力	recovery capability	
08.0368	相关检查	coherence check	
08.0369	性能测量	measurement of performance	
08.0370	配置状态	configuration status	
08.0371	配置审核	configuration audit	
08.0372	断点开关	breakpoint switch	
08.0373	检查点再启动	checkpoint restart	
08.0374	损坏	defective	
08.0375	路径分析	path analysis	
08.0376	架装结构	rack construction	
08.0377	架装安装	rackmount	
08.0378	密封	seal	
08.0379	可安装性	installability	
08.0380	热对流	heat convection	
08.0381	热辐射	heat radiation	
08.0382	人机工程	man-machine engineering	
08.0383	人机环境系统	man-machine-environment system	
08.0384	温度控制	temperature control	
08.0385	温度循环试验	temperature cycling test	
08.0386	无源底板	passive backplane	
08.0387	无源底板总线	passive backplane bus	
08.0388	有源底板	active backplane	
08.0389	子插件板	daughtercard	

09. 语言与编译

序　号	汉　文　名	英　文　名	注　释
09.0001	汇编语言	assembly language	
09.0002	程序设计语言	program design language，PDL，programming language	
09.0003	第一代语言	first generation language，1GL	
09.0004	第二代语言	second generation language，2GL	
09.0005	第三代语言	third generation language，3GL	
09.0006	第四代语言	fourth generation language，4GL	
09.0007	第五代语言	fifth generation language，5GL	
09.0008	Ada 语言	Ada	
09.0009	代数语言	algebraic language	
09.0010	面向代数语言	ALGebraic-Oriented Language	
09.0011	程序代数	program algebra	
09.0012	面向应用语言	application-oriented language	
09.0013	面向问题语言	problem-oriented language	
09.0014	面向过程语言	procedure-oriented language	
09.0015	算法语言	algorithmic language	
09.0016	ALGOL 60 语言	ALGOrithmic Language，ALGOL 60	
09.0017	ALGOL 68 语言	ALGOL 68	
09.0018	Alpha 语言	Alpha	
09.0019	APL 语言	A Programming Language，APL	
09.0020	APT 语言	Automatically Programmed Tools，APT	
09.0021	创作语言	authoring language	
09.0022	BASIC 语言	Beginner's All-purpose Symbolic Instruction Code，BASIC	
09.0023	BCPL 语言	Bootstrap Combined Programming language，BCPL	
09.0024	BLISS 语言	Basic Language for Implementation of System Software，BLISS	
09.0025	开始－结束块	begin-end block	
09.0026	块结构语言	block-structured language	
09.0027	分程序结构语言	block-structured language	

序 号	汉 文 名	英 文 名	注 释
09.0028	C 语言	C	
09.0029	C++ 语言	C++	
09.0030	CHILL 语言	CHILL	
09.0031	COBOL 语言	COmmon Business-Oriented language, COBOL	
09.0032	命令语言	command language	
09.0033	命令级语言	command-level language	
09.0034	公共语言	common language	
09.0035	Common LISP 语言	Common LISP	
09.0036	编译程序规约语言	compiler specification language	又称"申述性语言"。
09.0037	计算机语言	computer language	
09.0038	连续模拟语言	continuous simulation language	
09.0039	说明性语言	declarative language	
09.0040	Delphi 语言	Delphi	
09.0041	设计语言	design language	
09.0042	方言	dialect	
09.0043	Eiffel 语言	Eiffel	
09.0044	Forth 语言	Forth	
09.0045	FORTRAN 语言	FORTRAN, FORmula TRANslator	
09.0046	FORTRAN 77 语言	FORTRAN 77	
09.0047	Fortran 90/95 语言	Fortran 90/95	从 Fortran 90 开始，规定只有F大写，其它字母小写。
09.0048	通用编程语言	general purpose programming language	
09.0049	通用系统模拟语言	general purpose systems simulation, GPSS	
09.0050	硬件设计语言	hardware design language, HDL	
09.0051	高级语言	high level language	
09.0052	甚高级语言	very high level language	
09.0053	集合语言	set language	
09.0054	高阶语言	high-order language, HOL	
09.0055	接口定义语言	interface definition language, IDL	
09.0056	接口描述语言	interface description language, LDL	

序　号	汉　文　名	英　文　名	注　释
09.0057	交互式语言	interactive language	
09.0058	信息处理语言	information processing language, IPL	
09.0059	JOVIAL 语言	Jules' Own Version of International Algorithmic language, JOVIAL	
09.0060	语言描述语言	language-description language	
09.0061	语言标准	language standard	
09.0062	Lex 语言	LEX, Lex	
09.0063	LISP 语言	LISt Processing, LISP	
09.0064	表处理语言	list processing language	
09.0065	函数[式]语言	functional language	
09.0066	逻辑编程语言	logic programming language	
09.0067	LOGO 语言	LOGO	
09.0068	低级语言	low level language	
09.0069	机器语言	machine language	
09.0070	面向机器语言	machine-oriented language	
09.0071	宏语言	macro language	
09.0072	置标语言	markup language	
09.0073	ML 语言	Meta Language, ML	
09.0074	Modula 2 语言	MODULA Ⅱ, Modula 2, MODUlar LAnguage Ⅱ	
09.0075	MUMPS 语言	Massachusetts general hospital Utility Multi-Programming System, MUMPS	
09.0076	NELIAC 语言	Navy Electronics Laboratory International Algorithmic Compiler, NELIAC	
09.0077	非过程语言	non-procedural language	
09.0078	Occam 语言	Occam	
09.0079	面向对象语言	object-oriented language	又称"对象式语言"。
09.0080	面向对象编程语言	Object-Oriented Programming Language, OOPL	又称"对象式编程语言"。
09.0081	OPS 5 语言	Official Production System 5, OPS 5	
09.0082	页面描述语言	page description language	
09.0083	Pascal 语言	Pascal	
09.0084	并行编程语言	parallel programming language	

序 号	汉 文 名	英 文 名	注 释
09.0085	微编程语言	microprogramming language	
09.0086	系统编程语言	system programming language	
09.0087	程序库	program library	
09.0088	程序块	program block	
09.0089	程序理解	program understanding	
09.0090	程序设计方法学	programming methodology	
09.0091	程序设计环境	programming environment	
09.0092	程序设计技术	programming techniques	
09.0093	并发程序设计	concurrent programming	
09.0094	并行程序设计	parallel programming	
09.0095	自动程序设计	automatic programming	
09.0096	PL/1 语言	Programming Language/1，PL/1	
09.0097	编程语言	programming language	又称"程序设计语言"。
09.0098	多态编程语言	polymorphic programming language，PPL	
09.0099	过程语言	procedural language	
09.0100	Prolog 语言	PROgramming in LOGic，PROLOG，Prolog	
09.0101	谓词转换器	predicate converter	
09.0102	伪[代]码	pseudocode	
09.0103	报表书写程序	report writer	
09.0104	需求规约语言	requirements specification language	
09.0105	roff 语言	roff	一种正文格式语言。
09.0106	报表生成语言	report generation language，RPG	
09.0107	基于规则语言	rule-based language	
09.0108	SDL 语言	Specification and Description Language，SDL	
09.0109	Simula 语言	Simula	
09.0110	模拟语言	simulation language	
09.0111	Smalltalk 语言	Smalltalk	
09.0112	SNOBOL 语言	StriNg-Oriented symBOlic Language，SNOBOL	
09.0113	标准语言	standard language	
09.0114	子集	subset	
09.0115	套件	suite	
09.0116	符号操纵语言	symbol manipulation language	

序 号	汉 文 名	英 文 名	注 释
09.0117	符号语言	symbolic language	
09.0118	测试语言	test language	
09.0119	TeX 语言	TeX	
09.0120	正文格式语言	text formatting language	
09.0121	程序格式	program format	
09.0122	龟标	turtle graphics	LOGO 语言中的"画笔"。
09.0123	统一建模语言	unified modeling language, UML	
09.0124	维也纳定义语言	Vienna definition language, VDL	
09.0125	维也纳定义方法	Vienna definition method, VDM	
09.0126	YACC 语言	Yet Another Compiler Compiler, YACC	
09.0127	2000 年问题	Year 2000 Problem, Y2K	
09.0128	编译程序的编译程序	compiler-compiler	
09.0129	编译程序的生成程序	compiler generator	
09.0130	元编译程序	metacompiler	
09.0131	根编译程序	root compiler	
09.0132	Java 语言	Java	
09.0133	Java 小应用程序	Java applet	
09.0134	Java 应用	Java application	
09.0135	Java 芯片	Java chip	
09.0136	Java 编译程序	Java compiler	
09.0137	Java 数据库连接	Java DataBase Connectivity, JDBC	
09.0138	Java 快速编译程序	Java flash compiler	
09.0139	Java 基础类〔库〕	Java foundation class	
09.0140	Java 解释程序	Java interpreter	
09.0141	及时编译程序	Just In Time compiler, JIT compiler	
09.0142	Java 本地接口	Java native interface	
09.0143	Java 脚本	Java script	
09.0144	Java 虚拟机	Java virtual machine, JVM	
09.0145	Java 组件	Java bean	
09.0146	超文本置标语言	hypertext markup language, HTML	

序 号	汉 文 名	英 文 名	注 释
09.0147	标准通用置标语言	standard general markup language, SGML	
09.0148	同步多媒体集成语言	synchronized multimedia integration language, SMIL	
09.0149	虚拟现实建模语言	virtual reality modeling language, VRML	
09.0150	可扩展语言	extensible language	
09.0151	数据流语言	data-flow language	
09.0152	判定表语言	decision table language	
09.0153	可扩展置标语言	extensible markup language, XML	
09.0154	可视语言	visual language	
09.0155	可视 Basic 语言	Visual Basic, VB	
09.0156	可视 C++ 语言	Visual C++, VC++	
09.0157	可视 J++ 语言	Visual J++, VJ++	微软的 Java。
09.0158	图示化工具	diagrammer	
09.0159	赋值语句	assignment statement	
09.0160	分支	branch	
09.0161	［分］情况语句	case statement	
09.0162	控制语句	control statement	
09.0163	巴克斯－诺尔形式	Backus-Naur form, BNF	
09.0164	巴克斯范式	Backus normal form, BNF	
09.0165	范式	normal form	
09.0166	元语言	metalanguage	
09.0167	常量	constant	
09.0168	常量说明	constant declaration	
09.0169	全局变量	global variable	
09.0170	局部变量	local variable	
09.0171	分量	component	
09.0172	子程序	subprogram	
09.0173	例程	routine	
09.0174	子例程	subroutine	
09.0175	协同例程	coroutine	
09.0176	形参	formal parameter	
09.0177	实参	actual parameter	
09.0178	［按］名调用	call by name	又称"唤名"。
09.0179	引址调用	call by reference	

序 号	汉 文 名	英 文 名	注 释
09.0180	[按]值调用	call by value	又称"传值"。
09.0181	值参	value parameter	
09.0182	数组	array	
09.0183	赋值	assignment	
09.0184	字面常量	literal constant	
09.0185	声明	declaration	又称"说明"。
09.0186	作用域	scope	
09.0187	定义性出现	definitional occurrence	
09.0188	语法分析程序	parser	
09.0189	依赖图	dependency graph	
09.0190	指称语义	denotational semantics	
09.0191	公理语义	axiomatic semantics	
09.0192	操作语义	operational semantics	
09.0193	属性语法	attribute grammar	
09.0194	过程语义	procedural semantics	
09.0195	代数语义	algebraic semantics	
09.0196	语用	pragmatics	
09.0197	变换语义	transformation semantics	
09.0198	绑定	binding	一个对象(或事物)与其某种属性建立起的某种联系。如:一个变量与其类型或值建立联系,一个进程与一个处理机建立联系等。这种联系的建立,实际上就是建立了某种约束。
09.0199	正则表达式	regular expression	
09.0200	正则语言	regular language	
09.0201	标识符	identifier	
09.0202	框架	framework	
09.0203	生产线方法	product line method	
09.0204	模板方法	template method	
09.0205	对象连接	object connection	
09.0206	虚拟成员	virtual member	
09.0207	内部对象	internal object	
09.0208	协作对象	collaboration object	

序　号	汉　文　名	英　文　名	注　释
09.0209	导入规约	imported specification	又称"移入规约"。
09.0210	容器类	container class	
09.0211	小平面	facet	
09.0212	刻面	facet	
09.0213	术语空间	term space	
09.0214	构件	component	
09.0215	构件库	component library	
09.0216	应用环境	application environment	
09.0217	应用领域	application domain	
09.0218	表示	representation	
09.0219	抽象层次	level of abstraction	
09.0220	抽象方法	abstract method	
09.0221	抽象机	abstract machine	
09.0222	数据抽象	data abstraction	
09.0223	数据类型	data type	
09.0224	强类型	strong type	
09.0225	信息隐蔽	information hiding	
09.0226	数据局部性	data locality	
09.0227	数据封装	data encapsulation	
09.0228	友元	friend	
09.0229	动态绑定	dynamic binding	
09.0230	构件描述语言	component description language, CDL	
09.0231	构件存储库	component repository	
09.0232	向导	wizard	
09.0233	公共对象模型	common object model, COM	
09.0234	构件对象模型	component object model, COM	
09.0235	分布式公共对象模型	distributed common object model, DCOM	
09.0236	分布式构件对象模型	distributed component object model, DCOM	
09.0237	公共对象请求代理体系结构	common object request broker architecture, CORBA	
09.0238	分布式对象技术	distributed object technology, DOT	
09.0239	事务消息传递	transactional messaging, TM	
09.0240	分布式系统对象模式	distributed system object mode, DSOM	

序 号	汉 文 名	英 文 名	注 释
09.0241	对象建模技术	object modeling technique, OMT	
09.0242	控制开发工具箱	control development kit, CDK	
09.0243	应用程序接口	application program interface, API	
09.0244	企业 Java 组件	enterprise Java bean, EJB	
09.0245	对象请求代理	object request broker, ORB	
09.0246	网际 ORB 间协议	internet inter-ORB protocol, IIOP	
09.0247	对象管理结构	object management architecture, OMA	
09.0248	对象管理组	object management group, OMG	
09.0249	构造程序	builder	又称"构造器"。
09.0250	编辑程序	editor	又称"编辑器"。
09.0251	设计编辑程序	design editor	又称"设计编辑器"。
09.0252	结构化编辑程序	structured editor	又称"结构化编辑器"。
09.0253	句法制导编辑程序	syntax-directed editor	又称"句法制导编辑器"。
09.0254	文本编辑程序	text editor	又称"正文编辑器"。
09.0255	语言处理程序	language processor	
09.0256	汇编程序	assembler	又称"汇编器"。
09.0257	解释程序	interpreter	又称"解释器"。
09.0258	翻译程序	translator, translating program	又称"翻译器"。
09.0259	编译程序	compiler	又称"编译器"。
09.0260	并行[化]编译程序	parallelizing compiler	
09.0261	预编译程序	precompiler	
09.0262	超级编译程序	supercompiler	又称"超级编译器"。
09.0263	交叉编译	cross compiling	
09.0264	源到源转换	source to source transformation	
09.0265	反编译程序	decompiler	又称"反编译器"。
09.0266	反汇编程序	disassembler	
09.0267	遍历	traverse	
09.0268	函数调用	function call	
09.0269	参数传递	parameter passing	
09.0270	优化	optimization	
09.0271	进栈	push	
09.0272	退栈	pop	

序　号	汉　文　名	英　文　名	注　释
09.0273	原始数据	raw data	
09.0274	注释	remark, comment	
09.0275	变换	transformation	
09.0276	程序转换	program conversion	
09.0277	代码优化	code optimization	
09.0278	程序质量	program quality	
09.0279	数据流分析	data-flow analysis	
09.0280	过程间数据流分析	interprocedural data flow analysis	
09.0281	标量数据流分析	scalar data flow analysis	
09.0282	控制流分析	control-flow analysis	
09.0283	别名分析	alias analysis	
09.0284	常数传播	constant propagation	
09.0285	不变式	invariant	
09.0286	距离向量	distance vector	
09.0287	方向向量	direction vector	
09.0288	程序生成	program generation	
09.0289	中间代码	intermediate code	
09.0290	三元组	triple	
09.0291	四元组	quadruple	
09.0292	词干	stem	
09.0293	中缀	infix	
09.0294	后缀	postfix	
09.0295	连接	connection, link	
09.0296	链接	link	
09.0297	符号分析	symbolic analysis	
09.0298	相关测试	dependence test	
09.0299	真依赖	true dependence	
09.0300	反依赖	antidependence	
09.0301	流依赖	flow dependence	
09.0302	输出依赖	output dependence	
09.0303	控制依赖	control dependence	
09.0304	输入依赖	input dependence	
09.0305	依赖边	dependence edge	
09.0306	依赖弧	dependence arc	
09.0307	代数简化	algebraic simplification	
09.0308	常数合并	constant folding	

序　号	汉　文　名	英　文　名	注　释
09.0309	公共子表达式删除	common subexpression elimination	
09.0310	复制传播	copy propagation	
09.0311	死[代]码删除	dead code elimination	
09.0312	融合	fusion	
09.0313	直接插入	inlining	
09.0314	内部函数	intrinsic function	
09.0315	不变代码移出	invariant code motion	
09.0316	循环不变式	loop invariant	
09.0317	嵌套循环	nested loop	
09.0318	窥孔优化	peephole optimization	
09.0319	寄存器着色	register coloring	
09.0320	基于资源的调度	resource-based scheduling	
09.0321	强度削弱	strength reduction	
09.0322	尾递归	tail recursion	
09.0323	尾递归删除	tail recursion elimination	
09.0324	平衡树	balanced tree	
09.0325	非平衡树	unbalanced tree	
09.0326	高度平衡树	height-balanced tree	
09.0327	n 叉树	n-ary tree	
09.0328	B 树	B tree	
09.0329	$B+$树	$B+$ tree	
09.0330	语义树	semantic tree	
09.0331	伪语义树	pseudo semantic tree	
09.0332	链	chain	
09.0333	数据分布	data distribution	
09.0334	数据划分	data partitioning	
09.0335	程序划分	program partitioning	
09.0336	标号	label	
09.0337	自嵌[入]	self-embedding	
09.0338	异常处理	exception handling	
09.0339	异常处理程序	exception handler	
09.0340	源程序	source program	
09.0341	源[代]码	source code	
09.0342	目标程序	object program, target program	
09.0343	目标[代]码	target code, object code	
09.0344	宏处理程序	macro processor	

序　号	汉　文　名	英　文　名	注　释
09.0345	遍	pass	又称"趟"。
09.0346	增量编译	incremental compilation	
09.0347	分别编译	separate compilation	
09.0348	逐步求精	step-wise refinement	
09.0349	程序状态	program state	
09.0350	运行系统	run-time system, running system	
09.0351	微任务化	microtasking	
09.0352	宏任务化	macrotasking	
09.0353	自动任务化	autotasking	
09.0354	自调度	self-scheduling	
09.0355	循环重构技术	loop restructuring technique	
09.0356	初始模型	initial model	
09.0357	终结模型	final model	
09.0358	输入断言	input assertion	
09.0359	输出断言	output assertion	

10.　操　作　系　统

序　号	汉　文　名	英　文　名	注　释
10.0001	通用操作系统	general purpose operating system	
10.0002	磁盘操作系统	disk operating system, DOS	
10.0003	分布式操作系统	distributed operating system	
10.0004	实时操作系统	real-time operating system	
10.0005	分时操作系统	time-sharing operating system	
10.0006	批处理操作系统	batch processing operating system	
10.0007	多处理机操作系统	multiprocessor operating system	
10.0008	虚存操作系统	virtual memory operating system, VMOS	
10.0009	并发操作系统	concurrent operating system	
10.0010	面向对象操作系统	object-oriented operating system	
10.0011	桌面操作系统	desktop operating system	
10.0012	先进操作系统	advanced operating system	
10.0013	主机操作系统	host operating system	

序　号	汉 文 名	英 文 名	注　释
10.0014	综合操作系统	integrated operating system	
10.0015	Java 操作系统	Java OS	
10.0016	独立于机器的操作系统	machine independent operating system	
10.0017	主从式操作系统	master/slave operating system	
10.0018	多重处理操作系统	multiprocessing operating system	
10.0019	网络操作系统	network operating system	
10.0020	OS/2 操作系统	operating system/2，OS/2	
10.0021	并行处理机操作系统	parallel processor operating system	
10.0022	即插即用操作系统	plug and play operating system	
10.0023	可移植的操作系统	portable operating system	
10.0024	预生成操作系统	pregenerated operating system	
10.0025	常驻磁盘操作系统	resident disk operating system	
10.0026	常驻操作系统	resident operating system	
10.0027	安全操作系统	secure operating system	
10.0028	共享操作系统	shared operating system	
10.0029	单用户操作系统	single-user operating system	
10.0030	多用户操作系统	multiple user operating system	
10.0031	结构化操作系统	structured operating system	
10.0032	对称操作系统	symmetric operating system	
10.0033	虚拟操作系统	virtual operating system	
10.0034	转储	dump	
10.0035	变更转储	change dump	
10.0036	异常终止转储	abend dump	
10.0037	异常终止出口	abend exit	
10.0038	仲裁	arbitration	
10.0039	动态优先级算法	dynamic priority algorithm	
10.0040	替换算法	replacement algorithm	
10.0041	调度算法	scheduling algorithm	
10.0042	栈算法	stack algorithm	
10.0043	栈桶式算法	stack bucket algorithm	
10.0044	随机多路访问	random multiple access	

序 号	汉 文 名	英 文 名	注 释
10.0045	存取控制	access control	又称"访问控制"。
10.0046	存取类型	access type	又称"访问类型"。
10.0047	存取管理程序	access manager	
10.0048	存取冲突	access conflict	又称"访问冲突"。
10.0049	存储器存取冲突	storage access conflict	
10.0050	存取拒绝	access denial	
10.0051	存取透明性	access transparency	
10.0052	存取违例	access violation	
10.0053	处理器分配	processor allocation	
10.0054	多处理器分配	multiprocessor allocation	
10.0055	静态处理器分配	static processor allocation	
10.0056	动态处理器分配	dynamic processor allocation	
10.0057	缓冲区分配	buffer allocation	
10.0058	缓冲区预分配	buffer preallocation	
10.0059	链式文件分配	chained file allocation	
10.0060	解除分配	deallocation	
10.0061	动态资源分配	dynamic resource allocation	
10.0062	文件分配	file allocation	
10.0063	预分配	preallocation	
10.0064	预先计划分配	preplanned allocation	
10.0065	动态存储分配	dynamic memory allocation	
10.0066	辅助空间分配	secondary space allocation	
10.0067	静态缓冲区分配	static buffer allocation	
10.0068	动态缓冲区分配	dynamic buffer allocation	
10.0069	静态存储分配	static memory allocation	
10.0070	存储器分配	storage allocation	
10.0071	子分配	suballocation	
10.0072	任务分配	task allocation	
10.0073	设施分配	facility allocation	
10.0074	存储器分配程序	storage allocator	
10.0075	分时动态分配程序	time-sharing dynamic allocator	
10.0076	分配单位	allocation unit	
10.0077	骨架代码	skeleton code	
10.0078	逻辑地址	logical address	
10.0079	页地址	page address	
10.0080	段表地址	segment table address	

序　号	汉　文　名	英　文　名	注　释
10.0081	栈地址	stack address	
10.0082	栈寻址	stack addressing	
10.0083	虚拟地址	virtual address	
10.0084	虚拟寻址	virtual addressing	
10.0085	输入输出设备指派	I/O device assignment	
10.0086	设备指派	device assignment	
10.0087	文件属性	file attribute	
10.0088	隐含属性	hidden attribute	
10.0089	只读属性	read-only attribute	
10.0090	溢出桶	overflow bucket	
10.0091	命令缓冲区	command buffer	
10.0092	循环缓冲	circular buffering	又称"环形缓冲"。
10.0093	动态缓冲	dynamic buffering	
10.0094	静态缓冲	static buffering	
10.0095	动态缓冲区	dynamic buffer	
10.0096	静态缓冲区	static buffer	
10.0097	公共服务区	common service area, CSA	
10.0098	公共系统区	common system area	
10.0099	无用信息区	garbage area	
10.0100	临界区	critical region, critical section	
10.0101	可分页动态区	pageable dynamic area	
10.0102	不可分页动态区	non-pageable dynamic area	
10.0103	保护队列区	protected queue area	
10.0104	连接装配区	link pack area	
10.0105	保存区	save area	
10.0106	调度程序工作区	scheduler work area, SWA	
10.0107	共享虚拟区	shared virtual area	
10.0108	栈区	stack area	
10.0109	静态数据区	static data area	
10.0110	存储覆盖区	storage overlay area	
10.0111	系统队列区	system queue area, SQA	
10.0112	系统驻留区	system residence area	
10.0113	任务执行区	task execution area	
10.0114	高端存储区	upper memory area, UMA	
10.0115	用户区	user area, UA	
10.0116	工作存储区	working memory area	

序　号	汉　文　名	英　文　名	注　释
10.0117	并发控制	concurrency control	
10.0118	联机作业控制	on-line job control	
10.0119	脱机作业控制	off-line job control	
10.0120	同步控制	synchronous control	
10.0121	异步控制	asynchronous control	
10.0122	自动分段和控制	automatic segmentation and control	
10.0123	安装处理控制	installation processing control	
10.0124	多用户控制	multiple user control	
10.0125	资源共享控制	resource sharing control	
10.0126	顺序栈作业控制	sequential-stacked job control	
10.0127	栈控制	stack control	
10.0128	系统控制	system control	
10.0129	超时控制	time-out control	
10.0130	异步过程调用	asynchronous procedure call	
10.0131	顺序调用	sequence call	
10.0132	管理程序调用	supervisor call	
10.0133	系统调用	system call	
10.0134	控制块	control block	
10.0135	任务控制块	task control block, TCB	
10.0136	事件控制块	event control block, ECB	
10.0137	文件控制块	file control block, FCB	
10.0138	作业控制块	job control block, JCB	
10.0139	对话控制块	session control block, SCB	
10.0140	线程控制块	thread control block, TCB	
10.0141	高端存储块	upper memory block, UMB	
10.0142	记账码	accounting code	
10.0143	内核码	kernel code	
10.0144	通道命令	channel command	
10.0145	特权命令	privileged command	
10.0146	通道调度程序	channel scheduler	
10.0147	命令控制块	command control block	
10.0148	命令处理程序	command processor	
10.0149	控制台命令处理程序	console command processor	
10.0150	命令系统	command system	
10.0151	操作命令	operating command	
10.0152	操作员命令	operator command	

序　号	汉　文　名	英　文　名	注　释
10.0153	路径命令	path command	
10.0154	外壳	shell	
10.0155	外壳命令	shell command	
10.0156	系统命令	system command	
10.0157	分时系统命令	time-sharing system command	
10.0158	暂驻命令	transient command	
10.0159	特权指令	privileged instruction	
10.0160	系统颠簸	churning, thrashing	
10.0161	剪贴板	clipboard	
10.0162	无用信息收集程序	garbage collector	
10.0163	溢出控制程序	overflow controller	
10.0164	优先约束	precedence constraint	
10.0165	协调程序	coordinator	
10.0166	协同计算	cooperative computing	
10.0167	分布式计算环境	distributed computing environment, DCE	
10.0168	强一致性	strong consistency	
10.0169	创建日期	creation date	
10.0170	当前日期	current date	
10.0171	加锁	lock	
10.0172	解锁	unlock	
10.0173	锁步	lock-step	
10.0174	死锁消除	deadlock absence	
10.0175	死锁避免	deadlock avoidance	
10.0176	死锁预防	deadlock prevention	
10.0177	死锁检测	deadlock test	
10.0178	活锁	livelock	
10.0179	逻辑设备	logical device	
10.0180	逻辑输入输出设备	logical I/O device	
10.0181	物理设备	physical device	
10.0182	主分页设备	primary paging device	
10.0183	符号设备	symbolic device	
10.0184	虚拟输入输出设备	virtual I/O device	
10.0185	当前目录	current directory	

序 号	汉 文 名	英 文 名	注 释
10.0186	当前默认目录	current default directory	
10.0187	主目录	home directory	UNIX 中称"起始目录"。
10.0188	根	root	
10.0189	根目录	root directory	
10.0190	系统目录	system directory	
10.0191	目标目录	target directory	
10.0192	用户文件目录	user file directory	
10.0193	工作队列目录	work queue directory	
10.0194	域分解	domain decomposition	
10.0195	驱动程序	driver	
10.0196	设备驱动程序	device driver	
10.0197	活动驱动器	active driver	
10.0198	可安装设备驱动程序	installable device driver	
10.0199	逻辑驱动器	logical driver	
10.0200	媒体控制驱动器	media control driver	
10.0201	分时驱动程序	time-sharing driver	
10.0202	虚拟设备驱动程序	virtual device driver	
10.0203	分派	dispatch	
10.0204	分派程序	dispatcher	
10.0205	调度程序	scheduler	
10.0206	系统分派	system dispatching	
10.0207	任务分派程序	task dispatcher	
10.0208	多道程序	multiprogram	
10.0209	多道程序分派	multiprogram dispatching	
10.0210	工作集分派程序	working set dispatcher	
10.0211	异常	exception	
10.0212	异常分派程序	exception dispatcher	
10.0213	回送关闭	echo off	
10.0214	回送开放	echo on	
10.0215	实时执行程序	real-time executive	
10.0216	实时系统执行程序	real-time system executive	
10.0217	先进操作环境	advanced operating environment	
10.0218	公共桌面环境	common desktop environment	

序　号	汉　文　名	英　文　名	注　释
10.0219	范围	extent	
10.0220	进程迁移	process migration	
10.0221	多媒体扩展	multimedia extension	
10.0222	事件驱动执行程序	event-driven executive	
10.0223	事件描述	event description	
10.0224	事件过滤器	event filter	
10.0225	事件报告	event report	
10.0226	事件源	event source	
10.0227	文件事件	file event	
10.0228	公共事件标志	common event flag	
10.0229	任务异步出口	task asynchronous exit	
10.0230	文件管理	file management	
10.0231	文件存取	file access	
10.0232	文件控制	file control	
10.0233	文件定义	file definition	
10.0234	文件目录	file directory	
10.0235	文件组织	file organization	
10.0236	文件保护	file protection	
10.0237	文件结构	file structure	
10.0238	文件系统	file system	
10.0239	文件传送	file transfer	
10.0240	文件备份	file buckup	
10.0241	文件争用	file contention	
10.0242	文件创建	file creation	
10.0243	文件名扩展	file name extension	
10.0244	文件规约	file specification	
10.0245	文件句柄	file handle	
10.0246	文件子系统	file subsystem	
10.0247	文件大小	file size	
10.0248	主文件	master file	
10.0249	备份文件	backup file	
10.0250	链式文件	chain file	
10.0251	已开文件	opened file	
10.0252	已闭文件	closed file	
10.0253	随机文件	random file	
10.0254	共享文件	shared file	

序　号	汉　文　名	英　文　名	注　释
10.0255	顺序文件	sequential file	
10.0256	专用文件	dedicated file	
10.0257	桌面文件	desk file	
10.0258	批处理文件	batch file	
10.0259	交叉链接文件	cross-linked file	
10.0260	可执行文件	executable file	
10.0261	隐藏文件	hidden file	
10.0262	主机传送文件	host transfer file	
10.0263	作业文件	job file	
10.0264	永久对换文件	permanent swap file	
10.0265	管道文件	pipe file	
10.0266	假脱机文件	spool file	
10.0267	标准文件	standard file	
10.0268	标准输入文件	standard input file	
10.0269	标准输出文件	standard output file	
10.0270	子分配文件	suballocation file	
10.0271	符号文件	symbolic file	
10.0272	系统控制文件	system control file	
10.0273	系统文件	system file	
10.0274	系统管理文件	system management file	
10.0275	临时文件	temporary file	
10.0276	临时对换文件	temporary swap file	
10.0277	用户特许文件	user authorization file	
10.0278	工作文件	working file	
10.0279	平面文件	flat file	
10.0280	恢复删除	undeletion	
10.0281	周期性定义	period definition	
10.0282	低级互斥	low level exclusive	
10.0283	最佳适配[法]	best fit	
10.0284	分散格式	scatter format	
10.0285	页帧	page frame	
10.0286	碎片	fragmentation	
10.0287	内部碎片	internal fragmentation	
10.0288	内存碎片	memory fragmentation	
10.0289	文件分段	file fragmentation	
10.0290	需求函数	demand function	
10.0291	初启程序	initiator	

序　号	汉 文 名	英 文 名	注　释
10.0292	前台初启程序	foreground initiator	
10.0293	后台初启程序	background initiator	
10.0294	丢失中断处理程序	missing interrupt handler	
10.0295	自适应用户界面	adaptive user interface	
10.0296	命令接口	command interface	
10.0297	命令行接口	command line interface	
10.0298	虚拟控制程序接口	virtual control program interface	
10.0299	争用时间间隔	contention interval	
10.0300	远程查询	remote inquiry	
10.0301	中断处理	interrupt handling, interrupt processing	
10.0302	周期性中断	cyclic interrupt	
10.0303	服务请求中断	service request interrupt	
10.0304	多级中断	multilevel interrupt	
10.0305	待命中断	armed interrupt	
10.0306	自动程序中断	automatic program interrupt	
10.0307	偶然中断	contingency interrupt	
10.0308	高优先级中断	high-priority interrupt	
10.0309	多级优先级中断	multilevel priority interrupt	
10.0310	嵌套中断	nested interrupt	
10.0311	优先级中断	priority interrupt	
10.0312	缺页中断	missing page interrupt	
10.0313	栈溢出中断	stack overflow interrupt	
10.0314	标准中断	standard interrupt	
10.0315	管理程序调用中断	supervisor call interrupt	
10.0316	系统中断	system interrupt	
10.0317	向量优先级中断	vector priority interrupt	
10.0318	中断驱动	interrupt drive	
10.0319	中断事件	interrupt event	
10.0320	命令解释程序	command interpreter	
10.0321	系统命令解释程序	system command interpreter	
10.0322	作业	job	
10.0323	批作业	batch job	

序 号	汉 文 名	英 文 名	注 释
10.0324	链式作业	chain job	
10.0325	命令作业	command job	
10.0326	多作业	multijob	
10.0327	前台	foreground	
10.0328	前台作业	foreground job	
10.0329	后台	background	
10.0330	后台作业	background job	
10.0331	优先级作业	priority job	
10.0332	程序员作业	programmer job	
10.0333	调度作业	schedule job	
10.0334	假脱机作业	spool job	
10.0335	子作业	subjob	
10.0336	终端作业	terminal job	
10.0337	终端作业标识	terminal job identification	
10.0338	用户作业	user job	
10.0339	多用户	multiuser	
10.0340	作业目录	job catalog	
10.0341	作业分类	job classification	
10.0342	作业控制	job control	
10.0343	作业控制语言	job control language, JCL	
10.0344	作业控制程序	job controller	
10.0345	作业周期	job cycle	
10.0346	作业说明	job description	又称"作业描述"。
10.0347	作业录入	job entry	
10.0348	作业管理	job management	
10.0349	作业处理	job processing	
10.0350	作业步	job step	
10.0351	作业流	job stream, job flow	
10.0352	作业表	job table, JT	
10.0353	作业调度	job scheduling	
10.0354	最短作业优先法	shortest job first, SJF	
10.0355	远程作业输入	remote job input	
10.0356	远程作业输出	remote job output	
10.0357	远程作业处理程序	remote job processor	
10.0358	预处理程序	preprocessor	
10.0359	中止键	abort key	

序　号	汉 文 名	英 文 名	注 释
10.0360	加速键	accelerator key	
10.0361	装入	load	
10.0362	独立程序装入程序	independent program loader	
10.0363	初始装入	initial load	
10.0364	多重程序装入	multiple program loading	
10.0365	程序装入程序	program loader	
10.0366	分散装入	scatter loading	
10.0367	系统装入程序	system loader	
10.0368	连接装入程序	linking loader	
10.0369	浮动装入程序	relocating loader	
10.0370	装入模块	load module	
10.0371	事件定义语言	event definition language，EDL	
10.0372	事件驱动语言	event-driven language	
10.0373	联机命令语言	on-line command language	
10.0374	外壳语言	shell language	
10.0375	记录锁定	record lock	
10.0376	核心映像库	core image library	
10.0377	可重定位库	relocatable library	
10.0378	任务集库	task set library	
10.0379	文本库	text library	又称"正文库"。
10.0380	存取表	access list	又称"访问表"。
10.0381	自由表	free list	
10.0382	自由空间表	free space list	
10.0383	逻辑设备表	logic device list	
10.0384	优先级表	priority list	
10.0385	下推表	push-down list	
10.0386	排队表	queuing list	
10.0387	请求参数表	request parameter list	
10.0388	系统目录表	system directory list	
10.0389	等待表	wait list	
10.0390	储存库	repository	
10.0391	高速缓存共享	cache memory sharing	
10.0392	分叉	fork	又称"派生"。
10.0393	配置	configuration	
10.0394	配置控制	configuration control	
10.0395	配置管理	configuration management	

序 号	汉 文 名	英 文 名	注 释
10.0396	数据管理	data management	
10.0397	缓冲区管理	buffer management	
10.0398	分布式表示管理	distributed presentation management	
10.0399	设施管理	facility management	
10.0400	处理器管理	processor management	
10.0401	存储管理	storage management, memory management	
10.0402	动态存储管理	dynamic memory management	
10.0403	资源管理	resource management	
10.0404	设备管理	device management	
10.0405	分级管理	hierarchical management	
10.0406	输入输出管理	I/O management	
10.0407	假脱机管理	spool management	
10.0408	系统管理	system management, system administration	
10.0409	系统资源管理	system resource management	
10.0410	任务管理	task management	
10.0411	管理程序	supervisor, supervisory program	
10.0412	系统资源管理程序	system resource manager	
10.0413	资源管理程序	resource manager	
10.0414	就绪状态	ready state	
10.0415	阶层[类]状态管理程序	bracket state manager	
10.0416	挂起状态	suspend state	又称"暂停状态"。
10.0417	互斥使用方式	exclusive usage mode	
10.0418	执行状态	executive state	
10.0419	前台操作方式	foreground mode	
10.0420	后台操作方式	background mode	
10.0421	保护方式	protected mode	
10.0422	调度方式	scheduling mode	
10.0423	休眠方式	sleep mode	
10.0424	软中断处理方式	soft interrupt processing mode	
10.0425	标准处理方式	standard processing mode	
10.0426	对换方式	swap mode	
10.0427	分时就绪方式	time-sharing ready mode	

序 号	汉 文 名	英 文 名	注 释
10.0428	分时运行方式	time-sharing running mode	
10.0429	分时用户方式	time-sharing user mode	
10.0430	分时等待方式	time-sharing waiting mode	
10.0431	设陷方式	trapping mode	
10.0432	虚拟方式	virtual mode	
10.0433	执行调度维护	executive schedule maintenance	
10.0434	引导程序	bootstrap, boot	
10.0435	自展	bootstrap	
10.0436	激活机制	activate mechanism	
10.0437	并发控制机制	concurrent control mechanism	
10.0438	管道通信机制	pipe communication mechanism	
10.0439	软中断机制	soft interrupt mechanism	
10.0440	栈机制	stack mechanism	
10.0441	虚拟寻址机制	virtual addressing mechanism	
10.0442	虚存机制	virtual memory mechanism	
10.0443	内核模块	kernel module	
10.0444	可装入模块	loadable module	
10.0445	可重定位程序库模块	relocatable library module	
10.0446	调度模块	scheduler module	
10.0447	任务集装入模块	task set load module	
10.0448	实时监控程序	real-time monitor	
10.0449	实时批处理监控程序	real-time batch monitor	
10.0450	系统管理监控程序	system management monitor	
10.0451	威胁监控	threat monitoring	
10.0452	前台监控程序	foreground monitor	
10.0453	后台监控程序	background monitor	
10.0454	子监控程序	submonitor	
10.0455	服务监控程序	service monitor	
10.0456	多终端监控程序	multiterminal monitor	
10.0457	文件名	file name	
10.0458	作业名	job name	
10.0459	逻辑设备名	logical device name	
10.0460	路径名	path name	
10.0461	根［文件］名	root name	

序 号	汉 文 名	英 文 名	注 释
10.0462	设备名	device name	
10.0463	锁步操作	lock-step operation	
10.0464	内务操作	housekeeping operation	
10.0465	假脱机[操作]	simultaneous peripheral operations on line, SPOOL	又称"SPOOL 操作"。
10.0466	异步操作	asynchronous operation	
10.0467	同步操作	synchronous operation	
10.0468	程序装入操作	program loading operation	
10.0469	实时并发操作	real-time concurrency operation	
10.0470	直接组织	direct organization	
10.0471	重定向	redirection	
10.0472	重定向操作符	redirection operator	
10.0473	重叠	overlap	
10.0474	覆盖	overlay	
10.0475	内存分配覆盖	memory allocation overlay	
10.0476	开销	overhead	
10.0477	系统开销	system overhead	
10.0478	执行开销	executive overhead	
10.0479	标准对象	standard object	
10.0480	操作系统构件	operating system component	
10.0481	操作系统功能	operating system function	
10.0482	操作系统监控程序	operating system monitor	
10.0483	操作系统处理器	operating system processor	
10.0484	操作系统管理程序	operating system supervisor	
10.0485	操作系统病毒	operating system virus	
10.0486	页[面]	page	
10.0487	基页	base page	
10.0488	页映射表	page map table, PMT	
10.0489	页控制块	page control block, PCB	
10.0490	缺页	page fault	
10.0491	缺页频率	page fault frequency	
10.0492	页调入	page-in	
10.0493	页调出	page-out	
10.0494	页回收	page reclamation	
10.0495	页表项	page table entry, PTE	

序　号	汉　文　名	英　文　名	注　释
10.0496	外部页表	external page table	
10.0497	页表查看	page table lookat	
10.0498	页等待	page wait	
10.0499	可分页区域	pageable region	
10.0500	分页程序	pager	
10.0501	先行分页	anticipatory paging	
10.0502	后台分页	background paging	
10.0503	自动分页	automatic paging	
10.0504	活动页	active page	
10.0505	前台分页	foreground paging	
10.0506	成组分页	block paging	
10.0507	请求分页	demand paging	
10.0508	计时页	clocked page	
10.0509	逻辑页	logical page	
10.0510	逻辑分页	logical paging	
10.0511	非请求分页	non-demand paging	
10.0512	分页	paging	
10.0513	物理分页	physical paging	
10.0514	停用页	stop page	
10.0515	虚页	virtual page	
10.0516	工作页[面]	working page	
10.0517	随机页替换	random page replacement	
10.0518	实际页数	real page number	
10.0519	可替换参数	replaceable parameter	
10.0520	分区存取法	partition access method	
10.0521	活动分区	active partition	
10.0522	后台分区	background partition	
10.0523	前台分区	foreground partition	
10.0524	可分页分区	pageable partition	
10.0525	实分区	real partition	
10.0526	用户分区	user partition	
10.0527	主存储器分区	main storage partition	
10.0528	管道	pipe	
10.0529	管道同步	pipe synchronization	
10.0530	流水线控制	pipeline control	
10.0531	流水线处理	pipeline processing	
10.0532	基本平台	basic platform	

序　号	汉　文　名	英　文　名	注　释
10.0533	当前行指针	current line pointer	
10.0534	栈指针	stack pointer	
10.0535	状态栈	state stack	
10.0536	用户栈指针	user stack pointer	
10.0537	池	pool	
10.0538	缓冲池	buffer pool	
10.0539	集中式缓冲池	centralized buffer pool	
10.0540	主页池	main page pool	
10.0541	页池	page pool	
10.0542	任务池	task pool	
10.0543	调度信息池	scheduling information pool	
10.0544	子池	subpool	
10.0545	记账策略	account policy	
10.0546	调度策略	scheduling policy, scheduling strategy	
10.0547	提取策略	fetch strategy	
10.0548	页面替换策略	page replacement strategy	
10.0549	布局策略	placement strategy	
10.0550	存储管理策略	storage management strategy	
10.0551	虚存策略	virtual memory strategy	
10.0552	排队规则	queuing discipline	
10.0553	调度规则	scheduling rule	
10.0554	分时调度规则	time-sharing scheduling rule	
10.0555	当前优先级	current priority	
10.0556	动态优先级	dynamic priority	
10.0557	分派优先级	dispatching priority	
10.0558	指派优先级	assigned priority	
10.0559	基本优先级	base priority	
10.0560	高优先级	high priority	
10.0561	最高优先级	highest priority	
10.0562	优先级调整	priority adjustment	
10.0563	极限优先级	limit priority	
10.0564	最后优先级	last priority	
10.0565	中断优先级	interrupt priority	
10.0566	作业优先级	job priority	
10.0567	多优先级	multipriority	
10.0568	输入优先级	input priority	

序 号	汉 文 名	英 文 名	注 释
10.0569	输出优先级	output priority	
10.0570	进程优先级	process priority	
10.0571	程序优先级	program priority	
10.0572	对换优先级	swapping priority	
10.0573	任务调度优先级	task scheduling priority	
10.0574	分时优先级	time-sharing priority	
10.0575	最高优先级优先法	highest priority-first, HPF	
10.0576	最高优先数	highest priority number	
10.0577	优先数	priority number	
10.0578	块优先级控制	block priority control	
10.0579	优先级选择	priority selection	
10.0580	可安装输入输出过程	installable I/O procedure	
10.0581	原语	primitive	
10.0582	连接原语	link primitive	
10.0583	创建原语	create primitive	
10.0584	激活原语	activate primitive	
10.0585	阻塞原语	block primitive	
10.0586	唤醒原语	wake-up primitive	
10.0587	撤消原语	destroy primitive	
10.0588	挂起原语	suspended primitive	
10.0589	读入原语	read primitive	
10.0590	内核原语	kernel primitive	
10.0591	同步原语	synchronization primitive	
10.0592	进程	process	
10.0593	并发进程	concurrent process	
10.0594	进程状态	process state	
10.0595	进程同步	process synchronization	
10.0596	进程调度	process scheduling	
10.0597	远程进程调用	remote process call, RPC	
10.0598	进程间通信	interprocess communication, IPC	
10.0599	活动进程	active process	
10.0600	协同操作进程	cooperating process	
10.0601	内核进程	kernel process	
10.0602	挂起进程	suspend process	
10.0603	排队进程	queuing process	

序 号	汉 文 名	英 文 名	注 释
10.0604	外壳进程	shell process	
10.0605	子进程	subprocess	
10.0606	系统进程	system process	
10.0607	不可靠进程	unreliable process	
10.0608	输入进程	input process	
10.0609	输出进程	output process	
10.0610	动态保护	dynamic protection	
10.0611	存储保护	memory protection	
10.0612	释放保护	release guard	
10.0613	修剪	prune	
10.0614	下推	push-down	
10.0615	多重处理	multiprocessing	
10.0616	分时处理	time-sharing processing	
10.0617	实时处理	real-time processing	
10.0618	并发处理	concurrent processing	
10.0619	批处理	batch processing	
10.0620	请求处理	demand processing	
10.0621	请求分时处理	demand time-sharing processing	
10.0622	事件处理	event processing	
10.0623	协同处理	coprocessing	
10.0624	协作处理	cooperative processing	
10.0625	延期处理	deferred processing	
10.0626	分散	decentralization	
10.0627	分散式处理	decentralized processing	
10.0628	分散式数据处理	decentralized data processing	
10.0629	作业分割处理	divided job processing	
10.0630	协作事务处理	cooperative transaction processing	
10.0631	出错中断处理	error interrupt processing	
10.0632	联机任务处理	on-line task processing	
10.0633	并行实时处理	parallel real-time processing	
10.0634	交互式处理	interactive processing	
10.0635	交互式批处理	interactive batch processing	
10.0636	多作业处理	multiple-job processing	
10.0637	多线程处理	multithread processing	
10.0638	实时批处理	real-time batch processing	
10.0639	顺序批处理	sequential batch processing	
10.0640	栈作业处理	stack job processing	

序　号	汉　文　名	英　文　名	注　释
10.0641	任务处理	task processing	
10.0642	多道程序设计	multiple programming	
10.0643	数据管理程序	data management program	
10.0644	可执行程序	executable program	
10.0645	执行控制程序	executive control program	
10.0646	协同操作程序	cooperating program	
10.0647	事件驱动程序	event-driven program	
10.0648	异常调度程序	exception scheduling program	
10.0649	内务处理程序	housekeeping program	
10.0650	常驻控制程序	resident control program	
10.0651	独立程序	stand-alone program	
10.0652	系统控制程序	system control program	
10.0653	系统实用程序	system utility program	
10.0654	虚拟盘初始化程序	virtual disk initialization program	
10.0655	守护程序	demon, damon	
10.0656	程序隔离	program isolation	
10.0657	程序界限监控	program limit monitoring	
10.0658	程序分页功能	program paging function	
10.0659	程序逻辑单元	program logical unit	
10.0660	日期提示符	date prompt	
10.0661	外壳提示符	shell prompt	
10.0662	系统提示符	system prompt	
10.0663	队列表	queue list	
10.0664	队列控制块	queue control block, QCB	
10.0665	存取队列	access queue	
10.0666	中央队列	central queue	
10.0667	事件队列	event queue	
10.0668	输入输出队列	I/O queue	
10.0669	指令队列	instruction queue	
10.0670	中断队列	interrupt queue	
10.0671	作业队列	job queue	
10.0672	等待队列	waiting queue	
10.0673	消息排队	message queueing	
10.0674	多级反馈队列	multilevel feedback queue	
10.0675	下推队列	push-down queue	
10.0676	上推队列	push-up queue	

序 号	汉文名	英文名	注 释
10.0677	调度程序等待队列	scheduler waiting queue	
10.0678	调度队列	scheduling queue	
10.0679	服务队列	service queue	
10.0680	休眠队列	sleep queue	
10.0681	假脱机队列	spool queue	
10.0682	状态队列	state queue	
10.0683	子池队列	subpool queue	
10.0684	子队列	subqueue	
10.0685	同步缓冲区队列	synchronizing buffer queue	
10.0686	任务输入队列	task input queue	
10.0687	任务输出队列	task output queue	
10.0688	任务队列	task queue	
10.0689	工作队列	work queue	
10.0690	设施请求	facility request	
10.0691	排队注册请求	queued logon request	
10.0692	有效请求	valid request	
10.0693	后台区	background region	
10.0694	前台区	foreground region	
10.0695	范围界限	range limit	
10.0696	返回恢复	back recovery	
10.0697	只读	read-only	
10.0698	回收程序	reclaimer	
10.0699	再压缩	recompaction	
10.0700	当前页[面]寄存器	current page register	
10.0701	越界记录	spanned record	
10.0702	备用冗余	standby redundancy	
10.0703	备用替代冗余	standby replacement redundancy	
10.0704	资源共享	resource sharing	
10.0705	临界资源	critical resource	
10.0706	资源池	resource pool	
10.0707	公共资源	common resource	
10.0708	全局共享资源	global shared resource	
10.0709	受保护资源	protected resource	
10.0710	调度资源	scheduling resource	
10.0711	字符串资源	string resource	

序　号	汉　文　名	英　文　名	注　释
10.0712	系统资源	system resource	
10.0713	保留	reservation	
10.0714	保留内存	reserved memory	
10.0715	保留页选项	reserved page option	
10.0716	卷	volume	
10.0717	保留卷	reserved volume	
10.0718	保留字	reserved word	
10.0719	异步系统自陷	asynchronous system trap	
10.0720	错误捕获例程	error trapping routine	
10.0721	出错处理例程	error routine	
10.0722	执行例程	executive routine	
10.0723	装入例程	loader routine	
10.0724	实时执行例程	real-time executive routine	
10.0725	存储器分配例程	storage allocation routine	
10.0726	管理例程	supervisory routine	
10.0727	表调度	list scheduling	
10.0728	转入转出	roll-in/roll-out	
10.0729	先进先出	first-in first-out, FIFO	
10.0730	先进后出	first-in last-out, FILO	
10.0731	后进先出	last-in first-out, LIFO	
10.0732	静态调度	static scheduling	
10.0733	动态调度	dynamic scheduling	
10.0734	动态优先级调度	dynamic priority scheduling	
10.0735	事件驱动任务调度	event-driven task scheduling	
10.0736	执行作业调度	executive job scheduling	
10.0737	确定性调度	deterministic scheduling	
10.0738	链式调度	chain scheduling	
10.0739	循环调度	cyclic scheduling	
10.0740	高层调度	high-level scheduling	
10.0741	主从调度	master/slave scheduling	
10.0742	中期调度	medium-term scheduling	
10.0743	有限轮转法调度	limited round-robin scheduling	
10.0744	非抢先调度	non-preemptive scheduling	
10.0745	优先级调度	priority scheduling	
10.0746	处理器调度	processor scheduling	
10.0747	轮转法调度	round-robin scheduling	

序　号	汉　文　名	英　文　名	注　释
10.0748	资源调度	resource scheduling	
10.0749	串行调度	serial scheduling	
10.0750	顺序调度	sequential scheduling	
10.0751	短期调度	short-term scheduling	
10.0752	系统调度	system scheduling	
10.0753	任务调度	task scheduling	
10.0754	线程调度	thread scheduling	
10.0755	前台调度程序	foreground scheduler	
10.0756	后台调度程序	background scheduler	
10.0757	指令调度程序	instruction scheduler	
10.0758	主调度程序	master scheduler	
10.0759	程序调度程序	program scheduler	
10.0760	系统调度程序	system scheduler	
10.0761	任务调度程序	task scheduler	
10.0762	登录脚本	log-in script	
10.0763	外壳脚本	shell script	
10.0764	扫描选择器	scanner selector	
10.0765	主段	primary segment	
10.0766	子段	subsegment	
10.0767	程序段	program segment	
10.0768	辅助段	secondary segment	
10.0769	共享段	shared segment	
10.0770	虚段	virtual segment	
10.0771	分段	segmentation, fragmentation	
10.0772	段号	segment number	
10.0773	段覆盖	segment overlay	
10.0774	段长度	segment size	
10.0775	自启动	self-booting	
10.0776	自动启动	autostart	
10.0777	自重定位	self-relocation	
10.0778	初始序列	initiation sequence	
10.0779	内核	kernel	
10.0780	内核栈	kernel stack	
10.0781	内核服务	kernel service	
10.0782	存储管理服务	storage management service	
10.0783	服务请求块	service request block	
10.0784	校正信号	correcting signal	

序 号	汉 文 名	英 文 名	注 释
10.0785	软中断信号	soft interrupt signal	
10.0786	目录排序	directory sorting	
10.0787	槽	slot	
10.0788	槽排序	slot sorting	
10.0789	槽群	slot group	
10.0790	槽号	slot number	
10.0791	忙等待	busy waiting	
10.0792	挂起	suspension	
10.0793	休眠	sleep	
10.0794	剪裁	tailoring	
10.0795	唤醒	wake-up	
10.0796	等待	wait	
10.0797	调用	call	
10.0798	文件空间	file space	
10.0799	数据空间	data space	
10.0800	平面地址空间	flat address space	
10.0801	拆分	split	
10.0802	步进	stepping	
10.0803	子步	substep	
10.0804	逐次性	succession	
10.0805	假脱机文件级别	spool file class	
10.0806	假脱机文件标志	spool file tag	
10.0807	假脱机操作员特权级别	spooling operator privilege class	
10.0808	启动输入输出	start I/O	
10.0809	启动输入输出指令	start I/O instruction	
10.0810	栈底	stack bottom	
10.0811	栈容量	stack capability	
10.0812	栈单元	stack cell	
10.0813	栈组合	stack combination	
10.0814	栈内容	stack content	
10.0815	栈元素	stack element	
10.0816	栈设施	stack facility	
10.0817	栈标记	stack marker	
10.0818	栈溢出	stack overflow	
10.0819	栈向量	stack vector	

序 号	汉 文 名	英 文 名	注 释
10.0820	当前活动栈	current activity stack	
10.0821	链式栈	chained stack	
10.0822	执行栈	execution stack	
10.0823	隐式栈	hidden stack	
10.0824	作业栈	job stack	
10.0825	主存栈	main memory stack	
10.0826	申请栈	request stack	
10.0827	存储栈	storage stack	
10.0828	系统工作栈	system work stack	
10.0829	用户栈	user stack	
10.0830	虚拟存储栈	virtual memory stack	
10.0831	活动状态	active state	
10.0832	待命状态	armed state	
10.0833	特许状态	authorized state	
10.0834	块封锁状态	block lock state	
10.0835	阻塞状态	blocked state	
10.0836	权宜状态	expedient state	
10.0837	休眠状态	sleep state	
10.0838	作业状态	job state	
10.0839	提交状态	submit state	
10.0840	等待状态	waiting state	
10.0841	执行流	executive stream	
10.0842	输入流	input stream	
10.0843	混合结构	hybrid structure	
10.0844	内核数据结构	kernel data structure	
10.0845	线程结构	thread structure	
10.0846	虚拟存储结构	virtual memory structure	简称"虚存结构"。
10.0847	虚段结构	virtual segment structure	
10.0848	执行支持	executive support	
10.0849	执行管理程序	executive supervisor	
10.0850	存储器存取管理	storage access administration	
10.0851	存储器存取模式	storage access scheme	
10.0852	存储器压缩	storage compaction	
10.0853	存储碎片	storage fragmentation	
10.0854	存储干扰	storage interference	
10.0855	存储覆盖	storage overlay	
10.0856	存储配置	storage configuration	

序　号	汉　文　名	英　文　名	注　　释
10.0857	存储再配置	storage reconfiguration	
10.0858	同步［性］	synchronism	
10.0859	过程同步	procedure synchronization	
10.0860	对换分配单元	swap allocation unit	
10.0861	换进	swap-in	
10.0862	换出	swap-out	
10.0863	对换集	swap set	
10.0864	对换程序	swapper	
10.0865	虚存页面对换	virtual memory page swap	
10.0866	程序对换	program swapping	
10.0867	系统活动	system activity	
10.0868	系统管理员	system administrator	
10.0869	系统辅助连接	system assisted linkage	
10.0870	系统装配	system assembly	
10.0871	系统执行程序	system executive	
10.0872	系统盘	system disk	
10.0873	虚拟盘	virtual disk	
10.0874	宿主系统	host system	
10.0875	系统生成	system generation	
10.0876	系统文件夹	system folder	
10.0877	系统中断请求	system interrupt request	
10.0878	系统内核	system kernel	
10.0879	系统锁	system lock	
10.0880	系统管理设施	system management facility	
10.0881	系统核心	system nucleus	
10.0882	系统盘组	system disk pack	
10.0883	系统驻留卷	system resident volume	
10.0884	条件断点	conditional breakpoint	
10.0885	系统调度检查点	system schedule checkpoint	
10.0886	系统任务集	system task set	
10.0887	批处理系统	batch processing system	
10.0888	双栈系统	dual stack system	
10.0889	仲裁系统	arbitration system	
10.0890	伙伴系统	buddy system	
10.0891	命令控制系统	command control system	
10.0892	并发控制系统	concurrent control system	
10.0893	执行系统	executive system	

序 号	汉 文 名	英 文 名	注 释
10.0894	文件管理系统	file management system, FMS	
10.0895	高性能文件系统	high performance file system	
10.0896	可安装文件系统	installable file system, IFS	
10.0897	平面文件系统	flat file system	
10.0898	层次式文件系统	hierarchical file system	
10.0899	Web 文件系统	Web file system	
10.0900	实时执行系统	real-time executive system	
10.0901	实时系统	real-time system	
10.0902	顺序调度系统	sequential scheduling system	
10.0903	共享执行系统	shared executive system	
10.0904	基本输入输出系统	basic I/O system, BIOS	
10.0905	假脱机系统	spooling system	
10.0906	备用系统	standby system	
10.0907	结构分页系统	structured paging system	
10.0908	终端控制系统	terminal control system	
10.0909	分时监控系统	time-sharing monitor system	
10.0910	分时调度程序系统	time-sharing scheduler system	
10.0911	事务驱动系统	transaction-driven system	
10.0912	虚存系统	virtual memory system	
10.0913	描述符表	descriptor table	
10.0914	分派表	dispatch table	
10.0915	调度表	schedule table	
10.0916	环境控制表	environment control table	
10.0917	文件分配表	file allocation table, FAT	
10.0918	动态分派虚拟表	dynamic dispatch virtual table, DDVT	
10.0919	事件表	event table	
10.0920	文件状态表	file status table, FST	
10.0921	页分配表	page assignment table, PAT	
10.0922	页帧表	page frame table, PFT	
10.0923	分区表	partition table	
10.0924	物理设备表	physical device table	
10.0925	程序段表	program segment table	
10.0926	实际存储页表	real storage page table	
10.0927	资源分配表	resource allocation table	

序　号	汉　文　名	英　文　名	注　释
10.0928	段表	segment table	
10.0929	共享页表	shared page table	
10.0930	对换表	swap table	
10.0931	系统页表	system page table	
10.0932	任务输入输出表	task I/O table	
10.0933	用户状态表	user state table	
10.0934	任务代码字	task code word	
10.0935	任务描述符	task descriptor	
10.0936	任务集	task set	
10.0937	任务启动	task start	
10.0938	任务迁移	task immigration	
10.0939	任务管理程序	task supervisor, task manager	
10.0940	任务对换	task swapping	
10.0941	任务交换	task switching	
10.0942	任务终止	task termination	
10.0943	任务虚拟存储器	task virtual storage	
10.0944	任务栈描述符	task stack descriptor	
10.0945	附加任务	append task	
10.0946	延迟任务	delay task	
10.0947	后台任务	background task	
10.0948	前台任务	foreground task	
10.0949	主任务	main task	
10.0950	［阅］读任务	reading task	
10.0951	写任务	writing task	
10.0952	辅助任务	secondary task	
10.0953	区域控制任务	region control task	
10.0954	多任务	multitask	
10.0955	多任务管理	multitask management	
10.0956	串行任务	serial task	
10.0957	并行任务	parallel task	
10.0958	子任务	subtask	
10.0959	子任务处理	subtasking	
10.0960	系统任务	system task	
10.0961	监控任务	monitor task	
10.0962	测试任务	test task	
10.0963	分时控制任务	time-sharing control task	
10.0964	定时任务	timed task	

序　号	汉　文　名	英　文　名	注　释
10.0965	用户任务	user task	
10.0966	协同多任务处理	cooperative multitasking	
10.0967	多任务处理	multitasking	
10.0968	抢先	preemption	
10.0969	非抢先多任务处理	non-preemptive multitasking	
10.0970	抢先多任务处理	preemptive multitasking	
10.0971	时间量子	time quantum	
10.0972	时间片	time slice	
10.0973	时间分片	time slicing	
10.0974	主时间片	major time slice	
10.0975	工作时间片	work [time] slice	
10.0976	文件分配时间	file allocation time	
10.0977	页面存取时间	page access time	
10.0978	闲置时间	standby unattended time	
10.0979	挂起时间	suspension time	
10.0980	对换时间	swap time	
10.0981	用户进入时间	user entry time	
10.0982	会话式分时	conversational time-sharing	
10.0983	交互式分时	interactive time-sharing	
10.0984	实时时钟分时	real-time clock time-sharing	
10.0985	资源共享分时系统	resource sharing time-sharing system	
10.0986	用户分时	user time-sharing	
10.0987	信号量	semaphore	
10.0988	共享变量	shared variable	
10.0989	事务处理吞吐量	transaction throughput	
10.0990	作业吞吐量	job throughput	
10.0991	线程	thread	
10.0992	单线程	single thread	
10.0993	多线程	multithread	
10.0994	软件陷阱	software trap	
10.0995	更新事务处理	update transactions	
10.0996	终端用户	terminal user	
10.0997	用户账号	user account	又称"用户登录号"。
10.0998	用户定义消息	user defined message	
10.0999	日志	journal	

序　号	汉　文　名	英　文　名	注　释
10.1000	用户日志	user journal	
10.1001	系统日志	system journal	
10.1002	注册	log-in, log-on	又称"登录"。
10.1003	注销	log-out, log-off, cancellation	
10.1004	用户注册	user log-on, user log-in	
10.1005	用户注销	user log-off	
10.1006	用户内存	user memory	
10.1007	用户选项	user option	
10.1008	用户任务集	user task set	
10.1009	格式化实用程序	formatting utility	
10.1010	实用程序	utility program, utility	
10.1011	实用功能	utility function	
10.1012	实用程序包	utility package	
10.1013	卸载	uninstallation	
10.1014	版本	version	
10.1015	版本号	version number	
10.1016	虚拟存储管理	virtual memory management	
10.1017	虚拟控制台	virtual console	
10.1018	虚拟控制台假脱机操作	virtual console spooling	
10.1019	虚拟软盘	virtual floppy disk	
10.1020	虚拟系统	virtual system	
10.1021	虚区域	virtual region	
10.1022	唤醒字符	wake-up character	
10.1023	唤醒等待	wake-up waiting	
10.1024	致命错误	fatal error	
10.1025	关机	shut down	
10.1026	视窗操作系统	Windows	美国微软公司1985年提出的DOS之下的操作系统。
10.1027	新技术视窗操作系统	Windows NT	美国微软公司1991年推出。
10.1028	视窗操作系统95	Windows 95	美国微软公司1995年推出。
10.1029	视窗操作系统98	Windows 98	
10.1030	视窗操作系统	Windows 2000	

序 号	汉 文 名	英 文 名	注 释
	2000		
10.1031	视窗操作系统 XP	Windows XP	
10.1032	UNIX 操作系统	UNIX	美国 AT&T 公司 1971 年在 PDP－11 上运行的操作系统。
10.1033	Linux 操作系统	Linux	
10.1034	UNIX 命令解释程序	UNIX Shell	

11. 数 据 库

序 号	汉 文 名	英 文 名	注 释
11.0001	数据库系统	database system	
11.0002	数据库环境	database environment	
11.0003	数据库管理员	database administrator	
11.0004	层次数据库	hierarchical database	
11.0005	网状数据库	network database	
11.0006	关系数据库	relational database	
11.0007	数据库管理系统	database management system, DBMS	
11.0008	分布〔式〕数据库	distributed database	
11.0009	分布〔式〕数据库系统	distributed database system	
11.0010	分布〔式〕数据库管理系统	distributed database management system, DDBMS	
11.0011	工程数据库	engineering database, EDB	
11.0012	多媒体数据库	multimedia database	
11.0013	面向对象数据库	object-oriented database	
11.0014	联邦数据库	federative database	
11.0015	主动数据库	active database	
11.0016	演绎数据库	deductive database	
11.0017	数据模型	data model	
11.0018	层次数据模型	hierarchical data model	

序 号	汉 文 名	英 文 名	注 释
11.0019	网状数据模型	network data model	
11.0020	关系数据模型	relational data model	
11.0021	语义数据模型	semantic data model	
11.0022	面向对象数据模型	object-oriented data model	
11.0023	概念模式	conceptual schema	
11.0024	概念模型	conceptual model	
11.0025	实体	entity	
11.0026	联系	relationship	
11.0027	一对一联系	one to one relationship	
11.0028	多对一联系	many to one relationship	
11.0029	多对多联系	many to many relationship	
11.0030	实体联系图	entity-relationship diagram	又称"E－R图(E-R diagram)"。
11.0031	外模式	external schema	
11.0032	子模式	subschema	
11.0033	内模式	internal schema	
11.0034	物理模式	physical schema	
11.0035	数据独立性	data independence	
11.0036	逻辑数据独立性	logical data independence	
11.0037	物理数据独立性	physical data independence	
11.0038	数据描述语言	data description language, DDL	又称"数据定义语言(data definition language)"。
11.0039	数据操纵语言	data manipulation language, DML	
11.0040	数据控制语言	data control language, DCL	
11.0041	查询语言	query language, QL	
11.0042	[宿]主语言	host language	
11.0043	嵌入式语言	embedded language	
11.0044	子语言	sublanguage	
11.0045	[键]码	key	
11.0046	辅[键]码	secondary key	
11.0047	复合[键]码	compound key	
11.0048	内建函数	built-in function	
11.0049	数据字典	data dictionary, DD	
11.0050	数据目录	data directory	
11.0051	元数据	metadata	

序　号	汉　文　名	英　文　名	注　释
11.0052	元数据库	metadatabase	
11.0053	数据库重构	database restructuring	
11.0054	数据库重组	database reorganization	
11.0055	格式化数据	formatted data	
11.0056	数据库[键]码	database key	
11.0057	系序	set order	
11.0058	系值	set occurrence	
11.0059	奇异系	singular set	
11.0060	系	set	
11.0061	系主	owner	
11.0062	成员	member	
11.0063	空值	null	
11.0064	层次序列键码	hierarchical sequence key	
11.0065	关系	relation	
11.0066	基表	base table	
11.0067	虚表	virtual table	
11.0068	视图	view	
11.0069	临时表	temporary table	
11.0070	导出表	derived table	
11.0071	元组	tuple	
11.0072	列	column	
11.0073	属性	attribute	
11.0074	主属性	prime attribute	
11.0075	非主属性	non-prime attribute	
11.0076	组合[键]码	composite key	
11.0077	候选[键]码	candidate key	
11.0078	主[键]码	primary key	
11.0079	外[键]码	foreign key	
11.0080	撤消	drop	
11.0081	授权	grant	
11.0082	取消	revoke	
11.0083	删除	delete	
11.0084	追加	append	
11.0085	更新	update	
11.0086	修改	modify	
11.0087	游标	cursor	
11.0088	无用信息	garbage	

序　号	汉　文　名	英　文　名	注　释
11.0089	数据存取路径	data access path	又称"数据访问路径"。
11.0090	聚簇索引	clustered index	
11.0091	嵌套循环法	nested loop method	
11.0092	归并扫描法	merged scanning method	又称"合并扫描法"。
11.0093	实体完整性	entity integrity	
11.0094	参照完整性	referential integrity	
11.0095	关系代数	relational algebra	
11.0096	并	union	
11.0097	交	intersection	
11.0098	差	difference	
11.0099	除法	division	
11.0100	笛卡儿积	Cartesian product	
11.0101	叉积	cross product	
11.0102	选取	select	
11.0103	投影	project, projecting	
11.0104	联结	join	
11.0105	半联结	semijoin	
11.0106	自然联结	natural join	
11.0107	等联结	equijoin	
11.0108	外联结	outer join	
11.0109	自联结	self-join	又称"自连接"。
11.0110	关系演算	relational calculus	
11.0111	域［关系］演算	domain calculus	
11.0112	元组［关系］演算	tuple calculus	
11.0113	量词	quantifier	
11.0114	全称量词	universal quantifier	
11.0115	存在量词	existential quantifier	
11.0116	结构查询语言	structured query language, SQL	简称"SQL 语言"。
11.0117	交互式 SQL 语言	interactive SQL	
11.0118	嵌入式 SQL 语言	embedded SQL	
11.0119	动态 SQL 语言	dynamic SQL	
11.0120	查询优化	query optimization	
11.0121	基于语义的查询	semantics-based query optimization	

序　号	汉　文　名	英　文　名	注　释
	优化		
11.0122	基于语法的查询 优化	syntax-based query optimization	
11.0123	基于代价的查询 优化	cost-based query optimization	
11.0124	规范化	normalization	
11.0125	更新异常	update anomaly	
11.0126	数据依赖	data dependence	
11.0127	函数依赖	functional dependence	
11.0128	多值依赖	multivalued dependence	
11.0129	部分函数依赖	partial functional dependence	
11.0130	完全函数依赖	full functional dependence	
11.0131	传递函数依赖	transitive functional dependence	
11.0132	平凡函数依赖	trivial functional dependence	
11.0133	非平凡函数依赖	non-trivial functional dependence	
11.0134	函数依赖闭包	functional dependence closure	
11.0135	属性闭包	attribute closure	
11.0136	无损分解	non-loss decomposition	
11.0137	无损联结	lossless join	
11.0138	依赖保持	dependence preservation	
11.0139	泛关系	universal relation	
11.0140	第一范式	first normal form, 1FN	
11.0141	第二范式	second normal form, 2FN	
11.0142	第三范式	third normal form, 3FN	
11.0143	BC 范式	BC normal form, BCFN	
11.0144	第四范式	fourth normal form, 4FN	
11.0145	第五范式	fifth normal form, 5FN	
11.0146	关系模式分解	decomposition of relation schema	
11.0147	保持依赖分解	dependency reserving decomposi- tion	
11.0148	阿姆斯特朗公理	Armstrong axioms	
11.0149	函数依赖分解律	decomposition rule of functional de- pendencies	
11.0150	函数依赖伪传递 律	pseudotransitive rule of functional dependencies	
11.0151	函数依赖合并律	union rule of functional dependen- cies	

序　号	汉　文　名	英　文　名	注　释
11.0152	依赖集的覆盖	cover of set of dependencies	
11.0153	依赖集的最小覆盖	minimum cover of set of dependencies	
11.0154	依赖集的最优覆盖	optimal cover of set of dependencies	
11.0155	插入异常	insertion anomaly	
11.0156	删除异常	deletion anomaly	
11.0157	事务〔元〕	transaction	
11.0158	逻辑工作单元	logical unit of work	
11.0159	原子性	atomicity	
11.0160	共享锁	shared lock	
11.0161	排它锁	exclusive lock	
11.0162	读锁	read lock	
11.0163	写锁	write lock	
11.0164	意向锁	intention lock	
11.0165	锁相容性	lock compatibility	
11.0166	两〔阶〕段锁	two-phase lock	
11.0167	隔离级	isolation level	
11.0168	封锁粒度	lock granularity	
11.0169	幻影	phantom	
11.0170	脏读	dirty read	
11.0171	镜像	mirror	
11.0172	不可重复读	non-repeatable read	
11.0173	可串行性	serializability	
11.0174	数据库安全	database security	
11.0175	数据库保密	database privacy	
11.0176	特权	privilege, concession	
11.0177	许可权清单	permission log	
11.0178	存取特权	access privilege	又称"访问特权"。
11.0179	一致性约束	consistency constraint	
11.0180	完整性	integrity	
11.0181	完整性约束	integrity constraint	
11.0182	数据库完整性	database integrity	
11.0183	数据完整性	data integrity	
11.0184	表约束	table constraint	
11.0185	紧密一致性	tight consistency	
11.0186	松散一致性	loose consistency	

序 号	汉 文 名	英 文 名	注 释
11.0187	一致性检验	consistency check	
11.0188	事务故障	transaction failure	
11.0189	系统故障	system failure	
11.0190	介质故障	media failure	
11.0191	故障恢复	recovery from the failure	
11.0192	提交	commit, submission	
11.0193	回退	rollback	
11.0194	异常中止	abort	
11.0195	增量转储	incremental dump	又称"增殖转储"。
11.0196	[运行]日志	log	
11.0197	前像	before-image	
11.0198	后像	after-image	
11.0199	区间查询	interval query	
11.0200	撤销还原	undo	
11.0201	重做	redo	
11.0202	正向恢复	forward recovery	
11.0203	远程数据库访问	remote database access, RDA	
11.0204	远程过程调用	remote procedure call, RPC	
11.0205	存储过程	stored procedure	
11.0206	动态链接库	dynamic link library, DLL	
11.0207	开放的数据库连接	open database connectivity, ODBC	
11.0208	客户－服务器模型	client/server model	
11.0209	分布式应用	distributed application	
11.0210	局部应用	local application	
11.0211	全局应用	global application	
11.0212	场地自治	site autonomy	
11.0213	分布透明性	distribution transparency	
11.0214	位置透明性	location transparency	
11.0215	片段	fragment	
11.0216	水平分片	horizontal fragmentation	
11.0217	垂直分片	vertical fragmentation	
11.0218	导出水平分片	derived horizontal fragmentation	
11.0219	分片透明	fragmentation transparency	
11.0220	分片模式	fragmentation schema	
11.0221	分布模式	allocation schema	又称"分配模式"。

序　号	汉　文　名	英　文　名	注　释
11.0222	全局事务	global transaction	
11.0223	协调者	coordinator	
11.0224	参与者	participant	
11.0225	两[阶]段提交协议	two-phase commitment protocol	
11.0226	三[阶]段提交协议	three-phase commitment protocol	
11.0227	全局查询	global query	
11.0228	全局查询优化	global query optimization	
11.0229	场地故障	site failure	
11.0230	通信故障	communication failure	
11.0231	网络分割	network partitioning	
11.0232	更新传播	update propagation	
11.0233	局部死锁	local deadlock	
11.0234	全局死锁	global deadlock	
11.0235	局部等待图	local wait-for graph, LWFG	
11.0236	分布等待图	distributed wait-for graph, DWFG	
11.0237	局部模式	local schema	
11.0238	输出模式	export schema	
11.0239	输入模式	import schema	
11.0240	联邦模式	federated schema	
11.0241	同构型系统	homogeneous system	
11.0242	异构型系统	heterogeneous system	
11.0243	主副本	primary copy	
11.0244	辅[助]副本	secondary copy	
11.0245	实时数据库	real-time database, RTDB	
11.0246	主存数据库	main memory database, MMDB	
11.0247	复制型数据库	replicated database	
11.0248	并行数据库	parallel database	
11.0249	并行联结	parallel join	又称"并行连接"。
11.0250	并行二元联结	parallel two-way join	又称"并行二元连接"。
11.0251	并行多元联结	parallel multiway join	又称"并行多元连接"。
11.0252	数据偏斜	data skew	
11.0253	空间数据库	spatial database	
11.0254	空间索引	spatial index	

序　号	汉　文　名	英　文　名	注　释
11.0255	空间拓扑关系	spatial topological relation	
11.0256	向量数据结构	vector data structure	
11.0257	栅格数据结构	raster data structure	
11.0258	向量与栅格混合数据结构	combined vector and raster data structure	
11.0259	超图数据结构	hypergraphic-based data structure	
11.0260	拓扑检索	topological retrieval	
11.0261	空间检索	spatial retrieval	
11.0262	点检索	point retrieval	
11.0263	线检索	line retrieval	
11.0264	面检索	area retrieval, region retrieval	
11.0265	数据仓库	data warehouse	
11.0266	联机事务处理	on-line transaction processing, OLTP	
11.0267	联机分析处理	on-line analytical processing, OLAP	
11.0268	工作流	workflow	
11.0269	报表	report	
11.0270	多维分析	multidimensional analysis	
11.0271	窗口函数	window function	
11.0272	数据集市	data mart	
11.0273	钻取[查询]	drill down query	
11.0274	外延数据库	extensional database	
11.0275	内涵数据库	intensional database	
11.0276	导出规则	derived rule	
11.0277	演绎数据	deductive data	
11.0278	魔集	magic set	
11.0279	合取查询	conjunctive query	
11.0280	递归查询	recursive query	
11.0281	数据库集成	database integration	
11.0282	公共数据模型	common data model	
11.0283	复杂数据类型	complex data type	
11.0284	抽象数据类型	abstract data type, ADT	
11.0285	用户[自]定义数据类型	user defined data type	
11.0286	二进制大对象	binary large object, BLOB	
11.0287	对象标识符	object identifier, OID	

序 号	汉 文 名	英 文 名	注 释
11.0288	对象引用	object reference	
11.0289	类	class	
11.0290	方法	method	
11.0291	超类	super class	
11.0292	子类	subclass	
11.0293	重载	overloading	
11.0294	构造函数	constructor	
11.0295	析构函数	destructor	
11.0296	多态性	polymorphism	
11.0297	持久性	persistence	
11.0298	对象链接与嵌入	object link and embedding, OLE	
11.0299	面向对象数据库管理系统	object-oriented database management system, OODBMS	
11.0300	面向对象数据库语言	object-oriented database language	
11.0301	过程数据	procedure data	
11.0302	数值数据	numerical data	
11.0303	超长文本	supertext	又称"超长正文"。
11.0304	复杂事务	complex transaction	
11.0305	嵌套事务	nested transaction	
11.0306	长事务管理	long transaction management	
11.0307	版本管理	version management	
11.0308	图例查询	query by pictorial example	
11.0309	科学数据库	scientific database	
11.0310	文献数据库	document database	又称"文档数据库"。
11.0311	正文数据库	text database	又称"文本数据库"。
11.0312	图像数据库	image database	
11.0313	图形数据库	graphics database	
11.0314	音频数据库	audio database	
11.0315	多媒体数据库管理系统	multimedia database management system	
11.0316	多媒体数据模型	multimedia data model	
11.0317	多媒体数据类型	multimedia data type	
11.0318	多媒体数据存储管理	multimedia data storage management	

序 号	汉 文 名	英 文 名	注 释
11.0319	多媒体数据版本管理	multimedia data version management	
11.0320	多媒体数据检索	multimedia data retrieval	
11.0321	统计数据库	statistical database	
11.0322	邻近查找	nearest neighbor search	又称"邻近搜索"。
11.0323	转置	transposition	
11.0324	聚集	aggregation	
11.0325	多维数据结构	multidimensional data structure	
11.0326	稀疏数据	sparse data	
11.0327	类 SQL 语言	SQL-like language	
11.0328	模糊数据	fuzzy data	
11.0329	模糊数据库	fuzzy database	
11.0330	模糊查询语言	fuzzy query language	
11.0331	模糊查找	fuzzy search	又称"模糊搜索"。
11.0332	数据格式转换	data format conversion	
11.0333	情报检索语言	information retrieval language	
11.0334	布尔查找	Boolean search	又称"布尔搜索"。
11.0335	向量查找	vector search	又称"向量搜索"。
11.0336	相似[性]查找	similarity search	又称"相似[性]搜索"。
11.0337	通配符	wildcard	
11.0338	主动查询	active query	
11.0339	被动查询	passive query	
11.0340	事件-条件-动作规则	ECA rule, event-condition-action rule	简称"ECA 规则"。
11.0341	事件检测器	event detector	又称"事件检测程序"。
11.0342	事务调度	transaction scheduling	
11.0343	事实库	fact base	
11.0344	概念库	conceptual base	
11.0345	定时约束	timing constraint	
11.0346	时间约束	time constraint	
11.0347	实时约束	real-time constraint	
11.0348	时态数据库	temporal database	
11.0349	历史数据	historical data	
11.0350	历史数据库	historical database	
11.0351	历史规则	historical rule	

序　号	汉　文　名	英　文　名	注　释
11.0352	时态关系代数	temporal relational algebra	
11.0353	时态查询语言	temporal query language，TQUEL	
11.0354	有效时间	valid time	
11.0355	事务时间	transaction time	

12. 软 件 工 程

序　号	汉　文　名	英　文　名	注　释
12.0001	计算机辅助软件工程	computer-aided software engineering，CASE	
12.0002	逆向工程	reverse engineering	
12.0003	重构	reconstruction	
12.0004	软件生产率	software productivity	
12.0005	信息工程	information engineering	
12.0006	生存周期	life cycle	
12.0007	开发周期	development cycle	
12.0008	开发生存周期	development life cycle	
12.0009	可行性研究	feasibility study	
12.0010	算法分析	algorithm analysis	
12.0011	别名	alias	
12.0012	分析阶段	analysis phase	
12.0013	分析模型	analytical model	
12.0014	应用软件	application software	
12.0015	汇编	assemble	
12.0016	自动设计工具	automated design tool	
12.0017	软件工具	software tool	
12.0018	工具箱	toolbox，toolkit	
12.0019	软件开发环境	software development environment	
12.0020	软件工程环境	software engineering environment	
12.0021	功能需求	functional requirements	
12.0022	功能规约	functional specification	
12.0023	功能部件	functional unit	
12.0024	功能性	functionality	
12.0025	硬件配置项	hardware configuration item，HCI	
12.0026	目标系统	target system	

序 号	汉 文 名	英 文 名	注 释
12.0027	目标计算机	target computer	
12.0028	性能需求	performance requirements	
12.0029	性能规约	performance specification	
12.0030	物理需求	physical requirements	
12.0031	精度	precision	
12.0032	问题报告	problem report	
12.0033	需求	requirement	
12.0034	用户需求	user requirements	
12.0035	需求分析	requirements analysis	
12.0036	问题陈述语言	problem statement language，PSL	
12.0037	问题陈述分析程序	problem statement analyzer，PSA	
12.0038	需求审查	requirements inspection	
12.0039	需求阶段	requirements phase	
12.0040	需求规约	requirements specification	
12.0041	需求验证	requirements verification	
12.0042	标准实施器	standard enforcer	
12.0043	结构化分析	structured analysis	
12.0044	变换分析	transform analysis	
12.0045	变换中心	transform center	
12.0046	静态分析	static analysis	
12.0047	静态分析程序	static analyzer	
12.0048	调试模型	debugging model	
12.0049	定义阶段	definition phase	
12.0050	结构化设计	structured design	
12.0051	概要设计	preliminary design	
12.0052	功能设计	functional design	
12.0053	功能分解	functional decomposition	
12.0054	模块分解	modular decomposition	
12.0055	层次分解	hierarchical decomposition	
12.0056	详细设计	detailed design	
12.0057	设计分析	design analysis	
12.0058	设计分析器	design analyzer	又称"设计分析程序"。
12.0059	设计审查	design inspection	
12.0060	设计方法学	design methodology	
12.0061	设计阶段	design phase	

序 号	汉 文 名	英 文 名	注 释
12.0062	设计需求	design requirement	
12.0063	设计评审	design review	
12.0064	设计规约	design specification	
12.0065	设计验证	design verification	
12.0066	设计走查	design walk-through	
12.0067	桌面检查	desk checking	
12.0068	有限状态机	finite state machine	
12.0069	控制流	control flow	
12.0070	数据流	data flow	
12.0071	形式方法	formal method	
12.0072	维也纳开发方法	Vienna development method, VDM	
12.0073	规约	specification	又称"规格说明"。
12.0074	结构化规约	structured specification	
12.0075	代数规约	algebraic specification	
12.0076	基于类型理论的方法	type theory-based method	
12.0077	软件自动化方法	software automation method	
12.0078	程序转换方法	program transformation method	
12.0079	演绎综合方法	deductive synthesis method	
12.0080	归纳综合方法	inductive synthesis method	
12.0081	过程实现方法	procedural implementation method	
12.0082	形式规约	formal specification	
12.0083	正式测试	formal testing	
12.0084	结构	structure	
12.0085	结构化方法	structured method	
12.0086	控制结构	control structure	
12.0087	结构图	structure chart	
12.0088	面向数据结构的方法	data structure-oriented method	
12.0089	结构化分析与设计技术	structured analysis and design technique, SADT	
12.0090	自底向上方法	bottom-up method	
12.0091	面向对象方法	object-oriented method	又称"对象式方法"。
12.0092	面向对象分析	object-oriented analysis, OOA	又称"对象式分析"。
12.0093	面向对象设计	object-oriented design, OOD	又称"对象式设计"。
12.0094	面向对象程序设计	object-oriented programming, OOP	又称"对象式程序设计"。

序 号	汉 文 名	英 文 名	注 释
12.0095	软件方法学	software methodology	
12.0096	软件工程方法学	software engineering methodology	
12.0097	自顶向下	top-down	
12.0098	自底向上	bottom-up	
12.0099	自顶向下方法	top-down method	
12.0100	自顶向下测试	top-down testing	
12.0101	软件开发模型	software development model	
12.0102	瀑布模型	waterfall model	
12.0103	演化模型	evolutionary model	
12.0104	螺旋模型	spiral model	
12.0105	喷泉模型	fountain model	
12.0106	软件结构	software structure	
12.0107	软件开发方法	software development method	
12.0108	链[接]表	chained list	
12.0109	净室	cleanroom	
12.0110	代码审计	code audit	
12.0111	代码生成器	code generator	又称"代码生成程序"。
12.0112	代码审查	code inspection	
12.0113	代码走查	code walk-through	
12.0114	计算机数据	computer data	
12.0115	计算机程序	computer program	
12.0116	软件包	software package	
12.0117	良构程序	well-structured program	
12.0118	程序生成器	program generator	又称"程序生成程序"。
12.0119	应用生成器	application generator	又称"应用生成程序"。
12.0120	计算机程序摘要	computer program abstract	
12.0121	计算机程序注释	computer program annotation	
12.0122	双份编码	dual coding	
12.0123	虚参数	dummy parameter	
12.0124	动态分配	dynamic allocation	
12.0125	动态分析	dynamic analysis	
12.0126	动态分析器	dynamic analyzer	又称"动态生成程序"。
12.0127	动态重构	dynamic restructuring	

序 号	汉 文 名	英 文 名	注 释
12.0128	无我程序设计	egoless programming	
12.0129	嵌入式软件	embedded software	
12.0130	仿真器	emulator	又称"仿真程序"。
12.0131	错误分析	error analysis	
12.0132	错误类别	error category	
12.0133	错误数据	error data	
12.0134	错误模型	error model	
12.0135	错误预测	error prediction	
12.0136	错误预测模型	error prediction model	
12.0137	错误撒播	error seeding	
12.0138	评价	evaluation	又称"评估"。
12.0139	执行	execution	
12.0140	执行时间	execution time	
12.0141	执行时间理论	execution time theory	
12.0142	执行程序	executive program	
12.0143	出口	exit	又称"退出"。
12.0144	接口需求	interface requirements	
12.0145	接口规约	interface specification	
12.0146	解释	interpret	
12.0147	迭代	iteration	
12.0148	文档等级	level of documentation	
12.0149	资料员	librarian	
12.0150	生存周期模型	life-cycle model	
12.0151	连接编辑程序	linkage editor	
12.0152	表处理	list processing	
12.0153	列表	listing	
12.0154	装入映射[表]	load map	
12.0155	装入程序	loader	
12.0156	逻辑文件	logical file	
12.0157	逻辑记录	logical record	
12.0158	模块化方法	modular method	
12.0159	模块化程序设计	modular programming	
12.0160	模块强度	module strength	
12.0161	N 元	N-ary	
12.0162	嵌套	nest	
12.0163	程序体系结构	program architecture	
12.0164	程序正确性	program correctness	

序 号	汉 文 名	英 文 名	注 释
12.0165	程序扩展	program extension	
12.0166	抽象窗口工具箱	abstract window toolkit, AWT	
12.0167	Java 开发工具箱	Java development kit	
12.0168	程序探测	program instrumentation	
12.0169	程序变异	program mutation	
12.0170	程序保护	program protection	
12.0171	程序规约	program specification	
12.0172	程序支持库	program support library	
12.0173	程序综合	program synthesis	
12.0174	程序确认	program validation	
12.0175	程序设计支持环境	programming support environment	
12.0176	结构化程序	structured program	
12.0177	结构化程序设计	structured programming	
12.0178	结构化程序设计语言	structured programming language	
12.0179	存根	stub	
12.0180	分包商	sub-contractor	
12.0181	子系统	subsystem	
12.0182	分布式对象计算	distributed object computing, DOC	
12.0183	逐面分类法	faceted classification	
12.0184	开放体系结构框架	open architecture framework, OAF	
12.0185	复用库互操作组织	reuse library interoperability group, RLIG	
12.0186	远程方法调用	remote method invocation, RMI	
12.0187	面向特征的领域分析方法	feature-oriented domain analysis method, FODA	
12.0188	净室软件工程	cleanroom software engineering	
12.0189	成熟度	maturity	
12.0190	可理解性	understandability	
12.0191	松散时间约束	loose time constraint	
12.0192	因果图	cause effect graph	
12.0193	过程程序设计	procedural programming	
12.0194	逻辑程序设计	logic programming	
12.0195	函数程序设计	functional programming	
12.0196	顺序程序设计	sequential programming	

序　号	汉　文　名	英　文　名	注　释
12.0197	分布式程序设计	distributed programming	
12.0198	可视程序设计	visual programming	
12.0199	文化程序设计	literate programming	
12.0200	静态绑定	static binding	
12.0201	统计测试模型	statistical test model	
12.0202	测试有效性	test validity	
12.0203	走查	walk-through	
12.0204	绝对机器代码	absolute machine code	
12.0205	抽象	abstraction	
12.0206	偶然事故	accident	
12.0207	需方	acquirer	
12.0208	获取	acquisition	
12.0209	活动文件	active file	
12.0210	活动	activity	
12.0211	地址空间	address space	
12.0212	自动测试用例生成器	automated test case generator	
12.0213	自动测试数据生成器	automated test data generator	
12.0214	自动测试生成器	automated test generator	
12.0215	自动验证系统	automated verification system	
12.0216	自动验证工具	automated verification tool	
12.0217	可用性模型	availability model	
12.0218	引导装入程序	bootstrap loader	
12.0219	隐错	bug	
12.0220	隐错撒播	bug seeding	
12.0221	构件块	building block	
12.0222	能力成熟[度]模型	capability maturity model, CMM	
12.0223	计算机程序认证	computer program certification	
12.0224	计算机程序配置标识	computer program configuration identification	
12.0225	计算机程序开发计划	computer program development plan	
12.0226	计算机程序确认	computer program validation	
12.0227	计算机程序验证	computer program verification	
12.0228	条件控制结构	conditional control structure	

序　号	汉　文　名	英　文　名	注　释
12.0229	配置控制委员会	configuration control board	
12.0230	配置标识	configuration identification	
12.0231	配置项	configuration item	
12.0232	配置状态报告	configuration status accounting	
12.0233	禁闭	confinement	
12.0234	合同	contract	
12.0235	控制数据	control data	
12.0236	改正性活动	corrective action	
12.0237	正确性证明	correctness proof	
12.0238	关键部分优先	critical piece first	
12.0239	关键程度	criticality	
12.0240	交叉汇编程序	cross assembler	
12.0241	客户服务	customer service	
12.0242	开发者	developer	
12.0243	开发者合同管理员	developer contract administrator	
12.0244	开发方法学	development methodology	
12.0245	开发进展	development progress	
12.0246	开发过程	development process	
12.0247	开发规约	development specification	
12.0248	文档编制	documentation	
12.0249	文档级别	documentation level	
12.0250	失效类别	failure category	
12.0251	失效数据	failure data	
12.0252	失效比	failure ratio	
12.0253	失效恢复	failure recovery	
12.0254	故障类别	fault category	
12.0255	故障插入	fault insertion	
12.0256	故障撒播	fault seeding	
12.0257	功能性配置审计	functional configuration audit, FCA	
12.0258	不完全排错	imperfect debugging	
12.0259	实现	implementation	
12.0260	实现阶段	implementation phase	
12.0261	实现需求	implementation requirements	
12.0262	独立验证和确认	independent verification and validation	
12.0263	内在故障	indigenous fault	

序　号	汉　文　名	英　文　名	注　释
12.0264	归纳断言法	inductive assertion method	
12.0265	基础设施	infrastructure	
12.0266	安装和检验阶段	installation and check-out phase	
12.0267	通用安装程序	universal installer	
12.0268	指令跟踪	instruction trace	
12.0269	探测	instrumentation	
12.0270	探测工具	instrumentation tool	
12.0271	集成	integration	
12.0272	交互[式]系统	interactive system	
12.0273	维护者	maintainer	
12.0274	维护阶段	maintenance phase	
12.0275	维护计划	maintenance plan	
12.0276	映射程序	map program	
12.0277	主库	master library	
12.0278	里程碑	milestone	
12.0279	助忆符号	mnemonic symbol	
12.0280	不交付项	non-deliverable item	
12.0281	记法	notation	
12.0282	现货产品	off-the-shelf product	
12.0283	运行和维护阶段	operation and maintenance phase	
12.0284	改善性维护	perfective maintenance	
12.0285	操作过程	operation process	
12.0286	运行可靠性	operational reliability	
12.0287	操作员手册	operator manual	
12.0288	组织过程	organizational process	
12.0289	路径条件	path condition	
12.0290	路径表达式	path expression	
12.0291	物理配置审计	physical configuration audit, PCA	
12.0292	过程	procedure	
12.0293	产品认证	product certification	
12.0294	产品库	product library	
12.0295	产品规格说明	product specification	又称"产品规约"。
12.0296	项目文件	project file	
12.0297	项目管理	project management	
12.0298	项目簿	project notebook	
12.0299	项目计划	project plan	
12.0300	项目进度[表]	project schedule	

序 号	汉 文 名	英 文 名	注 释
12.0301	下推式存储器	push-down storage	
12.0302	上推	push-up	
12.0303	鉴定	qualification	
12.0304	鉴定需求	qualification requirements	
12.0305	质量工程	quality engineering	
12.0306	实时	real-time	
12.0307	递归例程	recursive routine	
12.0308	注册过程	registration process	
12.0309	可靠性数据	reliability data	
12.0310	可靠性模型	reliability model	
12.0311	可重定位机器代码	relocatable machine code	
12.0312	招标	request for proposal	
12.0313	退役阶段	retirement phase	
12.0314	运行方式	run mode	
12.0315	安全认证授权	safety certification authority	
12.0316	撒播	seeding	
12.0317	顺序进程	sequential processes	
12.0318	严重性	severity	
12.0319	副作用	side effect	
12.0320	模拟器	simulator	又称"模拟程序"。
12.0321	规模估计	sizing	
12.0322	软件构件	software component	
12.0323	软件验收	software acceptance	
12.0324	软件获取	software acquisition	
12.0325	软件资产管理程序	software asset manager	
12.0326	软件配置	software configuration	
12.0327	软件配置管理	software configuration management	
12.0328	软件数据库	software database	
12.0329	软件开发周期	software development cycle	
12.0330	软件开发库	software development library	
12.0331	软件开发手册	software development notebook	
12.0332	软件开发计划	software development plan	
12.0333	软件开发过程	software development process	
12.0334	软件文档	software documentation	
12.0335	软件评测	software evaluation	

序 号	汉 文 名	英 文 名	注 释
12.0336	软件经验数据	software experience data	
12.0337	软件风险	software hazard	
12.0338	软件库管理员	software librarian	
12.0339	软件库	software library	
12.0340	软件生存周期	software life cycle	
12.0341	软件维护员	software maintainer	
12.0342	软件监控程序	software monitor	
12.0343	软件操作员	software operator	
12.0344	软件产品	software product	
12.0345	软件采购员	software purchaser	
12.0346	软件质量	software quality	
12.0347	质量保证	quality assurance	
12.0348	质量度量学	quality metrics	
12.0349	软件度量学	software metrics	
12.0350	软件质量保证	software quality assurance	
12.0351	软件质量评判准则	software quality criteria	
12.0352	软件可靠性	software reliability	
12.0353	软件注册员	software registrar	
12.0354	软件储藏库	software repository	
12.0355	软件复用	software reuse	
12.0356	软件安全性	software safety	
12.0357	软件潜行分析	software sneak analysis	
12.0358	软件单元	software unit	
12.0359	软件验证程序	software verifier	
12.0360	规约语言	specification language	
12.0361	规约验证	specification verification	
12.0362	稳定性	stability	
12.0363	供方	supplier	
12.0364	支持软件	support software	
12.0365	符号执行	symbolic execution	
12.0366	系统体系结构	system architecture	
12.0367	系统设计	system design	
12.0368	系统文档	system documentation	
12.0369	系统库	system library	
12.0370	系统可靠性	system reliability	
12.0371	系统软件	system software	

序　号	汉　文　名	英　文　名	注　释
12.0372	系统确认	system validation	
12.0373	系统验证	system verification	
12.0374	终止性证明	termination proof	
12.0375	测试用例生成程序	test case generator	
12.0376	测试覆盖[率]	test coverage	
12.0377	测试数据生成程序	test data generator	
12.0378	测试驱动程序	test driver	
12.0379	测试阶段	test phase	
12.0380	测试过程	test procedure	
12.0381	测试可重复性	test repeatability	
12.0382	测试报告	test report	
12.0383	分时	time sharing	
12.0384	计时分析程序	timing analyzer	
12.0385	追踪程序	tracer	
12.0386	培训	training	
12.0387	类型	type	
12.0388	软件性能	software performance	
12.0389	自适应性	adaptability	
12.0390	内聚性	cohesion	
12.0391	模块性	modularity	
12.0392	可复用性	reusability	
12.0393	部分正确性	partial correctness	
12.0394	完全正确性	total correctness	
12.0395	有效性	validity	
12.0396	用户合同管理员	user contract administrator	
12.0397	用户文档	user documentation	
12.0398	实用软件	utility software	
12.0399	版本控制	version control	
12.0400	更改控制	change control	
12.0401	基线	baseline	
12.0402	原型	prototype	
12.0403	原型制作	prototyping	
12.0404	原型速成	rapid prototyping	
12.0405	领域建模	domain modeling, DM	
12.0406	体系结构建模	architecture modeling, AM	

序　号	汉　文　名	英　文　名	注　释
12.0407	黑箱	black-box	
12.0408	白箱	white-box	
12.0409	领域工程师	domain engineer	
12.0410	软件体系结构	software architecture	
12.0411	软件再工程	software reengineering	
12.0412	软件过程	software process	
12.0413	可复用构件	reusable component	
12.0414	基于构件的软件开发	component-based software development, CBSD	
12.0415	基于构件的软件工程	component-based software engineering, CBSE	
12.0416	3C 模型	concept, content and context; 3C	3C 指概念、内容和语境。
12.0417	特定领域软件体系结构	domain-specific software architecture, DSSA	
12.0418	软件体系结构风格	software architectural style, SAS	
12.0419	合法性撤消	revocation	又称"合法性取消"。
12.0420	版本升级	version upgrade	
12.0421	向下兼容	downward compatibility	
12.0422	向上兼容	upward compatibility	
12.0423	管理过程	management process	
12.0424	获取过程	acquisition process	
12.0425	供应过程	supply process	
12.0426	维护过程	maintenance process	
12.0427	支持过程	supporting process	
12.0428	剪裁过程	tailoring process	
12.0429	软件工程经济学	software engineering economics	
12.0430	计算机软件的法律保护	legal protection of computer software	
12.0431	软件版权	software copyright	
12.0432	事务分析	transaction analysis	

13. 人 工 智 能

序　号	汉　文　名	英　文　名	注　释
13.0001	人工认知	artificial cognition	
13.0002	脑功能模块	brain function module	
13.0003	脑成像	brain imaging	
13.0004	脑模型	brain model	
13.0005	脑科学	brain science	
13.0006	知识块	chunk	
13.0007	认知	cognition	
13.0008	认知映射	cognitive mapping	
13.0009	认知过程	cognitive process	
13.0010	认知心理学	cognitive psychology	
13.0011	认知仿真	cognitive simulation	
13.0012	认知系统	cognitive system	
13.0013	思维科学	noetic science	
13.0014	认知科学	cognitive science	
13.0015	感知	perception	
13.0016	认知模型	cognitive model	
13.0017	动态记忆	dynamic memory	
13.0018	情景记忆	episodic memory	
13.0019	认识学	epistemology	
13.0020	智能	intelligence	
13.0021	智能科学	intelligent science	
13.0022	群体智能	swarm intelligence	
13.0023	宏理论	macro-theory	
13.0024	记忆组织包	memory organization packet，MOP	
13.0025	记忆表示	memory representation	
13.0026	心智能力	mental ability	
13.0027	心智图像	mental image	
13.0028	心智信息传送	mental information transfer	
13.0029	心智机理	mental mechanism	
13.0030	心智状态	mental state	
13.0031	心智心理学	mental psychology	
13.0032	微理论	micro-theory	
13.0033	机器智能	machine intelligence	

序 号	汉 文 名	英 文 名	注 释
13.0034	物理符号系统	physical symbol system	
13.0035	DS 理论	Dempster-Shafer theory	
13.0036	框架语法	frame grammar	
13.0037	知识工程	knowledge engineering, KE	
13.0038	知识	knowledge	
13.0039	领域知识	domain knowledge	
13.0040	启发式知识	heuristic knowledge	
13.0041	常识	commonsense	
13.0042	知识表示	knowledge representation, KR	
13.0043	陈述性知识	declarative knowledge	
13.0044	过程性知识	procedural knowledge	
13.0045	知识表示方式	knowledge representation mode	
13.0046	知识模式	knowledge schema	
13.0047	框架知识表示	frame knowledge representation	
13.0048	概念结点	concept node	
13.0049	脚本知识表示	script knowledge representation	
13.0050	状态空间	state space	
13.0051	状态图	state graph	
13.0052	元知识	metaknowledge	
13.0053	元规则	metarule	
13.0054	面向对象表示	object-oriented representation	
13.0055	黑板	blackboard	
13.0056	黑板结构	blackboard structure	
13.0057	知识源	knowledge source	
13.0058	知识结构	knowledge structure	
13.0059	问题	problem	
13.0060	问题诊断	problem diagnosis	
13.0061	问题重构	problem reformulation	
13.0062	问题空间	problem space	
13.0063	问题状态	problem state	
13.0064	过程分析	procedure analysis	
13.0065	进程定性推理	process qualitative reasoning	
13.0066	规则子句	rule clause	
13.0067	规则	rule	
13.0068	启发式规则	heuristic rule	
13.0069	前提	antecedent, premise	
13.0070	条件式	conditions	

序　号	汉　文　名	英　文　名	注　释
13.0071	产生式规则	production rule	
13.0072	产生式系统	production system	
13.0073	领域无关规则	domain-independent rule	
13.0074	类规则表示	rule-like representation	
13.0075	规则集	rule set	
13.0076	状态空间表示	state space representation	
13.0077	符号智能	symbolic intelligence	
13.0078	重言式规则	tautology rule	
13.0079	传递相关性	transitive dependency	
13.0080	传递简约	transitive reduction	
13.0081	不确定证据	uncertain evidence	
13.0082	不确定知识	uncertain knowledge	
13.0083	人工约束	artificial constraint	
13.0084	经验法则	empirical law	
13.0085	特征提取	feature extraction	
13.0086	继承	inheritance	
13.0087	例示	instantiation	
13.0088	意义域	meaning domain	
13.0089	规划	planning	
13.0090	元规划	metaplanning	
13.0091	自规划	self-planning	
13.0092	自调整	self-regulating	
13.0093	贝叶斯分类器	Bayesian classifier	
13.0094	贝叶斯决策规则	Bayesian decision rule	
13.0095	贝叶斯决策方法	Bayesian decision method	
13.0096	贝叶斯推理	Bayesian inference	
13.0097	贝叶斯推理网络	Bayesian inference network	
13.0098	贝叶斯逻辑	Bayesian logic	
13.0099	贝叶斯定理	Bayesian theorem	
13.0100	黑板体系结构	blackboard architecture	
13.0101	黑板协调	blackboard coordination	
13.0102	黑板记忆组织	blackboard memory organization	
13.0103	黑板模型	blackboard model	
13.0104	黑板协商	blackboard negotiation	
13.0105	黑板策略	blackboard strategy	
13.0106	黑板系统	blackboard system	
13.0107	智能系统	intelligent system	

序 号	汉 文 名	英 文 名	注 释
13.0108	问题求解	problem solving	
13.0109	问题归约	problem reduction	
13.0110	解图	solution graph	
13.0111	解树	solution tree	
13.0112	候选解	candidate solution	
13.0113	子目标	subgoal	
13.0114	有限目标	finite goal	
13.0115	无穷目标	infinite goal	
13.0116	通用问题求解程序	general problem solver, GPS	
13.0117	手段目的分析	means-end analysis	
13.0118	启发式搜索	heuristic search	
13.0119	评价函数	evaluation function	
13.0120	弱方法	weak method	
13.0121	爬山法	hill climbing method	
13.0122	$\alpha-\beta$ 剪枝	α-β pruning	
13.0123	代价函数	cost function	
13.0124	定向搜索	beam search	
13.0125	盲目搜索	blind search	
13.0126	分支限界搜索	branch-and-bound search	
13.0127	深度优先搜索	depth first search	
13.0128	最佳优先搜索	best first search	
13.0129	双向搜索	bidirectional search	
13.0130	图搜索	graph search	
13.0131	交叉搜索	intersection search	
13.0132	有序搜索	ordered search	
13.0133	并行搜索	parallel search	
13.0134	试凑搜索	trial-and-error search	
13.0135	路径搜索	path search	
13.0136	搜索图	search graph	
13.0137	搜索规则	search rule	
13.0138	搜索空间	search space	
13.0139	搜索策略	search strategy	
13.0140	搜索树	search tree	
13.0141	推导树	derivation tree	
13.0142	范例	case	又称"案例"。
13.0143	范例库	case base	

序 号	汉 文 名	英 文 名	注 释
13.0144	范例依存相似性	case dependent similarity	
13.0145	范例表示	case representation	
13.0146	范例重存	case restore	
13.0147	范例检索	case retrieval	
13.0148	范例检索网	case retrieval net	
13.0149	范例重用	case reuse	
13.0150	范例修正	case revision	
13.0151	范例结构	case structure	
13.0152	范例验证	case validation	
13.0153	基于范例的推理	case-based reasoning, CBR	
13.0154	因果推理	causal reasoning	
13.0155	因果性	causality	
13.0156	冲突鉴别	conflict discriminate	
13.0157	冲突调解	conflict reconcile	
13.0158	冲突消解	conflict resolution	
13.0159	冲突集	conflict set	
13.0160	一致性强制器	consistency enforcer	
13.0161	知识相容性	consistency of knowledge	
13.0162	一致估计	consistent estimation	
13.0163	约束条件	constraint condition	
13.0164	约束方程	constraint equation	
13.0165	约束函数	constraint function	
13.0166	约束矩阵	constraint matrix	
13.0167	约束规则	constraint rule	
13.0168	合同网	contract net	
13.0169	正确性	correctness	
13.0170	判定逻辑	decision logic	
13.0171	决策制定	decision making	
13.0172	决策矩阵	decision matrix	
13.0173	决策计划	decision plan	
13.0174	决策问题	decision problem	
13.0175	决策过程	decision procedure	
13.0176	决策空间	decision space	
13.0177	判定符号	decision symbol	
13.0178	决策论	decision theory	
13.0179	相关规则	dependency rule	
13.0180	动态世界规划	dynamic world planning	

序　号	汉　文　名	英　文　名	注　释
13.0181	证据推理	evidential reasoning	
13.0182	全局知识	global knowledge	
13.0183	全局优化	global optimization	
13.0184	全局搜索	global search	
13.0185	目标范例库	goal case base	
13.0186	目标子句	goal clause	
13.0187	目标对象	goal object	
13.0188	目标回归	goal regression	
13.0189	目标集	goal set	
13.0190	目标引导行为	goal-directed behavior	
13.0191	启发式算法	heuristic algorithm	
13.0192	启发式方法	heuristic approach	
13.0193	启发式函数	heuristic function	
13.0194	启发式信息	heuristic information	
13.0195	启发式程序	heuristic program	
13.0196	启发式技术	heuristic technique	
13.0197	不完全性理论	incompleteness theory	
13.0198	不合逻辑	illogicality	
13.0199	合一	unification	
13.0200	合一子	unifier	
13.0201	泛合一	universal unification	
13.0202	最广合一子	most general unifier	
13.0203	推理	reasoning, inference	
13.0204	启发式推理	heuristic inference	
13.0205	推理策略	inference strategy	
13.0206	推理模型	inference model, reasoning model	
13.0207	自动推理	automated reasoning	
13.0208	形式推理	formal reasoning	
13.0209	基于知识[的]推理系统	knowledge-based inference system	
13.0210	自动逻辑推理	automated logic inference	
13.0211	演绎推理	deductive inference	
13.0212	反绎推理	abductive reasoning	
13.0213	假设	hypothesis	
13.0214	断言	assertion	
13.0215	自动演绎	automatic deduction	
13.0216	规则推理	rule-based reasoning	

序　号	汉　文　名	英　文　名	注　释
13.0217	正向推理	forward reasoning, forward chained reasoning	
13.0218	目标驱动	goal driven	
13.0219	反向推理	backward reasoning, backward chained reasoning	
13.0220	双向推理	bidirection reasoning	
13.0221	目标导向推理	goal-directed reasoning	
13.0222	基于知识[的]推理	knowledge-based inference	
13.0223	逻辑推理	logical reasoning	
13.0224	自顶向下推理	top-down reasoning	
13.0225	自底向上推理	bottom-up reasoning	
13.0226	元推理	metareasoning	
13.0227	不确定推理	uncertain reasoning	
13.0228	模糊推理	fuzzy reasoning	
13.0229	类比推理	analogical inference	
13.0230	单调推理	monotonic reasoning	
13.0231	非单调推理	non-monotonic reasoning	
13.0232	限定推理	circumscription reasoning	
13.0233	默认推理	default reasoning	
13.0234	真值维护系统	truth maintenance system, TMS	
13.0235	归纳推理	inductive reasoning, inductive inference	
13.0236	信念	belief	
13.0237	确信度	certainty factor, CF	
13.0238	置信测度	confidence measure	
13.0239	证据理论	evidence theory	
13.0240	可能性理论	possibility theory	
13.0241	近似推理	approximate reasoning	
13.0242	概率推理	probabilistic reasoning	
13.0243	统计推理	statistic inference	
13.0244	多元统计推理	multivariable statistic reasoning	
13.0245	多元随机推理	multivariable stochastic reasoning	
13.0246	约束推理	constraint reasoning	
13.0247	约束知识	constraint knowledge	
13.0248	约束传播	constraint propagation	
13.0249	约束满足	constraint satisfaction	

序　号	汉　文　名	英　文　名	注　释
13.0250	积木世界	block world	
13.0251	封闭世界假设	closed world assumption	
13.0252	相关探测	correlation detection	
13.0253	定性推理	qualitative reasoning	
13.0254	常识推理	commonsense reasoning	
13.0255	不精确推理	inexact reasoning	
13.0256	推理链	inference chain	
13.0257	推理子句	inference clause	
13.0258	推理层次	inference hierarchy	
13.0259	推理机	inference machine	
13.0260	推理方法	inference method	
13.0261	推理网络	inference network	
13.0262	推理结点	inference node	
13.0263	推理过程	inference procedure	
13.0264	推理程序	inference program	
13.0265	推理规则	inference rule	
13.0266	迭代搜索	iterative search	
13.0267	知识库机	knowledge base machine	
13.0268	知识库系统	knowledge base system	
13.0269	知识编译	knowledge compilation	
13.0270	知识复杂性	knowledge complexity	
13.0271	知识密集型产业	knowledge concentrated industry	
13.0272	知识推理	knowledge reasoning	
13.0273	匹配筛选器	matched filter	
13.0274	匹配算法	matching algorithm	
13.0275	匹配误差	matching error	
13.0276	模型生成器	model generator	
13.0277	认可模型	model of endorsement	
13.0278	模型定性推理	model qualitative reasoning	
13.0279	模型识别	model recognition	
13.0280	模型表示	model representation	
13.0281	模型论	model theory	
13.0282	模型变换	model transferring	
13.0283	模型引导推理	model-directed inference	
13.0284	模型驱动方法	model-driven method	
13.0285	模型论语义	model-theoretic semantics	
13.0286	多层模式	multilayered schema	

序 号	汉 文 名	英 文 名	注 释
13.0287	多路推理	multiline inference	
13.0288	多区黑板	multipartitioned blackboard	
13.0289	多策略协商	multistrategy negotiation	
13.0290	似真性排序	plausibility ordering	
13.0291	似真推理	plausible reasoning	
13.0292	证明树	proof tree	
13.0293	定性物理	qualitative physics	
13.0294	定性描述	qualitative description	
13.0295	问题回答系统	question answering system	
13.0296	精化	refinement	
13.0297	精化准则	refinement criterion	
13.0298	精化策略	refinement strategy	
13.0299	反射	reflection	
13.0300	反驳	refutation	
13.0301	模式概念	schema concept	
13.0302	搜索算法	search algorithm	
13.0303	搜索周期	search cycle	
13.0304	搜索机	search engine	
13.0305	搜索求解	search finding	
13.0306	搜索博弈树	search game tree	
13.0307	搜索表	search list	
13.0308	自作用	self-acting	
13.0309	自适应	self-adapting	
13.0310	自描述	self-description	
13.0311	自省知识	self-knowledge	
13.0312	相似性	similarity	
13.0313	相似性弧	similarity arc	
13.0314	相似性测度	similarity measure	
13.0315	仿真定性推理	simulation qualitative reasoning	
13.0316	情景自动机	situated automaton	
13.0317	情景演算	situation calculus	
13.0318	源范例库	source case base	
13.0319	空间知识	spatial knowledge	
13.0320	空间布局	spatial layout	
13.0321	空间推理	spatial reasoning	
13.0322	状态空间搜索	state space search	
13.0323	静态知识	static knowledge	

序 号	汉 文 名	英 文 名	注 释
13.0324	统计仲裁	statistical arbitration	
13.0325	统计决策方法	statistical decision method	
13.0326	统计决策理论	statistical decision theory	
13.0327	统计假设	statistical hypothesis	
13.0328	统计模型	statistical model	
13.0329	概念获取	concept acquisition	
13.0330	概念发现	concept discovery	
13.0331	概念学习	concept learning	
13.0332	概念相关	conceptual dependency	又称"概念依赖"。
13.0333	概念因素	conceptual factor	
13.0334	概念图	conceptual graph	
13.0335	概念检索	conceptual retrieval	
13.0336	数据获取	data acquisition	
13.0337	数据分析	data analysis	
13.0338	数据属性	data attribute	
13.0339	数据采掘	data mining	又称"数据挖掘"。
13.0340	依赖学习	dependent learning	
13.0341	不完全数据	incomplete data	
13.0342	不完全信息	incomplete information	
13.0343	不完全性	incompleteness	
13.0344	不一致性	inconsistency	
13.0345	增量学习	incremental learning	
13.0346	增量精化	incremental refinement	
13.0347	归纳断言	inductive assertion	
13.0348	归纳泛化	inductive generalization	
13.0349	归纳逻辑	inductive logic	
13.0350	归纳逻辑程序设计	inductive logic programming	
13.0351	归纳命题	inductive proposition	
13.0352	知识精化	knowledge refinement	
13.0353	知识发现	knowledge discovery	
13.0354	数据库知识发现	knowledge discovery in database, KDD	
13.0355	知识编辑器	knowledge editor	
13.0356	知识提取	knowledge extraction	
13.0357	知识工程师	knowledge engineer	
13.0358	知识图像编码	knowledge image coding	

序 号	汉 文 名	英 文 名	注 释
13.0359	知识产业	knowledge industry	
13.0360	知识信息格式	knowledge information format, KIF	
13.0361	知识信息处理	knowledge information processing	
13.0362	知识信息处理系统	knowledge information processing system	
13.0363	知识模型	knowledge model	
13.0364	知识操作化	knowledge operationalization	
13.0365	知识组织	knowledge organization	
13.0366	知识处理	knowledge processing	
13.0367	知识查询操纵语言	knowledge query manipulation language, KQML	
13.0368	知识子系统	knowledge subsystem	
13.0369	数学发现	mathematical discovery	
13.0370	数学归纳	mathematical induction	
13.0371	反例	negative example	
13.0372	邻域分类规则	neighborhood classification rule	
13.0373	正例	positive example	
13.0374	粗糙集	rough set	
13.0375	样本	sample	
13.0376	样本协方差	sample covariance	
13.0377	样本离差	sample dispersion	
13.0378	样本分布	sample distribution	
13.0379	样本区间	sample interval	
13.0380	样本均值	sample mean	
13.0381	样本矩	sample moment	
13.0382	样本空间	sample space	
13.0383	采样	sampling	
13.0384	采样分布	sampling distribution	
13.0385	采样误差	sampling error	
13.0386	采样频率	sampling frequency	
13.0387	采样噪声	sampling noise	
13.0388	学习自动机	learning automaton	
13.0389	情景行动系统	situation-action system	
13.0390	知识库	knowledge base, KB	
13.0391	规则库	rule base	
13.0392	知识库管理系统	knowledge base management system, KBMS	

序　号	汉　文　名	英　文　名	注　释
13.0393	知识获取	knowledge acquisition, KA	
13.0394	知识同化	knowledge assimilation	
13.0395	机器学习	machine learning	
13.0396	学习风范	learning paradigm	
13.0397	泛化	generalization	
13.0398	机械学习	rote learning	
13.0399	归纳学习	inductive learning	
13.0400	基于实例[的]学习	instance-based learning	
13.0401	类比学习	analogical learning	
13.0402	分析学习	analytic learning	
13.0403	基于解释[的]学习	explanation-based learning, EBL	
13.0404	机器发现	machine discovery	
13.0405	遗传学习	genetic learning	
13.0406	连接学习	connectionist learning	
13.0407	[自]适应学习	adaptive learning	
13.0408	自学习	self-learning	
13.0409	监督学习	supervised learning	
13.0410	无监督学习	unsupervised learning	
13.0411	讲授学习	learning by being told	
13.0412	实践学习	learning by doing	
13.0413	实验学习	learning by experimentation	
13.0414	观察学习	learning by observation	
13.0415	学习曲线	learning curve	
13.0416	实例学习	learning from example	
13.0417	示教学习	learning from instruction	
13.0418	求解路径学习	learning from solution path	
13.0419	学习程序	learning program	
13.0420	学习简单概念	learning simple conception	
13.0421	学习策略	learning strategy	
13.0422	学习理论	learning theory	
13.0423	主体	agent	又称"代理"。能够自动执行的实体。
13.0424	多主体	multiagent	
13.0425	多主体推理	multiagent reasoning	
13.0426	活动主体	active agent	

序　号	汉 文 名	英 文 名	注　释
13.0427	心理主体	psychological agent	
13.0428	角色模型	actor model	
13.0429	本体论	ontology	
13.0430	主体体系结构	agent architecture	
13.0431	主体通信语言	agent communication language	
13.0432	主体组	agent team	
13.0433	主体技术	agent technology	
13.0434	基于主体[的]软件工程	agent-based software engineering	
13.0435	基于主体[的]系统	agent-based system	
13.0436	面向主体[的]程序设计	agent-oriented programming	
13.0437	行为主体	behavioral agent	
13.0438	信念修正	belief revision	
13.0439	信念－期望－意图模型	belief-desire-intention model, BDI model	
13.0440	能力	capability	
13.0441	认知主体	cognitive agent	
13.0442	合作主体	collaborative agent	
13.0443	承诺	commitment	
13.0444	意识	consciousness	
13.0445	协作信息主体	cooperative information agent	
13.0446	协作	cooperation	
13.0447	协作体系结构	cooperation architecture	
13.0448	协作环境	cooperation environment	
13.0449	协作分布[式]问题求解	cooperative distributed problem solving	
13.0450	协作知识库系统	cooperating knowledge base system	
13.0451	协调	coordination	
13.0452	期望	desire	
13.0453	分布[式]问题求解	distributed problem solving	
13.0454	分布[式]人工智能	distributed artificial intelligence, DAI	
13.0455	大规模并行人工智能	massive parallel artificial intelligence	

序　号	汉　文　名	英　文　名	注　释
13.0456	领域主体	domain agent	
13.0457	情感建模	emotion modeling	
13.0458	执行主体	executive agent	
13.0459	设施主体	facilitation agent	
13.0460	现场主体	field agent	
13.0461	筛选主体	filtering agent	
13.0462	自由主体	free agent	
13.0463	帮助主体	help agent	又称"帮手主体"。
13.0464	异构主体	heterogeneous agent	
13.0465	人主体	human agent	
13.0466	混合主体	hybrid agent	
13.0467	信息主体	information agent	
13.0468	智能主体	intelligent agent	
13.0469	意图	intention	
13.0470	意向系统	intentional system	
13.0471	交互主体	interaction agent	
13.0472	主体间活动	inter-agent activity	
13.0473	接口主体	interface agent	
13.0474	因特网主体	Internet agent	
13.0475	知识主体	knowledge agent	
13.0476	学习主体	learning agent	
13.0477	中介主体	mediation agent	
13.0478	移动主体	mobile agent	
13.0479	多主体处理环境	multiagent processing environment, MAPE	
13.0480	多主体系统	multiagent system	
13.0481	义务	obligation	
13.0482	基于规划的协商	plan-based negotiation	
13.0483	规划失败	planning failure	
13.0484	规划生成	planning generation	
13.0485	规划库	planning library	
13.0486	规划系统	planning system	
13.0487	理性主体	rational agent	
13.0488	理性	rationality	
13.0489	反应主体	reactive agent	
13.0490	实时主体	real-time agent	
13.0491	归结主体	resolution agent	

序 号	汉 文 名	英 文 名	注 释
13.0492	情景主体	scenario agent	
13.0493	软件主体	software agent	
13.0494	言语行为理论	speech act theory	
13.0495	任务协调	task coordinate	
13.0496	任务分担	task-sharing	
13.0497	用户主体	user agent	
13.0498	用户兴趣	user interest	
13.0499	误差估计	error estimation	
13.0500	高斯分布	Gaussian distribution	
13.0501	混合系统	hybrid system	
13.0502	映射函数	mapping function	
13.0503	映射方式	mapping mode	
13.0504	传播	propagation	
13.0505	自模型	self-model	
13.0506	自组织映射	self-organization mapping	
13.0507	自引用	self-reference	
13.0508	软计算	soft computing	
13.0509	模糊化	fuzzification	
13.0510	模糊数学	fuzzy mathematics	
13.0511	模糊集合论	fuzzy set theory	
13.0512	模糊遗传系统	fuzzy-genetic system	
13.0513	模糊神经网络	fuzzy-neural network	
13.0514	概率	probability	
13.0515	概率误差估计	probabilistic error estimation	
13.0516	概率分析	probability analysis	
13.0517	概率校正	probability correlation	
13.0518	概率密度	probability density	
13.0519	概率密度函数	probability density function	
13.0520	概率分布	probability distribution	
13.0521	概率函数	probability function	
13.0522	概率模型	probability model	
13.0523	概率传播	probability propagation	
13.0524	传播误差	propagated error	
13.0525	人工进化	artificial evolution	
13.0526	人工生命	artificial life	
13.0527	进化程序	evolution program	
13.0528	进化程序设计	evolution programming	

序　号	汉　文　名	英　文　名	注　　释
13.0529	进化策略	evolution strategy	
13.0530	进化计算	evolutionary computing	
13.0531	进化发展	evolutionary development	
13.0532	进化优化	evolutionary optimization	
13.0533	进化机制	evolutionism	
13.0534	遗传算法	genetic algorithm	
13.0535	变异	mutation	
13.0536	新认知机	neocognitron	
13.0537	神经计算	neural computing	
13.0538	神经专家系统	neural expert system	
13.0539	神经模糊主体	neural fuzzy agent	
13.0540	神经网络模型	neural network model	
13.0541	神经元函数	neuron function	
13.0542	神经元模型	neuron model	
13.0543	神经元仿真	neuron simulation	
13.0544	神经元	neuron	
13.0545	人工神经网络	artificial neural network	
13.0546	人工神经元	artificial neuron	
13.0547	桶链算法	brigade algorithm	
13.0548	计算智能	computational intelligence	
13.0549	连接机制体系结构	connectionist architecture	
13.0550	连接机制神经网络	connectionist neural network	
13.0551	突触	synapse	
13.0552	联想记忆	associative memory	
13.0553	神经网络	neural network	
13.0554	连接机制	connectionism	
13.0555	认知机	cognitron	
13.0556	感知机	perceptron	
13.0557	霍普菲尔德神经网络	Hopfield neural network	
13.0558	反传网络	back-propagation network	
13.0559	联想网络	associative network	
13.0560	竞争网络	competition network	
13.0561	玻尔兹曼机	Boltzmann machine	
13.0562	自组织神经网络	self-organizing neural network	

序 号	汉 文 名	英 文 名	注 释
13.0563	自适应神经网络	adaptive neural network	
13.0564	网件	netware	
13.0565	混沌动力学	chaotic dynamics	
13.0566	〔自〕适应子波	adaptive wavelet	
13.0567	激活函数	activation function	
13.0568	种群	population	
13.0569	杂交	crossover	
13.0570	遗传计算	genetic computing	
13.0571	遗传操作	genetic operation	
13.0572	知识冗余	knowledge redundancy	
13.0573	知识利用系统	knowledge utilization system	
13.0574	基于知识的咨询系统	knowledge-based consultation system	
13.0575	基于知识的仿真系统	knowledge-based simulation system	
13.0576	知识引导数据库	knowledge-directed database	
13.0577	面向知识体系结构	knowledge-oriented architecture	
13.0578	基于规则的演绎系统	rule-based deduction system	
13.0579	基于规则的专家系统	rule-based expert system	
13.0580	基于规则的程序	rule-based program	
13.0581	基于规则的系统	rule-based system	
13.0582	字符识别	character recognition	
13.0583	计算机下棋	computer chess	
13.0584	自由模式	free schema	
13.0585	博弈	game	又称"对策"。
13.0586	博弈图	game graph	
13.0587	博弈论	game theory	又称"对策论"。
13.0588	基于博弈论协商	game theory-based negotiation	
13.0589	博弈树	game tree	
13.0590	博弈树搜索	game tree search	
13.0591	对策仿真	gaming simulation	
13.0592	智能放大器	intelligence amplifier	
13.0593	智能仿真	intelligence simulation	
13.0594	智能检索	intelligent retrieval	

序　号	汉　文　名	英　文　名	注　　释
13.0595	智能自动机	intelligent automaton	
13.0596	智能机器人	intelligent robot	
13.0597	曼哈顿距离	Manhattan distance	
13.0598	移动机器人	mobile robot	
13.0599	模式分析	pattern analysis	
13.0600	模式分类	pattern classification	
13.0601	模式描述	pattern description	
13.0602	模式匹配	pattern matching	
13.0603	模式基元	pattern primitive	
13.0604	模式搜索	pattern search	
13.0605	机器人工程	robot engineering	
13.0606	机器人学	robotics	
13.0607	语义属性	semantic attribute	
13.0608	语义相关性	semantic dependency	
13.0609	语义距离	semantic distance	
13.0610	语义信息	semantic information	
13.0611	语义记忆	semantic memory	
13.0612	语义合一	semantic unification	
13.0613	专家系统	expert system, ES	
13.0614	专家系统工具	expert system tool	
13.0615	专家系统外壳	expert system shell	
13.0616	专家问题求解	expert problem solving	
13.0617	专家经验	expertise	
13.0618	咨询系统	consulting system	
13.0619	智能决策系统	intelligent decision system	
13.0620	组合策略	combined strategy	
13.0621	决策准则	decision criteria	
13.0622	决策函数	decision function	
13.0623	决策规则	decision rule	
13.0624	决策表	decision table	
13.0625	决策树	decision tree	
13.0626	机器人	robot	
13.0627	计算机视觉	computer vision	
13.0628	语音处理	speech processing	
13.0629	声音识别	voice recognition	
13.0630	故事分析	story analysis	
13.0631	解答抽取	answer extraction	

序　号	汉　文　名	英　文　名	注　释
13.0632	回答模式	answer schema	
13.0633	语境机制	context mechanism	
13.0634	说明语义学	declarative semantics	
13.0635	声音合成	voice synthesis	
13.0636	文档翻译	document translation	
13.0637	领域模型	domain model	
13.0638	领域规约	domain specification	
13.0639	对偶原理	duality principle	
13.0640	有限状态语法	finite state grammar	
13.0641	人工智能语言	artificial intelligence language	
13.0642	人工智能程序设计	artificial intelligence programming	
13.0643	LISP 机	LISP machine	
13.0644	缩写抽取	abbreviation extraction	
13.0645	名字抽取	names extraction	
13.0646	术语抽取	terminology extraction	
13.0647	规范名	canonical name	
13.0648	文本采掘	text mining	又称"文本挖掘"。
13.0649	联机分析过程	on-line analysis process, OLAP	
13.0650	软件总线	software bus	

14.　网络与数据通信

序　号	汉　文　名	英　文　名	注　释
14.0001	网[络]	network	
14.0002	广域网	wide area network, WAN	
14.0003	城域网	metropolitan area network, MAN	
14.0004	局域网	local area network, LAN	
14.0005	分级网	hierarchical network	又称"层次网"。
14.0006	树状网	tree network	
14.0007	网状网	mesh network	
14.0008	环状网	ring network	
14.0009	星状网	star network	
14.0010	集中式网	centralized network	
14.0011	分布式网	distributed network	

序 号	汉 文 名	英 文 名	注 释
14.0012	全连接网	fully connected network	
14.0013	后端网	back-end network	
14.0014	增值网	value-added network, VAN	
14.0015	数据网	data network	
14.0016	专用数据网	private data network, dedicated data network	
14.0017	公用数据网	public data network	
14.0018	电路交换网	circuit switching network	
14.0019	包交换网	packet switching network	又称"分组交换网"。
14.0020	通信	communication	
14.0021	通信子网	communication subnet	
14.0022	资源子网	resource subnet	
14.0023	中间结点	intermediate node	
14.0024	网络体系结构	network architecture	
14.0025	网络拓扑	network topology	
14.0026	网际互连	internetworking	又称"网络互连"。
14.0027	网络管理	network management	
14.0028	网络公用设施	network utility	
14.0029	网络设施	network facility	
14.0030	网络拥塞	network congestion	
14.0031	开放系统互连	open system interconnection, OSI	
14.0032	层次结构	hierarchical structure	
14.0033	层	layer	
14.0034	[相]邻层	adjacent layer	
14.0035	应用层	application layer	
14.0036	表示层	presentation layer	
14.0037	会话层	session layer	
14.0038	运输层	transport layer	
14.0039	网络层	network layer	
14.0040	数据链路层	data link layer	
14.0041	物理层	physical layer	
14.0042	对等[层]实体	peer entities	
14.0043	服务	service	
14.0044	必备服务	mandatory service	
14.0045	服务发起者	service initiator	
14.0046	服务接受者	service acceptor	
14.0047	服务访问点	service access point, SAP	又称"服务接入点"。

序　号	汉　文　名	英　文　名	注　释
14.0048	服务原语	service primitive	
14.0049	服务数据单元	service data unit, SDU	
14.0050	协议数据单元	protocol data unit, PDU	
14.0051	入事件	incoming event	
14.0052	出事件	outgoing event	
14.0053	请求	request	
14.0054	指示	indication	
14.0055	响应	response	
14.0056	通知	notification	
14.0057	启用	invocation	又称"调用"。
14.0058	注册	registration	
14.0059	协商	negotiation	
14.0060	决定	resolution	
14.0061	探查	probe	
14.0062	交互[作用]	interaction	
14.0063	互工作	interworking	又称"互通"。
14.0064	互操作性	interoperability	
14.0065	互换	interchange	
14.0066	交换	exchange	
14.0067	约定	convention	
14.0068	波特	baud	
14.0069	数据源	data source	
14.0070	数据汇	data sink	又称"数据宿"。
14.0071	数据信号[传送]速率	data signaling rate	
14.0072	数据传输	data transmission	
14.0073	双工传输	duplex transmission	
14.0074	半双工传输	half-duplex transmission	
14.0075	全双工传输	full-duplex transmission	
14.0076	单工传输	simplex transmission	
14.0077	并行传输	parallel transmission	
14.0078	串行传输	serial transmission	
14.0079	同步传输	synchronous transmission	
14.0080	异步传输	asynchronous transmission	
14.0081	双向传输	bidirectional transmission	
14.0082	单向传输	unidirectional transmission	
14.0083	突发传输	burst transmission	

序　号	汉　文　名	英　文　名	注　释
14.0084	基带传输	baseband transmission	
14.0085	起止式传输	start-stop transmission	
14.0086	起始信号	start signal	
14.0087	停止信号	stop signal	
14.0088	信令	signaling	
14.0089	透明传送	transparent transfer	
14.0090	错接	misconnect	
14.0091	会议连接	conference connection	
14.0092	多点连接	multipoint connection	
14.0093	点对点连接	point-to-point connection	
14.0094	连接建立	connection establishment	
14.0095	连接释放	connection release	
14.0096	断开	disconnection	
14.0097	通路	path	
14.0098	信道	channel	
14.0099	正向信道	forward channel	
14.0100	反向信道	backward channel	
14.0101	信道容量	channel capacity	
14.0102	数据链路	data link	
14.0103	工作链路	active link	
14.0104	多链路	multilink	
14.0105	数据电路透明性	data circuit transparency	
14.0106	互换电路	interchange circuit	
14.0107	通信协议	communication protocol	
14.0108	通信软件	communication software	
14.0109	双向通信	both-way communication	
14.0110	双向同时通信	two-way simultaneous communication	
14.0111	双向交替通信	two-way alternate communication	
14.0112	单向通信	one-way communication	
14.0113	同步通信	synchronous communication	
14.0114	异步通信	asynchronous communication	
14.0115	码透明数据通信	code-transparent data communication	
14.0116	码独立数据通信	code-independent data communication	
14.0117	单播	unicast	

序 号	汉 文 名	英 文 名	注 释
14.0118	多播	multicast	
14.0119	广播	broadcast	
14.0120	网络通信	network communication	
14.0121	流量	traffic	又称"业务量"。
14.0122	首部	header	又称"头部"。
14.0123	尾部	trailer	
14.0124	包封	envelope	
14.0125	报文交换	message switching	
14.0126	包交换	packet switching	又称"[报文]分组交换"。
14.0127	电路交换	circuit switching	
14.0128	联络	handshaking	又称"信号交换"。
14.0129	存储转发	store-and-forward	
14.0130	呼叫	calling, call	
14.0131	缩址呼叫	abbreviated address calling	
14.0132	呼叫控制规程	call control procedures	
14.0133	直接呼叫设施	direct call facility	
14.0134	虚呼叫	virtual call	
14.0135	虚呼叫设施	virtual call facility	
14.0136	数据报	datagram	
14.0137	虚电路	virtual circuit	
14.0138	快速选择	fast select	
14.0139	路由	route	
14.0140	路由选择	routing	又称"选路"。
14.0141	路由[选择]算法	routing algorithm	
14.0142	流控制	flow control	
14.0143	协议	protocol	
14.0144	面向字符协议	character-oriented protocol	
14.0145	面向比特协议	bit-oriented protocol	
14.0146	协议规范	protocol specifications	
14.0147	网络驱动程序接口规范	network driver interface specification, NDIS	
14.0148	规程	procedures	
14.0149	链路控制规程	link control procedures	
14.0150	基本型链路控制[规程]	basic mode link control [procedures]	简称"基本规程"。

序　号	汉　文　名	英　文　名	注　释
14.0151	通信控制字符	communication control character	
14.0152	确认	acknowledgement, ACK, validation	数据通信中,接受站向发送站表明收到的报文无差错的过程。
14.0153	否认	negative acknowledgement, NAK	
14.0154	探询	polling	
14.0155	选择	selecting	
14.0156	应答	answering	
14.0157	重传	retransmission	又称"重发"。
14.0158	回送检验	echo check, loopback checking	
14.0159	回送方式	echoplex	
14.0160	释放	release	
14.0161	拆线	disconnecting	
14.0162	高级数据链路控制[规程]	high level data link control [procedures], HDLC [procedures]	简称"HDLC 规程"。
14.0163	帧格式	frame format	
14.0164	定界符	delimiter	
14.0165	帧首定界符	frame start delimiter, starting-frame delimiter	
14.0166	地址字段	address field	
14.0167	源地址	source address	
14.0168	目的地址	destination address	又称"终点地址"。
14.0169	帧控制字段	frame control field	
14.0170	信息字段	information field	
14.0171	帧检验序列	frame check sequence, FCS	
14.0172	帧尾定界符	frame end delimiter, ending-frame delimiter	
14.0173	帧封装	frame encapsulation	
14.0174	帧间时间填充	inter-frame time fill	
14.0175	标志序列	flag sequence	
14.0176	放弃序列	abort sequence	又称"异常中止序列"。
14.0177	按序	in-sequence	
14.0178	失序	out-of-sequence	
14.0179	拒绝	reject	
14.0180	回复	reply	
14.0181	响应窗口	response window	

序 号	汉 文 名	英 文 名	注 释
14.0182	重地址检验	duplicate address check	
14.0183	环回点	loopback point	
14.0184	连接[方]式	connection mode	
14.0185	无连接[方]式	connectionless mode	
14.0186	始发者	originator	
14.0187	接受者	recipient	
14.0188	接收证实	confirmation of receipt, COR	
14.0189	回弹力	resilience	
14.0190	端系统	end system	
14.0191	端点	endpoint	
14.0192	端对端传送	end-to-end transfer	
14.0193	交付	delivery	又称"投递"。
14.0194	形式描述	formal description	
14.0195	数据站	data station	
14.0196	中继站	relay station	
14.0197	中间设备	intermediate equipment	
14.0198	数据终端设备	data terminal equipment, DTE	
14.0199	数据电路终接设备	data circuit-terminating equipment, DCE	
14.0200	数据交换机	data switching exchange, DSE	
14.0201	移频键控[调制]	frequency shift keying, FSK	
14.0202	脉码调制	pulse code modulation, PCM	
14.0203	调制解调器	modem	
14.0204	线缆调制解调器	cable modem	
14.0205	数据集中器	data concentrator	
14.0206	数据[多路]复用器	data multiplexer	
14.0207	支站	tributary station	用于基本型规程中。
14.0208	被动站	passive station	用于基本型规程中。
14.0209	主站	master station, primary station	
14.0210	从站	slave station	用于基本型规程中，与 master station 相对应。
14.0211	组合站	combined station	
14.0212	次站	secondary station	用于 HDLC 规程中，与 primary station 相对

序 号	汉 文 名	英 文 名	注 释
			应。
14.0213	通用异步接收发送设备	universal asynchronous receiver/transmitter, UART	
14.0214	通信处理机	communication processor	
14.0215	通信控制器	communication controller	
14.0216	计算机化小交换机	computerized branch exchange, CBX	
14.0217	专用自动小交换机	private automatic branch exchange, PABX	
14.0218	通信接口	communication interface	
14.0219	通信[端]口	communication port	
14.0220	包装拆器	packet assembler/disassembler, PAD	又称"分组装拆器"。
14.0221	包式终端	packet mode terminal	又称"分组式终端"。
14.0222	字符[式]终端	character mode terminal	
14.0223	本地终端	local terminal	
14.0224	远程终端	remote terminal	
14.0225	拨号终端	dial-up terminal	
14.0226	仿真终端	emulation terminal	
14.0227	通信适配器	communication adapter	
14.0228	交换线路	switched line	
14.0229	专用线路	dedicated line	简称"专线"。
14.0230	租用线路	leased line	
14.0231	数据高速通道	data highway	
14.0232	干线电缆	trunk cable	
14.0233	光[电]耦合器	photo-coupler	
14.0234	光纤	optical fiber	
14.0235	光隔离器	opto-isolator	
14.0236	屏蔽双绞线	shield twisted pair, STP	
14.0237	非屏蔽双绞线	unshield twisted pair, UTP	
14.0238	线缆	cable	
14.0239	时延	time delay	
14.0240	超时	time-out	
14.0241	把关[定时]器	watchdog	又称"监视定时器"。
14.0242	重复次数计数器	repeat counter	

序 号	汉 文 名	英 文 名	注 释
14.0243	包交换数据网	packet switched data network, PSDN	又称"分组交换数据网"。
14.0244	包交换公用数据网	packet switched public data network, PSPDN	又称"分组交换公用数据网"。
14.0245	电路交换数据网	circuit switched data network, CSDN	
14.0246	电路交换公用数据网	circuit switched public data network, CSPDN	
14.0247	交换虚拟网	switched virtual network	
14.0248	虚拟专用网	virtual private network, VPN	
14.0249	帧中继网	frame relaying network, FRN	
14.0250	数字数据网	digital data network, DDN	
14.0251	存储转发网	store-and-forward network	
14.0252	转接网	transit network	
14.0253	网［络单］元	network element, NE	
14.0254	连网	networking	
14.0255	［经］认可的运营机构	recognized operating agency, ROA	
14.0256	面向连接协议	connection-oriented protocol	
14.0257	网际互连协议	internetworking protocol	
14.0258	平衡型链路接入规程	link access procedure balanced, LAPB	
14.0259	多协议	multiprotocol	
14.0260	协议转换	protocol conversion	
14.0261	协议映射	protocol mapping	
14.0262	协议实体	protocol entity	
14.0263	协议栈	protocol stack	
14.0264	协议套	protocol suite	
14.0265	分组层	packet layer	相当于开放系统互连的网络层。
14.0266	识别型 DTE 业务	identified DTE service	
14.0267	非识别型 DTE 业务	non-identified DTE service	
14.0268	用户指定型DTE 业务	customized DTE service	
14.0269	DTE 身份	DTE identity	

序　号	汉 文 名	英 文 名	注　释
14.0270	基本操作	basic operation	X.25中,序列号的模数为8的操作。
14.0271	扩展操作	extended operation	X.25中,序列号的模数为128的操作。
14.0272	超级操作	super operation	X.25中,序列号的模数为32768的操作。
14.0273	确保操作	assured operation	
14.0274	非确保操作	unassured operation	
14.0275	单向工作	one-way only operation	
14.0276	信令终端	signaling terminal	
14.0277	永久虚电路	permanent virtual circuit, PVC	
14.0278	交换虚电路	switched virtual circuit, SVC	
14.0279	非交换连接	non-switched connection	
14.0280	数据链路[层]连接	data link connection	
14.0281	专线接入	dedicated access	
14.0282	用户线路	subscriber line	
14.0283	入呼叫	incoming call	
14.0284	呼叫重定向	call redirection	
14.0285	呼叫改发	call deflection	
14.0286	网际呼叫重定向或改发	internetwork call redirection/deflection, ICRD	
14.0287	呼叫接通分组	call connected packet	
14.0288	呼叫控制	call control	
14.0289	呼叫进行信号	call progress signal	
14.0290	清除请求	clear request	
14.0291	投递证实	delivery confirmation	
14.0292	地址预约	address subscription	
14.0293	公用设施标记	utility marker	
14.0294	任选用户设施	optional user facility	
14.0295	反向计费接受	reverse charging acceptance	
14.0296	任选的预约时可选业务	optional subscription-time select-able service	
14.0297	阻止本地计费	local charging prevention	
14.0298	闭合用户群	closed user group, CUG	又称"封闭用户群"。
14.0299	双边闭合用户群	bilateral closed user group	
14.0300	有入口的闭合用	closed user group with incoming	

序 号	汉文名	英 文 名	注 释
	户群	access	
14.0301	指示符	indicator	
14.0302	DTE 轮廓指定符	DTE profile designator	
14.0303	协议鉴别符	protocol discriminator	
14.0304	ISDN 网标识码	ISDN network identification code	
14.0305	数据网标识码	data network identification code, DNIC	
14.0306	待续数据标记	more data mark	
14.0307	序列号	sequence number, SN	又称"顺序号"。
14.0308	服务质量	quality of service, QoS	
14.0309	通过延迟	transit delay	又称"转接延迟"。
14.0310	工作信道状态	active channel state	
14.0311	空闲信道状态	idle channel state	
14.0312	测试环路	test loop	又称"测试回路"。
14.0313	计费	charging	
14.0314	分组长度	packet size	
14.0315	窗口大小	window size	
14.0316	综合业务数字网	integrated service digital network, ISDN	又称"ISDN 网"。
14.0317	宽带综合业务数字网	broadband integrated service digital network, B-ISDN	又称"B－ISDN网"。
14.0318	服务比特率	service bit rate	
14.0319	恒定比特率业务	constant bit rate service	
14.0320	可变比特率业务	variable bit rate service	
14.0321	无连接业务	connectionless service	
14.0322	多媒体业务	multimedia service	
14.0323	多点	multipoint	
14.0324	分发应用	distribution application	
14.0325	交互型业务	interactive service	
14.0326	会话型业务	conversational service	
14.0327	消息[处理]型业务	messaging service	
14.0328	视频消息[处理]型业务	videomessaging service	
14.0329	检索型业务	retrieval service	
14.0330	声音检索型业务	sound retrieval service	

序　号	汉　文　名	英　文　名	注　　释
14.0331	分发型业务	distribution service	
14.0332	用户产权网络	customer premises network, CPN	又称"用户建筑群网络"。
14.0333	用户产权设备	customer premises equipment, CPE	又称"用户建筑群设备"。
14.0334	时分复用	time-division multiplexing, TDM	
14.0335	异步时分复用	asynchronous time-division multi-plexing	
14.0336	同步时分复用	synchronous time-division multiple-xing	
14.0337	统计时分复用	statistical time-division multiple-xing, STDM	
14.0338	异步传送模式	asynchronous transfer mode, ATM	
14.0339	同步传送模式	synchronous transfer mode, STM	
14.0340	电路传送模式	circuit transfer mode	
14.0341	分组传送模式	packet transfer mode	
14.0342	ATM 交换机	asynchronous transfer mode switch, ATM switch	
14.0343	ATM 适配层	ATM adaption layer, AAL	
14.0344	适配层控制器	adaption layer controller, ALC	
14.0345	ATM 上的多协议	multiprotocol over ATM, MPOA	
14.0346	ATM 上的网际协议	internet protocol over ATM, IPOA	
14.0347	恒定比特率	constant bit rate, CBR	
14.0348	可变比特率	variable bit rate, VBR	
14.0349	统计比特率	statistic bit rate, SBR	
14.0350	允许信元速率	allowed cell rate, ACR	
14.0351	可持续信元速率	sustainable cell rate, SCR	
14.0352	自划界块	self-delineating block	
14.0353	信元划界	cell delineation	
14.0354	信元	cell	
14.0355	信元头	cell header	
14.0356	周期帧	periodic frame	
14.0357	帧[结构]接口	framed interface	
14.0358	用户 - 网络接口	user-network interface, UNI	
14.0359	网络 - 网络接口	network-network interface, NNI	

序　号	汉　文　名	英　文　名	注　释
14.0360	净荷	payload	
14.0361	块净荷	block payload	
14.0362	接口净荷	interface payload	
14.0363	接口开销	interface overhead	
14.0364	接口速率	interface rate	
14.0365	信息净荷容量	information payload capacity	
14.0366	无效信元	invalid cell	
14.0367	有效信元	valid cell	
14.0368	分段和重装	segmentation and reassemble, SAR	
14.0369	网络结点接口	network node interface, NNI	
14.0370	宽带接入	broadband access	
14.0371	带标号信道	labeled channel	
14.0372	带标号复用	labeled multiplexing	
14.0373	定位信道	positioned channel	
14.0374	虚通道	virtual channel, VC	
14.0375	虚通道链路	virtual channel link	
14.0376	虚通道连接	virtual channel connection	
14.0377	虚通路	virtual path, VP	
14.0378	虚通路链路	virtual path link	
14.0379	虚通路连接	virtual path connection	
14.0380	ATM 反向复用	ATM inverse multiplexing	
14.0381	物理信令信道	physical signaling channel	
14.0382	逻辑信令信道	logical signaling channel	
14.0383	信令虚通道	signaling virtual channel	
14.0384	元信令	meta-signaling	
14.0385	数字配线架	digital distribution frame	
14.0386	数字传输通路	digital transmission path	
14.0387	数字段	digital section	
14.0388	再生段	regenerator section	
14.0389	连接端点	connection end point, CEP	
14.0390	交叉连接[单元]	cross connect	
14.0391	消息方式	message mode	
14.0392	流方式	streaming mode	
14.0393	链路管理	link management	
14.0394	业务量管理	traffic management, TM	又称"流量管理"。
14.0395	监视信元	monitoring cell	

序　号	汉　文　名	英　文　名	注　释
14.0396	缺陷管理	defect management	
14.0397	远端缺陷指示	remote defect indication, RDI	
14.0398	连续性检验	continuity check, CC	
14.0399	性能管理	performance management	
14.0400	性能监视	performance monitoring	
14.0401	优先级控制	priority control, PC	
14.0402	业务量控制	traffic control	又称"流量控制"。
14.0403	拥塞控制	congestion control	
14.0404	前向显式拥塞指示	forward explicit congestion indication, FECI	
14.0405	后向显式拥塞通知	backward explicit congestion notification, BECN	
14.0406	连接接纳控制	connection admission control, CAC	
14.0407	使用参数控制	usage parameter control, UPC	
14.0408	网络参数控制	network parameter control, NPC	
14.0409	业务量描述词	traffic descriptor	
14.0410	业务合同	traffic contract	
14.0411	信元传送延迟	cell transfer delay, CTD	
14.0412	信元延迟变动量	cell delay variation, CDV	
14.0413	信元丢失率	cell loss ratio, CLR	
14.0414	业务特定协调功能	service specific coordination function, SSCF	
14.0415	基带局[域]网	baseband LAN	
14.0416	宽带局[域]网	broadband LAN	
14.0417	总线网	bus network	
14.0418	权标总线网	token-bus network	又称"令牌总线网"。
14.0419	权标环网	token-ring network	又称"令牌环网"。
14.0420	分槽环网	slotted-ring network	
14.0421	星环网	star/ring network	
14.0422	以太网	Ethernet	
14.0423	光纤分布式数据接口	fiber distributed data interface, FDDI	
14.0424	路由器	router	
14.0425	网关	gateway	
14.0426	网桥	bridge	
14.0427	中继器	repeater	又称"转发器"。
14.0428	收发器	transceiver	

序号	汉文名	英文名	注释
14.0429	地址管理	address administration	
14.0430	区[域]地址	regional address	
14.0431	段地址	segment address	
14.0432	[成]组地址	group address	
14.0433	单[个]地址	individual address	
14.0434	全球地址	global address	
14.0435	广播地址	broadcast address	
14.0436	空地址	null address	
14.0437	碰撞	collision	
14.0438	往返传播时间	round-trip propagation time	
14.0439	单向传播时间	one-way propagation time	
14.0440	争用	contention	
14.0441	传输媒体	transmission medium	
14.0442	分接头	tap	
14.0443	权标	token	又称"令牌"。局域网中数据站间传递的一种象征权限的标记起控制作用。
14.0444	逻辑环	logical ring	
14.0445	权标传递	token passing	又称"令牌传递"。
14.0446	权标轮转时间	token rotation time	又称"令牌轮转时间"。
14.0447	前驱站	predecessor	
14.0448	后继站	successor	
14.0449	头端[器]	headend	
14.0450	局域网广播	LAN broadcast	
14.0451	局域网多播	LAN multicast	
14.0452	权标传递协议	token passing protocol	又称"令牌传递协议"。
14.0453	载波侦听	carrier sense	
14.0454	局域网服务器	LAN server	
14.0455	局域网网关	LAN gateway	
14.0456	局域网交换机	LAN switch	
14.0457	局域网单[个]地址	LAN individual address	
14.0458	局域网[成]组地址	LAN group address	

序　号	汉　文　名	英　文　名	注　　释
14.0459	局域网广播地址	LAN broadcast address	
14.0460	局域网多播地址	LAN multicast address	
14.0461	组织惟一标识符	organization unique identifier, OUI	
14.0462	本地地址管理	local address administration	
14.0463	全球地址管理	global address administration, universal address administration	
14.0464	逻辑链路控制	logical link control, LLC	
14.0465	媒体访问控制	medium access control, MAC	
14.0466	干线耦合单元	trunk coupling unit, TCU	
14.0467	干线连接单元	trunk connecting unit, TCU	
14.0468	分支电缆	drop cable	
14.0469	媒体接口连接器	medium interface connector, MIC	
14.0470	媒体相关接口	medium dependent interface, MDI	
14.0471	连接单元接口	attachment unit interface, AUI	
14.0472	逻辑链路控制协议	logical link control protocol, LLC protocol	简称"LLC 协议"。
14.0473	媒体访问控制协议	medium access control protocol, MAC protocol	简称"MAC 协议"。
14.0474	物理信号[收发]子层	physical signaling sublayer, PLS sublayer	简称"PLS 子层"。
14.0475	物理媒体连接	physical medium attachment, PMA	
14.0476	不确认的无连接方式传输	unacknowledged connectionless-mode transmission	
14.0477	确认的无连接方式传输	acknowledged connectionless-mode transmission	
14.0478	连接方式传输	connection-mode transmission	
14.0479	虚拟局域网	virtual local area network, virtual LAN	
14.0480	园区网	campus network	
14.0481	铜线分布式数据接口	copper distributed data interface, CDDI	
14.0482	网络适配器	network adapter	
14.0483	打印服务器	print server	
14.0484	桥路由器	brouter	
14.0485	集线器	hub	
14.0486	局域网管理程序	LAN manager	
14.0487	透明桥接	transparent bridging	

序　号	汉 文 名	英 文 名	注　释
14.0488	源路由桥接	source-route bridging, SRB	
14.0489	源路由算法	source-route algorithm	
14.0490	载波侦听多址访问	carrier sense multiple access, CSMA	
14.0491	带碰撞检测的载波侦听多址访问网络	carrier sense multiple access with collision detection network, CSMA/CD network	简称"CSMA/CD网"。
14.0492	带碰撞避免的载波侦听多址访问网络	carrier sense multiple access with collision avoidance network, CSMA/CA network	简称"CSMA/CA网"。
14.0493	碰撞强制〔处理〕	collision enforcement	
14.0494	截断二进制指数退避〔算法〕	truncated binary exponential back-off	
14.0495	逾限〔传输〕	jabber	
14.0496	逾限控制	jabber control	
14.0497	推迟	deference	
14.0498	时隙	time slot	又称"时槽"。
14.0499	时隙间隔	slot time	又称"时槽间隔"。
14.0500	端接器	terminator	又称"终接器"。
14.0501	细线以太网	thin-wire Ethernet	
14.0502	快速以太网	fast Ethernet	
14.0503	吉比特以太网	gigabit Ethernet	
14.0504	正向局域网信道	forward LAN channel	
14.0505	反向局域网信道	reverse LAN channel, backward LAN channel	
14.0506	下行链路	downlink	
14.0507	上行链路	uplink	
14.0508	单缆宽带局域网	single-cable broadband LAN	
14.0509	双缆宽带局域网	dual-cable broadband LAN	
14.0510	总线寂静信号	bus-quiet signal	
14.0511	控制帧	control frame	
14.0512	响应时间窗口	response time window	
14.0513	传输通路延迟	transmission path delay	
14.0514	权标持有站	token holder	又称"令牌持有站"。
14.0515	申请权标帧	claim-token frame	又称"申请令牌帧"。
14.0516	环等待时间	ring latency	

序 号	汉 文 名	英 文 名	注 释
14.0517	报警站	beaconing station	
14.0518	访问控制字段	access control field	
14.0519	填充	fill	
14.0520	邻站通知	neighbor notification	
14.0521	撤除	stripping	
14.0522	环站	ring station	
14.0523	分布式队列双总线	distributed queue dual bus, DQDB	
14.0524	因特网	Internet	
14.0525	内联网	intranet	又称"内连网"。
14.0526	外联网	extranet	又称"外连网"。
14.0527	信息空间	cyberspace	指从计算机网络可得到的全部信息资源。
14.0528	全球信息基础设施	global information infrastructure, GII	
14.0529	国家信息基础设施	national information infrastructure, NII	
14.0530	高级研究计划局网络	Advanced Research Project Agency network, ARPANET	简称"阿帕网"。
14.0531	因特网[体系]结构委员会	Internet Architecture Board, IAB	
14.0532	因特网工程[任务]部	Internet Engineering Task Force, IETF	
14.0533	因特网研究[任务]部	Internet Research Task Force, IRTF	
14.0534	因特网编号管理局	Internet Assigned Numbers Authority, IANA	
14.0535	因特网协会	Internet Society, ISOC	
14.0536	因特网工程指导组	Internet Engineering Steering Group, IESG	
14.0537	因特网研究指导组	Internet Research Steering Group, IRSG	
14.0538	因特网商业中心	Internet Business Center, IBC	
14.0539	请求评论[文档]	request for comment, RFC	简称"RFC[文档]"。
14.0540	因特网工程备忘录	Internet engineering note, IEN	

序 号	汉 文 名	英 文 名	注 释
14.0541	网络信息中心	network information center, NIC	
14.0542	网络运行中心	network operation center, NOC	
14.0543	商务因特网交换中心	commercial Internet exchange, CIX	
14.0544	商务访问提供者	commercial access provider	
14.0545	因特网接入提供者	Internet access provider, IAP	
14.0546	因特网内容提供者	Internet content provider, ICP	
14.0547	因特网服务提供者	Internet service provider, ISP	
14.0548	新因特网知识系统	new Internet knowledge system	
14.0549	自治系统	autonomous system	又称"自主系统"。
14.0550	主干网	backbone network	
14.0551	多播主干网	multicast backbone, Mbone	
14.0552	网络文件系统	network file system, NFS	
14.0553	文件服务器	file server	
14.0554	代理	proxy, agent	
14.0555	代理服务器	proxy server	
14.0556	应用服务器	application server	
14.0557	远程访问服务器	remote access server	
14.0558	万维[网]服务器	Web server	又称"Web服务器"。
14.0559	万维网广播	Webcasting	
14.0560	网络计算机	network computer, NC	
14.0561	网络外围设备	network peripheral	
14.0562	终端访问控制器	terminal access controller, TAC	又称"终端接入控制器"。
14.0563	透明网关	transparent gateway	
14.0564	小应用程序	applet	
14.0565	小服务程序	servlet	
14.0566	尽力投递	best-effort delivery	
14.0567	协调世界时间	coordinated universal time, UTC	
14.0568	会面时间	face time	
14.0569	连接时间	connect time	
14.0570	网络乱用	net. abuse	

序　号	汉　文　名	英　文　名	注　释
14.0571	网民	net. citizen, netizen	
14.0572	网上老手	oldbie	
14.0573	网上新手	newbie	
14.0574	网虫	surfer	
14.0575	泡网	surfing	
14.0576	TCP/IP 协议	Transmission Control Protocol/Internet Protocol，TCP/IP	
14.0577	传输控制协议	Transmission Control Protocol，TCP	
14.0578	网际协议	internet protocol，IP	
14.0579	因特网控制消息协议	Internet Control Message Protocol，ICMP	
14.0580	边界网关协议	border gateway protocol，BGP	
14.0581	内部网关协议	interior gateway protocol，IGP	
14.0582	简单网关监视协议	simple gateway monitoring protocol，SGMP	
14.0583	网关到网关协议	gateway to gateway protocol，GGP	
14.0584	路由[选择]信息协议	routing information protocol，RIP	
14.0585	子网访问协议	subnetwork access protocol，SNAP	
14.0586	网络时间协议	network time protocol，NIP	
14.0587	点对点协议	point-to-point protocol，PPP	
14.0588	串行线路网际协议	serial line internet protocol，SLIP	
14.0589	通用消息事务协议	versatile message transaction protocol，VMTP	
14.0590	简单网[络]管[理]协议	simple network management protocol，SNMP	
14.0591	快速有序运输[协议]	fast sequenced transport，FST	
14.0592	域名	domain name，DN	
14.0593	域名系统	domain name system，DNS	
14.0594	域名服务	domain name service，DNS	
14.0595	域名服务器	domain name server	
14.0596	全限定域名	fully qualified domain name，FQDN	又称"全称域名"。
14.0597	域名解析	domain name resolution	
14.0598	点分十进制记法	dotted decimal notation	

序　号	汉　文　名	英　文　名	注　释
14.0599	点[分]地址	dot address	
14.0600	地址掩码	address mask	
14.0601	子网掩码	subnet mask	
14.0602	网络地址	net address	
14.0603	网际协议地址	IP address	又称"IP 地址"。
14.0604	地址解析协议	address resolution protocol，ARP	
14.0605	逆地址解析协议	reverse address resolution protocol，RARP	
14.0606	统一资源定位地址	uniform resource locater，URL	简称"URL 地址"。
14.0607	站点	site	又称"网站"。
14.0608	站点名	site name	又称"网站名"。
14.0609	跟踪路由[程序]	traceroute	
14.0610	域际策略路由选择	interdomain policy routing，IDPR	
14.0611	无类别域际路由选择	classless interdomain routing，CIDR	
14.0612	因特网服务清单	Internet services list	
14.0613	用户数据报协议	user datagram protocol，UDP	
14.0614	IP 数据报	IP datagram	
14.0615	查验	ping	
14.0616	不可达目的地	unreachable destination	
14.0617	因特网接力闲谈	Internet relay chat，IRC	
14.0618	交谈[服务]	talk	
14.0619	白板服务	whiteboard service	
14.0620	目录服务	directory service	又称"名录服务"。
14.0621	简便的目录访问协议	lightweight DAP，LDAP	
14.0622	现用目录	active directory	
14.0623	文件传送协议	file transfer protocol，FTP	
14.0624	匿名文件传送协议	anonymous FTP	
14.0625	普通文件传送协议	trivial file transfer protocol，TFTP	
14.0626	匿名服务器	anonymous server	
14.0627	存档网点	archive site	指因特网上存储文

序　号	汉　文　名	英　文　名	注　　释
			件的FTP服务器。
14.0628	远程登录协议	TELNET protocol	
14.0629	网络字节顺序	network byte order	
14.0630	电子邮件	E-mail，e-mail	又称"电子函件"。
14.0631	电子邮件地址	e-mail address	又称"电子函件地址"。
14.0632	多用途因特网邮件扩充	multipurpose Internet mail extensions，MIME	
14.0633	简单邮件传送协议	simple mail transfer protocol、SMTP	
14.0634	慢速邮递	slow mail，snail mail	对传统邮政服务的一种称呼。
14.0635	邮件管理员	postmaster	又称"邮政局长"。
14.0636	邮局协议	post office protocol，POP	
14.0637	邮件分发器	mail exploder	
14.0638	邮件发送清单	mailing list，maillist	
14.0639	全名	full name	
14.0640	电子邮件别名	e-mail alias	
14.0641	绰号	nickname	
14.0642	签名文件	signature file	
14.0643	附加文档	attached document	
14.0644	抄件	courtesy copy	
14.0645	重邮器	remailer	又称"重邮程序"。
14.0646	返回路径	return path	
14.0647	黑洞	black hole	
14.0648	脱机邮件阅读器	off-line mail reader	
14.0649	网络信息服务	network information services，NIS	
14.0650	因特网信息服务器	Internet information server，IIS	
14.0651	万维网	Web，world wide web，WWW	
14.0652	主页	homepage	
14.0653	［万维］网页	Web page	
14.0654	万维网站	Web site	又称"万维站点"。
14.0655	［万维］网［地］址	Web address	
14.0656	浏览器	browser	
14.0657	信息浏览服务	information browsing service	

序　号	汉　文　名	英　文　名	注　释
14.0658	电子文本	e-text	
14.0659	超文本传送协议	hypertext transfer protocol，HTTP	
14.0660	漫游	roaming	
14.0661	导航	navigation	
14.0662	误检	false drop	
14.0663	虚拟库	virtual library	
14.0664	助听器[程序]	audio helper	
14.0665	公共网关接口	common gateway interface，CGI	
14.0666	热表	hotlist	
14.0667	层叠样式表	cascading style sheet，CSS	
14.0668	定义性[列]表	defined list	
14.0669	无序[列]表	unordered list	
14.0670	广域信息服务系统	wide area information server，WAIS	
14.0671	自动搜索服务	automated search service	
14.0672	有仲裁的新闻组	moderated newsgroup	
14.0673	仲裁员	moderator	
14.0674	网络新闻	network news，netnews	
14.0675	网络新闻传送协议	network news transfer protocol，NNTP	
14.0676	自动邮寄	robopost	
14.0677	论题选择器	subject selector	
14.0678	命名约定	naming convention	
14.0679	实名	real name	
14.0680	情感符号	emoticon，smiley	
14.0681	常见问题	frequently asked questions，FAQ	
14.0682	丑恶报文	nastygram	
14.0683	公告板服务	bulletin board service，BBS	
14.0684	公告板系统	bulletin board system，BBS	
14.0685	免费网	free-net	
14.0686	论坛	forum	
14.0687	话题小组	topic group	又称"课题小组"。
14.0688	电子杂志	electronic journal，e-zine	
14.0689	网络应用	network application	
14.0690	应用服务	application service	
14.0691	应用服务要素	application service element，ASE	
14.0692	公共应用服务要	common application service ele-	

序 号	汉 文 名	英 文 名	注 释
	素	ment, CASE	
14.0693	特定应用服务要素	special application service element, SASE	
14.0694	联合控制服务要素	association control service element, ACSE	
14.0695	应用协议实体	application protocol entity, APE	
14.0696	虚拟终端服务	virtual terminal service, VTS	
14.0697	面向消息的正文交换系统	message-oriented text interchange system, MOTIS	
14.0698	文件传送、存取和管理	file transfer, access and management; FTAM	
14.0699	网络文件传送	network file transfer	
14.0700	文件管理协议	file management protocol	
14.0701	文件传送存取方法	file transfer-access method, FT-AM	
14.0702	文件共享	file sharing	
14.0703	消息处理系统	message handling system, MHS	
14.0704	消息处理	message handling, MH	
14.0705	消息存储[单元]	message storage	
14.0706	消息传送系统	message transfer system, MTS	
14.0707	消息传送代理	message transfer agent, MTA	
14.0708	用户代理	user agent, UA	
14.0709	智能代理	intelligent agent	
14.0710	移动代理	mobile agent	
14.0711	信息客体	information object	
14.0712	加急传送	urgent transfer	
14.0713	主题探查	subject probe	
14.0714	人际消息	interpersonal message, IP-message	
14.0715	人际消息处理	interpersonal messaging, IPM	
14.0716	个人通信系统	personal communication system, PCS	
14.0717	电子消息处理	electronic messaging	
14.0718	商业数据交换	business data interchange, BDI	
14.0719	电子数据交换	electronic data interchange, EDI	
14.0720	电子数据交换消息	EDI message, EDIM	简称"EDI 消息"。

序　号	汉　文　名	英　文　名	注　释
14.0721	电子数据交换消息处理	EDI messaging, EDIMG	简称"EDI消息处理"。
14.0722	政商运电子数据交换[标准]	EDI for administration, commerce and transport	又称"跨行业电子数据交换[标准]"。
14.0723	远程会议	teleconferencing	
14.0724	多媒体会议	multimedia conferencing	
14.0725	声图会议	audiographic conferencing	
14.0726	带注释的图像交换	annotated image exchange	
14.0727	视听信息	audiovisual information	
14.0728	远程信息处理信息	telematic information	
14.0729	多点会议	multipoint conference	
14.0730	多点通信	multipoint communication	
14.0731	多点通信服务	multipoint communication service, MCS	
14.0732	多点二进制文件传送	multipoint binary file transfer, MBFT	
14.0733	多点静止图像及注释	multipoint still image and annotation, MSIA	
14.0734	多点路由[选择]信息	multipoint routing information	
14.0735	[会议]主持人	conductor	
14.0736	[会议]召集人	convenor	
14.0737	屏幕共享	screen sharing	
14.0738	链式连接	chain connection	
14.0739	顶级结点	top node	
14.0740	桥接结点	bridging node	
14.0741	运输	transport	
14.0742	运输[层]服务	transport service, TS	
14.0743	运输[层]连接	transport connection, TC	
14.0744	同步和会聚功能	synchronization and convergence function, SCF	
14.0745	企业网	enterprise network	
14.0746	电子市场	electronic market	
14.0747	远程购物	teleshopping	
14.0748	电子资金转账系	electronic funds transfer system,	

序 号	汉 文 名	英 文 名	注 释
	统	EFTS	
14.0749	电子银行业务	electronic banking	又称"电子金融"。
14.0750	电子付款	electronic billing	
14.0751	远程访问	remote access	
14.0752	远程教育	teleeducation, distance education	
14.0753	教育点播	education on demand, EOD	
14.0754	远程教室	teleclass	
14.0755	远程咨询	telereference	
14.0756	远程办公	telework	
14.0757	家庭办公	telecommuting	
14.0758	远程服务	teleservice	又称"用户终端业务"。
14.0759	话音邮件	voice mail	
14.0760	因特网电话	Internet phone, IP phone	又称"IP电话"。

15. 中文信息处理

序 号	汉 文 名	英 文 名	注 释
15.0001	中文	Chinese, Chinese languages	
15.0002	汉语	Chinese	
15.0003	汉字	Hanzi, Chinese character	
15.0004	蒙古文	Mongolian	
15.0005	藏文	Tibetan	
15.0006	维吾尔文	Uighur	
15.0007	朝鲜文	Korean	
15.0008	彝文	Yi character	
15.0009	中文平台	Chinese platform	
15.0010	汉语信息处理	Chinese information processing	
15.0011	汉字信息处理	Hanzi information processing, Chinese character information processing	
15.0012	多文种信息处理	multilingual information processing	
15.0013	汉字信息处理技术	Hanzi information processing technology	

序 号	汉 文 名	英 文 名	注 释
15.0014	民族语言支撑能力	national language support	
15.0015	汉字编码字符集	Hanzi coded character set, Chinese character coded character set	
15.0016	基本集	primary set	
15.0017	辅助集	supplementary set	
15.0018	通用多八位编码字符集	universal multiple-octet coded character set, UCS	
15.0019	多八位编码字符集	multioctet coded character set, MOCS	
15.0020	多字节图形字符集	multibyte graphic character set	
15.0021	汉字输入	Hanzi input, Chinese character input	
15.0022	汉字输出	Hanzi output, Chinese character output	
15.0023	言语	speech	语言的运用及其结果，是语言的具体体现。
15.0024	语音	speech sound	人类发出的能表达一定意义的声音。
15.0025	词汇	vocabulary	
15.0026	中文语料库	Chinese corpus	
15.0027	语言知识库	language knowledge base	
15.0028	现代汉语	contemporary Chinese language	
15.0029	普通话	Putonghua	
15.0030	汉语拼音［方案］	Pinyin, scheme of the Chinese phonetic alphabet	
15.0031	声母	initial	
15.0032	韵母	final	
15.0033	零声母	zero initial	
15.0034	声调	tone	
15.0035	双拼	binary syllabification	
15.0036	书面语	written language	
15.0037	口语	spoken language	
15.0038	汉字集	Hanzi set, Chinese character set	
15.0039	现代通用汉字	current commonly-used Hanzi, cur-	

序　号	汉　文　名	英　文　名	注　释
		rent commonly-used Chinese character	
15.0040	汉字样本	Hanzi specimen, Chinese character specimen	
15.0041	汉字样本库	Hanzi specimen bank, Chinese character specimen bank	
15.0042	汉字流通频度	circulation frequency of Hanzi, circulation frequency of Chinese character	
15.0043	汉字使用频度	utility frequency of Hanzi, utility frequency of Chinese character	
15.0044	汉字特征	Hanzi features, Chinese character features	
15.0045	汉字属性	Hanzi attribute, attribute of Chinese character	
15.0046	汉字属性字典	Hanzi attribute dictionary, Chinese character attribute dictionary	
15.0047	传承字	traditional Hanzi, traditional Chinese character	
15.0048	简化字	simplified Hanzi, simplified Chinese character	
15.0049	繁体字	unsimplified Hanzi, unsimplified Chinese character	
15.0050	异体字	variant Hanzi, variant Chinese character	
15.0051	字体	Hanzi style, character style	
15.0052	手写体	handwritten form	
15.0053	印刷体	print form	
15.0054	宋体	Song Ti	
15.0055	仿宋体	Fangsong Ti	
15.0056	楷体	Kai Ti	
15.0057	黑体	Hei Ti	
15.0058	白体	Bai Ti	
15.0059	字号	Hanzi number, character number	
15.0060	正体	standardized form	
15.0061	斜体	inclined form	

序　号	汉　文　名	英　文　名	注　释
15.0062	异体	variant	
15.0063	字模点阵	dot matrix font	
15.0064	字形	Hanzi form, character form	
15.0065	笔画	stroke	
15.0066	笔顺	stroke order	
15.0067	笔数	stroke count	
15.0068	汉字结构	Hanzi structure, Chinese character structure	
15.0069	汉字部件	Hanzi component, Chinese character component	
15.0070	部件使用频度	utility frequency of component	
15.0071	部件组字频度	compositive frequency of component	
15.0072	部首	indexing component	
15.0073	偏旁	radical	
15.0074	字量	Hanzi quantity, character quantity	
15.0075	字频	Hanzi frequency, character frequency	
15.0076	字音	Hanzi pronunciation, character pronunciation	
15.0077	字序	Hanzi order, character order	
15.0078	词素	lexeme	
15.0079	基本词	primary word	
15.0080	常用词	high frequency word	
15.0081	通用词	commonly-used word	
15.0082	专用词	special term	
15.0083	单纯词	simple word	
15.0084	合成词	compound word	
15.0085	短语	phrase	
15.0086	固定短语	fixed phrase	
15.0087	词频	word frequency	
15.0088	词的使用度	word usage	
15.0089	词流通频度	circulation frequency of word	
15.0090	词使用频度	utility frequency of word	
15.0091	词分类流通频度	circulation frequency of the word classification	
15.0092	句子	sentence	
15.0093	句法关系	syntactic relation	

序　号	汉　文　名	英　文　名	注　释
15.0094	单义	monosemy	
15.0095	多义	polysemy	
15.0096	歧义	ambiguity	
15.0097	上下位关系	hyponymy	
15.0098	代码扩充	code extension	
15.0099	代码表	code table	
15.0100	汉字交换码	Hanzi code for interchange, Chinese character code for interchange	
15.0101	汉字信息交换码	Hanzi code for information interchange, Chinese character code for information interchange	
15.0102	交换码	code for interchange	
15.0103	区位码	code by section-position	
15.0104	汉字区位码	Hanzi section-position code	
15.0105	汉字内码	Hanzi internal code, Chinese character internal code	
15.0106	汉字扩展内码规范	Hanzi expanded internal code specification	
15.0107	汉字控制功能码	Hanzi control function code, Chinese character control function code	
15.0108	平面	plane	
15.0109	基本多文种平面	basic multilingual plane, BMP	
15.0110	辅助平面	supplementary plane	
15.0111	专用平面	private use plane	
15.0112	图形符号	graphic symbol	
15.0113	中日韩统一汉字	CJK unified ideograph	
15.0114	控制字符	control character	
15.0115	正则形式	canonical form	
15.0116	字位	cell	
15.0117	字符边界	character boundary	
15.0118	编码字符	coded character	
15.0119	组合用字符	combining character	
15.0120	兼容字符	compatibility character	
15.0121	复合序列	composite sequence	
15.0122	交互运作	interworking	

序 号	汉 文 名	英 文 名	注 释
15.0123	字汇	repertoire	
15.0124	区	zone	
15.0125	组八位	group-octet	
15.0126	平面八位	plane-octet	
15.0127	行八位	row-octet	
15.0128	字位八位	cell-octet	
15.0129	栏	column	
15.0130	书写方向	presentation direction	
15.0131	横排	horizontal composition	
15.0132	竖排	vertical composition	
15.0133	段首大字	drop cap	
15.0134	通用键盘	universal keyboard	
15.0135	汉字键盘	Hanzi keyboard	
15.0136	图形字符合成	graphic character combination	
15.0137	位标识	bit-identify	
15.0138	转义	escape	
15.0139	转义序列	escape sequence	
15.0140	部件拆分	component disassembly	
15.0141	基础部件	basic component	
15.0142	合成部件	compound component, synthetic component	
15.0143	成字部件	character formation component	
15.0144	非成字部件	character non-formation component	
15.0145	结构理据	structure origin	
15.0146	有理据拆分	original disassembly	
15.0147	无理据拆分	un-original disassembly	
15.0148	汉语理解	Chinese language understanding	
15.0149	汉字字形库	Hanzi font library, Chinese character font library	
15.0150	轮廓字型	outlined font	
15.0151	点阵精度	dot matrix size	
15.0152	空心字	outline font	
15.0153	立体字	shaded font	
15.0154	汉字编码	Hanzi coding, Chinese character coding	
15.0155	汉语词语编码	Chinese word and phrase coding	
15.0156	汉字编码方案	Hanzi coding scheme, Chinese	

序　号	汉　文　名	英　文　名	注　释
		character coding scheme	
15.0157	汉字编码输入方法	Hanzi coding input method, Chinese character coding input method	
15.0158	汉字键盘输入方法	Hanzi keyboard input method, Chinese character keyboard input method	
15.0159	汉字检字法	Hanzi indexing system, Chinese character indexing system	
15.0160	汉字编码输入方法评测	evaluation of Hanzi coding input method	
15.0161	评测规则	evaluation rule	
15.0162	汉字编码技术	Hanzi coding technique	
15.0163	汉字编码计算机辅助设计	computer-aided design for Hanzi coding	
15.0164	汉字编码输入评测软件	evaluation software for Hanzi coding input	
15.0165	汉字输入程序	Hanzi input program	
15.0166	测试文本	test text	
15.0167	离散文本	discrete text	
15.0168	连续文本	continuous text	
15.0169	词语文本	text including words and phrases	
15.0170	编码表示	coded representation	
15.0171	等长码	fixed-length coding	
15.0172	不等长码	unfixed-length coding	
15.0173	非常规编码	extraordinary coding	
15.0174	有效字数	effective character number	
15.0175	输入速率	input velocity	
15.0176	输入正确率	correct rate for input	
15.0177	汉字字形码	Hanzi font code, Chinese character font code	
15.0178	部件编码	component coding	
15.0179	部件码	component code	
15.0180	笔画编码	stroke coding	
15.0181	笔画码	stroke code	
15.0182	电报码	telegram code	
15.0183	词语码	code for Chinese word and phrase	

序 号	汉 文 名	英 文 名	注 释
15.0184	手写汉字输入	handwriting Hanzi input	
15.0185	汉语语音输入	Chinese speech input	又称"汉语言语输入"。
15.0186	字形编码	calligraphical coding	
15.0187	数字编码	digit coding	
15.0188	拼音编码	Pinyin coding, phonological coding	
15.0189	音形结合编码	phonological and calligraphical synthesize coding	
15.0190	最优编码	optimum coding	
15.0191	汉字输入码	Hanzi inputing code, Chinese character inputing code	
15.0192	汉字信息特征编码	information feature coding of Chinese character	
15.0193	高频[字词]先见	priority of high frequency [words]	
15.0194	规格化处理	normalizing processing	
15.0195	汉语词语库	Chinese word and phrase library	
15.0196	击键时间当量	typing time equivalent	
15.0197	记忆保持度	duration of remembering	
15.0198	静态键位分布系数	static coefficient for code element allocation	
15.0199	简码	brief-code	
15.0200	键位	key mapping	
15.0201	键位表	key mapping table	
15.0202	键位布局	keyboard layout	
15.0203	键元	key-element	
15.0204	键元串	key-element string	
15.0205	键元集	key-element set	
15.0206	看打	typing by looking	
15.0207	想打	typing by thinking	
15.0208	听打	typing by listening	
15.0209	盲打	touch typing	
15.0210	联想输入	associating input	
15.0211	码表	code list	又称"码本"。
15.0212	[汉]字码表	code list of Hanzi	
15.0213	词码表	code list of words	
15.0214	码元	code-element	

序　号	汉　文　名	英　文　名	注　释
15.0215	码元串	code-element string	
15.0216	码元集	code-element set	
15.0217	培训时间	training time limit	
15.0218	期望速率因子	expected velocity factor	
15.0219	输入错误率	error rate for input	
15.0220	输入文本类型	input text type	
15.0221	一般用户	general user	
15.0222	专职操作员	professional operator	
15.0223	重码	coincident code	
15.0224	重码字词数	amount of words in coincident code	
15.0225	静态汉字重码率	static coincident code rate for Hanzi	
15.0226	静态字词重码率	static coincident code rate for words	
15.0227	动态字词重码率	dynamic coincident code rate for words	
15.0228	动态键位分布系数	dynamic coefficient for key-element allocation	
15.0229	动态汉字平均码长	dynamic average code length of Hanzi	
15.0230	动态重码率	rate of dynamic coincident code	
15.0231	动态字词平均码长	dynamic average code length of words	
15.0232	静态汉字平均码长	static average code length of Hanzi	
15.0233	静态字词平均码长	static average code length of words	
15.0234	最近使用字词先见	priority of the latest used words	
15.0235	整字分解	decomposing Chinese character to component	
15.0236	输入方式转换键	input mode shift key	
15.0237	通用词语[数据]库	general word and phrase database	
15.0238	个人词语[数据]库	personal word and phrase database	
15.0239	术语[数据]库	terminological database	又称"专业词库"。
15.0240	自动记忆	automatic memory	
15.0241	汉字识别	Hanzi recognition, Chinese charac-	

序 号	汉 文 名	英 文 名	注 释
		ter recognition	
15.0242	汉语语音识别	Chinese speech recognition	又称"汉语言语识别"。
15.0243	汉语语音分析	Chinese speech analysis	又称"汉语言语分析"。
15.0244	汉语语音合成	Chinese speech synthesis	又称"汉语言语合成"。
15.0245	汉语语音信息库	Chinese speech information library	又称"汉语言语信息库"。
15.0246	汉语语音数字信号处理	Chinese speech digital signal processing	又称"汉语言语数字信号处理"。
15.0247	汉语语音信息处理	Chinese speech information processing	又称"汉语言语信息处理"。
15.0248	概念分析	conceptual analysis	
15.0249	汉语分析	Chinese analysis	
15.0250	汉语生成	Chinese generation	
15.0251	话语	discourse	
15.0252	话语模型	discourse model	
15.0253	话语生成	discourse generation	
15.0254	印刷体汉字识别	printed Hanzi recognition	
15.0255	特定人语音识别	speaker-dependent speech recognition	又称"特定人言语识别"。
15.0256	手写体汉字识别	handwritten Hanzi recognition	
15.0257	语音合成	speech synthesis	又称"言语合成"。
15.0258	语用分析	pragmatic analysis	
15.0259	现代汉语词语切分规范	contemporary Chinese language word segmentation specification	
15.0260	汉语自动分词	automatic segmentation of Chinese word	
15.0261	词切分	word segmentation	又称"分词"。
15.0262	分词单位	word segmentation unit	
15.0263	词性标注	part-of-speech tagging	
15.0264	中文信息处理设备	Chinese information processing equipment	
15.0265	汉语词语处理机	Chinese word processor	
15.0266	汉字终端	Hanzi terminal, Chinese character terminal	

序　号	汉　文　名	英　文　名	注　释
15.0267	汉字手持终端	Hanzi handheld terminal, Chinese character handheld terminal	
15.0268	汉字输入键盘	Hanzi input keyboard, Chinese character input keyboard	
15.0269	汉卡	Hanzi card, Chinese character card	
15.0270	汉字显示终端	Hanzi display terminal, Chinese character display terminal	
15.0271	汉字打印机	Hanzi printer, Chinese character printer	
15.0272	汉字针式打印机	Hanzi wire impact printer, Chinese character wire impact printer	
15.0273	汉字激光印刷机	Hanzi laser printer, Chinese character laser printer	
15.0274	汉字喷墨印刷机	Hanzi ink jet printer, Chinese character ink jet printer	
15.0275	汉字热敏印刷机	Hanzi thermal printer, Chinese character thermal printer	
15.0276	激光照排机	laser typesetter	
15.0277	汉字生成器	Hanzi generator	
15.0278	汉字信息压缩技术	Hanzi information condensed technology, Chinese character condensed technology	
15.0279	汉字公用程序	Hanzi utility program, Chinese character utility program	
15.0280	词语信息[数据]库	lexical information database	
15.0281	汉语人机界面	man-machine interface for Chinese	
15.0282	用户造词程序	user-defined word-formation program	
15.0283	用户造字程序	user-defined character-formation program	
15.0284	综合编辑修改	synthesized editing and updating	
15.0285	中文操作系统	Chinese operating system	
15.0286	多文种操作系统	multilingual operating system	
15.0287	中文文本校改系统	Chinese text correcting system	
15.0288	中文信息检索系	Chinese information retrieval system	

序 号	汉 文 名	英 文 名	注 释
	统		
15.0289	电子出版系统	electronic publishing system, EPS	
15.0290	桌面出版系统	desktop publishing system, DPS	
15.0291	汉语语音理解系统	Chinese speech understanding system	又称"汉语言语理解系统"。
15.0292	汉语计算机辅助教学系统	Chinese computer-aided instruction system	
15.0293	文语转换系统	text-to-speech system	
15.0294	汉字识别系统	Hanzi recognition system, Chinese character recognition system	

16. 计算机辅助设计与图形学

序 号	汉 文 名	英 文 名	注 释
16.0001	计算机辅助分析	computer-aided analysis, CAA	
16.0002	计算机辅助工程	computer-aided engineering, CAE	
16.0003	计算机辅助几何设计	computer-aided geometry design, CAGD	
16.0004	计算机辅助教学	computer-aided instruction, CAI	
16.0005	计算机辅助制造	computer-aided manufacturing, CAM	
16.0006	计算机集成制造	computer-integrated manufacturing, CIM	
16.0007	计算机辅助设计与制造	CAD/CAM	
16.0008	计算机辅助工艺规划	computer-aided process planning, CAPP	
16.0009	智能计算机辅助设计	intelligent computer aided design	
16.0010	计算机辅助机械设计	computer-aided mechanical design	俗称"机械CAD"。
16.0011	计算机辅助电子设计	computer-aided electronic design	俗称"电子CAD"。
16.0012	计算机辅助工程设计	computer-aided engineering design	俗称"工程CAD"。

序　号	汉　文　名	英　文　名	注　释
16.0013	计算机辅助建筑设计	computer-aided building design	俗称"建筑CAD"。
16.0014	计算机辅助流程工厂设计	computer-aided process plant design	俗称"流程工厂CAD"。
16.0015	计算机辅助配管设计	computer-aided piping design	俗称"配管CAD"。
16.0016	计算机辅助钢结构设计	computer-aided steelwork design	俗称"钢结构CAD"。
16.0017	图形学	graphics	
16.0018	智能线	smart line	
16.0019	设计自动化	design automation, DA	
16.0020	自动绘图	automated drafting	
16.0021	工艺图	artwork	
16.0022	原理图	schematic	
16.0023	自动尺寸标注	automatic dimensioning	
16.0024	自动布局	autoplacement	
16.0025	自动布线	autorouting	
16.0026	布线	routing	
16.0027	划分	partitioning	
16.0028	布线程序	router	
16.0029	逻辑综合	logic synthesis	
16.0030	逻辑划分	logic partitioning	
16.0031	掩模图	mask artwork	
16.0032	分层	layering	
16.0033	引脚分配	pin assignment	
16.0034	电子设计自动化	electronic design automation, EDA	
16.0035	系统级综合	system level synthesis	
16.0036	物理布局	physical placement	
16.0037	物理布线	physical routing	
16.0038	组合逻辑综合	combinational logic synthesis	
16.0039	迭代调度分配方法	iterative scheduling and allocation method	
16.0040	多级模拟	multilevel simulation	
16.0041	设计库	design library	
16.0042	时序综合	sequential synthesis	
16.0043	混合模拟	hybrid simulation	
16.0044	硅编译器	silicon compiler	

序 号	汉 文 名	英 文 名	注 释
16.0045	逻辑布局	logic placement	
16.0046	逻辑布线	logic routing	
16.0047	逻辑综合自动化	logic synthesis automation	
16.0048	标准单元	standard unit	
16.0049	超高速集成电路	very high speed integrated circuit, VHSIC	
16.0050	超高速集成电路硬件描述语言	VHSIC hardware description language	
16.0051	模拟验证方法	simulation verification method	
16.0052	碰撞检测	collision detection	
16.0053	干涉技术	interference technique	
16.0054	工程图	engineering drawing	
16.0055	零件图	part drawing	
16.0056	装配图	assembly drawing	
16.0057	虚拟装配	virtual assembly	
16.0058	虚拟制造	virtual manufacturing	
16.0059	虚拟原型制作	virtual prototyping	
16.0060	基准线	guide line	
16.0061	模具设计	mould design	
16.0062	零件库	element library	
16.0063	三维扫描仪	three-dimensional scanner, 3D scanner	
16.0064	立体印刷设备	stereo lithography apparatus	
16.0065	面向分析的设计	design for analysis, DFA	
16.0066	面向装配的设计	design for assembly, DFA	
16.0067	面向制造的设计	design for manufacturing, DFM	
16.0068	设计规划	design plan	
16.0069	设计约束	design constraint	
16.0070	动态仿真	dynamic simulation	
16.0071	基于特征的设计	feature-based design	
16.0072	基于特征的制造	feature-based manufacturing	
16.0073	基于特征的造型	feature-based modeling	
16.0074	基于特征的逆向工程	feature-based reverse engineering	
16.0075	特征交互	feature interaction	
16.0076	特征模型转换	feature model conversion	
16.0077	特征识别	feature recognition	

序　号	汉　文　名	英　文　名	注　释
16.0078	形状特征	form feature	
16.0079	特征生成	feature generation	
16.0080	特征轮廓	feature contour	
16.0081	变量化设计	variational design	
16.0082	参数化设计	parametric design	
16.0083	多模型虚拟环境	multimodel virtual environment	
16.0084	虚拟现实界面	virtual reality interface	
16.0085	几何造型	geometric modeling	
16.0086	几何变换	geometric transformation	
16.0087	例图	instance	
16.0088	造型变换	modeling transformation	
16.0089	条形图	bar chart	
16.0090	饼形图	pie chart	
16.0091	直方图	histogram	
16.0092	等值线图	contour map	
16.0093	绘图	plot	
16.0094	并行建模	parallel modeling	
16.0095	面向对象建模	object-oriented modeling	
16.0096	非流形	non-manifold	
16.0097	非流形造型	non-manifold modeling	
16.0098	层次模型	hierarchical model	
16.0099	模型简化	model simplification	
16.0100	多面体模型	polyhedral model	
16.0101	多面体简化	polyhedron simplification	
16.0102	几何变形	geometry deformation	
16.0103	向心模型	centripetal model	
16.0104	自动模型获取	automatic model acquisition	
16.0105	非均匀对象模型	heterogeneous object model	
16.0106	构造几何	constructive geometry	
16.0107	隐式实体模型	implicit solid model	
16.0108	多工序实体造型	multiprocess solid modeling	
16.0109	实体模型	solid model	
16.0110	悬边	dangling edge	
16.0111	基于面的表示	face-based representation	
16.0112	边界模型	boundary model	
16.0113	边界建模	boundary modeling	
16.0114	内环	interior ring	

序 号	汉 文 名	英 文 名	注 释
16.0115	外环	exterior ring	
16.0116	拟合	fitting	
16.0117	光顺	fairing	
16.0118	光顺性	fairness	
16.0119	插值法	interpolation method	
16.0120	旋转	revolution, rotation	
16.0121	分割	subdivision	
16.0122	混合	hybrid, blending	
16.0123	顶点混合	vertex blending	
16.0124	线框	wire frame	
16.0125	曲面造型	surface modeling	
16.0126	参数几何	parametric geometry	
16.0127	参数曲面拟合	parametric surface fitting	
16.0128	参数[化]曲面	parametric surface	
16.0129	参数[化]曲线	parametric curve	
16.0130	多边形面片	polygonal patch	
16.0131	相对弦长参数化	relative chord length parameterization	
16.0132	有理贝济埃曲线	rational Bezier curve	
16.0133	有理几何设计	rational geometric design	
16.0134	样条拟合	spline fitting	
16.0135	密切平面	osculating plane	
16.0136	形状曲线	pattern curve	
16.0137	曲面	surface	
16.0138	裁剪曲面	trimmed surface	
16.0139	雕塑曲面	sculptured surface	
16.0140	组合曲线	composite curve	
16.0141	组合曲面	composite surface	
16.0142	网格曲面	grid surface, mesh surface	
16.0143	乘积曲面	product surface	
16.0144	旋转曲面	rotating surface, surface of revolution	
16.0145	曲面分割	surface subdivision	
16.0146	曲线拟合	curve fitting	
16.0147	曲面拟合	surface fitting	
16.0148	曲面光顺	surface smoothing	
16.0149	曲线光顺	curve smoothing	

序 号	汉 文 名	英 文 名	注 释
16.0150	曲面求交	surface intersection	
16.0151	曲面匹配	surface matching	
16.0152	曲面模型	surface model	
16.0153	曲面拼接	surface joining	
16.0154	自由曲线	free-form curve	
16.0155	自由曲面	free-form surface	
16.0156	重心坐标	barycentric coordinate	
16.0157	曲[面]片	patch	
16.0158	圆角	fillet	
16.0159	三角面片	triangular patch	
16.0160	双三次曲面	bicubic surface	
16.0161	双三次曲面片	bicubic patch	
16.0162	双线性曲面	bilinear surface	
16.0163	孔斯曲面	Coons surface	
16.0164	样条	spline	
16.0165	B 样条	B-spline	
16.0166	B 样条曲线	B-spline curve	
16.0167	B 样条曲面	B-spline surface	
16.0168	非均匀有理 B 样条	non-uniform rational B-spline, NURBS	
16.0169	样条曲线	spline curve	
16.0170	样条曲面	spline surface	
16.0171	贝济埃曲线	Bezier curve	
16.0172	贝济埃曲面	Bezier surface	
16.0173	边界表示	boundary representation	
16.0174	戈登曲面	Gordon surface	
16.0175	扫描曲面	sweep surface	又称"扫成曲面"。
16.0176	体素构造表示	constructive solid geometry, CSG	
16.0177	计算几何	computational geometry	
16.0178	抛光	polishing	
16.0179	多分辨率曲线	multiresolution curve	
16.0180	迹线	trajectory	
16.0181	过渡曲线	transition curve	
16.0182	过渡曲面	transition surface	
16.0183	轨迹曲线	trajectory curve	
16.0184	曲面插值	surface interpolation	
16.0185	保形插值	conforming interpolation	

序 号	汉 文 名	英 文 名	注 释
16.0186	逼近	approximation	
16.0187	最小平方逼近	least square approximation	
16.0188	凸包	convex hull	
16.0189	凸包逼近	convex-hull approximation	
16.0190	曲面逼近	surface approximation	
16.0191	曲面重构	surface reconstruction	
16.0192	截面	cross section	
16.0193	截面曲线	cross section curve	
16.0194	轮廓	profile, contour outline	
16.0195	轮廓线	profile curve, silhouette curve	
16.0196	几何连续性	geometric continuity	
16.0197	一阶几何连续	G^1 continuity	俗称"G^1 连续"。
16.0198	二阶几何连续	G^2 continuity	俗称"G^2 连续"。
16.0199	一阶参数连续	C^1 continuity	俗称"C^1 连续"。
16.0200	二阶参数连续	C^2 continuity	俗称"C^2 连续"。
16.0201	高斯曲率逼近	Gaussian curvature approximation	
16.0202	导数估计	derivative estimation	
16.0203	基函数	basis function	
16.0204	节点插值	knot interpolation	
16.0205	节点删除	knot removal	
16.0206	控制网格	control mesh	
16.0207	控制多边形	control polygon	
16.0208	控制顶点	control vertex	
16.0209	四叉树	quadtree	
16.0210	八叉树	octree	
16.0211	有限元分析	finite element analysis, FEA	
16.0212	有限元法	finite element method, FEM	
16.0213	网格生成	mesh generation	
16.0214	网格化	meshing	
16.0215	广义相容运算	generalized compatible operation	
16.0216	单纯形	simplex	
16.0217	复形	complex	
16.0218	散乱数据点	scattered data points	
16.0219	贪婪三角剖分	greedy triangulation	
16.0220	三角剖分	triangulation	
16.0221	点集	point set	
16.0222	平面点集	planar point set	

序　号	汉　文　名	英　文　名	注　释
16.0223	有限点集	finite point set	
16.0224	单调曲率螺线	monotone curvature spiral	
16.0225	最小范围	minimum zone	
16.0226	自相交	self-intersection	
16.0227	尺寸驱动	dimension driven	
16.0228	参数空间	parametric space	
16.0229	形状推理	shape reasoning	
16.0230	轮廓生成	skeleton generation	
16.0231	空间分割	spatial subdivision	
16.0232	扫描	sweeping	
16.0233	扫描多边形	sweep polygon	
16.0234	扫描体	sweep volume	
16.0235	可见性	visibility	
16.0236	可见性问题	visibility problem	
16.0237	点可见性	visibility of a point	
16.0238	可见点	visible point	
16.0239	可见多边形	visible polygon	
16.0240	凸凹性	convexity-concavity	
16.0241	凸多边形	convex polygon	
16.0242	凹多边形	concave polygon	
16.0243	凸体	convex volume	
16.0244	凹体	concave volume	
16.0245	凸分解	convex decomposition	
16.0246	最优凸分解	optimal convex decomposition	
16.0247	简单多边形	simple polygon	
16.0248	任意多边形	arbitrary polygon	
16.0249	多边形取向	orientation of polygon	
16.0250	多边形分解	polygonal decomposition	
16.0251	多边形凸分解	polygon convex decomposition	
16.0252	图形包	graphic package	
16.0253	图形语言	graphic language	
16.0254	图形处理	graphic processing	
16.0255	交互图形系统	interactive graphic system	
16.0256	图形核心系统	graphical kernel system, GKS	
16.0257	图形系统	graphic system	
16.0258	真实感图形	photo-realism graphic	
16.0259	体模型	volume model	

序　号	汉　文　名	英　文　名	注　释
16.0260	可视化	visualization	
16.0261	科学计算可视化	visualization in scientific computing, VISC	
16.0262	体可视化	volume visualization	
16.0263	医学成像	medical imaging	
16.0264	可视编程语言	visual programming language	
16.0265	并行图形算法	parallel graphic algorithm	
16.0266	辐射度方法	radiosity method	
16.0267	光照模型	illumination model	
16.0268	绘制	rendering	
16.0269	体绘制	volume rendering	
16.0270	深度暗示	depth cueing	
16.0271	光亮度	intensity	
16.0272	扫描转换	scan conversion	
16.0273	明暗处理	shading	
16.0274	阴影	shadow	
16.0275	立体影像	stereopsis	
16.0276	灭点	vanishing point	
16.0277	体元	voxel	
16.0278	背景色	background color	
16.0279	前景色	foreground color	
16.0280	连贯性	coherence	
16.0281	深度缓存	depth buffer	
16.0282	光线跟踪	ray tracing	又称"光线追踪"。
16.0283	橡皮筋方法	rubber band method	
16.0284	冯模型	Phong model	
16.0285	冯方法	Phong method	
16.0286	粒子系统	particle system	
16.0287	显示算法	display algorithm	
16.0288	环境映射	environment mapping	
16.0289	仿射变换	affine transformation	
16.0290	基于物理的造型	physically-based modeling	
16.0291	实体造型	solid modeling	
16.0292	细节层次	level of detail, LOD	
16.0293	计算机艺术	computer art	
16.0294	计算机动画	computer animation	
16.0295	多分辨率	multiresolution	

序　号	汉　文　名	英　文　名	注　释
16.0296	多分辨率分析	multiresolution analysis, MRA	
16.0297	分形	fractal	
16.0298	分形几何	fractal geometry	
16.0299	Z 缓冲器算法	Z-buffer algorithm	
16.0300	图形库	graphic library, GL	
16.0301	开放式图形库	open GL	
16.0302	点光源	spot light source	
16.0303	线光源	linear light source	
16.0304	面光源	area light source	
16.0305	聚光	spot light	
16.0306	泛光	flood light	
16.0307	高光	high light	
16.0308	逻辑坐标	logical coordinates	
16.0309	朗伯模型	Lambert's model	
16.0310	半色调	halftone	
16.0311	半影	penumbra	
16.0312	本影	umbra	
16.0313	光栅扫描	raster scan	
16.0314	全息图	holograph	
16.0315	光钮	light button	
16.0316	视点	viewpoint, eyepoint	
16.0317	视向	view direction	
16.0318	视线	view ray	
16.0319	视框	view box	
16.0320	用户坐标	user coordinate	
16.0321	世界坐标	world coordinate	
16.0322	设备坐标	device coordinate	
16.0323	局部坐标系	local coordinate system	
16.0324	世界坐标系	world coordinate system	
16.0325	用户坐标系	user coordinate system	
16.0326	设备坐标系	device coordinate system	
16.0327	图元	primitive	
16.0328	图元属性	primitive attribute	
16.0329	折线	polyline	
16.0330	多点标记	polymarker	又称"多点记号"。
16.0331	填充区	fill area	
16.0332	区域填充	area filling	

序　号	汉　文　名	英　文　名	注　　释
16.0333	逻辑输入设备	logical input device	
16.0334	定位器	locator	
16.0335	拣取设备	pick device	又称"拾取设备"。
16.0336	规格化设备坐标	normalized device coordinate	
16.0337	高宽比	aspect ratio	
16.0338	光栅显示	raster display	
16.0339	向量显示	vector display	
16.0340	笔画显示	stroke display	
16.0341	帧缓存器	frame buffer	
16.0342	图形设备	graphics device	
16.0343	调色板	palette	
16.0344	闪烁	blinking	
16.0345	显示文件	display file	
16.0346	显示格式	display format	
16.0347	显示方式	display mode	
16.0348	回波	echo	
16.0349	提示	prompt	
16.0350	线型	line style	
16.0351	图段	segment	
16.0352	图形失真	aliasing	
16.0353	图形保真	anti-aliasing	
16.0354	变焦	zooming	
16.0355	旋转变换	rotation transformation	
16.0356	比例变换	scaling transformation	又称"定比变换"。
16.0357	平移变换	translation transformation	
16.0358	窗口	window	
16.0359	视口	view port	又称"视区"。
16.0360	视体	view volume	
16.0361	视锥	viewing pyramid	
16.0362	取景变换	viewing transformation	
16.0363	视平面	view plane	
16.0364	视参考点	view reference point	
16.0365	剪切变换	shear transformation	
16.0366	投影平面	projection plane	
16.0367	平行投影	parallel projection	
16.0368	正投影	orthographic projection	
16.0369	斜投影	oblique projection	

序　号	汉　文　名	英　文　名	注　释
16.0370	透视投影	perspective projection	
16.0371	投影中心	center of projection	
16.0372	轴测投影	axonometric projection	
16.0373	斜二轴测投影	cabinet projection	
16.0374	斜等轴测投影	cavalier projection	
16.0375	等轴测投影	isometric projection	
16.0376	拖动	dragging	
16.0377	移动镜头	panning	
16.0378	裁剪	clipping	又称"剪取"。
16.0379	事件方式	event mode	
16.0380	采样方式	sample mode	
16.0381	图符	icon	
16.0382	弹出式选单	pop-up menu	
16.0383	下拉式选单	pull-down menu	
16.0384	补色	complementary color	
16.0385	原色	primary color	
16.0386	色度	chromaticity	
16.0387	连通域	connected domain	
16.0388	图形识别	graphical recognition	
16.0389	轮廓识别	contour recognition, outline recognition	
16.0390	齐次坐标系	homogeneous coordinate system	
16.0391	屏幕坐标	screen coordinate	
16.0392	计算机制图	computer draft	
16.0393	计算机显示	computer display	
16.0394	马赫带效应	Mach band effect	
16.0395	平面向量场	plane vector field	
16.0396	图形结构	graphical structure	
16.0397	最优圆弧插值	optimal circular arc interpolation	
16.0398	真实感显示	realism display, realism rendering	
16.0399	动态显示	dynamic display, dynamic rendering	
16.0400	自然景物	natural object, natural scene	
16.0401	映射	mapping	
16.0402	纹理映射	texture mapping	
16.0403	整体光照模型	global illumination model, global light model	

序　号	汉　文　名	英　文　名	注　释
16.0404	局部光照模型	local illumination model, local light model	
16.0405	亮度	brightness	
16.0406	光能	light energy	
16.0407	光强	light intensity	
16.0408	色纯度	color purity	
16.0409	色饱和度	color saturation	又称"色彩度"。
16.0410	透明度	transparency	
16.0411	不透明度	opacity	
16.0412	半透明	translucency	
16.0413	环境光	ambient light	
16.0414	漫反射光	diffuse reflection light	
16.0415	镜面反射光	specular reflection light	
16.0416	反射定律	reflection law	
16.0417	反射体	reflective body	
16.0418	反射率	reflectance	
16.0419	区间	span	
16.0420	场	field	
16.0421	场频	field frequency	
16.0422	物体空间	object space	
16.0423	图像空间	image space	
16.0424	一点透视	one-point perspectiveness	
16.0425	二点透视	two-point perspectiveness	
16.0426	三点透视	three-point perspectiveness	
16.0427	投影变换	projective transformation	
16.0428	透视变换	perspective transformation	
16.0429	正二测投影	dimetric projection	
16.0430	面表	surface list	
16.0431	线表	line list	
16.0432	活化边表	active edge list	
16.0433	扫描线算法	scan line algorithm	
16.0434	扫描平面	scan plane	
16.0435	扫描模式	scanning pattern	
16.0436	画家算法	painter's algorithm	
16.0437	隐藏线消除	hidden line removal	
16.0438	隐藏面消除	hidden surface removal	
16.0439	深度计算	depth calculation	

序　号	汉　文　名	英　文　名	注　释
16.0440	多边形裁剪	polygon clipping	
16.0441	多面体裁剪	polyhedron clipping	
16.0442	外裁剪	exterior clipping	
16.0443	内裁剪	interior clipping	
16.0444	线[段]裁剪	line clipping	
16.0445	种子填充算法	seed fill algorithm	
16.0446	单元编码	cell encoding	
16.0447	端点编码	end point encoding	
16.0448	颜色系统	color system	
16.0449	色匹配函数	color-matching function	
16.0450	色空间	color space	
16.0451	色度坐标	chromaticity coordinate	
16.0452	色度图	chromaticity diagram	
16.0453	色模型	color model	
16.0454	最大最小测试	minimax test	
16.0455	包围盒	bounding box	
16.0456	包围盒测试	bounding box test	
16.0457	体矩阵	volume matrix	
16.0458	多边形窗口	polygon window	
16.0459	入点	enter-point	
16.0460	出点	out-point	
16.0461	拖放	dragging and dropping	
16.0462	交互设备	interactive device	
16.0463	交互技术	interactive technique	
16.0464	三维窗口	three-dimensional window, 3D window	
16.0465	放缩	scaling	
16.0466	放大	zoom in	
16.0467	缩小	zoom out	
16.0468	变形	morphing	
16.0469	光线投射	ray cast	
16.0470	元文件	metafile	

17. 计 算 机 控 制

序　号	汉 文 名	英 文 名	注　释
17.0001	控制	control	
17.0002	自动控制	automatic control	
17.0003	控制工程	control engineering	
17.0004	控制技术	control technique	
17.0005	开环控制	open loop control	
17.0006	闭环控制	close loop control	
17.0007	复合控制	compound control	
17.0008	前馈控制	feedforward control	
17.0009	反馈控制	feedback control	
17.0010	分散控制	decentralized control	
17.0011	递阶控制	hierarchical control	又称"分级控制"。
17.0012	协调控制	coordinated control	
17.0013	智能控制	intelligent control	
17.0014	实时控制	real-time control	
17.0015	逻辑控制	logical control	
17.0016	集散控制	total distributed control	
17.0017	过程控制	process control	
17.0018	比例控制	proportional control	
17.0019	积分控制	integral control	
17.0020	微分控制	differential control	
17.0021	比例积分微分控制	proportional plus integral plus derivative control, PID control	简称"PID 控制"。
17.0022	采样控制	sampling control	
17.0023	数字控制技术	digital control technique	
17.0024	模拟控制技术	analog control technique	
17.0025	脉冲控制技术	pulse control technique	
17.0026	自校正控制	self-tuning control	
17.0027	自寻优控制	self-optimizing control	
17.0028	自适应控制	adaptive control	
17.0029	鲁棒控制	robust control	
17.0030	预测控制	predicted control	
17.0031	模糊控制	fuzzy control	
17.0032	继电控制	bang-bang control	

序　号	汉　文　名	英　文　名	注　释
17.0033	比值控制	ratio control	
17.0034	超驰控制	override control	
17.0035	动态控制	dynamic control	
17.0036	顺序控制	sequential control	
17.0037	程序控制	programmed control	
17.0038	步进控制	step-by-step control	
17.0039	姿态控制	attitude control	
17.0040	轨道控制	orbit control	
17.0041	空间控制	space control	
17.0042	容错控制	fault-tolerant control	
17.0043	最优控制	optimal control	
17.0044	设定点控制	set-point control	
17.0045	直接数字控制	direct digital control, DDC	
17.0046	先进控制	advance [process] control	
17.0047	偏差控制	deviation control	
17.0048	集成数字控制	integrated numerical control, INC	
17.0049	批量控制	batch control	
17.0050	工业自动化	industrial automation	
17.0051	集成自动化	integrated automation	
17.0052	低成本自动化	low cost automation, LCA	
17.0053	适当自动化	appropriate automation	
17.0054	计算机数控	computer numerical control, CNC	
17.0055	运动控制	motion control	
17.0056	分解协调	composition decomposition	
17.0057	过程重构	process reengineering	
17.0058	并行工程	concurrent engineering	
17.0059	监督控制	supervisory control	
17.0060	连续控制	continuous control	
17.0061	串级控制	cascade control	
17.0062	随动控制	follow-up control	
17.0063	半实物仿真	semi-physical simulation	
17.0064	频域	frequency domain	
17.0065	时域	time domain	
17.0066	传递函数	transfer function	
17.0067	零点	zero	
17.0068	极点	pole	
17.0069	振荡周期	oscillating period	

序　号	汉文名	英文名	注　释
17.0070	最大超调[量]	maximum overshoot	
17.0071	最大允许偏差	maximum allowed deviation	
17.0072	稳定裕度	stability margin	
17.0073	相位裕度	phase margin	
17.0074	幅值裕度	magnitude margin	
17.0075	二次型性能指标	quadratic performance index	
17.0076	系统误差	system error	
17.0077	动态误差	dynamic error	
17.0078	稳态误差	steady state error	
17.0079	瞬态误差	transient error	
17.0080	跟踪误差	tracking error	
17.0081	阻尼作用	damping action	
17.0082	补偿	compensation	
17.0083	调节	regulation	
17.0084	观测器	observer	
17.0085	可实现性	realizability	
17.0086	梯形图	ladder diagram	
17.0087	现场总线	field bus	
17.0088	信号处理	signal processing	
17.0089	信号重构	signal reconstruction	
17.0090	系统辨识	system identification	
17.0091	参数估计	parameter estimation	
17.0092	最优估计	optimal estimation	
17.0093	递归估计	recursive estimation	
17.0094	卡尔曼滤波	Kalman filtering	
17.0095	维纳滤波	Wiener filtering	
17.0096	遗忘因子	forgetting factor	
17.0097	无偏估计	unbiased estimation	
17.0098	解耦	decoupling	
17.0099	递归计算	recursive computation	
17.0100	李雅普诺夫定理	Lyapunov theorem	
17.0101	香农采样定理	Shannon's sampling theorem	
17.0102	奈奎斯特准则	Nyquist criteria	
17.0103	信号预处理	signal pretreatment	
17.0104	特征方程	characteristic equation	
17.0105	自动补偿	autocompensation	
17.0106	抗干扰	anti-interference	

序　号	汉 文 名	英 文 名	注 　释
17.0107	神经元网络	neuron network	
17.0108	鲁棒辨识	robust identification	
17.0109	H 无穷辨识	H ∞ identification	
17.0110	控制策略	control strategy	
17.0111	面向功能层次模型	function-oriented hierarchical model	
17.0112	元综合	metasynthesis	
17.0113	模型参考自适应	model reference adaptive	
17.0114	监控	monitoring	
17.0115	功能块	function block	
17.0116	控制论	cybernetics	
17.0117	补偿网络	compensating network	
17.0118	伯德图	Bode diagram	
17.0119	测量范围	measuring range	
17.0120	层次分析处理	analytic hierarchy process, AHP	
17.0121	采样周期	sampling period	
17.0122	优化操作	optimization operation	
17.0123	计算机操作指导	computer operational guidance	
17.0124	控制算法	control algorithm	
17.0125	离散时间算法	discrete-time algorithm	
17.0126	数值精度	numerical precision	
17.0127	自动进给	automatic feed	
17.0128	自动化孤岛	island of automation	
17.0129	及时生产	just-in-time production, JIT	
17.0130	机电一体化	mechanotronics	
17.0131	漂移误差补偿	drift error compensation	
17.0132	轴向进给	axial feed	
17.0133	圆弧插补	circular interpolation	
17.0134	自诊断功能	self-diagnosis function	
17.0135	面向控制的体系结构	control-oriented architecture	
17.0136	混沌	chaos	
17.0137	控制理论	control theory	
17.0138	控制变量	control variable	
17.0139	控制精度	control accuracy	
17.0140	受控装置	controlled plant	
17.0141	受控对象	controlled object	

序　号	汉　文　名	英　文　名	注　释
17.0142	控制模块	control module	
17.0143	控制关系	control relationship	
17.0144	模块化	modularization	
17.0145	层次结构图	hierarchical chart	
17.0146	单回路控制	single loop control	
17.0147	多回路控制	multiloop control	
17.0148	单回路调节	single loop regulation	
17.0149	多回路调节	multiloop regulation	
17.0150	线性系统	linear system	
17.0151	实时输入	real-time input	
17.0152	实时输出	real-time output	
17.0153	可靠性认证	reliability certification	
17.0154	本质失效	inherent failure	
17.0155	关联失效	relevant failure	
17.0156	连续控制系统	continuous control system	
17.0157	离散控制系统	discrete control system	
17.0158	确定性控制系统	deterministic control system	
17.0159	非确定性控制系统	non-deterministic control system	
17.0160	随机控制系统	stochastic control system	
17.0161	线性时变控制系统	linear time-varying control system	
17.0162	线性定常控制系统	linear time-invariant control system	
17.0163	制导系统	guidance system	
17.0164	数据采集系统	data acquisition system	
17.0165	计算机监控系统	supervisory computer control system	
17.0166	重现机器人	playback robot	
17.0167	末端器	end-effector	
17.0168	直角坐标型机器人	rectangular robot, Cartesian robot	
17.0169	柱面坐标型机器人	cylindrical robot	
17.0170	计算机集成制造系统	computer-integrated manufacturing system, CIMS	
17.0171	柔性制造系统	flexible manufacturing system, FMS	
17.0172	监控与数据采集	supervisory control and data acqui-	

序　号	汉 文 名	英　文　名	注　释
	系统	sition system, SCADAS	
17.0173	机械手	manipulator	
17.0174	连续变量动态系统	continuous variable dynamic system, CVDS	
17.0175	离散事件动态系统	discrete event dynamic system, DEDS	
17.0176	混合动态系统	hybrid dynamic system, HDS	
17.0177	数控系统	numerical control system, NCS	
17.0178	非线性控制系统	non-linear control system	
17.0179	双线性系统	bilinear system	
17.0180	分布参数控制系统	distributed parameter control system	
17.0181	人机系统	man-machine system	
17.0182	自组织系统	self-organizing system	
17.0183	轮廓控制系统	contouring control system	
17.0184	线性控制系统	linear control system	
17.0185	位置控制系统	position control system	
17.0186	受控系统	controlled system	
17.0187	控制系统	control system	
17.0188	姿态轨道控制电路	attitude and orbit control electronics, AOCE	
17.0189	输入输出适配器	input/output adaptor	
17.0190	内置式可编程逻辑控制器	build-in PLC	
17.0191	嵌入式控制器	embedded controller	
17.0192	可编程逻辑控制器	programmable logic controller, PLC	
17.0193	可编程控制计算机	programmable control computer	
17.0194	变频器	frequency converter	
17.0195	逆变器	inverter	
17.0196	变流器	converter	
17.0197	整流器	rectifier	
17.0198	感应同步器	inductosyn	
17.0199	插补器	interpolator	又称"插补程序"。
17.0200	多变量控制器	multivariable controller	
17.0201	主轴速度控制单	spindle speed control unit	

序　号	汉　文　名	英　文　名	注　释
	元		
17.0202	仿形控制器	tracer controller	
17.0203	工业计算机	industrial computer	
17.0204	工业控制计算机	industrial control computer	
17.0205	控制板	control board	
17.0206	控制柜	control cabinet, control cubicle	
17.0207	控制计算机接口	control computer interface	
17.0208	控制屏	control screen	
17.0209	控制软件	control software	
17.0210	控制台	control console	
17.0211	控制箱	control box	
17.0212	数字仿形控制	numerical tracer control, NTC	
17.0213	控制回路	control loop	
17.0214	控制器接口	control unit interface	
17.0215	控制机	controlling machine	
17.0216	控制站	control station	
17.0217	监控台	control and monitor console	
17.0218	控制通道	control channel	
17.0219	控制流程图	control-flow chart	
17.0220	控制媒体	control medium	
17.0221	仪表	instrumentation	
17.0222	步进电机	step motor	
17.0223	零阶保持器	zero-order holder	
17.0224	物位开关	level switch	
17.0225	电液伺服电机	electrohydraulic servo motor	
17.0226	温度控制器	temperature controller	
17.0227	压力变送器	pressure transmitter	
17.0228	压电式力传感器	piezoelectric force transducer	
17.0229	位移传感器	displacement transducer	
17.0230	张力计	tensometer	
17.0231	转速传感器	revolution speed transducer	
17.0232	位置传感器	position transducer	
17.0233	速度传感器	velocity transducer	
17.0234	差压控制器	differential pressure controller	
17.0235	超前补偿	lead compensation	
17.0236	尺度传感器	dimension transducer	
17.0237	温度传感器	temperature transducer, tempera-	

序　号	汉　文　名	英　文　名	注　释
		ture sensor	
17.0238	温度变送器	temperature transmitter	
17.0239	厚度计	thickness meter	
17.0240	敏感元件	sensor	
17.0241	敏感元件接口	sensor interface	
17.0242	传感器	transducer	
17.0243	角度位置传感器	angular position transducer	
17.0244	直线位移传感器	linear displacement transducer	
17.0245	位置检测器	position detector	
17.0246	位置编码器	position coder	
17.0247	制造自动化协议	manufacturing automation protocol, MAP	
17.0248	技术与办公协议	technical and office protocol, TOP	
17.0249	基础网	infranet	
17.0250	对象字典	object dictionary, OD	
17.0251	设备描述	device description	
17.0252	设备描述语言	device description language	
17.0253	应用进程	application process	
17.0254	现场设备	field devices	
17.0255	虚拟现场设备	virtual field device	
17.0256	过程控制软件	process control software	
17.0257	智能仪表	intelligent instrument	
17.0258	制造执行系统	manufacturing execution system	
17.0259	虚拟企业	virtual enterprise	
17.0260	临界控制	critical control	
17.0261	现场总线控制系统	field bus control system, FCS	
17.0262	过程数据高速公路协议	proway protocol	
17.0263	现场控制站	field control station	
17.0264	集散控制系统	distributed control system, DCS	
17.0265	单回路数字控制器	single loop digital controller	
17.0266	自动驾驶仪	autopilot	
17.0267	自动同步器	autosyn	
17.0268	自动导航仪	avigraph	
17.0269	比例带	proportional band	

18. 多媒体技术

序　号	汉文名	英文名	注　释
18.0001	多媒体	multimedia	
18.0002	多媒体系统	multimedia system	
18.0003	多媒体通信	multimedia communication	
18.0004	多媒体个人计算机	multimedia PC，MPC	
18.0005	实时多媒体	real-time multimedia	
18.0006	分布式多媒体	distributed multimedia	
18.0007	超媒体	hypermedia	
18.0008	超文本	hypertext	
18.0009	超链接	hyperlink	
18.0010	超视频	hypervideo	
18.0011	著作工具	authoring tool	
18.0012	桌面	desktop	
18.0013	图标	icon	
18.0014	竖向	portrait	
18.0015	横向	landscape	
18.0016	单选按钮	radio button	
18.0017	滚动条	scroll bar	
18.0018	交互	interactive	
18.0019	多模式接口	multimodal interface	
18.0020	媒体控制接口	media control interface，MCI	
18.0021	子采样	sub sampling	
18.0022	量化	quantization	
18.0023	插值	interpolation	
18.0024	模数转换	analog-to-digital convert	
18.0025	数模转换	digital-to-analog convert	
18.0026	位误差率	bit error rate，BER	
18.0027	线性	linear	
18.0028	非线性	non-linear	
18.0029	非线性量化	non-linear quantization	
18.0030	虚拟现实	virtual reality，VR	
18.0031	增强现实	augment reality	
18.0032	人工现实	artificial reality	

序 号	汉 文 名	英 文 名	注 释
18.0033	窗口式虚拟现实	through-the-window VR	
18.0034	第二者虚拟现实	second-person VR	
18.0035	沉浸式虚拟现实	immersive VR	
18.0036	部分沉浸式虚拟现实	partial immersive VR	
18.0037	全沉浸式虚拟现实	full immersive VR	
18.0038	虚拟环境	virtual environment	
18.0039	合成环境	synthetic environment	
18.0040	虚拟世界	virtual world	
18.0041	真实世界	real world	
18.0042	人工世界	artificial world	
18.0043	合成世界	synthetic world	
18.0044	虚拟人	virtual human	
18.0045	巡游	perambulation	
18.0046	遥现	telepresence	
18.0047	遥操作	teleoperation	
18.0048	随身计算	wearable computing	
18.0049	数据手套	data glove	
18.0050	数据服装	data clothes	
18.0051	头盔	helmet	
18.0052	头戴式显示器	head mounted display，HMD	
18.0053	三维数字化仪	3D digitizer	
18.0054	三维重建	3D reconstruction	
18.0055	三维鼠标	3D mouse	
18.0056	三维眼镜	3D glasses	
18.0057	手势消息	gesture message	
18.0058	手势识别	gesture recognition	
18.0059	姿态识别	posture recognition	
18.0060	行为动画	behavioral animation	
18.0061	运动图像	motion image	
18.0062	半色调图像	halftone image	
18.0063	索引图像	thumbnail	
18.0064	位平面	bitplane	
18.0065	图形	graphic	
18.0066	动画	animation	
18.0067	像素	pixel	

序　号	汉　文　名	英　文　名	注　释
18.0068	分辨率	resolution	
18.0069	查色表	color look-up table, CLUT	
18.0070	色映射	color mapping	
18.0071	色深度	color depth	
18.0072	色键	color key	
18.0073	色平衡	color balance	
18.0074	数字照相机	digital camera	
18.0075	全屏幕	full screen	
18.0076	视像	video	又称"视频[媒体]"。
18.0077	全动感视频	full motion video	
18.0078	合成视频	synthetic video	
18.0079	实时视频	real-time video, RTV	
18.0080	视频卡	video card, video adapter	
18.0081	速率控制	rate control	
18.0082	帧率	frame rate	
18.0083	宏块	macro block	
18.0084	压缩	compress	
18.0085	解压缩	decompress	
18.0086	有损压缩	loss compression	
18.0087	无损压缩	lossless compression	
18.0088	压缩比	compression ratio	
18.0089	解码器	decoder	
18.0090	编解码器	codec	
18.0091	关键帧	key frame	
18.0092	参考帧	reference frame	
18.0093	帧内编码	intraframe coding	
18.0094	帧内压缩	intraframe compression	
18.0095	帧间编码	interframe coding	
18.0096	帧间压缩	interframe compression	
18.0097	运动	motion	
18.0098	运动向量	motion vector	
18.0099	运动补偿	motion compensation	
18.0100	运动预测	motion prediction	
18.0101	运动估计	motion estimation	
18.0102	向量量化	vector quantization	
18.0103	统计编码	statistical coding	
18.0104	变换编码	transform coding	

序 号	汉 文 名	英 文 名	注 释
18.0105	变长编码	variable length coding, VLC	
18.0106	向量编码	vector coding	
18.0107	子带编码	subband coding	
18.0108	子块编码	subblock coding	
18.0109	递归块编码	recursive block coding	
18.0110	赫夫曼编码	Huffman encoding	
18.0111	熵编码	entropy coding	
18.0112	预编码	precoding	
18.0113	混合编码	hybrid coding	
18.0114	轮廓编码	contour coding	
18.0115	轮廓预测	contour prediction	
18.0116	取轮廓	contouring	
18.0117	差错控制编码	error control coding	
18.0118	超低位速率编码	very low bit-rate coding	
18.0119	即时压缩	on-the-fly compression	
18.0120	即时解压缩	on-the-fly decompression	
18.0121	JPEG［静止图像压缩］标准	Joint Photographic Experts Group, JPEG	JPEG 专家组制定的标准。
18.0122	MPEG［运动图像压缩］标准	Motion Picture Experts Group, MPEG	MPEG 专家组制定的标准。
18.0123	交互式电视	ITV, interactive television	
18.0124	付费电视	pay TV	
18.0125	图文电视	teletext TV	
18.0126	机顶盒	set-top box, STB	
18.0127	准点播电视	near video on demand, NVOD	
18.0128	真点播电视	real video on demand, RVOD	
18.0129	高清晰度电视	high definition television, HDTV	
18.0130	卫星直播	direct broadcast satellite, DBS	
18.0131	画中画	picture in picture, PIP	
18.0132	电视墙	video-wall	
18.0133	立体显示	stereoscopic displaying	
18.0134	字幕	subtitle	
18.0135	多通道	multichannel	
18.0136	视频模式	video mode	
18.0137	缓冲	buffering	
18.0138	视频随机存储器	video RAM, VRAM	
18.0139	视频缓冲区	video buffer	

序　号	汉　文　名	英　文　名	注　释
18.0140	可调整视频	scalable video	
18.0141	片断	clip	
18.0142	淡入	fade-in	
18.0143	淡出	fade-out	
18.0144	隔行	interlaced	
18.0145	逐行	non-interlaced	
18.0146	非线性编辑	non-linear editing	
18.0147	非线性导航	non-linear navigation	
18.0148	过渡效果	transition effect	
18.0149	数字视频特技机	digital video effect generator	
18.0150	音频	audio	
18.0151	声音	sound	
18.0152	话音	voice	
18.0153	音乐	music	
18.0154	音频流	audio stream	
18.0155	音轨	audio track	
18.0156	音频合成	audio synthesis	
18.0157	合成数字音频	synthetic digital audio	
18.0158	音效	sound effect	
18.0159	混音器	audio mixer	
18.0160	合成器	synthesizer	
18.0161	立体声	stereo	
18.0162	声卡	sound card	
18.0163	高保真	hi-fi	
18.0164	传声器	microphone	
18.0165	扬声器	speaker	
18.0166	乐器数字接口	music instrument digital interface, MIDI	
18.0167	差分脉码调制	differential pulse code modulation, DPCM	
18.0168	自适应差分脉码调制	adaptive differential pulse code modulation, ADPCM	
18.0169	线性预测编码	linear predictive coding, LPC	
18.0170	自适应预测编码	adaptive predictive coding, APC	
18.0171	语音识别	speech recognition	
18.0172	连续语音识别	continuous speech recognition	
18.0173	孤立词语音识别	isolate word speech recognition	

序 号	汉 文 名	英 文 名	注 释
18.0174	大词表语音识别	large vocabulary speech recognition	
18.0175	说话人识别	speaker recognition	
18.0176	说话人确认	speaker verification	
18.0177	声学模型	acoustic model	
18.0178	自然语言生成	natural language generation	
18.0179	文语转换	text-to-speech convert	
18.0180	唇同步	lip-sync, lip-synchronism	
18.0181	点对点通信	point-to-point delivery	
18.0182	点对多点通信	point-to-multipoint delivery	
18.0183	多通道传输	multichannel transmission	
18.0184	多点控制器	multipoint control unit, MCU	
18.0185	共享白板	shared whiteboard	
18.0186	视频会议	video conferencing	又称"电视会议"。
18.0187	桌面会议	desktop conferencing	
18.0188	远程教学	remote instruction	
18.0189	虚拟教室	virtual classroom	
18.0190	无纸办公室	paperless office	
18.0191	信息点播	information on demand, IOD	
18.0192	视频点播	video on demand, VOD	
18.0193	新闻点播	news on demand, NOD	
18.0194	计算机支持协同工作	computer supported cooperative work, CSCW	
18.0195	协同工作	collaborative work	
18.0196	协同著作	collaborative authoring	
18.0197	协同多媒体	collaborative multimedia	
18.0198	所见即所得	what you see is what you get, WYSIWYG	
18.0199	你见即我见	what you see is what I see, WYSIWIS	
18.0200	全文索引	full-text indexing	
18.0201	多媒体编目数据库	multimedia cataloging database	
18.0202	基于内容的检索	content-based retrieval	
18.0203	上载	upload	
18.0204	上行数据流	upstream	
18.0205	著作	authoring	
18.0206	课件	courseware	

序　号	汉　文　名	英　文　名	注　释
18.0207	书签	bookmark	

19. 计算机安全保密

序　号	汉　文　名	英　文　名	注　释
19.0001	密码学	cryptology	
19.0002	流[密]码	stream cipher	
19.0003	序列密码	sequential cipher	
19.0004	分组密码	block cipher	
19.0005	公钥密码	public key cryptography	
19.0006	密码设施	cryptographic facility	
19.0007	密码系统	cryptosystem, cryptographic system	又称"密码体制"。
19.0008	单钥密码系统	one-key cryptosystem	
19.0009	双钥密码系统	two-key cryptosystem	
19.0010	对称密码系统	symmetric cryptosystem	
19.0011	非对称密码系统	asymmetric cryptosystem	
19.0012	自动密钥密码	autokey cipher	
19.0013	密文分组链接	cipher block chaining, CBC	
19.0014	密文反馈	cipher feedback	
19.0015	混乱性	confusion	
19.0016	扩散性	diffusion	
19.0017	常规密码体制	conventional cryptosystem	
19.0018	指数密码体制	exponential cryptosystem	
19.0019	一次一密乱数本	one-time pad	
19.0020	单向密码	one-way cipher	
19.0021	输出分组反馈	output block feedback, OFM	
19.0022	自同步密码	self-synchronous cipher	
19.0023	置换密码	permutation cipher	
19.0024	替代密码	substitution cipher	
19.0025	转轮密码	rotor cipher	
19.0026	陷门密码体制	trapdoor cryptosystem	
19.0027	密[码]本	codebook	
19.0028	错乱密码	transposition cipher	
19.0029	陷门单向函数	trapdoor one-way function	
19.0030	乘积密码	product cipher	

序　号	汉　文　名	英　文　名	注　释
19.0031	量子密码	quantum cryptography	
19.0032	数据加密标准	data encryption standard, DES	
19.0033	双重数据加密标准	double-DES	
19.0034	三重数据加密标准	triple-DES	
19.0035	椭圆曲线密码体制	elliptic curve cryptosystem, ECC	
19.0036	密码界	cryptography community	
19.0037	密码保密	cryptosecurity	
19.0038	计算机密码学	computer cryptology	
19.0039	散列函数	hash function	
19.0040	随机数生成器	random number generator	
19.0041	离散对数问题	discrete logarithm problem, DLP	
19.0042	数字签名标准	digital signature standard, DSS	
19.0043	压缩函数	compression function	
19.0044	单向函数	one-way function	
19.0045	时变参数	time-variant parameter	
19.0046	计算复杂度	computation complexity	
19.0047	报文摘译	message digest	
19.0048	公钥加密	public key encryption	
19.0049	用户加密	user encryption	
19.0050	包加密	packet encryption	
19.0051	概率加密	probability encryption	
19.0052	密码传真	cifax	
19.0053	托管加密标准	escrowed encryption standard, EES	
19.0054	链路加密	link encryption	
19.0055	端端加密	end-to-end encryption	
19.0056	加密算法	cryptographic algorithm	
19.0057	数据加密算法	data encryption algorithm, DEA	
19.0058	数据加密密钥	data encryption key	
19.0059	密钥加密密钥	key-encryption key	
19.0060	密钥	[cryptographic] key	
19.0061	主密钥	master key	
19.0062	二级密钥	secondary key	又称"次密钥"。
19.0063	弱密钥	weak key	
19.0064	会话密钥	session key	

序　号	汉　文　名	英　文　名	注　释
19.0065	密钥流	key stream	
19.0066	密钥管理	key management	
19.0067	密钥分配中心	key distribution center, KDC	
19.0068	密钥证书	key certificate	
19.0069	密钥托管	key escrow	
19.0070	密钥环	key ring	
19.0071	密钥服务器	key server	
19.0072	公钥	public key	
19.0073	私钥	private key	
19.0074	秘密密钥	secret key	
19.0075	基本密钥	basic key	
19.0076	系统密钥	system key	
19.0077	密钥交换	key exchange	
19.0078	密钥长度	key size	
19.0079	密钥恢复	key recovery	
19.0080	密钥公证	key notarization	
19.0081	密钥建立	key establishment	
19.0082	密钥短语	key phrase	
19.0083	用户密钥	user key	
19.0084	端端密钥	end-to-end key	
19.0085	认证	certification	
19.0086	证书[代理]机构	certificate agency, CA	
19.0087	认证机构	certification authority, CA	
19.0088	中心机构	central authority, CA	
19.0089	证书鉴别	certificate authentication, CA	
19.0090	公钥构架	public key infrastructure, PKI	
19.0091	主机密钥	host key	
19.0092	安全等级	security level	
19.0093	安全内核	secure kernel	
19.0094	安全标号	security label	
19.0095	安全套接层	secure socket layer, SSL	
19.0096	橘皮书	orange book	
19.0097	防病毒	antivirus	
19.0098	内部级	restricted	
19.0099	密级	classification	
19.0100	秘密级	confidential	

序 号	汉 文 名	英 文 名	注 释
19.0101	机密级	secret	
19.0102	绝密级	top secret	
19.0103	字符相关	character dependence	
19.0104	工作因子	work factor	
19.0105	加密	encryption, encipherment	
19.0106	脱密	decryption, decipherment	
19.0107	明文	plaintext, cleartext	
19.0108	密文	cipher text	
19.0109	权限	right	
19.0110	许可	permission	
19.0111	特许	special permit	
19.0112	密级数据	classified data	
19.0113	密级信息	classified information	
19.0114	完全保密	perfect secrecy	
19.0115	安全检查	security inspection	
19.0116	码字	code word	
19.0117	用户标识	user identity	
19.0118	用户标识码	user identification code	
19.0119	标识证明	proof of identity	
19.0120	访问矩阵	access matrix	又称"存取矩阵"。
19.0121	鉴别	authentication	
19.0122	鉴别头	authentication header	
19.0123	鉴别数据	authentication data	
19.0124	报文鉴别码	message authentication code, MAC	
19.0125	授权表	authorization list	
19.0126	贝尔－拉帕杜拉模型	Bell-Lapadula model	
19.0127	标识鉴别	identity authentication	
19.0128	证书	certificate	
19.0129	证书废除	certificate revocation	
19.0130	凭证	credentials	
19.0131	确证	corroborate	
19.0132	信任链	trust chain	
19.0133	证书链	certificate chain	
19.0134	源数据鉴别	origin data authentication	
19.0135	问答式标识	challenge-response identification	
19.0136	口令[字]	password	

序 号	汉 文 名	英 文 名	注 释
19.0137	口令句	passphrases	
19.0138	双重口令	double password	
19.0139	集团口令	group password	
19.0140	引导口令	boot password	
19.0141	电子签名	electronic signature	
19.0142	实体鉴别	entity authentication	
19.0143	报文鉴别	message authentication	
19.0144	验证系统	verification system	
19.0145	数字签名	digital signature	
19.0146	签名验证	signature verification	
19.0147	指纹	fingerprint	
19.0148	指纹分析	fingerprint analysis	
19.0149	责任性	accountability	
19.0150	可转换签名	convertible signature	
19.0151	不可抵赖	non-repudiation	
19.0152	盲签	blind signature	
19.0153	信息流[向]控制	information flow control	
19.0154	安全控制	security control	
19.0155	密码检验和	cryptographic checksum	
19.0156	自主访问控制	discretionary access control	
19.0157	强制访问控制	mandatory access control	
19.0158	可信时间戳	trusted timestamp	
19.0159	个人标识号	personal identification number, PIN	
19.0160	安全模型	security model	
19.0161	安全类	security class	
19.0162	按需知密	need-to-know	
19.0163	特权方式	privileged mode	
19.0164	参考监控	reference monitor	
19.0165	简单安全特性	simple security property	
19.0166	星特性	*-property	
19.0167	时间戳	timestamp	
19.0168	可信进程	trusted process	
19.0169	安全策略	security policy	
19.0170	安全事件	security event	
19.0171	数据安全	data security	
19.0172	计算机安全	computer security	

序 号	汉 文 名	英 文 名	注 释
19.0173	安全[性]	security	
19.0174	秘密性	confidentiality	
19.0175	脆弱点	vulnerabilities	
19.0176	敏感性	sensitivity	
19.0177	敏感数据	sensitive data	
19.0178	自动安全监控	automated security monitor	
19.0179	风险分析	risk analysis	
19.0180	最小特权原则	principle of least privilege	
19.0181	存取控制机制	access control mechanism	
19.0182	密钥对	key pair	
19.0183	驱动安全	drive security	
19.0184	物理安全	physical security	
19.0185	硬件安全	hardware security	
19.0186	软件安全	software security	
19.0187	打包安全	encapsulating security	
19.0188	可信计算基	trusted computing base	
19.0189	可信计算机系统	trusted computer system	
19.0190	核基安全	kernelized security	
19.0191	安全运行模式	security operating mode	
19.0192	专用安全模式	dedicated security mode	
19.0193	系统高安全	system high security	
19.0194	多级安全	multilevel security	
19.0195	受控安全	controlled security	
19.0196	分隔安全	compartmented security	
19.0197	风险指数	risk index	
19.0198	涉密范畴	sensitivity category	
19.0199	自主安全	discretionary security	
19.0200	受控访问	controlled access	又称"受控存取"。
19.0201	标号化安全	labeled security	
19.0202	安全域	security domain	
19.0203	验证化设计	verified design	
19.0204	开放安全环境	open security environment	
19.0205	封闭安全环境	closed security environment	
19.0206	互联网安全	internet security	
19.0207	内联网安全	intranet security	
19.0208	安全路由器	secure router	
19.0209	安全网关	secure gateway	

序　号	汉　文　名	英　文　名	注　释
19.0210	产品安全	product security	
19.0211	安全措施	security measure	
19.0212	安全功能评估	secure function evaluation	
19.0213	分隔安全模式	compartmented security mode	
19.0214	系统高安全方式	system high-security mode	
19.0215	安全电子交易	secure electronic transaction, SET	
19.0216	系统完整性	system integrity	
19.0217	后加安全	add-on security	
19.0218	受控安全模式	controlled security mode	
19.0219	受控访问区	controlled access area	
19.0220	受控空间	controlled space	
19.0221	受限访问	limited access	
19.0222	受限禁区	limited exclusion area	
19.0223	执法访问区	law enforcement access area	
19.0224	数字水印	digital watermarking	
19.0225	访问共享	access sharing	
19.0226	访问授权	access authorization	
19.0227	防病毒程序	antivirus program	
19.0228	保卫	safeguard	
19.0229	区域保护	area protection	
19.0230	浏览	browsing	
19.0231	审计	audit	
19.0232	计算机病毒对抗	computer virus counter-measure	
19.0233	计算机疫苗	computer vaccine	
19.0234	疫苗[程序]	vaccine	
19.0235	软件保护	software protection	
19.0236	数据保护	data protection	
19.0237	复制保护	copy protection	
19.0238	算法保密	algorithm secrecy	
19.0239	非秘密性	non-confidentiality	
19.0240	安全审计	security audit	
19.0241	最低保护	minimal protection	
19.0242	自主保护	discretionary protection	
19.0243	强制保护	mandatory protection	
19.0244	验证化保护	verified protection	
19.0245	结构化保护	structured protection	
19.0246	站点保护	site protection	

序　号	汉　文　名	英　文　名	注　释
19.0247	用户标识专用	privacy of user's identity	
19.0248	文件锁	file lock	
19.0249	整数分解难题	integer factorization problem，IFP	
19.0250	灾难恢复计划	disaster recovery plan	
19.0251	灾难恢复	disaster recovery	
19.0252	防火墙	firewall	又称"网盾"。
19.0253	代理服务	proxy service	
19.0254	包过滤	packet filtering	
19.0255	堡垒主机	bastion host	
19.0256	物理隔绝网络	physically isolated network	
19.0257	虚拟安全网络	virtual security network，VSN	
19.0258	反窃听装置	anti-eavesdrop device	
19.0259	密码分析	cryptanalysis	
19.0260	攻击	attack	
19.0261	攻击程序	attacker	
19.0262	选择明文攻击	chosen-plain text attack	
19.0263	惟密文攻击	cipher text-only attack	
19.0264	选择密文攻击	chosen-cipher text attack	
19.0265	密码分析攻击	crypt analytical attack	
19.0266	隐蔽信道	covert channel	
19.0267	已知明文攻击	known-plain text attack	
19.0268	通信流量分析	traffic flow analysis	
19.0269	特洛伊木马攻击	Trojan horse attack	
19.0270	破译者	code-breaker	
19.0271	[计算机]黑客	hacker	
19.0272	程序高手	hacker	
19.0273	欺骗	cheating	
19.0274	入侵检测系统	intrusion detection system，IDS	
19.0275	入侵者	intruder	
19.0276	蛮干攻击	brute-force attack	
19.0277	密钥搜索攻击	key search attack	
19.0278	重放攻击	replay attack	
19.0279	口令攻击	password attack	
19.0280	假冒攻击	impersonation attack	
19.0281	替代攻击	substitution attack	
19.0282	生日攻击	birthday attack	
19.0283	网络攻击	network attack	

序　号	汉　文　名	英　文　名	注　释
19.0284	系统攻击	system attack	
19.0285	主动攻击	active attack	
19.0286	穷举攻击	exhaustive attack	
19.0287	病毒	virus	
19.0288	计算机病毒	computer virus	
19.0289	并行感染	parallel infection	
19.0290	交叉感染	cross infection	
19.0291	链式感染	chain infection	
19.0292	计算机乱用	computer abuse	
19.0293	计算机诈骗	computer fraud	
19.0294	计算机犯罪	computer crime	
19.0295	数据欺诈	data diddling	
19.0296	蠕虫	worm	
19.0297	后门	backdoor	
19.0298	伪造	forge	
19.0299	恶意逻辑	malicious logic	
19.0300	欺诈	fraud	
19.0301	共谋	collusion	
19.0302	差分密码分析	differential cryptanalysis	
19.0303	因子分解法	factoring method	
19.0304	冒充	masquerade	
19.0305	拒绝服务	denial of service	
19.0306	穷举搜索	exhaustive search	
19.0307	逻辑炸弹	logic bomb	
19.0308	冒名	impersonation	
19.0309	匿名性	anonymity	
19.0310	白领犯罪	white-collar crime	
19.0311	电子监视	electronic surveillance	
19.0312	战术情报	tactical intelligence	
19.0313	战略情报	strategic intelligence	
19.0314	通信情报	communication intelligence	
19.0315	电子情报	electronic intelligence	
19.0316	信号情报	signal intelligence	
19.0317	系统破坏者	system saboteur	
19.0318	伪造码字	fraudulent codeword	
19.0319	阈下信道	subliminal channel	
19.0320	信息隐形性	information invisibility	

序　号	汉　文　名	英　文　名	注　释
19.0321	窃听	eavesdropping	
19.0322	窃取信道信息	passive wiretapping, wiretapping	又称"搭线窃听"。
19.0323	篡改信道信息	active wiretapping	又称"伪造信道信息"。
19.0324	可承受风险级	acceptable level of risk	
19.0325	事实标准	de facto standard	
19.0326	验收	acceptance	
19.0327	验收检查	acceptance inspection	
19.0328	偶然威胁	accidental threat	
19.0329	主动威胁	active threat	
19.0330	匿名转账	anonymous refund	
19.0331	防窃听	anti-eavesdrop	
19.0332	计算机间谍	computer espionage	
19.0333	智力犯罪	intellectual crime	
19.0334	消磁	degauss	
19.0335	电子渗入	electronic penetration	
19.0336	干扰	jam, interference	
19.0337	渗入测试	penetration test	
19.0338	风险评估	risk assessment	
19.0339	系统渗入	system penetration	
19.0340	白噪声发生器	white noise emitter	
19.0341	报复性雇员	vindictive employee	
19.0342	波导	wave guide	
19.0343	大地	earth ground	又称"地球地"。
19.0344	恶意软件	malicious software	
19.0345	发射	emanation	
19.0346	防信息泄漏	Tempest	
19.0347	防信息泄漏控制范围	Tempest control zone	
19.0348	防信息泄漏测试接收机	Tempest test receiver	
19.0349	辐射	radiation	
19.0350	共模扼流程	common-mode choke	
19.0351	红信号	red signal	
19.0352	红色	red	保密设备的颜色标记。
19.0353	黑信号	black signal	

序　号	汉　文　名	英　文　名	注　释
19.0354	黑色	black	非保密设备的颜色标记。
19.0355	红黑工程	red/black engineering	
19.0356	宏病毒	macro virus	
19.0357	漏洞	loophole	
19.0358	敏感度	susceptibility	
19.0359	软件盗窃	software piracy	
19.0360	窃取程序	snooper	
19.0361	违章者	violator	
19.0362	网络蠕虫	network worm	
19.0363	揭露	disclosure	
19.0364	泄密	compromise	
19.0365	泄密发射	compromising emanation	
19.0366	陷门	trapdoor	
19.0367	行政安全	administrative security	
19.0368	通信安全	communications security	
19.0369	鉴别信息	authentication information	
19.0370	鉴别交换	authentication exchange	
19.0371	安全许可	security clearance	
19.0372	风险接受	risk acceptance	
19.0373	威胁分析	threat analysis	
19.0374	客体	object	
19.0375	多级设备	multilevel device	
19.0376	单级设备	single-level device	
19.0377	不可逆加密	irreversible encryption	
19.0378	非对称密码	asymmetric cryptography	
19.0379	对称密码	symmetric cryptography	
19.0380	访问范畴	access category	又称"存取范畴"。
19.0381	访问级别	access level	又称"存取级别"。
19.0382	访问权	access right	又称"存取权"。
19.0383	访问许可	access permission	又称"存取许可"。
19.0384	权证	ticket	
19.0385	能力表	capability list	
19.0386	标识确认	identity validation	
19.0387	标识权标	identity token	
19.0388	最小特权	minimum privilege	
19.0389	逻辑访问控制	logical access control	

序　号	汉　文　名	英　文　名	注　释
19.0390	物理访问控制	physical access control	
19.0391	受控访问系统	controlled access system	
19.0392	读访问	read access	
19.0393	写访问	write access	
19.0394	用户简介	user profile	
19.0395	威胁	threat	
19.0396	被动威胁	passive threat	
19.0397	损失	loss	
19.0398	暴露	exposure	
19.0399	违背	breach	
19.0400	网络迂回	network weaving	
19.0401	分析攻击	analytical attack	
19.0402	借线进入	piggyback entry	
19.0403	跟进	tailgate	
19.0404	提取	scavenge	
19.0405	哄骗	spoof	
19.0406	异常中止连接	aborted connection	
19.0407	故障访问	failure access	
19.0408	线间进入	between-the-lines entry	
19.0409	维护陷阱	maintenance hook	
19.0410	接合	linkage	
19.0411	通信量分析	traffic analysis	
19.0412	数据腐烂	data corruption	
19.0413	泛滥	flooding	
19.0414	污染	contamination	
19.0415	细菌	bacterium	
19.0416	链式邮件	chain letter	
19.0417	定时炸弹	time bomb	
19.0418	对策	countermeasure	
19.0419	数据确认	data validation	
19.0420	击键验证	keystroke verification	
19.0421	审计跟踪	audit trail	
19.0422	专用保护	privacy protection	
19.0423	数字信封	digital envelope	
19.0424	生物测定	biometric	
19.0425	回叫	call-back	
19.0426	回拨	dial-back	

序　号	汉　文　名	英　文　名	注　释
19.0427	准许	clearing	
19.0428	消密	sanitizing	
19.0429	残留数据	residual data	
19.0430	职责分开	separation of duties	
19.0431	计算机系统审计	computer system audit	
19.0432	应变过程	contingency procedure	
19.0433	伪造检测	manipulation detection	
19.0434	修改检测	modification detection	
19.0435	伪造检测码	manipulation detection code，MDC	
19.0436	修改检测码	modification detection code，MDC	
19.0437	抵赖	repudiation	
19.0438	安全过滤器	security filter	
19.0439	守卫	guard	
19.0440	互相怀疑	mutual suspicion	
19.0441	公正	notarization	
19.0442	通信量填充	traffic padding	
19.0443	病毒签名	virus signature	
19.0444	防疫程序	vaccine program	
19.0445	数据恢复	data restoration	
19.0446	数据重建	data reconstruction	
19.0447	数据重组	data reconstitution	
19.0448	备份过程	backup procedure	
19.0449	档案文件	archive file	
19.0450	归档文件	archived file	
19.0451	冷站点	cold site	
19.0452	壳站点	shell site	
19.0453	热站点	hot site	
19.0454	X.509 公钥构架	public key infrastructure x.509，PKIX	
19.0455	加锁	padlocking	
19.0456	坏扇区法	bad sectoring	
19.0457	检验码	checking code	
19.0458	额外扇区	extra sector	
19.0459	额外磁道	extra track	
19.0460	虚假扇区	fake sector	
19.0461	偏移磁道	offset track	
19.0462	扇区对准	sector alignment	

序　号	汉　文　名	英　文　名	注　释
19.0463	螺旋磁道	spiral track	
19.0464	超扇区	supersector	
19.0465	弱位	weak bit	
19.0466	宽磁道	wide track	
19.0467	信任	trust	
19.0468	相信	belief	
19.0469	信任逻辑	trust logic	
19.0470	相信逻辑	belief logic	
19.0471	认证链	certification chain	
19.0472	鉴别逻辑	logic of authentication	
19.0473	密码模件	cryptographic module	
19.0474	匿名登录	anonymous login	
19.0475	确保	assurance	
19.0476	确保等级	assurance level	
19.0477	证书作废表	certificate revocation list，CRL	
19.0478	内部威胁	inside threat	
19.0479	外部威胁	outside threat	
19.0480	初值	initialization value	
19.0481	不重性	nonce	
19.0482	私用	private	又称"专用"。
19.0483	名称机构	naming authority	
19.0484	注册机构	registration authority，RA	
19.0485	证书管理机构	certificate management authority，CMA	
19.0486	地方注册机构	local registration authority，LRA	
19.0487	任务范畴	mission category	
19.0488	策略管理机构	policy management authority，PMA	
19.0489	依赖方	relying party	
19.0490	第三方	third party	
19.0491	风险容忍	risk tolerance	
19.0492	署名用户	subscriber	
19.0493	可信代理	trusted agent	
19.0494	信息系统安全官	information system security officer，ISSO	
19.0495	代理证明机构	agency CA	
19.0496	证书状态机构	certificate status authority	

20. 计 算 语 言 学

序　号	汉 文 名	英 文 名	注　释
20.0001	自然语言处理	natural language processing	
20.0002	计量语言学	quantitative linguistics	
20.0003	语用学	pragmatics	
20.0004	计算语音学	computational phonetics	
20.0005	媒介语	intermediate language	
20.0006	大语种	majority language	
20.0007	小语种	minority language	
20.0008	母语	native language	
20.0009	语言信息	language information	
20.0010	词法	morphology	
20.0011	词类	parts of speech	
20.0012	词性	part of speech	
20.0013	词汇学	lexicology	
20.0014	词源学	etymology	
20.0015	构词法	productive morphology	
20.0016	词范畴	word category	
20.0017	中心词	head	
20.0018	中心动词	head verb	
20.0019	中心名词	head noun	
20.0020	未登录词	unlisted word	
20.0021	同形异义词	homograph	又称"同形词"。
20.0022	语素分解	morphological decomposition	
20.0023	语素生成	morphemic generation	
20.0024	词法分析	morpheme analysis	
20.0025	词汇分析	lexical analysis	
20.0026	词语切分	word segmentation	
20.0027	汉语自动切分	automatic Chinese word segmentation	
20.0028	名词短语	noun phrase	
20.0029	动词短语	verb phrase	
20.0030	短语结构歧义	ambiguity of phrase structure	
20.0031	句法理论	syntax theory	
20.0032	句法树	syntactic tree	

序　号	汉　文　名	英　文　名	注　释
20.0033	多标记树	multiple labeled tree	
20.0034	话语分析	utterance analysis	
20.0035	句法范畴	syntax category	
20.0036	句法结构	syntactic structure	
20.0037	句法规则	syntactic rule	
20.0038	句法分析	syntax analysis	
20.0039	句法歧义	syntax ambiguity, syntactic ambiguity	
20.0040	句子片段	sentence fragment	
20.0041	句法生成	syntax generation	
20.0042	句子歧义消除	sentence disambiguation	
20.0043	扩充转移网络	augmented transition network, ATN	
20.0044	递归转移网络	recursive transition network	
20.0045	变换规则	transformation rule	
20.0046	短语结构规则	phrase structure rule	
20.0047	短语结构树	phrase structure tree	
20.0048	短语结构语法	phrase structure grammar	
20.0049	广义短语结构语法	general phrase structure grammar	
20.0050	中心词驱动短语结构语法	head driven phrase structure grammar	
20.0051	相关分析独立生成	dependent analysis and independent generation	
20.0052	自顶向下句法分析	top-down parsing	
20.0053	自底向上句法分析	bottom-up parsing	
20.0054	深度优先分析	depth first analysis	
20.0055	宽度优先分析	breadth first analysis	
20.0056	词专家句法分析	word expert parsing	
20.0057	图表句法分析程序	chart parser	
20.0058	数据驱动型分析	data driven analysis	
20.0059	自然语言语法	grammar for natural language	
20.0060	树结构变换语法	tree structure transformation grammar	
20.0061	树语法	tree grammar	

序 号	汉 文 名	英 文 名	注 释
20.0062	图表语法	chart grammar	
20.0063	图语法	graph grammar	
20.0064	语法范畴	grammatical category	
20.0065	语法关系	grammatical relation	
20.0066	语法分析	grammatical analysis，parsing	
20.0067	语法属性	grammatical attribute	
20.0068	直接成分语法	immediate constituent grammar	
20.0069	蒙塔古语法	Montague grammar	
20.0070	子句语法	clause grammar	
20.0071	上下文无关语法	context-free grammar	
20.0072	转移网络语法	transition network grammar	
20.0073	逻辑语法	logic grammar	
20.0074	树连接语法	tree adjoining grammar	
20.0075	传统语法	traditional grammar	
20.0076	功能语法	functional grammar	
20.0077	词汇语法	lexicon grammar	
20.0078	词汇功能语法	lexical functional grammar	
20.0079	复杂特征集	set of complex features	
20.0080	基于合一语法	unification-based grammar	
20.0081	功能合一语法	functional unification grammar	
20.0082	格	case	
20.0083	格语法	case grammar	
20.0084	格支配理论	case dominance theory	
20.0085	格框架	case frame	
20.0086	表层格	surface case	
20.0087	深层格	deep case	
20.0088	配价	valency	
20.0089	范畴语法	categorical grammar	
20.0090	扩充转移网络语法	ATN grammar	
20.0091	构件语法	component grammar	
20.0092	依存[关系]	dependency	
20.0093	依存语法	dependency grammar	
20.0094	依存关系合一语法	dependency unification grammar	
20.0095	依存结构	dependency structure	
20.0096	依存关系句法分	dependency parsing	

序　号	汉 文 名	英 文 名	注　释
	析		
20.0097	依存关系树	dependency tree, dependent tree	
20.0098	长距离依存关系	long distance dependent relation	
20.0099	概念依存	concept dependency	
20.0100	逻辑句法分析系统	logic parsing system	
20.0101	计算机辅助语法标注	computer-aided grammatical tagging	
20.0102	语义	semantic	
20.0103	语义学	semantics	
20.0104	语义场	semantic field	
20.0105	句法语义学	syntactic semantics	
20.0106	成分语义学	compositional semantics	
20.0107	计算语义学	computational semantics	
20.0108	动词语义学	verb semantics	
20.0109	词汇语义学	lexical semantics	
20.0110	形式语义学	formal semantics	
20.0111	语义分析	semantic analysis	
20.0112	语义检查	semantic test	
20.0113	自然语言理解	natural language understanding	
20.0114	计算机理解	computer understanding	
20.0115	篇章理解	text understanding	
20.0116	扩展语义网络	extended semantic network	
20.0117	电子耳	electronic ear	
20.0118	期望驱动型推理	expectation driven reasoning	
20.0119	语法描述语言	grammar description language	
20.0120	受限语言	controlled language, restricted language	
20.0121	规范化语言	normalized language	
20.0122	乔姆斯基层次结构	Chomsky hierarchy	
20.0123	0 型语言	type 0 language	
20.0124	1 型语言	type 1 language	
20.0125	2 型语言	type 2 language	
20.0126	3 型语言	type 3 language	
20.0127	语言学理论	linguistic theory	
20.0128	篇章语言学	text linguistics	

序　号	汉　文　名	英　文　名	注　释
20.0129	数理语言学	mathematical linguistics	
20.0130	普通语言学	general linguistics	
20.0131	描写语言学	descriptive linguistics	
20.0132	结构主义语言学	structuralism linguistics	
20.0133	功能语言学	functional linguistics	
20.0134	比较语言学	comparative linguistics	
20.0135	理论语言学	theoretical linguistics	
20.0136	生成语言学	generative linguistics	
20.0137	语言串理论	linguistics string theory	
20.0138	框架理论	frame theory	
20.0139	团块理论	clumps theory	
20.0140	语义理论	semantic theory	
20.0141	语言模型	language model	
20.0142	语言学模型	linguistic model	
20.0143	儿童语言模型	model of child language	
20.0144	对话模型	dialog model	
20.0145	词典学	lexicography	
20.0146	方言学	dialectology	
20.0147	互指	coreference	
20.0148	歧义消解	ambiguity resolution	
20.0149	篇章分析	text analysis	
20.0150	上下文外关键字	keyword out of context	
20.0151	上下文内关键字	keyword in context	
20.0152	领域专指性	domain specificity	
20.0153	书面自然语言处理	written natural language processing	
20.0154	自然语言概念分析	conceptual analysis of natural language	
20.0155	文献分析	document analysis	
20.0156	语境分析	context analysis	又称"上下文分析"。
20.0157	文章理解	article understanding	
20.0158	文章生成	article generation	
20.0159	篇章生成	text generation	
20.0160	自动标引	automatic indexing	
20.0161	自动文摘	automatic abstract	
20.0162	学习功能	learning function	
20.0163	概念词典	concept dictionary	

序　号	汉　文　名	英　文　名	注　释
20.0164	专业词典	terminological dictionary	
20.0165	源语言词典	source language dictionary	
20.0166	范畴	category	
20.0167	语义词典	semantic dictionary	
20.0168	概念分类	concept classification	
20.0169	目标语言词典	target language dictionary	
20.0170	双语机器可读词典	bilingual machine readable dictionary	
20.0171	惯用型词典	expression dictionary	
20.0172	机器词典	machine dictionary	
20.0173	语义网络	semantic network	
20.0174	领域专家	domain expert	
20.0175	领域相关	field dependence	
20.0176	领域无关	field independence	
20.0177	学习模式	learning mode	
20.0178	语言获取	language acquisition	
20.0179	知识单元	blocks of knowledge	
20.0180	世界知识	world knowledge	
20.0181	人工专门知识	artificial expertise	
20.0182	产生式语言知识	production language knowledge	
20.0183	统计语言学	statistical linguistics	
20.0184	语料库语言学	corpus linguistics	
20.0185	语料库	corpus, corpora	
20.0186	互信息	mutual-information	
20.0187	二元语法	bigram	
20.0188	n 元语法	n-gram	
20.0189	隐马尔可夫模型	hidden Markov model	
20.0190	确定性算法	deterministic algorithm	
20.0191	可信度函数	belief function	
20.0192	类属词典	thesaurus	
20.0193	双语对齐	bilingual alignment	
20.0194	自然语言数据库	database for natural language	
20.0195	机器翻译	machine translation, MT	
20.0196	译词选择	word selection	
20.0197	源语言	source language	
20.0198	源语言分析	source language analysis	
20.0199	目标语言	target language	

序　号	汉　文　名	英　文　名	注　释
20.0200	目标语生成	target language generation	
20.0201	目标语输出	target language output	
20.0202	中间语言	interlingua	
20.0203	忠实度	informativeness	
20.0204	机械式翻译	mechanical translation	
20.0205	基于知识的机器翻译	knowledge-based machine translation	
20.0206	自动翻译	automatic translation	
20.0207	自动电话翻译系统	automatic telephone translation system	
20.0208	计算机辅助翻译系统	computer-aided translation system	
20.0209	机助翻译	machine-aided translation	
20.0210	机助人译	machine-aided human translation, MAHT	
20.0211	人助机译	human-aided machine translation, HAMT	
20.0212	交互式翻译系统	interactive translation system	
20.0213	多语种翻译	multilingual translation	
20.0214	分布式语言翻译	distributed language translation	
20.0215	机器翻译评价	evaluation of machine translation	
20.0216	花园路径句子	garden path sentence	
20.0217	机译最高研讨会	machine translation summit, MT summit	
20.0218	多语种处理机	multilanguage processor	
20.0219	多语种信息处理系统	multilingual information processing system	
20.0220	基于知识的问答系统	knowledge-based question answering system	
20.0221	经验系统	empirical system	
20.0222	对话系统	dialog system	
20.0223	文本校对	text proofreading	

21. 信 息 系 统

序 号	汉 文 名	英 文 名	注 释
21.0001	联机处理	on-line processing	
21.0002	脱机处理	off-line processing	
21.0003	分布[式]处理	distributed processing	
21.0004	集中[式]处理	centralized processing	
21.0005	分类	sort	
21.0006	排序	sorting, ordering	
21.0007	顺序索引	sequential index	
21.0008	倒排索引	reverse index	
21.0009	辅助索引	secondary index	
21.0010	细索引	fine index	
21.0011	散列索引	hash index	
21.0012	平衡归并排序	balanced merge sort	
21.0013	归并排序	merge sort, order by merging	
21.0014	多遍排序	multipass sort	
21.0015	重复选择排序	repeated selection sort	
21.0016	串行排序	serial sort	
21.0017	上推排序	shifting sort	
21.0018	联赛排序	tournament sort	
21.0019	排序策略	ordering strategy	
21.0020	线性搜索	linear search	
21.0021	文档检索	document retrieval	
21.0022	文本编辑	text editing	又称"正文编辑"。
21.0023	文本检索	text retrieval	又称"正文检索"。
21.0024	全文检索	full-text retrieval	
21.0025	自由词检索	free-word retrieval	
21.0026	对齐	justification, align	
21.0027	[行首]缩进	indentation	
21.0028	页边空白	margin	
21.0029	操作控制	operational control	
21.0030	管理控制	management control	
21.0031	决策控制	decision-making control	
21.0032	数据录入	data entry	
21.0033	数据格式	data format	

序　号	汉　文　名	英　文　名	注　释
21.0034	数据帧	data frame	
21.0035	数据采集	data acquisition	
21.0036	数据组织	data organization	
21.0037	数据初始加工	data origination	
21.0038	数据冗余	data redundancy	
21.0039	信息源	information source	
21.0040	信息采集	information acquisition	
21.0041	信息内容	information content	
21.0042	信息反馈	information feedback	
21.0043	信息结构	information structure	
21.0044	信息检索	information retrieval	
21.0045	熵	entropy	平均信息量。
21.0046	信息流	information flow	
21.0047	信息估计	information estimation	
21.0048	信息资源管理	information resource management, IRM	
21.0049	信息中心	information center	
21.0050	信息分类	information classification	
21.0051	信息编码	information coding	
21.0052	企业系统规划	business system planning, BSP	
21.0053	战略数据规划	strategic data planning	
21.0054	关键成功因素	critical success factor	
21.0055	企业过程再工程	business process reengineering, BPR	
21.0056	战略规划	strategic planning	
21.0057	协作信息系统开发	collaborative information system development	
21.0058	需求工程	requirements engineering	
21.0059	分布式系统	distributed system	
21.0060	用户界面	user interface	
21.0061	组织界面	organizational interface	
21.0062	即插即用程序设计	plug and play programming	
21.0063	再工程	reengineering	
21.0064	计算机辅助系统工程	computer-aided system engineering, CASE	
21.0065	构件编程	component programming	

序 号	汉 文 名	英 文 名	注 释
21.0066	图形用户界面	graphic user interface, GUI	
21.0067	应用开发工具	application development tool	
21.0068	最终用户编程	end user programming	
21.0069	并发信息系统	concurrent information system	
21.0070	系统调查	system investigation	
21.0071	系统分析	system analysis	
21.0072	系统需求	system requirements	
21.0073	系统目标	system objective	
21.0074	系统功能	system function	
21.0075	系统环境	system environment	
21.0076	系统概述	system survey	
21.0077	系统性能	system performance	
21.0078	系统边界	system boundary	
21.0079	自顶向下设计	top-down design	
21.0080	自底向上设计	bottom-up design	
21.0081	系统可行性	system feasibility	
21.0082	技术可行性	technical feasibility	
21.0083	经济可行性	economic feasibility	
21.0084	运行可行性	operational feasibility	
21.0085	系统优化	system optimization	
21.0086	成本效益分析	cost-benefit analysis	
21.0087	系统设计规格说明	system design specification	
21.0088	系统实施	system implementation	
21.0089	系统配置	system configuration	
21.0090	系统集成	system integration	
21.0091	系统安装	system installation	
21.0092	系统扩充	system expansion	
21.0093	系统转轨	system conversion	
21.0094	整套承包系统	turn-key system	又称"交钥匙系统"。
21.0095	系统生存周期	system life cycle	
21.0096	管理信息系统	management information system, MIS	
21.0097	常规信息系统	conventional information system	
21.0098	人工信息系统	manual information system	
21.0099	物资需求规划	materials requirements planning, MRP	

序　号	汉　文　名	英　文　名	注　释
21.0100	经济信息系统	economic information system, EIS	
21.0101	决策支持系统	decision support system, DSS	
21.0102	复杂适应性系统	complex adaptive system, CAS	
21.0103	事务处理系统	transaction processing system, TPS	
21.0104	智能支持系统	intelligent support system, ISS	
21.0105	群体决策支持系统	group decision support system, GDSS	
21.0106	问题求解系统	problem solving system	
21.0107	数据分析系统	data analysis system	
21.0108	因果分析系统	causal analysis system	
21.0109	概率系统	probabilistic system	
21.0110	决策树系统	decision tree system	
21.0111	多属性决策系统	multiattribute decision system	
21.0112	认知映射系统	cognitive mapping system	
21.0113	思想生成系统	idea generation system	
21.0114	主动决策支持系统	active decision support system	
21.0115	智能模拟支持系统	intelligent simulation support system	
21.0116	经理支持系统	executive support system, ESS	
21.0117	经理信息系统	executive information system, EIS	
21.0118	综合决策支持系统	synthetic decision support system	
21.0119	智能[型]交互式集成决策支持系统	intelligent interactive and integrated decision support system, IDSS	
21.0120	决策支持中心	decision support center	
21.0121	分布式群体决策支持系统	distributed group decision support system	
21.0122	电子会议系统	electronic meeting system	
21.0123	谈判支持系统	negotiation support system	
21.0124	地理信息系统	geographic information system, GIS	
21.0125	全球定位系统	global position system, GPS	
21.0126	多媒体信息系统	multimedia information system	
21.0127	计算机辅助后勤保障	computer-aided logistic support, CALS	
21.0128	预测模型	forecasting model	

序　号	汉　文　名	英　文　名	注　释
21.0129	经济模型	economic model	
21.0130	宏观经济模型	macroeconomic model	
21.0131	微观经济模型	microeconomic model	
21.0132	计量经济模型	econometric model	
21.0133	宏观计量经济模型	macroeconometric model	
21.0134	系统动力模型	system dynamics model	
21.0135	时间序列模型	time sequence model	
21.0136	模型库	model base	
21.0137	模型库管理系统	model base management system	
21.0138	办公信息系统	office information system, OIS	
21.0139	办公自动化	office automation, OA	
21.0140	办公活动	office activity	
21.0141	字处理	word processing	
21.0142	办公过程	office process	
21.0143	办公流程	office procedure	
21.0144	办公自动化模型	office automation model	
21.0145	信息流模型	information flow model	
21.0146	流程模型	procedural model	
21.0147	行为模型	behavioral model	
21.0148	数据库模型	database model	
21.0149	决策模型	decision-making model	
21.0150	对象模型	object model	
21.0151	任务模型	task model	
21.0152	功能模型	functional model	
21.0153	信息模型	information model	
21.0154	企业模型	enterprise model, business model	
21.0155	总体模型	overall model	
21.0156	面向对话模型	dialogue-oriented model	
21.0157	面向过程模型	process-oriented model	
21.0158	过程模型	process model	
21.0159	通信模型	communication model	
21.0160	开发环境模型	development environment model	
21.0161	模型驱动	model drive	
21.0162	数据环境	data environment	
21.0163	电子商务	electronic commerce, EC	
21.0164	销售点	point of sales, POS	

序 号	汉 文 名	英 文 名	注 释
21.0165	模拟系统	simulation system	
21.0166	信息主管	chief information officer, CIO	
21.0167	电子表格	worksheet	
21.0168	演示程序	demonstration program, demo	
21.0169	共享软件	shareware	
21.0170	电子出版	electronic publishing	
21.0171	报表生成程序	report generator	
21.0172	响应时间	response time	
21.0173	免费软件	freeware	
21.0174	自由软件	free software	
21.0175	时间动作研究	time and motion studies	
21.0176	全面质量管理	total quality management, TQM	
21.0177	工作组计算	workgroup computing	
21.0178	企业过程建模	business process modeling	
21.0179	工作流制定服务	workflow enactment service	
21.0180	企业资源规划	enterprise resource planning, ERP	
21.0181	制造资源规划	manufacturing resource planning, MRP-II	
21.0182	产品数据管理	product data management, PDM	
21.0183	执行主管	chief executive officer, CEO	又称"首席执行官"。
21.0184	财务主管	chief financial officer, CFO	
21.0185	技术主管	chief technology officer, CTO	
21.0186	知识主管	chief knowledge officer, CKO	
21.0187	运作主管	chief operation officer, COO	
21.0188	数字图书馆	digital library, DL	
21.0189	数字对象	digital object	
21.0190	电子图书馆	electronic library	
21.0191	虚拟图书馆	virtual library	
21.0192	数字地球	digital Earth	
21.0193	数字政府	digital government	
21.0194	逻辑库	logical base, LB	
21.0195	方法库	method base	
21.0196	无线置标语言	wireless mark up language, WML	
21.0197	可扩展样式语言	extensible stylesheet language, XSL	
21.0198	可扩展链接语言	extensible link language, XLL	
21.0199	因特网商务提供者	Internet business provider, IBP	

序　号	汉　文　名	英　文　名	注　释
21.0200	因特网平台提供者	Internet presence provider, IPP	
21.0201	应用服务提供者	application service provider, ASP	
21.0202	企业对企业	business to business, B to B	
21.0203	企业对客户	business to customer, B to C	
21.0204	客户对客户	customer to customer, C to C	
21.0205	企业对政府	business to government, B to G	
21.0206	电子服务	electronic service, E-service	
21.0207	电子媒体	electronic media, E-media	
21.0208	联机分析挖掘	on-line analytical mining, OLAM	

22.　图　像　处　理

序　号	汉　文　名	英　文　名	注　释
22.0001	数字图像处理	digital image processing	
22.0002	图像并行处理	image parallel processing	
22.0003	图像	image	
22.0004	成像	imaging	
22.0005	照片	picture	
22.0006	快照	snapshot	
22.0007	静止图像	still image	
22.0008	灰度图像	gray level image	
22.0009	彩色图像	color image	
22.0010	二值图像	binary image	
22.0011	略图	thumbnail	
22.0012	位图	bitmap	
22.0013	图像平面	image plane	
22.0014	数字化	digitalization	
22.0015	图像去噪	image denoising	
22.0016	图像拼接	image mosaicking	
22.0017	图像平滑	image smoothing	
22.0018	图像序列	image sequence	
22.0019	数字图像	digital image	
22.0020	图像分割	image segmentation	
22.0021	图像元	image primitive	

序　号	汉　文　名	英　文　名	注　释
22.0022	图像增强	image enhancement	
22.0023	图像逼真[度]	image fidelity	
22.0024	图像函数	image function	
22.0025	图像质量	image quality	
22.0026	图像几何学	image geometry	
22.0027	图像变换	image transformation	
22.0028	数学形态学	mathematical morphology	
22.0029	傅里叶描述子	Fourier descriptor	
22.0030	加博变换	Gabor transformation	
22.0031	卡－洛变换	Karhunen-Loeve transformation	
22.0032	霍夫变换	Hough transformation	
22.0033	渐变	morphing	
22.0034	多尺度分析	multiscale analysis	
22.0035	邻域运算	neighborhood operation	
22.0036	小波变换	wavelet transformation	
22.0037	小波基	wavelet basis	
22.0038	小波包基	wavelet packet basis	
22.0039	正交小波变换	orthogonal wavelet transformation	
22.0040	双元小波变换	dyadic wavelet transformation	
22.0041	双正交小波变换	bi-orthogonal wavelet transformation	
22.0042	图像压缩	image compression	
22.0043	无失真图像压缩	lossless image compression	
22.0044	有失真图像压缩	lossy image compression	
22.0045	图像重建	image reconstruction	
22.0046	图像复原	image restoration	
22.0047	内像素	interior pixel	
22.0048	外像素	exterior pixel	
22.0049	点运算	point operation	
22.0050	正则化	regularization	
22.0051	行程长度	run length	
22.0052	特征集成	feature integration	
22.0053	特征选择	feature selection	
22.0054	特征空间	feature space	
22.0055	尺度空间	scale space	
22.0056	颜色直方图	color histogram	
22.0057	色矩	color moment	
22.0058	色集	color set	

序 号	汉 文 名	英 文 名	注 释
22.0059	清晰	sharp	
22.0060	锐化	sharpening	
22.0061	平滑	smoothing	
22.0062	粒度	granularity	
22.0063	立体匹配	stereo matching	
22.0064	细化	thinning	
22.0065	开窗口	windowing	
22.0066	边框	border	
22.0067	边界	boundary	
22.0068	边界跟踪	boundary tracking	
22.0069	边界像素	boundary pixel	
22.0070	坎尼算子	Canny operator	
22.0071	链码跟踪	chain code following	
22.0072	轮廓跟踪	contour tracing	
22.0073	膨胀	dilatation	
22.0074	边缘聚焦	edge focusing	
22.0075	边缘提取	edge extracting	
22.0076	边缘增强	edge enhancement	
22.0077	边缘错觉	edge illusory	
22.0078	边缘图像	edge image	
22.0079	边缘连接	edge linking	
22.0080	边缘算子	edge operator	
22.0081	边缘像素	edge pixel	
22.0082	腐蚀	erosion	
22.0083	区域	region	
22.0084	区域分割	region segmentation	
22.0085	区域合并	region merging	
22.0086	区域聚类	region clustering	
22.0087	区域描述	region description	
22.0088	区域生长	region growing	
22.0089	近邻	neighbor	
22.0090	邻域	neighborhood	
22.0091	特征	feature	
22.0092	几何校正	geometric correction	
22.0093	灰度级	gray level	
22.0094	灰度	gray scale	
22.0095	灰度变换	gray-scale transformation	

序　号	汉　文　名	英　文　名	注　释
22.0096	灰度阈值	gray threshold	
22.0097	谐波信号	harmonic signal	
22.0098	埃尔米特函数	Hermite function	
22.0099	高通滤波	highpass filtering	
22.0100	卷积核	convolution kernel	
22.0101	共生矩阵	co-occurrence matrix	
22.0102	模糊	blur	
22.0103	去模糊	deblurring	
22.0104	特征编码	feature coding	
22.0105	特征检测	feature detection	
22.0106	边缘匹配	edge matching	
22.0107	边缘拟合	edge fitting	
22.0108	似然方程	likelihood equation	
22.0109	似然比	likelihood ratio	
22.0110	边缘泛化	edge generalization	
22.0111	幅度分割	amplitude segmentation	
22.0112	边缘分割	edge segmentation	
22.0113	形状分割	shape segmentation	
22.0114	纹理分割	texture segmentation	
22.0115	纹理	texture	
22.0116	人工纹理	artificial texture	
22.0117	自然纹理	natural texture	
22.0118	形状描述	shape description	
22.0119	分析属性	analytic attribute	
22.0120	品质属性	metric attribute	
22.0121	拓扑属性	topological attribute	
22.0122	松弛法	relaxation	
22.0123	概率松弛法	probabilistic relaxation	
22.0124	模糊松弛法	fuzzy relaxation	
22.0125	离散松弛法	discrete relaxation	
22.0126	视觉	vision	
22.0127	对比度扩展	contrast stretch	
22.0128	帧面问题	frame problem	
22.0129	主动视觉	active vision	
22.0130	注意力聚焦	attention focusing	
22.0131	摄像机标定	camera calibration	
22.0132	单目视觉	monocular vision	

序　号	汉　文　名	英　文　名	注　释
22.0133	运动检测	motion detection	
22.0134	运动分析	motion analysis	
22.0135	变化检测	change detection	
22.0136	对应点	corresponding point	
22.0137	噪声抑制	noise reduction	
22.0138	法线流	normal flow	
22.0139	遮挡	occlusion	
22.0140	单眼立体[测定方法]	one-eyed stereo	
22.0141	光流	optic flow	
22.0142	光流场	optic flow field	
22.0143	光学图像	optical image	
22.0144	位姿定位	pose determination	
22.0145	散焦测距	range of defocusing	
22.0146	三角测距	range of triangle	
22.0147	已配准图像	registered images	
22.0148	选择注意	selective attention	
22.0149	自定标	self-calibration	
22.0150	运动重建	restructure from motion	
22.0151	深度图	depth map	
22.0152	初级视觉	early vision, primary vision	
22.0153	手眼系统	eye-on-hand system	
22.0154	视差梯度	gradient of disparity	
22.0155	机器视觉	machine vision	
22.0156	立体视觉	stereo vision	
22.0157	中心矩	central moment	
22.0158	一阶矩	first moment	
22.0159	惯性矩	moment of inertia	
22.0160	景物	scene	
22.0161	景物分析	scenic analysis	
22.0162	线性图像传感器	linear image sensor	
22.0163	线条检测	line detection	
22.0164	面型图像传感器	area image sensor	
22.0165	摄像机	video camera	
22.0166	超声波传感器	ultrasonic sensor	
22.0167	双目成像	binocular imaging	
22.0168	分类器	classifier	

序　号	汉　文　名	英　文　名	注　释
22.0169	多光谱图像	multispectral image	
22.0170	定量图像分析	quantitative image analysis	
22.0171	区域标定	region labeling	
22.0172	立体映射	stereomapping	
22.0173	样本集	sample set	
22.0174	可视现象	visual phenomena	
22.0175	对比灵敏度	contrast sensitivity	
22.0176	马赫带	Mach band	
22.0177	色适应性	chromatic adaption	
22.0178	视觉模型	vision model	
22.0179	侧抑制	lateral inhibition	
22.0180	光度学	photometry	
22.0181	色度学	colorimetry	
22.0182	色匹配	color matching	
22.0183	脉冲效应	pulse effect	
22.0184	滤波器	filter	
22.0185	重建滤波器	reconstruction filter	
22.0186	叠加	superposition	
22.0187	变换处理	transformation processing	
22.0188	对比度操纵	contrast manipulation	
22.0189	直方图修正	histogram modification	
22.0190	中值滤波器	median filter	
22.0191	假色	pseudocolor	
22.0192	图像编码	image encoding	
22.0193	行程编码	run coding	
22.0194	行程长度编码	run-length encoding	
22.0195	预测编码	predictive coding	
22.0196	符号编码	symbolic coding	
22.0197	纹理编码	texture coding	
22.0198	分形编码	fractal encoding	
22.0199	图像识别	image recognition	
22.0200	图像理解	image understanding	
22.0201	聚类	cluster	
22.0202	聚类分析	cluster analysis	
22.0203	假设验证	hypothesis verification	
22.0204	匹配滤波	matched filtering	
22.0205	矩描述子	moment descriptor	

序　号	汉　文　名	英　文　名	注　释
22.0206	误分类	misclassification	
22.0207	模拟退火	simulated annealing	
22.0208	骨架化	skeletonization	
22.0209	统计模式识别	statistical pattern recognition	
22.0210	结构模式识别	structural pattern recognition	
22.0211	句法模式识别	syntactic pattern recognition	
22.0212	基于内容的图像检索	content-based image retrieval	
22.0213	相关匹配	correlation matching	
22.0214	降维	dimension reduction	
22.0215	高维索引	high dimensional indexing	
22.0216	图像分类	image classification	
22.0217	图像匹配	image matching	
22.0218	图像检索	image retrieval	
22.0219	测量空间	measurement space	
22.0220	相似性度量	similarity measurement	
22.0221	纹理图像	texture image	
22.0222	计算机层析成像	computerized tomography, CT	
22.0223	层析成像	tomography	又称"层析术"。
22.0224	伪像	artifact	
22.0225	反投影算子	backprojection operator	
22.0226	双线性内插	bilinear interpolation	
22.0227	卷积	convolution	
22.0228	发散束卷积法	convolution method for divergent beams	
22.0229	平行束卷积法	convolution method for parallel beams	
22.0230	卷积投影数据	convolved projection data	
22.0231	离散卷积	discrete convolution	
22.0232	离散重建问题	discrete reconstruction problem	
22.0233	逆拉东变换	inverse Radon transformation	
22.0234	分层检测	layer detection	
22.0235	调制传递函数	modulation transfer function	
22.0236	无伤害测试	non-destructive testing	
22.0237	核磁共振	nuclear magnetic resonance	
22.0238	奈奎斯特采样频率	Nyquist sampling frequency	

序 号	汉 文 名	英 文 名	注 释
22.0239	质子层析成像	proton tomography	
22.0240	伪微分算子	pseudodifferential operator	
22.0241	伪多色射线和	pseudopolychromatic ray sum	
22.0242	放射性核素	radionuclide	
22.0243	拉东变换	Radon transform	
22.0244	重建	reconstruction	
22.0245	地震层析成像	seismic tomography	
22.0246	联合迭代重建法	simultaneous iterative reconstruction technique	

23. 计算机常用计量单位

序 号	符 号	汉 文 名	英 文 名	注 释
23.0001	b	［二进制］位	bit	又称"比特"。
23.0002	B	字节	byte	通常为 8 个二进制位。
23.0003	k	千	kilo-	10^3
23.0004	K	千	Kilo-	在计算机中 $1K = 1024(2^{10})$，$2K = 2048(2^{11})$ 它不同于十进制的 $k(10^3)$，故二进制 K 大写。
23.0005	Kb	千位	kilobit	2^{10} 位。
23.0006	KB	千字节	kilobyte	2^{10} 字节。
23.0007	M	百万	mega-	又称"兆"。10^6
23.0008	M	百万	mega-	又称"兆"。在计算机二进制数中 $1M = 1048576(2^{20})$，$4M = 4194304(2^{22})$。
23.0009	Mb	百万位	megabit	又称"兆位"。十进制 10^6 位，二进制 2^{20} 位。
23.0010	MB	百万字节	megabyte	又称"兆字节"。10^6 或 2^{20} 字节。

序 号	符 号	汉 文 名	英 文 名	注 释
23.0011	Gb	十亿位	gigabit	又称"吉位"。10^9 或 2^{30} 位。
23.0012	GB	十亿字节	gigabyte	又称"吉字节"。10^9 或 2^{30} 字节。
23.0013	Tb	万亿位	terabit	又称"太位"。10^{12} 或 2^{40} 位。
23.0014	TB	万亿字节	terabyte	又称"太字节"。10^{12} 或 2^{40} 字节。
23.0015	Pb	千万亿位	petabit	又称"拍〔它〕位"。10^{15} 或 2^{50} 位。
23.0016	PB	千万亿字节	petabyte	又称"拍〔它〕字节"。10^{15} 或 2^{50} 字节。
23.0017	dpi	点每英寸	dots per inch	
23.0018	bpi	位每英寸	bits per inch	
23.0019	Bpi	字节每英寸	bytes per inch	
23.0020	lpi	行每英寸	lines per inch	
23.0021	tpi	道每英寸	tracks per inch	
23.0022	bps	位每秒	bits per second	又称"比特每秒"。
23.0023	Bps	字节每秒	bytes per second	
23.0024	Kbps	千位每秒	kilobits per second	
23.0025	KBps	千字节每秒	kilobytes per second	
23.0026	lpm	行每分	lines per minute	
23.0027	lps	行每秒	lines per second	
23.0028	Mbps	兆位每秒	megabits per second	
23.0029	MBps	兆字节每秒	megabytes per second	
23.0030	Gbps	十亿位每秒	gigabits per second	
23.0031	GBps	十亿字节每秒	gigabytes per second	
23.0032	dps	点每秒	dots per second	
23.0033	cps	字符每秒	characters per second	
23.0034	wps	字每秒	words per second	
23.0035	wpm	字每分	words per minute	
23.0036	fps	帧每秒	frames per second	
23.0037	MC	兆周期	megacycle	10^6 周期。
23.0038	GC	吉周期	gigacycle	10^9 周期。
23.0039	OPS	运算每秒	operations per second	又称"操作每秒"。
23.0040	MOPS	百万次运算每秒	million operations per second	

序 号	符 号	汉 文 名	英 文 名	注 释
23.0041	GOPS	十亿次运算每秒	giga operations per second	
23.0042	TOPS	万亿次运算每秒	tera operations per second	
23.0043	POPS	千万亿次运算每秒	peta operations per second	
23.0044	FLOPS	浮点运算每秒	floating-point operations per second	
23.0045	MFLOPS	百万次浮点运算每秒	mega floating-point operations per second, million floating-point oprations per second, megaflops	
23.0046	GFLOPS	十亿次浮点运算每秒	giga floating-point operations per second, gigaflops	
23.0047	TFLOPS	万亿次浮点运算每秒	tera floating-point operations per second, teraflops	
23.0048	PFLOPS	千万亿次浮点运算每秒	peta floating-point operations per second, petaflops	
23.0049	IPS	指令每秒	instructions per second	
23.0050	MIPS	百万条指令每秒	million instructions per second	
23.0051	GIPS	十亿条指令每秒	giga instructions per second	
23.0052	TIPS	万亿条指令每秒	tera instructions per second	
23.0053	PIPS	千万亿条指令每秒	peta instructions per second	
23.0054	IPS	推理每秒	inferences per second	
23.0055	LIPS	逻辑推理每秒	logical inferences per second	
23.0056	MLIPS	百万次逻辑推理每秒	million logical inferences per second	
23.0057	TPS	事务处理每秒	transactions per second	
23.0058	MTPS	百万次事务处理每秒	million transactions per second	

英 汉 索 引

A

AAL ATM 适配层 14.0343

abbreviated address calling 缩址呼叫 14.0131

abbreviation extraction 缩写抽取 13.0644

abductive reasoning 反绎推理 13.0212

abend dump 异常终止转储 10.0036

abend exit 异常终止出口 10.0037

abort 异常中止 11.0194

aborted connection 异常中止连接 19.0406

abort key 中止键 10.0359

abort sequence 放弃序列，＊异常中止序列 14.0176

absolute address 绝对地址 04.0562

absolute machine code 绝对机器代码 12.0204

absolute resolution 绝对分辨率 05.0372

absorbency 吸墨性 05.0306

abstract data type 抽象数据类型 11.0284

abstract family of languages 抽象语言族 02.0170

abstraction 抽象 12.0205

abstract machine 抽象机 09.0221

abstract method 抽象方法 09.0220

abstract window toolkit 抽象窗口工具箱 12.0166

ACAR 累加寄存器 04.0628

accelerated test 加速测试 03.0032

acceleration time 加速时间 05.0015

accelerator key 加速键 10.0360

acceptable level of risk 可承受风险级 19.0324

acceptance 验收 19.0326

acceptance angle ［观察］允许角 05.0348

acceptance criteria 验收准则 01.0384

acceptance inspection 验收检查 19.0327

acceptance testing 验收测试 01.0383

accepting state 接受状态 02.0212

access 访问，＊存取 01.0255，接入 01.0256

access arm 存取臂 05.0111

access authorization 访问授权 19.0226

access category 访问范畴，＊存取范畴 19.0380

access conflict 存取冲突，＊访问冲突 10.0048

access control 存取控制，＊访问控制 10.0045

access control field 访问控制字段 14.0518

access control mechanism 存取控制机制 19.0181

access cycle 访问周期 06.0007

access denial 存取拒绝 10.0050

access hole 读写孔 05.0154

accessibility 可存取性 03.0033

access level 访问级别，＊存取级别 19.0381

access list 存取表，＊访问表 10.0380

access manager 存取管理程序 10.0047

access matrix 访问矩阵，＊存取矩阵 19.0120

access mechanism 存取机构 05.0011

access method 存取方法 05.0012

access permission 访问许可，＊存取许可 19.0383

access privilege 存取特权，＊访问特权 11.0178

access queue 存取队列 10.0665

access right 访问权，＊存取权 19.0382

access sharing 访问共享 19.0225

access time 存取时间 05.0013

access transparency 存取透明性 10.0051

access type 存取类型，＊访问类型 10.0046

access violation 存取违例 10.0052

accident 偶然事故 12.0206

accidental threat 偶然威胁 19.0328

accordion seek 往复寻道［测试］ 05.0142

accountability 责任性 19.0149

accounting code 记账码 10.0142

account policy 记账策略 10.0545

accumulator 累加器 04.0521

accumulator register 累加寄存器 04.0628

ACK 确认 14.0152

acknowledged connectionless-mode transmission 确认的无连接方式传输 14.0477

acknowledgement 确认 14.0152

acoustic model 声学模型 18.0177

acquirer 需方 12.0207

acquisition 获取 12.0208

acquisition process 获取过程 12.0424

ACR 允许信元速率 14.0350

ACSE 联合控制服务要素 14.0694

action paper 压感纸 05.0307

activate 激活，*使能 01.0350

activate mechanism 激活机制 10.0436

activate primitive 激活原语 10.0584

activation function 激活函数 13.0567

active agent 活动主体 13.0426

active attack 主动攻击 19.0285

active backplane 有源底板 08.0388

active channel state 工作信道状态 14.0310

active database 主动数据库 11.0015

active decision support system 主动决策支持系统 21.0114

active directory 现用目录 14.0622

active driver 活动驱动器 10.0197

active edge list 活化边表 16.0432

active file 活动文件 12.0209

active link 工作链路 14.0103

active page 活动页 10.0504

active partition 活动分区 10.0521

active process 活动进程 10.0599

active query 主动查询 11.0338

active state 活动状态 10.0831

active threat 主动威胁 19.0329

active vision 主动视觉 22.0129

active wiretapping 篡改信道信息，*伪造信道信息 19.0323

activity 活动 12.0210

actor model 角色模型 13.0428

actual parameter 实参 09.0177

actuator 执行机构 05.0130

Ada Ada 语言 09.0008

adaptability 自适应性 12.0389

adapter 适配器 01.0133

adaption layer controller 适配层控制器 14.0344

adaptive control 自适应控制 17.0028

adaptive differential pulse code modulation 自适应差分脉码调制 18.0168

adaptive learning [自]适应学习 13.0407

adaptive maintenance 适应性维护 08.0354

adaptive neural network 自适应神经网络 13.0563

adaptive predictive coding 自适应预测编码 18.0170

adaptive user interface 自适应用户界面 10.0295

adaptive wavelet [自]适应子波 13.0566

ADC 模数转换器 05.0428

adder 加法器 04.0516

adder-subtracter 加减器 04.0530

add-on security 后加安全 19.0217

address 地址 01.0218

address administration 地址管理 14.0429

address bus 地址总线 01.0137

address field 地址字段 14.0166

address format 地址格式 04.0565

addressing 编址，*定址 04.0559，寻址 04.0560

addressing mode 寻址方式 04.0252

address mapping 地址映射 04.0199

address mask 地址掩码 14.0600

address register 地址寄存器 04.0550

address resolution protocol 地址解析协议 14.0604

address space 地址空间 12.0211

address subscription 地址预约 14.0292

address substitution 地址代换 06.0124

address translation 地址变换 04.0216

adjacency list structure 邻接表结构 02.0311

adjacency matrix 邻接矩阵 02.0312

adjacency relation 邻接关系 02.0313

adjacent layer [相]邻层 14.0034

administrative security 行政安全 19.0367

ADPCM 自适应差分脉码调制 18.0168

ADT 抽象数据类型 11.0284

advanced control 先行控制 04.0139

advanced instruction station 先行指令站 04.0576

advanced operating environment 先进操作环境 10.0217

advanced operating system 先进操作系统 10.0012

Advanced Research Project Agency network 高级研究计划局网络，*阿帕网 14.0530

advance [process] control 先行控制 17.0046

affine transformation 仿射变换 16.0289

after-image 后像 11.0198

agency CA 代理证明机构 19.0495

agent 主体，＊代理 13.0423，代理 14.0554

agent architecture 主体体系结构 13.0430

agent-based software engineering 基于主体［的］软件工程 13.0434

agent-based system 基于主体［的］系统 13.0435

agent communication language 主体通信语言 13.0431

agent-oriented programming 面向主体［的］程序设计 13.0436

agent team 主体组 13.0432

agent technology 主体技术 13.0433

aggregation 聚集 11.0324

AHP 层次分析处理 17.0120

AI 人工智能 01.0030

air cooling 气冷 07.0386

air filter 空气过滤器 07.0385

airflow 空气流 07.0383

air flow rate 空气流速 07.0384

alarm display 报警显示 08.0001

alarm signal 报警信号 07.0416

ALC 适配层控制器 14.0344

algebraic data type 代数数据类型 02.0055

algebraic language 代数语言 09.0009

algebraic logic 代数逻辑 02.0080

ALGebraic-Oriented Language 面向代数语言 09.0010

algebraic semantics 代数语义 09.0195

algebraic simplification 代数简化 09.0307

algebraic specification 代数规约 12.0075

ALGOL 68 ALGOL 68 语言 09.0017

ALGOL 60 ALGOL 60 语言 09.0016

algorithm 算法 01.0144

algorithm analysis 算法分析 12.0010

algorithmic language 算法语言 09.0015

ALGOrithmic Language ALGOL 60 语言 09.0016

algorithm secrecy 算法保密 19.0238

alias 别名 12.0011

alias analysis 别名分析 09.0283

aliasing 图形失真 16.0352

align 对齐 21.0026

aligner 整直器 07.0030

alignment disk 调整用硬盘 05.0164

alignment diskette 调整用软盘 05.0163

alignment network 对准网络 04.0136

all-in-one computer 多合一［主板］计算机 01.0054

allocation 分配 01.0304

allocation schema 分布模式，＊分配模式 11.0221

allocation unit 分配单位 10.0076

allowed cell rate 允许信元速率 14.0350

alloy magnetic particle tape 金属粉末磁带 05.0176

Alpha Alpha 语言 09.0018

alphabet 字母表 01.0200

alphabetic character set 字母字符集 01.0201

alphabetic word 字母字 01.0203

alphanumeric character set 字母数字字符集 01.0202

alpha test α 测试 03.0004

ALU 算术逻辑部件 04.0534

AM 体系结构建模 12.0406

ambient humidity 环境湿度 07.0373

ambient light 环境光 16.0413

ambient temperature 环境温度 07.0372

ambiguity 歧义 15.0096

ambiguity of phrase structure 短语结构歧义 20.0030

ambiguity resolution 歧义消解 20.0148

ambiguous grammar 多义文法 02.0148

Amdahl's law 阿姆达尔定律 04.0422

amount of words in coincident code 重码字词数 15.0224

amplitude detection 幅度检测 05.0068

amplitude segmentation 幅度分割 22.0111

analog computer 模拟计算机 01.0050

analog control technique 模拟控制技术 17.0024

analogical inference 类比推理 13.0229

analogical learning 类比学习 13.0401

analog input 模拟输入 05.0399

analog output 模拟输出 05.0400

analog-to-digital convert 模数转换 18.0024

analog-to-digital converter 模数转换器 05.0428

analogy 模拟 01.0318

analysis phase 分析阶段 12.0012

analytical attack 分析攻击 19.0401

analytical model 分析模型 12.0013

analytic attribute 分析属性 22.0119

analytic hierarchy process 层次分析处理 17.0120

analytic learning 分析学习 13.0402

anaphylaxis failure 敏感故障 08.0021

ancestor 先辈 02.0314

AND gate 与门 04.0467

angular position transducer 角度位置传感器 17.0243

animation 动画 18.0066

annotated image exchange 带注释的图像交换 14.0726

anonymity 匿名性 19.0309

anonymous FTP 匿名文件传送协议 14.0624

anonymous login 匿名登录 19.0474

anonymous refund 匿名转账 19.0330

anonymous server 匿名服务器 14.0626

answer extraction 解答抽取 13.0631

answering 应答 14.0156

answer schema 回答模式 13.0632

antecedent 前提 13.0069

anti-aliasing 图形保真 16.0353

anticipatory paging 先行分页 10.0501

antidependence 反依赖 09.0300

anti-eavesdrop 防窃听 19.0331

anti-eavesdrop device 反窃听装置 19.0258

anti-interference 抗干扰 17.0106

antivibration 抗震 07.0403

antivirus 防病毒 19.0097

antivirus program 防病毒程序 19.0227

AOCE 姿态轨道控制电路 17.0188

APC 自适应预测编码 18.0170

APE 应用协议实体 14.0695

API 应用程序接口 09.0243

APL APL 语言 09.0019

append 追加 11.0084

append task 附加任务 10.0945

applet 小应用程序 14.0564

application 应用 01.0396

application development tool 应用开发工具 21.0067

application domain 应用领域 09.0217

application environment 应用环境 09.0216

application generator 应用生成器，＊应用生成程序 12.0119

application layer 应用层 14.0035

application-oriented language 面向应用语言 09.0012

application process 应用进程 17.0253

application program interface 应用程序接口 09.0243

application protocol entity 应用协议实体 14.0695

application server 应用服务器 14.0556

application service 应用服务 14.0690

application service element 应用服务要素 14.0691

application service provider 应用服务提供者 21.0201

application software 应用软件 12.0014

application specific integrated circuit 专用集成电路 04.0490

applied logic 应用逻辑 02.0043

appropriate automation 适当自动化 17.0053

approximate reasoning 近似推理 13.0241

approximation 逼近 16.0186

approximation algorithm 近似算法 02.0315

A Programming Language APL 语言 09.0019

APT APT 语言 09.0020

arbitrary polygon 任意多边形 16.0248

arbitration 仲裁 10.0038

arbitration system 仲裁系统 10.0889

arbitration unit 仲裁单元 04.0287

architecture 体系结构，＊系统结构 01.0020

architecture modeling 体系结构建模 12.0406

archived file 归档文件 19.0450

archive file 档案文件 19.0449

archive site 存档网点 14.0627

arc label 弧标 02.0604

area density 面密度 05.0052

area filling 区域填充 16.0332

area image sensor 面型图像传感器 22.0164

area light source 面光源 16.0304

area protection 区域保护 19.0229

area retrieval 面检索 11.0264

arithmetical mean test 算术平均测试 03.0255

arithmetic and logic unit 算术逻辑部件 04.0534

arithmetic mean 算术平均 04.0401

arithmetic operation 算术运算 04.0499

arithmetic overflow 算术上溢 04.0500

arithmetic pipeline 运算流水线 04.0535

arithmetic register 运算寄存器 04.0532

arithmetic shift 算术移位 04.0507

arithmetic speed 运算速度 01.0099

arithmetic speed evaluation 运算速度评价 01.0094

arithmetic underflow 算术下溢 04.0501

arithmetic unit 运算器 01.0126

armature 衔铁 05.0289

armed interrupt 待命中断 10.0305

armed state 待命状态 10.0832

Armstrong axioms 阿姆斯特朗公理 11.0148

ARP 地址解析协议 14.0604

ARPANET 高级研究计划局网络, ＊阿帕网 14.0530

array 阵列 04.0437, 数组 09.0182

array computer 阵列计算机 04.0021

array control unit 阵列控制部件 04.0289

array pipeline 阵列流水线 04.0326

array processing 阵列处理 04.0325

array processor 数组处理器 04.0036

article generation 文章生成 20.0158

article understanding 文章理解 20.0157

articulation point 关节点 02.0316

artifact 伪像 22.0224

artificial cognition 人工认知 13.0001

artificial constraint 人工约束 13.0083

artificial evolution 人工进化 13.0525

artificial expertise 人工专门知识 20.0181

artificial intelligence 人工智能 01.0030

artificial intelligence language 人工智能语言 13.0641

artificial intelligence programming 人工智能程序设计 13.0642

artificial language 人工语言 01.0026

artificial life 人工生命 13.0526

artificial neural network 人工神经网络 13.0545

artificial neuron 人工神经元 13.0546

artificial reality 人工现实 18.0032

artificial texture 人工纹理 22.0116

artificial world 人工世界 18.0042

artwork 工艺图 16.0021

ASE 应用服务要素 14.0691

ASIC 专用集成电路 04.0490

ASP 应用服务提供者 21.0201

aspect ratio 高宽比 16.0337

assemble 汇编 12.0015

assembler 汇编程序, ＊汇编器 09.0256

assembly drawing 装配图 16.0056

assembly language 汇编语言 09.0001

assertion 断言 13.0214

assigned priority 指派优先级 10.0558

assignment 指派 01.0303, 赋值 09.0183

assignment statement 赋值语句 09.0159

associating input 联想输入 15.0210

association control service element 联合控制服务要素 14.0694

associative memory 联想存储器 06.0052, 联想记忆 13.0552

associative network 联想网络 13.0559

associative processor 关联处理机 04.0070

assurance 确保 19.0475

assurance level 确保等级 19.0476

assured operation 确保操作 14.0273

asymmetric choice net 非对称选择网 02.0542

asymmetric cryptography 非对称密码 19.0378

asymmetric cryptosystem 非对称密码系统 19.0011

asymmetric multiprocessor 非对称[式]多处理机 04.0067

asynchronization 异步 01.0310

asynchronous algorithm 异步算法 02.0450

asynchronous bus 异步总线 01.0142

asynchronous communication 异步通信 14.0114

asynchronous control 异步控制 10.0121

asynchronous operation 异步操作 10.0466

asynchronous parallel algorithm 异步并行算法 02.0466

asynchronous parallelism 异步并行性 04.0097

asynchronous procedure call 异步过程调用 10.0130

asynchronous refresh 异步刷新 06.0097

asynchronous system trap 异步系统自陷 10.0719

asynchronous time-division multiplexing 异步时分复用 14.0335

asynchronous transfer mode 异步传送模式 14.0338

asynchronous transfer mode switch ATM 交换机

14.0342

asynchronous transmission 异步传输 14.0080

ATE 自动测试设备 03.0091

ATM 异步传送模式 14.0338

ATM adaption layer ATM 适配层 14.0343

ATM inverse multiplexing ATM 反向复用 14.0380

ATM switch ATM 交换机 14.0342

ATN 扩充转移网络 20.0043

ATN grammar 扩充转移网络语法 20.0090

atomic broadcasting 原子广播 03.0212

atomic formula 原子公式 02.0032

atomicity 原子性 11.0159

atomicity operation 原子操作 04.0417

ATPG 自动测试生成 03.0090

attached document 附加文档 14.0643

attached processor 附属处理器 04.0074

attachment unit interface 连接单元接口 14.0471

attack 攻击 19.0260

attacker 攻击程序 19.0261

attention focusing 注意力聚焦 22.0130

attenuation 衰减 07.0105

attitude and orbit control electronics 姿态轨道控制电
路 17.0188

attitude control 姿态控制 17.0039

attribute 属性 11.0073

attribute closure 属性闭包 11.0135

attribute grammar 属性语法 09.0193

attribute of Chinese character 汉字属性 15.0045

audio 音频 18.0150

audio database 音频数据库 11.0314

audiographic conferencing 声图会议 14.0725

audio helper 助听器[程序] 14.0664

audio input device 声音输入设备 05.0397

audio memory 声频存储器 06.0055

audio mixer 混音器 18.0159

audio output device 声音输出设备 05.0398

audio stream 音频流 18.0154

audio synthesis 音频合成 18.0156

audio track 音轨 18.0155

audiovisual information 视听信息 14.0727

audit 审计 19.0231

audit trail 审计跟踪 19.0421

augmented transition network 扩充转移网络
20.0043

augment reality 增强现实 18.0031

AUI 连接单元接口 14.0471

authentication 鉴别 19.0121

authentication data 鉴别数据 19.0123

authentication exchange 鉴别交换 19.0370

authentication header 鉴别头 19.0122

authentication information 鉴别信息 19.0369

authoring 著作 18.0205

authoring language 创作语言 09.0021

authoring tool 著作工具 18.0011

authorization list 授权表 19.0125

authorized state 特许状态 10.0833

autocompensation 自动补偿 17.0105

autokey cipher 自动密钥密码 19.0012

automated design tool 自动设计工具 12.0016

automated drafting 自动绘图 16.0020

automated logic inference 自动逻辑推理 13.0210

automated reasoning 自动推理 13.0207

automated search service 自动搜索服务 14.0671

automated security monitor 自动安全监控 19.0178

automated test case generator 自动测试用例生成器
12.0212

automated test data generator 自动测试数据生成器
12.0213

automated test generator 自动测试生成器 12.0214

automated verification system 自动验证系统
12.0215

automated verification tool 自动验证工具 12.0216

automatic abstract 自动文摘 20.0161

Automatically Programmed Tools APT 语言
09.0020

automatic check 自动检验 08.0156

automatic Chinese word segmentation 汉语自动切分
20.0027

automatic control 自动控制 17.0002

automatic deduction 自动演绎 13.0215

automatic dimensioning 自动尺寸标注 16.0023

automatic feed 自动进给 17.0127

automatic indexing 自动标引 20.0160

automatic memory 自动记忆 15.0240

automatic model acquisition 自动模型获取
16.0104

automatic paging　自动分页　10.0503

automatic parallelization　自动并行化　04.0323

automatic program interrupt　自动程序中断 10.0306

automatic programming　自动程序设计　09.0095

automatic segmentation and control　自动分段和控制 10.0122

automatic segmentation of Chinese word　汉语自动分词　15.0260

automatic sheet feeder　自动送纸器　05.0308

automatic telephone translation system　自动电话翻译系统　20.0207

automatic test equipment　自动测试设备　03.0091

automatic testing　自动测试　08.0111

automatic test pattern generation　自动测试生成 03.0090

automatic translation　自动翻译　20.0206

automaton　自动机　02.0111

autonomous channel operation　自主通道操作 04.0597

autonomous fault　独立型故障　08.0010

autonomous system　自治系统，＊自主系统 14.0549

autopilot　自动驾驶仪　17.0266

autoplacement　自动布局　16.0024

autorouting　自动布线　16.0025

autostart　自动启动　10.0776

autosyn　自动同步器　17.0267

autotasking　自动任务化　09.0353

autotest　自动测试　08.0111

auxiliary memory　辅助存储器　06.0048

availability　可用性，＊易用性　01.0280

availability model　可用性模型　12.0217

average access time　平均存取时间，＊平均访问时间　01.0097

average-behavior analysis　平均性态分析　02.0317

average memory access time　存储器平均访问时间 04.0156

average reducibility　平均归约［性］　02.0481

average seek time　平均寻道时间　05.0014

average waiting time　平均等待时间　01.0096

avigraph　自动导航仪　17.0268

AWT　抽象窗口工具箱　12.0166

axial feed　轴向进给　17.0132

axiomatic complexity　公理复杂性　02.0244

axiomatic semantics　公理语义　09.0191

axonometric projection　轴测投影　16.0372

azimuth magnetic recording　方位角磁记录　05.0032

B

b　［二进制］位，＊比特　23.0001

B　字节　23.0002

backbone bus　主干总线　04.0331

backbone network　主干网　14.0550

backdoor　后门　19.0297

back edge　回边　02.0318

back-end network　后端网　14.0013

background　后台　10.0329

background color　背景色　16.0278

background initiator　后台初启程序　10.0293

background job　后台作业　10.0330

background mode　后台操作方式　10.0420

background monitor　后台监控程序　10.0453

background paging　后台分页　10.0502

background partition　后台分区　10.0522

background region　后台区　10.0693

background scheduler　后台调度程序　10.0756

background task　后台任务　10.0947

back plane　底板　07.0125

backprojection operator　反投影算子　22.0225

back-propagation network　反传网络　13.0558

back recovery　返回恢复　10.0696

backtracking　回溯［法］　02.0344

backup　备份　01.0368

backup and recovery　备份与恢复　08.0362

backup battery　后援电池　07.0330

backup cache　后援高速缓存　06.0058

backup copy　副本　01.0345

backup diskette　后备软盘　08.0075

backup file　备份文件　10.0249

backup procedure　备份过程　19.0448

backup storage　后援存储器　06.0130

backup system 后援系统，＊后备系统 08.0076

Backus-Naur form 巴克斯－诺尔形式 09.0163

Backus normal form 巴克斯范式 09.0164

backward chained reasoning 反向推理 13.0219

backward channel 反向信道 14.0100

backward cross talk 后向串扰 07.0192

backward explicit congestion notification 后向显式拥塞通知 14.0405

backward LAN channel 反向局域网信道 14.0505

backward reachability 向后可达性 02.0633

backward read 反读 05.0195

backward reasoning 反向推理 13.0219

backward recovery 反向恢复 03.0021

bacterium 细菌 19.0415

bad sectoring 坏扇区法 19.0456

Bai Ti 白体 15.0058

balanced line 对称传输线 07.0157

balanced merge sort 平衡归并排序 21.0012

balanced to ground 对地平衡 07.0212

balanced-tree 平衡树 09.0324

ball grid array 球阵列封装 07.0284

bandwidth of memory 存储器带宽 04.0155

bang-bang control 继电控制 17.0032

bank ［存储］体 06.0006

bank conflict 存储体冲突 04.0182

bar chart 条形图 16.0089

bar code 条码 05.0403

bar code reader 条码阅读器 05.0404

bar code scanner 条码扫描器 05.0405

barrel distortion 桶形失真 05.0350

barrier synchronization 障栅同步 04.0324

barycentric coordinate 重心坐标 16.0156

baseband LAN 基带局［域］网 14.0415

baseband transmission 基带传输 14.0084

baseline 基线 12.0401

baseline network 基准网络 04.0142

base page 基页 10.0487

base priority 基本优先级 10.0559

base register 基址寄存器 04.0583

base table 基表 11.0066

BASIC BASIC 语言 09.0022

basic block 基本块 04.0612

basic component 基础部件 15.0141

basic I/O system 基本输入输出系统 10.0904

basic key 基本密钥 19.0075

Basic Language for Implementation of System Software BLISS 语言 09.0024

basic mode link control ［procedures］ 基本型链路控制［规程］，＊基本规程 14.0150

basic multilingual plane 基本多文种平面 15.0109

basic operation 基本操作 14.0270

basic platform 基本平台 10.0532

basis function 基函数 16.0203

bastion host 堡垒主机 19.0255

batch 批 01.0397

batch control 批量控制 17.0049

batch file 批处理文件 10.0258

batch job 批作业 10.0323

batch processing 批处理 10.0619

batch processing operating system 批处理操作系统 10.0006

batch processing system 批处理系统 10.0887

bathtub curve 浴盆曲线 08.0072

baud 波特 14.0068

Bayes analysis 贝叶斯分析 03.0027

Bayesian classifier 贝叶斯分类器 13.0093

Bayesian decision method 贝叶斯决策方法 13.0095

Bayesian decision rule 贝叶斯决策规则 13.0094

Bayesian inference 贝叶斯推理 13.0096

Bayesian inference network 贝叶斯推理网络 13.0097

Bayesian logic 贝叶斯逻辑 13.0098

Bayesian theorem 贝叶斯定理 13.0099

BBS 公告板服务 14.0683，公告板系统 14.0684

BCFN BC 范式 11.0143

BC normal form BC 范式 11.0143

BCPL BCPL 语言 09.0023

BDD 二叉判定图 03.0009

BDI 商业数据交换 14.0718

BDI model 信念－期望－意图模型 13.0439

beaconing station 报警站 14.0517

beam search 定向搜索 13.0124

BECN 后向显式拥塞通知 14.0405

before-image 前像 11.0197

begin-end block　开始 - 结束块　09.0025

Beginner's All-purpose Symbolic Instruction Code
　　BASIC 语言　09.0022

beginning-of-tape marker　磁带头标　05.0187

behavior　性态　02.0319

behavioral agent　行为主体　13.0437

behavioral animation　行为动画　18.0060

behavioral model　行为模型　21.0147

belief　信念　13.0236，相信　19.0468

belief-desire-intention model　信念 - 期望 - 意图模
　　型　13.0439

belief function　可信度函数　20.0191

belief logic　相信逻辑　19.0470

belief revision　信念修正　13.0438

Bell-Lapadula model　贝尔 - 拉帕杜拉模型
　　19.0126

benchmark　基准　03.0222

benchmark program　基准程序　01.0155

benchmark test　基准测试　01.0156

BER　位误差率　18.0026

Bernoulli disk　伯努利盘　05.0166

best-effort delivery　尽力投递　14.0566

best first search　最佳优先搜索　13.0128

best fit　最佳适配［法］　10.0283

beta test　β 测试　03.0005

between-the-lines entry　线间进入　19.0408

Bezier curve　贝济埃曲线　16.0171

Bezier surface　贝济埃曲面　16.0172

BGA　球阵列封装　07.0284

BGP　边界网关协议　14.0580

bicomponent　双分支　02.0320

biconnected components　双连通分支　02.0321

biconnectivity　双连通性　02.0322，双连通度
　　02.0323

bicubic patch　双三次曲面片　16.0161

bicubic surface　双三次曲面　16.0160

bidirectional bus　双向总线　01.0138

bidirectional printing　双向打印　05.0304

bidirectional search　双向搜索　13.0129

bidirectional transmission　双向传输　14.0081

bidirection reasoning　双向推理　13.0220

bigram　二元语法　20.0187

bilateral closed user group　双边闭合用户群
　　14.0299

bilinear interpolation　双线性内插　22.0226

bilinear surface　双线性曲面　16.0162

bilinear system　双线性系统　17.0179

bilingual alignment　双语对齐　20.0193

bilingual machine readable dictionary　双语机器可读
　　词典　20.0170

binary cell　二进制单元　01.0192

binary character　二进制字符　01.0191

binary decision diagram　二叉判定图　03.0009

binary digit　二进制数字　01.0184

binary image　二值图像　22.0010

binary insertion　二分插入　02.0325

binary large object　二进制大对象　11.0286

binary merge　二路归并　02.0326

binary operation　二进制运算　04.0461

binary relation　二元关系　02.0327

binary resolvent　二元预解式　02.0090

binary search　二分搜索　02.0328

binary search tree　二叉查找树　02.0336

binary sort tree　二叉排序树　02.0335

binary syllabification　双拼　15.0035

binary system　二进制　01.0182

binary tree　二叉树　02.0329

binding　绑定　09.0198

binocular imaging　双目成像　22.0167

bin packing　装箱问题　02.0324

biocomputer　生物计算机　01.0087

biometric　生物测定　19.0424

bi-orthogonal wavelet transformation　双正交小波变换
　　22.0041

BIOS　基本输入输出系统　10.0904

bipartite graph　二分图　02.0337

bipolar memory　双极存储器　06.0016

birthday attack　生日攻击　19.0282

B-ISDN　宽带综合业务数字网，＊B - ISDN 网
　　14.0317

BIST　内建自测试　03.0014

bistable trigger circuit　双稳触发电路　04.0480

bit　［二进制］位，＊比特　23.0001

bit commitment　位提交　02.0488

bit density　位密度　05.0050

bit drive　位驱动　06.0078

bit error rate 位误差率 18.0026

bit-identify 位标识 15.0137

bitmap 位图 22.0012

bit-oriented protocol 面向比特协议 14.0145

bitplane 位平面 18.0064

bit pulse crowding 位脉冲拥挤 05.0059

bit-slice computer 位片计算机 01.0055

bits per inch 位每英寸 23.0018

bits per second 位每秒，* 比特每秒 23.0022

black 黑色 19.0354

blackboard 黑板 13.0055

blackboard architecture 黑板体系结构 13.0100

blackboard coordination 黑板协调 13.0101

blackboard memory organization 黑板记忆组织
13.0102

blackboard model 黑板模型 13.0103

blackboard negotiation 黑板协商 13.0104

blackboard strategy 黑板策略 13.0105

blackboard structure 黑板结构 13.0056

blackboard system 黑板系统 13.0106

black-box 黑箱 12.0407

black box testing 黑箱测试 03.0241

black hole 黑洞 14.0647

black matrix screen 黑底屏 05.0352

black signal 黑信号 19.0353

blank 空白符 02.0171

blank diskette 空白软盘 05.0153

blanking 消隐 05.0351

blending 混合 16.0122

blind search 盲目搜索 13.0125

blind signature 盲签 19.0152

blinking 闪烁 16.0344

BLISS BLISS 语言 09.0024

BLOB 二进制大对象 11.0286

block 块 01.0231

block cipher 分组密码 19.0004

block diagram 框图 01.0263

blocked state 阻塞状态 10.0835

blocking network 阻塞网络 04.0081

block lock state 块封锁状态 10.0834

block multiplexor channel 字组多路转换通道
04.0594

block paging 成组分页 10.0506

block payload 块净荷 14.0361

block primitive 阻塞原语 10.0585

block priority control 块优先级控制 10.0578

blocks of knowledge 知识单元 20.0179

block-structured language 块结构语言 09.0026，
分程序结构语言 09.0027

block transfer 成组传送 06.0129

block world 积木世界 13.0250

blown fuse 熔断丝 07.0345

blur 模糊 22.0102

BMP 基本多文种平面 15.0109

BNF 巴克斯－诺尔形式 09.0163，巴克斯
范式 09.0164

board 板 07.0128

Bode diagram 伯德图 17.0118

Boltzmann machine 玻尔兹曼机 13.0561

bonding 压焊 07.0268

bonding pad 焊盘 07.0266

bookmark 书签 18.0207

Boolean algebra 布尔代数 02.0018

Boolean expression 布尔表达式 02.0019

Boolean operation 布尔运算 02.0017

Boolean process 布尔过程 03.0050

Boolean search 布尔查找，* 布尔搜索 11.0334

boot 引导程序 10.0434

Booth multiplier 布思乘法器 04.0526

Booth's algorithm 布思算法 04.0423

boot password 引导口令 19.0140

bootstrap 引导程序 10.0434，自展 10.0435

Bootstrap Combined Programming language BCPL 语
言 09.0023

bootstrap loader 引导装入程序 12.0218

border 边框 22.0066

border gateway protocol 边界网关协议 14.0580

both-way communication 双向通信 14.0109

bottom-up 自底向上 12.0098

bottom-up design 自底向上设计 21.0080

bottom-up method 自底向上方法 12.0090

bottom-up parsing 自底向上句法分析 20.0053

bottom-up reasoning 自底向上推理 13.0225

boundary 边界 22.0067

boundary condition 边界条件 02.0331

boundary detection 边界检测 03.0061

boundary error 边界错误 08.0328

boundary model 边界模型 16.0112

boundary modeling 边界建模 16.0113

boundary pixel 边界像素 22.0069

boundary representation 边界表示 16.0173

boundary scan 边界扫描 03.0060

boundary tracking 边界跟踪 22.0068

boundedness 有界性 02.0612

bounded net 有界网 02.0533

bounding box 包围盒 16.0455

bounding box test 包围盒测试 16.0456

bpi 位每英寸 23.0018

Bpi 字节每英寸 23.0019

BPR 企业过程再工程 21.0055

bps 位每秒，* 比特每秒 23.0022

Bps 字节每秒 23.0023

bracket state manager 阶层[类]状态管理程序
    10.0415

brain function module 脑功能模块 13.0002

brain imaging 脑成像 13.0003

brain model 脑模型 13.0004

brain science 脑科学 13.0005

branch 分支 09.0160

branch and bound 分支限界[法] 02.0345

branch-and-bound search 分支限界搜索 13.0126

branch delay slot 转移延迟槽 04.0353

branch hazard 条件冲突 04.0355

branch history table 转移历史表 04.0350

branch instruction 分支指令 04.0543

branch prediction 转移预测 04.0354

branch prediction buffer 转移预测缓冲器 04.0168

branch target address 转移目标地址 04.0351

breach 违背 19.0399

breadboard 实验电路板 07.0259

breadth first analysis 宽度优先分析 20.0055

breadth first search 广度优先搜索 02.0332

breaker 断路器 07.0332

breakpoint switch 断点开关 08.0372

bridge 网桥 14.0426

bridging fault 桥接故障 08.0029

bridging node 桥接结点 14.0740

brief-code 简码 15.0199

brigade algorithm 桶链算法 13.0547

brightness 亮度 16.0405

brightness ratio 亮度比 05.0349

broadband access 宽带接入 14.0370

broadband integrated service digital network 宽带综
    合业务数字网，* B - ISDN 网 14.0317

broadband LAN 宽带局[域]网 14.0416

broadcast 广播 14.0119

broadcast address 广播地址 14.0435

broken fault 断路故障 08.0025

brouter 桥路由器 14.0484

browser 浏览器 14.0656

browsing 浏览 19.0230

brute-force attack 蛮干攻击 19.0276

BSP 企业系统规划 21.0052

B-spline B 样条 16.0165

B-spline curve B 样条曲线 16.0166

B-spline surface B 样条曲面 16.0167

B to B 企业对企业 21.0202

B to C 企业对客户 21.0203

B to G 企业对政府 21.0205

B tree B 树 09.0328

B+ tree B+ 树 09.0329

bubble sort 冒泡排序 02.0333

bucket sort 桶排序 02.0334

buddy system 伙伴系统 10.0890

buffer 缓冲器 07.0023

buffer allocation 缓冲区分配 10.0057

buffering 缓冲 18.0137

buffer management 缓冲区管理 10.0397

buffer memory 缓冲存储器，* 缓存 06.0046

buffer pool 缓冲池 10.0538

buffer preallocation 缓冲区预分配 10.0058

buffer storage 缓冲寄存器 04.0176

bug 隐错 12.0219

bug seeding 隐错撒播 12.0220

building block 构件块 12.0221

builder 构造程序，* 构造器 09.0249

build-in PLC 内置式可编程逻辑控制器 17.0190

built-in function 内建函数 11.0048

built-in self-test 内建自测试 03.0014

bulk memory 大容量存储器 04.0160

bulletin board service 公告板服务 14.0683

bulletin board system 公告板系统 14.0684

buried servo 埋层伺服 05.0135

burn-in 老化 07.0298

burst rate 成组传送速率 05.0033

burst transmission 突发传输 14.0083

bus 总线 01.0136

bus arbitration 总线仲裁 04.0333

bus bar 汇流条 07.0337

business data interchange 商业数据交换 14.0718

business model 企业模型 21.0154

business process modeling 企业过程建模 21.0178

business process reengineering 企业过程再工程 21.0055

business system planning 企业系统规划 21.0052

business to business 企业对企业 21.0202

business to customer 企业对客户 21.0203

business to government 企业对政府 21.0205

bus isolation mode 总线隔离模式 08.0108

bus mouse 总线鼠标[器] 05.0408

bus network 总线网 14.0417

bus-quiet signal 总线寂静信号 14.0510

bus structure 总线结构 04.0443

busy 忙[碌] 01.0298

busy waiting 忙等待 10.0791

butterfly 蝶形[结构] 02.0447

butterfly permutation 蝶式排列 04.0105

bypass capacitor 旁路电容 07.0344

bypassing 旁路 04.0386

byte 字节 23.0002

byte multiplexor channel 字节多路转换通道 04.0593

bytes per inch 字节每英寸 23.0019

bytes per second 字节每秒 23.0023

Byzantine resilience 拜占庭弹回 03.0168

C

C C语言 09.0028

3C 3C模型 12.0416

C++ C++语言 09.0029

CA 证书[代理]机构 19.0086，认证机构 19.0087，中心机构 19.0088，证书鉴别 19.0089

CAA 计算机辅助分析 16.0001

cabinet 机箱，＊机柜 07.0248

cabinet projection 斜二轴测投影 16.0373

cable 线缆 14.0238

cable modem 线缆调制解调器 14.0204

CAC 连接接纳控制 14.0406

cache 高速缓存，＊高速缓冲存储器 04.0194

cache block replacement 高速缓存块替换 04.0208

cache coherence 高速缓存一致性 04.0196

cache coherent protocol 高速缓存一致性协议 04.0209

cache conflict 高速缓存冲突 04.0195

cacheline 高速缓存块 06.0002

cache memory sharing 高速缓存共享 10.0391

cache miss 高速缓存缺失 04.0161

cache only memory access 全高速缓存存取 04.0204

CAD 计算机辅助设计 01.0035

CAD/CAM 计算机辅助设计与制造 16.0007

CAE 计算机辅助工程 16.0002

CAGD 计算机辅助几何设计 16.0003

CAI 计算机辅助教学 16.0004

calculator 计算器 04.0031

λ-calculus λ演算 02.0009

call 调用 10.0797，呼叫 14.0130

call-back 回叫 19.0425

call by name [按]名调用，＊唤名 09.0178

call by reference 引址调用 09.0179

call by value [按]值调用，＊传值 09.0180

call connected packet 呼叫接通分组 14.0287

call control 呼叫控制 14.0288

call control procedures 呼叫控制规程 14.0132

call deflection 呼叫改发 14.0285

callee 被调用者 04.0292

caller 调用者 04.0302

calligraphical coding 字形编码 15.0186

calling 呼叫 14.0130

call progress signal 呼叫进行信号 14.0289

call redirection 呼叫重定向 14.0284

CALS 计算机辅助后勤保障 21.0127

CAM 计算机辅助制造 16.0005

camera calibration 摄像机标定 22.0131

campus network 园区网 14.0480

cancellation 注销 10.1003

candidate key 候选[键]码 11.0077

candidate solution 候选解 13.0112

Canny operator 坎尼算子 22.0070

canonical form 正则形式 15.0115

canonical name 规范名 13.0647

canonical order 正则序 02.0129

capability 能力 13.0440

capability list 能力表 19.0385

capability maturity model 能力成熟[度]模型 12.0222

capacitive touch screen 电容式触摸屏 05.0420

capacity 容量 01.0165

capacity function 容量函数 02.0559

CAPP 计算机辅助工艺规划 16.0008

capstan 主动轮 05.0202

carbon ribbon 碳膜色带 05.0299

card 卡 07.0127

card guide 插件导轨 07.0250

card punch 卡片穿孔[机] 05.0431

card rack 插件架 07.0254

card reader 卡片读入机 05.0384

carriage [磁盘]小车 05.0113,[打印机]托架 05.0288

carriage return 回车 05.0313

carrier sense 载波侦听 14.0453

carrier sense multiple access 载波侦听多址访问 14.0490

carrier sense multiple access with collision avoidance network 带碰撞避免的载波侦听多址访问网络,＊CSMA/CA 网 14.0492

carrier sense multiple access with collision detection network 带碰撞检测的载波侦听多址访问网络,＊CSMA/CD 网 14.0491

carry 进位 04.0502

carry-propagation adder 进位传递加法器 04.0621

carry-save adder 保留进位加法器 04.0622

Cartesian product 笛卡儿积 11.0100

Cartesian robot 直角坐标型机器人 17.0168

cartridge disk 盒式磁盘 05.0074

cartridge magnetic tape 盒式磁带 05.0170

CAS 通道和仲裁开关 04.0627,复杂适应性系统 21.0102

cascade connection 级联 07.0039

cascade control 串级控制 17.0061

cascading style sheet 层叠样式表 14.0667

case 机箱,＊机柜 07.0248,范例,＊案例 13.0142,格 20.0082

CASE 计算机辅助软件工程 12.0001,公共应用服务要素 14.0692,计算机辅助系统工程 21.0064

case axiom 情态公理 02.0575

case base 范例库 13.0143

case-based reasoning 基于范例的推理 13.0153

case class 情态集 02.0630

case dependent similarity 范例依存相似性 13.0144

case dominance theory 格支配理论 20.0084

case frame 格框架 20.0085

case grammar 格语法 20.0083

case representation 范例表示 13.0145

case restore 范例重存 13.0146

case retrieval 范例检索 13.0147

case retrieval net 范例检索网 13.0148

case reuse 范例重用 13.0149

case revision 范例修正 13.0150

case statement [分]情况语句 09.0161

case structure 范例结构 13.0151

case validation 范例验证 13.0152

cassette magnetic tape 卡式磁带 05.0169

CAT 计算机辅助测试 03.0025

categorical analysis 范畴分析 02.0082

categorical grammar 范畴语法 20.0089

category 范畴 20.0166

cathode-ray tube 阴极射线管 05.0334

causal analysis system 因果分析系统 21.0108

causality 因果性 13.0155

causal logic 因果逻辑 02.0078

causal message logging 因果消息日志 03.0076

causal reasoning 因果推理 13.0154

cause effect graph 因果图 12.0192

CAV 恒角速度 05.0107

cavalier projection 斜等轴测投影 16.0374

CBC 密文分组链接 19.0013

CBR 基于范例的推理 13.0153, 恒定比特率 14.0347

CBSD 基于构件的软件开发 12.0414

CBSE 基于构件的软件工程 12.0415

CBX 计算机化小交换机 14.0216

CC 连续性检验 14.0398

C^1 continuity 一阶参数连续, *C^1 连续 16.0199

C^2 continuity 二阶参数连续, *C^2 连续 16.0200

CCW 通道命令字 04.0626

CD 光碟, *光盘 05.0223

CD-DA 唱碟 05.0224

CDDI 铜线分布式数据接口 14.0481

CDK 控制开发工具箱 09.0242

CDL 构件描述语言 09.0230

CD-R 可录光碟 05.0232

CD-rewritable 可重写光碟 05.0233

CD-ROM 只读碟 05.0225

CD-RW 可重写光碟 05.0233

CDV 信元延迟变动量 14.0412

cell [存储]单元 06.0131, 信元 14.0354, 字位 15.0116

cell delay variation 信元延迟变动量 14.0412

cell delineation 信元划界 14.0353

cell encoding 单元编码 16.0446

cell header 信元头 14.0355

cell loss ratio 信元丢失率 14.0413

cell-octet 字位八位 15.0128

cell transfer delay 信元传送延迟 14.0411

cellular automata 细胞自动机 02.0063

center of projection 投影中心 16.0371

central authority 中心机构 19.0088

centralized buffer pool 集式缓冲池 10.0539

centralized control 集中控制 04.0137

centralized network 集中式网 14.0010

centralized processing 集中[式]处理 21.0004

centralized refresh 集中[式]刷新 06.0098

central moment 中心矩 22.0157

central processing unit 中央处理器, *中央处理机 01.0125

central queue 中央队列 10.0666

centripetal model 向心模型 16.0103

CEO 执行主管, *首席执行官 21.0183

CEP 连接端点 14.0389

certainty factor 确信度 13.0237

certificate 证书 19.0128

certificate agency 证书[代理]机构 19.0086

certificate authentication 证书鉴别 19.0089

certificate chain 证书链 19.0133

certificate management authority 证书管理机构 19.0485

certificate revocation 证书废除 19.0129

certificate revocation list 证书作废表 19.0477

certificate status authority 证书状态机构 19.0496

certification 认证 19.0085

certification authority 认证机构 19.0087

certification chain 认证链 19.0471

certify 证实 01.0341

C/E system 条件－事件系统 02.0620

CF 确信度 13.0237

CFG 上下文无关文法 02.0114

CFL 上下文无关语言 02.0115

CFO 财务主管 21.0184

CGA 彩色图形适配器 05.0377

CGI 公共网关接口 14.0665

chain 链 09.0332

chain code following 链码跟踪 22.0071

chain connection 链式连接 14.0738

chained file allocation 链式文件分配 10.0059

chained list 链[接]表 12.0108

chained stack 链式栈 10.0821

chain file 链式文件 10.0250

chain infection 链式感染 19.0291

chain job 链式作业 10.0324

chain letter 链式邮件 19.0416

chain scheduling 链式调度 10.0738

challenge-response identification 问答式标识 19.0135

chance fault 偶发故障 08.0017

change control 更改控制 12.0400

change detection 变化检测 22.0135

change dump 变更转储 10.0035

channel 通道 01.0132, 信道 14.0098

channel adapter 通道适配器 04.0379

channel and arbiter switch 通道和仲裁开关 04.0627

channel capacity　信道容量　14.0101

channel command　通道命令　10.0144

channel command word　通道命令字　04.0626

channel controller　通道控制器　04.0595

channel interface　通道接口　04.0596

channel scheduler　通道调度程序　10.0146

chaos　混沌　17.0136

chaotic dynamics　混沌动力学　13.0565

character　字符　01.0196

character boundary　字符边界　15.0117

character dependence　字符相关　19.0103

character form　字形　15.0064

character formation component　成字部件　15.0143

character frequency　字频　15.0075

character generator　字符发生器　05.0371

character input device　字符输入设备　05.0392

characteristic equation　特征方程　17.0104

characteristic function　特征函数　02.0007

characteristic impedance　特性阻抗　07.0166

character mode terminal　字符[式]终端　14.0222

character non-formation component　非成字部件　15.0144

character number　字号　15.0059

character order　字序　15.0077

character-oriented protocol　面向字符协议　14.0144

character printer　字符打印机　05.0283

character pronunciation　字音　15.0076

character quantity　字量　15.0074

character recognition　字符识别　13.0582

character set　字符集　01.0198

characters per second　字符每秒　23.0033

character string　字符串　01.0197

character style　字体　15.0051

charge-coupled memory　电荷耦合存储器　06.0017

charging　计费　14.0313

chart grammar　图表语法　20.0062

chart parser　图表句法分析程序　20.0057

chassis　机箱，*机柜　07.0248

cheating　欺骗　19.0273

check　检验，*检查　01.0336

check bit　检验位　08.0147

checkboard test　检验板测试　03.0229

check bus　检验总线　08.0145

check digit　检验位　08.0147

checker　检查程序　01.0337，检验器　03.0230

checking circuit　检验电路　08.0151

checking code　检验码　19.0457

checking computation　检验计算，*验算　08.0152

checking off symbol　查讫符号　02.0190

checking procedure　检验步骤　08.0153

checking sequence　检验序列　03.0228

checklist　检查表　03.0225

checkpoint　检查点　03.0226

checkpoint restart　检查点再启动　08.0373

check program　检验程序　08.0148

check routine　检验例程　08.0149

check stop　检错停机　03.0231

checksum　检查和　03.0224

check trunk　检验总线　08.0145

chief executive officer　执行主管，*首席执行官　21.0183

chief financial officer　财务主管　21.0184

chief information officer　信息主管　21.0166

chief knowledge officer　知识主管　21.0186

chief operation officer　运作主管　21.0187

chief technology officer　技术主管　21.0185

CHILL　CHILL语言　09.0030

Chinese　中文　15.0001，汉语　15.0002

Chinese analysis　汉语分析　15.0249

Chinese character　汉字　15.0003

Chinese character attribute dictionary　汉字属性字典　15.0046

Chinese character card　汉卡　15.0269

Chinese character coded character set　汉字编码字符集　15.0015

Chinese character code for information interchange　汉字信息交换码　15.0101

Chinese character code for interchange　汉字交换码　15.0100

Chinese character coding　汉字编码　15.0154

Chinese character coding input method　汉字编码输入方法　15.0157

Chinese character coding scheme　汉字编码方案　15.0156

Chinese character component　汉字部件　15.0069

Chinese character condensed technology　汉字信息压

缩技术　15.0278

Chinese character control function code　汉字控制功
能码　15.0107

Chinese character display terminal　汉字显示终端
15.0270

Chinese character features　汉字特征　15.0044

Chinese character font code　汉字字形码　15.0177

Chinese character font library　汉字字形库　15.0149

Chinese character handheld terminal　汉字手持终端
15.0267

Chinese character indexing system　汉字检字法
15.0159

Chinese character information processing　汉字信息处
理　15.0011

Chinese character ink jet printer　汉字喷墨印刷机
15.0274

Chinese character input　汉字输入　15.0021

Chinese character inputing code　汉字输入码
15.0191

Chinese character input keyboard　汉字输入键盘
15.0268

Chinese character internal code　汉字内码　15.0105

Chinese character keyboard input method　汉字键盘输
入方法　15.0158

Chinese character laser printer　汉字激光印刷机
15.0273

Chinese character output　汉字输出　15.0022

Chinese character printer　汉字打印机　15.0271

Chinese character recognition　汉字识别　15.0241

Chinese character recognition system　汉字识别系统
15.0294

Chinese character set　汉字集　15.0038

Chinese character specimen　汉字样本　15.0040

Chinese character specimen bank　汉字样本库
15.0041

Chinese character structure　汉字结构　15.0068

Chinese character terminal　汉字终端　15.0266

Chinese character thermal printer　汉字热敏印刷机
15.0275

Chinese character utility program　汉字公用程序
15.0279

Chinese character wire impact printer　汉字针式打印
机　15.0272

Chinese computer-aided instruction system　汉语计算
机辅助教学系统　15.0292

Chinese corpus　中文语料库　15.0026

Chinese generation　汉语生成　15.0250

Chinese information processing　中文信息处理
01.0034，汉语信息处理　15.0010

Chinese information processing equipment　中文信息
处理设备　15.0264

Chinese information retrieval system　中文信息检索系
统　15.0288

Chinese languages　中文　15.0001

Chinese language understanding　汉语理解　15.0148

Chinese operating system　中文操作系统　15.0285

Chinese platform　中文平台　15.0009

Chinese speech analysis　汉语语音分析，＊汉语言
语分析　15.0243

Chinese speech digital signal processing　汉语语音数
字信号处理，＊汉语言语数字信号处理
15.0246

Chinese speech information library　汉语语音信息库，
＊汉语言语信息库　15.0245

Chinese speech information processing　汉语语音信息
处理，＊汉语言语信息处理　15.0247

Chinese speech input　汉语语音输入，＊汉语言语输
入　15.0185

Chinese speech recognition　汉语语音识别，＊汉语
言语识别　15.0242

Chinese speech synthesis　汉语语音合成，＊汉语言
语合成　15.0244

Chinese speech understanding system　汉语语音理解
系统，＊汉语言语理解系统　15.0291

Chinese text correcting system　中文文本校改系统
15.0287

Chinese word and phrase coding　汉语词语编码
15.0155

Chinese word and phrase library　汉语词语库
15.0195

Chinese word processor　汉语词语处理机　15.0265

chip　芯片　07.0004

chip selection　片选　06.0083

chipware　芯件　04.0412

Chomsky hierarchy　乔姆斯基谱系　02.0234，
乔姆斯基层次结构　20.0122

Chomsky normal form 乔姆斯基范式 02.0233

chosen-cipher text attack 选择密文攻击 19.0264

chosen-plain text attack 选择明文攻击 19.0262

chromatic adaption 色适应性 22.0177

chromaticity 色度 16.0386

chromaticity coordinate 色度坐标 16.0451

chromaticity diagram 色度图 16.0452

chromatic number 着色数 02.0352

chromatic number problem 着色数目问题 02.0283

chromium-oxide tape 铬氧磁带 05.0175

chunk 知识块 13.0006

Church thesis 丘奇论题 02.0002

churning 系统颠簸 10.0160

CIDR 无类别域际路由选择 14.0611

cifax 密码传真 19.0052

CIM 计算机集成制造 16.0006

CIMS 计算机集成制造系统 17.0170

CIO 信息主管 21.0166

cipher block chaining 密文分组链接 19.0013

cipher feedback 密文反馈 19.0014

cipher text 密文 19.0108

cipher text-only attack 惟密文攻击 19.0263

circuit 电路 07.0005

circuit breaker 断路器 07.0332

circuit protector 电路保护器 07.0333

circuit switched data network 电路交换数据网
14.0245

circuit switched public data network 电路交换公用数
据网 14.0246

circuit switching 电路交换 14.0127

circuit switching network 电路交换网 14.0018

circuit transfer mode 电路传送模式 14.0340

circular buffering 循环缓冲，＊环形缓冲 10.0092

circular interpolation 圆弧插补 17.0133

circular linked list 循环链表 02.0393

circular scanning 圆扫描 05.0359

circulation frequency of Chinese character 汉字流通
频度 15.0042

circulation frequency of Hanzi 汉字流通频度
15.0042

circulation frequency of the word classification 词分类
流通频度 15.0091

circulation frequency of word 词流通频度 15.0089

circumscription reasoning 限定推理 13.0232

CISC 复杂指令集计算机 04.0043

CIX 商务因特网交换中心 14.0543

CJK unified ideograph 中日韩统一汉字 15.0113

CKO 知识主管 21.0186

claim-token frame 申请权标帧，＊申请令牌帧
14.0515

class 类 11.0289

classical logic 经典逻辑 02.0056

classification 密级 19.0099

classified data 密级数据 19.0112

classified information 密级信息 19.0113

classifier 分类器 22.0168

classless interdomain routing 无类别域际路由选择
14.0611

class of algorithms 算法类 02.0353

clause 子句 02.0045

clause grammar 子句语法 20.0070

cleaning diskette 清洁软盘，＊清洁盘 05.0167

cleanroom 净室 12.0109

cleanroom software engineering 净室软件工程
12.0188

clear 清除 01.0270

clearing 准许 19.0427

clear request 清除请求 14.0290

cleartext 明文 19.0107

click 单击 05.0412

client/server model 客户－服务器模型 11.0208

clip 片断 18.0141

clipboard 剪贴板 10.0161

clipping 裁剪，＊剪取 16.0378

clique 团集 02.0354

clique cover problem 团集覆盖问题 02.0250

clock 时钟 04.0577

clock cycle 时钟周期 04.0610

clock distribution driver 时钟分配驱动器 07.0028

clock driver 时钟驱动器 07.0027

clocked page 计时页 10.0508

clock period 时钟周期 04.0610

clock pulse 时钟脉冲 04.0579

clock-pulse generator 时钟脉冲发生器 04.0580

clock register 时钟寄存器 04.0548

clock skewing 时钟偏差 07.0218

clock step 时钟步进 07.0412

clock tick 时钟周期 04.0610

closed file 已闭文件 10.0252

closed form 闭合式 02.0355

closed-loop radar 闭环电波探测器 07.0307

closed security environment 封闭安全环境 19.0205

closed user group 闭合用户群，＊封闭用户群 14.0298

closed user group with incoming access 有入口的闭合用户群 14.0300

closed world assumption 封闭世界假设 13.0251

close loop control 闭环控制 17.0006

closure 闭包 02.0152

CLR 信元丢失率 14.0413

clumps theory 团块理论 20.0139

cluster 机群，＊群集 04.0088，聚类 22.0201

cluster analysis 群集分析 03.0240，聚类分析 22.0202

clustered index 聚簇索引 11.0090

cluster of workstations 工作站机群 04.0091

CLUT 查色表 18.0069

CLV 恒线速度 05.0106

CMA 证书管理机构 19.0485

CML 电流型逻辑 07.0010

CMM 能力成熟[度]模型 12.0222

CNC 计算机数控 17.0054

coarse grain 粗粒度 04.0109

coarse positioning 粗定位 05.0126

coating disk 涂覆磁盘 05.0077

coaxial cable 同轴电缆 07.0159

COBOL COBOL语言 09.0031

code [代]码 01.0226

(2,7) code (2,7)码，＊(2,7)行程长度受限码 05.0043

code audit 代码审计 12.0110

codebook 密[码]本 19.0027

code-breaker 破译者 19.0270

code by section-position 区位码 15.0103

codec 编解码器 18.0090

code converter 代码转换器 01.0225

coded character 编码字符 15.0118

coded character set 编码字符集 01.0199

coded representation 编码表示 15.0170

code-element 码元 15.0214

code-element set 码元集 15.0216

code-element string 码元串 15.0215

code extension 代码扩充 15.0098

code for Chinese word and phrase 词语码 15.0183

code for interchange 交换码 15.0102

code generation 代码生成 04.0619

code generator 代码生成器，＊代码生成程序 12.0111

code-independent data communication 码独立数据通信 14.0116

code inspection 代码审查 12.0112

code list 码表，＊码本 15.0211

code list of Hanzi [汉]字码表 15.0212

code list of words 词码表 15.0213

code motion 代码移动 04.0620

code optimization 代码优化 09.0277

code table 代码表 15.0099

code-transparent data communication 码透明数据通信 14.0115

code walk-through 代码走查 12.0113

code word 码字 19.0116

coding 编码 01.0223

coding efficiency 编码效率 05.0047

cognition 认知 13.0007

cognitive agent 认知主体 13.0441

cognitive mapping 认知映射 13.0008

cognitive mapping system 认知映射系统 21.0112

cognitive model 认知模型 13.0016

cognitive process 认知过程 13.0009

cognitive psychology 认知心理学 13.0010

cognitive science 认知科学 13.0014

cognitive simulation 认知仿真 13.0011

cognitive system 认知系统 13.0012

cognitron 认知机 13.0555

coherence 连贯性 16.0280

coherence check 相关检查 08.0368

cohesion 内聚性 12.0390

coincident code 重码 15.0223

cold backup 冷备份 08.0074

cold site 冷站点 19.0451

cold start 冷启动 04.0448

collaboration object 协作对象 09.0208

collaborative agent 合作主体 13.0442

collaborative authoring 协同著作 18.0196

collaborative information system development 协作信息系统开发 21.0057

collaborative multimedia 协同多媒体 18.0197

collaborative work 协同工作 18.0195

collision 碰撞 14.0437

collision detection 碰撞检测 16.0052

collision enforcement 碰撞强制[处理] 14.0493

collision vector 冲突向量 04.0115

collusion 共谋 19.0301

color 彩色,＊色 05.0353

color balance 色平衡 18.0073

color depth 色深度 18.0071

color display 彩色显示 05.0330,彩色显示器 05.0336

colored Petri net 着色佩特里网 02.0624

color/graphics adapter 彩色图形适配器 05.0377

color histogram 颜色直方图 22.0056

color image 彩色图像 22.0009

colorimetry 色度学 22.0181

color key 色键 18.0072

color look-up table 查色表 18.0069

color mapping 色映射 18.0070

color matching 色匹配 22.0182

color-matching function 色匹配函数 16.0449

color model 色模型 16.0453

color moment 色矩 22.0057

color printer 彩色打印机 05.0284

color purity 色纯度 16.0408

color saturation 色饱和度,＊色彰度 16.0409

color set 色集 22.0058

color space 色空间 16.0450

color system 颜色系统 16.0448

color temperature 色温 05.0358

column 列 11.0072,栏 15.0129

column address 列地址 06.0063

column address strobe 列地址选通 06.0082

column decoding 列译码 06.0065

column selection 列选 06.0080

COM 公共对象模型 09.0233,构件对象模型 09.0234

COMA 全高速缓存存取 04.0204

combinational logic circuit 组合逻辑电路 04.0477

combinational logic synthesis 组合逻辑综合 16.0038

combined head 组合[磁]头 05.0211

combined station 组合站 14.0211

combined strategy 组合策略 13.0620

combined vector and raster data structure 向量与栅格混合数据结构 11.0258

combining character 组合用字符 15.0119

command 命令 01.0221

command buffer 命令缓冲区 10.0091

command control block 命令控制块 10.0147

command control system 命令控制系统 10.0891

command interface 命令接口 10.0296

command interpreter 命令解释程序 10.0320

command job 命令作业 10.0325

command language 命令语言 09.0032

command-level language 命令级语言 09.0033

command line interface 命令行接口 10.0297

command processor 命令处理程序 10.0148

command retry 命令重试 08.0178

command system 命令系统 10.0150

comment 注释 09.0274

commerce and transport 政商运电子数据交换[标准],＊跨行业电子数据交换[标准] 14.0722

commercial access provider 商务访问提供者 14.0544

commercial Internet exchange 商务因特网交换中心 14.0543

commit 提交 11.0192

commitment 承诺 13.0443

commit unit 提交单元 04.0616

common application service element 公共应用服务要素 14.0692

common bus 公共总线 01.0139

COmmon Business-Oriented language COBOL 语言 09.0031

common data model 公共数据模型 11.0282

common desktop environment 公共桌面环境 10.0218

common event flag 公共事件标志 10.0228

common gateway interface 公共网关接口 14.0665

common ground point　公共接地点　07.0355

common language　公共语言　09.0034

Common LISP　Common LISP 语言　09.0035

commonly-used word　通用词　15.0081

common-mode choke　共模扼流程　19.0350

common object model　公共对象模型　09.0233

common object request broker architecture　公共对象
请求代理体系结构　09.0237

common resource　公共资源　10.0707

commonsense　常识　13.0041

commonsense reasoning　常识推理　13.0254

common service area　公共服务区　10.0097

common subexpression elimination　公共子表达式删
除　09.0309

common system area　公共系统区　10.0098

communication　通信　14.0020

communication adapter　通信适配器　14.0227

communication control character　通信控制字符
14.0151

communication controller　通信控制器　14.0215

communication failure　通信故障　11.0230

communication intelligence　通信情报　19.0314

communication interface　通信接口　14.0218

communication model　通信模型　21.0159

communication port　通信[端]口　14.0219

communication processor　通信处理机　14.0214

communication protocol　通信协议　14.0107

communication software　通信软件　14.0108

communications security　通信安全　19.0368

communication subnet　通信子网　14.0021

communicativeness　通信性　08.0356

compact disc　光碟，*光盘　05.0223

compact disc digital audio　唱碟　05.0224

compact disc-read only memory　只读碟　05.0225

compact disc-recordable　可录光碟　05.0232

compact testing　紧致测试　03.0219

comparative linguistics　比较语言学　20.0134

comparator　比较器　04.0285

comparator network　比较器网络　02.0448

compare and swap　比较并交换　04.0293

compare-exchange　比较 - 交换　02.0356

compartmented security　分隔安全　19.0196

compartmented security mode　分隔安全模式

19.0213

compatibility　兼容性　01.0277

compatibility character　兼容字符　15.0120

compatible computer　兼容计算机　04.0012

compensating network　补偿网络　17.0117

compensating transaction　补偿事务[元]　03.0115

compensation　补偿　17.0082

competition network　竞争网络　13.0560

competitive transition　竞争变迁　02.0674

compile　编译　01.0154

compiler　编译程序，*编译器　09.0259

compiler-compiler　编译程序的编译程序　09.0128

compiler generator　编译程序的生成程序　09.0129

compiler specification language　编译程序规约语言，
*申述性语言　09.0036

complement　补码　01.0227

complementary color　补色　16.0384

complementer　补码器　04.0529

complement on N-1　反码　01.0228

complete binary tree　完全二叉树　02.0357

complete graph　完全图　02.0358

completeness　完全性　02.0493

complete problem　完全问题　02.0165

complete set　完全集　02.0256

complex　复形　16.0217

complex adaptive system　复杂适应性系统　21.0102

complex data type　复杂数据类型　11.0283

complex instruction set computer　复杂指令集计算机
04.0043

complexity　复杂性　02.0242

complexity class　复杂性类　02.0246

complex transaction　复杂事务　11.0304

component　分量　09.0171，构件　09.0214

component-based software development　基于构件的
软件开发　12.0414

component-based software engineering　基于构件的软
件工程　12.0415

component code　部件码　15.0179

component coding　部件编码　15.0178

component description language　构件描述语言
09.0230

component disassembly　部件拆分　15.0140

component grammar　构件语法　20.0091

component library 构件库 09.0215

component object model 构件对象模型 09.0234

component programming 构件编程 21.0065

component repository 构件存储库 09.0231

component software engineering 构件软件工程
03.0141

composite curve 组合曲线 16.0140

composite key 组合[键]码 11.0076

composite sequence 复合序列 15.0121

composite surface 组合曲面 16.0141

composite tape 复合磁带 05.0173

compositional semantics 成分语义学 20.0106

composition decomposition 分解协调 17.0056

composition of substitution 代入复合 02.0036

compositive frequency of component 部件组字频度
15.0071

compound component 合成部件 15.0142

compound control 复合控制 17.0007

compound key 复合[键]码 11.0047

compound marking 复合标识 02.0679

compound token 复合标记 02.0684

compound word 合成词 15.0084

compress 压缩 18.0084

compression function 压缩函数 19.0043

compression ratio 压缩比 18.0088

compromise 泄密 19.0364

compromising emanation 泄密发射 19.0365

computable function 可计算函数 02.0133

computation 计算 02.0003

computational envelope 计算包封 04.0260

computational geometry 计算几何 16.0177

computational intelligence 计算智能 13.0548

computational linguistics 计算语言学 01.0040

computational logic 计算逻辑 02.0067

computational phonetics 计算语音学 20.0004

computational semantics 计算语义学 20.0107

computational zero-knowledge 计算零知识 02.0504

computation complexity 计算复杂性 02.0243,
计算复杂度 19.0046

computation use 计算使用 03.0026

computer 计算机 01.0046

computer abuse 计算机乱用 19.0292

computer-aided analysis 计算机辅助分析 16.0001

computer-aided building design 计算机辅助建筑设
计, *建筑 CAD 16.0013

computer-aided design 计算机辅助设计 01.0035

computer-aided design for Hanzi coding 汉字编码计
算机辅助设计 15.0163

computer-aided electronic design 计算机辅助电子设
计, *电子 CAD 16.0011

computer-aided engineering 计算机辅助工程
16.0002

computer-aided engineering design 计算机辅助工程
设计, *工程 CAD 16.0012

computer-aided geometry design 计算机辅助几何设
计 16.0003

computer-aided grammatical tagging 计算机辅助语法
标注 20.0101

computer-aided instruction 计算机辅助教学
16.0004

computer-aided logistic support 计算机辅助后勤保
障 21.0127

computer-aided manufacturing 计算机辅助制造
16.0005

computer-aided mechanical design 计算机辅助机械
设计, *机械 CAD 16.0010

computer-aided piping design 计算机辅助配管设计,
*配管 CAD 16.0015

computer-aided process planning 计算机辅助工艺规
划 16.0008

computer-aided process plant design 计算机辅助流
程工厂设计, *流程工厂 CAD 16.0014

computer-aided software engineering 计算机辅助软
件工程 12.0001

computer-aided steelwork design 计算机辅助钢结构
设计, *钢结构 CAD 16.0016

computer-aided system engineering 计算机辅助系统
工程 21.0064

computer-aided test 计算机辅助测试 03.0025

computer-aided translation system 计算机辅助翻译
系统 20.0208

computer animation 计算机动画 16.0294

computer application 计算机应用 01.0008

computer application technology 计算机应用技术
01.0009

computer architecture 计算机体系结构 04.0002

computer art　计算机艺术　16.0293

computer category　计算机类型，＊计算机型谱　01.0047

computer chess　计算机下棋　13.0583

computer control　计算机控制　01.0037

computer crime　计算机犯罪　19.0294

computer cryptology　计算机密码学　19.0038

computer data　计算机数据　12.0114

computer display　计算机显示　16.0393

computer draft　计算机制图　16.0392

computer engineering　计算机工程　01.0006

computer espionage　计算机间谍　19.0332

computer fraud　计算机诈骗　19.0293

computer generation　计算机代　01.0100

computer graphics　计算机图形学　01.0036

computer hardware　计算机硬件　01.0113

computer implementation　计算机实现　04.0606

computer industry　计算机产业　01.0007

computer-integrated manufacturing　计算机集成制造　16.0006

computer-integrated manufacturing system　计算机集成制造系统　17.0170

computerization　计算机化　01.0106

computerized branch exchange　计算机化小交换机　14.0216

computerized tomography　计算机层析成像　22.0222

computer language　计算机语言　09.0037

computer maintenance and management　计算机维护与管理　01.0023

computer management　计算机管理　01.0010

computer network　计算机网络　01.0032

computer numerical control　计算机数控　17.0054

computer on a chip　单片计算机，＊单片机　01.0052

computer operational guidance　计算机操作指导　17.0123

computer performance　计算机性能　01.0091

computer performance evaluation　计算机性能评价　01.0092

computer program　计算机程序　12.0115

computer program abstract　计算机程序摘要　12.0120

computer program annotation　计算机程序注释　12.0121

computer program certification　计算机程序认证　12.0223

computer program configuration identification　计算机程序配置标识　12.0224

computer program development plan　计算机程序开发计划　12.0225

computer program validation　计算机程序确认　12.0226

computer program verification　计算机程序验证　12.0227

computer reliability　计算机可靠性　01.0019

computer resource　计算机资源　01.0090

computer science　计算机科学　01.0004

computer security　计算机安全　19.0172

computer security and privacy　计算机安全与保密　01.0039

computer software　计算机软件　01.0114

computer supported cooperative work　计算机支持协同工作　18.0194

computer system　计算机系统　01.0044

computer system audit　计算机系统审计　19.0431

computer technology　计算机技术　01.0005

computer understanding　计算机理解　20.0114

computer vaccine　计算机疫苗　19.0233

computer virus　计算机病毒　19.0288

computer virus counter-measure　计算机病毒对抗　19.0232

computer vision　计算机视觉　13.0627

computer word　计算机字　01.0174

computing system　计算系统　01.0043

computing technology　计算技术　01.0003

concatenation　拼接　01.0292

concave polygon　凹多边形　16.0242

concave volume　凹体　16.0244

concept acquisition　概念获取　13.0329

concept classification　概念分类　20.0168

concept, content and context　3C 模型　12.0416

concept dependency　概念依存　20.0099

concept dictionary　概念词典　20.0163

concept discovery　概念发现　13.0330

concept learning　概念学习　13.0331

concept node 概念结点 13.0048

conceptual analysis 概念分析 15.0248

conceptual analysis of natural language 自然语言概念分析 20.0154

conceptual base 概念库 11.0344

conceptual dependency 概念相关，＊概念依赖 13.0332

conceptual factor 概念因素 13.0333

conceptual graph 概念图 13.0334

conceptual model 概念模型 11.0024

conceptual retrieval 概念检索 13.0335

conceptual schema 概念模式 11.0023

concession 发生权 02.0628，特权 11.0176

conciseness 简洁性 08.0359

concurrency 并发［性］ 01.0314

concurrency axiom 并发公理 02.0576

concurrency control 并发控制 10.0117

concurrency relation 并发关系 02.0561

concurrent control mechanism 并发控制机制 10.0437

concurrent control system 并发控制系统 10.0892

concurrent engineering 并行工程 17.0058

concurrent fault detection 并发故障检测 08.0098

concurrent information system 并发信息系统 21.0069

concurrent operating system 并发操作系统 10.0009

concurrent process 并发进程 10.0593

concurrent processing 并发处理 10.0618

concurrent programming 并发程序设计 09.0093

concurrent read concurrent write 并发读并发写 04.0165

concurrent simulation 并发模拟，＊并发仿真 03.0081

concurrent transition 并发变迁 02.0675

condensation 凝聚 02.0359

condition 条件 01.0378

conditional breakpoint 条件断点 10.0884

conditional control structure 条件控制结构 12.0228

conditional critical section 条件临界段 04.0283

conditional logic 条件逻辑 02.0085

conditional synchronization 条件同步 04.0282

conditional term rewriting system 条件项重写系统 02.0102

condition/event system 条件－事件系统 02.0620

conditions 条件式 13.0070

conduction cooling 传导冷却 07.0391

conductor ［会议］主持人 14.0735

conference connection 会议连接 14.0091

confidence measure 置信测度 13.0238

confidential 秘密级 19.0100

confidentiality 秘密性 19.0174

configuration 格局 02.0206，配置 10.0393

configuration audit 配置审核 08.0371

configuration control 配置控制 10.0394

configuration control board 配置控制委员会 12.0229

configuration identification 配置标识 12.0230

configuration item 配置项 12.0231

configuration management 配置管理 10.0395

configuration status 配置状态 08.0370

configuration status accounting 配置状态报告 12.0232

confinement 禁闭 12.0233

confirm 证实 01.0341

confirmation of receipt 接收证实 14.0188

conflict 冲突 02.0636

conflict discriminate 冲突鉴别 13.0156

conflict reconcile 冲突调解 13.0157

conflict resolution 冲突消解 13.0158

conflict set 冲突集 13.0159

conflict structure 冲突结构 02.0593

conformance testing 一致性测试 03.0007

conforming interpolation 保形插值 16.0185

confusion 混乱性 19.0015

congestion control 拥塞控制 14.0403

conjunctive normal form 合取范式 02.0025

conjunctive query 合取查询 11.0279

connected components 连通分支 02.0363

connected domain 连通域 16.0387

connected net 连通网 02.0530

connection 连接 09.0295

connection admission control 连接接纳控制 14.0406

connection end point 连接端点 14.0389

connection establishment　连接建立　14.0094

connectionism　连接机制　13.0554

connectionist architecture　连接机制体系结构 13.0549

connectionist learning　连接学习　13.0406

connectionist neural network　连接机制神经网络 13.0550

connectionless mode　无连接[方]式　14.0185

connectionless service　无连接业务　14.0321

connection machine　连接机　04.0051

connection mode　连接[方]式　14.0184

connection-mode transmission　连接方式传输 14.0478

connection-oriented protocol　面向连接协议 14.0256

connection release　连接释放　14.0095

connectivity　连通性　02.0360

connector　连接器　07.0134

connect time　连接时间　14.0569

consciousness　意识　13.0444

conservativeness　守恒性　02.0598

consistency　一致性，*相容性　03.0006

consistency check　一致性检验　11.0187

consistency constraint　一致性约束　11.0179

consistency-convergent　相容收敛　03.0203

consistency enforcer　一致性强制器　13.0160

consistency of knowledge　知识相容性　13.0161

consistent estimation　一致估计　13.0162

consistent formula　协调公式　02.0093

consistent replay　一致性重演　03.0008

console command processor　控制台命令处理程序 10.0149

constant　常量　09.0167

constant angular velocity　恒角速度　05.0107

constant bit rate　恒定比特率　14.0347

constant bit rate service　恒定比特率业务　14.0319

constant declaration　常量说明　09.0168

constant folding　常数合并　09.0308

constant linear velocity　恒线速度　05.0106

constant propagation　常数传播　09.0284

constant voltage and constant frequency power　稳压稳 频电源　07.0324

constant voltage power supply　稳压电源　07.0319

constellation　丛　02.0627

constraint　约束　01.0294

constraint condition　约束条件　13.0163

constraint equation　约束方程　13.0164

constraint function　约束函数　13.0165

constraint knowledge　约束知识　13.0247

constraint matrix　约束矩阵　13.0166

constraint propagation　约束传播　13.0248

constraint reasoning　约束推理　13.0246

constraint rule　约束规则　13.0167

constraint satisfaction　约束满足　13.0249

constructive geometry　构造几何　16.0106

constructive proof　构造性证明　02.0069

constructive solid geometry　体素构造表示　16.0176

constructor　构造函数　11.0294

consulting system　咨询系统　13.0618

consumptive part　消耗件　07.0428

contact　冲撞　02.0637，触点　07.0139

contact engaging and separating force　触点插拔力 07.0141

contact force　接触压力　07.0143

contact magnetic recording　接触式磁记录　05.0026

contact resistance　接触电阻　07.0142

contact spacing　触点间距　07.0140

contact start stop　接触起停　05.0121

container class　容器类　09.0210

contamination　污染　19.0414

contemporary Chinese language　现代汉语　15.0028

contemporary Chinese language word segmentation spec- ification　现代汉语词语切分规范　15.0259

content accessable memory　按内容存取存储器 06.0053

content-based image retrieval　基于内容的图像检索 22.0212

content-based retrieval　基于内容的检索　18.0202

contention　争用　14.0440

contention interval　争用时间间隔　10.0299

context　语境，*上下文　01.0387

context analysis　语境分析，*上下文分析 20.0156

context-free grammar　上下文无关文法　02.0114， 下文无关语法　20.0071

context-free language　上下文无关语言　02.0115

context mechanism　语境机制　13.0633

context-sensitive grammar　上下文有关文法　02.0116

context-sensitive language　上下文有关语言　02.0117

context switch　上下文切换　04.0398

contingency interrupt　偶然中断　10.0307

contingency planning　应急计划　08.0253

contingency procedure　应变过程　19.0432

continuity check　连续性检验　14.0398

continuous control　连续控制　17.0060

continuous control system　连续控制系统　17.0156

continuous form paper　连续［格式］纸　05.0310

continuous operator　连续算子　02.0062

continuous simulation language　连续模拟语言　09.0038

continuous speech recognition　连续语音识别　18.0172

continuous text　连续文本　15.0168

continuous variable dynamic system　连续变量动态系统　17.0174

contour coding　轮廓编码　18.0114

contouring　取轮廓　18.0116

contouring control system　轮廓控制系统　17.0183

contour map　等值线图　16.0092

contour outline　轮廓　16.0194

contour prediction　轮廓预测　18.0115

contour recognition　轮廓识别　16.0389

contour tracing　轮廓跟踪　22.0072

contract　合同　12.0234

contract net　合同网　13.0168

contrast　反差，＊衬比度　05.0354

contrast manipulation　对比度操纵　22.0188

contrast sensitivity　对比灵敏度　22.0175

contrast stretch　对比度扩展　22.0127

control　控制　17.0001

control accuracy　控制精度　17.0139

control algorithm　控制算法　17.0124

control and monitor console　监控台　17.0217

control block　控制块　10.0134

control board　控制板　17.0205

control box　控制箱　17.0211

control bus　控制总线　04.0284

control cabinet　控制柜　17.0206

control channel　控制通道　17.0218

control character　控制字符　15.0114

control computer interface　控制计算机接口　17.0207

control console　控制台　17.0210

control cubicle　控制柜　17.0206

control data　控制数据　12.0235

control dependence　控制依赖　09.0303

control development kit　控制开发工具箱　09.0242

control-driven　控制驱动　04.0241

control engineering　控制工程　17.0003

control flow　控制流　12.0069

control-flow analysis　控制流分析　09.0282

control-flow chart　控制流程图　17.0219

control-flow computer　控制流计算机　04.0025

control frame　控制帧　14.0511

control hazard　控制冲突　04.0335

control input place　控制输入位置　02.0697

controllability　可控制性　03.0040

controlled access　受控访问，＊受控存取　19.0200

controlled access area　受控访问区　19.0219

controlled access system　受控访问系统　19.0391

controlled event　受控事件　02.0696

controlled language　受限语言　20.0120

controlled marking graphs　受控标识图　02.0695

controlled object　受控对象　17.0141

controlled Petri net　受控佩特里网　02.0693

controlled plant　受控装置　17.0140

controlled security　受控安全　19.0195

controlled security mode　受控安全模式　19.0218

controlled space　受控空间　19.0220

controlled system　受控系统　17.0186

controller　控制器　05.0007

controlling machine　控制机　17.0215

control loop　控制回路　17.0213

control medium　控制媒体　17.0220

control mesh　控制网格　16.0206

control module　控制模块　17.0142

control-oriented architecture　面向控制的体系结构　17.0135

control polygon　控制多边形　16.0207

control relationship　控制关系　17.0143

control screen 控制屏 17.0208

control software 控制软件 17.0209

control statement 控制语句 09.0162

control station 控制站 17.0216

control strategy 控制策略 17.0110

control structure 控制结构 12.0086

control system 控制系统 17.0187

control technique 控制技术 17.0004

control theory 控制理论 17.0137

control unit 控制器 01.0127

control unit interface 控制器接口 17.0214

control variable 控制变量 17.0138

control vertex 控制顶点 16.0208

convection 对流 07.0387

convenor [会议]召集人 14.0736

convention 约定 14.0067

conventional cryptosystem 常规密码体制 19.0017

conventional information system 常规信息系统 21.0097

conversation 会话 03.0068

conversational service 会话型业务 14.0326

conversational time-sharing 会话式分时 10.0982

conversion 转换 07.0035

converter 转换器 07.0022，变流器 17.0196

convertible signature 可转换签名 19.0150

convex decomposition 凸分解 16.0245

convex hull 凸包 16.0188

convex-hull approximation 凸包逼近 16.0189

convexity-concavity 凸凹性 16.0240

convex polygon 凸多边形 16.0241

convex volume 凸体 16.0243

convolution 卷积 22.0227

convolution kernel 卷积核 22.0100

convolution method for divergent beams 发散束卷积法 22.0228

convolution method for parallel beams 平行束卷积法 22.0229

convolved projection data 卷积投影数据 22.0230

COO 运作主管 21.0187

co-occurrence matrix 共生矩阵 22.0101

Cook reducibility 库克可归约性 02.0294

coolant 冷却剂 07.0382

cooling 冷却 07.0381

Coons surface 孔斯曲面 16.0163

cooperating knowledge base system 协作知识库系统 13.0450

cooperating process 协同操作进程 10.0600

cooperating program 协同操作程序 10.0646

cooperation 协作 13.0446

cooperation architecture 协作体系结构 13.0447

cooperation environment 协作环境 13.0448

cooperative check point 协同检查点 03.0072

cooperative computing 协同计算 10.0166

cooperative distributed problem solving 协作分布 [式]问题求解 13.0449

cooperative information agent 协作信息主体 13.0445

cooperative multitasking 协同多任务处理 10.0966

cooperative processing 协作处理 10.0624

cooperative transaction processing 协作事务处理 10.0630

coordinated control 协调控制 17.0012

coordinated universal time 协调世界时间 14.0567

coordination 协调 13.0451

coordinator 协调程序 10.0165，协调者 11.0223

copper distributed data interface 铜线分布式数据接口 14.0481

coprocessing 协同处理 10.0623

coprocessor 协处理器 01.0118

copy 复制，＊拷贝 01.0344，副本 01.0345

copy propagation 复制传播 09.0310

copy protection 复制保护 19.0237

COR 接收证实 14.0188

CORBA 公共对象请求代理体系结构 09.0237

coreference 互指 20.0147

core image library 核心映像库 10.0376

coroutine 协同例程 09.0175

corpora 语料库 20.0185

corpus 语料库 20.0185

corpus linguistics 语料库语言学 20.0184

correcting signal 校正信号 10.0784

corrective action 改正性活动 12.0236

correctness 正确性 13.0169

correctness of algorithm 算法正确性 02.0364

correctness proof 正确性证明 12.0237

correct rate for input 输入正确率 15.0176

correlation control unit 相关控制部件 04.0290

correlation detection 相关探测 13.0252

correlation matching 相关匹配 22.0213

corresponding point 对应点 22.0136

corroborate 确证 19.0131

cost-based query optimization 基于代价的查询优化 11.0123

cost-benefit analysis 成本效益分析 21.0086

cost function 代价函数 13.0123

counter 计数器 04.0482

counter-alternate arc 计数选择弧 02.0677

countermeasure 对策 19.0418

coupled transmission line 耦合传输线 07.0196

coupling 耦合 07.0194

coupling degree 耦合度 04.0102

courseware 课件 18.0206

courtesy copy 抄件 14.0644

coverability graph 可覆盖图 02.0584

coverability tree 可覆盖树 02.0583

coverage test 覆盖测试 03.0263

covering marking 覆盖标识 02.0685

cover of set of dependencies 依赖集的覆盖 11.0152

covert channel 隐蔽信道 19.0266

COW 工作站机群 04.0091

CPA 进位传递加法器 04.0621

CPE 用户产权设备，＊用户建筑群设备 14.0333

CPI 平均指令周期数 04.0389

CPN 用户产权网络，＊用户建筑群网络 14.0332

cps 字符每秒 23.0033

CPU 中央处理器，＊中央处理机 01.0125

crash 崩溃 03.0048

CRC 循环冗余检验 03.0237

CRCW 并发读并发写 04.0165

create primitive 创建原语 10.0583

creation date 创建日期 10.0169

credentials 凭证 19.0130

crippled leapfrog test 踏步测试 08.0326

critical computation 关键计算 03.0070

critical control 临界控制 17.0260

critical fusion frequency 临界停闪频率 05.0355

criticality 关键程度 12.0239

critical load line 临界负载线 07.0094

critical path 临界路径 03.0156，关键路径 04.0269

critical path test generation 临界通路测试产生法 08.0327

critical piece first 关键部分优先 12.0238

critical region 临界区 10.0100

critical resource 临界资源 10.0705

critical section 临界区 10.0100

critical success factor 关键成功因素 21.0054

CRL 证书作废表 19.0477

cross assembler 交叉汇编程序 12.0240

crossbar 交叉开关 04.0310

crossbar network 交叉开关网 04.0129

cross compiling 交叉编译 09.0263

cross connect 交叉连接［单元］ 14.0390

cross coupling 交叉耦合 07.0195

cross coupling noise 交叉耦合噪声 07.0197

cross edge 横跨边 02.0365

cross infection 交叉感染 19.0290

crossing sequence 穿越序列 02.0191

cross-linked file 交叉链接文件 10.0259

cross-over 跨接 07.0147

crossover 杂交 13.0569

cross product 叉积 11.0101

cross section 截面 16.0192

cross section curve 截面曲线 16.0193

cross talk 串扰 07.0190

cross talk amplitude 串扰幅度 07.0193

CRT 阴极射线管 05.0334

CRT display 阴极射线管显示器，＊CRT 显示器 05.0335

cryptanalysis 密码分析 19.0259

crypt analytical attack 密码分析攻击 19.0265

cryptographic algorithm 加密算法 19.0056

cryptographic checksum 密码检验和 19.0155

cryptographic facility 密码设施 19.0006

[cryptographic] key 密钥 19.0060

cryptographic module 密码模件 19.0473

cryptographic protocol 加密协议 02.0487

cryptographic system 密码系统，＊密码体制 19.0007

cryptography community 密码界 19.0036

cryptology 密码学 19.0001

cryptosecurity 密码保密 19.0037

cryptosystem 密码系统，＊密码体制 19.0007

crystal oscillator 晶体振荡器 07.0316

CSA 保留进位加法器 04.0622，公共服务区 10.0097

CSCW 计算机支持协同工作 18.0194

CSDN 电路交换数据网 14.0245

CSG 上下文有关文法 02.0116，体素构造表示 16.0176

CSL 上下文有关语言 02.0117

CSMA 载波侦听多址访问 14.0490

CSMA/CA network 带碰撞避免的载波侦听多址访问网络，＊CSMA/CA 网 14.0492

CSMA/CD network 带碰撞检测的载波侦听多址访问网络，＊CSMA/CD 网 14.0491

CSPDN 电路交换公用数据网 14.0246

CSS 接触起停 05.0121，层叠样式表 14.0667

CT 计算机层析成像 22.0222

CTD 信元传送延迟 14.0411

CTO 技术主管 21.0185

C to C 客户对客户 21.0204

3-cube connected-cycle network 带环立方体网络 04.0083

cube-connected cycles 立方[连接]环 02.0445

cube-connected structure 立方连接结构 02.0443

CUG 闭合用户群，＊封闭用户群 14.0298

current activity stack 当前活动栈 10.0820

current commonly-used Chinese character 现代通用汉字 15.0039

current commonly-used Hanzi 现代通用汉字 15.0039

current date 当前日期 10.0170

current default directory 当前默认目录 10.0186

current directory 当前目录 10.0185

current line pointer 当前行指针 10.0533

current mode logic 电流型逻辑 07.0010

current page register 当前页[面]寄存器 10.0700

current priority 当前优先级 10.0555

current source 电流源 07.0314

cursor 光标 05.0370，游标 11.0087

curve fitting 曲线拟合 16.0146

curve smoothing 曲线光顺 16.0149

c-use 计算使用 03.0026

customer 客户 01.0398

customer premises equipment 用户产权设备，＊用户建筑群设备 14.0333

customer premises network 用户产权网络，＊用户建筑群网络 14.0332

customer service 客户服务 12.0241

customer to customer 客户对客户 21.0204

customization 客户化 07.0417

customized DTE service 用户指定型 DTE 业务 14.0268

cut 截除 02.0052

cutpoint 割点 02.0366

cut-sheet paper 单页纸 05.0309

CVCF power 稳压稳频电源 07.0324

CVDS 连续变量动态系统 17.0174

cybernetics 控制论 17.0116

cyberspace 信息空间 14.0527

cycle 周期 01.0237，回路 02.0367

cycle-free allocation 无循环设置 02.0100

cycle redundancy check 循环冗余检验 03.0237

cycles per instruction 平均指令周期数 04.0389

cycle stealing 周期窃取 04.0374

cyclic interrupt 周期性中断 10.0302

cyclic scheduling 循环调度 10.0739

cyclic shift 循环移位 04.0506

CYK algorithm CYK 算法 02.0235

cylinder 柱面 05.0091

cylindrical robot 柱面坐标型机器人 17.0169

D

DA 设计自动化 16.0019

DAC 数模转换器 05.0429

DAI 分布[式]人工智能 13.0454

daisy chain 菊花链 04.0453

damon 守护程序 10.0655

damping action 阻尼作用 17.0081

dangling edge 悬边 16.0110

dashed line 虚线 07.0072

DAT 数据数字音频磁带，＊DAT 磁带 05.0251

data 数据 01.0161

data abstraction 数据抽象 09.0222

data access path 数据存取路径，＊数据访问路径 11.0089

data acquisition 数据获取 13.0336，数据采集 21.0035

data acquisition system 数据采集系统 17.0164

data analysis 数据分析 13.0337

data analysis system 数据分析系统 21.0107

data attribute 数据属性 13.0338

database 数据库 01.0028

database administrator 数据库管理员 11.0003

database environment 数据库环境 11.0002

database for natural language 自然语言数据库 20.0194

database integration 数据库集成 11.0281

database integrity 数据库完整性 11.0182

database key 数据库[键]码 11.0056

database machine 数据库机 04.0045

database management system 数据库管理系统 11.0007

database model 数据库模型 21.0148

database privacy 数据库保密 11.0175

database reorganization 数据库重组 11.0054

database restructuring 数据库重构 11.0053

database security 数据库安全 11.0174

database system 数据库系统 11.0001

data bus 数据总线 01.0140

data cache 数据高速缓存 06.0103

data channel 数据通道 04.0590

data circuit-terminating equipment 数据电路终接设备 14.0199

data circuit transparency 数据电路透明性 14.0105

data clothes 数据服装 18.0050

data communication 数据通信 01.0033

data concentrator 数据集中器 14.0205

data consistency 数据一致性 04.0250

data control language 数据控制语言 11.0040

data corruption 数据腐烂 19.0412

data definition language ＊数据定义语言 11.0038

data dependence 数据依赖 11.0126

data-dependent hazard 数据相关冲突[危险]

04.0363

data description language 数据描述语言 11.0038

data dictionary 数据字典 11.0049

data diddling 数据欺诈 19.0295

data digital audio tape 数据数字音频磁带，＊DAT 磁带 05.0251

data directory 数据目录 11.0050

data distribution 数据分布 09.0333

data diversity 数据多样性 03.0243

data driven 数据驱动 01.0266

data driven analysis 数据驱动型分析 20.0058

data encapsulation 数据封装 09.0227

data encryption algorithm 数据加密算法 19.0057

data encryption key 数据加密密钥 19.0058

data encryption standard 数据加密标准 19.0032

data entry 数据录入 21.0032

data environment 数据环境 21.0162

data error 数据差错 08.0333

data flow 数据流 12.0070

data-flow analysis 数据流分析 09.0279

data-flow computer 数据流计算机 04.0024

data-flow graph 数据流图 01.0262

data-flow language 数据流语言 09.0151

data format 数据格式 21.0033

data format conversion 数据格式转换 11.0332

data frame 数据帧 21.0034

data glove 数据手套 18.0049

datagram 数据报 14.0136

data hazard 数据冲突 04.0361

data head 数据[磁]头 05.0209

data highway 数据高速通道 14.0231

data independence 数据独立性 11.0035

data integrity 数据完整性 11.0183

data integrity protection 数据完整性保护 08.0332

data item 数据项 01.0265

data link 数据链路 14.0102

data link connection 数据链路[层]连接 14.0280

data link layer 数据链路层 14.0040

data locality 数据局部性 09.0226

data management 数据管理 10.0396

data management program 数据管理程序 10.0643

data manipulation language 数据操纵语言 11.0039

data-manipulator network 数据操纵网 04.0127

data mart 数据集市 11.0272

data medium 数据媒体 05.0021

data mining 数据采掘，*数据挖掘 13.0339

data model 数据模型 11.0017

data multiplexer 数据[多路]复用器 14.0206

data network 数据网 14.0015

data network identification code 数据网标识码 14.0305

data organization 数据组织 21.0036

data origination 数据初始加工 21.0037

data parallelism 数据并行性 04.0360

data partitioning 数据划分 09.0334

data path 数据通路 04.0362

data processing 数据处理 01.0016

data processing system 数据处理系统 01.0017

data protection 数据保护 19.0236

data reconstitution 数据重组 19.0447

data reconstruction 数据重建 19.0446

data redundancy 数据冗余 21.0038

data restoration 数据恢复 19.0445

data security 数据安全 19.0171

data sharing 数据共享 01.0162

data signaling rate 数据信号[传送]速率 14.0071

data sink 数据汇，*数据宿 14.0070

data skew 数据偏斜 11.0252

data source 数据源 14.0069

data space 数据空间 10.0799

data station 数据站 14.0195

data structure 数据结构 01.0163

data structure-oriented method 面向数据结构的方法 12.0088

data switching exchange 数据交换机 14.0200

data terminal equipment 数据终端设备 14.0198

data test 数据测试 08.0331

data token 数据权标 04.0251

data transfer instruction 数据传输指令 04.0611

data transmission 数据传输 14.0072

data type 数据类型 09.0223

data validation 数据确认 19.0419

data validity 数据有效性 08.0334

data warehouse 数据仓库 11.0265

date prompt 日期提示符 10.0660

daughter board 子板 07.0124

daughtercard 子插件板 08.0389

DBMS 数据库管理系统 11.0007

DBS 卫星直播 18.0130

DCE 分布式计算环境 10.0167，数据电路终接设备 14.0199

DCL 数据控制语言 11.0040

DCOM 分布式公共对象模型 09.0235，分布式构件对象模型 09.0236

DCS 集散控制系统 17.0264

DCTL 直接耦合晶体管逻辑 07.0011

DD 数据字典 11.0049

DDBMS 分布[式]数据库管理系统 11.0010

DDC 直接数字控制 17.0045

3D digitizer 三维数字化仪 18.0053

DDL 数据描述语言 11.0038

DDN 数字数据网 14.0250

DDR 双数据速率 06.0137

DDVT 动态分派虚拟表 10.0918

DEA 数据加密算法 19.0057

dead code elimination 死[代]码删除 09.0311

deadlock 死锁 01.0400

deadlock absence 死锁消除 10.0174

deadlock avoidance 死锁避免 10.0175

deadlock-free 无死锁性 02.0698

deadlock prevention 死锁预防 10.0176

deadlock recovery 死锁恢复 03.0087

deadlock test 死锁检测 10.0177

dead marking 死标识 02.0688

dead start 静启动 07.0413

dead transition 死变迁 02.0610

deallocation 解除分配 10.0060

deblurring 去模糊 22.0103

debug 调试，*排错，*除错 01.0327

debugging aids 调试工具 08.0340

debugging model 调试模型 12.0048

debugging package 调试程序包 08.0338

debugging program 调试程序 08.0339

debugging routine 调试例程 08.0337

decay failure 衰变失效 08.0070

decay time 衰减时间 07.0106

deceleration time 减速时间 05.0016

decentralization 分散 10.0626

decentralized control 分散控制 17.0010

decentralized data processing　分散式数据处理　10.0628

decentralized processing　分散式处理　10.0627

decimal digit　十进制数字　01.0188

decimal system　十进制　01.0187

decipherment　脱密　19.0106

decision　决策　01.0324

decision criteria　决策准则　13.0621

decision function　决策函数　13.0622

decision logic　判定逻辑　13.0170

decision making　决策制定　13.0171

decision-making control　决策控制　21.0031

decision-making model　决策模型　21.0149

decision matrix　决策矩阵　13.0172

decision plan　决策计划　13.0173

decision problem　决策问题　13.0174

decision procedure　决策过程　13.0175

decision rule　决策规则　13.0623

decision space　决策空间　13.0176

decision support center　决策支持中心　21.0120

decision support system　决策支持系统　21.0101

decision symbol　判定符号　13.0177

decision table　决策表　13.0624

decision table language　判定表语言　09.0152

decision theory　决策论　13.0178

decision tree　决策树　13.0625

decision tree system　决策树系统　21.0110

declaration　声明，＊说明　09.0185

declarative knowledge　陈述性知识　13.0043

declarative language　说明性语言　09.0039

declarative semantics　说明语义学　13.0634

decoder　译码器　04.0587，解码器　18.0089

decoding　译码，＊解码　01.0224

decompiler　反编译程序，＊反编译器　09.0265

decomposing Chinese character to component　整字分解　15.0235

decomposition　分解　02.0103

decomposition of relation schema　关系模式分解　11.0146

decomposition rule of functional dependencies　函数依赖分解律　11.0149

decompress　解压缩　18.0085

deconfiguration　退出配置　07.0421

decoupling　解耦　17.0098

decryption　脱密　19.0106

dedicated access　专线接入　14.0281

dedicated data network　专用数据网　14.0016

dedicated file　专用文件　10.0256

dedicated line　专用线路，＊专线　14.0229

dedicated security mode　专用安全模式　19.0192

DEDS　离散事件动态系统　17.0175

deduce　演绎　02.0026

deduction rule　演绎规则　02.0016

deduction tree　演绎树　02.0094

deductive data　演绎数据　11.0277

deductive database　演绎数据库　11.0016

deductive inference　演绎推理　13.0211

deductive mathematics　演绎数学　02.0029

deductive simulation　演绎模拟　03.0253

deductive synthesis method　演绎综合方法　12.0079

deep case　深层格　20.0087

de facto standard　事实标准　19.0325

default　默认　01.0347

default reasoning　默认推理　13.0233

defect　缺陷　01.0334

defective　损坏　08.0374

defect management　缺陷管理　14.0396

defect skip　缺陷跳越　05.0065

deference　推迟　14.0497

deferred processing　延期处理　10.0625

defined list　定义性[列]表　14.0668

definition　清晰度　05.0356

definitional occurrence　定义性出现　09.0187

definition phase　定义阶段　12.0049

deflection　偏转　05.0357

degauss　消磁　19.0334

degeneracy failure　退化失效　08.0068

degradation　降级　08.0262

degradation testing　老化试验　07.0299

degraded recovery　降级恢复　03.0154

degraded running　降级运行　03.0153

degree　度　02.0259

degree of parallelism　并行度　04.0101

degree of subnet　子网度　02.0713

delay　时间延迟，＊时延　03.0108，延迟　07.0096

delay assignment 时延分配 03.0106

delay defect size 时延偏差大小 03.0107

delayed branch 延迟转移 04.0352

delayed load 延迟加载 04.0384

delay line 延迟线 07.0097

delay task 延迟任务 10.0946

delay time 延迟时间 04.0476

delete 删除 11.0083

deletion anomaly 删除异常 11.0156

delimiter 定界符 14.0164

delivery 交付，＊投递 14.0193

delivery confirmation 投递证实 14.0291

Delphi Delphi 语言 09.0040

demand-driven 需求驱动 04.0243

demand function 需求函数 10.0290

demand paging 请求分页 10.0507

demand processing 请求处理 10.0620

demand time-sharing processing 请求分时处理
10.0621

demo 演示程序 21.0168

demon 守护程序 10.0655

demonstration program 演示程序 21.0168

Dempster-Shafer theory DS 理论 13.0035

demultiplexer 多路分配器 07.0025

denial of service 拒绝服务 19.0305

denotational semantics 指称语义 09.0190

density ratio 密度比率 05.0048

dependability 可信性 03.0036

dependable computing 可信计算 03.0037

dependence arc 依赖弧 09.0306

dependence-driven 相关驱动 04.0242

dependence edge 依赖边 09.0305

dependence fault 相关型故障 08.0011

dependence preservation 依赖保持 11.0138

dependence test 相关测试 09.0298

dependency 依存[关系] 20.0092

dependency grammar 依存语法 20.0093

dependency graph 依赖图 09.0189

dependency parsing 依存关系句法分析 20.0096

dependency reserving decomposition 保持依赖分解
11.0147

dependency rule 相关规则 13.0179

dependency structure 依存结构 20.0095

dependency tree 依存关系树 20.0097

dependency unification grammar 依存关系合一语法
20.0094

dependent analysis and independent generation 相关
分析独立生成 20.0051

dependent learning 依赖学习 13.0340

dependent tree 依存关系树 20.0097

depth buffer 深度缓存 16.0281

depth calculation 深度计算 16.0439

depth cueing 深度暗示 16.0270

depth first analysis 深度优先分析 20.0054

depth first search 深度优先搜索 13.0127

depth map 深度图 22.0151

derivation tree 推导树 13.0141

derivative estimation 导数估计 16.0202

derived horizontal fragmentation 导出水平分片
11.0218

derived rule 导出规则 11.0276

derived table 导出表 11.0070

DES 数据加密标准 19.0032

descendant 子孙 02.0368

descriptive linguistics 描写语言学 20.0131

descriptor table 描述符表 10.0913

design analysis 设计分析 12.0057

design analyzer 设计分析器，＊设计分析程序
12.0058

design automation 设计自动化 16.0019

design constraint 设计约束 16.0069

design diversity 设计多样性 03.0096

design editor 设计编辑程序，＊设计编辑器
09.0251

design error 设计差错 03.0097

design for analysis 面向分析的设计 16.0065

design for assembly 面向装配的设计 16.0066

design for manufacturing 面向制造的设计 16.0067

design for testability 可测试性设计 03.0039

design inspection 设计审查 12.0059

design language 设计语言 09.0041

design library 设计库 16.0041

design methodology 设计方法学 12.0060

design phase 设计阶段 12.0061

design plan 设计规划 16.0068

design requirement 设计需求 12.0062

design review　设计评审　12.0063

design specification　设计规约　12.0064

design verification　设计验证　12.0065

design walk-through　设计走查　12.0066

desire　期望　13.0452

desk checking　桌面检查　12.0067

desk file　桌面文件　10.0257

desktop　桌面　18.0012

desktop computer　台式计算机　01.0067

desktop conferencing　桌面会议　18.0187

desktop operating system　桌面操作系统　10.0011

desktop publishing system　桌面出版系统　15.0290

desoldering gun　去焊枪　07.0273

destination address　目的地址，＊终点地址　14.0168

destroy primitive　撤消原语　10.0587

destructor　析构函数　11.0295

detailed design　详细设计　12.0056

detectability　可检测性　07.0302

detection　检测　03.0227

deterministic algorithm　确定性算法　20.0190

deterministic and stochastic Petri net　确定和随机佩特里网　02.0690

deterministic control system　确定性控制系统　17.0158

deterministic CSL　确定型上下文有关语言　02.0213

deterministic finite automaton　确定型有穷自动机　02.0214

deterministic pushdown automaton　确定型下推自动机　02.0215

deterministic scheduling　确定性调度　10.0737

deterministic transition　确定变迁　02.0691

deterministic Turing machine　确定型图灵机　02.0216

developer　开发者　12.0242

developer contract administrator　开发者合同管理员　12.0243

development cycle　开发周期　12.0007

development environment model　开发环境模型　21.0160

development life cycle　开发生存周期　12.0008

development methodology　开发方法学　12.0244

development process　开发过程　12.0246

development progress　开发进展　12.0245

development specification　开发规约　12.0247

deviation control　偏差控制　17.0047

device　器件　07.0003

device assignment　设备指派　10.0086

device coordinate　设备坐标　16.0322

device coordinate system　设备坐标系　16.0326

device description　设备描述　17.0251

device description language　设备描述语言　17.0252

device driver　设备驱动程序　10.0196

device management　设备管理　10.0404

device name　设备名　10.0462

dew point　露点　07.0374

DFA　面向分析的设计　16.0065，面向装配的设计　16.0066

DFM　面向制造的设计　16.0067

3D glasses　三维眼镜　18.0056

diagnosability　可诊断性　03.0035

diagnosis　诊断　03.0116

diagnosis resolution　诊断分辨率　08.0110

diagnosis testing　诊断测试　08.0109

diagnostic check　诊断检验　08.0094

diagnostic diskette　诊断软盘　07.0304

diagnostic error processing　诊断错误处理　08.0095

diagnostic logout　诊断记录　08.0093

diagnostic program　诊断程序　03.0119

diagnostic screen　诊断屏幕　03.0118

diagnostic system　诊断系统　03.0117

diagonalization　对角化方法　02.0135

diagonal test　对角线测试　03.0049

diagrammer　图示化工具　09.0158

dial-back　回拨　19.0426

dialect　方言　09.0042

dialectology　方言学　20.0146

dialog model　对话模型　20.0144

dialog system　对话系统　20.0222

dialogue-oriented model　面向对话模型　21.0156

dial-up terminal　拨号终端　14.0225

dibit encoding　双位编码　05.0139

dielectric constant　介电常数　07.0120

dielectric isolation　介质隔离　07.0294

dielectric loss　介电损耗　07.0189

difference　差　11.0098

differential control　微分控制　17.0020

differential cryptanalysis　差分密码分析　19.0302

differential mode　差分方式　07.0210

differential pressure controller　差压控制器　17.0234

differential pulse code modulation　差分脉码调制　18.0167

differential signal driver　差动信号驱动器　07.0029

differential twisted pair　差分双绞线　07.0211

differential voltage signal　差分电压信号　07.0082

diffuse reflection light　漫反射光　16.0414

diffusion　扩散性　19.0016

digit　数字　01.0195

digital camera　数字照相机　18.0074

digital circuit　数字电路　07.0008

digital computer　数字计算机　01.0049

digital control technique　数字控制技术　17.0023

digital data network　数字数据网　14.0250

digital distribution frame　数字配线架　14.0385

digital Earth　数字地球　21.0192

digital envelope　数字信封　19.0423

digital government　数字政府　21.0193

digital image　数字图像　22.0019

digital image processing　数字图像处理　22.0001

digital input　数字输入　05.0401

digitalization　数字化　22.0014

digital library　数字图书馆　21.0188

digital magnetic recording　数字磁记录　05.0025

digital object　数字对象　21.0189

digital output　数字输出　05.0402

digital section　数字段　14.0387

digital signal processor　数字信号处理器　04.0364

digital signature　数字签名　19.0145

digital signature standard　数字签名标准　19.0042

digital simulation　数字模拟　08.0085

digital-to-analog convert　数模转换　18.0025

digital-to-analog converter　数模转换器　05.0429

digital transmission path　数字传输通路　14.0386

digital versatile disc　数字[多功能光]碟　05.0230

digital video disc　数字影碟　05.0229

digital video effect generator　数字视频特技机　18.0149

digital watermarking　数字水印　19.0224

digit coding　数字编码　15.0187

digitizer　数字化仪　05.0393

digraph　有向图　02.0369

dilatation　膨胀　22.0073

dilemma reasoning　二难推理　02.0084

dimension driven　尺寸驱动　16.0227

dimension reduction　降维　22.0214

dimension transducer　尺度传感器　17.0236

dimetric projection　正二测投影　16.0429

DIMM　双列直插式内存组件　06.0142

DIP　双列直插封装　07.0278

dip-soldering　浸焊　07.0270

direct access　直接存取　05.0008

direct-associative cache　直接相联高速缓存　04.0225

direct broadcast satellite　卫星直播　18.0130

direct call facility　直接呼叫设施　14.0133

direct coupled transistor logic　直接耦合晶体管逻辑　07.0011

direct digital control　直接数字控制　17.0045

directed arc　有向弧　02.0557

directed graph　有向图　02.0369

direction vector　方向向量　09.0287

direct liquid cooling　直接液冷　07.0389

direct mapping　直接映射　04.0200

direct memory access　直接存储器存取　04.0375

direct organization　直接组织　10.0470

directory service　目录服务，*名录服务　14.0620

directory sorting　目录排序　10.0786

dirty read　脏读　11.0170

dirty[state]　重写[状态]　06.0011

disable　禁止　01.0351

disassembler　反汇编程序　09.0266

disaster recovery　灾难恢复　19.0251

disaster recovery plan　灾难恢复计划　19.0250

disc　光碟，*光盘　05.0223

disclosure　揭露　19.0363

disconnecting　拆线　14.0161

disconnection　断开　14.0096

discourse　话语　15.0251

discourse generation　话语生成　15.0253

discourse model　话语模型　15.0252

discrete circuit　分立电路　07.0007

discrete component 分立元件 07.0006

discrete control system 离散控制系统 17.0157

discrete convolution 离散卷积 22.0231

discrete event dynamic system 离散事件动态系统 17.0175

discrete logarithm 离散对数 02.0498

discrete logarithm problem 离散对数问题 19.0041

discrete reconstruction problem 离散重建问题 22.0232

discrete relaxation 离散松弛法 22.0125

discrete text 离散文本 15.0167

discrete-time algorithm 离散时间算法 17.0125

discretionary access control 自主访问控制 19.0156

discretionary protection 自主保护 19.0242

discretionary security 自主安全 19.0199

disjunctive normal form 析取范式 02.0024

disk 磁盘，＊盘 05.0069

disk array 磁盘阵列 05.0147

disk cache 磁盘高速缓存 04.0452

disk crash 磁盘划伤 05.0104

disk duplexing 磁盘双工 05.0145

disk envelop 软盘纸套 05.0159

diskette 软磁盘，＊软盘 05.0072

disk jacket 软盘套 05.0158

disk mirroring 磁盘镜像 05.0146

disk operating system 磁盘操作系统 10.0002

disk pack 盘[片]组 05.0070

dispatch 分派 10.0203

dispatcher 分派程序 10.0204

dispatching priority 分派优先级 10.0557

dispatch table 分派表 10.0914

displacement transducer 位移传感器 17.0229

display 显示 05.0327，显示器 05.0328

display algorithm 显示算法 16.0287

display file 显示文件 16.0345

display format 显示格式 16.0346

display mode 显示方式 16.0347

display terminal 显示终端 05.0381

distance education 远程教育 14.0752

distance vector 距离向量 09.0286

distinguishable state 可区别状态 02.0134

distinguishing sequence 区分序列 03.0017

distortion 畸变，＊失真 07.0103

distributed algorithm 分布式算法 02.0451

distributed application 分布式应用 11.0209

distributed artificial intelligence 分布[式]人工智能 13.0454

distributed capacitance 分布电容 07.0119

distributed common object model 分布式公共对象模型 09.0235

distributed component object model 分布式构件对象模型 09.0236

distributed computer 分布[式]计算机 04.0026

distributed computing environment 分布式计算环境 10.0167

distributed control 分布[式]控制 04.0138

distributed control system 集散控制系统 17.0264

distributed database 分布[式]数据库 11.0008

distributed database management system 分布[式]数据库管理系统 11.0010

distributed database system 分布[式]数据库系统 11.0009

distributed fault-tolerance 分布式容错 03.0015

distributed group decision support system 分布式群体决策支持系统 21.0121

distributed language translation 分布式语言翻译 20.0214

distributed load 分布负载 07.0115

distributed memory 分布式存储器 06.0056

distributed multimedia 分布式多媒体 18.0006

distributed multimedia system 分布[式]多媒体系统 04.0087

distributed network 分布式网 14.0011

distributed object computing 分布式对象计算 12.0182

distributed object technology 分布式对象技术 09.0238

distributed operating system 分布式操作系统 10.0003

distributed parameter control system 分布参数控制系统 17.0180

distributed presentation management 分布式表示管理 10.0398

distributed problem solving 分布[式]问题求解 13.0453

distributed processing 分布[式]处理 21.0003

distributed programming　分布式程序设计　12.0197

distributed queue dual bus　分布式队列双总线　14.0523

distributed ranking algorithm　分布式定序算法　02.0458

distributed refresh　分布[式]刷新　06.0099

distributed selection algorithm　分布式选择算法　02.0457

distributed shared memory　分布[式]共享存储器　04.0153

distributed sorting algorithm　分布式排序算法　02.0459

distributed system　分布式系统　21.0059

distributed system object mode　分布式系统对象模式　09.0240

distributed wait-for graph　分布等待图　11.0236

distribution application　分发应用　14.0324

distribution frame　配线架　07.0275

distribution service　分发型业务　14.0331

distribution transparency　分布透明性　11.0213

dithering　抖动　07.0089

divide and conquer　分治[法]　02.0341

divided job processing　作业分割处理　10.0629

divide loop　除法回路　04.0624

divider　除法器　04.0527

division　除法　11.0099

DL　数字图书馆　21.0188

DLL　动态链接库　11.0206

DLP　离散对数问题　19.0041

DM　领域建模　12.0405

DMA　直接存储器存取　04.0375

DML　数据操纵语言　11.0039

3D mouse　三维鼠标　18.0055

DMS　分布[式]多媒体系统　04.0087

DN　域名　14.0592

DNIC　数据网标识码　14.0305

DNS　域名系统　14.0593，域名服务　14.0594

DOC　分布式对象计算　12.0182

document　文档　01.0158

document analysis　文献分析　20.0155

documentation　文档编制　12.0248

documentation level　文档级别　12.0249

document database　文献数据库，＊文档数据库　11.0310

document retrieval　文档检索　21.0021

document translation　文档翻译　13.0636

domain　论域　02.0033，定义域　02.0371　域　03.0221

domain agent　领域主体　13.0456

domain calculus　域[关系]演算　11.0111

domain decomposition　域分解　10.0194

domain engineer　领域工程师　12.0409

domain expert　领域专家　20.0174

domain-independent rule　领域无关规则　13.0073

domain knowledge　领域知识　13.0039

domain model　领域模型　13.0637

domain modeling　领域建模　12.0405

domain name　域名　14.0592

domain name resolution　域名解析　14.0597

domain name server　域名服务器　14.0595

domain name service　域名服务　14.0594

domain name system　域名系统　14.0593

domain specification　领域规约　13.0638

domain specificity　领域专指性　20.0152

domain-specific software architecture　特定领域软件体系结构　12.0417

Domino effect　多米诺效应　03.0077

door of subnet　子网门　02.0715

DOS　磁盘操作系统　10.0002

DOT　分布式对象技术　09.0238

dot address　点[分]地址　14.0599

dot matrix font　字模点阵　15.0063

dot matrix printer　点阵打印机　05.0268

dot matrix size　点阵精度　15.0151

dots per inch　点每英寸　23.0017

dots per second　点每秒　23.0032

dotted decimal notation　点分十进制记法　14.0598

double computer cooperation　双机协同　03.0018

double data rate　双数据速率　06.0137

double-density diskette　倍密度软盘　05.0160

double-DES　双重数据加密标准　19.0033

double error correction-three error detection　双校三验　03.0019

double in-line memory module　双列直插式内存组件　06.0142

double password 双重口令 19.0138

double precision 双精度 04.0465

doubly linked list 双向链表 02.0394

downlink 下行链路 14.0506

download 下载 03.0013

downward compatibility 向下兼容 12.0421

downward logic-transition 负逻辑转换 07.0069

downward transition 负跃变 07.0067

DP 数据处理 01.0016

DPCM 差分脉码调制 18.0167

dpi 点每英寸 23.0017

dps 点每秒 23.0032

DPS 数据处理系统 01.0017,桌面出版系统 15.0290

DQDB 分布式队列双总线 14.0523

draft quality 草稿质量 05.0301

dragging 拖动 16.0376

dragging and dropping 拖放 16.0461

draining of pipeline 流水线排空 04.0341

DRAM 动态随机存储器 06.0032

3D reconstruction 三维重建 18.0054

drift error compensation 漂移误差补偿 17.0131

drill down query 钻取[查询] 11.0273

drive current 驱动电流 06.0076

drive pulse 驱动脉冲 06.0075

driver 驱动器 07.0026,驱动程序 10.0195

drive security 驱动安全 19.0183

driving gate 驱动门 07.0032

drop 撤消 11.0080

drop cable 分支电缆 14.0468

drop cap 段首大字 15.0133

drop-in 冒码 05.0055

drop-out 漏码 05.0056

drum plotter 滚筒绘图机 05.0258

drum printer 鼓式打印机 05.0285

drum scanner 鼓式扫描仪 05.0422

3D scanner 三维扫描仪 16.0063

DSE 数据交换机 14.0200

DSM 分布[式]共享存储器 04.0153

DSOM 分布式系统对象模式 09.0240

DSP 数字信号处理器 04.0364

DSS 数字签名标准 19.0042,决策支持系统 21.0101

DSSA 特定领域软件体系结构 12.0417

DTE 数据终端设备 14.0198

DTE identity DTE身份 14.0269

DTE profile designator DTE轮廓指定符 14.0302

dual-cable broadband LAN 双缆宽带局域网 14.0509

dual coding 双份编码 12.0122

dual-in-line package 双列直插封装 07.0278

duality principle 对偶原理 13.0639

dual net 对偶网 02.0528

dual operation 对偶运算 04.0497

dual processor 双处理器 01.0120

dual stack system 双栈系统 10.0888

dummy parameter 虚参数 12.0123

dummy run 虚顺串 02.0415

dump 转储 10.0034

duplex transmission 双工传输 14.0073

duplicate address check 重地址检验 14.0182

duplicate marking 重复标识 02.0686

duplication check 重复检验 04.0603

duplication redundancy 双模冗余 04.0404

duration of remembering 记忆保持度 15.0197

DVD 数字影碟 05.0229,数字[多功能光]碟 05.0230

DVD player 数字影碟[播放]机 05.0231

DWFG 分布等待图 11.0236

3D window 三维窗口 16.0464

dyadic wavelet transformation 双元小波变换 22.0040

dye sublimation printer 染料升华印刷机 05.0275

dynamic address translation 动态地址转换 04.0198

dynamic allocation 动态分配 12.0124

dynamical pressure flying head 动压[式]浮动磁头 05.0220

dynamic analysis 动态分析 12.0125

dynamic analyzer 动态分析器,＊动态生成程序 12.0126

dynamic average code length of Hanzi 动态汉字平均码长 15.0229

dynamic average code length of words 动态字词平均码长 15.0231

dynamic binding 动态绑定 09.0229

dynamic branch prediction 动态转移预测 04.0303

dynamic buffer 动态缓冲区 10.0095

dynamic buffer allocation 动态缓冲区分配
10.0068

dynamic buffering 动态缓冲 10.0093

dynamic coefficient for key-element allocation 动态键
位分布系数 15.0228

dynamic coherence check 动态相关性检查
04.0267

dynamic coincident code rate for words 动态字词重
码率 15.0227

dynamic control 动态控制 17.0035

dynamic dispatch virtual table 动态分派虚拟表
10.0918

dynamic display 动态显示 16.0399

dynamic error 动态错误 08.0283, 动态误差
17.0077

dynamic handling 动态处理 08.0284

dynamic hazard 动态冒险 08.0285

dynamic link library 动态链接库 11.0206

dynamic memory 动态存储器 06.0035, 动态记忆
13.0017

dynamic memory allocation 动态存储分配 10.0065

dynamic memory management 动态存储管理
10.0402

dynamic network 动态网络 04.0085

dynamic pipeline 动态流水线 04.0121

dynamic priority 动态优先级 10.0556

dynamic priority algorithm 动态优先级算法
10.0039

dynamic priority scheduling 动态优先级调度
10.0734

dynamic processor allocation 动态处理器分配
10.0056

dynamic programming 动态规划[法] 02.0343

dynamic protection 动态保护 10.0610

dynamic RAM 动态随机存储器 06.0032

dynamic redundancy 动态冗余 03.0071

dynamic refresh 动态刷新 06.0094

dynamic relocation 动态重定位 04.0254

dynamic rendering 动态显示 16.0399

dynamic resource allocation 动态资源分配
10.0061

dynamic restructuring 动态重构 12.0127

dynamic scheduling 动态调度 10.0733

dynamic simulation 动态仿真 16.0070

dynamic skew 动态扭斜 05.0203

dynamic SQL 动态 SQL 语言 11.0119

dynamic stop 动态停机 08.0286

dynamic testing 动态测试 08.0117

dynamic world planning 动态世界规划 13.0180

E

early failure 早期失效 07.0286

early vision 初级视觉 22.0152

earth ground 大地, *地球地 19.0343

eavesdropping 窃听 19.0321

EBL 基于解释[的]学习 13.0403

EC 电子商务 21.0163

ECA rule 事件-条件-动作规则, *ECA 规则
11.0340

ECB 事件控制块 10.0136

ECC 纠错码 03.0059, 差错校验 06.0119,
椭圆曲线密码体制 19.0035

echo 回送 01.0349, 回波 16.0348

echo check 回送检验 14.0158

echo off 回送关闭 10.0213

echo on 回送开放 10.0214

echoplex 回送方式 14.0159

ECL 射极耦合逻辑 07.0017

econometric model 计量经济模型 21.0132

economic feasibility 经济可行性 21.0083

economic information system 经济信息系统
21.0100

economic model 经济模型 21.0129

EDA 电子设计自动化 16.0034

EDB 工程数据库 11.0011

EDC 检错码, *差错检测码 03.0164

edge 边缘 03.0062

edge connector [插件]边缘连接器 07.0135

edge cover 边覆盖 02.0372

edge detection 边缘检测 03.0063

edge enhancement 边缘增强 22.0076

edge extracting 边缘提取 22.0075

edge fault 边缘故障 08.0018

edge fitting 边缘拟合 22.0107

edge focusing 边缘聚焦 22.0074

edge generalization 边缘泛化 22.0110

edge illusory 边缘错觉 22.0077

edge image 边缘图像 22.0078

edge linking 边缘连接 22.0079

edge matching 边缘匹配 22.0106

edge operator 边缘算子 22.0080

edge pixel 边缘像素 22.0081

edge segmentation 边缘分割 22.0112

edge-triggered clocking 边缘触发时钟 04.0294

edge trigging 边沿触发 07.0036

EDI 电子数据交换 14.0719

EDI for administration 政商运电子数据交换[标准]，*跨行业电子数据交换[标准] 14.0722

EDIM 电子数据交换消息，*EDI消息 14.0720

EDI message 电子数据交换消息，*EDI消息 14.0720

EDI messaging 电子数据交换消息处理，*EDI消息处理 14.0721

EDIMG 电子数据交换消息处理，*EDI消息处理 14.0721

editor 编辑程序，*编辑器 09.0250

EDL 事件定义语言 10.0371

EDO 扩充数据输出 06.0132

EDR 电子设计规则 07.0208

education on demand 教育点播 14.0753

EES 托管加密标准 19.0053

effective character number 有效字数 15.0174

effectiveness 能行性 02.0001

effective procedure 有效过程 02.0160

EFTS 电子资金转账系统 14.0748

EGA 增强[彩色]图形适配器 05.0378

egoless programming 无我程序设计 12.0128

Eiffel Eiffel语言 09.0043

eight queens problem 八皇后问题 02.0373

EIS 经济信息系统 21.0100, 经理信息系统 21.0117

EISA 扩充的工业标准结构 04.0432

EISA bus 扩充的工业标准结构总线 04.0433

EJB 企业Java组件 09.0244

electrically-erasable programmable ROM 电擦除可编程只读存储器 06.0043

electric discharge printer 电灼式印刷机 05.0276

electrochromic display 电致变色显示器 05.0338

electrohydraulic servo motor 电液伺服电机 17.0225

electroluminescent display 电致发光显示器 05.0337

electromagnetic print head 电磁式打印头 05.0294

electronic banking 电子银行业务，*电子金融 14.0749

electronic billing 电子付款 14.0750

electronic commerce 电子商务 21.0163

electronic computer 电子计算机，*电脑 01.0048

electronic data interchange 电子数据交换 14.0719

electronic design automation 电子设计自动化 16.0034

electronic design rule 电子设计规则 07.0208

electronic ear 电子耳 20.0117

electronic funds transfer system 电子资金转账系统 14.0748

electronic intelligence 电子情报 19.0315

electronic journal 电子杂志 14.0688

electronic library 电子图书馆 21.0190

electronic market 电子市场 14.0746

electronic media 电子媒体 21.0207

electronic meeting system 电子会议系统 21.0122

electronic messaging 电子消息处理 14.0717

electronic penetration 电子渗入 19.0335

electronic publishing 电子出版 21.0170

electronic publishing system 电子出版系统 15.0289

electronic service 电子服务 21.0206

electronic signature 电子签名 19.0141

electronic surveillance 电子监视 19.0311

electrophotographic printer 电子照相印刷机 05.0277

electroplated film disk 电镀膜盘，*电镀薄膜磁盘 05.0075

electrostatic plotter 静电绘图机 05.0260

electrostatic printer 静电印刷机 05.0278

elementary net system　基本网系统　02.0619

element library　零件库　16.0062

elevated floor　活动地板　07.0429

elliptic curve cryptosystem　椭圆曲线密码体制　19.0035

e-mail　电子邮件，*电子函件　14.0630

E-mail　电子邮件，*电子函件　14.0630

e-mail address　电子邮件地址，*电子函件地址　14.0631

e-mail alias　电子邮件别名　14.0640

emanation　发射　19.0345

embedded computer　嵌入式计算机　04.0014

embedded controller　嵌入式控制器　17.0191

embedded language　嵌入式语言　11.0043

embedded servo　嵌入伺服　05.0137

embedded software　嵌入式软件　12.0129

embedded SQL　嵌入式 SQL 语言　11.0118

E-media　电子媒体　21.0207

emergency button　应急按钮　07.0426

emergency maintenance　应急维修　08.0252

emergency-off　紧急断电　07.0347

emergency plan　应急计划　08.0253

emergency switch　紧急开关　07.0348

emitter coupled logic　射极耦合逻辑　07.0017

emitter dotting　发射极点接　07.0041

emitter pull down resistor　发射极下拉电阻　07.0042

emoticon　情感符号　14.0680

emotion modeling　情感建模　13.0457

empirical law　经验法则　13.0084

empirical system　经验系统　20.0221

empty set　空集　02.0173

empty stack　空栈　02.0172

emulation　仿真　01.0317

emulation terminal　仿真终端　14.0226

emulator　仿真器，*仿真程序　12.0130

enable　激活，*使能　01.0350

encapsulating security　打包安全　19.0187

encapsulation　封装　01.0322

encipherment　加密　19.0105

encoder　编码器　04.0586

encoding method　编码方法　05.0041

encryption　加密　19.0105

end-around borrow　循环借位　04.0505

end-around carry　循环进位　04.0504

end-around shift　循环移位　04.0506

end-effector　末端器　17.0167

ending-frame delimiter　帧尾定界符　14.0172

endless loop cartridge tape　环形盒式磁带　05.0171

endmarker　端记号　02.0227

end-of-tape marker　磁带尾标　05.0188

endpoint　端点　14.0191

end point encoding　端点编码　16.0447

end system　端系统　14.0190

end-to-end encryption　端端加密　19.0055

end-to-end key　端端密钥　19.0084

end-to-end transfer　端对端传送　14.0192

end user programming　最终用户编程　21.0068

engineering database　工程数据库　11.0011

engineering drawing　工程图　16.0054

enhanced graphics adapter　增强[彩色]图形适配器　05.0378

enhanced small device interface　增强型小设备接口，*ESDI 接口　05.0149

enlogy　赋逻辑[论]　02.0572

enter-point　入点　16.0459

enterprise Java bean　企业 Java 组件　09.0244

enterprise model　企业模型　21.0154

enterprise network　企业网　14.0745

enterprise resource planning　企业资源规划　21.0180

entity　实体　11.0025

entity authentication　实体鉴别　19.0142

entity integrity　实体完整性　11.0093

entity-relationship diagram　实体联系图　11.0030

entropy　熵　21.0045

entropy coding　熵编码　18.0111

enumeration　枚举　02.0174

envelope　包封　14.0124

environment control table　环境控制表　10.0916

environment mapping　环境映射　16.0288

EOD　教育点播　14.0753

episodic memory　情景记忆　13.0018

epistemology　认识学　13.0019

EPROM　可擦[可]编程只读存储器　06.0041，电擦除可编程只读存储器　06.0043

EPS 电子出版系统 15.0289

equalizer 均衡器 05.0066

equational logic 等式逻辑 02.0073

equation system 等式系统 02.0585

equijoin 等联结 11.0107

equivalence operation 等价运算 04.0498

equivalence problem 等价问题 02.0218

equivalence relation 等价关系 02.0217

equivalent marking 等价标识 02.0687

equivalent marking variable 等价标识变量
02.0689

erasable PROM 可擦[可]编程只读存储器
06.0041

erase head 擦除[磁]头，＊抹头 05.0208

E-R diagram ＊E-R图 11.0030

ergonomics 工效学 01.0248

erosion 腐蚀 22.0082

ERP 企业资源规划 21.0180

error 差错 01.0330，错误 01.0331，误差
01.0332

error analysis 错误分析 12.0131

error category 错误类别 12.0132

error checking and correcting system 差错校验系统
08.0045

error checking and correction 差错校验 06.0119

error checking code 错误检验码 08.0043

error code 错误代码，＊误码 08.0039

error condition 错误条件 08.0040

error control 错误控制，＊差错控制 08.0041

error control code 错误控制码 08.0042

error control coding 差错控制编码 18.0117

error correcting routine 纠错例程 08.0044

error correction 纠错 01.0338

error correction code 纠错码 03.0059

error data 错误数据 12.0133

error detecting routine 检错例程 08.0046

error detection 检错，＊差错检测 03.0163

error detection code 检错码，＊差错检测码
03.0164

error diagnosis 错误诊断 08.0047

error estimation 误差估计 13.0499

error extension 错误扩散 03.0249

error file 出错文件 08.0054

error free 无差错 03.0024，无错误 08.0050

error-free operation 无错操作 08.0053

error-free running period 无错运行期 08.0051

error handling 出错处理 01.0339

error indication circuit 差错指示电路 08.0049

error interrupt 出错中断 08.0055

error interrupt processing 出错中断处理 10.0631

error latency 差错潜伏期 03.0165

error list 差错表 08.0052

error lock 错误封锁，＊出错封锁 08.0048

error logger 出错登记程序 08.0056

error model 错误模型 12.0134

error of transmission 传输错误 08.0057

error pattern 错误模式 08.0059

error prediction 错误预测 12.0135

error prediction model 错误预测模型 12.0136

error propagation limiting code 错误传播受限码
08.0060

error range 差错范围 08.0061

error rate 出错率，＊误码率 08.0062

error rate for input 输入错误率 15.0219

error recovery 差错恢复 03.0162

error recovery procedure 错误恢复过程 08.0063

error routine 出错处理例程 10.0721

error seeding 错误撒播 12.0137

error span 错误跨度 08.0064

error status word 错误状态字 08.0065

error trapping routine 错误捕获例程 10.0720

ES 专家系统 13.0613

escape 转义 15.0138

escape sequence 转义序列 15.0139

escrowed encryption standard 托管加密标准
19.0053

ESDI 增强型小设备接口，＊ESDI接口 05.0149

E-service 电子服务 21.0206

ESS 经理支持系统 21.0116

etch 刻蚀 07.0296

etch cutting 腐蚀切割 07.0297

e-text 电子文本 14.0658

Ethernet 以太网 14.0422

etymology 词源学 20.0014

Euler circuit 欧拉回路 02.0349

Euler path 欧拉路径 02.0350

evaluation 评价，＊评估 12.0138

evaluation function 评价函数 13.0119

evaluation of Hanzi coding input method 汉字编码输入方法评测 15.0160

evaluation of machine translation 机器翻译评价 20.0215

evaluation rule 评测规则 15.0161

evaluation software for Hanzi coding input 汉字编码输入评测软件 15.0164

evaporative cooling 蒸发冷却 07.0390

even-parity check 偶检验 08.0162

event 事件 02.0546

event-condition-action rule 事件－条件－动作规则，＊ECA规则 11.0340

event control block 事件控制块 10.0136

event definition language 事件定义语言 10.0371

event dependence 事件依赖性 02.0644

event description 事件描述 10.0223

event detector 事件检测器，＊事件检测程序 11.0341

event-driven 事件驱动 04.0244

event-driven executive 事件驱动执行程序 10.0222

event-driven language 事件驱动语言 10.0372

event-driven program 事件驱动程序 10.0647

event-driven task scheduling 事件驱动任务调度 10.0735

event filter 事件过滤器 10.0224

event independence 事件独立性 02.0645

event mode 事件方式 16.0379

event processing 事件处理 10.0622

event queue 事件队列 10.0667

event report 事件报告 10.0225

event source 事件源 10.0226

event table 事件表 10.0919

evidence theory 证据理论 13.0239

evidential reasoning 证据推理 13.0181

evolution 进化 03.0122

evolutionary computing 进化计算 13.0530

evolutionary development 进化发展 13.0531

evolutionary model 演化模型 12.0103

evolutionary optimization 进化优化 13.0532

evolution checking 进化检查 03.0123

evolutionism 进化机制 13.0533

evolution program 进化程序 13.0527

evolution programming 进化程序设计 13.0528

evolution strategy 进化策略 13.0529

exact cover problem 恰当覆盖问题 02.0278

exception 异常 10.0211

exception dispatcher 异常分派程序 10.0212

exception handler 异常处理程序 09.0339

exception handling 异常处理 09.0338

exception scheduling program 异常调度程序 10.0648

exchange 交换 14.0066

exchange permutation 交换排列 04.0106

exchange sort 交换排序 02.0374

exclusive lock 排它锁 11.0161

exclusive-OR gate 异［或］门 04.0472

exclusive transition 互斥变迁 02.0673

exclusive usage mode 互斥使用方式 10.0417

executable file 可执行文件 10.0260

executable program 可执行程序 10.0644

execution 执行 12.0139

execution stack 执行栈 10.0822

execution time 执行时间 12.0140

execution time theory 执行时间理论 12.0141

executive agent 执行主体 13.0458

executive control program 执行控制程序 10.0645

executive information system 经理信息系统 21.0117

executive job scheduling 执行作业调度 10.0736

executive overhead 执行开销 10.0478

executive program 执行程序 12.0142

executive routine 执行例程 10.0722

executive schedule maintenance 执行调度维护 10.0433

executive state 执行状态 10.0418

executive stream 执行流 10.0841

executive supervisor 执行管理程序 10.0849

executive support 执行支持 10.0848

executive support system 经理支持系统 21.0116

executive system 执行系统 10.0893

exhaustive attack 穷举攻击 19.0286

exhaustive search 穷举搜索 19.0306

exhaustive testing 穷举测试 03.0112

existential quantifier 存在量词 11.0115

exit 出口，＊退出 12.0143

expandability 可扩充性，＊易扩充性 01.0285

expanded data out 扩充数据输出 06.0132

expander 扩展器 07.0021

expansion 扩充 01.0286

expansion rule 扩张规则 02.0662

expansion slot 扩充槽 07.0150

expectation driven reasoning 期望驱动型推理 20.0118

expected velocity factor 期望速率因子 15.0218

expedient state 权宜状态 10.0836

expertise 专家经验 13.0617

expert problem solving 专家问题求解 13.0616

expert system 专家系统 13.0613

expert system shell 专家系统外壳 13.0615

expert system tool 专家系统工具 13.0614

explanation-based learning 基于解释[的]学习 13.0403

explicit parallelism 显式并行性 04.0099

exponential cryptosystem 指数密码体制 19.0018

exponential time 指数时间 02.0262

exponential transition 指数变迁 02.0692

export schema 输出模式 11.0238

exposure 暴露 19.0398

expression dictionary 惯用型词典 20.0171

extended industry standard architecture 扩充的工业标准结构 04.0432

extended operation 扩展操作 14.0271

extended semantic network 扩展语义网络 20.0116

extended stochastic Petri net 扩展随机佩特里网 02.0672

extended VGA 扩展视频图形适配器 05.0380

extensibility 可扩展性，＊易扩展性 01.0284

extensible 可扩展的，＊易扩展的 01.0288

extensible language 可扩展语言 09.0150

extensible link language 可扩展链接语言 21.0198

extensible markup language 可扩展置标语言 09.0153

extensible stylesheet language 可扩展样式语言 21.0197

extension 扩展 01.0287，外延 02.0554

extensional database 外延数据库 11.0274

extension axiom 外延公理 02.0574

extension net 外延网 02.0541

extent 范围 10.0219

exterior clipping 外裁剪 16.0442

exterior pixel 外像素 22.0048

exterior ring 外环 16.0115

external interrupt 外[部]中断 04.0566

external page table 外部页表 10.0496

external path length 外路长度 02.0375

external schema 外模式 11.0031

external sorting 外排序 02.0376

external storage 外存储器 05.0002

external thermal resistance 外热阻 07.0364

extranet 外联网，＊外连网 14.0526

extraordinary coding 非常规编码 15.0173

extra pulse 冒脉冲 05.0053

extra sector 额外扇区 19.0458

extra track 额外磁道 19.0459

eye-on-hand system 手眼系统 22.0153

eyepoint 视点 16.0316

e-zine 电子杂志 14.0688

F

face-based representation 基于面的表示 16.0111

face-down bonding 倒焊 07.0267

facet 小平面 09.0211，刻面 09.0212

faceted classification 逐面分类法 12.0183

face time 会面时间 14.0568

facilitation agent 设施主体 13.0459

facility 设施 01.0135

facility allocation 设施分配 10.0073

facility management 设施管理 10.0399

facility request 设施请求 10.0690

fact 事实 02.0660

fact base 事实库 11.0343

factoring method 因子分解法 19.0303

fade-in 淡入 18.0142

fade-out 淡出 18.0143

fail 故障 01.0329

fail-frost 故障冻结 03.0173

fail-over 故障切换 04.0429

fail-safe 故障安全，＊故障无碍 03.0171

fail silent 故障沉默 03.0174

fail-soft 故障弱化 03.0182

fail-soft capability 故障弱化能力 08.0106

fail-soft logic 故障弱化逻辑 08.0107

fail-stop failure 故障停止失效 03.0183

failure 失效，＊失败 01.0328，故障 01.0329

failure access 故障访问 19.0407

failure category 失效类别 12.0250

failure control 故障控制 08.0105

failure data 失效数据 12.0251

failure detection 失效检测 08.0089

failure distribution 失效分布 08.0135

failure free operation 无故障运行，＊正常运行 08.0136

failure in term 非特 07.0288

failure logging 故障记录 03.0170

failure mode effect and criticality analysis 失效模式效应与危害度分析 08.0138

failure node 失效节点 08.0139

failure prediction 失效预测 08.0137

failure rate 失效率 08.0134

failure ratio 失效比 12.0252

failure recovery 失效恢复 12.0253

failure testing 失效测试 08.0088

fairing 光顺 16.0117

fairness 公平性 02.0613，光顺性 16.0118

fair net 公平网 02.0531

fake sector 虚假扇区 19.0460

falling edge 下降沿 07.0065

fall time 下降时间 07.0081

false drop 误检 14.0662

false floor 活动地板 07.0356

fan-fold paper 折叠［式打印］纸 05.0305

Fangsong Ti 仿宋体 15.0055

fan-in 扇入 03.0215

fan-out 扇出 03.0216

fanout limit 扇出限制 07.0223

fan-out modular 扇出模块 04.0397

FAQ 常见问题 14.0681

far-end coupled noise 远端耦合噪声 07.0199

fast Ethernet 快速以太网 14.0502

fast message 快速消息 04.0336

fast select 快速选择 14.0138

fast sequenced transport 快速有序运输［协议］ 14.0591

FAT 文件分配表 10.0917

fatal error 致命错误 10.1024

fault 故障 01.0329

fault analysis 故障分析 08.0086

fault avoidance 避错，＊故障避免 03.0261

fault category 故障类别 12.0254

fault collapsing 故障收缩 03.0172

fault confinement 故障禁闭 03.0187

fault containment 故障包容 03.0169

fault-coverage 故障覆盖 04.0407

fault-coverage rate 故障覆盖率 03.0191

fault detection 故障检测 03.0184

fault diagnosis 故障诊断 03.0175

fault diagnostic program 故障诊断程序 08.0091

fault diagnostic routine 故障诊断例程 08.0092

fault diagnostic test 故障诊断试验 08.0090

fault dictionary 故障辞典 03.0188

fault dominance 故障支配 08.0097

fault equivalence 故障等效 03.0185

fault-free 无故障 04.0428

fault handling 故障处理 04.0427

fault injection 故障注入 03.0177

fault insertion 故障插入 12.0255

fault isolation 故障隔离 03.0186

fault location 故障定位 03.0176

fault location problem 故障定位问题 08.0096

fault location testing 故障定位测试 08.0103

fault masking 故障屏蔽 03.0179

fault matrix 故障矩阵 08.0099

fault model 故障模型 03.0190

fault secure circuit 故障安全电路 08.0100

fault seeding 故障撒播 12.0256

fault signature 故障特征 08.0101

fault simulation 故障模拟 03.0189

fault testing 故障测试 03.0181

fault time 故障时间 08.0102

fault-tolerance 容错 01.0319

fault-tolerant computer 容错计算机 03.0214

fault-tolerant computing　容错计算　01.0018

fault-tolerant control　容错控制　17.0042

fault tree analysis　故障树分析　08.0104

FCA　功能性配置审计　12.0257

FCB　文件控制块　10.0137

FCS　帧检验序列　14.0171，现场总线控制系统　17.0261

FDD　软盘驱动器，＊软驱　05.0080

FDDI　光纤分布式数据接口　14.0423

FEA　有限元分析　16.0211

feasibility　可行性　08.0260

feasibility study　可行性研究　12.0009

feasible solution　可行解　02.0378

feature　特征　22.0091

feature-based design　基于特征的设计　16.0071

feature-based manufacturing　基于特征的制造　16.0072

feature-based modeling　基于特征的造型　16.0073

feature-based reverse engineering　基于特征的逆向工程　16.0074

feature coding　特征编码　22.0104

feature contour　特征轮廓　16.0080

feature detection　特征检测　22.0105

feature extraction　特征提取　13.0085

feature generation　特征生成　16.0079

feature integration　特征集成　22.0052

feature interaction　特征交互　16.0075

feature model conversion　特征模型转换　16.0076

feature-oriented domain analysis method　面向特征的领域分析方法　12.0187

feature recognition　特征识别　16.0077

feature selection　特征选择　22.0053

feature space　特征空间　22.0054

FECI　前向显式拥塞指示　14.0404

federated schema　联邦模式　11.0240

federative database　联邦数据库　11.0014

feedback bridging fault　反馈桥接故障　08.0125

feedback control　反馈控制　17.0009

feedback edge set　反馈边集合　02.0379

feedforward control　前馈控制　17.0008

feed-through　通孔　07.0133

FEM　有限元法　16.0212

ferrite film disk　铁氧体薄膜［磁］盘　05.0162

ferrite magnetic head　铁氧体磁头　05.0222

ferroelectric non-volatile memory　铁电非易失存储器　06.0139

ferrooxide tape　铁氧磁带　05.0174

fetch　读取　06.0059

fetch strategy　提取策略　10.0547

fiber distributed data interface　光纤分布式数据接口　14.0423

Fibonacci cube　裴波那契立方体　03.0256

field　字段　01.0179，场　16.0420

field agent　现场主体　13.0460

field bus　现场总线　17.0087

field bus control system　现场总线控制系统　17.0261

field control station　现场控制站　17.0263

field dependence　领域相关　20.0175

field devices　现场设备　17.0254

field frequency　场频　16.0421

field independence　领域无关　20.0176

field programmable gate array　现场可编程门阵列　04.0493

field programmable logic array　现场可编程逻辑阵列　07.0013

field replaceable part　现场可换件　07.0432

field replaceable unit　现场可换单元　07.0431

field replacement unit　现场置换单元　03.0144

field upgrade　现场升级　08.0124

FIFO　先进先出　10.0729

fifth generation computer　第五代计算机　01.0105

fifth generation language　第五代语言　09.0007

fifth normal form　第五范式　11.0145

file　文件　01.0157

file access　文件存取　10.0231

file allocation　文件分配　10.0062

file allocation table　文件分配表　10.0917

file allocation time　文件分配时间　10.0976

file attribute　文件属性　10.0087

file buckup　文件备份　10.0240

file checking program　文件检验程序　08.0126

file contention　文件争用　10.0241

file control　文件控制　10.0232

file control block　文件控制块　10.0137

file creation　文件创建　10.0242

file definition　文件定义　10.0233

file directory　文件目录　10.0234

file event　文件事件　10.0227

file fragmentation　文件分段　10.0289

file handle　文件句柄　10.0245

file lock　文件锁　19.0248

file maintenance　文件维护　08.0127

file management　文件管理　10.0230

file management protocol　文件管理协议　14.0700

file management system　文件管理系统　10.0894

file memory　文件存储器　04.0218

file name　文件名　10.0457

file name extension　文件名扩展　10.0243

file organization　文件组织　10.0235

file protection　文件保护　10.0236

file security　文件安全　08.0128

file server　文件服务器　14.0553

file sharing　文件共享　14.0702

file size　文件大小　10.0247

file space　文件空间　10.0798

file specification　文件规约　10.0244

file status table　文件状态表　10.0920

file structure　文件结构　10.0237

file subsystem　文件子系统　10.0246

file system　文件系统　10.0238

file transfer　文件传送　10.0239

file transfer, access and management　文件传送、存取和管理　14.0698

file transfer-access method　文件传送存取方法　14.0701

file transfer protocol　文件传送协议　14.0623

fill　填充　14.0519

fill area　填充区　16.0331

fillet　圆角　16.0158

film disk　薄膜磁盘　05.0076

FILO　先进后出　10.0730

filter　滤波器　22.0184

filtering agent　筛选主体　13.0461

final　韵母　15.0032

final model　终结模型　09.0357

final state　终结状态　02.0176

fine grain　细粒度　04.0110

fine index　细索引　21.0010

fine positioning　精定位　05.0127

fingerprint　指纹　19.0147

fingerprint analysis　指纹分析　19.0148

finite automaton　有穷自动机，*有限自动机　02.0154

finite controller　有限控制器　02.0159

finite element analysis　有限元分析　16.0211

finite element method　有限元法　16.0212

finite goal　有限目标　13.0114

finiteness problem　有穷性问题　02.0157

finite net　有限网　02.0536

finite point set　有限点集　16.0223

finite state grammar　有限状态语法　13.0640

finite state machine　有限状态机　12.0068

finite state system　有穷状态系统　02.0156

finite-turn PDA　有穷转向下推自动机　02.0158

firewall　防火墙，*网盾　19.0252

firing count vector　实施向量　02.0595

firing rule　实施规则　02.0587

firmware　固件　01.0148

first generation computer　第一代计算机　01.0101

first generation language　第一代语言　09.0003

first-in first-out　先进先出　10.0729

first-in last-out　先进后出　10.0730

first moment　一阶矩　22.0158

first normal form　第一范式　11.0140

first order logic　一阶逻辑　02.0011

first order theory　一阶理论　02.0012

fit　非特　07.0288

fitting　拟合　16.0116

fixed-length coding　等长编码　15.0171

fixed phrase　固定短语　15.0086

fixed-point computer　定点计算机　04.0009

fixed-point number　定点数　01.0193

fixed-point operation　定点运算　04.0494

fixed word length　固定字长　01.0177

fixture　夹具　07.0313

flag sequence　标志序列　14.0175

flash EPROM　快[可]擦编程只读存储器　06.0042

flash memory　闪速存储器　06.0140

flat address space　平面地址空间　10.0800

flat-bed plotter　平板绘图机　05.0259

flat-bed scanner　平板扫描仪　05.0423

flat cable　扁平电缆　07.0160

flat file　平面文件　10.0279

flat file system　平面文件系统　10.0897

flat pack　扁平封装　07.0241

flat package　扁平封装　07.0241

flat panel display　平板显示器　05.0339

flat squared picture tube　直角平面显像管　05.0340

flaw　瑕点　03.0245

flexibility　灵活性　08.0361

flexible disk　软磁盘，＊软盘　05.0072

flexible manufacturing system　柔性制造系统　17.0171

flight height　飞行高度　05.0109

flip-flop　触发器　04.0478

float head　浮动磁头　05.0218

floating failure　漂移失效　08.0071

floating-point computer　浮点计算机　04.0008

floating-point number　浮点数　01.0194

floating-point operation　浮点运算　04.0495

floating-point operations per second　浮点运算每秒　23.0044

floating-point processing unit　浮点处理单元　04.0312

flooding　泛滥　19.0413

flood light　泛光　16.0306

floppy disk　软磁盘，＊软盘　05.0072

floppy disk drive　软盘驱动器，＊软驱　05.0080

floppy disk flutter　软盘抖动　08.0129

FLOPS　浮点运算每秒　23.0044

floptical disk　光磁软盘　05.0165

flow　流　01.0260

flowchart　流程图　01.0261

flow control　流控制　14.0142

flow dependence　流依赖　09.0301

flow diagram　流程图　01.0261

flow relation　流关系　02.0547

fluorescent character display tube　荧光数码管　05.0424

flush　转储清除　06.0003

flushing time　流过时间　04.0126

flyback time　回扫时间　05.0360

flying head　浮动磁头　05.0218

FM　调频［制］　05.0039

FMS　文件管理系统　10.0894，柔性制造系统　17.0171

1FN　第一范式　11.0140

2FN　第二范式　11.0141

3FN　第三范式　11.0142

4FN　第四范式　11.0144

5FN　第五范式　11.0145

focusing　聚焦　05.0361

focus servo　聚焦伺服　05.0245

FODA　面向特征的领域分析方法　12.0187

follower constellation　后继丛　02.0629

follow-up control　随动控制　17.0062

forbidden character　禁用字符　08.0131

forbidden combination　禁用组合　08.0132

forbidden combination check　禁用组合检验　08.0130

forbidden list　禁止表　04.0281

forbidden state　禁止状态　02.0694

forced air cooling　强制气冷　07.0392

forced convection　强制对流　07.0393

forced cooling　强制冷却　08.0248

forced display　强行显示　08.0133

forecasting model　预测模型　21.0128

foreground　前台　10.0327

foreground color　前景色　16.0279

foreground initiator　前台初启程序　10.0292

foreground job　前台作业　10.0328

foreground mode　前台操作方式　10.0419

foreground monitor　前台监控程序　10.0452

foreground paging　前台分页　10.0505

foreground partition　前台分区　10.0523

foreground region　前台区　10.0694

foreground scheduler　前台调度程序　10.0755

foreground task　前台任务　10.0948

foreign key　外［键］码　11.0079

forge　伪造　19.0298

forgetting factor　遗忘因子　17.0096

forging algorithm　伪造算法　02.0517

fork　分叉，＊派生　10.0392

formal calculus　形式演算　02.0057

formal description　形式描述　14.0194

formal language　形式语言　02.0166

formal method　形式方法　12.0071

formal parameter 形参 09.0176

formal reasoning 形式推理 13.0208

formal semantics 形式语义学 20.0110

formal specification 形式规约 12.0082

formal system 形式系统 02.0015

formal testing 正式测试 12.0083

formation rule 形式规则 02.0031

formatted capacity 格式化容量 05.0086

formatted data 格式化数据 11.0055

formatting 格式化 05.0097

formatting utility 格式化实用程序 10.1009

form factor 形状因子 07.0130

form feature 形状特征 16.0078

form feed 换页 05.0314

FORmula TRANslator FORTRAN 语言 09.0045

Forth Forth 语言 09.0044

FORTRAN FORTRAN 语言 09.0045

FORTRAN 77 FORTRAN 77 语言 09.0046

Fortran 90/95 Fortran 90/95 语言 09.0047

forum 论坛 14.0686

forward chained reasoning 正向推理 13.0217

forward channel 正向信道 14.0099

forward cross talk 前向串扰 07.0191

forward explicit congestion indication 前向显式拥塞
指示 14.0404

forwarding 转发 04.0349

forward LAN channel 正向局域网信道 14.0504

forward reachability 向前可达性 02.0634

forward reasoning 正向推理 13.0217

forward recovery 正向恢复 11.0202

fountain model 喷泉模型 12.0105

Fourier descriptor 傅里叶描述子 22.0029

fourth generation computer 第四代计算机 01.0104

fourth generation language 第四代语言 09.0006

fourth normal form 第四范式 11.0144

FPGA 现场可编程门阵列 04.0493

FPLA 现场可编程逻辑阵列 07.0013

fps 帧每秒 23.0036

F-preserve mapping 保 F 映射 02.0640

FPU 浮点处理单元 04.0312

FQDN 全限定域名，* 全称域名 14.0596

fractal 分形 16.0297

fractal encoding 分形编码 22.0198

fractal geometry 分形几何 16.0298

fragment 片段 11.0215

fragmentation ［磁盘］记录块 05.0102，碎片
10.0286，分段 10.0771

fragmentation schema 分片模式 11.0220

fragmentation transparency 分片透明 11.0219

frame 帧 01.0340

frame alignment 帧定位 05.0364

frame buffer 帧缓存器 16.0341

frame check sequence 帧检验序列 14.0171

frame control field 帧控制字段 14.0169

framed interface 帧［结构］接口 14.0357

frame encapsulation 帧封装 14.0173

frame end delimiter 帧尾定界符 14.0172

frame format 帧格式 14.0163

frame frequency 帧频 05.0363

frame grammar 框架语法 13.0036

frame knowledge representation 框架知识表示
13.0047

frame problem 帧面问题 22.0128

frame rate 帧率 18.0082

frame relaying network 帧中继网 14.0249

frames per second 帧每秒 23.0036

frame start delimiter 帧首定界符 14.0165

frame theory 框架理论 20.0138

framework 框架 09.0202

fraud 欺诈 19.0300

fraudulent codeword 伪造码字 19.0318

free access floor 活动地板 07.0356

free agent 自由主体 13.0462

free choice net 自由选择网 02.0535

free convection 自然对流 07.0388

free-form curve 自由曲线 16.0154

free-form surface 自由曲面 16.0155

free list 自由表 10.0381

free-net 免费网 14.0685

free schema 自由模式 13.0584

free software 自由软件 21.0174

free space list 自由空间表 10.0382

freeware 免费软件 21.0173

free-word retrieval 自由词检索 21.0025

frequency converter 变频器 17.0194

frequency domain 频域 17.0064

frequency modulation　调频［制］　05.0039

frequency shift keying　移频键控［调制］　14.0201

frequently asked questions　常见问题　14.0681

friction feed　摩擦输纸　05.0318

friend　友元　09.0228

FRN　帧中继网　14.0249

front-end processor　前端处理器　01.0122

frozen token　冻结标记　02.0618

FSK　移频键控［调制］　14.0201

FST　文件状态表　10.0920，快速有序运输［协议］　14.0591

FTAM　文件传送、存取和管理　14.0698

FT-AM　文件传送存取方法　14.0701

FTP　文件传送协议　14.0623

full adder　全加器　04.0520

full-duplex transmission　全双工传输　14.0075

full functional dependence　完全函数依赖　11.0130

full immersive VR　全沉浸式虚拟现实　18.0037

full motion video　全动感视频　18.0077

full name　全名　14.0639

full recovery　完全恢复　03.0104

full screen　全屏幕　18.0075

full subtracter　全减器　04.0524

full-text indexing　全文索引　18.0200

full-text retrieval　全文检索　21.0024

fully-associative cache　全相联高速缓存　04.0206

fully-associative mapping　全相联映射　04.0202

fully connected network　全连接网　14.0012

fully qualified domain name　全限定域名，＊全称域名　14.0596

function　功能　01.0356，函数　01.0357

functional configuration audit　功能性配置审计　12.0257

functional decomposition　功能分解　12.0053

functional dependence　函数依赖　11.0127

functional dependence closure　函数依赖闭包　11.0134

functional design　功能设计　12.0052

functional fault　功能故障　03.0030

functional grammar　功能语法　20.0076

functionality　功能性　12.0024

functional language　函数［式］语言　09.0065

functional linguistics　功能语言学　20.0133

functional memory　功能存储器　06.0051

functional model　功能模型　21.0152

functional programming　函数程序设计　12.0195

functional requirements　功能需求　12.0021

functional specification　功能规约　12.0022

functional test　功能测试　03.0031

functional unification grammar　功能合一语法　20.0081

functional unit　功能部件　12.0023

function block　功能块　17.0115

function call　函数调用　09.0268

function diskette　功能软盘　07.0404

function independent testing　功能无关测试　08.0140

function-oriented hierarchical model　面向功能层次模型　17.0111

fusible link　熔丝连接　07.0346

fusible link PROM　熔丝［可］编程只读存储器　06.0040

fusion　融合　09.0312

fuzzification　模糊化　13.0509

fuzzy control　模糊控制　17.0031

fuzzy data　模糊数据　11.0328

fuzzy database　模糊数据库　11.0329

fuzzy-genetic system　模糊遗传系统　13.0512

fuzzy logic　模糊逻辑　02.0042

fuzzy mathematics　模糊数学　13.0510

fuzzy-neural network　模糊神经网络　13.0513

fuzzy query language　模糊查询语言　11.0330

fuzzy reasoning　模糊推理　13.0228

fuzzy relaxation　模糊松弛法　22.0124

fuzzy search　模糊查找，＊模糊搜索　11.0331

fuzzy set　模糊集　02.0520

fuzzy set theory　模糊集合论　13.0511

G

Gabor transformation　加博变换　22.0030

GAL　通用阵列逻辑［电路］　04.0488

galloping test　跳步测试　03.0247

game　博弈，＊对策　13.0585

game graph　博弈图　13.0586

game theory　博弈论，＊对策论　13.0587

game theory-based negotiation　基于博弈论协商　13.0588

game tree　博弈树　13.0589

game tree search　博弈树搜索　13.0590

gaming simulation　对策仿真　13.0591

gap　间隙　02.0254

gap theorem　间隙定理　02.0255

garbage　无用信息　11.0088

garbage area　无用信息区　10.0099

garbage collector　无用信息收集程序　10.0162

garden path sentence　花园路径句子　20.0216

gate　门　04.0466

gate array　门阵列　04.0474

gate delay　门延迟　04.0475

gateway　网关　14.0425

gateway to gateway protocol　网关到网关协议　14.0583

Gaussian curvature approximation　高斯曲率逼近　16.0201

Gaussian distribution　高斯分布　13.0500

Gb　十亿位，＊吉位　23.0011

GB　十亿字节，＊吉字节　23.0012

Gbps　十亿位每秒　23.0030

GBps　十亿字节每秒　23.0031

GC　吉周期　23.0038

GCM　全局一致性存储器　04.0205

G^1 continuity　一阶几何连续，＊G^1 连续　16.0197

G^2 continuity　二阶几何连续，＊G^2 连续　16.0198

GCR　成组编码记录　05.0045

GDSS　群体决策支持系统　21.0105

generalization　泛化　13.0397

generalized compatible operation　广义相容运算　16.0215

generalized sequential machine　广义序列机　02.0112

generalized stochastic Petri net　广义随机佩特里网　02.0666

general linguistics　普通语言学　20.0130

general net theory　通用网论　02.0569

general phrase structure grammar　广义短语结构语法　20.0049

general problem solver　通用问题求解程序　13.0116

general purpose computer　通用计算机　04.0006

general purpose interface bus　通用接口总线　04.0373

general purpose operating system　通用操作系统　10.0001

general purpose programming language　通用编程语言　09.0048

general purpose register　通用寄存器　04.0531

general purpose systems simulation　通用系统模拟语言　09.0049

general user　一般用户　15.0221

general word and phrase database　通用词语［数据］库　15.0237

generative linguistics　生成语言学　20.0136

generic array logic　通用阵列逻辑［电路］　04.0488

genetic algorithm　遗传算法　13.0534

genetic computing　遗传计算　13.0570

genetic learning　遗传学习　13.0405

genetic operation　遗传操作　13.0571

genetic programming algorithm　遗传规划算法　02.0351

geographic information system　地理信息系统　21.0124

geometric continuity　几何连续性　16.0196

geometric correction　几何校正　22.0092

geometric mean　几何平均　04.0334

geometric modeling　几何造型　16.0085

geometric transformation　几何变换　16.0086

geometry deformation　几何变形　16.0102

gesture message　手势消息　18.0057

gesture recognition　手势识别　18.0058

GFLOPS　十亿次浮点运算每秒　23.0046

GGP　网关到网关协议　14.0583

ghost　重影　05.0347

giant magnetioresistive head　巨磁变阻头　05.0215

Gibson mix　吉布森混合法　01.0095

gigabit　十亿位，＊吉位　23.0011

gigabit Ethernet　吉比特以太网　14.0503

gigabits per second　十亿位每秒　23.0030

gigabyte　十亿字节，＊吉字节　23.0012

gigabytes per second　十亿字节每秒　23.0031

gigacycle　吉周期　23.0038

giga floating-point operations per second　十亿次浮点
　运算每秒　23.0046

gigaflops　十亿次浮点运算每秒　23.0046

giga instructions per second　十亿条指令每秒
　23.0051

giga operations per second　十亿次运算每秒
　23.0041

GII　全球信息基础设施　14.0528

GIPS　十亿条指令每秒　23.0051

GIS　地理信息系统　21.0124

GKS　图形核心系统　16.0256

GL　图形库　16.0300

1GL　第一代语言　09.0003

2GL　第二代语言　09.0004

3GL　第三代语言　09.0005

4GL　第四代语言　09.0006

5GL　第五代语言　09.0007

glass epoxy board　玻璃环氧板　07.0262

glitch　假信号　07.0107

global address　全球地址　14.0434

global address administration　全球地址管理
　14.0463

global application　全局应用　11.0211

global coherent memory　全局一致性存储器
　04.0205

global deadlock　全局死锁　11.0234

global failure　整体失效　08.0067

global fault　全局故障　08.0009

global illumination model　整体光照模型　16.0403

global information infrastructure　全球信息基础设施
　14.0528

global knowledge　全局知识　13.0182

global light model　整体光照模型　16.0403

global memory　全局存储器　06.0049

global optimization　全局优化　13.0183

global position system　全球定位系统　21.0125

global query　全局查询　11.0227

global query optimization　全局查询优化　11.0228

global search　全局搜索　13.0184

global shared resource　全局共享资源　10.0708

global transaction　全局事务　11.0222

global variable　全局变量　09.0169

GMR head　巨磁变阻头　05.0215

goal case base　目标范例库　13.0185

goal clause　目标子句　13.0186

goal-directed behavior　目标引导行为　13.0190

goal-directed reasoning　目标导向推理　13.0221

goal driven　目标驱动　13.0218

goal object　目标对象　13.0187

goal regression　目标回归　13.0188

goal set　目标集　13.0189

Gödel numbering　哥德尔配数　02.0008

Gordon surface　戈登曲面　16.0174

GOPS　十亿次运算每秒　23.0041

GPS　通用问题求解程序　13.0116，全球定位系统
　21.0125

GPSS　通用系统模拟语言　09.0049

gradient of disparity　视差梯度　22.0154

grammar　语法　01.0385

grammar description language　语法描述语言
　20.0119

grammar for natural language　自然语言语法
　20.0059

grammatical analysis　语法分析　20.0066

grammatical attribute　语法属性　20.0067

grammatical category　语法范畴　20.0064

grammatical relation　语法关系　20.0065

grant　授权　11.0081

granularity　粒度　22.0062

graph　图　01.0264

graph coloring　图的着色　02.0380

graph grammar 图语法 20.0063

graphic 图形 18.0065

graphical kernel system 图形核心系统 16.0256

graphical recognition 图形识别 16.0388

graphical structure 图形结构 16.0396

graphic character 图形字符 01.0206

graphic character combination 图形字符合成 15.0136

graphic language 图形语言 16.0253

graphic library 图形库 16.0300

graphic package 图形包 16.0252

graphic printer 图形打印机 05.0270

graphic processing 图形处理 16.0254

graphics 图形学 16.0017

graphics database 图形数据库 11.0313

graphics device 图形设备 16.0342

graphic symbol 图形符号 15.0112

graphic system 图形系统 16.0257

graphic user interface 图形用户界面 21.0066

graphic workstation 图形工作站 01.0065

graph isomorphism 图同构 02.0497

graph isomorphism interactive proof system 图同构的 交互式证明系统 02.0518

graph non-isomorphism 图的非同构 02.0519

graph reduction machine 图归约机 04.0047

graph search 图搜索 13.0130

gray level 灰度级 22.0093

gray level image 灰度图像 22.0008

gray scale 灰度 22.0094

gray-scale transformation 灰度变换 22.0095

gray threshold 灰度阈值 22.0096

great-than search 大于搜索 04.0291

greedy 贪心[法] 02.0342

greedy cycle 贪心周期 04.0391

greedy triangulation 贪婪三角剖分 16.0219

green computer 绿色计算机 01.0085

Greibach normal form 格雷巴赫范式 02.0236

grid 网格 01.0380

grid surface 网格曲面 16.0142

gross error 严重错误 08.0141

ground clause 基子句 02.0046

grounding plane 接地平面 07.0349

grounding system 接地系统 07.0351

ground screen 地网 07.0350

group address [成]组地址 14.0432

group carry [成]组进位 04.0503

group coded recording 成组编码记录 05.0045

group decision support system 群体决策支持系统 21.0105

group-octet 组八位 15.0125

group password 集团口令 19.0139

guard 守卫 19.0439

GUI 图形用户界面 21.0066

guidance system 制导系统 17.0163

guide line 基准线 16.0060

H

hacker [计算机]黑客 19.0271，程序高手 19.0272

half adder 半加器 04.0517

half-duplex transmission 半双工传输 14.0074

half subtracter 半减器 04.0523

halftone 半色调 16.0310

halftone image 半色调图像 18.0062

halt 暂停 07.0415

halting problem 停机问题 02.0381

Hamilton circuit 哈密顿回路 02.0347

Hamilton circuit problem 哈密顿回路问题 02.0249

Hamilton path 哈密顿路径 02.0348

hammer 锤头 05.0291

Hamming code 汉明码 06.0125

Hamming distance 汉明距离 03.0056

HAMT 人助机译 20.0211

handheld computer 手持计算机 01.0071

handle 句柄 02.0138

handshaking 联络，*信号交换 14.0128

handwriting Hanzi input 手写汉字输入 15.0184

handwritten form 手写体 15.0052

handwritten Hanzi recognition 手写体汉字识别 15.0256

hang up 意外停机 08.0142

Hanzi 汉字 15.0003

Hanzi attribute 汉字属性 15.0045

Hanzi attribute dictionary 汉字属性字典 15.0046

Hanzi card 汉卡 15.0269

Hanzi coded character set 汉字编码字符集 15.0015

Hanzi code for information interchange 汉字信息交换码 15.0101

Hanzi code for interchange 汉字交换码 15.0100

Hanzi coding 汉字编码 15.0154

Hanzi coding input method 汉字编码输入方法 15.0157

Hanzi coding scheme 汉字编码方案 15.0156

Hanzi coding technique 汉字编码技术 15.0162

Hanzi component 汉字部件 15.0069

Hanzi control function code 汉字控制功能码 15.0107

Hanzi display terminal 汉字显示终端 15.0270

Hanzi expanded internal code specification 汉字扩展内码规范 15.0106

Hanzi features 汉字特征 15.0044

Hanzi font code 汉字字形码 15.0177

Hanzi font library 汉字字形库 15.0149

Hanzi form 字形 15.0064

Hanzi frequency 字频 15.0075

Hanzi generator 汉字生成器 15.0277

Hanzi handheld terminal 汉字手持终端 15.0267

Hanzi indexing system 汉字检字法 15.0159

Hanzi information condensed technology 汉字信息压缩技术 15.0278

Hanzi information processing 汉字信息处理 15.0011

Hanzi information processing technology 汉字信息处理技术 15.0013

Hanzi ink jet printer 汉字喷墨印刷机 15.0274

Hanzi input 汉字输入 15.0021

Hanzi inputing code 汉字输入码 15.0191

Hanzi input keyboard 汉字输入键盘 15.0268

Hanzi input program 汉字输入程序 15.0165

Hanzi internal code 汉字内码 15.0105

Hanzi keyboard 汉字键盘 15.0135

Hanzi keyboard input method 汉字键盘输入方法 15.0158

Hanzi laser printer 汉字激光印刷机 15.0273

Hanzi number 字号 15.0059

Hanzi order 字序 15.0077

Hanzi output 汉字输出 15.0022

Hanzi printer 汉字打印机 15.0271

Hanzi pronunciation 字音 15.0076

Hanzi quantity 字量 15.0074

Hanzi recognition 汉字识别 15.0241

Hanzi recognition system 汉字识别系统 15.0294

Hanzi section-position code 汉字区位码 15.0104

Hanzi set 汉字集 15.0038

Hanzi specimen 汉字样本 15.0040

Hanzi specimen bank 汉字样本库 15.0041

Hanzi structure 汉字结构 15.0068

Hanzi style 字体 15.0051

Hanzi terminal 汉字终端 15.0266

Hanzi thermal printer 汉字热敏印刷机 15.0275

Hanzi utility program 汉字公用程序 15.0279

Hanzi wire impact printer 汉字针式打印机 15.0272

hard disk 硬磁盘，*硬盘 05.0071

hard disk drive 硬盘驱动器 05.0079

hard error 硬错误 08.0143

hard fault 硬故障 08.0005

hard sectored format 硬扇区格式 05.0095

hard stop 硬停机 08.0203

hardware 硬件 01.0115

hardware check 硬件检验 08.0155

hardware configuration item 硬件配置项 12.0025

hardware description language 硬件描述语言 07.0225

hardware design language 硬件设计语言 09.0050

hardware fault 硬件故障 08.0004

hardware monitor 硬件监控器 08.0144

hardware multithreading 硬件多线程 04.0414

hardware platform 硬件平台 01.0110

hardware redundancy 硬件冗余 07.0226

hardware redundancy check 硬件冗余检验 08.0158

hardware resource 硬件资源 01.0360

hardware security 硬件安全 19.0185

hardware/software co-design 软硬件协同设计

03.0152

hardware testing 硬件测试 08.0113

hardware verification 硬件验证 01.0143

hardwired control 硬连线控制 04.0415

hardwired logic 硬连线逻辑［电路］ 04.0487

harmonic signal 谐波信号 22.0097

Harvard structure 哈佛结构 04.0319

hash function 散列函数 19.0039

hash index 散列索引 21.0011

hazard 冒险 03.0158

HCI 硬件配置项 12.0025

HDA 头盘组合件 05.0085

HDD 硬盘驱动器 05.0079

HDL 硬件描述语言 07.0225，硬件设计语言 09.0050

HDLC［procedures］ 高级数据链路控制［规程］，＊HDLC 规程 14.0162

HDS 混合动态系统 17.0176

HDTV 高清晰度电视 18.0129

head 磁头 05.0205，中心词 20.0017

head disk assembly 头盘组合件 05.0085

head/disk interface 头盘界面 05.0112

head driven phrase structure grammar 中心词驱动短语结构语法 20.0050

headend 头端［器］ 14.0449

header 首部，＊头部 14.0122

head gap 磁头缝隙 05.0217

head landing zone 磁头起落区 05.0118

head loading mechanism 磁头加载机构 05.0131

head loading zone 磁头加载区 05.0117

head mounted display 头戴式显示器 18.0052

head noun 中心名词 20.0019

head positioning mechanism 磁头定位机构 05.0132

head slot 磁头读写槽 05.0155

head unloading zone 磁头卸载区 05.0119

head verb 中心动词 20.0018

heap 堆 02.0382

heap sort 堆排序 02.0383

heat conduction 热传导 07.0380

heat convection 热对流 08.0380

heat dissipation techniques 散热技术 07.0378

heat dissipator 散热器 07.0379

heat flow 热流 07.0371

heat flux 热通量 07.0360

heat gradient 热梯度 07.0367

heat pipe 热管 07.0397

heat radiation 热辐射 08.0381

heat sink 散热器 07.0379

heat source 热源 07.0370

heat transfer 传热 07.0369

heat transfer printer 热转印印刷机 05.0279

heavy-tailed distribution 重尾分布 03.0207

height-balanced tree 高度平衡树 09.0326

Hei Ti 黑体 15.0057

helical scan 螺旋扫描 05.0177

helmet 头盔 18.0051

help agent 帮助主体，＊帮手主体 13.0463

Herbrand base 埃尔布朗基 02.0088

Hermite function 埃尔米特函数 22.0098

heterogeneous agent 异构主体 13.0464

heterogeneous cluster 异构机群 04.0089

heterogeneous computing 异构计算 04.0090

heterogeneous multiprocessor 异构［型］多处理机 04.0069

heterogeneous object model 非均匀对象模型 16.0105

heterogeneous system 异构型系统 11.0242

heuristic algorithm 启发式算法 13.0191

heuristic approach 启发式方法 13.0192

heuristic function 启发式函数 13.0193

heuristic inference 启发式推理 13.0204

heuristic information 启发式信息 13.0194

heuristic knowledge 启发式知识 13.0040

heuristic method 试探法 07.0227

heuristic program 启发式程序 13.0195

heuristic rule 启发式规则 13.0068

heuristic search 启发式搜索 13.0118

heuristic technique 启发式技术 13.0196

hexadecimal digit 十六进制数字 01.0190

hexadecimal system 十六进制 01.0189

HIC 混合集成电路 07.0012

hidden attribute 隐含属性 10.0088

hidden file 隐藏文件 10.0261

hidden line 隐线 07.0228

hidden line removal 隐藏线消除 16.0437

hidden Markov model 隐马尔可夫模型 20.0189

hidden stack 隐式栈 10.0823

hidden surface 隐面 07.0229

hidden surface removal 隐藏面消除 16.0438

H ∞ identification H 无穷辨识 17.0109

hierarchical chart 层次结构图 17.0145

hierarchical control 递阶控制, *分级控制 17.0011

hierarchical database 层次数据库 11.0004

hierarchical data model 层次数据模型 11.0018

hierarchical decomposition 层次分解 12.0055

hierarchical file system 层次式文件系统 10.0898

hierarchical management 分级管理 10.0405

hierarchical memory system 层次存储系统, *分级存储系统 06.0012

hierarchical model 层次模型 16.0098

hierarchical network 分级网, *层次网 14.0005

hierarchical sequence key 层次序列键码 11.0064

hierarchical structure 层次结构 14.0032

hierarchy 层次 01.0343

hierarchy of subnet 子网层次 02.0714

hi-fi 高保真 18.0163

high definition television 高清晰度电视 18.0129

high-density assembly 高密度装配 07.0244

high-density diskette 高密度软盘 05.0161

high-density packaging 高密度组装 07.0243

high dimensional indexing 高维索引 22.0215

higher order logic 高阶逻辑 02.0039

highest priority 最高优先级 10.0561

highest priority-first 最高优先级优先法 10.0575

highest priority number 最高优先数 10.0576

high frequency word 常用词 15.0080

high level data link control [procedures] 高级数据链路控制[规程], *HDLC 规程 14.0162

high level language 高级语言 09.0051

high level Petri net 高级佩特里网 02.0623

high-level scheduling 高层调度 10.0740

highlight 加亮 05.0362, 高光 16.0307

high low bias test 拉偏测试 07.0303

high-order language 高阶语言 09.0054

highpass filtering 高通滤波 22.0099

high performance computer 高性能计算机 04.0030

high performance computing and communication 高性能计算和通信 04.0313

high performance file system 高性能文件系统 10.0895

high priority 高优先级 10.0560

high-priority interrupt 高优先级中断 10.0308

high speed bus 高速总线 07.0054

high-state characteristic 高电平状态特性 07.0048

hill climbing method 爬山法 13.0121

histogram 直方图 16.0091

histogram modification 直方图修正 22.0189

historical data 历史数据 11.0349

historical database 历史数据库 11.0350

historical rule 历史规则 11.0351

hit noise 击打噪声 05.0292

hit ratio 命中率 04.0197

HMD 头戴式显示器 18.0052

Hoare logic 霍尔逻辑 02.0059

HOL 高阶语言 09.0054

hologram 全息 06.0134

holograph 全息图 16.0314

holographic memory 全息存储器 06.0021

home directory 主目录, *起始目录 10.0187

homepage 主页 14.0652

home state 家态 02.0632

homing sequence 复位序列 03.0159

homogeneous coordinate system 齐次坐标系 16.0390

homogeneous multiprocessor 同构[型]多处理机 04.0068

homogeneous system 同构型系统 11.0241

homograph 同形异义词, *同形词 20.0021

homomorphism 同态 02.0153

honest reducibility 纯正可归约性 02.0292

Hopfield neural network 霍普菲尔德神经网络 13.0557

horizontal check 横向检验 08.0163

horizontal composition 横排 15.0131

horizontal fragmentation 水平分片 11.0216

horizontal processing 水平处理 04.0235

horizontal redundancy check 横向冗余检验 08.0164

Horn clause 霍恩子句 02.0047

host key 主机密钥 19.0091

host language [宿]主语言 11.0042
host machine [宿]主机 04.0039
host operating system 主机操作系统 10.0013
host system 宿主系统 10.0874
host transfer file 主机传送文件 10.0262
hotlist 热表 14.0666
hot plug 热插拔 05.0105
hot site 热站点 19.0453
hot standby cluster 热备份机群 04.0080
hot swapping 热交换 07.0368
Hough transformation 霍夫变换 22.0032
housekeeping operation 内务操作 10.0464
housekeeping program 内务处理程序 10.0649
HPCC 高性能计算和通信 04.0313
HPF 最高优先级优先法 10.0575
HTML 超文本置标语言 09.0146
HTTP 超文本传送协议 14.0659
hub 集线器 14.0485
hue 色调 05.0346
Huffman encoding 赫夫曼编码 18.0110
human agent 人主体 13.0465
human-aided machine translation 人助机译 20.0211
human-computer dialogue 人机对话 01.0253
human-computer interaction 人机交互 01.0252
human-machine interface 人机界面，＊人机接口 01.0131
human-made fault 人为故障 03.0011
hybrid 混合 16.0122

hybrid agent 混合主体 13.0466
hybrid associative processor 混合[型]关联处理机 04.0072
hybrid coding 混合编码 18.0113
hybrid computer 混合计算机，＊数字模拟计算机 01.0051
hybrid dynamic system 混合动态系统 17.0176
hybrid integrated circuit 混合集成电路 07.0012
hybrid simulation 混合模拟 16.0043
hybrid structure 混合结构 10.0843
hybrid system 混合系统 13.0501
hypercube 超立方体 02.0442
hyperdeduction 超演绎 02.0098
hypergraphic-based data structure 超图数据结构 11.0259
hyperlink 超链接 18.0009
hypermedia 超媒体 18.0007
hyper-resolution 超归结 02.0074
hyperresolvent 超预解式 02.0099
hypertext 超文本 18.0008
hypertext markup language 超文本置标语言 09.0146
hypertext transfer protocol 超文本传送协议 14.0659
hypervideo 超视频 18.0010
hyponymy 上下位关系 15.0097
hypothesis 假设 13.0213
hypothesis verification 假设验证 22.0203

I

IAB 因特网[体系]结构委员会 14.0531
IANA 因特网编号管理局 14.0534
IAP 因特网接入提供者 14.0545
IBC 因特网商业中心 14.0538
IBP 因特网商务提供者 21.0199
IC card 智能卡 01.0078
ICMP 因特网控制消息协议 14.0579
icon 图符 16.0381，图标 18.0013
ICP 因特网内容提供者 14.0546
ICRD 网际呼叫重定向或改发 14.0286
idea generation system 思想生成系统 21.0113

identification 标识 01.0306
identification item 识别项 02.0499
identified DTE service 识别型 DTE 业务 14.0266
identifier 标识符 09.0201
identity authentication 标识鉴别 19.0127
identity token 标识权标 19.0387
identity validation 标识确认 19.0386
IDL 接口定义语言 09.0055
idle [空]闲 01.0299
idle channel state 空闲信道状态 14.0311
IDPR 域际策略路由选择 14.0610

IDS 入侵检测系统 19.0274

IDSS 智能[型]交互式集成决策支持系统 21.0119

IEEE 754 floating-point standard IEEE 754 浮点标准 04.0420

IEN 因特网工程备忘录 14.0540

IESG 因特网工程指导组 14.0536

IETF 因特网工程[任务]部 14.0532

IFP 整数分解难题 19.0249

IFS 可安装文件系统 10.0896

IGP 内部网关协议 14.0581

IILC 集成注入逻辑电路 07.0009

IIOP 网际 ORB 间协议 09.0246

IIS 因特网信息服务器 14.0650

illogicality 不合逻辑 13.0198

illumination model 光照模型 16.0267

ILP 指令级并行 04.0337

IM 信息管理 01.0014

image 图像 22.0003

image classification 图像分类 22.0216

image compression 图像压缩 22.0042

image database 图像数据库 11.0312

image denoising 图像去噪 22.0015

image encoding 图像编码 22.0192

image enhancement 图像增强 22.0022

image fidelity 图像逼真[度] 22.0023

image function 图像函数 22.0024

image geometry 图像几何学 22.0026

image input device 图像输入设备 05.0394

image matching 图像匹配 22.0217

image mosaicking 图像拼接 22.0016

image parallel processing 图像并行处理 22.0002

image plane 图像平面 22.0013

image primitive 图像元 22.0021

image processing 图像处理 01.0042

image quality 图像质量 22.0025

image recognition 图像识别 22.0199

image reconstruction 图像重建 22.0045

image restoration 图像复原 22.0046

image retrieval 图像检索 22.0218

image segmentation 图像分割 22.0020

image sequence 图像序列 22.0018

image smoothing 图像平滑 22.0017

image space 图像空间 16.0423

image transformation 图像变换 22.0027

image understanding 图像理解 22.0200

imaging 成像 22.0004

IML 初始微码装入 07.0418

immediate address 立即地址 04.0564

immediate constituent grammar 直接成分语法 20.0068

immediate transition 瞬时变迁 02.0668

immersive VR 沉浸式虚拟现实 18.0035

immune set 禁集 02.0258

impact printer 击打式打印机，＊打印机 05.0264

impedance matching 阻抗匹配 07.0167

imperfect debugging 不完全排错 12.0258

impersonation 冒名 19.0308

impersonation attack 假冒攻击 19.0280

implementation 实现 12.0259

implementation phase 实现阶段 12.0260

implementation requirements 实现需求 12.0261

implicit parallelism 隐式并行性 04.0098

implicit solid model 隐式实体模型 16.0107

imported specification 导入规约，＊移入规约 09.0209

import schema 输入模式 11.0239

imprecise interrupt 不精确中断 04.0617

IMS 信息管理系统 01.0015

INC 集成数字控制 17.0048

incident 关联 02.0385

incident matrix 关联矩阵 02.0589

in-circuit test 电路内测试 07.0301

inclined form 斜体 15.0061

incoming call 入呼叫 14.0283

incoming event 入事件 14.0051

incomplete data 不完全数据 13.0341

incomplete information 不完全信息 13.0342

incompleteness 不完全性 13.0343

incompleteness theory 不完全性理论 13.0197

inconsistency 不一致性 13.0344

incremental compilation 增量编译 09.0346

incremental dump 增量转储，＊增殖转储 11.0195

incremental learning 增量学习 13.0345

incremental refinement 增量精化 13.0346

indentation [行首]缩进 21.0027

independent program loader 独立程序装入程序 10.0362

independent verification and validation 独立验证和确认 12.0262

index 索引 01.0242, 变址 04.0584, 索引 [信号] 05.0141

index hole 索引孔 05.0156

indexing component 部首 15.0072

index marker 索引标志 05.0157

index register 变址寄存器 04.0585

indication 指示 14.0054

indicator 指示器 07.0020, 指示符 14.0301

indigenous fault 内在故障 12.0263

indirect address 间接地址 04.0563

indirected net 无向网 02.0523

individual address 单[个]地址 14.0433

individual marking 个体标识 02.0680

individual token 个性标记 02.0626

induced fault 诱发故障 08.0027

inductance of the resistor lead 电阻引线电感 07.0185

induction axiom 归纳公理 02.0089

inductive assertion 归纳断言 13.0347

inductive assertion method 归纳断言法 12.0264

inductive generalization 归纳泛化 13.0348

inductive inference 归纳推理 13.0235

inductive learning 归纳学习 13.0399

inductive logic 归纳逻辑 13.0349

inductive logic programming 归纳逻辑程序设计 13.0350

inductive proposition 归纳命题 13.0351

inductive reasoning 归纳推理 13.0235

inductive synthesis method 归纳综合方法 12.0080

inductosyn 感应同步器 17.0198

industrial automation 工业自动化 17.0050

industrial computer 工业计算机 17.0203

industrial control computer 工业控制计算机 17.0204

industry standard architecture 工业标准体系结构 04.0430

inexact reasoning 不精确推理 13.0255

inference 推理 13.0203

inference chain 推理链 13.0256

inference clause 推理子句 13.0257

inference hierarchy 推理层次 13.0258

inference machine 推理机 13.0259

inference method 推理方法 13.0260

inference model 推理模型 13.0206

inference network 推理网络 13.0261

inference node 推理结点 13.0262

inference procedure 推理过程 13.0263

inference program 推理程序 13.0264

inference rule 推理规则 13.0265

inferences per second 推理每秒 23.0054

inference step 推理步 04.0409

inference strategy 推理策略 13.0205

infinite goal 无穷目标 13.0115

infinite net 无限网 02.0537

infinite set 无穷集 02.0119

infix 中缀 09.0293

information 信息 01.0011

information acquisition 信息采集 21.0040

information agent 信息主体 13.0467

information browsing service 信息浏览服务 14.0657

information center 信息中心 21.0049

information classification 信息分类 21.0050

information coding 信息编码 21.0051

information content 信息内容 21.0041

information engineering 信息工程 12.0005

information estimation 信息估计 21.0047

information feature coding of Chinese character 汉字信息特征编码 15.0192

information feedback 信息反馈 21.0042

information field 信息字段 14.0170

information flow 信息流 21.0046

information flow control 信息流[向]控制 19.0153

information flow model 信息流模型 21.0145

information hiding 信息隐蔽 09.0225

information industry 信息产业 01.0002

information invisibility 信息隐形性 19.0320

information management 信息管理 01.0014

information management system 信息管理系统 01.0015

information model 信息模型 21.0153

information object 信息客体 14.0711

information on demand 信息点播 18.0191

information payload capacity 信息净荷容量 14.0365

information processing 信息处理 01.0012

information processing language 信息处理语言 09.0058

information processing system 信息处理系统 01.0013

information redundancy 信息冗余 03.0157

information redundancy check 信息冗余检验 08.0159

information resource management 信息资源管理 21.0048

information retrieval 信息检索 21.0044

information retrieval language 情报检索语言 11.0333

information source 信息源 21.0039

information storage technology 信息存储技术 01.0022

information structure 信息结构 21.0043

information system 信息系统 01.0041

information system security officer 信息系统安全官 19.0494

information technology 信息技术 01.0001

informativeness 忠实度 20.0203

infranet 基础网 17.0249

infrastructure 基础设施 12.0265

inherent failure 本质失效 17.0154

inherently ambiguity 固有多义性 02.0177

inheritance 继承 13.0086

inherited error 继承误差 08.0169

inhibit circuit 禁止电路 07.0031

inhibiting input 禁止输入 08.0170

inhibition 禁止 01.0351

inhibitor arc 抑止弧 02.0558

inhibit pulse 禁止脉冲 08.0171

inhibit signal 禁止信号 08.0172

initial 声母 15.0031

initialization 初始化 01.0236

initialization value 初值 19.0480

initializing sequence 初启序列 03.0023

initial load 初始装入 10.0363

initial marking 初始标识 02.0566

initial microcode load 初始微码装入 07.0418

initial model 初始模型 09.0356

initial program load 初始程序装入 07.0419

initial state 初始状态 02.0167

initiation interval set 起始间隔集合 04.0393

initiation sequence 初始序列 10.0778

initiator 初启程序 10.0291

ink cartridge 墨水盒 05.0295

inked ribbon 色带 05.0297

ink jet plotter 喷墨绘图机 05.0256

ink jet printer 喷墨印刷机 05.0271

ink tank 墨水罐 05.0296

inlining 直接插入 09.0313

in-order commit 按序提交 04.0344

in-order execution 按序执行 04.0345

in-place 原地 02.0384

input 输入 01.0401

input alphabet 输入字母表 02.0222

input assertion 输入断言 09.0358

input characteristic 输入特性 07.0045

input degree [输]入度 02.0710

input dependence 输入依赖 09.0304

input device 输入设备 05.0005

input equipment 输入设备 05.0005

input impedance 输入阻抗 07.0044

input mode shift key 输入方式转换键 15.0236

input/output adaptor 输入输出适配器 17.0189

input/output device 输入输出设备 05.0001

input/output equipment 输入输出设备 05.0001

input priority 输入优先级 10.0568

input process 输入进程 10.0608

input pulse 输入脉冲 07.0075

input size 输入规模 02.0386

input stream 输入流 10.0842

input symbol 输入符号 02.0224

input tape 输入带 02.0223

input text type 输入文本类型 15.0220

input unit 输入设备 05.0005

input velocity 输入速率 15.0175

inquiry station 询问站 08.0173

in-sequence 按序 14.0177

insertion anomaly 插入异常 11.0155

insertion sort 插入排序 02.0387

inside threat 内部威胁 19.0478

inspection 审查 01.0377

installability 可安装性 08.0379

installable device driver 可安装设备驱动程序 10.0198

installable file system 可安装文件系统 10.0896

installable I/O procedure 可安装输入输出过程 10.0580

installation 安装 01.0321

installation and check-out phase 安装和检验阶段 12.0266

installation processing control 安装处理控制 10.0123

instance 例图 16.0087

instance-based learning 基于实例[的]学习 13.0400

instantaneous description 瞬时描述 02.0228

instantiation 例示 13.0087

instruction 指令 01.0213

instruction address register 指令地址寄存器 04.0547

instruction cache 指令高速缓存 06.0104

instruction code 指令码 04.0536

instruction control unit 指令控制器 04.0589

instruction counter 指令计数器 04.0552

instruction cycle 指令周期 04.0538

instruction dependency 指令相关性 04.0265

instruction format 指令格式 04.0539

instruction level parallelism 指令级并行 04.0337

instruction pipeline 指令流水线 04.0555

instruction prefetch 指令预取 04.0540

instruction processing unit 指令处理部件 04.0623

instruction queue 指令队列 10.0669

instruction register 指令寄存器 04.0546

instruction retry 指令重试 07.0407

instruction scheduler 指令调度程序 10.0757

instruction set 指令集，＊指令系统 01.0214

instruction set architecture 指令集体系结构 04.0607

instructions per second 指令每秒 23.0049

instruction stack 指令栈 04.0573

instruction step 指令步进 07.0410

instruction stop 指令停机 07.0414

instruction stream 指令流 04.0338

instruction trace 指令跟踪 12.0268

instruction type 指令类型 01.0215

instruction word 指令字 04.0537

instrumentation 探测 12.0269，仪表 17.0221

instrumentation tool 探测工具 12.0270

integer factorization problem 整数分解难题 19.0249

integer linear programming 整数线性规划 02.0285

integral control 积分控制 17.0019

integrated automation 集成自动化 17.0051

integrated injection logic circuit 集成注入逻辑电路 07.0009

integrated numerical control 集成数字控制 17.0048

integrated operating system 综合操作系统 10.0014

integrated power supply 集成电源 07.0322

integrated service digital network 综合业务数字网，＊ISDN网 14.0316

integrated test system 综合测试系统 08.0174

integration 集成 12.0271

integration level 集成度 07.0053

integration testing 综合测试 08.0115

integrity 完整性 11.0180

integrity checking 完整性检查 08.0176

integrity constraint 完整性约束 11.0181

integrity control 完整性控制 08.0175

intellectual crime 智力犯罪 19.0333

intelligence 智能 13.0020

intelligence amplifier 智能放大器 13.0592

intelligence simulation 智能仿真 13.0593

intelligent agent 智能主体 13.0468，智能代理 14.0709

intelligent automaton 智能自动机 13.0595

intelligent computer 智能计算机 01.0083

intelligent computer aided design 智能计算机辅助设计 16.0009

intelligent control 智能控制 17.0013

intelligent decision system 智能决策系统 13.0619

intelligent instrument 智能仪表 17.0257

intelligent interactive and integrated decision support system 智能[型]交互式集成决策支持系统

21.0119

intelligent I/O interface 智能输入输出接口 04.0380

intelligent peripheral interface 智能外围接口, *IPI 接口 05.0152

intelligent retrieval 智能检索 13.0594

intelligent robot 智能机器人 13.0596

intelligent science 智能科学 13.0021

intelligent simulation support system 智能模拟支持系统 21.0115

intelligent support system 智能支持系统 21.0104

intelligent system 智能系统 13.0107

intelligent terminal 智能终端 05.0382

intensional database 内涵数据库 11.0275

intensity 光亮度 16.0271

intention 意图 13.0469

intentional system 意向系统 13.0470

intention lock 意向锁 11.0164

interaction 交互[作用] 14.0062

interaction agent 交互主体 13.0471

interaction error 交互错误 03.0065

interaction fault 交互故障 08.0019

interactive 交互 18.0018

interactive argument 交互式论证 02.0501

interactive batch processing 交互式批处理 10.0635

interactive device 交互设备 16.0462

interactive graphic system 交互图形系统 16.0255

interactive language 交互式语言 09.0057

interactive mode 交互方式 07.0230

interactive processing 交互式处理 10.0634

interactive proof 交互式证明 02.0503

interactive proof protocol 交互式证明协议 02.0484

interactive protocol 交互式协议 02.0483

interactive searching 交互式查找 08.0179

interactive service 交互型业务 14.0325

interactive SQL 交互式 SQL 语言 11.0117

interactive system 交互[式]系统 12.0272

interactive technique 交互技术 16.0463

interactive television 交互式电视 18.0123

interactive time-sharing 交互式分时 10.0983

interactive translation system 交互式翻译系统 20.0212

inter-agent activity 主体间活动 13.0472

interchange 互换 14.0065

interchangeability 互换性 07.0231

interchange circuit 互换电路 14.0106

interconnection network 互联网[络], *互连网[络] 01.0107

interdomain policy routing 域际策略路由选择 14.0610

interface 接口 01.0129, 界面 01.0130

interface agent 接口主体 13.0473

interface analysis 接口分析 08.0191

interface definition language 接口定义语言 09.0055

interface description language 接口描述语言 09.0056

interface overhead 接口开销 14.0363

interface payload 接口净荷 14.0362

interface rate 接口速率 14.0364

interface requirements 接口需求 12.0144

interface specification 接口规约 12.0145

interface testing 接口测试 08.0114

interference 干扰 19.0336

interference technique 干涉技术 16.0053

inter forwarding 内部转发 04.0356

interframe coding 帧间编码 18.0095

interframe compression 帧间压缩 18.0096

inter-frame time fill 帧间时间填充 14.0174

interior clipping 内裁剪 16.0443

interior gateway protocol 内部网关协议 14.0581

interior pixel 内像素 22.0047

interior ring 内环 16.0114

interlaced 隔行 18.0144

interlaced scanning 隔行扫描 05.0369

interleaved memory 交叉存储器 04.0170

interleave factor 交错因子 05.0100

interleaving access 交叉存取 04.0184

interlingua 中间语言 20.0202

intermediate code 中间代码 09.0289

intermediate equipment 中间设备 14.0197

intermediate language 媒介语 20.0005

intermediate node 中间结点 14.0023

intermittent error 间发错误 08.0020

intermittent fault 间歇故障 03.0124

internal fragmentation 内部碎片 10.0287

internal interrupt 内[部]中断 04.0567

internal memory 内部寄存器 04.0178

internal object 内部对象 09.0207

internal schema 内模式 11.0033

internal sort 内排序 02.0388

internal storage 内部寄存器 04.0178

internal thermal resistance 内热阻 07.0363

internet 互联网[络]，*互连网[络] 01.0107

Internet 因特网 14.0524

Internet access provider 因特网接入提供者 14.0545

Internet agent 因特网主体 13.0474

Internet Architecture Board 因特网[体系]结构委员会 14.0531

Internet Assigned Numbers Authority 因特网编号管理局 14.0534

Internet Business Center 因特网商业中心 14.0538

Internet business provider 因特网商务提供者 21.0199

Internet content provider 因特网内容提供者 14.0546

Internet Control Message Protocol 因特网控制消息协议 14.0579

Internet engineering note 因特网工程备忘录 14.0540

Internet Engineering Steering Group 因特网工程指导组 14.0536

Internet Engineering Task Force 因特网工程[任务]部 14.0532

Internet information server 因特网信息服务器 14.0650

internet inter-ORB protocol 网际ORB间协议 09.0246

Internet phone 因特网电话，*IP电话 14.0760

Internet presence provider 因特网平台提供者 21.0200

internet protocol 网际协议 14.0578

internet protocol over ATM ATM上的网际协议 14.0346

Internet relay chat 因特网接力闲谈 14.0617

Internet Research Steering Group 因特网研究指导组 14.0537

Internet Research Task Force 因特网研究[任务]部 14.0533

internet security 互联网安全 19.0206

Internet service provider 因特网服务提供者 14.0547

Internet services list 因特网服务清单 14.0612

Internet Society 因特网协会 14.0535

internetwork call redirection/deflection 网际呼叫重定向或改发 14.0286

internetworking 网际互连，*网络互连 14.0026

internetworking protocol 网际互连协议 14.0257

interoperability 互操作性 14.0064

interpersonal message 人际消息 14.0714

interpersonal messaging 人际消息处理 14.0715

interpolation 插值 18.0023

interpolation method 插值法 16.0119

interpolator 插补器，*插补程序 17.0199

interpret 解释 12.0146

interpreter 解释程序，*解释器 09.0257

interprocedural data flow analysis 过程间数据流分析 09.0280

interprocess communication 进程间通信 10.0598

interrupt 中断 01.0257

interrupt disable 禁止中断 04.0569

interrupt drive 中断驱动 10.0318

interrupt-driven I/O 中断驱动输入输出 04.0332

interrupt enable 允许中断 04.0570

interrupt event 中断事件 10.0319

interrupt handling 中断处理 10.0301

interrupt mask 中断屏蔽 04.0571

interrupt mechanism 中断机制 04.0376

interrupt priority 中断优先级 10.0565

interrupt processing 中断处理 10.0301

interrupt queue 中断队列 10.0670

interrupt register 中断寄存器 04.0572

interrupt request 中断请求 04.0568

interrupt-signal interconnection network 中断信号互连网络 04.0082

interrupt vector 中断向量 04.0456

interrupt vector table 中断向量表 04.0457

intersection 交 11.0097

intersection search 交叉搜索 13.0131

intersymbol interference 符号间干扰 08.0180

inter track crosstalk 道间串扰 05.0063

interval query 区间查询 11.0199

interval temporal logic 区间时态逻辑 02.0072

interval timer 间隔计时器 04.0582

interworking 互工作，＊互通 14.0063，交互
运作 15.0122

intractable problem 难解型问题 02.0279

intraframe coding 帧内编码 18.0093

intraframe compression 帧内压缩 18.0094

intranet 内联网，＊内连网 14.0525

intranet security 内联网安全 19.0207

intrinsic function 内部函数 09.0314

intrinsic line capacitance 固有线电容 07.0117

intruder 入侵者 19.0275

intrusion detection system 入侵检测系统 19.0274

intuitionistic logic 直觉主义逻辑 02.0079

invalid cell 无效信元 14.0366

invalid［state］ 无效［状态］ 06.0010

invariant 不变式 09.0285

invariant code motion 不变代码移出 09.0315

inverse homomorphism 逆同态 02.0199

inverse perfect shuffle 逆完全混洗 04.0145

inverse Radon transformation 逆拉东变换 22.0233

inverse substitution 逆代换 02.0198

inverse translation buffer 逆变换缓冲器 04.0213

inverter 逆变器 17.0195

invocation 启用，＊调用 14.0057

IOD 信息点播 18.0191

I/O device assignment 输入输出设备指派
10.0085

I/O management 输入输出管理 10.0406

ion-deposition printer 离子沉积印刷机 05.0280

I/O processor 输入输出处理器 04.0056

I/O queue 输入输出队列 10.0668

IP 信息处理 01.0012，网际协议 14.0578

IP address 网际协议地址，＊IP 地址 14.0603

IPC 进程间通信 10.0598

IP datagram IP 数据报 14.0614

IPI 智能外围接口，＊IPI 接口 05.0152

IPL 初始程序装入 07.0419，信息处理语言
09.0058

IPM 人际消息处理 14.0715

IP-message 人际消息 14.0714

IPOA ATM 上的网际协议 14.0346

IPP 因特网平台提供者 21.0200

IP phone 因特网电话，＊IP 电话 14.0760

IPS 信息处理系统 01.0013，指令每秒
23.0049，推理每秒 23.0054

IPU 指令处理部件 04.0623

IRC 因特网接力闲谈 14.0617

IRM 信息资源管理 21.0048

irreflexivity 非自反性 02.0178

irreversible encryption 不可逆加密 19.0377

IRSG 因特网研究指导组 14.0537

IRTF 因特网研究［任务］部 14.0533

ISA 工业标准体系结构 04.0430，指令集体
系结构 04.0607

ISA bus 工业标准结构总线 04.0431

ISDN 综合业务数字网，＊ISDN 网 14.0316

ISDN network identification code ISDN 网标识码
14.0304

ISIN 中断信号互连网络 04.0082

island of automation 自动化孤岛 17.0128

ISOC 因特网协会 14.0535

isolate word speech recognition 孤立词语音识别
18.0173

isolation level 隔离级 11.0167

isometric projection 等轴测投影 16.0375

ISP 因特网服务提供者 14.0547

ISS 智能支持系统 21.0104

ISSO 信息系统安全官 19.0494

IT 信息技术 01.0001

ITB 逆变换缓冲器 04.0213

item 项 01.0232

iterate improvement 迭代改进 02.0474

iteration 迭代 12.0147

iterative scheduling and allocation method 迭代调度
分配方法 16.0039

iterative search 迭代搜索 13.0266

ITV 交互式电视 18.0123

J

jabber 逾限［传输］ 14.0495

jabber control 逾限控制 14.0496

jack 插孔 07.0255

jack panel 插孔板 07.0256

jam 干扰 19.0336

jam signal ［人为］干扰信号 03.0010

Java Java 语言 09.0132

Java applet Java 小应用程序 09.0133

Java application Java 应用 09.0134

Java bean Java 组件 09.0145

Java chip Java 芯片 09.0135

Java compiler Java 编译程序 09.0136

Java DataBase Connectivity Java 数据库连接 09.0137

Java development kit Java 开发工具箱 12.0167

Java flash compiler Java 快速编译程序 09.0138

Java foundation class Java 基础类［库］ 09.0139

Java interpreter Java 解释程序 09.0140

Java native interface Java 本地接口 09.0142

Java OS Java 操作系统 10.0015

Java script Java 脚本 09.0143

Java virtual machine Java 虚拟机 09.0144

JCB 作业控制块 10.0138

JCL 作业控制语言 10.0343

JDBC Java 数据库连接 09.0137

JIT 及时生产 17.0129

JIT compiler 及时编译程序 09.0141

jitter 抖动 07.0089

job 作业 10.0322

job catalog 作业目录 10.0340

job classification 作业分类 10.0341

job control 作业控制 10.0342

job control block 作业控制块 10.0138

job control language 作业控制语言 10.0343

job controller 作业控制程序 10.0344

job cycle 作业周期 10.0345

job description 作业说明，＊作业描述 10.0346

job entry 作业录入 10.0347

job file 作业文件 10.0263

job flow 作业流 10.0351

job management 作业管理 10.0348

job name 作业名 10.0458

job priority 作业优先级 10.0566

job processing 作业处理 10.0349

job queue 作业队列 10.0671

job scheduling 作业调度 10.0353

job stack 作业栈 10.0824

job state 作业状态 10.0838

job step 作业步 10.0350

job stream 作业流 10.0351

job table 作业表 10.0352

job throughput 作业吞吐量 10.0990

join 联结 11.0104

Joint Photographic Experts Group JPEG［静止图像压缩］标准 18.0121

Joseph effect 约瑟夫效应 03.0088

journal 日志 10.0999

JOVIAL JOVIAL 语言 09.0059

joy stick 操纵杆 05.0425

joyswitch 操作开关 07.0257

JPEG JPEG［静止图像压缩］标准 18.0121

JT 作业表 10.0352

Jules'Own Version of International Algorithmic language JOVIAL 语言 09.0059

jump 跳 02.0652

jumper 跨接线 07.0148

jump instruction 转移指令 04.0542

junction temperature 结温 07.0376

junction-to-ambient thermal resistance 结至环境热阻 07.0365

justification 调整 08.0181，对齐 21.0026

justified margin 边缘调整 08.0182

justify 调整 08.0181

Just In Time compiler 及时编译程序 09.0141

just-in-time production 及时生产 17.0129

JVM Java 虚拟机 09.0144

K

k 千 23.0003

K 千 23.0004

KA 知识获取 13.0393

Kai Ti 楷体 15.0056

Kalman filtering 卡尔曼滤波 17.0094

Karhunen-Loeve transformation 卡-洛变换 22.0031

Karp reducibility 卡普可归约性 02.0295

Kb 千位 23.0005

KB 知识库 13.0390，千字节23.0006

KBMS 知识库管理系统 13.0392

Kbps 千位每秒 23.0024

KBps 千字节每秒 23.0025

K-bounded net *K* 有界网 02.0534

k-connectivity *k* 连通度 02.0389

KDC 密钥分配中心 19.0067

KDD 数据库知识发现 13.0354

K-dense *K* 稠密性 02.0649

KE 知识工程 13.0037

kernel 内核 10.0779

kernel code 内核码 10.0143

kernel data structure 内核数据结构 10.0844

kernelized security 核基安全 19.0190

kernel language 内核语言 04.0257

kernel module 内核模块 10.0443

kernel primitive 内核原语 10.0590

kernel process 内核进程 10.0601

kernel program 内核程序 04.0256

kernel service 内核服务 10.0781

kernel stack 内核栈 10.0780

key 键 01.0363，［键］码 11.0045

keyboard 键盘 05.0413

keyboard layout 键位布局 15.0202

keyboard printer 键盘打印机 05.0269

key cap 键帽 05.0415

key certificate 密钥证书 19.0068

key code 键码 05.0416

key distribution center 密钥分配中心 19.0067

key-element 键元 15.0203

key-element set 键元集 15.0205

key-element string 键元串 15.0204

key-encryption key 密钥加密密钥 19.0059

key escrow 密钥托管 19.0069

key establishment 密钥建立 19.0081

key exchange 密钥交换 19.0077

key frame 关键帧 18.0091

key management 密钥管理 19.0066

key mapping 键位 15.0200

key mapping table 键位表 15.0201

key notarization 密钥公证 19.0080

keypad 小键盘 05.0414

key pair 密钥对 19.0182

key phrase 密钥短语 19.0082

key recovery 密钥恢复 19.0079

key ring 密钥环 19.0070

key search attack 密钥搜索攻击 19.0277

key server 密钥服务器 19.0071

key size 密钥长度 19.0078

key stream 密钥流 19.0065

keystroke verification 击键验证 19.0420

keyword 关键词，＊关键字 01.0243

keyword in context 上下文内关键字 20.0151

keyword out of context 上下文外关键字 20.0150

KIF 知识信息格式 13.0360

kilo- 千 23.0003

Kilo- 千 23.0004

kilobit 千位 23.0005

kilobits per second 千位每秒 23.0024

kilobyte 千字节 23.0006

kilobytes per second 千字节每秒 23.0025

Kleene closure 克林闭包 02.0237

KMP algorithm KMP算法 02.0390

knapsack problem 背包问题 02.0391

knot interpolation 节点插值 16.0204

knot removal 节点删除 16.0205

knowledge 知识 13.0038

knowledge acquisition 知识获取 13.0393

knowledge agent　知识主体　13.0475

knowledge assimilation　知识同化　13.0394

knowledge base　知识库　13.0390

knowledge-based consultation system　基于知识的咨询系统　13.0574

knowledge-based inference　基于知识[的]推理　13.0222

knowledge-based inference system　基于知识[的]推理系统　13.0209

knowledge-based machine translation　基于知识的机器翻译　20.0205

knowledge-based question answering system　基于知识的问答系统　20.0220

knowledge-based simulation system　基于知识的仿真系统　13.0575

knowledge base machine　知识库机　13.0267

knowledge base management system　知识库管理系统　13.0392

knowledge base system　知识库系统　13.0268

knowledge compilation　知识编译　13.0269

knowledge complexity　知识复杂性　13.0270

knowledge concentrated industry　知识密集型产业　13.0271

knowledge-directed database　知识引导数据库　13.0576

knowledge discovery　知识发现　13.0353

knowledge discovery in database　数据库知识发现　13.0354

knowledge editor　知识编辑器　13.0355

knowledge engineer　知识工程师　13.0357

knowledge engineering　知识工程　13.0037

knowledge extraction　知识提取　13.0356

knowledge extractor　知识提取器　02.0494

knowledge image coding　知识图像编码　13.0358

knowledge industry　知识产业　13.0359

knowledge information format　知识信息格式　13.0360

knowledge information processing　知识信息处理　13.0361

knowledge information processing system　知识信息处理系统　13.0362

knowledge interactive proof system　知识交互式证明系统　02.0491

knowledge model　知识模型　13.0363

knowledge operationalization　知识操作化　13.0364

knowledge organization　知识组织　13.0365

knowledge-oriented architecture　面向知识体系结构　13.0577

knowledge processing　知识处理　13.0366

knowledge proof　知识证明　02.0513

knowledge query manipulation language　知识查询操纵语言　13.0367

knowledge reasoning　知识推理　13.0272

knowledge redundancy　知识冗余　13.0572

knowledge refinement　知识精化　13.0352

knowledge representation　知识表示　13.0042

knowledge representation mode　知识表示方式　13.0045

knowledge schema　知识模式　13.0046

knowledge source　知识源　13.0057

knowledge structure　知识结构　13.0058

knowledge subsystem　知识子系统　13.0368

knowledge utilization system　知识利用系统　13.0573

known-plain text attack　已知明文攻击　19.0267

Kolmogrov complexity　科尔莫戈罗夫复杂性　02.0245

Korean　朝鲜文　15.0007

KQML　知识查询操纵语言　13.0367

KR　知识表示　13.0042

L

label　标号　09.0336

labeled channel　带标号信道　14.0371

labeled multiplexing　带标号复用　14.0372

labeled Petri net　标号佩特里网　02.0706

labeled reachable tree　标号可达树　02.0703

labeled security　标号化安全　19.0201

ladder diagram　梯形图　17.0086

lag　滞后　07.0099

Lambert's model　朗伯模型　16.0309

laminate　层压板　07.0263

laminated magnetic head　叠片式磁头　05.0219

LAN　局域网　14.0004

LAN broadcast　局域网广播　14.0450

LAN broadcast address　局域网广播地址　14.0459

landscape　横向　18.0015

LAN gateway　局域网网关　14.0455

LAN group address　局域网[成]组地址　14.0458

language　语言　01.0024

language acquisition　语言获取　20.0178

language-description language　语言描述语言　09.0060

language information　语言信息　20.0009

language knowledge base　语言知识库　15.0027

language membership proof system　语言成员证明系统　02.0492

language model　语言模型　20.0141

language processor　语言处理程序　09.0255

language recognition　语言识别　02.0308

language standard　语言标准　09.0061

LAN individual address　局域网单[个]地址　14.0457

LAN manager　局域网管理程序　14.0486

LAN multicast　局域网多播　14.0451

LAN multicast address　局域网多播地址　14.0460

LAN server　局域网服务器　14.0454

LAN switch　局域网交换机　14.0456

LAPB　平衡型链路接入规程　14.0258

laptop computer　膝上计算机　01.0068

large-scale computer　大型计算机　01.0061

large scale display　大屏幕显示器　05.0342

large vocabulary speech recognition　大词表语音识别　18.0174

laser memory　激光存储器　06.0020

laser printer　激光印刷机　05.0272

laser typesetter　激光照排机　15.0276

laser vision　激光影碟　05.0226

last-in first-out　后进先出　10.0731

last priority　最后优先级　10.0564

latch　锁存器　04.0481

latency　潜伏时间，＊等待时间　04.0403

latency avoidance　等待避免　04.0383

latency hiding　等待隐藏　04.0385

lateral inhibition　侧抑制　22.0179

lattice diagram　梯格图　07.0095

law enforcement access area　执法访问区　19.0223

layer　层　14.0033

layer detection　分层检测　22.0234

layering　分层　16.0032

layout　布局　07.0232

layout ground rule　布局接地规则　07.0221

layout rule　布局规则　07.0220

LB　逻辑库　21.0194

LCA　低成本自动化　17.0052

LCD　液晶显示　05.0332

LDAP　简便的目录访问协议　14.0621

LDL　接口描述语言　09.0056

lead compensation　超前补偿　17.0235

leader follower replication　主从复制　03.0029

leading edge　前沿　07.0063

leadless chip carrier　无引线芯片载体　07.0280

leapfrog test　跳步测试　03.0247

learning agent　学习主体　13.0476

learning automaton　学习自动机　13.0388

learning by being told　讲授学习　13.0411

learning by doing　实践学习　13.0412

learning by experimentation　实验学习　13.0413

learning by observation　观察学习　13.0414

learning curve　学习曲线　13.0415

learning from example　实例学习　13.0416

learning from instruction　示教学习　13.0417

learning from solution path　求解路径学习　13.0418

learning function　学习功能　20.0162

learning mode　学习模式　20.0177

learning paradigm　学习风范　13.0396

learning program　学习程序　13.0419

learning simple conception　学习简单概念　13.0420

learning strategy　学习策略　13.0421

learning theory　学习理论　13.0422

leased line　租用线路　14.0230

least recently used　最近最少使用　04.0192

least recently used replacement algorithm　最近最少使用替换算法　04.0230

least square approximation　最小平方逼近　16.0187

LED display　发光二极管显示　05.0331

LED printer　发光二极管印刷机　05.0281

left-linear grammar　左线性文法　02.0142

left-matching　左匹配　02.0141

leftmost derivation　最左派生　02.0219

legal protection of computer software　计算机软件的法律保护　12.0430

legibility　清晰性　08.0360

letter quality　铅字质量　05.0303

level of abstraction　抽象层次　09.0219

level of detail　细节层次　16.0292

level of documentation　文档等级　12.0148

level of net　网层次　02.0708

level sensitive scan design　电平敏感扫描设计　03.0057

level switch　物位开关　17.0224

LEX　Lex 语言　09.0062

Lex　Lex 语言　09.0062

lexeme　词素　15.0078

lexical analysis　词汇分析　20.0025

lexical analyzer　词法分析器　02.0168

lexical functional grammar　词汇功能语法　20.0078

lexical information database　词语信息[数据]库　15.0280

lexical semantics　词汇语义学　20.0109

lexicography　词典学　20.0145

lexicology　词汇学　20.0013

lexicon grammar　词汇语法　20.0077

librarian　资料员　12.0149

library　库　01.0164

life cycle　生存周期　12.0006

life-cycle model　生存周期模型　12.0150

LIFO　后进先出　10.0731

light button　光钮　16.0315

light emitting diode display　发光二极管显示　05.0331

light energy　光能　16.0406

light intensity　光强　16.0407

light pen　光笔　05.0391

lightweight DAP　简便的目录访问协议　14.0621

likelihood equation　似然方程　22.0108

likelihood ratio　似然比　22.0109

limited access　受限访问　19.0221

limited exclusion area　受限禁区　19.0222

limited round-robin scheduling　有限轮转法调度　10.0743

limit priority　极限优先级　10.0563

line　线　02.0646，行　05.0312

linear　线性　18.0027

linear bounded automaton　线性有界自动机　02.0184

linear control system　线性控制系统　17.0184

linear deduction　线性演绎　02.0095

linear detection　线性检测　03.0145

linear displacement transducer　直线位移传感器　17.0244

linear grammar　线性文法　02.0183

linear image sensor　线性图像传感器　22.0162

linear language　线性语言　02.0186

linear light source　线光源　16.0303

linear pipeline　线性流水线　04.0122

linear predictive coding　线性预测编码　18.0169

linear probing　线性探查　08.0183

linear programming　线性规划　02.0185

linear resolution　线性归结　02.0071

linear search　线性搜索　21.0020

linear speed-up theorem　线性加速定理　02.0277

linear system　线性系统　17.0150

linear time-invariant control system　线性定常控制系统　17.0162

linear time-varying control system　线性时变控制系统　17.0161

line attenuation　线衰减　07.0186

line clipping　线[段]裁剪　16.0444

line density　行密度　05.0326，线密度　05.0367

line detection　线条检测　22.0163

line distortion　[传输]线畸变　08.0184

line feed　换行　05.0311

line frequency　行频　05.0366

line justification　线确认　03.0146

line list　线表　16.0431

line noise　线路噪声　08.0185

line printer　行式打印机　05.0266

line resistance　线电阻　07.0116

line retrieval　线检索　11.0263

line scanning　行扫描　05.0365

line skew　行位偏斜　08.0186

lines per inch　行每英寸　23.0020

lines per minute　行每分　23.0026

lines per second　行每秒　23.0027

line style　线型　16.0350

linguistic model　语言学模型　20.0142

linguistics string theory　语言串理论　20.0137

linguistic theory　语言学理论　20.0127

link　连接　09.0295，链接　09.0296

link access procedure balanced　平衡型链路接入规程　14.0258

linkage　接合　19.0410

linkage editor　连接编辑程序　12.0151

link control procedures　链路控制规程　14.0149

linked list　链表　02.0392

link encryption　链路加密　19.0054

linking loader　连接装入程序　10.0368

link management　链路管理　14.0393

link pack area　连接装配区　10.0104

link primitive　连接原语　10.0582

Linux　Linux 操作系统　10.1033

LIPS　逻辑推理每秒　23.0055

lip-sync　唇同步　18.0180

lip-synchronism　唇同步　18.0180

liquid cooling　液冷　08.0247

liquid crystal display　液晶显示　05.0332

liquid crystal printer　液晶印刷机　05.0274

LISP　LISP 语言　09.0063

LISP machine　LISP 机　13.0643

list　[列]表　01.0355

list head　表头　02.0396

listing　列表　12.0153

list processing　表处理　12.0152

LISt Processing　LISP 语言　09.0063

list processing language　表处理语言　09.0064

list scheduling　表调度　10.0727

literal　文字　01.0346

literal constant　字面常量　09.0184

literate programming　文化程序设计　12.0199

livelock　活锁　10.0178

liveness　活性　02.0609

live transition　活变迁　02.0611

LLC　逻辑链路控制　14.0464

LLCC　无引线芯片载体　07.0280

LLC protocol　逻辑链路控制协议，＊LLC 协议　14.0472

load　负载　07.0111，装入　10.0361

loadable module　可装入模块　10.0444

load end　负载端　07.0110

loader　装入程序　12.0155

loader routine　装入例程　10.0723

loading rule　负载规则　07.0222

load-line diagram　负载线图　07.0093

load map　装入映射[表]　12.0154

load module　装入模块　10.0370

load resistance　负载电阻　07.0112

load/store architecture　加载和存储体系结构　04.0321

local address administration　本地地址管理　14.0462

local application　局部应用　11.0210

local area network　局域网　14.0004

local charging prevention　阻止本地计费　14.0297

local coordinate system　局部坐标系　16.0323

local deadlock　局部死锁　11.0233

local-deterministic axiom　局部确定[性]公理　02.0573

local failure　局部失效　08.0066

local fault　局部故障　08.0008

local illumination model　局部光照模型　16.0404

locality　局部性　06.0120

locality of reference　访问局部性，＊访问局守性　04.0193

local light model　局部光照模型　16.0404

local memory　局部存储[器]　04.0177

local power on　本地加电　07.0327

local registration authority　地方注册机构　19.0486

local schema　局部模式　11.0237

local terminal　本地终端　14.0223

local variable　局部变量　09.0170

local wait-for graph　局部等待图　11.0235

location transparency　位置透明性　11.0214

locator　定位器　16.0334

lock　加锁　10.0171

lock compatibility　锁相容性　11.0165

lock deduction　锁演绎　02.0096

lock granularity　封锁粒度　11.0168

locking　锁定　08.0187

lockout　封锁　08.0188

lock resolution　锁归结　02.0091

lock-step　锁步　10.0173

lock-step operation　锁步操作　10.0463

LOD　细节层次　16.0292

log　［运行］日志　11.0196

logical access control　逻辑访问控制　19.0389

logical address　逻辑地址　10.0078

logical base　逻辑库　21.0194

logical control　逻辑控制　17.0015

logical coordinates　逻辑坐标　16.0308

logical data independence　逻辑数据独立性　11.0036

logical device　逻辑设备　10.0179

logical device name　逻辑设备名　10.0459

logical driver　逻辑驱动器　10.0199

logical file　逻辑文件　12.0156

logical formatting　逻辑格式化　05.0099

logical implication　逻辑蕴涵　02.0023

logical inferences per second　逻辑推理每秒　23.0055

logical input device　逻辑输入设备　16.0333

logical I/O device　逻辑输入输出设备　10.0180

logical link control　逻辑链路控制　14.0464

logical link control protocol　逻辑链路控制协议，＊LLC 协议　14.0472

logical page　逻辑页　10.0509

logical paging　逻辑分页　10.0510

logical reasoning　逻辑推理　13.0223

logical record　逻辑记录　12.0157

logical ring　逻辑环　14.0444

logical shift　逻辑移位　04.0508

logical signaling channel　逻辑信令信道　14.0382

logical system　逻辑系统　02.0053

logical tracing　逻辑跟踪　08.0189

logical unit of work　逻辑工作单元　11.0158

logic analysis　逻辑分析　08.0190

logic bomb　逻辑炸弹　19.0307

logic calculus　逻辑演算　02.0058

logic circuit　逻辑电路　04.0486

logic device list　逻辑设备表　10.0383

logic fault　逻辑故障　08.0028

logic grammar　逻辑语法　20.0073

logic ground　逻辑地　07.0354

logic hazard　逻辑冒险　08.0192

logic of authentication　鉴别逻辑　19.0472

logic operation　逻辑运算　04.0496

logic parsing system　逻辑句法分析系统　20.0100

logic partitioning　逻辑划分　16.0030

logic placement　逻辑布局　16.0045

logic probe　逻辑探头　08.0196

logic probe indicator　逻辑探头指示器　08.0197

logic program　逻辑程序　02.0101

logic programming　逻辑程序设计　12.0194

logic programming language　逻辑编程语言　09.0066

logic routing　逻辑布线　16.0046

logic simulation　逻辑模拟　03.0235

logic state analyzer　逻辑状态分析仪　08.0193

logic synthesis　逻辑综合　16.0029

logic synthesis automation　逻辑综合自动化　16.0047

logic testing　逻辑测试　08.0198

logic test pen　逻辑测试笔　08.0195

logic timing analyzer　逻辑定时分析仪　08.0194

logic unit　逻辑部件　04.0533

logic verification system　逻辑验证系统　08.0199

log-in　注册，＊登录　10.1002

log-in script　登录脚本　10.0762

LOGO　LOGO 语言　09.0067

log-off　注销　10.1003

log-on　注册，＊登录　10.1002

log-out　注销　10.1003

long distance dependent relation　长距离依存关系　20.0098

longitudinal check　纵向检验　08.0165

longitudinal magnetic recording　纵向磁记录　05.0028

longitudinal parity check　纵向奇偶检验　08.0166

longitudinal redundancy check　纵向冗余检验　08.0167

longitudinal scan　纵向扫描　05.0178

long line　长线　07.0164

long-range dependence　长期相关性　03.0028

long transaction management　长事务管理　11.0306

look ahead algorithm　先行算法　04.0358

look ahead control　先行控制　04.0139

loop 循环 01.0239

loopback checking 回送检验 14.0158

loopback checking system 回送检验系统 08.0168

loopback point 环回点 14.0183

loopback test 回送测试 03.0075

loophole 漏洞 19.0357

loop invariant 循环不变式 09.0316

loop restructuring technique 循环重构技术 09.0355

loop testing 循环测试 08.0200

loop unrolling 循环展开 04.0382

loose consistency 松散一致性 11.0186

loosely coupled system 松[散]耦合系统 04.0054

loose time constraint 松散时间约束 12.0191

loss 损失 19.0397

loss compression 有损压缩 18.0086

lossless compression 无损压缩 18.0087

lossless image compression 无失真图像压缩 22.0043

lossless join 无损联结 11.0137

lossy image compression 有失真图像压缩 22.0044

low cost automation 低成本自动化 17.0052

Löwenheim-Skolem theorem 勒文海姆－斯科伦定理 02.0038

lower broadcast state 下播状态 04.0277

lower instruction parcel 较低指令字部 04.0625

low level exclusive 低级互斥 10.0282

low level formatting 低级格式化 05.0098

low level language 低级语言 09.0068

low pass filter 低通滤波器 08.0201

low-state characteristic 低电平状态特性 07.0049

low-voltage differential signal 低电压差动信号 07.0014

low voltage positive ECL 低电压正电源射极耦合逻辑 07.0019

low voltage TTL 低电压晶体管晶体管逻辑 07.0016

LPC 线性预测编码 18.0169

lpi 行每英寸 23.0020

lpm 行每分 23.0026

lps 行每秒 23.0027

LRA 地方注册机构 19.0486

LR(0) grammar LR(0)文法 02.0238

LR(k) grammar LR(k)文法 02.0239

LRU 最近最少使用 04.0192

lumped capacitance 集中电容 07.0118

lumped load 集中负载 07.0114

LV 激光影碟 05.0226

LVDS 低电压差动信号 07.0014

LVPECL 低电压正电源射极耦合逻辑 07.0019

LVTTL 低电压晶体管晶体管逻辑 07.0016

LWFG 局部等待图 11.0235

Lyapunov theorem 李雅普诺夫定理 17.0100

M

M 百万，＊兆 23.0007， 23.0008

MAC 媒体访问控制 14.0465，报文鉴别码 19.0124

Mach band 马赫带 22.0176

Mach band effect 马赫带效应 16.0394

machine-aided human translation 机助人译 20.0210

machine-aided translation 机助翻译 20.0209

machine check interrupt 机器检查中断 08.0206

machine code 机器码 04.0460

machine cycle 机器周期 01.0238

machine dictionary 机器词典 20.0172

machine discovery 机器发现 13.0404

machine independent operating system 独立于机器的操作系统 10.0016

machine instruction 机器指令 04.0541

machine intelligence 机器智能 13.0033

machine language 机器语言 09.0069

machine learning 机器学习 13.0395

machine-oriented language 面向机器语言 09.0070

machine room 机房 08.0208

machine run 机器运行 08.0207

machine-spoiled time 机器浪费时间 08.0211

machine translation 机器翻译 20.0195

machine translation summit 机译最高研讨会 20.0217

machine vision 机器视觉 22.0155

MAC protocol 媒体访问控制协议，＊MAC 协议 14.0473

macro block 宏块 18.0083

macroeconometric model 宏观计量经济模型 21.0133

macroeconomic model 宏观经济模型 21.0130

macro instruction 宏指令 01.0220

macro language 宏语言 09.0071

macro node 宏结点 02.0712

macropipelining algorithm 宏流水线算法 02.0469

macro processor 宏处理程序 09.0344

macros 宏指令 01.0220

macrotasking 宏任务化 09.0352

macro-theory 宏理论 13.0023

macro virus 宏病毒 19.0356

magic set 魔集 11.0278

magnetic bubble 磁泡 06.0026

magnetic card 磁卡[片] 05.0385

magnetic card machine 磁卡[片]机 05.0386

magnetic core 磁心 06.0025

magnetic disk 磁盘，＊盘 05.0069

magnetic disk adapter 磁盘适配器 05.0082

magnetic disk controller 磁盘控制器 05.0081

magnetic disk drive [磁]盘驱动器，＊盘驱 05.0078

magnetic drum 磁鼓 05.0206

magnetic film 磁膜 06.0027

magnetic head 磁头 05.0205

magnetic memory 磁存储器 06.0018

magnetic-optical disc 磁光碟 05.0234

magnetic-optical memory 磁光存储器 06.0022

magnetic recording medium 磁记录介质 05.0023

magnetic stripe 磁条 05.0253

magnetic stripe reader 磁条阅读机 05.0254

magnetic surface recording 磁表面记录 05.0024

magnetic tape 磁带 05.0168

magnetic tape back-up system 磁带后援系统 05.0198

magnetic tape controller 磁带控制器 05.0199

magnetic tape drive 磁带驱动器 05.0180

magnetic tape driving system 磁带驱动系统 05.0200

magnetic tape format 磁带格式 05.0189

magnetic tape label 磁带标号 05.0186

magnetic tape parity 磁带奇偶检验 08.0212

magnetic tape transport mechanism 磁带传送机构 05.0182

magnetic track 磁道 05.0088

magnetoresistive head 磁变阻头 05.0214

magnitude margin 幅值裕度 17.0074

MAHT 机助人译 20.0210

mail exploder 邮件分发器 14.0637

mailing list 邮件发送清单 14.0638

maillist 邮件发送清单 14.0638

mainboard 母板，＊主板 07.0123

mainframe 主机，＊特大型机 04.0032

main memory 主存储器，＊主存 06.0045

main memory database 主存数据库 11.0246

main memory stack 主存栈 10.0825

main page pool 主页池 10.0540

main storage partition 主存储器分区 10.0527

maintainability 可维护性，＊易维护性 01.0281

maintainer 维护者 12.0273

main task 主任务 10.0949

maintenance 维护 01.0278

maintenance analysis procedure 维护分析过程 08.0220

maintenance charge 维护费用 08.0213

maintenance control panel 维护控制面板 08.0214

maintenance cost 维护费用 08.0213

maintenance hook 维护陷阱 19.0409

maintenance panel 维护面板 08.0215

maintenance phase 维护阶段 12.0274

maintenance plan 维护计划 12.0275

maintenance policy 维修策略 03.0233

maintenance postponement 维护延期 03.0232

maintenance process 维护过程 12.0426

maintenance program 维护程序 08.0216

maintenance screen 维护屏幕 08.0364

maintenance service program 维护服务程序 08.0217

maintenance standby time 维护准备时间 08.0219

maintenance time 维护时间 08.0218

majority gate 多数决定门 04.0473

majority language 大语种 20.0006

major time slice 主时间片 10.0974

malfunction 误动作 01.0333

malicious logic 恶意逻辑 19.0299

malicious software 恶意软件 19.0344

MAN 城域网 14.0003

manageability 可管理性，＊易管理性 01.0289

management 管理 01.0362

management control 管理控制 21.0030

management information system 管理信息系统
    21.0096

management process 管理过程 12.0423

mandatory access control 强制访问控制 19.0157

mandatory protection 强制保护 19.0243

mandatory service 必备服务 14.0044

Manhattan distance 曼哈顿距离 13.0597

manipulation detection 伪造检测 19.0433

manipulation detection code 伪造检测码 19.0435

manipulator 机械手 17.0173

man-machine control system 人机控制系统
    01.0250

man-machine dialogue 人机对话 01.0253

man-machine engineering 人机工程 08.0382

man-machine environment 人机环境 01.0249

man-machine-environment system 人机环境系统
    08.0383

man-machine interaction 人机交互 01.0252

man-machine interface for Chinese 汉语人机界面
    15.0281

man-machine simulation 人机模拟 08.0077

man-machine system 人机系统 17.0181

man-machine trade-off 人机权衡 01.0251

manual control 人工控制 08.0078

manual entry 人工录入 08.0079

manual exchanger 人工交换机 08.0080

manual information system 人工信息系统 21.0098

manual input 手动输入 08.0081

manual intervention 人工干预 07.0425

manual load key 手动输入键 08.0082

manual simulation 人工模拟 08.0083

manual testing 人工测试 08.0112

manufacturing automation protocol 制造自动化协议
    17.0247

manufacturing execution system 制造执行系统
    17.0258

manufacturing resource planning 制造资源规划
    21.0181

many-one reducibility 多一可归性 02.0290

many-sorted logic 多类逻辑 02.0054

many to many relationship 多对多联系 11.0029

many to one relationship 多对一联系 11.0028

MAP 多关联处理机 04.0071，制造自动化
    协议 17.0247

MAPE 多主体处理环境 13.0479

mapping 映射 16.0401

mapping address 映射地址 04.0217

mapping function 映射函数 13.0502

mapping mode 映射方式 13.0503

map program 映射程序 12.0276

marching test 跨步测试 03.0246

margin 页边空白 21.0028

marginal check 边缘检验 04.0602

marginal fault 边缘故障 08.0018

marginal operation 边缘操作 08.0330

marginal test 边缘测试 08.0329

marked graph 加标图 02.0539

marking 标识 02.0565

marking variable 标识变量 02.0683

markup language 置标语言 09.0072

mask 掩码 04.0459

maskable interrupt 可屏蔽中断 04.0458

mask artwork 掩模图 16.0031

masking 屏蔽 03.0161

masking register 屏蔽寄存器 04.0378

masking vector 屏蔽向量 04.0390

mask ROM 掩模型只读存储器 06.0038

masquerade 冒充 19.0304

Massachusetts general hospital Utility Multi-Program-
    ming System MUMPS 语言 09.0075

massively parallel computer 大规模并行计算机
    04.0004

massively parallel processing 大规模并行处理
    04.0079

massive parallel artificial intelligence 大规模并行人
    工智能 13.0455

mass storage 海量存储器 06.0047

masterboard 母板，＊主板 07.0123

master clock　主时钟　04.0578

master file　主文件　10.0248

master key　主密钥　19.0061

master library　主库　12.0277

master output tape　标准幅度带　05.0183

master scheduler　主调度程序　10.0758

master skew tape　标准扭斜带　05.0184

master/slave computer　主从计算机　04.0022

master/slave operating system　主从式操作系统　10.0017

master/slave scheduling　主从调度　10.0741

master speed tape　标准速度带　05.0185

master station　主站　14.0209

matched filter　匹配筛选器　13.0273

matched filtering　匹配滤波　22.0204

matching algorithm　匹配算法　13.0274

matching error　匹配误差　13.0275

match stop　符合停机　08.0205

materials requirements planning　物资需求规划　21.0099

mathematical axiom　数学公式　02.0030

mathematical discovery　数学发现　13.0369

mathematical induction　数学归纳　13.0370

mathematical linguistics　数理语言学　20.0129

mathematical morphology　数学形态学　22.0028

maturity　成熟度　12.0189

maximum allowable junction temperature　最高允许结温　07.0377

maximum allowed deviation　最大允许偏差　17.0071

maximum delay path　最大延迟路径　07.0214

maximum line length　最大线长　07.0213

maximum low-threshold input-voltage　最大低阈值输入电压　07.0052

maximum open line length　最大开路线长度　07.0215

maximum overshoot　最大超调[量]　17.0070

Mb　百万位，*兆位　23.0009

MB　百万字节，*兆字节　23.0010

MBFT　多点二进制文件传送　14.0732

Mbone　多播主干网　14.0551

Mbps　兆位每秒　23.0028

MBps　兆字节每秒　23.0029

MC　兆周期　23.0037

MCGA　彩色图形阵列[适配器]　05.0374

MCI　媒体控制接口　18.0020

MCM　多芯片模块　03.0078

MCS　多点通信服务　14.0731

MCU　多点控制器　18.0184

MDA　多维存取　04.0185，单色显示适配器　05.0376

MDC　伪造检测码　19.0435，修改检测码　19.0436

MDI　媒体相关接口　14.0470

Mealy machine　米利机[器]　02.0240

meaning domain　意义域　13.0088

means-end analysis　手段目的分析　13.0117

mean time between failure　平均失效间隔时间　03.0052

mean time to crash　平均未崩溃时间　03.0053

mean time to failure　平均无故障时间　03.0051

mean time to repair　平均修复时间　03.0054

measure　度量　02.0261

measured variable　被测变量　08.0222

measurement　测量　01.0370

measurement of performance　性能测量　08.0369

measurement space　测量空间　22.0219

measuring range　测量范围　17.0119

mechanical mouse　机械鼠标[器]　05.0410

mechanical translation　机械式翻译　20.0204

mechanism　机制　01.0293

mechanotronics　机电一体化　17.0130

media　介质　05.0019，媒体　05.0020

media control driver　媒体控制驱动器　10.0200

media control interface　媒体控制接口　18.0020

media conversion　介质转换　05.0022

media failure　介质故障　11.0190

median filter　中值滤波器　22.0190

mediation agent　中介主体　13.0477

medical imaging　医学成像　16.0263

medium access control　媒体访问控制　14.0465

medium access control protocol　媒体访问控制协议，*MAC 协议　14.0473

medium dependent interface　媒体相关接口　14.0470

medium interface connector　媒体接口连接器　14.0469

medium-scale computer　中型计算机　01.0059

medium-term scheduling　中期调度　10.0742

mega-　百万，＊兆　23.0007，23.0008

megabit　百万位，＊兆位　23.0009

megabits per second　兆位每秒　23.0028

megabyte　百万字节，＊兆字节　23.0010

megabytes per second　兆字节每秒　23.0029

megacycle　兆周期　23.0037

mega floating-point operations per second　百万次浮
　　点运算每秒　23.0045

megaflops　百万次浮点运算每秒　23.0045

member　成员　11.0062

membership problem　成员问题　02.0162

membrane keyboard　薄膜键盘　05.0417

memory　存储器　01.0128

memory across access　存储器交叉存取　06.0126

memory allocation overlay　内存分配覆盖　10.0475

memory array　存储阵列　06.0108

memory bandwidth　存储带宽　06.0114

memory bank　存储体　06.0116

memory board　存储板　06.0115

memory capacity　存储容量　06.0112

memory cell　存储单元　06.0109

memory chip　存储芯片　06.0013

memory conflict　存储器冲突　04.0183

memory conflict-free access　存储器无冲突存取
　　06.0127

memory consistency　存储器一致性　04.0159

memory cycle　存储周期　06.0113

memory data register　存储器数据寄存器　04.0157

memory density　存储密度　06.0111

memory element　存储元件　06.0110

memory fragmentation　内存碎片　10.0288

memory hierarchy　存储器层次　04.0154

memory management　存储管理　10.0401

memory management unit　存储管理部件　06.0102

memory matrix　存储矩阵　06.0107

memory module　存储模块　06.0117

memory organization packet　记忆组织包　13.0024

memory protection　内存保护　04.0186，存储
　　保护　10.0611

memory representation　记忆表示　13.0025

memory stall　存储器停顿　04.0158

memory system　存储系统　06.0001

mental ability　心智能力　13.0026

mental image　心智图像　13.0027

mental information transfer　心智信息传送　13.0028

mental mechanism　心智机理　13.0029

mental psychology　心智心理学　13.0031

mental state　心智状态　13.0030

menu　选单，＊菜单　01.0160

merge　归并　02.0397

merged scanning method　归并扫描法，＊合并扫描
　　法　11.0092

merge insertion　归并插入　02.0398

merge sort　归并排序　21.0013

mesh　网格　01.0380

mesh generation　网格生成　16.0213

meshing　网格化　16.0214

mesh network　网状网　14.0007

mesh of trees　树网［格］　02.0438

mesh surface　网格曲面　16.0142

message　消息，＊报文　01.0267

message authentication　报文鉴别　19.0143

message authentication code　报文鉴别码　19.0124

message digest　报文摘译　19.0047

message handling　消息处理　14.0704

message handling system　消息处理系统　14.0703

message logging　消息日志　03.0217

message mode　消息方式　14.0391

message-oriented text interchange system　面向消息的
　　正文交换系统　14.0697

message passing　消息传递　01.0268

message passing interface　消息传递接口［标准］
　　04.0365

message passing library　消息传递库　04.0366

message passwording　报文加密　02.0500

message queueing　消息排队　10.0673

message storage　消息存储［单元］　14.0705

message switching　报文交换　14.0125

message transfer agent　消息传送代理　14.0707

message transfer system　消息传送系统　14.0706

messaging service　消息［处理］型业务　14.0327

metacompiler　元编译程序　09.0130

metadata　元数据　11.0051

metadatabase　元数据库　11.0052

metafile 元文件 16.0470

metaknowledge 元知识 13.0052

Meta Language ML 语言 09.0073

metalanguage 元语言 09.0166

metal-in-gap head 隙含金属磁头 05.0216

metallized ceramic module 金属[化]陶瓷模块 07.0399

metal-oxide-semiconductor memory 金属氧化物半导体存储器，＊MOS 存储器 06.0044

metaplanning 元规划 13.0090

metareasoning 元推理 13.0226

metarule 元规则 13.0053

meta-signaling 元信令 14.0384

metasynthesis 元综合 17.0112

method 方法 11.0290

method base 方法库 21.0195

metric attribute 品质属性 22.0120

metropolitan area network 城域网 14.0003

mezzanine 小背板 07.0126

MFLOPS 百万次浮点运算每秒 23.0045

MFM 改进调频[制] 05.0040

MGA 单色图形适配器 05.0375

MH 消息处理 14.0704

MHS 消息处理系统 14.0703

MIC 媒体接口连接器 14.0469

microcode 微码 01.0229

microcommand 微命令 01.0222

microcomputer 微型计算机，＊微机 01.0056

microdiagnosis 微诊断 03.0242

microdiagnostic loader 微诊断装入器，＊微诊断装入程序 08.0223

microdiagnostic microprogram 微诊断微程序 08.0224

microeconomic model 微观经济模型 21.0131

microfiche 缩微平片，＊缩微胶片 05.0388

microfilm 缩微胶卷 05.0387

microinstruction 微指令 01.0219

microinterrupt 微中断 08.0227

microkernel OS 微内核操作系统 04.0402

micrologic 微逻辑 08.0226

microm 微程序只读存储器 08.0225

micromodule 微模块 07.0247

micropackage 微组装 07.0245

microphone 传声器 18.0164

microprocessor 微处理器 01.0117

microprogram 微程序 01.0153

microprogrammed control 微程序控制 04.0575

microprogramming 微程序设计 04.0574

microprogramming language 微编程语言 09.0085

micros 微指令 01.0219

micro strip 微带线 07.0155

microstructure 微结构 07.0246

microtasking 微任务化 09.0351

micro-theory 微理论 13.0032

middleware 中间件 04.0419

MIDI 乐器数字接口 18.0166

MIG head 隙含金属磁头 05.0216

migration overhead 迁移开销 04.0394

milestone 里程碑 12.0278

million floating-point oprations per second 百万次浮点运算每秒 23.0045

million instructions per second 百万条指令每秒 23.0050

million logical inferences per second 百万次逻辑推理每秒 23.0056

million operations per second 百万次运算每秒 23.0040

million transaction per second 百万次事务处理每秒 23.0058

MIMD 多指令[流]多数据流 04.0240

MIME 多用途因特网邮件扩充 14.0632

minicomputer 小型计算机 01.0058

minimal protection 最低保护 19.0241

minimal spanning tree 最小生成树 02.0399

minimal tour 最小回路 02.0400

minimax test 最大最小测试 16.0454

minimization of finite automaton 有穷自动机最小化 02.0155

minimum cover of set of dependencies 依赖集的最小覆盖 11.0153

minimum high-threshold input-voltage 最小高阈值输入电压 07.0051

minimum privilege 最小特权 19.0388

minimum zone 最小范围 16.0225

mini-supercomputer 小巨型计算机 01.0063

minority language 小语种 20.0007

MIPS　百万条指令每秒　23.0050

mirror　镜像　11.0171

MIS　管理信息系统　21.0096

misclassification　误分类　22.0206

misconnect　错接　14.0090

MISD　多指令[流]单数据流　04.0239

mismatch　失配　07.0168

missing interrupt handler　丢失中断处理程序　10.0294

missing message　迷失消息　03.0205

missing page interrupt　缺页中断　10.0312

missing pulse　漏脉冲　05.0054

mission category　任务范畴　19.0487

miss penalty　缺失损失　04.0426

miss rate　缺失率　04.0425

ML　ML 语言　09.0073

MLIPS　百万次逻辑推理每秒　23.0056

MMDB　主存数据库　11.0246

MMU　存储管理部件　06.0102

mnemonic symbol　助忆符号　12.0279

mobile agent　移动主体　13.0478，移动代理　14.0710

mobile computer　移动计算机　01.0069

mobile computing　移动计算　01.0147

mobile robot　移动机器人　13.0598

MOCS　多八位编码字符集　15.0019

modality　模态　02.0076

modal logic　模态逻辑　02.0077

model　模型　01.0389

model base　模型库　21.0136

model base management system　模型库管理系统　21.0137

model-directed inference　模型引导推理　13.0283

model drive　模型驱动　21.0161

model-driven method　模型驱动方法　13.0284

model generator　模型生成器　13.0276

modeling　建模，*造型　01.0390

modeling transformation　造型变换　16.0088

model of child language　儿童语言模型　20.0143

model of endorsement　认可模型　13.0277

model qualitative reasoning　模型定性推理　13.0278

model recognition　模型识别　13.0279

model reference adaptive　模型参考自适应　17.0113

model representation　模型表示　13.0280

model simplification　模型简化　16.0099

model-theoretic semantics　模型论语义　13.0285

model theory　模型论　13.0281

model transferring　模型变换　13.0282

modem　调制解调器　14.0203

moderated newsgroup　有仲裁的新闻组　14.0672

moderator　仲裁员　14.0673

modifiability　可修改性，*易修改性　08.0355

modification detection　修改检测　19.0434

modification detection code　修改检测码　19.0436

modified frequency modulation　改进调频[制]　05.0040

modifier register　变址寄存器　04.0585

modify　修改　11.0086

MODULA Ⅱ　Modula 2 语言　09.0074

Modula 2　Modula 2 语言　09.0074

modular decomposition　模块分解　12.0054

modularity　模块性　12.0391

modularization　模块化　17.0144

MODUlar LAnguage Ⅱ　Modula 2 语言　09.0074

modular method　模块化方法　12.0158

modular programming　模块化程序设计　12.0159

modulation transfer function　调制传递函数　22.0235

module　模块　01.0159

module strength　模块强度　12.0160

module testing　模块测试　03.0252

modus ponens　假言推理　02.0027

moment descriptor　矩描述子　22.0205

moment of inertia　惯性矩　22.0159

Mongolian　蒙古文　15.0004

monitor　监视器　05.0344，监控程序　08.0230

monitored state　监视状态　08.0228

monitoring　监控　17.0114

monitoring cell　监视信元　14.0395

monitor mode　监控方式　08.0229

monitor program　监控程序　08.0230

monitor task　监控任务　10.0961

monochrome display　单色显示　05.0329

monochrome display adapter　单色显示适配器　05.0376

monochrome graphics adapter　单色图形适配器

11.0325

multidimensional Turing machine 多维图灵机
02.0151

multihead Turing machine 多头图灵机 02.0149

multiinstruction issue 多指令发射 04.0305

multijob 多作业 10.0326

multilanguage processor 多语种处理机 20.0218

multilayered schema 多层模式 13.0286

multilayer printed circuit board 多层印制板
07.0260

multilevel cache 多级高速缓存 04.0166

multilevel device 多级设备 19.0375

multilevel feedback queue 多级反馈队列 10.0674

multilevel interrupt 多级中断 10.0304

multilevel priority interrupt 多级优先级中断
10.0309

multilevel security 多级安全 19.0194

multilevel simulation 多级模拟 16.0040

multiline inference 多路推理 13.0287

multilingual information processing 多文种信息处理
15.0012

multilingual information processing system 多语种信
息处理系统 20.0219

multilingual operating system 多文种操作系统
15.0286

multilingual translation 多语种翻译 20.0213

multilink 多链路 14.0104

multiloop control 多回路控制 17.0147

multiloop regulation 多回路调节 17.0149

multimedia 多媒体 18.0001

multimedia cataloging database 多媒体编目数据库
18.0201

multimedia communication 多媒体通信 18.0003

multimedia computer 多媒体计算机 01.0089

multimedia conferencing 多媒体会议 14.0724

multimedia database 多媒体数据库 11.0012

multimedia database management system 多媒体数据
库管理系统 11.0315

multimedia data model 多媒体数据模型 11.0316

multimedia data retrieval 多媒体数据检索 11.0320

multimedia data storage management 多媒体数据存
储管理 11.0318

multimedia data type 多媒体数据类型 11.0317

multimedia data version management 多媒体数据版
本管理 11.0319

multimedia extension 多媒体扩展 10.0221

multimedia information system 多媒体信息系统
21.0126

multimedia PC 多媒体个人计算机 18.0004

multimedia service 多媒体业务 14.0322

multimedia system 多媒体系统 18.0002

multimedia technology 多媒体技术 01.0038

multimodal interface 多模式接口 18.0019

multimodel virtual environment 多模型虚拟环境
16.0083

multioctet coded character set 多八位编码字符集
15.0019

multipartitioned blackboard 多区黑板 13.0288

multipass sort 多遍排序 21.0014

multiple-address computer 多地址计算机 04.0010

multiple fault 多故障 08.0003

multiple-instruction [stream] multiple-data stream
多指令[流]多数据流 04.0240

multiple-instruction [stream] single-data stream 多指
令[流]单数据流 04.0239

multiple-job processing 多作业处理 10.0636

multiple labeled tree 多标记树 20.0033

multiple program loading 多重程序装入 10.0364

multiple programming 多道程序设计 10.0642

multiple program multiple data 多程序[流]多数据
[流] 04.0304

multiple user control 多用户控制 10.0124

multiple user operating system 多用户操作系统
10.0030

multiple value logic 多值逻辑 02.0041

multiplexor channel 多路转换通道 04.0592

multiplier 乘法器 04.0525

multiplier-quotient register 乘商寄存器 04.0528

multipoint 多点 14.0323

multipoint binary file transfer 多点二进制文件传送
14.0732

multipoint communication 多点通信 14.0730

multipoint communication service 多点通信服务
14.0731

multipoint conference 多点会议 14.0729

multipoint connection 多点连接 14.0092

multipoint control unit　多点控制器　18.0184

multipoint routing information　多点路由［选择］信息　14.0734

multipoint still image and annotation　多点静止图像及注释　14.0733

multiport memory　多端口存储器　04.0174

multipriority　多优先级　10.0567

multiprocessing　多重处理　10.0615

multiprocessing operating system　多重处理操作系统　10.0018

multiprocessor　多处理器　01.0121

multiprocessor allocation　多处理器分配　10.0054

multiprocessor operating system　多处理机操作系统　10.0007

multiprocessor system　多处理机系统　04.0028

multiprocess solid modeling　多工序实体造型　16.0108

multiprogram　多道程序　10.0208

multiprogram dispatching　多道程序分派　10.0209

multiprotocol　多协议　14.0259

multiprotocol over ATM　ATM 上的多协议　14.0345

multipurpose Internet mail extensions　多用途因特网邮件扩充　14.0632

multirelation　多重关系　02.0549

multiresolution　多分辨率　16.0295

multiresolution analysis　多分辨率分析　16.0296

multiresolution curve　多分辨率曲线　16.0179

multiscale analysis　多尺度分析　22.0034

multiset　多重集　02.0548

multispectral image　多光谱图像　22.0169

multistage　多级　04.0133

multistage network　多级网络　04.0134

multistrategy negotiation　多策略协商　13.0289

multitape Turing machine　多带图灵机　02.0150

multitask　多任务　10.0954

multitasking　多任务处理　10.0967

multitask management　多任务管理　10.0955

multiterminal monitor　多终端监控程序　10.0456

multithread　多线程　10.0993

multithread processing　多线程处理　10.0637

multiuser　多用户　10.0339

multiuser system　多用户系统　01.0077

multivalued dependence　多值依赖　11.0128

multivariable controller　多变量控制器　17.0200

multivariable statistic reasoning　多元统计推理　13.0244

multivariable stochastic reasoning　多元随机推理　13.0245

MUMPS　MUMPS 语言　09.0075

music　音乐　18.0153

music instrument digital interface　乐器数字接口　18.0166

mutation　变异　13.0535

mutual-information　互信息　20.0186

mutual suspicion　互相怀疑　19.0440

mylar ribbon　聚酯色带　05.0298

N

NAK　否认　14.0153

names extraction　名字抽取　13.0645

naming authority　名称机构　19.0483

naming convention　命名约定　14.0678

NAND gate　与非门　04.0468

N-ary　*N* 元　12.0161

n-ary tree　*n* 叉树　09.0327

nastygram　丑恶报文　14.0682

national information infrastructure　国家信息基础设施　14.0529

national language support　民族语言支撑能力　15.0014

native language　母语　20.0008

natural convection　自然对流　07.0388

natural disorder　自然非序　02.0651

natural inference　自然推理　02.0083

natural join　自然联结　11.0106

natural language　自然语言　01.0025

natural language generation　自然语言生成　18.0178

natural language processing　自然语言处理　20.0001

natural language understanding　自然语言理解　20.0113

natural object　自然景物　16.0400

natural order　自然序　02.0650

natural scene 自然景物 16.0400

natural texture 自然纹理 22.0117

navigation 导航 14.0661

Navy Electronics Laboratory International Algorithmic
　　Compiler NELIAC 语言 09.0076

N-body problem *N* 体问题 04.0421

NC 网络计算机 14.0560

NCS 数控系统 17.0177

n-cube network *n* 立方体网 04.0128

N-dense *N* 稠密性 02.0648

NDIS 网络驱动程序接口规范 14.0147

NE 网[络单]元 14.0253

near-end coupled noise 近端耦合噪声 07.0198

nearest neighbor search 邻近查找，＊邻近搜索
　　11.0322

near-letter quality 准铅字质量 05.0302

near line 近线 01.0276

near video on demand 准点播电视 18.0127

need-to-know 按需知密 19.0162

negative acknowledgement 否认 14.0153

negative edge 负沿 07.0062

negative example 反例 13.0371

negative logic-transition 负逻辑转换 07.0069

negotiation 协商 14.0059

negotiation support system 谈判支持系统 21.0123

neighbor 近邻 22.0089

neighborhood 邻域 22.0090

neighborhood classification rule 邻域分类规则
　　13.0372

neighborhood operation 邻域运算 22.0035

neighbor notification 邻站通知 14.0520

NELIAC NELIAC 语言 09.0076

neocognitron 新认知机 13.0536

nest 嵌套 12.0162

nested interrupt 嵌套中断 10.0310

nested loop 嵌套循环 09.0317

nested loop method 嵌套循环法 11.0091

nested transaction 嵌套事务 11.0305

net 网 02.0522

net. abuse 网络乱用 14.0570

net address 网络地址 14.0602

net. citizen 网民 14.0571

net composition 网合成 02.0600

net element 网元 02.0543

net folding 网折叠 02.0642

net isomorphism 网同构 02.0641

netizen 网民 14.0571

net language 网语言 02.0603

netlist 连线表 07.0235

net morphism 网射 02.0638

netnews 网络新闻 14.0674

net operation 网运算 02.0601

net reduction 网化简 02.0599

net system 网系统 02.0577

net theory 网论 02.0567

net topology 网拓扑 02.0571

net transformation 网变换 02.0602

net unfolding 网展开 02.0643

netware 网件 13.0564

network 网[络] 14.0001

network adapter 网络适配器 14.0482

network application 网络应用 14.0689

network architecture 网络体系结构 14.0024

network attack 网络攻击 19.0283

network-aware computing 网知计算 03.0089

network bandwidth 网络带宽 04.0086

network byte order 网络字节顺序 14.0629

network communication 网络通信 14.0120

network computer 网络计算机 14.0560

network congestion 网络拥塞 14.0030

network database 网状数据库 11.0005

network data model 网状数据模型 11.0019

network driver interface specification 网络驱动程序
　　接口规范 14.0147

network element 网[络单]元 14.0253

network facility 网络设施 14.0029

network file system 网络文件系统 14.0552

network file transfer 网络文件传送 14.0699

network information center 网络信息中心 14.0541

network information services 网络信息服务
　　14.0649

networking 连网 14.0254

network layer 网络层 14.0039

network management 网络管理 14.0027

network-network interface 网络－网络接口
　　14.0359

network news 网络新闻 14.0674

network news transfer protocol 网络新闻传送协议 14.0675

network node interface 网络结点接口 14.0369

network of workstations 工作站网络 04.0092

network operating system 网络操作系统 10.0019

network operation center 网络运行中心 14.0542

network parameter control 网络参数控制 14.0408

network partitioning 网络分割 11.0231

network peripheral 网络外围设备 14.0561

network platform 网络平台 01.0112

network time protocol 网络时间协议 14.0586

network topology 网络拓扑 14.0025

network utility 网络公用设施 14.0028

network weaving 网络迂回 19.0400

network worm 网络蠕虫 19.0362

neural computer 神经计算机 01.0084

neural computing 神经计算 13.0537

neural expert system 神经专家系统 13.0538

neural fuzzy agent 神经模糊主体 13.0539

neural network 神经网络 13.0553

neural network model 神经网络模型 13.0540

neuron 神经元 13.0544

neuron function 神经元函数 13.0541

neuron model 神经元模型 13.0542

neuron network 神经元网络 17.0107

neuron simulation 神经元仿真 13.0543

newbie 网上新手 14.0573

new Internet knowledge system 新因特网知识系统 14.0548

news on demand 新闻点播 18.0193

next instruction parcel 下指令字部 04.0618

next move function 次动作函数 02.0163

next-state counter 下一状态计数器 04.0357

NFS 网络文件系统 14.0552

n-gram n 元语法 20.0188

NIC 网络信息中心 14.0541

nickname 绰号 14.0641

NII 国家信息基础设施 14.0529

NIP 下指令字部 04.0618，网络时间协议 14.0586

NIS 网络信息服务 14.0649

N-modular redundancy N 模冗余 03.0002

NMR N 模冗余 03.0002

NNI 网络-网络接口 14.0359，网络结点接口 14.0369

NNTP 网络新闻传送协议 14.0675

Noah effect 诺亚效应 03.0220

NOC 网络运行中心 14.0542

NOD 新闻点播 18.0193

node 结点，＊节点 01.0373

noetic science 思维科学 13.0013

noise 噪声 08.0231

noise burst 突发噪声 03.0204

noise cleaning 噪声清除 03.0259

noise immunity 噪声抗扰度 07.0203

noise killer 噪声消除器 08.0232

noise margin 噪声容限 07.0202

noise reduction 噪声抑制 22.0137

noise type 噪声种类 08.0233

non-blocking crossbar 非阻塞交叉开关 04.0311

nonce 不重性 19.0481

non-compute delay 非计算延迟 04.0307

non-confidentiality 非秘密性 19.0239

non-contact magnetic recording 非接触式磁记录 05.0027

non-deliverable item 不交付项 12.0280

non-demand paging 非请求分页 10.0511

non-destructive testing 无伤害测试 22.0236

non-deterministic computation 非确定计算 02.0273

non-deterministic control system 非确定性控制系统 17.0159

non-deterministic finite automaton 非确定型有穷自动机 02.0181

non-deterministic space complexity 非确定空间复杂性 02.0276

non-deterministic time complexity 非确定时间复杂性 02.0274

non-deterministic time hierarchy 非确定时间谱系 02.0275

non-deterministic Turing machine 非确定型图灵机 02.0182

non-erasing stack automaton 非抹除栈自动机 02.0179

non-identified DTE service 非识别型 DTE 业务

14.0267

non-impact printer 非击打式印刷机 05.0263

non-interlaced 逐行 18.0145

non-interlaced scanning 逐行扫描 05.0368

non-linear 非线性 18.0028

non-linear control system 非线性控制系统
17.0178

non-linear editing 非线性编辑 18.0146

non-linear navigation 非线性导航 18.0147

non-linear pipeline 非线性流水线 04.0123

non-linear quantization 非线性量化 18.0029

non-loss decomposition 无损分解 11.0136

non-manifold 非流形 16.0096

non-manifold modeling 非流形造型 16.0097

non-monotonic reasoning 非单调推理 13.0231

non-pageable dynamic area 不可分页动态区
10.0102

non-preemptive multitasking 非抢先多任务处理
10.0969

non-preemptive scheduling 非抢先调度 10.0744

non-prime attribute 非主属性 11.0075

non-procedural language 非过程语言 09.0077

non-remote memory access 非远程存储器存取
04.0309

non-repeatable read 不可重复读 11.0172

non-repudiation 不可抵赖 19.0151

non-return-to-zero 不归零制 05.0036

non-return-to-zero change on one 不归零1制，＊逢
1变化不归零制 05.0037

non-saturation magnetic recording 非饱和磁记录
05.0031

non-switched connection 非交换连接 14.0279

non-terminal 非终极符 02.0180

non-traditional computer 非传统计算机 01.0082

non-trivial functional dependence 非平凡函数依赖
11.0133

non-uniform memory access 非均匀存储器存取
04.0308

non-uniform rational B-spline 非均匀有理 B 样条
16.0168

non-volatile memory 非易失性存储器 06.0029

no-op instruction 空操作指令 04.0545

NOR gate 或非门 04.0470

normal flow 法线流 22.0138

normal form 范式 09.0165

normal form PDA 标准形式下推自动机 02.0200

normalization 规格化 04.0462，规范化
11.0124

normalized device coordinate 规格化设备坐标
16.0336

normalized language 规范化语言 20.0121

normalizing processing 规格化处理 15.0194

normal response 正常响应 08.0366

notarization 公正 19.0441

notation 记法 12.0281

notebook computer 笔记本式计算机 01.0070

NOT gate 非门 04.0471

notification 通知 14.0056

noun phrase 名词短语 20.0028

NOW 工作站网络 04.0092

NPC 网络参数控制 14.0408

NP-complete problem NP 完全问题 02.0309

NP-hard problem NP 困难问题 02.0310

NRZ 不归零制 05.0036

NRZ1 不归零 1 制，＊逢 1 变化不归零制
05.0037

NTC 数字仿形控制 17.0212

nuclear magnetic resonance 核磁共振 22.0237

null 空值 11.0063

null address 空地址 14.0436

NUMA 非均匀存储器存取 04.0308

number system 数制 01.0180

numerical control system 数控系统 17.0177

numerical data 数值数据 11.0302

numerical precision 数值精度 17.0126

numerical tracer control 数字仿形控制 17.0212

numeric character 数字字符 01.0204

numeric character set 数字字符集 01.0205

NURBS 非均匀有理 B 样条 16.0168

N-version programming N 版本编程 03.0001

NVOD 准点播电视 18.0127

Nyquist criteria 奈奎斯特准则 17.0102

Nyquist sampling frequency 奈奎斯特采样频率
22.0238

O

OA 办公自动化 21.0139

OAF 开放体系结构框架 12.0184

object 对象 01.0395，客体 19.0374

object code 目标[代]码 09.0343

object connection 对象连接 09.0205

object dictionary 对象字典 17.0250

object identifier 对象标识符 11.0287

object link and embedding 对象链接与嵌入 11.0298

object management architecture 对象管理结构 09.0247

object management group 对象管理组 09.0248

object model 对象模型 21.0150

object modeling technique 对象建模技术 09.0241

object-oriented 面向对象的，*对象式 01.0108

object-oriented analysis 面向对象分析，*对象式分析 12.0092

object-oriented architecture 面向对象的体系结构 04.0038

object-oriented database 面向对象数据库 11.0013

object-oriented database language 面向对象数据库语言 11.0300

object-oriented database management system 面向对象数据库管理系统 11.0299

object-oriented data model 面向对象数据模型 11.0022

object-oriented design 面向对象设计，*对象式设计 12.0093

object-oriented language 面向对象语言，*对象式语言 09.0079

object-oriented method 面向对象方法，*对象式方法 12.0091

object-oriented modeling 面向对象建模 16.0095

object-oriented operating system 面向对象操作系统 10.0010

object-oriented programming 面向对象程序设计，*对象式程序设计 12.0094

Object-Oriented Programming Language 面向对象编程语言，*对象式编程语言 09.0080

object-oriented representation 面向对象表示 13.0054

object-oriented test 面向对象测试 08.0120

object program 目标程序 09.0342

object reference 对象引用 11.0288

object request broker 对象请求代理 09.0245

object space 物体空间 16.0422

obligation 义务 13.0481

oblique projection 斜投影 16.0369

observability 可观察性 03.0034

observable error 可观测误差 08.0246

observer 观测器 17.0084

obsolete checkpoint 过期检查点 03.0099

Occam Occam 语言 09.0078

occlusion 遮挡 22.0139

occurrence net 出现网 02.0524

occurrence sequence 出现序列 02.0608

OCR 光[学]字符阅读机 05.0389

octal digit 八进制数字 01.0186

octal system 八进制 01.0185

octet 八位[位]组，*八比特组 01.0178

octree 八叉树 16.0210

OD 对象字典 17.0250

ODBC 开放的数据库连接 11.0207

odd-even check 奇偶检验 01.0316

odd-even merge sort 奇偶归并排序 04.0392

odd-parity check 奇检验 08.0161

off-card clock distribution 板外时钟分配 07.0217

office activity 办公活动 21.0140

office automation 办公自动化 21.0139

office automation model 办公自动化模型 21.0144

office information system 办公信息系统 21.0138

office procedure 办公流程 21.0143

office process 办公过程 21.0142

Official Production System 5 OPS 5 语言 09.0081

off-line 脱机，*离线 01.0275

off-line equipment 脱机设备 05.0004

off-line fault detection 脱机故障检测 08.0256

off-line job control 脱机作业控制 10.0119

off-line mail reader　脱机邮件阅读器　14.0648

off-line memory　脱机存储器　08.0255

off-line processing　脱机处理　21.0002

off-line test　脱机测试　03.0234

off-line Turing machine　离线图灵机　02.0280

off position　断路位置　08.0257

offset　偏移量　04.0454，偏调　05.0128

offset track　偏移磁道　19.0461

offset voltage　偏移电压　07.0083

off-the-shelf product　现货产品　12.0282

OFM　输出分组反馈　19.0021

OID　对象标识符　11.0287

OIS　办公信息系统　21.0138

OLAM　联机分析挖掘　21.0208

OLAP　联机分析处理　11.0267，联机分析过程
　13.0649

oldbie　网上老手　14.0572

OLE　对象链接与嵌入　11.0298

OLTEP　联机测试执行程序　03.0239

OLTP　联机事务处理　11.0266

OMA　对象管理结构　09.0247

OMG　对象管理组　09.0248

OMR　光[学]标记阅读机　05.0390

OMT　对象建模技术　09.0241

on-card clock distribution　板内时钟分配　07.0219

on-card power distribution　板上电源分配　07.0335

one-aside network　单边网络　04.0084

one-eyed stereo　单眼立体[测定方法]　22.0140

one-key cryptosystem　单钥密码系统　19.0008

one-point perspectiveness　一点透视　16.0424

one-step method　单步法　08.0243

one-step operation　单步操作　08.0244

one-time pad　一次一密乱数本　19.0019

one to one relationship　一对一联系　11.0027

one-way cipher　单向密码　19.0020

one-way communication　单向通信　14.0112

one-way function　单向函数　19.0044

one-way only operation　单向工作　14.0275

one-way propagation time　单向传播时间　14.0439

one-way stack automaton　单向栈自动机　02.0189

on-line　联机，＊在线　01.0274

on-line analysis process　联机分析过程　13.0649

on-line analytical mining　联机分析挖掘　21.0208

on-line analytical processing　联机分析处理
　11.0267

on-line command language　联机命令语言　10.0373

on-line debug　联机调试，＊联机排错　08.0237

on-line diagnostics　联机诊断　08.0239

on-line equipment　联机设备　08.0234

on-line fault detection　联机故障检测　08.0240

on-line job control　联机作业控制　10.0118

on-line memory　联机存储器　08.0235

on-line processing　联机处理　21.0001

on-line system　联机系统　08.0236

on-line task processing　联机任务处理　10.0632

on-line test　联机测试　08.0238

on-line test executive program　联机测试执行程序
　03.0239

on-line test routine　联机测试例程　08.0241

on-line transaction processing　联机事务处理
　11.0266

on-line unit　联机设备　08.0234

on-premise stand by equipment　应急备用设备
　08.0242

on-the-fly compression　即时压缩　18.0119

on-the-fly decompression　即时解压缩　18.0120

ontology　本体论　13.0429

OOA　面向对象分析，＊对象式分析　12.0092

OOD　面向对象设计，＊对象式设计　12.0093

OODBMS　面向对象数据库管理系统　11.0299

OOP　面向对象程序设计，＊对象式程序设计
　12.0094

OOPL　面向对象编程语言，＊对象式编程语言
　09.0080

opacity　不透明度　16.0411

open architecture framework　开放体系结构框架
　12.0184

open database connectivity　开放的数据库连接
　11.0207

opened file　已开文件　10.0251

open fault　开路故障　08.0026

open GL　开放式图形库　16.0301

open loop control　开环控制　17.0005

open security environment　开放安全环境　19.0204

open system　开放系统　01.0079

open system interconnection　开放系统互连

14.0031

operand 操作数 04.0557

operating command 操作命令 10.0151

operating system 操作系统 01.0027

operating system/2 OS/2 操作系统 10.0020

operating system component 操作系统构件
10.0480

operating system function 操作系统功能 10.0481

operating system monitor 操作系统监控程序
10.0482

operating system processor 操作系统处理器
10.0483

operating system supervisor 操作系统管理程序
10.0484

operating system virus 操作系统病毒 10.0485

operating temperature 工作温度 07.0375

operation 操作 01.0234，运算 01.0235

operational control 操作控制 21.0029

operational feasibility 运行可行性 21.0084

operational profile 运行剖面 03.0121

operational reliability 运行可靠性 12.0286

operational semantics 操作语义 09.0192

operational testing 操作测试，＊运行测试
03.0260

operation and maintenance phase 运行和维护阶段
12.0283

operation code 操作码 04.0556

operation control unit 运算控制器 04.0588

operation packet 操作包 04.0261

operation process 操作过程 12.0285

operations per second 运算每秒，＊操作每秒
23.0039

operation table 操作表 04.0558

operator command 操作员命令 10.0152

operator manual 操作员手册 12.0287

OPS 运算每秒，＊操作每秒 23.0039

OPS 5 OPS 5 语言 09.0081

optical character reader 光［学］字符阅读机
05.0389

optical computer 光计算机 01.0086

optical disc 光碟，＊光盘 05.0223

optical disc array 光碟阵列 05.0240

optical disc drive 光碟驱动器 05.0241

optical disc library 光碟库 05.0237

optical disc servo control system 光碟伺服控制系统
05.0246

optical disc tower 光碟塔 05.0239

optical fiber 光纤 14.0234

optical head 光［碟］头 05.0248

optical image 光学图像 22.0143

optical jukebox 自动换碟机 05.0238

optical mark reader 光［学］标记阅读机 05.0390

optical memory 光存储器 06.0019

optical mouse 光鼠标［器］ 05.0411

optical pickup 光碟［读］头 05.0247

optical recording 光记录 05.0242

optical recording media 光记录介质 05.0243

optical tape 光带 05.0236

optical track 光［碟］轨 05.0249

optical track pitch 光轨间距 05.0250

optic flow 光流 22.0141

optic flow field 光流场 22.0142

optimal circular arc interpolation 最优圆弧插值
16.0397

optimal control 最优控制 17.0043

optimal convex decomposition 最优凸分解 16.0246

optimal cover of set of dependencies 依赖集的最优覆
盖 11.0154

optimal estimation 最优估计 17.0092

optimality 最优性 02.0401

optimal merge tree 最优归并树 02.0340

optimal parallel algorithm 最优并行算法 02.0465

optimization 优化 09.0270

optimization operation 优化操作 17.0122

optimum coding 最优编码 15.0190

option 选件 01.0300，选项 01.0301

optional subscription-time selectable service 任选的
预约时可选业务 14.0296

optional user facility 任选用户设施 14.0294

opto-isolator 光隔离器 14.0235

optomechanical mouse 光机械鼠标［器］ 05.0407

oracle 谕示 02.0286

oracle machine 谕示机 02.0287

orange book 橘皮书 19.0096

ORB 对象请求代理 09.0245

orbit control 轨道控制 17.0040

order by merging 归并排序 21.0013

ordered search 有序搜索 13.0132

ordering 排序 21.0006

ordering strategy 排序策略 21.0019

organizational interface 组织界面 21.0061

organizational process 组织过程 12.0288

organization unique identifier 组织惟一标识符 14.0461

OR gate 或门 04.0469

orientation of polygon 多边形取向 16.0249

original disassembly 有理据拆分 15.0146

originator 始发者 14.0186

origin data authentication 源数据鉴别 19.0134

orphan message 孤儿消息 03.0137

orthogonal tree 正交树 02.0439

orthogonal wavelet transformation 正交小波变换 22.0039

orthographic projection 正投影 16.0368

OS 操作系统 01.0027

OS/2 OS/2 操作系统 10.0020

oscillating period 振荡周期 17.0069

oscilloscope 示波器 07.0305

osculating plane 密切平面 16.0135

OSI 开放系统互连 14.0031

OUI 组织惟一标识符 14.0461

outer join 外联结 11.0108

outgoing event 出事件 14.0052

outlined font 轮廓字型 15.0150

outline font 空心字 15.0152

outline recognition 轮廓识别 16.0389

out-of-order commit 乱序提交 04.0346

out-of-order execution 乱序执行 04.0347

out-of-sequence 失序 14.0178

out-point 出点 16.0460

output 输出 01.0402

output alphabet 输出字母表 02.0225

output assertion 输出断言 09.0359

output block feedback 输出分组反馈 19.0021

output characteristic 输出特性 07.0047

output commit 输出提交 03.0248

output degree ［输］出度 02.0711

output dependence 输出依赖 09.0302

output device 输出设备 05.0006

output equipment 输出设备 05.0006

output impedance 输出阻抗 07.0046

output priority 输出优先级 10.0569

output process 输出进程 10.0609

output pull down resistor 输出下拉电阻 07.0043

output pulse 输出脉冲 07.0076

output stream 输出流 08.0245

output tape 输出带 02.0226

output unit 输出设备 05.0006

outside threat 外部威胁 19.0479

overall model 总体模型 21.0155

overflow 溢出 08.0249

overflow area 溢出区 08.0250

overflow bucket 溢出桶 10.0090

overflow check 溢出检查 04.0604

overflow controller 溢出控制程序 10.0163

overhead 开销 10.0476

overlap 重叠 10.0473

overlapping register window 重叠寄存器窗口 04.0274

overlap processing 重叠处理 04.0442

overlay 覆盖 10.0474

overloading 重载 11.0293

override control 超驰控制 17.0034

overshoot 过冲 07.0086

overstrike 叠印 05.0323

overwrite 盖写 05.0058

owner 系主 11.0061

P

PABX 专用自动小交换机 14.0217

package 包 01.0367

package reliability 封装可靠性 07.0285

packaging 封装 01.0322

packaging density 组装密度 07.0242

packaging technique 组装技术 07.0001

packet 包 01.0367

packet assembler/disassembler 包装拆器，＊分组

装拆器　14.0220

packet encryption　包加密　19.0050

packet filtering　包过滤　19.0254

packet layer　分组层　14.0265

packet mode terminal　包式终端，＊分组式终端　14.0221

packet size　分组长度　14.0314

packet switched bus　包交换总线　04.0372

packet switched data network　包交换数据网，＊分组交换数据网　14.0243

packet switched public data network　包交换公用数据网，＊分组交换公用数据网　14.0244

packet switching　包交换，＊［报文］分组交换　14.0126

packet switching network　包交换网，＊分组交换网　14.0019

packet transfer mode　分组传送模式　14.0341

PAD　包装拆器，＊分组装拆器　14.0220

padlocking　加锁　19.0455

page　页［面］　10.0486

pageable dynamic area　可分页动态区　10.0101

pageable partition　可分页分区　10.0524

pageable region　可分页区域　10.0499

page access time　页面存取时间　10.0977

page address　页地址　10.0079

page assignment table　页分配表　10.0921

page control block　页控制块　10.0489

page description language　页面描述语言　09.0082

paged memory system　页式存储系统　04.0188

page fault　页［面］失效　04.0190，缺页　10.0490

page fault frequency　缺页频率　10.0491

page frame　页帧　10.0285

page frame table　页帧表　10.0922

page-in　页调入　10.0492

page map table　页映射表　10.0488

page mode　页模式　04.0232

page-out　页调出　10.0493

page pool　页池　10.0541

page printer　页式打印机　05.0286

pager　分页程序　10.0500

page reclamation　页回收　10.0494

page replacement　页［面］替换　06.0123

page replacement strategy　页面替换策略　10.0548

page table　页表　04.0189

page table entry　页表项　10.0495

page table lookat　页表查看　10.0497

page wait　页等待　10.0498

paging　分页　10.0512

painter's algorithm　画家算法　16.0436

pair generator　对偶产生器　02.0136

PAL　可编程阵列逻辑［电路］　04.0489

palette　调色板　16.0343

palmtop computer　掌上计算机　01.0072

panic button　应急按钮　07.0426

panic dump　应急转储　08.0251

panning　移动镜头　16.0377

paper jam　卡纸　05.0320

paperless office　无纸办公室　18.0190

paper throw　跑纸　05.0321

paper transport　输纸器　05.0315

parallel adder　并行加法器　04.0518

parallel algorithm　并行算法　02.0437

parallel computation thesis　并行计算论题　02.0296

parallel computer　并行计算机　04.0003

parallel computing　并行计算　01.0145

parallel database　并行数据库　11.0248

parallel external sorting　并行外排序　02.0456

parallel graph algorithm　并行图论算法　02.0467

parallel graphic algorithm　并行图形算法　16.0265

parallel infection　并行感染　19.0289

parallel inference machine　并行推理机　04.0049

parallel instruction queue　并行指令队列　04.0104

parallelism　并行性　04.0096

parallelization　并行化　04.0100

parallelizing compiler　并行［化］编译程序　09.0260

parallel join　并行联结，＊并行连接　11.0249

parallel match　并联匹配　07.0170

parallel memory　并行存储器　04.0172

parallel modeling　并行建模　16.0094

parallel multiway join　并行多元联结，＊并行多元连接　11.0251

parallel operation　并行操作　04.0514

parallel operation environment　并行操作环境　04.0093

parallel port　并行端口　04.0446

parallel processing　并行处理　04.0441

parallel processor operating system　并行处理机操作系统　10.0021

parallel programming　并行程序设计　09.0094

parallel programming language　并行编程语言　09.0084

parallel projection　平行投影　16.0367

parallel real-time processing　并行实时处理　10.0633

parallel search　并行搜索　13.0133

parallel search memory　并行查找存储器　04.0173

parallel selection algorithm　并行选择算法　02.0455

parallel simulation　并行模拟，*并行仿真　03.0082

parallel sorting algorithm　并行排序算法　02.0454

parallel task　并行任务　10.0957

parallel task spawning　并行任务派生　04.0103

parallel terminated line　并联端接［传输］线　07.0178

parallel transmission　并行传输　14.0077

parallel two-way join　并行二元联结，*并行二元连接　11.0250

parallel virtual machine　并行虚拟机　04.0094

parameter estimation　参数估计　17.0091

parameter fault　参数故障　03.0134

parameter passing　参数传递　09.0269

parameter testing　参数测试　08.0254

parametric curve　参数［化］曲线　16.0129

parametric design　参数化设计　16.0082

parametric geometry　参数几何　16.0126

parametric space　参数空间　16.0228

parametric surface　参数［化］曲面　16.0128

parametric surface fitting　参数曲面拟合　16.0127

parasitic capacitance　寄生电容　07.0091

parasitic oscillation　寄生振荡　07.0090

parity　奇偶［性］　01.0315

parity bit　奇偶检验位　08.0160

parity checking　奇偶检验　01.0316

parser　语法分析程序　09.0188

parsing　语法分析　20.0066

part drawing　零件图　16.0055

partial correctness　部分正确性　12.0393

partial functional dependence　部分函数依赖　11.0129

partial immersive VR　部分沉浸式虚拟现实　18.0036

partial power on　部分加电　08.0259

participant　参与者　11.0224

particle system　粒子系统　16.0286

partition　分区　05.0101

partition access method　分区存取法　10.0520

partition-exchange sort　划分－交换排序　02.0402

partitioning　划分　16.0027

partitioning algorithm　划分算法　02.0463

partition table　分区表　10.0923

part of speech　词性　20.0012

part-of-speech tagging　词性标注　15.0263

parts of speech　词类　20.0011

Pascal　Pascal 语言　09.0083

pass　遍，*趟　09.0345

passive backplane　无源底板　08.0386

passive backplane bus　无源底板总线　08.0387

passive query　被动查询　11.0339

passive station　被动站　14.0208

passive threat　被动威胁　19.0396

passive wiretapping　窃取信道信息，*搭线窃听　19.0322

passphrases　口令句　19.0137

password　口令［字］　19.0136

password attack　口令攻击　19.0279

PAT　页分配表　10.0921

patch　修补　01.0382，曲［面］片　16.0157

patch cord　转接线　07.0146

patch panel　转接板　07.0145

patch plug　转插［头］　07.0144

path　路径　02.0403，通路　14.0097

path analysis　路径分析　08.0375

path command　路径命令　10.0153

path condition　路径条件　12.0289

path doubling technique　路径折叠技术　02.0473

path expression　路径表达式　12.0290

path name　路径名　10.0460

path search　路径搜索　13.0135

path sensitization　通路敏化，*路径敏化　08.0258

pattern　模式　01.0375

pattern analysis　模式分析　13.0599

pattern classification　模式分类　13.0600

pattern curve　形状曲线　16.0136

pattern description　模式描述　13.0601

pattern matching　模式匹配　13.0602

pattern primitive　模式基元　13.0603

pattern recognition　模式识别　01.0031

pattern search　模式搜索　13.0604

pattern sensitive fault　模式敏感故障　03.0251

pattern sensitivity　模式敏感性　03.0250

pause　暂停　07.0415

payload　净荷　14.0360

pay TV　付费电视　18.0124

Pb　千万亿位，＊拍［它］位　23.0015

PB　千万亿字节，＊拍［它］字节　23.0016

PC　个人计算机　01.0057，优先级控制　14.0401

PCA　物理配置审计　12.0291

PCB　印制电路板，＊印制板　07.0129，页控制块
　　10.0489

PCB layout　印制板布局　07.0233

PCB routing　印制板布线　07.0234

PCB testing　印制板测试　07.0300

PCM　脉码调制　14.0202

PCMCIA　个人计算机存储卡国际协会　04.0444

PCMCIA card　PCMCIA 卡　04.0445

P-complete problem　P 完全问题　02.0288

PCS　个人通信系统　14.0716

PDA　个人数字助理　01.0075，下推自动机
　　02.0113

PDL　程序设计语言　09.0002

PDM　产品数据管理　21.0182

PDU　协议数据单元　14.0050

PE　相位编码　05.0044

peak detection　峰值检测　05.0062

peak shift　峰位漂移　05.0060

PECL　正电压射极耦合逻辑　07.0018

peephole optimization　窥孔优化　09.0318

peer entities　对等［层］实体　14.0042

PEM　处理单元存储器　04.0162

pen computer　笔输入计算机　01.0074

penetration test　渗入测试　19.0337

penumbra　半影　16.0311

perambulation　巡游　18.0045

perception　感知　13.0015

perceptron　感知机　13.0556

perfective maintenance　改善性维护　12.0284

perfect secrecy　完全保密　19.0114

perfect shuffle　全混洗　04.0108

perfect zero-knowledge　完美零知识　02.0502

perfect zero-knowledge proof　完美零知识证明
　　02.0478

performance　性能　01.0358

performance evaluation　性能评价　04.0245

performance guarantee　性能保证　02.0304

performance management　性能管理　14.0399

performance monitoring　性能监视　14.0400

performance ratio　性能比　02.0305

performance requirements　性能需求　12.0028

performance specification　性能规约　12.0029

period definition　周期性定义　10.0281

periodic frame　周期帧　14.0356

peripheral component interconnection local bus　PCI
　　局部总线　04.0434

peripheral computer　外围计算机　04.0033

peripheral device　外围设备，＊外部设备，＊外设
　　01.0021

peripheral equipment　外围设备，＊外部设备，＊外
　　设　01.0021

peripheral processor　外围处理机　04.0367

peripherals　外围设备，＊外部设备，＊外设
　　01.0021

permanent fault　永久故障，＊固定故障　03.0055

permanent memory　固定存储器　06.0030

permanent swap file　永久对换文件　10.0264

permanent virtual circuit　永久虚电路　14.0277

permission　许可　19.0110

permission log　许可权清单　11.0177

permutation　排列　02.0404

permutation cipher　置换密码　19.0023

perpendicular magnetic recording　垂直磁记录
　　05.0029

persistence　持久性　11.0297

personal communication system　个人通信系统
　　14.0716

personal computer　个人计算机　01.0057

Personal Computer Memory Card International Associa-
　　tion　个人计算机存储卡国际协会　04.0444

personal digital assistant　个人数字助理　01.0075

personal identification number 个人标识号 19.0159

personal word and phrase database 个人词语［数据］库 15.0238

perspective projection 透视投影 16.0370

perspective transformation 透视变换 16.0428

PES 位置偏差信号 05.0129

petabit 千万亿位，＊拍［它］位 23.0015

petabyte 千万亿字节，＊拍［它］字节 23.0016

peta floating-point operations per second 千万亿次浮点运算每秒 23.0048

petaflops 千万亿次浮点运算每秒 23.0048

peta instructions per second 千万亿条指令每秒 23.0053

peta operations per second 千万亿次运算每秒 23.0043

Petri net 佩特里网 02.0521

PFLOPS 千万亿次浮点运算每秒 23.0048

PFT 页帧表 10.0922

PGA 引脚阵列封装 07.0283

phantom 幻影 11.0169

phase change disc 相变碟 05.0235

phase encoding 相位编码 05.0044

phase margin 相位裕度 17.0073

phase modulation 调相［制］ 05.0038

Phong method 冯方法 16.0285

Phong model 冯模型 16.0284

phonological and calligraphical synthesize coding 音形结合编码 15.0189

phonological coding 拼音编码 15.0188

photo-coupler 光［电］耦合器 14.0233

photometry 光度学 22.0180

photo-realism graphic 真实感图形 16.0258

phrase 短语 15.0085

phrase structure grammar 短语结构语法 20.0048

phrase structure rule 短语结构规则 20.0046

phrase structure tree 短语结构树 20.0047

physical access control 物理访问控制 19.0390

physical address 实地址，＊物理地址 06.0061

physical configuration audit 物理配置审计 12.0291

physical data independence 物理数据独立性 11.0037

physical device 物理设备 10.0181

physical device table 物理设备表 10.0924

physical fault 物理故障 03.0143

physical layer 物理层 14.0041

physically addressing cache 实寻址高速缓存 04.0167

physically-based modeling 基于物理的造型 16.0290

physically isolated network 物理隔绝网络 19.0256

physical medium attachment 物理媒体连接 14.0475

physical paging 物理分页 10.0513

physical placement 物理布局 16.0036

physical requirements 物理需求 12.0030

physical routing 物理布线 16.0037

physical schema 物理模式 11.0034

physical security 物理安全 19.0184

physical signaling channel 物理信令信道 14.0381

physical signaling sublayer 物理信号［收发］子层，＊PLS 子层 14.0474

physical simulation 物理模拟 08.0084

physical symbol system 物理符号系统 13.0034

pick device 拣取设备，＊拾取设备 16.0335

pickup tube 摄像管 05.0426

picture 照片 22.0005

picture in picture 画中画 18.0131

PID control 比例积分微分控制，＊PID 控制 17.0021

piece-wise deterministic 分段确定性的 03.0016

pie chart 饼形图 16.0090

piezoelectric force transducer 压电式力传感器 17.0228

piezoelectric print head 压电式打印头 05.0293

piggyback entry 借线进入 19.0402

pin 插针 07.0136，引脚 07.0137

PIN 个人标识号 19.0159

pin assignment 引脚分配 16.0033

pin feed 针式输纸 05.0317

pin force 插针压力 07.0138

ping 查验 14.0615

ping-pong procedure 乒乓过程 03.0064

ping pong scheme 乒乓模式 04.0388

pin grid array 引脚阵列封装 07.0283

pin-through-hole 通孔 07.0133

Pinyin 汉语拼音[方案] 15.0030

Pinyin coding 拼音编码 15.0188

PIP 画中画 18.0131

pipe 管道 10.0528

pipe communication mechanism 管道通信机制
10.0438

pipe file 管道文件 10.0265

pipeline 流水线 04.0116

pipeline computer 流水线计算机 04.0018

pipeline control 流水线控制 10.0530

pipeline data hazard 流水线数据冲突 04.0342

pipeline efficiency 流水线效率 04.0124

pipeline interlock control 流水线互锁控制
04.0340

pipeline processing 流水线处理 10.0531

pipeline stall 流水线停顿 04.0343

pipelining algorithm 流水线算法 02.0462

pipe synchronization 管道同步 10.0529

PIPS 千万亿条指令每秒 23.0053

pixel 像素 18.0067

PKI 公钥构架 19.0090

PKIX X.509 公钥构架 19.0454

PL/1 PL/1 语言 09.0096

PLA 可编程逻辑阵列 04.0492

place 位置 02.0544

placement 布局 07.0232

placement strategy 布局策略 10.0549

place/transition system 位置－变迁系统 02.0621

plaintext 明文 19.0107

planarity 平面性 02.0405

planar point set 平面点集 16.0222

plan-based negotiation 基于规划的协商 13.0482

plane 平面 15.0108

plane-octet 平面八位 15.0126

plane vector field 平面向量场 16.0395

planning 规划 13.0089

planning failure 规划失败 13.0483

planning generation 规划生成 13.0484

planning library 规划库 13.0485

planning system 规划系统 13.0486

plasma display 等离子[体]显示 05.0333

plated through hole 金属化孔 07.0132

platform 平台 01.0109

plating film disk 电镀膜盘，* 电镀薄膜磁盘
05.0075

plausibility ordering 似真性排序 13.0290

plausible reasoning 似真推理 13.0291

playback robot 重现机器人 17.0166

PLC 可编程逻辑控制器 17.0192

PLD 可编程逻辑器件 04.0491

plot 绘图 16.0093

plotter 绘图机 05.0255

plotting tablet 图形输入板 05.0395

PLS sublayer 物理信号[收发]子层，* PLS 子层
14.0474

plug and play 即插即用 05.0103

plug and play operating system 即插即用操作系统
10.0022

plug and play programming 即插即用程序设计
21.0062

plug-compatible computer 插接兼容计算机
04.0013

plug-in 插入 07.0253

PM 调相[制] 05.0038

PMA 物理媒体连接 14.0475，策略管理机构
19.0488

PMC model PMC 诊断模型 03.0003

PMS representation 进程存储器开关表示，* PMS
表示 04.0262

PMT 页映射表 10.0488

POE 并行操作环境 04.0093

pointer 指针，* 指引元 01.0307

pointing device 点击设备 05.0396

point of sales 销售点 21.0164

point operation 点运算 22.0049

point retrieval 点检索 11.0262

point set 点集 16.0221

point-to-multipoint delivery 点对多点通信 18.0182

point-to-point connection 点对点连接 14.0093

point-to-point delivery 点对点通信 18.0181

point-to-point protocol 点对点协议 14.0587

pole 极点 17.0068

policy management authority 策略管理机构
19.0488

polishing 抛光 16.0178

polling 探询 14.0154

polygonal decomposition 多边形分解 16.0250

polygonal patch 多边形面片 16.0130

polygon clipping 多边形裁剪 16.0440

polygon convex decomposition 多边形凸分解 16.0251

polygon window 多边形窗口 16.0458

polyhedral model 多面体模型 16.0100

polyhedron clipping 多面体裁剪 16.0441

polyhedron simplification 多面体简化 16.0101

polyline 折线 16.0329

polylog depth 多项式对数深度 02.0302

polylog time 多项式对数时间 02.0301

polymarker 多点标记，*多点记号 16.0330

polymorphic programming language 多态编程语言 09.0098

polymorphism 多态性 11.0296

polynomial-bounded 多项式有界[的] 02.0299

polynomial hierarchy 多项式谱系 02.0303

polynomial reducible 多项式可归约[的] 02.0297

polynomial space 多项式空间 02.0263

polynomial time 多项式时间 02.0264

polynomial time reduction 多项式时间归约 02.0300

polynomial transformable 多项式可转换[的] 02.0298

polysemy 多义 15.0095

pool 池 10.0537

pop 退栈 09.0272

POP 邮局协议 14.0636

POPS 千万亿次运算每秒 23.0043

population 种群 13.0568

pop-up menu 弹出式选单 16.0382

portability 可移植性，*易移植性 01.0282

portable computer 便携式计算机 01.0066

portable operating system 可移植的操作系统 10.0023

portrait 竖向 18.0014

POS 销售点 21.0164

pose determination 位姿定位 22.0144

position coder 位置编码器 17.0246

position control system 位置控制系统 17.0185

position detector 位置检测器 17.0245

positioned channel 定位信道 14.0373

position error signal 位置偏差信号 05.0129

positioning 定位 05.0125

positioning time 定位时间 05.0017

position repetitive error 定位重复误差 05.0143

position transducer 位置传感器 17.0232

positive closure 正闭包 02.0130

positive edge 正沿 07.0061

positive example 正例 13.0373

positive logic-transition 正逻辑转换 07.0068

positive voltage ECL 正电压射极耦合逻辑 07.0018

possibility theory 可能性理论 13.0240

postamble 后同步码 05.0191

postcondition 后[置]条件 02.0553

posted memory write 存储器滞后写入 06.0122

postfix 后缀 09.0294

postmaster 邮件管理员，*邮政局长 14.0635

post office protocol 邮局协议 14.0636

postponed-jump technique 推迟转移技术 04.0273

post processing 后处理 07.0236

post-RISC 后精简指令集计算机 04.0060

post-set 后集 02.0551

Post system 波斯特系统 02.0010

posture recognition 姿态识别 18.0059

power bus 电源总线 07.0336

power conditioner 净化电源 07.0321

power consumption 功耗 07.0358

power control microcode 电源控制微码 07.0331

power density 功率密度 07.0359

power dissipation 功耗 07.0358

power distribution system 电源分配系统 07.0334

power supply 电源 07.0318

power supply screen 电源屏幕 07.0329

power supply trace 电源跟踪 07.0328

PPL 多态编程语言 09.0098

PPP 点对点协议 14.0587

P-preserve mapping 保 *P* 映射 02.0639

pragmatic analysis 语用分析 15.0258

pragmatics 语用 09.0196，语用学 20.0003

preallocation 预分配 10.0063

preamble 前同步码 05.0190

precedence constraint 优先约束 10.0164

precharge 预充电 06.0101

precision 精度 12.0031

precoding 预编码 18.0112

precompiler 预编译程序 09.0261

precondition 前[置]条件 02.0552

predecessor 前驱站 14.0447

predicate 谓词 02.0104

predicate calculus 谓词演算 02.0105

predicate converter 谓词转换器 09.0101

predicate logic 谓词逻辑 02.0106

predicate symbol 谓词符号 02.0108

predicate/transition system 谓词-变迁系统 02.0622

predicate use 判定使用 03.0102

predicate variable 谓词变量 02.0107

predicted control 预测控制 17.0030

predictive coding 预测编码 22.0195

preemption 抢先 10.0968

preemptive multitasking 抢先多任务处理 10.0970

preemptive schedule 抢先调度 04.0249

prefetch 预取 06.0060

prefetching technique 预取技术 04.0272

prefix 前缀 02.0201

prefix property 前缀性质 02.0202

pregenerated operating system 预生成操作系统 10.0024

preliminary design 概要设计 12.0051

premise 前提 13.0069

prenex normal form 前束范式 02.0034

preorder 前序 02.0406

preplanned allocation 预先计划分配 10.0064

preprocessor 预处理程序 10.0358

prescheduled algorithm 预调度算法 02.0471

presentation direction 书写方向 15.0130

presentation layer 表示层 14.0036

pre-set 前集 02.0550

pressure transmitter 压力变送器 17.0227

preventive maintenance 预防性维护 08.0221

prewrite compensation 写前补偿 05.0057

primary color 原色 16.0385

primary console 主控台 07.0408

primary copy 主副本 11.0243

primary input 初级输入 03.0100

primary key 主[键]码 11.0078

primary output 初级输出 03.0101

primary paging device 主分页设备 10.0182

primary segment 主段 10.0765

primary set 基本集 15.0016

primary station 主站 14.0209

primary vision 初级视觉 22.0152

primary word 基本词 15.0079

prime attribute 主属性 11.0074

primitive 原语 10.0581, 图元 16.0327

primitive attribute 图元属性 16.0328

primitive deduction 本原演绎 02.0097

primitive recursive function 原始递归函数 02.0006

principle of least privilege 最小特权原则 19.0180

printed-circuit board 印制电路板，＊印制板 07.0129

printed Hanzi recognition 印刷体汉字识别 15.0254

printer 打印机 05.0261，印刷机 05.0262

printer engine 打印机机芯 05.0287

print form 印刷体 15.0053

print head 打印头 05.0290

print quality 打印质量 05.0300

print server 打印服务器 14.0483

print-through 透录 05.0201

priority 优先级 01.0308

priority adjustment 优先级调整 10.0562

priority control 优先级控制 14.0401

priority interrupt 优先级中断 10.0311

priority job 优先级作业 10.0331

priority list 优先级表 10.0384

priority number 优先数 10.0577

priority of high frequency [words] 高频[字词]先见 15.0193

priority of the latest used words 最近使用字词先见 15.0234

priority queue 优先队列 02.0407

priority scheduling 优先级调度 10.0745

priority selection 优先级选择 10.0579

privacy of user's identity 用户标识专用 19.0247

privacy protection 专用保护 19.0422

private 私用，＊专用 19.0482

private automatic branch exchange 专用自动小交换机 14.0217

private cache 私有高速缓存 06.0106

private data network 专用数据网 14.0016

private key 私钥 19.0073

private use plane 专用平面 15.0111

privilege 特权 11.0176

privileged command 特权命令 10.0145

privileged instruction 特权指令 10.0159

privileged mode 特权方式 19.0163

probabilistic algorithm 概率算法 02.0346

probabilistic arc 概率弧 02.0676

probabilistic error estimation 概率误差估计
　　13.0515

probabilistic logic 概率逻辑 02.0087

probabilistic parallel algorithm 概率并行算法
　　02.0453

probabilistic reasoning 概率推理 13.0242

probabilistic relaxation 概率松弛法 22.0123

probabilistic system 概率系统 21.0109

probabilistic testing 概率测试 03.0244

probability 概率 13.0514

probability analysis 概率分析 13.0516

probability correlation 概率校正 13.0517

probability density 概率密度 13.0518

probability density function 概率密度函数 13.0519

probability distribution 概率分布 13.0520

probability encryption 概率加密 19.0051

probability function 概率函数 13.0521

probability model 概率模型 13.0522

probability propagation 概率传播 13.0523

probe 探头 07.0312，探查 14.0061

problem 问题 13.0059

problem diagnosis 问题诊断 13.0060

problem-oriented language 面向问题语言 09.0013

problem reduction 问题归约 13.0109

problem reformulation 问题重构 13.0061

problem report 问题报告 12.0032

problem solving 问题求解 13.0108

problem solving system 问题求解系统 21.0106

problem space 问题空间 13.0062

problem state 问题状态 13.0063

problem statement analyzer 问题陈述分析程序
　　12.0037

problem statement language 问题陈述语言
　　12.0036

procedural implementation method 过程实现方法
　　12.0081

procedural knowledge 过程性知识 13.0044

procedural language 过程语言 09.0099

procedural model 流程模型 21.0146

procedural programming 过程程序设计 12.0193

procedural semantics 过程语义 09.0194

procedure 过程 12.0292

procedure analysis 过程分析 13.0064

procedure data 过程数据 11.0301

procedure-oriented language 面向过程语言
　　09.0014

procedures 规程 14.0148

procedure synchronization 过程同步 10.0859

process 进程 10.0592

process control 过程控制 17.0017

process control software 过程控制软件 17.0256

processing element memory 处理单元存储器
　　04.0162

processing unit 处理器，＊处理机，＊处理单元
　　01.0116

process logic 过程逻辑 02.0060

process-memory-switch representation 进程存储器开
　　关表示，＊PMS 表示 04.0262

process migration 进程迁移 10.0220

process model 过程模型 21.0158

processor 处理器，＊处理机，＊处理单元
　　01.0116

processor allocation 处理器分配 10.0053

processor consistency model 处理器一致性模型
　　04.0296

process-oriented model 面向过程模型 21.0157

processor management 处理器管理 10.0400

processor pair 处理机对 04.0406

processor scheduling 处理器调度 10.0746

processor status word 处理机状态字 04.0076

processor utilization 处理机利用[率] 04.0075

process priority 进程优先级 10.0570

process qualitative reasoning 进程定性推理
　　13.0065

process reengineering 过程重构 17.0057

process scheduling 进程调度 10.0596

process state　进程状态　10.0594

process synchronization　进程同步　10.0595

process transition　进程变迁　02.0659

product certification　产品认证　12.0293

product cipher　乘积密码　19.0030

product data management　产品数据管理　21.0182

production　生成式　02.0139

production language knowledge　产生式语言知识　20.0182

production rule　产生式规则　13.0071

production system　产生式系统　13.0072

productive morphology　构词法　20.0015

product library　产品库　12.0294

product line method　生产线方法　09.0203

product security　产品安全　19.0210

product specification　产品规格说明，＊产品规约　12.0295

product surface　乘积曲面　16.0143

product test　产品测试　03.0067

professional operator　专职操作员　15.0222

profile　轮廓　16.0194

profile curve　轮廓线　16.0195

program　程序　01.0152

program algebra　程序代数　09.0011

program architecture　程序体系结构　12.0163

program block　程序块　09.0088

program conversion　程序转换　09.0276

program correctness　程序正确性　12.0164

program counter　程序计数器　04.0553

program design　程序设计　01.0150

program design language　程序设计语言　09.0002

program extension　程序扩展　12.0165

program format　程序格式　09.0121

program generation　程序生成　09.0288

program generator　程序生成器，＊程序生成程序　12.0118

program halt　程序暂停　08.0336

program instrumentation　程序探测　12.0168

program isolation　程序隔离　10.0656

program library　程序库　09.0087

program limit monitoring　程序界限监控　10.0657

program loader　程序装入程序　10.0365

program loading operation　程序装入操作　10.0468

program locality　程序局部性　04.0152

program logical unit　程序逻辑单元　10.0659

programmable array logic　可编程阵列逻辑［电路］　04.0489

programmable communication interface　可编程通信接口　04.0381

programmable control computer　可编程控制计算机　17.0193

programmable logic array　可编程逻辑阵列　04.0492

programmable logic controller　可编程逻辑控制器　17.0192

programmable logic device　可编程逻辑器件　04.0491

programmable ROM　可编程只读存储器　06.0039

programmed control　程序控制　17.0037

programmer job　程序员作业　10.0332

programming　编程，＊程序设计　01.0151

programming environment　程序设计环境　09.0091

PROgramming in LOGic　Prolog 语言　09.0100

Programming Language/1　PL/1 语言　09.0096

programming language　编程语言，＊程序设计语言　09.0097

programming language　程序设计语言　09.0002

programming logic　程序设计逻辑　02.0061

programming methodology　程序设计方法学　09.0090

programming support environment　程序设计支持环境　12.0175

programming techniques　程序设计技术　09.0092

program modification　程序修改　08.0335

program mutation　程序变异　12.0169

program paging function　程序分页功能　10.0658

program partitioning　程序划分　09.0335

program priority　程序优先级　10.0571

program protection　程序保护　12.0170

program quality　程序质量　09.0278

program register　程序寄存器　04.0549

program relocation　程序重定位　04.0255

program retry　程序重试　08.0177

program scheduler　程序调度程序　10.0759

program segment　程序段　10.0767

program segment table 程序段表 10.0925

program-sensitive fault 程序敏感故障 08.0022

program specification 程序规约 12.0171

program state 程序状态 09.0349

program support library 程序支持库 12.0172

program swapping 程序对换 10.0866

program synthesis 程序综合 12.0173

program transformation method 程序转换方法
　　12.0078

program understanding 程序理解 09.0089

program validation 程序确认 12.0174

program verification 程序验证 02.0065

program verifier 程序验证器 02.0064

project 投影 11.0103

project file 项目文件 12.0296

projecting 投影 11.0103

projection plane 投影平面 16.0366

projective transformation 投影变换 16.0427

project management 项目管理 12.0297

project notebook 项目簿 12.0298

project plan 项目计划 12.0299

project schedule 项目进度[表] 12.0300

PROLOG Prolog 语言 09.0100

Prolog Prolog 语言 09.0100

PROM 可编程只读存储器 06.0039

prompt 提示 16.0349

proof 证明 02.0511

proof of forgery algorithm 伪造算法证明 02.0512

proof of identity 标识证明 19.0119

proof of program correctness 程序正确性证明
　　03.0238

proof strategy 证明策略 02.0075

proof tree 证明树 13.0292

propagated error 传播误差 13.0524

propagation 传播 13.0504

propagation delay 传输延迟 07.0098

propagation error 传播差错 08.0261

*-property 星特性 19.0166

proportional band 比例带 17.0269

proportional control 比例控制 17.0018

proportional plus integral plus derivative control 比例
　　积分微分控制, *PID 控制 17.0021

propositional calculus 命题演算 02.0014

propositional logic 命题逻辑 02.0013

protected ground 保护地 07.0353

protected mode 保护方式 10.0421

protected queue area 保护队列区 10.0103

protected resource 受保护资源 10.0709

protection 保护 01.0320

protocol 协议 14.0143

protocol conversion 协议转换 14.0260

protocol data unit 协议数据单元 14.0050

protocol discriminator 协议鉴别符 14.0303

protocol entity 协议实体 14.0262

protocol failure 协议失败 02.0514

protocol mapping 协议映射 14.0261

protocol specifications 协议规范 14.0146

protocol stack 协议栈 14.0263

protocol suite 协议套 14.0264

proton tomography 质子层析成像 22.0239

prototype 原型 12.0402

prototype construction 原型结构 07.0258

prototyping 原型制作 12.0403

prover 证明者 02.0485

proway protocol 过程数据高速公路协议 17.0262

proxy 代理 14.0554

proxy server 代理服务器 14.0555

proxy service 代理服务 19.0253

prune 修剪 10.0613

α-β pruning α-β 剪枝 13.0122

PSA 问题陈述分析程序 12.0037

PSDN 包交换数据网, *分组交换数据网
　　14.0243

pseudocode 伪[代]码 09.0102

pseudocolor 假色 22.0191

pseudodifferential operator 伪微分算子 22.0240

pseudo-instruction 伪指令 04.0613

pseudopolychromatic ray sum 伪多色射线和
　　22.0241

pseudo polynomial transformation 伪多项式变换
　　02.0306

pseudo semantic tree 伪语义树 09.0331

pseudotransitive rule of functional dependencies 函数
　　依赖伪传递律 11.0150

PSL 问题陈述语言 12.0036

PSPDN 包交换公用数据网, *分组交换公用数据

网 14.0244

PSW 处理机状态字 04.0076

psychological agent 心理主体 13.0427

PTE 页表项 10.0495

P/T system 位置-变迁系统 02.0621

public data network 公用数据网 14.0017

public key 公钥 19.0072

public key cryptography 公钥密码 19.0005

public key encryption 公钥加密 19.0048

public key infrastructure 公钥构架 19.0090

public key infrastructure x.509 X.509公钥构架
19.0454

puck 手持游标器 05.0418

pull-down menu 下拉式选单 16.0383

pulse 脉冲 07.0073

pulse amplitude 脉冲幅度 07.0077

pulse code modulation 脉码调制 14.0202

pulse control technique 脉冲控制技术 17.0025

pulse effect 脉冲效应 22.0183

pulse frequency 脉冲频率 07.0078

pulse noise 脉冲噪声 07.0201

pulse step 脉冲步进 07.0411

pulse width 脉冲宽度 07.0074

pumping lemma 泵作用引理 02.0203

pure net 纯网 02.0526

p-use 判定使用 03.0102

push 进栈 09.0271

push-down 下推 10.0614

push-down automaton 下推自动机 02.0113

push-down list 下推表 10.0385

push-down queue 下推队列 10.0675

push-down storage 下推式存储器 12.0301

push-up 上推 12.0302

push-up queue 上推队列 10.0676

Putonghua 普通话 15.0029

PVC 永久虚电路 14.0277

PWD 分段确定性的 03.0016

pyramid structure 金字塔结构 02.0441

Q

QCB 队列控制块 10.0664

q-dimensional lattice q维网格 02.0444

QFP 四面扁平封装 07.0282

QIC 1/4英寸盒式磁带 05.0172

QL 查询语言 11.0041

QoS 服务质量 14.0308

quad flat package 四面扁平封装 07.0282

quadratic non-residue 平方非剩余 02.0515

quadratic performance index 二次型性能指标
17.0075

quadratic residue 平方剩余 02.0496

quadratic residues interactive proof system 平方剩余
交互式证明系统 02.0516

quadruple 四元组 09.0291

quadtree 四叉树 16.0209

qualification 鉴定 12.0303

qualification requirements 鉴定需求 12.0304

qualification testing 合格性测试 08.0118

qualitative description 定性描述 13.0294

qualitative physics 定性物理 13.0293

qualitative reasoning 定性推理 13.0253

quality and performance test 质量和性能测试
03.0148

quality assurance 质量保证 12.0347

quality engineering 质量工程 12.0305

quality metrics 质量度量学 12.0348

quality of service 服务质量 14.0308

quantifier 量词 11.0113

quantify knowledge complexity 量化知识复杂度
02.0506

quantitative image analysis 定量图像分析 22.0170

quantitative linguistics 计量语言学 20.0002

quantization 量化 18.0022

quantum computer 量子计算机 01.0088

quantum cryptography 量子密码 19.0031

quarter inch cartridge tape 1/4英寸盒式磁带
05.0172

query by pictorial example 图例查询 11.0308

query language 查询语言 11.0041

query optimization 查询优化 11.0120

question answering system 问题回答系统 13.0295

queue 队列 01.0244

queue control block 队列控制块 10.0664

queued logon request 排队注册请求 10.0691

queue list 队列表 10.0663

queuing 排队 01.0245

queuing discipline 排队规则 10.0552

queuing list 排队表 10.0386

queuing model 排队模型 04.0268

queuing process 排队进程 10.0603

quicksort 快速排序 02.0408

R

RA 注册机构 19.0484

rack construction 架装结构 08.0376

rackmount 架装安装 08.0377

radial servo 径向伺服 05.0244

radiation 辐射 19.0349

radical 偏旁 15.0073

radio button 单选按钮 18.0016

radionuclide 放射性核素 22.0242

radiosity method 辐射度方法 16.0266

radix-minus-one complement 反码 01.0228

radix sorting 基数排序 02.0409

Radon transform 拉东变换 22.0243

RAID 磁盘冗余阵列 05.0148

raised floor 活动地板 07.0429

RAM 随机存储器 06.0031

rambus 存储器总线 06.0135

ramp function 斜坡函数 07.0058

random access 随机存取 05.0010

random access machine 随机存取机器 02.0339

random access memory 随机存储器 06.0031

random error 随机差错 08.0015

random failure 随机失效 08.0031

random fault 随机故障 08.0014

random file 随机文件 10.0253

random multiple access 随机多路访问 10.0044

random noise 随机噪声 08.0016

random number 随机数 08.0035

random number generator 随机数生成程序 08.0033, 随机数生成器 19.0040

random number sequence 随机数序列 08.0036

random page replacement 随机页替换 10.0517

random processing 随机处理 08.0034

random reducibility 随机归约[性] 02.0480

random scan 随机扫描 08.0037

random schedule 随机调度 04.0248

random searching 随机查找 08.0038

random self-reducibility 随机自归约[性] 02.0482

random switching 随机开关 02.0669

random test generation 随机测试产生[法] 08.0032

random testing 随机测试 03.0236

random variation 随机变化 08.0030

range limit 范围界限 10.0695

range of defocusing 散焦测距 22.0145

range of triangle 三角测距 22.0146

rapid prototyping 原型速成 12.0404

RARP 逆地址解析协议 14.0605

raster data structure 栅格数据结构 11.0257

raster display 光栅显示 16.0338

raster scan 光栅扫描 16.0313

rate control 速率控制 18.0081

rated load 额定负载 07.0343

rated voltage 额定电压 07.0342

rate of dynamic coincident code 动态重码率 15.0230

ratio control 比值控制 17.0033

rational agent 理性主体 13.0487

rational Bezier curve 有理贝济埃曲线 16.0132

rational geometric design 有理几何设计 16.0133

rationality 理性 13.0488

RAW 写后读 05.0193

raw data 原始数据 09.0273

ray cast 光线投射 16.0469

ray tracing 光线跟踪，＊光线追踪 16.0282

RDA 远程数据库访问 11.0203

RDI 远端缺陷指示 14.0397

reachability 可达性 02.0410

reachability by step 步可达性 02.0616

reachability graph 可达图 02.0582

reachability relation 可达性关系 02.0411

reachability tree　可达树　02.0581

reachable forest　可达森林　02.0704

reachable marking　可达标识　02.0579

reachable marking graph　可达标识图　02.0702

reactive agent　反应主体　13.0489

read　读　01.0273

read access　读访问　19.0392

read after write　写后读　05.0193

read data line　读数据线　06.0071

read equalization　读均衡　05.0061

reading task　［阅］读任务　10.0950

read lock　读锁　11.0162

read noise　读噪声　06.0070

read-only　只读　10.0697

read-only attribute　只读属性　10.0089

read-only memory　只读存储器　06.0037

read-out time　读出时间　06.0086

read primitive　读入原语　10.0589

read select line　读选择线　06.0072

read signal　读信号　06.0069

read while write　边写边读　05.0192

read-write cycle　读写周期　06.0085

read/write head　读写［磁］头　05.0207

ready　就绪　01.0297

ready state　就绪状态　10.0414

realism display　真实感显示　16.0398

realism rendering　真实感显示　16.0398

realizability　可实现性　17.0085

real name　实名　14.0679

real page number　实际页数　10.0518

real partition　实分区　10.0525

real storage page table　实际存储页表　10.0926

real-time　实时　12.0306

real-time agent　实时主体　13.0490

real-time batch monitor　实时批处理监控程序
　　10.0449

real-time batch processing　实时批处理　10.0638

real-time clock time-sharing　实时时钟分时
　　10.0984

real-time computer　实时计算机　04.0015

real-time concurrency operation　实时并发操作
　　10.0469

real-time constraint　实时约束　11.0347

real-time control　实时控制　17.0014

real-time database　实时数据库　11.0245

real-time executive　实时执行程序　10.0215

real-time executive routine　实时执行例程　10.0724

real-time executive system　实时执行系统　10.0900

real-time input　实时输入　17.0151

real-time monitor　实时监控程序　10.0448

real-time multimedia　实时多媒体　18.0005

real-time operating system　实时操作系统　10.0004

real-time output　实时输出　17.0152

real-time processing　实时处理　10.0617

real-time system　实时系统　10.0901

real-time system executive　实时系统执行程序
　　10.0216

real-time video　实时视频　18.0079

real video on demand　真点播电视　18.0128

real world　真实世界　18.0041

rearrangeable network　可重排网　04.0135

reasoning　推理　13.0203

reasoning model　推理模型　13.0206

receiver　接收器　07.0024

receiving end　接收端　07.0109

receiving gate　接收门　07.0033

recipient　接受者　14.0187

recirculating network　循环网　04.0131

reclaimer　回收程序　10.0698

recognition　识别　01.0305

recognized operating agency　［经］认可的运营机构
　　14.0255

recompaction　再压缩　10.0699

reconfigurable system　可重构系统　04.0052

reconfiguration　重配置　07.0420

reconnection　重新连接　07.0237

reconstruction　重构　12.0003，重建　22.0244

reconstruction filter　重建滤波器　22.0185

reconvergent fan-out　重汇聚扇出　03.0206

record　记录　01.0170

recording density　记录密度　05.0049

recording mode　记录方式　05.0034

record lock　记录锁定　10.0375

recoverability　可恢复性　04.0148

recovery　恢复　03.0166

recovery block　恢复块　03.0167

recovery capability　恢复能力　08.0367

recovery from the failure　故障恢复　11.0191

rectangular robot　直角坐标型机器人　17.0168

rectifier　整流器　17.0197

recurrence relation　递推关系　02.0412

recursion theorem　递归定理　02.0208

recursive algorithm　递归算法　02.0377

recursive block coding　递归块编码　18.0109

recursive computation　递归计算　17.0099

recursive estimation　递归估计　17.0093

recursive function　递归函数　02.0005

recursive language　递归语言　02.0209

recursively enumerable language　递归可枚举语言　02.0207

recursive query　递归查询　11.0280

recursive routine　递归例程　12.0307

recursive transition network　递归转移网络　20.0044

recursive vector instruction　递归向量指令　04.0264

red　红色　19.0352

red/black engineering　红黑工程　19.0355

redirection　重定向　10.0471

redirection operator　重定向操作符　10.0472

redo　重做　11.0201

red signal　红信号　19.0351

reduce　归约　02.0028

reduced instruction　精简指令　01.0217

reduced instruction set computer　精简指令集计算机　04.0042

reducibility　可归约性　02.0289

reduction　归约　02.0028

reduction machine　归约机　04.0046

redundancy　冗余　01.0326

redundancy check　冗余检验　08.0154

redundant arrays of inexpensive disks　磁盘冗余阵列　05.0148

redundant memory　冗余存储器　06.0036

reengineering　再工程　21.0063

reentrant supervisory code　重入监督码　04.0259

reference　参考　01.0404，基准　01.0405

reference code　参考码，*基准码　07.0422

reference frame　参考帧　18.0092

reference monitor　参考监控　19.0164

reference power supply　参考电源，*基准电源

07.0320

referential integrity　参照完整性　11.0094

refinement　细分　02.0187，精化　13.0296

refinement criterion　精化准则　13.0297

refinement strategy　精化策略　13.0298

reflectance　反射率　16.0418

reflected voltage　反射电压　07.0102

reflection　反射　13.0299

reflection coefficient　反射系数　07.0100

reflection law　反射定律　16.0416

reflective body　反射体　16.0417

reflective object-oriented programming　反射的面向对象编程　03.0022

reflexive and transitive closure　自反传递闭包　02.0164

refresh　刷新　06.0089

refresh circuit　刷新电路　06.0090

refresh cycle　刷新周期　06.0091

refresh rate　刷新[速]率　06.0092

refresh testing　刷新测试　06.0093

refutation　证伪　02.0081，反驳　13.0300

regeneration　再生　06.0088

regenerator section　再生段　14.0388

region　区域　22.0083

regional address　区[域]地址　14.0430

region clustering　区域聚类　22.0086

region control task　区域控制任务　10.0953

region description　区域描述　22.0087

region growing　区域生长　22.0088

region labeling　区域标定　22.0171

region merging　区域合并　22.0085

region retrieval　面检索　11.0264

region segmentation　区域分割　22.0084

register　寄存器　04.0483

register coloring　寄存器着色　09.0319

registered images　已配准图像　22.0147

register length　寄存器长度　04.0484

registration　注册　14.0058

registration authority　注册机构　19.0484

registration process　注册过程　12.0308

regression test　回归测试　03.0074

regular expression　正则表达式　09.0199

regular grammar　正规文法　02.0131

regularization 正则化 22.0050

regular language 正则语言 09.0200

regular set 正则集 02.0132

regulation 调节 17.0083

reinstallation 重新安装 04.0258

reintegration 重组 03.0210

reintegration 再聚合 04.0147

reject 拒绝 14.0179

relation 关系 11.0065

relational algebra 关系代数 11.0095

relational calculus 关系演算 11.0110

relational database 关系数据库 11.0006

relational data model 关系数据模型 11.0020

relational logic 关系逻辑 02.0049

relation degree of node 结点关系度 02.0709

relation net 关系网 02.0538

relationship 联系 11.0026

relation system 关系系统 02.0037

relative address 相对地址 04.0561

relative chord length parameterization 相对弦长参数化 16.0131

relativization 相对化 02.0307

relaxation 松弛法 22.0122

relaxed algorithm 松弛算法 02.0464

relay station 中继站 14.0196

release 释放 14.0160

release consistency model 释放一致性模型 04.0359

release guard 释放保护 10.0612

relevant failure 关联失效 17.0155

reliability 可靠性 01.0279

reliability analysis 可靠性分析 08.0363

reliability certification 可靠性认证 17.0153

reliability data 可靠性数据 12.0309

reliability design 可靠性设计 03.0042

reliability engineering 可靠性工程 03.0041

reliability evaluation 可靠性评价 03.0043

reliability growth 可靠性增长 03.0047

reliability measurement 可靠性度量 03.0044

reliability model 可靠性模型 12.0310

reliability prediction 可靠性预计 03.0046

reliability statistics 可靠性统计 03.0045

relocatable library 可重定位库 10.0377

relocatable library module 可重定位程序库模块 10.0445

relocatable machine code 可重定位机器代码 12.0311

relocating loader 浮动装入程序 10.0369

relying party 依赖方 19.0489

remailer 重邮器，*重邮程序 14.0645

remark 注释 09.0274

remote access 远程访问 14.0751

remote access server 远程访问服务器 14.0557

remote database access 远程数据库访问 11.0203

remote defect indication 远端缺陷指示 14.0397

remote diagnosis 远程诊断 08.0365

remote inquiry 远程查询 10.0300

remote instruction 远程教学 18.0188

remote job input 远程作业输入 10.0355

remote job output 远程作业输出 10.0356

remote job processor 远程作业处理程序 10.0357

remote method invocation 远程方法调用 12.0186

remote power on 远程加电 07.0326

remote procedure call 远程过程调用 11.0204

remote process call 远程进程调用 10.0597

remote support facility 远程支持设施 07.0405

remote terminal 远程终端 14.0224

rename buffer 换名缓冲器 04.0212

rendering 绘制 16.0268

renewal process 更新过程 03.0110

renewal reward 更新报酬 03.0111

repair 修理 08.0263

repair delay time 修理延误时间 08.0265

repair time 修理时间 08.0264

repeatability 可重复性 01.0374

repeat counter 重复次数计数器 14.0242

repeated selection sort 重复选择排序 21.0015

repeater 中继器，*转发器 14.0427

repertoire 字汇 15.0123

repetitiveness 重复性 02.0597

repetitive vector 可重复向量 02.0596

replaceable parameter 可替换参数 10.0519

replacement 替换 06.0128

replacement algorithm 替换算法 10.0040

replacement policy 替换策略 04.0191

replacement selection 替代选择 02.0413

replay 重演 03.0211

replay attack 重放攻击 19.0278

replicated database 复制型数据库 11.0247

reply 回复 14.0180

report 报表 11.0269

report generation language 报表生成语言 09.0106

report generator 报表生成程序 21.0171

report writer 报表书写程序 09.0103

repository 储存库 10.0390

representation 表示 09.0218

reproducible markings 可重生标识 02.0631

repudiation 抵赖 19.0437

request 请求 14.0053

request for comment 请求评论[文档]，＊RFC[文档] 14.0539

request for proposal 招标 12.0312

request parameter list 请求参数表 10.0387

request stack 申请栈 10.0826

requirement 需求 12.0033

requirements analysis 需求分析 12.0035

requirements engineering 需求工程 21.0058

requirements inspection 需求审查 12.0038

requirements phase 需求阶段 12.0039

requirements specification 需求规约 12.0040

requirements specification language 需求规约语言 09.0104

requirements verification 需求验证 12.0041

reread 重读 08.0269

rerun 重[新]运行 08.0266

rerun point 重运行点 08.0267

rerun routine 重运行例程 08.0268

reservation 保留 10.0713

reservation station 保留站 04.0247

reservation table 预约表 04.0280

reserved memory 保留内存 10.0714

reserved page option 保留页选项 10.0715

reserved volume 保留卷 10.0717

reserved word 保留字 10.0718

reset 复位 01.0353

reset pulse 复位脉冲 07.0038

resident control program 常驻控制程序 10.0650

resident disk operating system 常驻磁盘操作系统 10.0025

resident operating system 常驻操作系统 10.0026

residual data 残留数据 19.0429

residual error rate 残错率 03.0192

resilience 回弹力 14.0189

resistive load 电阻负载 07.0113

resistive loss 电阻损耗 07.0187

resistor array 电阻排 07.0184

resolution 归结 02.0044，决定 14.0060 分辨率 18.0068

resolution agent 归结主体 13.0491

resolution principle 归结原理 02.0092

resolution rule 消解规则 02.0661

resource 资源 01.0359

resource allocation 资源分配 01.0342

resource allocation table 资源分配表 10.0927

resource-based scheduling 基于资源的调度 09.0320

resource management 资源管理 10.0403

resource manager 资源管理程序 10.0413

resource pool 资源池 10.0706

resource-replication 资源重复 04.0246

resource scheduling 资源调度 10.0748

resource sharing 资源共享 10.0704

resource sharing control 资源共享控制 10.0125

resource sharing time-sharing system 资源共享分时系统 10.0985

resource subnet 资源子网 14.0022

response 响应 14.0055

response analysis 响应分析 04.0270

response time 响应时间 21.0172

response time window 响应时间窗口 14.0512

response window 响应窗口 14.0181

restart 重新启动，＊再启动 01.0365

restore 再生 06.0088

restricted 内部级 19.0098

restricted language 受限语言 20.0120

restructure from motion 运动重建 22.0150

resume requirement 复原请求 03.0160

retiming 重定时 03.0208

retiming transformation 重定时变换 03.0209

retirement 退役 01.0379

retirement phase 退役阶段 12.0313

retransmission 重传，＊重发 14.0157

retrieval service 检索型业务 14.0329

retrieve 检索 01.0241

retry 重试，＊复执 01.0335

return path 返回路径 14.0646

return-to-zero 归零制 05.0035

return to zero 归零[道] 05.0122

reusability 可复用性 12.0392

reusable component 可复用构件 12.0413

reuse library interoperability group 复用库互操作组织 12.0185

reverse address resolution protocol 逆地址解析协议 14.0605

reverse charging acceptance 反向计费接受 14.0295

reverse engineering 逆向工程 12.0002

reverse index 倒排索引 21.0008

reverse LAN channel 反向局域网信道 14.0505

reverse net 逆网 02.0527

reverse read 反读 05.0195

reverse transition 逆变迁 02.0556

review 评审 01.0376

revocation 合法性撤消，＊合法性取消 12.0419

revoke 取消 11.0082

revolution 旋转 16.0120

revolution speed transducer 转速传感器 17.0231

reward analysis 报酬分析 03.0105

rewind 倒带 05.0196

rewrite 重写 08.0270

rewriting rule [system] 重写规则[系统] 02.0050

RFC 请求评论[文档]，＊RFC[文档] 14.0539

ribbon cable 带状电缆 07.0161

right 权限 19.0109

right-linear grammar 右线性文法 02.0145

right-matching 右匹配 02.0143

rightmost derivation 最右派生 02.0220

right sentential form 右句型 02.0144

rigid disk 硬磁盘，＊硬盘 05.0071

ring 振铃 07.0088

ringing 振铃 07.0088

ring latency 环等待时间 14.0516

ring network 环状网 14.0008

ring station 环站 14.0522

RIP 路由[选择]信息协议 14.0584

RISC 精简指令集计算机 04.0042

rise time 上升时间 07.0080

rising edge 上升沿 07.0064

risk acceptance 风险接受 19.0372

risk analysis 风险分析 19.0179

risk assessment 风险评估 19.0338

risk index 风险指数 19.0197

risk tolerance 风险容忍 19.0491

RLIG 复用库互操作组织 12.0185

RLLC 行程长度受限码，＊游程长度受限码 05.0042

RMI 远程方法调用 12.0186

ROA [经]认可的运营机构 14.0255

roaming 漫游 14.0660

robopost 自动邮寄 14.0676

robot 机器人 13.0626

robot engineering 机器人工程 13.0605

robotics 机器人学 13.0606

robust control 鲁棒控制 17.0029

robust identification 鲁棒辨识 17.0108

robustness 稳健性，＊鲁棒性 01.0366

roff roff 语言 09.0105

rollback 回退 11.0193

rollback propagation 卷回传播 03.0132

rollback recovery 卷回恢复 03.0133

roll-in/roll-out 转入转出 10.0728

ROM 只读存储器 06.0037

room maintenance 机房维护 08.0210

room management 机房管理 08.0209

root 根 10.0188

root compiler 根编译程序 09.0131

root directory 根目录 10.0189

root name 根[文件]名 10.0461

rope 绳 02.0647

rotating surface 旋转曲面 16.0144

rotation 旋转 16.0120

rotation transformation 旋转变换 16.0355

rote learning 机械学习 13.0398

rotor cipher 转轮密码 19.0025

rough set 粗糙集 13.0374

rounding error 舍入误差 04.0463

round-robin scheduling 轮转法调度 10.0747

round-trip propagation time 往返传播时间 14.0438

route 路由 14.0139

router 路由器 14.0424，布线程序 16.0028

routine 例程 09.0173

routing 路由选择，＊选路 14.0140，布线 16.0026

routing algorithm 路由[选择]算法 14.0141

routing function 寻径函数 04.0146

routing information protocol 路由[选择]信息协议 14.0584

row 行 01.0381

row address 行地址 06.0062

row address strobe 行地址选通 06.0081

row decoding 行译码 06.0064

row-major vector storage 行主向量存储 04.0226

row-octet 行八位 15.0127

row selection 行选 06.0079

RPC 远程进程调用 10.0597，远程过程调用 11.0204

RPG 报表生成语言 09.0106

RTDB 实时数据库 11.0245

RTV 实时视频 18.0079

RTZ[track] 归零[道] 05.0122

rubber band method 橡皮筋方法 16.0283

rule 规则 13.0067

rule base 规则库 13.0391

rule-based deduction system 基于规则的演绎系统 13.0578

rule-based expert system 基于规则的专家系统 13.0579

rule-based language 基于规则语言 09.0107

rule-based program 基于规则的程序 13.0580

rule-based reasoning 规则推理 13.0216

rule-based system 基于规则的系统 13.0581

rule clause 规则子句 13.0066

rule-like representation 类规则表示 13.0074

rule set 规则集 13.0075

run 运行 01.0269，顺串 02.0414

run coding 行程编码 22.0193

run length 行程长度 22.0051

run-length encoding 行程长度编码 22.0194

run-length limited code 行程长度受限码，＊游程长度受限码 05.0042

run mode 运行方式 12.0314

running system 运行系统 09.0350

running time 运行时间 01.0388

run-time diagnosis 运行时诊断 08.0271

run-time system 运行系统 09.0350

RVOD 真点播电视 18.0128

RZ 归零制 05.0035

S

SADT 结构化分析与设计技术 12.0089

safeguard 保卫 19.0228

safe net 安全网 02.0532

safe shutdown 安全停机 03.0080

safety certification authority 安全认证授权 12.0315

sample 样本 13.0375

sample covariance 样本协方差 13.0376

sample dispersion 样本离差 13.0377

sample distribution 样本分布 13.0378

sample interval 样本区间 13.0379

sample mean 样本均值 13.0380

sample mode 采样方式 16.0380

sample moment 样本矩 13.0381

sampler 采样器 07.0308

sample set 样本集 22.0173

sample space 样本空间 13.0382

sampling 采样 13.0383

sampling control 采样控制 17.0022

sampling distribution 采样分布 13.0384

sampling error 采样误差 13.0385

sampling frequency 采样频率 13.0386

sampling noise 采样噪声 13.0387

sampling period 采样周期 17.0121

sampling plug-in 采样插件 07.0310

sampling rate 采样速率 07.0309

sampling system 采样系统 07.0311

sanitizing 消密 19.0428

SAP 服务访问点，＊服务接入点 14.0047

SAR 分段和重装 14.0368

SAS 软件体系结构风格 12.0418

SASE 特定应用服务要素 14.0693

satisfiability problem 可满足性问题 02.0247

saturation magnetic recording 饱和磁记录 05.0030

save area 保存区 10.0105

SBC 单字节校正 03.0127

SBR 统计比特率 14.0349

SCADAS 监控与数据采集系统 17.0172

scalability 可扩缩性，＊易扩缩性 01.0283

scalable coherent interface 可扩缩一致性接口
06.0133

scalable video 可调整视频 18.0140

scalar 标量 04.0435

scalar computer 标量计算机 04.0020

scalar data flow analysis 标量数据流分析 09.0281

scalar pipeline 标量流水线 04.0118

scalar processor 标量处理器 04.0057

scale space 尺度空间 22.0055

scaling 放缩 16.0465

scaling transformation 比例变换，＊定比变换
16.0356

scan conversion 扫描转换 16.0272

scan design 扫描设计 03.0083

scan-in 扫描输入 03.0084

scan line algorithm 扫描线算法 16.0433

scanner 扫描仪 05.0421

scanner selector 扫描选择器 10.0764

scanning pattern 扫描模式 16.0435

scan-out 扫描输出 03.0085

scan plane 扫描平面 16.0434

scattered data points 散乱数据点 16.0218

scatter format 分散格式 10.0284

scatter loading 分散装入 10.0366

scavenge 提取 19.0404

SCB 对话控制块 10.0139

scenario agent 情景主体 13.0492

scene 景物 22.0160

scenic analysis 景物分析 22.0161

SCF 同步和会聚功能 14.0744

schedulability 可调度性，＊易调度性 01.0291

scheduled fault detection 预定故障检测 08.0272

scheduled maintenance 预定维修 08.0273

scheduled maintenance time 预订维修时间
08.0274

schedule job 调度作业 10.0333

schedule maintenance 定期维护 08.0324

scheduler 调度程序 10.0205

scheduler module 调度模块 10.0446

scheduler waiting queue 调度程序等待队列
10.0677

scheduler work area 调度程序工作区 10.0106

schedule table 调度表 10.0915

scheduling 调度 01.0290

scheduling algorithm 调度算法 10.0041

scheduling information pool 调度信息池 10.0543

scheduling mode 调度方式 10.0422

scheduling monitor computer 调度监控计算机
04.0077

scheduling of multiprocessor 多处理器调度
04.0095

scheduling policy 调度策略 10.0546

scheduling problem 调度问题 02.0282

scheduling queue 调度队列 10.0678

scheduling resource 调度资源 10.0710

scheduling rule 调度规则 10.0553

scheduling strategy 调度策略 10.0546

schema 模式 01.0375

schema concept 模式概念 13.0301

schematic 原理图 16.0022

scheme of the Chinese phonetic alphabet 汉语拼音
［方案］ 15.0030

Schottky diode termination 肖特基二极管端接
07.0180

SCI 可扩缩一致性接口 06.0133

scientific database 科学数据库 11.0309

S completion S 完备化 02.0653

scope 作用域 09.0186

SCR 可持续信元速率 14.0351

scratchpad memory 便笺式存储器，＊暂存器
06.0008

screen 屏幕 05.0341

screen coordinate 屏幕坐标 16.0391

screen sharing 屏幕共享 14.0737

script 脚本 01.0169，文字 01.0346

script knowledge representation 脚本知识表示
13.0049

scroll bar 滚动条 18.0017

SCSI 小计算机系统接口，＊SCSI 接口 05.0150

sculptured surface 雕塑曲面 16.0139

SDL SDL 语言 09.0108

SDR 单数据速率 06.0138

SDU 服务数据单元 14.0049

SE 软件工程 01.0029

seal 密封 08.0378

sealant 密封胶 07.0400

sealed connector 密封连接器 07.0402

sealer 密封器 07.0401

search 搜索 01.0240

search algorithm 搜索算法 13.0302

search cycle 搜索周期 13.0303

search engine 搜索机 13.0304

search finding 搜索求解 13.0305

search game tree 搜索博弈树 13.0306

search graph 搜索图 13.0136

search list 搜索表 13.0307

search rule 搜索规则 13.0137

search space 搜索空间 13.0138

search strategy 搜索策略 13.0139

search tree 搜索树 13.0140

secondary console 副控台 07.0409

secondary copy 辅［助］副本 11.0244

secondary index 辅助索引 21.0009

secondary key 辅［键］码 11.0046，二级密钥，
＊次密钥 19.0062

secondary segment 辅助段 10.0768

secondary space allocation 辅助空间分配 10.0066

secondary station 次站 14.0212

secondary task 辅助任务 10.0952

second generation computer 第二代计算机
01.0102

second generation language 第二代语言 09.0004

second level cache 二级高速缓存 06.0057

second normal form 第二范式 11.0141

second order logic 二阶逻辑 02.0040

second-person VR 第二者虚拟现实 18.0034

secret 机密级 19.0101

secret key 秘密密钥 19.0074

sector 扇区，＊扇段 05.0093

sector alignment 扇区对准 19.0462

sector mapping 段映射 04.0201

sector servo 扇区伺服 05.0136

secure electronic transaction 安全电子交易
19.0215

secure function evaluation 安全功能评估 19.0212

secure gateway 安全网关 19.0209

secure identification 安全识别 02.0495

secure kernel 安全内核 19.0093

secure operating system 安全操作系统 10.0027

secure router 安全路由器 19.0208

secure socket layer 安全套接层 19.0095

security 安全［性］ 19.0173

security audit 安全审计 19.0240

security class 安全类 19.0161

security clearance 安全许可 19.0371

security control 安全控制 19.0154

security domain 安全域 19.0202

security event 安全事件 19.0170

security filter 安全过滤器 19.0438

security inspection 安全检查 19.0115

security label 安全标号 19.0094

security level 安全等级 19.0092

security measure 安全措施 19.0211

security model 安全模型 19.0160

security operating mode 安全运行模式 19.0191

security policy 安全策略 19.0169

SEE 单事件效应 03.0128

seed fill algorithm 种子填充算法 16.0445

seeding 撒播 12.0316

seek 寻道，＊查找 05.0124

seek time 寻道时间，＊查找时间 05.0123

segment 段 01.0171，图段 16.0351

segment address 段地址 14.0431

segmentation 分段 10.0771

segmentation and reassemble 分段和重装 14.0368

segmented memory system 段式存储系统 04.0187

segment number 段号 10.0772

segment overlay 段覆盖 10.0773

segment size 段长度 10.0774

segment table 段表 10.0928

segment table address 段表地址 10.0080

seismic tomography 地震层析成像 22.0245

SEL 单事件锁定 03.0129

select 选取 11.0102

selecting 选择 14.0155

selection network 选择网络 02.0460

selective attention 选择注意 22.0148

selector channel 选择通道 04.0591

self-acting 自作用 13.0308

self-adapting 自适应 13.0309

self-booting 自启动 10.0775

self-calibration 自定标 22.0149

self-checking 自检验 03.0095

self-checking circuit 自检电路 04.0601

self-clocking 自同步[时钟] 05.0064

self-delineating block 自划界块 14.0352

self-description 自描述 13.0310

self-descriptiveness 自描述性 08.0358

self-diagnosis function 自诊断功能 17.0134

self-embedding 自嵌[入] 09.0337

self-intersection 自相交 16.0226

self-join 自联结, *自连接 11.0109

self-knowledge 自省知识 13.0311

self-learning 自学习 13.0408

selfloop 自圈 02.0562

self-model 自模型 13.0505

self-optimizing control 自寻优控制 17.0027

self-organization mapping 自组织映射 13.0506

self-organizing neural network 自组织神经网络 13.0562

self-organizing system 自组织系统 17.0182

self-planning 自规划 13.0091

self-reference 自引用 13.0507

self-regulating 自调整 13.0092

self-relocation 自重定位 10.0777

self-repair 自修理 03.0092

self-scheduled algorithm 自调度算法 02.0472

self-scheduling 自调度 09.0354

self-similar network traffic 自相似网络业务 03.0094

self-synchronous cipher 自同步密码 19.0022

self-testing 自测试 03.0093

self-tuning control 自校正控制 17.0026

semantic 语义 20.0102

semantic analysis 语义分析 20.0111

semantic attribute 语义属性 13.0607

semantic data model 语义数据模型 11.0021

semantic dependency 语义相关性 13.0608

semantic dictionary 语义词典 20.0167

semantic distance 语义距离 13.0609

semantic field 语义场 20.0104

semantic information 语义信息 13.0610

semantic memory 语义记忆 13.0611

semantic network 语义网络 20.0173

semantics 语义学 20.0103

semantics-based query optimization 基于语义的查询优化 11.0121

semantic test 语义检查 20.0112

semantic theory 语义理论 20.0140

semantic tree 语义树 09.0330

semantic unification 语义合一 13.0612

semaphore 信号量 10.0987

semiconductor memory 半导体存储器 06.0015

semijoin 半联结 11.0105

semilinear set 半线性集 02.0147

semi-physical simulation 半实物仿真 17.0063

semi-thue system 半图厄系统 02.0146

sending voltage 入射电压 07.0101

sense amplifier 读放大器 06.0084

sense circuit 读出电路 06.0068

sense line 读出线 06.0067

sensitive data 敏感数据 19.0177

sensitive fault 敏感故障 08.0021

sensitivity 敏感性 19.0176

sensitivity category 涉密范畴 19.0198

sensitivity pattern 敏感图案 08.0023

sensitization 敏化 03.0223

sensor 敏感元件 17.0240

sensor interface 敏感元件接口 17.0241

sentence 句子 15.0092

sentence disambiguation 句子歧义消除 20.0042

sentence fragment 句子片段 20.0040

sentence pattern 句型 02.0137

sentential form 句型 02.0137

separate compilation 分别编译 09.0347

separation of duties 职责分开 19.0430

sequence call 顺序调用 10.0131

sequence number 序列号, *顺序号 14.0307

sequence power on 顺序加电 07.0325

sequent 矢列式 02.0048

sequential access 顺序存取 05.0009

sequential batch processing 顺序批处理 10.0639

sequential cipher 序列密码 19.0003

sequential computer 串行计算机 04.0005

sequential consistency model 顺序一致性模型 04.0215

sequential control 顺序控制 17.0036

sequential detection 按序检测 08.0277

sequential file 顺序文件 10.0255

sequential index 顺序索引 21.0007

sequential inference machine 顺序推理机 04.0050

sequential locality 顺序局部性 06.0121

sequential occurrence 顺序发生 02.0635

sequential operation 顺序操作 04.0513

sequential processes 顺序进程 12.0317

sequential processing 顺序处理 04.0440

sequential programming 顺序程序设计 12.0196

sequential scheduling 顺序调度 10.0750

sequential scheduling system 顺序调度系统 10.0902

sequential search 顺序搜索 02.0417

sequential-stacked job control 顺序栈作业控制 10.0126

sequential synthesis 时序综合 16.0042

serial adder 串行加法器 04.0519

serial addition 串行加法 04.0515

serializability 可串行性 11.0173

serializer 串化器，＊并串行转换器 04.0598

serial line internet protocol 串行线路网际协议 14.0588

serial mouse 串行鼠标［器］ 05.0409

serial-parallel conversion 串并［行］转换 04.0599

serial-parallel converter 串并转换器 04.0600

serial port 串行端口 04.0447

serial printer 串行打印机 05.0265

serial scheduling 串行调度 10.0749

serial sort 串行排序 21.0016

serial task 串行任务 10.0956

serial transmission 串行传输 14.0078

series damped 串联阻尼 07.0171

series damped line 串联阻尼［传输］线 07.0177

series damping resistor 串联阻尼电阻［器］ 07.0172

series match 串联匹配 07.0169

series terminated line 串联端接线 07.0176

series termination 串联端接 07.0175

server 服务器 01.0123

service 服务 14.0043

serviceability 可服务性 07.0406

serviceable time 可服务时间 08.0278

service acceptor 服务接受者 14.0046

service access point 服务访问点，＊服务接入点 14.0047

service bit rate 服务比特率 14.0318

service data unit 服务数据单元 14.0049

service initiator 服务发起者 14.0045

service monitor 服务监控程序 10.0455

service primitive 服务原语 14.0048

service program 服务程序 08.0280

service queue 服务队列 10.0679

service request block 服务请求块 10.0783

service request interrupt 服务请求中断 10.0303

service routine 服务例程 08.0279

service specific coordination function 业务特定协调功能 14.0414

servlet 小服务程序 14.0565

servo head 伺服［磁］头 05.0210

servo motor 伺服电机 05.0116

servo track writer 伺服道录写器 05.0134

session control block 对话控制块 10.0139

session key 会话密钥 19.0064

session layer 会话层 14.0037

set 置位 01.0352，系 11.0060

SET 安全电子交易 19.0215

set-associative cache 组相联高速缓存 04.0229

set-associative mapping 组相联映射 04.0203

set language 集合语言 09.0053

set occurrence 系值 11.0058

set of complex features 复杂特征集 20.0079

set of reachable markings 可达标识集 02.0580

set order 系序 11.0057

set-point control 设定点控制 17.0044

set pulse 置位脉冲 07.0037

settling time 稳定时间 05.0018

set-top box 机顶盒 18.0126

setup 设置，*建立 01.0259

setup time 建立时间 04.0125

SEU 单事件翻转 03.0130

severe environment computer 抗恶劣环境计算机 01.0080

severity 严重性 12.0318

SGML 标准通用置标语言 09.0147

SGMP 简单网关监视协议 14.0582

shaded font 立体字 15.0153

shading 明暗处理 16.0273

shadow 阴影 16.0274

Shannon's sampling theorem 香农采样定理 17.0101

shape description 形状描述 22.0118

shape reasoning 形状推理 16.0229

shape segmentation 形状分割 22.0113

share 共享 01.0246

shared cache 共享高速缓存 06.0105

shared disk multiprocessor system 共享磁盘的多处理器系统 04.0064

shared everything multiprocessor system 全共享的多处理器系统 04.0065

shared executive system 共享执行系统 10.0903

shared file 共享文件 10.0254

shared lock 共享锁 11.0160

shared memory 共享存储器 06.0050

shared memory multiprocessor system 共享内存的多处理器系统 04.0063

shared nothing multiprocessor system 无共享的多处理器系统 04.0062

shared operating system 共享操作系统 10.0028

shared page table 共享页表 10.0929

shared segment 共享段 10.0769

shared variable 共享变量 10.0988

shared virtual area 共享虚拟区 10.0107

shared virtual memory 共享虚拟存储器 04.0211

shared whiteboard 共享白板 18.0185

shareware 共享软件 21.0169

sharp 清晰 22.0059

sharpening 锐化 22.0060

shear transformation 剪切变换 16.0365

shell 外壳 10.0154

shell command 外壳命令 10.0155

shell language 外壳语言 10.0374

shell process 外壳进程 10.0604

shell prompt 外壳提示符 10.0661

shell script 外壳脚本 10.0763

shell site 壳站点 19.0452

Shell sort 谢尔排序 02.0418

shield twisted pair 屏蔽双绞线 14.0236

shifter 移位器 04.0485

shift-in 移入 04.0511

shifting sort 上推排序 21.0017

shift instruction 移位指令 04.0544

shift left 左移 04.0509

shift network 移位网 04.0130

shift-out 移出 04.0512

shift register 移位寄存器 04.0551

shift right 右移 04.0510

shock absorber 减震器 07.0339

shock isolator 隔震器 07.0338

shorted fault 短路故障 08.0024

shortest job first 最短作业优先法 10.0354

shortest path 最短路径 02.0419

short line 短线 07.0163

short-term scheduling 短期调度 10.0751

shuffle 混洗 04.0107

shuffle-exchange 混洗交换 02.0446

shuffle-exchange network 混洗交换网络 04.0141

shut down 关机 10.1025

side condition 伴随条件 02.0555

side effect 副作用 12.0319

signal 信号 01.0211

signal degradation 信号退化 07.0084

signaling 信令 14.0088

signaling terminal 信令终端 14.0276

signaling virtual channel 信令虚通道 14.0383

signal intelligence 信号情报 19.0316

signal line 信号线 07.0151

signal pretreatment 信号预处理 17.0103

signal processing 信号处理 17.0088

signal reconstruction 信号重构 17.0089

signal swing 信号摆幅 07.0055

signal transmission 信号传输 07.0092

signal voltage drop 信号电压降 07.0085

signature algorithm 签名算法 02.0510

signature analysis　特征分析　03.0218

signature file　签名文件　14.0642

signature scheme　签名模式　02.0509

signature verification　签名验证　19.0146

significant bit　有效位　01.0183

significant character　有效字符　01.0210

significant digit　有效数字　01.0208

significant word　有效字　01.0209

silhouette curve　轮廓线　16.0195

silicon compiler　硅编译器　16.0044

SIMD　单指令[流]多数据流　04.0238

similarity　相似性　13.0312

similarity arc　相似性弧　13.0313

similarity measure　相似性测度　13.0314

similarity measurement　相似性度量　22.0220

similarity search　相似[性]查找，＊相似[性]搜索　11.0336

SIMM　单列直插式内存组件　06.0141

simple gateway monitoring protocol　简单网关监视协议　14.0582

simple mail transfer protocol　简单邮件传送协议　14.0633

simple net　简单网　02.0529

simple network management protocol　简单网[络]管[理]协议　14.0590

simple polygon　简单多边形　16.0247

simple security property　简单安全特性　19.0165

simple word　单纯词　15.0083

simplex　单纯形　16.0216

simplex transmission　单工传输　14.0076

simplified Chinese character　简化字　15.0048

simplified Hanzi　简化字　15.0048

simply linked list　简单链表　02.0395

Simula　Simula 语言　09.0109

simulated annealing　模拟退火　22.0207

simulation　仿真　01.0317，模拟　01.0318

simulation computer　仿真计算机　04.0016

simulation language　模拟语言　09.0110

simulation qualitative reasoning　仿真定性推理　13.0315

simulation system　模拟系统　21.0165

simulation verification method　模拟验证方法　16.0051

simulator　模拟者　02.0489，模拟器，＊模拟程序　12.0320

simultaneity　同时性　04.0149

simultaneous iterative reconstruction technique　联合迭代重建法　22.0246

simultaneous peripheral operations on line　假脱机[操作]，＊SPOOL 操作　10.0465

single-address computer　单地址计算机　04.0011

single addressing space　单一编址空间　04.0210

single-board computer　单板计算机　01.0053

single byte correction　单字节校正　03.0127

single-cable broadband LAN　单缆宽带局域网　14.0508

single-chip computer　单片计算机，＊单片机　01.0052

single data rate　单数据速率　06.0138

single ended mode　单端方式　07.0209

single end termination　单端端接　07.0182

single entry point　单入口点　04.0300

single error　单个错误　08.0281

single error correction-double error detection　单校双检　03.0131

single event effect　单事件效应　03.0128

single event latchup　单事件锁定　03.0129

single event upset　单事件翻转　03.0130

single fault　单故障　08.0002

single in-line memory module　单列直插内存组件　06.0141

single in-line package　单列直插封装　07.0279

single-instruction [stream] multiple-data stream　单指令[流]多数据流　04.0238

single-instruction [stream] single-data stream　单指令[流]单数据流　04.0237

single-level device　单级设备　19.0376

single loop control　单回路控制　17.0146

single loop digital controller　单回路数字控制器　17.0265

single loop regulation　单回路调节　17.0148

single point of control　单点控制　04.0299

single point of failure　单点故障　04.0298

single program stream multiple data stream　单程序流多数据流　04.0297

single system image　单系统映像　04.0301

single thread 单线程 10.0992

single-user computer 单用户计算机 01.0076

single-user operating system 单用户操作系统 10.0029

singular set 奇异系 11.0059

sink 汇点 02.0420

S-invariant *S* 不变量[式] 02.0590

SIP 单列直插封装 07.0279

SISD 单指令[流]单数据流 04.0237

site 站点，＊网站 14.0607

site autonomy 场地自治 11.0212

site failure 场地故障 11.0229

site name 站点名，＊网站名 14.0608

site protection 站点保护 19.0246

situated automaton 情景自动机 13.0316

situation-action system 情景行动系统 13.0389

situation calculus 情景演算 13.0317

sizing 规模估计 12.0321

SJF 最短作业优先法 10.0354

skeleton code 骨架代码 10.0077

skeleton generation 轮廓生成 16.0230

skeletonization 骨架化 22.0208

skew process 挠进程 02.0656

skin effect 集肤效应 07.0188

slave station 从站 14.0210

sleep 休眠 10.0793

sleep mode 休眠方式 10.0423

sleep queue 休眠队列 10.0680

sleep state 休眠状态 10.0837

slice 片 02.0563

slider 浮动块 05.0110

SLIP 串行线路网际协议 14.0588

slot 插槽 07.0149，槽 10.0787

slot group 槽群 10.0789

slot number 槽号 10.0790

slot sorting 槽排序 10.0788

slotted-ring network 分槽环网 14.0420

slot time 时隙间隔，＊时槽间隔 14.0499

slow mail 慢速邮递 14.0634

small computer system interface 小计算机系统接口，＊SCSI 接口 05.0150

small outline package 小引出线封装 07.0281

Smalltalk Smalltalk 语言 09.0111

smart card 智能卡 01.0078

smart line 智能线 16.0018

SMD 表面安装器件 07.0240

SMD interface 存储模块驱动器接口，＊SMD 接口 05.0151

SMIL 同步多媒体集成语言 09.0148

smiley 情感符号 14.0680

smoothing 平滑 22.0061

SMP 对称[式]多处理机 04.0066，对称[式]多处理器 04.0451

SMT 表面安装技术 07.0239

SMTP 简单邮件传送协议 14.0633

SN 序列号，＊顺序号 14.0307

snail mail 慢速邮递 14.0634

snake-like row-major indexing 蛇形行主编号 04.0399

SNAP 子网访问协议 14.0585

snapshot 快照 22.0006

SNMP 简单网[络]管[理]协议 14.0590

SNOBOL SNOBOL 语言 09.0112

snoop 监听 06.0004

snooper 窃取程序 19.0360

socket 插座 07.0251

soft computing 软计算 13.0508

soft error 软差错 03.0151

soft fault 软故障 08.0007

soft interrupt 软中断 01.0258

soft interrupt mechanism 软中断机制 10.0439

soft interrupt processing mode 软中断处理方式 10.0424

soft interrupt signal 软中断信号 10.0785

soft sectored format 软扇区格式 05.0096

soft stop 软停机 08.0204

software 软件 01.0149

software acceptance 软件验收 12.0323

software acquisition 软件获取 12.0324

software agent 软件主体 13.0493

software architectural style 软件体系结构风格 12.0418

software architecture 软件体系结构 12.0410

software asset manager 软件资产管理程序 12.0325

software automation method 软件自动化方法

12.0077

software bus 软件总线 13.0650

software change report 软件更改报告 08.0347

software component 软件构件 12.0322

software configuration 软件配置 12.0326

software configuration management 软件配置管理 12.0327

software copyright 软件版权 12.0431

software database 软件数据库 12.0328

software defect 软件缺陷 08.0343

software development cycle 软件开发周期 12.0329

software development environment 软件开发环境 12.0019

software development library 软件开发库 12.0330

software development method 软件开发方法 12.0107

software development model 软件开发模型 12.0101

software development notebook 软件开发手册 12.0331

software development plan 软件开发计划 12.0332

software development process 软件开发过程 12.0333

software disaster 软件事故 08.0348

software documentation 软件文档 12.0334

software engineering 软件工程 01.0029

software engineering economics 软件工程经济学 12.0429

software engineering environment 软件工程环境 12.0020

software engineering methodology 软件工程方法学 12.0096

software error 软件错误 08.0058

software evaluation 软件评测 12.0335

software experience data 软件经验数据 12.0336

software failure 软件失效 08.0349

software fault 软件故障 08.0006

software fault-tolerance strategy 软件容错策略 08.0351

software hazard 软件风险 12.0337

software interruption 软件中断 08.0344

software librarian 软件库管理员 12.0338

software library 软件库 12.0339

software life cycle 软件生存周期 12.0340

software maintainability 软件可维护性，＊软件易维护性 08.0346

software maintainer 软件维护员 12.0341

software maintenance 软件维护 08.0345

software maintenance environment 软件维护环境 08.0353

software methodology 软件方法学 12.0095

software metric 软件量度 03.0149

software metrics 软件度量学 12.0349

software monitor 软件监控程序 12.0342

software operator 软件操作员 12.0343

software package 软件包 12.0116

software performance 软件性能 12.0388

software piracy 软件盗窃 19.0359

software platform 软件平台 01.0111

software portability 软件可移植性，＊软件易移植性 08.0352

software process 软件过程 12.0412

software product 软件产品 12.0344

software productivity 软件生产率 12.0004

software product maintenance 软件产品维护 08.0350

software profile 软件轮廓 08.0342

software protection 软件保护 19.0235

software purchaser 软件采购员 12.0345

software quality 软件质量 12.0346

software quality assurance 软件质量保证 12.0350

software quality criteria 软件质量评判准则 12.0351

software redundancy check 软件冗余检验 08.0157

software reengineering 软件再工程 12.0411

software registrar 软件注册员 12.0353

software reliability 软件可靠性 12.0352

software reliability engineering 软件可靠性工程 03.0150

software repository 软件储藏库 12.0354

software resource 软件资源 01.0361

software reuse 软件复用 12.0355

software safety 软件安全性 12.0356

software security 软件安全 19.0186

software sneak analysis 软件潜行分析 12.0357

software structure 软件结构 12.0106

software testing　软件测试　08.0341

software tool　软件工具　12.0017

software trap　软件陷阱　10.0994

software unit　软件单元　12.0358

software verifier　软件验证程序　12.0359

solderability　可焊性　07.0272

solder sucker　吸锡器　07.0274

solid error　固定性错误　08.0282

solid line　实线　07.0071

solid model　实体模型　16.0109

solid modeling　实体造型　16.0291

solid state disc　固态盘　05.0252

solid-state memory　固态存储器　06.0024

solution graph　解图　13.0110

solution tree　解树　13.0111

Song Ti　宋体　15.0054

SOP　小引出线封装　07.0281

sort　分类　21.0005

sorting　排序　21.0006

sorting network　排序网络　02.0461

sound　声音　18.0151

sound card　声卡　18.0162

sound effect　音效　18.0158

sound retrieval service　声音检索型业务　14.0330

source　源　01.0406

source address　源地址　14.0167

source case base　源范例库　13.0318

source code　源[代]码　09.0341

source impedance　[信号]源阻抗　07.0315

source language　源语言　20.0197

source language analysis　源语言分析　20.0198

source language dictionary　源语言词典　20.0165

source program　源程序　09.0340

source-route algorithm　源路由算法　14.0489

source-route bridging　源路由桥接　14.0488

source to source transformation　源到源转换　09.0264

space　空间　01.0408

space-bounded Turing machine　空间有界图灵机　02.0269

space complexity　空间复杂性　02.0270，空间复杂度　02.0271

space control　空间控制　17.0041

space hierarchy　空间谱系　02.0272

space requirement　空间需要[量]　02.0421

space-time diagram　时空图　04.0279

space usage　占用空间　02.0422

space versus time trade-offs　时空权衡　02.0423

span　区间　16.0419

spanned record　越界记录　10.0701

spanning tree　生成树　02.0424

spanning-tree problem　生成树问题　02.0140

spare part　备件　07.0430

sparse data　稀疏数据　11.0326

sparse set　稀疏集　02.0260

spatial database　空间数据库　11.0253

spatial index　空间索引　11.0254

spatial knowledge　空间知识　13.0319

spatial layout　空间布局　13.0320

spatial locality　空间局部性　04.0150

spatial reasoning　空间推理　13.0321

spatial retrieval　空间检索　11.0261

spatial subdivision　空间分割　16.0231

spatial topological relation　空间拓扑关系　11.0255

speaker　扬声器　18.0165

speaker-dependent speech recognition　特定人语音识别，*特定人言语识别　15.0255

speaker recognition　说话人识别　18.0175

speaker verification　说话人确认　18.0176

special application service element　特定应用服务要素　14.0693

special character　特殊字符　01.0207

special net theory　特殊网论　02.0568

special permit　特许　19.0111

special purpose computer　专用计算机　04.0007

special term　专用词　15.0082

specification　规约，*规格说明　12.0073

Specification and Description Language　SDL语言　09.0108

specification language　规约语言　12.0360

specification verification　规约验证　12.0361

spectrum analysis　谱分析　03.0257

specular reflection light　镜面反射光　16.0415

speech　言语　15.0023

speech act theory　言语行为理论　13.0494

speech processing　语音处理　13.0628

speech recognition　语音识别　18.0171

speech sound　语音　15.0024

speech synthesis　语音合成，＊言语合成　15.0257

speed-up ratio　加速比　04.0271

speed-up theorem　加速定理　02.0252

spike　毛刺　07.0108

spindle　主轴　05.0114

spindle speed control unit　主轴速度控制单元　17.0201

spiral model　螺旋模型　12.0104

spiral track　螺旋磁道　19.0463

spline　样条　16.0164

spline curve　样条曲线　16.0169

spline fitting　样条拟合　16.0134

spline surface　样条曲面　16.0170

split　拆分　10.0801

SPMD　单程序流多数据流　04.0297

spoken language　口语　15.0037

spoof　哄骗　19.0405

SPOOL　假脱机［操作］，＊SPOOL 操作　10.0465

spool file　假脱机文件　10.0266

spool file class　假脱机文件级别　10.0805

spool file tag　假脱机文件标志　10.0806

spooling operator privilege class　假脱机操作员特权级别　10.0807

spooling system　假脱机系统　10.0905

spool job　假脱机作业　10.0334

spool management　假脱机管理　10.0407

spool queue　假脱机队列　10.0681

spot light　聚光　16.0305

spot light source　点光源　16.0302

sprocket feed　链轮输纸　05.0316

sprocket hole　输纸孔　05.0322

sputtered film disk　溅射膜盘，＊溅射薄膜磁盘　05.0073

SQA　系统队列区　10.0111

SQL　结构查询语言，＊SQL 语言　11.0116

SQL-like language　类 SQL 语言　11.0327

SRAM　静态随机存储器　06.0033

SRB　源路由桥接　14.0488

SSCF　业务特定协调功能　14.0414

SSI　单系统映像　04.0301

SSL　安全套接层　19.0095

SSRAM　同步静态随机存储器　06.0136

stability　稳定性　12.0362

stability margin　稳定裕度　17.0072

stabilizing protocol　稳定化协议　03.0254

stable sorting algorithm　稳定的排序算法　02.0425

stack　栈　01.0311

stack address　栈地址　10.0081

stack addressing　栈寻址　10.0082

stack algorithm　栈算法　10.0042

stack alphabet　栈字母表　02.0205

stack area　栈区　10.0108

stack automaton　栈自动机　02.0204

stack bottom　栈底　10.0810

stack bucket algorithm　栈桶式算法　10.0043

stack capability　栈容量　10.0811

stack cell　栈单元　10.0812

stack combination　栈组合　10.0813

stack content　栈内容　10.0814

stack control　栈控制　10.0127

stack element　栈元素　10.0815

stack facility　栈设施　10.0816

stack job processing　栈作业处理　10.0640

stack marker　栈标记　10.0817

stack mechanism　栈机制　10.0440

stack overflow　栈溢出　10.0818

stack overflow interrupt　栈溢出中断　10.0313

stack pointer　栈指针　10.0534

stack pop-up　栈上托　01.0312

stack push-down　栈下推　01.0313

stack vector　栈向量　10.0819

stage control　级控　04.0320

stale data　过期数据　06.0005

stand-alone program　独立程序　10.0651

standard enforcer　标准实施器　12.0042

standard file　标准文件　10.0267

standard general markup language　标准通用置标语言　09.0147

standard input file　标准输入文件　10.0268

standard interrupt　标准中断　10.0314

standardized form　正体　15.0060

standard language　标准语言　09.0113

standard object　标准对象　10.0479

standard output file　标准输出文件　10.0269

standard processing mode　标准处理方式　10.0425

standard program approach　标准程序法　04.0263

standard unit　标准单元　16.0048

standby　备用　01.0369

standby redundancy　备用冗余　10.0702

standby replacement redundancy　备用替代冗余　10.0703

standby system　备用系统　10.0906

standby unattended time　闲置时间　10.0978

star network　星状网　14.0009

star/ring network　星环网　14.0421

start　启动　01.0364

starting-frame delimiter　帧首定界符　14.0165

start I/O　启动输入输出　10.0808

start I/O instruction　启动输入输出指令　10.0809

start signal　起始信号　14.0086

start-stop transmission　起止式传输　14.0085

start symbol　开始符号　02.0121

starvation-free　无饥饿性　02.0699

state　状态　02.0169

state equation　状态方程　02.0594

state explosion　状态爆炸　02.0707

state graph　状态图　13.0051

state machine　状态机　02.0564

statement　语句　01.0233

state queue　状态队列　10.0682

state space　状态空间　13.0050

state space representation　状态空间表示　13.0076

state space search　状态空间搜索　13.0322

state stack　状态栈　10.0535

static analysis　静态分析　12.0046

static analyzer　静态分析程序　12.0047

static average code length of Hanzi　静态汉字平均码长　15.0232

static average code length of words　静态字词平均码长　15.0233

static binding　静态绑定　12.0200

static buffer　静态缓冲区　10.0096

static buffer allocation　静态缓冲区分配　10.0067

static buffering　静态缓冲　10.0094

static check　静态检验　08.0150

static coefficient for code element allocation　静态键位分布系数　15.0198

static coherence check　静态相关性检查　04.0266

static coincident code rate for Hanzi　静态汉字重码率　15.0225

static coincident code rate for words　静态字词重码率　15.0226

static data area　静态数据区　10.0109

static hazard　静态冒险　08.0287

static knowledge　静态知识　13.0323

static memory　静态存储器　06.0034

static memory allocation　静态存储分配　10.0069

static multifunctional pipeline　静态多功能流水线　04.0120

static network　静态网络　04.0132

static pipeline　静态流水线　04.0119

static pressure flying head　静压[式]浮动磁头　05.0221

static processor allocation　静态处理器分配　10.0055

static RAM　静态随机存储器　06.0033

static redundancy　静态冗余　03.0258

static refresh　静态刷新　06.0095

static relocation　静态重定位　04.0253

static scheduling　静态调度　10.0732

static skew　静态扭斜　05.0204

static testing　静态测试　08.0116

statistical arbitration　统计仲裁　13.0324

statistical coding　统计编码　18.0103

statistical database　统计数据库　11.0321

statistical decision method　统计决策方法　13.0325

statistical decision theory　统计决策理论　13.0326

statistical hypothesis　统计假设　13.0327

statistical linguistics　统计语言学　20.0183

statistical model　统计模型　13.0328

statistical pattern recognition　统计模式识别　22.0209

statistical test model　统计测试模型　12.0201

statistical time-division multiplexing　统计时分复用　14.0337

statistic bit rate　统计比特率　14.0349

statistic inference　统计推理　13.0243

statistic zero-knowledge　统计零知识　02.0505

STB　机顶盒　18.0126

STDM　统计时分复用　14.0337

steady state error 稳态误差 17.0078

steady state hazard 稳态冒险 08.0288

steady state signal 稳态信号 07.0070

stem 词干 09.0292

step 步 02.0614

step-by-step control 步进控制 17.0038

step function 阶跃函数 07.0057

step generator 阶跃发生器 07.0060

step motor 步进电机 17.0222

stepping 步进 10.0802

step sequence 步序列 02.0617

step value 步长值 02.0615

step-wise refinement 逐步求精 09.0348

stereo 立体声 18.0161

stereo lithography apparatus 立体印刷设备 16.0064

stereomapping 立体映射 22.0172

stereo matching 立体匹配 22.0063

stereopsis 立体影像 16.0275

stereoscopic displaying 立体显示 18.0133

stereo vision 立体视觉 22.0156

sticky bit 粘着位 04.0615

still image 静止图像 22.0007

STM 同步传送模式 14.0339

stochastic control system 随机控制系统 17.0160

stochastic high-level Petri net 随机高级佩特里网 02.0678

stochastic Petri net 随机佩特里网 02.0664

stop 停机 08.0202

stop page 停用页 10.0514

stop signal 停止信号 14.0087

storage 存储器 01.0128

storage access administration 存储器存取管理 10.0850

storage access conflict 存储器存取冲突 10.0049

storage access scheme 存储器存取模式 10.0851

storage allocation 存储器分配 10.0070

storage allocation routine 存储器分配例程 10.0725

storage allocator 存储器分配程序 10.0074

storage capacity 存储容量 06.0112

storage compaction 存储器压缩 10.0852

storage configuration 存储配置 10.0856

storage fragmentation 存储碎片 10.0853

storage interference 存储干扰 10.0854

storage management 存储管理 10.0401

storage management service 存储管理服务 10.0782

storage management strategy 存储管理策略 10.0550

storage media 存储媒体 04.0181

storage module drive interface 存储模块驱动器接口，＊SMD 接口 05.0151

storage overlay 存储覆盖 10.0855

storage overlay area 存储覆盖区 10.0110

storage reconfiguration 存储再配置 10.0857

storage space 存储空间 01.0098

storage stack 存储栈 10.0827

store-and-forward 存储转发 14.0129

store-and-forward network 存储转发网 14.0251

stored procedure 存储过程 11.0205

stored-program computer 程序存储计算机 04.0614

story analysis 故事分析 13.0630

STP 屏蔽双绞线 14.0236

strategic data planning 战略数据规划 21.0053

strategic intelligence 战略情报 19.0313

strategic planning 战略规划 21.0056

strategy 策略 01.0323

stream 流 01.0260

stream cipher 流［密］码 19.0002

streaming mode 流方式 14.0392

streaming tape drive 流式磁带机 05.0181

strength reduction 强度削弱 09.0321

string 串 01.0181

string matching ［字符］串匹配 02.0426

StriNg-Oriented symBOlic Language SNOBOL 语言 09.0112

string reduction machine 串归约机 04.0048

string resource 字符串资源 10.0711

strip line 带状线 07.0154

stripping 撤除 14.0521

strobe signal 选通信号 06.0066

stroke 笔画 15.0065

stroke code 笔画码 15.0181

stroke coding 笔画编码 15.0180

stroke count 笔数 15.0067

stroke display 笔画显示 16.0340

stroke order 笔顺 15.0066

strong connectivity problem 强连通问题 02.0284

strong consistency 强一致性 10.0168

strongly connected components 强连通分支 02.0427

strongly connected graph 强连通图 02.0361

strong type 强类型 09.0224

structural boundedness 结构有界性 02.0705

structural hazard 结构冲突 04.0322

structuralism linguistics 结构主义语言学 20.0132

structural memory 结构存储器 04.0171

structural pattern recognition 结构模式识别 22.0210

structure 结构 12.0084

structure chart 结构图 12.0087

structured analysis 结构化分析 12.0043

structured analysis and design technique 结构化分析与设计技术 12.0089

structured design 结构化设计 12.0050

structured editor 结构化编辑程序, *结构化编辑器 09.0252

structured method 结构化方法 12.0085

structured multiprocessor system 结构式多处理机系统 04.0061

structuredness 结构性 08.0357

structured operating system 结构化操作系统 10.0031

structured paging system 结构分页系统 10.0907

structured program 结构化程序 12.0176

structured programming 结构化程序设计 12.0177

structured programming language 结构化程序设计语言 12.0178

structured protection 结构化保护 19.0245

structured query language 结构查询语言, *SQL 语言 11.0116

structured specification 结构化规约 12.0074

structure origin 结构理据 15.0145

stub 分支线 07.0165, 存根 12.0179

stuck-at fault 固定型故障 03.0136

stuck-open fault 固定开路故障 03.0135

STW 伺服道录写器 05.0134

stylus printer 针式打印机 05.0267

suballocation 子分配 10.0071

suballocation file 子分配文件 10.0270

subassembly 装配件 07.0252

subband coding 子带编码 18.0107

subblock coding 子块编码 18.0108

subclass 子类 11.0292

sub-contractor 分包商 12.0180

subdivision 分割 16.0121

subgoal 子目标 13.0113

subgraph 子图 02.0428

subject probe 主题探查 14.0713

subject selector 论题选择器 14.0677

subjob 子作业 10.0335

sublanguage 子语言 11.0044

subliminal channel 阈下信道 19.0319

submission 提交 11.0192

submit state 提交状态 10.0839

submonitor 子监控程序 10.0454

subnet 子网 02.0540

subnet mask 子网掩码 14.0601

subnet of place 位置子网 02.0717

subnet of transition 变迁子网 02.0716

subnetwork access protocol 子网访问协议 14.0585

subpool 子池 10.0544

subpool queue 子池队列 10.0683

subprocess 子进程 10.0605

subprogram 子程序 09.0172

subqueue 子队列 10.0684

subrecursiveness 次递归性 02.0210

subroutine 子例程 09.0174

sub sampling 子采样 18.0021

subschema 子模式 11.0032

subscriber 署名用户 19.0492

subscriber line 用户线路 14.0282

subsegment 子段 10.0766

subset 子集 09.0114

subset cover 子集覆盖 02.0429

substep 子步 10.0803

substitution 代入 02.0035

substitution attack 替代攻击 19.0281

substitution cipher 替代密码 19.0024

substrate 衬底 07.0295

subsystem 子系统 12.0181

subtask 子任务 10.0958

subtasking　子任务处理　10.0959

subtitle　字幕　18.0134

subtracter　减法器　04.0522

succession　逐次性　10.0804

successor　后继站　14.0448

successor marking　后继标识　02.0578

suddenly failure　突然失效　08.0069

suite　套件　09.0115

suite driver　套具驱动器　03.0213

super class　超类　11.0291

supercompiler　超级编译程序，＊超级编译器　09.0262

supercomputer　巨型计算机，＊超级计算机　01.0062

supercomputing　超级计算　01.0146

superconducting memory　超导存储器　06.0023

super-minicomputer　超级小型计算机　01.0060

super operation　超级操作　14.0272

superpipeline　超流水线　04.0439

superpipelined architecture　超流水线结构　04.0035

superposition　叠加　22.0186

superscalar　超标量　04.0438

superscalar architecture　超标量结构　04.0034

supersector　超扇区　19.0464

superserver　超级服务器　01.0124

supertext　超长文本，＊超长正文　11.0303

super VCD　超级影碟　05.0228

super VGA　超级视频图形适配器　05.0379

super video compact disc　超级影碟　05.0228

supervised learning　监督学习　13.0409

supervisor　管理程序　10.0411

supervisor call　管理程序调用　10.0132

supervisor call interrupt　管理程序调用中断　10.0315

supervisory computer　管理计算机　04.0078

supervisory computer control system　计算机监控系统　17.0165

supervisory control　监督控制　17.0059

supervisory control and data acquisition system　监控与数据采集系统　17.0172

supervisory program　管理程序　10.0411

supervisory routine　管理例程　10.0726

supplementary maintenance　附加维修　08.0289

supplementary plane　辅助平面　15.0110

supplementary set　辅助集　15.0017

supplier　供方　12.0363

supply process　供应过程　12.0425

support　支持　01.0391

supporting process　支持过程　12.0427

support program　支持程序　08.0290

support set　支持集　02.0592

support software　支持软件　12.0364

support system　支持系统　08.0291

surface　表面　07.0264，曲面　16.0137

surface approximation　曲面逼近　16.0190

surface case　表层格　20.0086

surface fitting　曲面拟合　16.0147

surface interpolation　曲面插值　16.0184

surface intersection　曲面求交　16.0150

surface joining　曲面拼接　16.0153

surface list　面表　16.0430

surface matching　曲面匹配　16.0151

surface model　曲面模型　16.0152

surface modeling　曲面造型　16.0125

surface mount device　表面安装器件　07.0240

surface mount solder　表面安装焊接　07.0265

surface mount technology　表面安装技术　07.0239

surface of revolution　旋转曲面　16.0144

surface reconstruction　曲面重构　16.0191

surface servo　面伺服　05.0138

surface smoothing　曲面光顺　16.0148

surface subdivision　曲面分割　16.0145

surfer　网虫　14.0574

surfing　泡网　14.0575

susceptibility　敏感度　19.0358

suspended primitive　挂起原语　10.0588

suspend process　挂起进程　10.0602

suspend state　挂起状态，＊暂停状态　10.0416

suspension　挂起　10.0792

suspension time　挂起时间　10.0979

sustainable cell rate　可持续信元速率　14.0351

SVC　交换虚电路　14.0278

SVGA　超级视频图形适配器　05.0379

SVM　共享虚拟存储器　04.0211

SWA　调度程序工作区　10.0106

swap allocation unit　对换分配单元　10.0860

swap-in　换进　10.0861

swap mode　对换方式　10.0426

swap-out　换出　10.0862

swapper　对换程序　10.0864

swapping　对换　01.0348

swapping priority　对换优先级　10.0572

swap set　对换集　10.0863

swap table　对换表　10.0930

swap time　对换时间　10.0980

swarm intelligence　群体智能　13.0022

sweeping　扫描　16.0232

sweep polygon　扫描多边形　16.0233

sweep surface　扫描曲面，*扫成曲面　16.0175

sweep volume　扫描体　16.0234

switch　开关　07.0206

switch box　开关箱　04.0395

switched current　开关电流　07.0207

switched line　交换线路　14.0228

switched virtual circuit　交换虚电路　14.0278

switched virtual network　交换虚拟网　14.0247

switching noise　开关噪声　07.0200

switching tie　开关枢纽　04.0288

switching time　开关时间　07.0079

switch lattice　开关网格　04.0140

syllogism　三段论　02.0020

symbol　符号　01.0212

symbolic analysis　符号分析　09.0297

symbolic calculus　符号演算　02.0066

symbolic coding　符号编码　22.0196

symbolic device　符号设备　10.0183

symbolic execution　符号执行　12.0365

symbolic file　符号文件　10.0271

symbolic intelligence　符号智能　13.0077

symbolic language　符号语言　09.0117

symbolic logic　符号逻辑　02.0109

symbol manipulation language　符号操纵语言
　09.0116

symmetric computer　对称[式]计算机　04.0023

symmetric cryptography　对称密码　19.0379

symmetric cryptosystem　对称密码系统　19.0010

symmetric multiprocessor　对称[式]多处理机
　04.0066，对称[式]多处理器　04.0451

symmetric operating system　对称操作系统　10.0032

symptom　症兆　03.0178

synapse　突触　13.0551

synchronic distance　同步距离　02.0655

synchronism　同步[性]　10.0858

synchronization　同步　01.0309

synchronization and convergence function　同步和会聚
　功能　14.0744

synchronization primitive　同步原语　10.0591

synchronized algorithm　同步算法　02.0449

synchronized multimedia integration language　同步多
　媒体集成语言　09.0148

synchronized parallel algorithm　同步并行算法
　02.0468

synchronized SRAM　同步静态随机存储器
　06.0136

synchronizing buffer queue　同步缓冲区队列
　10.0685

synchronizing sequence　同步序列　03.0073

synchronous bus　同步总线　01.0141

synchronous communication　同步通信　14.0113

synchronous control　同步控制　10.0120

synchronous operation　同步操作　10.0467

synchronous refresh　同步刷新　06.0096

synchronous time-division multiplexing　同步时分复
　用　14.0336

synchronous transfer mode　同步传送模式　14.0339

synchronous transmission　同步传输　14.0079

synchrony　同步[论]　02.0570

syndrome testing　征兆测试　03.0139

syntactic ambiguity　句法歧义　20.0039

syntactic pattern recognition　句法模式识别
　22.0211

syntactic relation　句法关系　15.0093

syntactic rule　句法规则　20.0037

syntactic semantics　句法语义学　20.0105

syntactic structure　句法结构　20.0036

syntactic tree　句法树　20.0032

syntax　句法，*语构　01.0386

syntax ambiguity　句法歧义　20.0039

syntax analysis　句法分析　20.0038

syntax-based query optimization　基于语法的查询优
　化　11.0122

syntax category　句法范畴　20.0035

syntax-directed editor 句法制导编辑程序，＊句法制导编辑器 09.0253

syntax generation 句法生成 20.0041

syntax theory 句法理论 20.0031

synthesized editing and updating 综合编辑修改 15.0284

synthesizer 合成器 18.0160

synthetic component 合成部件 15.0142

synthetic decision support system 综合决策支持系统 21.0118

synthetic digital audio 合成数字音频 18.0157

synthetic environment 合成环境 18.0039

synthetic video 合成视频 18.0078

synthetic world 合成世界 18.0043

system activity 系统活动 10.0867

system administration 系统管理 10.0408

system administrator 系统管理员 10.0868

system analysis 系统分析 21.0071

system architecture 系统体系结构 12.0366

system assembly 系统装配 10.0870

system assisted linkage 系统辅助连接 10.0869

system attack 系统攻击 19.0284

system availability 系统可用性 04.0424

system boundary 系统边界 21.0078

system call 系统调用 10.0133

system command 系统命令 10.0156

system command interpreter 系统命令解释程序 10.0321

system compatibility 系统兼容性 01.0093

system configuration 系统配置 21.0089

system control 系统控制 10.0128

system control file 系统控制文件 10.0272

system control program 系统控制程序 10.0652

system conversion 系统转轨 21.0093

system CPU time 系统中央处理器时间，＊系统CPU 时间 04.0608

system deadlock 系统死锁 08.0296

system degradation 系统退化 08.0293

system design 系统设计 12.0367

system design specification 系统设计规格说明 21.0087

system diagnosis 系统诊断 03.0113

system directory 系统目录 10.0190

system directory list 系统目录表 10.0388

system disk 系统盘 10.0872

system disk pack 系统盘组 10.0882

system dispatching 系统分派 10.0206

system documentation 系统文档 12.0368

system dynamics model 系统动力模型 21.0134

system environment 系统环境 21.0075

system error 系统错误 08.0292，系统误差 17.0076

system evaluation 系统评价 08.0294

system executive 系统执行程序 10.0871

system expansion 系统扩充 21.0092

system failure 系统故障 11.0189

system feasibility 系统可行性 21.0081

system file 系统文件 10.0273

system folder 系统文件夹 10.0876

system function 系统功能 21.0074

system generation 系统生成 10.0875

system ground 系统地 07.0352

system high security 系统高安全 19.0193

system high-security mode 系统高安全方式 19.0214

system identification 系统辨识 17.0090

system implementation 系统实施 21.0088

system installation 系统安装 21.0091

system integration 系统集成 21.0090

system integrity 系统完整性 19.0216

system interconnection 系统互连 07.0122

system interrupt 系统中断 10.0316

system interrupt request 系统中断请求 10.0877

system investigation 系统调查 21.0070

system journal 系统日志 10.1001

system kernel 系统内核 10.0878

system key 系统密钥 19.0076

system level synthesis 系统级综合 16.0035

system library 系统库 12.0369

system life cycle 系统生存周期 21.0095

system loader 系统装入程序 10.0367

system lock 系统锁 10.0879

system maintenance 系统维护 08.0295

system maintenance processor 系统维护处理机 04.0073

system management 系统管理 10.0408

system management facility　系统管理设施　10.0880

system management file　系统管理文件　10.0274

system management monitor　系统管理监控程序　10.0450

system nucleus　系统核心　10.0881

system objective　系统目标　21.0073

system on a chip　单片系统　01.0045

system optimization　系统优化　21.0085

system overhead　系统开销　10.0477

system page table　系统页表　10.0931

system pair　系统对　04.0405

system penetration　系统渗入　19.0339

system performance　系统性能　21.0077

system performance monitor　系统性能监视器　08.0297

system process　系统进程　10.0606

system programming language　系统编程语言　09.0086

system prompt　系统提示符　10.0662

system queue area　系统队列区　10.0111

system reliability　系统可靠性　12.0370

system requirements　系统需求　21.0072

system residence area　系统驻留区　10.0112

system resident volume　系统驻留卷　10.0883

system resource　系统资源　10.0712

system resource management　系统资源管理　10.0409

system resource manager　系统资源管理程序　10.0412

system restart　系统再启动　08.0300

system saboteur　系统破坏者　19.0317

system schedule checkpoint　系统调度检查点　10.0885

system scheduler　系统调度程序　10.0760

system scheduling　系统调度　10.0752

system service　系统服务　08.0302

system simulation　系统模拟　08.0298

system software　系统软件　12.0371

system start-up　系统启动　08.0299

system status　系统状况　08.0301

system survey　系统概述　21.0076

system task　系统任务　10.0960

system task set　系统任务集　10.0886

system test　系统测试　03.0114

system test mode　系统测试方式　08.0303

system upgrade　系统升级　07.0423

system utility program　系统实用程序　10.0653

system validation　系统确认　12.0372

system verification　系统验证　12.0373

system work stack　系统工作栈　10.0828

systolic algorithm　脉动算法　02.0470

systolic array architecture　脉动阵列结构　04.0037

systolic arrays　脉动阵列　04.0348

T

table　表格　01.0354

table constraint　表约束　11.0184

table-driven simulation　表[格]驱动模拟　08.0305

table-driven technique　表[格]驱动法　08.0304

TAC　终端访问控制器，＊终端接入控制器　14.0562

tactical intelligence　战术情报　19.0312

tag　标志　01.0230

tailgate　跟进　19.0403

tailoring　剪裁　10.0794

tailoring process　剪裁过程　12.0428

tail recursion　尾递归　09.0322

tail recursion elimination　尾递归删除　09.0323

talk　交谈[服务]　14.0618

tally set　标签集　02.0257

tangible state　实存状态　02.0670

tap　分接头　14.0442

tape　带　02.0192

tape alphabet　带字母表　02.0194

tape compression　带压缩　02.0195

tape head　带头　02.0193

tape library　磁带库　07.0427

tape punch　纸带穿孔[机]　05.0430

tape reader　纸带读入机　05.0383

tape reduction　带减少　02.0196

tape skew　带扭斜　05.0197

tape symbol 带符号 02.0197

target 目标 01.0403

target code 目标[代]码 09.0343

target computer 目标计算机 12.0027

target directory 目标目录 10.0191

target language 目标语言 20.0199

target language dictionary 目标语言词典 20.0169

target language generation 目标语生成 20.0200

target language output 目标语输出 20.0201

target machine 目标机 04.0040

target program 目标程序 09.0342

target system 目标系统 12.0026

tarnishing 锈污 08.0306

task 任务 01.0247

task allocation 任务分配 10.0072

task asynchronous exit 任务异步出口 10.0229

task code word 任务代码字 10.0934

task control block 任务控制块 10.0135

task coordinate 任务协调 13.0495

task descriptor 任务描述符 10.0935

task dispatcher 任务分派程序 10.0207

task execution area 任务执行区 10.0113

task graph 任务图 04.0396

task immigration 任务迁移 10.0938

task input queue 任务输入队列 10.0686

task I/O table 任务输入输出表 10.0932

task management 任务管理 10.0410

task manager 任务管理程序 10.0939

task model 任务模型 21.0151

task output queue 任务输出队列 10.0687

task pool 任务池 10.0542

task processing 任务处理 10.0641

task queue 任务队列 10.0688

task scheduler 任务调度程序 10.0761

task scheduling 任务调度 10.0753

task scheduling priority 任务调度优先级 10.0573

task set 任务集 10.0936

task set library 任务集库 10.0378

task set load module 任务集装入模块 10.0447

task-sharing 任务分担 13.0496

task stack descriptor 任务栈描述符 10.0944

task start 任务启动 10.0937

task supervisor 任务管理程序 10.0939

task swapping 任务对换 10.0940

task switching 任务交换 10.0941

task termination 任务终止 10.0942

task virtual storage 任务虚拟存储器 10.0943

tautology 重言式 02.0110

tautology rule 重言式规则 13.0078

Tb 万亿位，＊太位 23.0013

TB 万亿字节，＊太字节 23.0014

TC 运输[层]连接 14.0743

TCB 任务控制块 10.0135，线程控制块 10.0140

T-completion *T*完备化 02.0658

TCP 传输控制协议 14.0577

TCP/IP TCP/IP协议 14.0576

TCU 干线耦合单元 14.0466，干线连接单元 14.0467

TDM 时分复用 14.0334

TDR 时域反射仪 07.0306

technical and office protocol 技术与办公协议 17.0248

technical feasibility 技术可行性 21.0082

teleclass 远程教室 14.0754

telecommuting 家庭办公 14.0757

teleconferencing 远程会议 14.0723

teleeducation 远程教育 14.0752

telegram code 电报码 15.0182

telematic information 远程信息处理信息 14.0728

teleoperation 遥操作 18.0047

telepresence 遥现 18.0046

telereference 远程咨询 14.0755

teleservice 远程服务，＊用户终端业务 14.0758

teleshopping 远程购物 14.0747

teletext TV 图文电视 18.0125

telework 远程办公 14.0756

TELNET protocol 远程登录协议 14.0628

temperature control 温度控制 08.0384

temperature controller 温度控制器 17.0226

temperature cycling test 温度循环试验 08.0385

temperature sensor 温度传感器 17.0237

temperature transducer 温度传感器 17.0237

temperature transmitter 温度变送器 17.0238

Tempest 防信息泄漏 19.0346

Tempest control zone 防信息泄漏控制范围

19.0347

Tempest test receiver 防信息泄漏测试接收机 19.0348

template method 模板方法 09.0204

temporal database 时态数据库 11.0348

temporal locality 时间局部性 04.0151

temporal query language 时态查询语言 11.0353

temporal relational algebra 时态关系代数 11.0352

temporary fault 暂时故障 08.0012

temporary file 临时文件 10.0275

temporary swap file 临时对换文件 10.0276

temporary table 临时表 11.0069

tensometer 张力计 17.0230

terabit 万亿位，＊太位 23.0013

terabyte 万亿字节，＊太字节 23.0014

tera floating-point operations per second 万亿次浮点运算每秒 23.0047

teraflops 万亿次浮点运算每秒 23.0047

tera instructions per second 万亿条指令每秒 23.0052

tera operations per second 万亿次运算每秒 23.0042

term 项 01.0232

terminal 终极符 02.0175

terminal access controller 终端访问控制器，＊终端接入控制器 14.0562

terminal control system 终端控制系统 10.0908

terminal device 终端设备，＊终端 05.0003

terminal equipment 终端设备，＊终端 05.0003

terminal job 终端作业 10.0336

terminal job identification 终端作业标识 10.0337

terminal user 终端用户 10.0996

terminated line 端接［传输］线 07.0174

terminating diode 端接二极管 07.0181

terminating resistor 端接电阻［器］ 07.0183

termination 端接 07.0173

termination power 端接电源 07.0340

termination proof 终止性证明 12.0374

termination voltage 端接电压 07.0341

terminator 端接器，＊终接器 14.0500

terminological database 术语［数据］库，＊专业词库 15.0239

terminological dictionary 专业词典 20.0164

terminology extraction 术语抽取 13.0646

term space 术语空间 09.0213

test 测试 01.0371

testability 可测试性 03.0038

test access port 测试存取端口 03.0196

test bench 测试台 08.0312

test board 测试板 08.0313

test case 测试用例 03.0195

test case generator 测试用例生成程序 12.0375

test coverage 测试覆盖［率］ 12.0376

test data 测试数据 08.0123

test data generator 测试数据生成程序 12.0377

test desk 测试台 08.0312

test driver 测试驱动器 03.0197，测试驱动程序 12.0378

test equipment 测试设备 08.0317

tester 测试仪 03.0193

test generation 测试生成 03.0194

test generator 测试码生成程序 08.0307

test indicator 测试指示器，＊测试指示符 08.0308

testing time 测试时间 08.0309

test language 测试语言 09.0118

test log 测试日志 08.0087

test loop 测试环路，＊测试回路 14.0312

test oracle 测试谕示 03.0202

test pattern 测试［码］模式 04.0408

test phase 测试阶段 12.0379

test plan 测试计划 08.0122

test point 测试点 08.0310

test probe 测试探针 08.0314

test procedure 测试过程 12.0380

test program 测试程序 08.0318

test repeatability 测试可重复性 12.0381

test report 测试报告 12.0382

test response 测试响应 03.0198

test routine 测试例程 04.0605

test run 测试运行 08.0311

test sequence 测试顺序 08.0316

test specification 测试规约 08.0315

test suite 测试套具 03.0199

test syndrome 测试症候 03.0200

test synthesis 测试综合 03.0201

test task 测试任务 10.0962

test text 测试文本 15.0166

test validity 测试有效性 12.0202

TeX TeX 语言 09.0119

text 文本 01.0166，正文 01.0167，篇章 01.0168

text analysis 篇章分析 20.0149

text database 正文数据库，＊文本数据库 11.0311

text editing 文本编辑，＊正文编辑 21.0022

text editor 文本编辑程序，＊正文编辑器 09.0254

text formatting language 正文格式语言 09.0120

text generation 篇章生成 20.0159

text including words and phrases 词语文本 15.0169

text library 文本库，＊正文库 10.0379

text linguistics 篇章语言学 20.0128

text mining 文本采掘，＊文本挖掘 13.0648

text proofreading 文本校对 20.0223

text retrieval 文本检索，＊正文检索 21.0023

text-to-speech convert 文语转换 18.0179

text-to-speech system 文语转换系统 15.0293

text understanding 篇章理解 20.0115

texture 纹理 22.0115

texture coding 纹理编码 22.0197

texture image 纹理图像 22.0221

texture mapping 纹理映射 16.0402

texture segmentation 纹理分割 22.0114

TFLOPS 万亿次浮点运算每秒 23.0047

TFTP 普通文件传送协议 14.0625

theorem prover 定理证明器 02.0051

theoretical linguistics 理论语言学 20.0135

thermabond epoxy 热[固化]环氧黏合剂 07.0394

thermal characteristic 热特性 07.0366

thermal conduction module 热导模块 07.0398

thermal control 热控制 07.0357

thermal fin 散热片 07.0396

thermalloy 热合金 07.0395

thermal printer 热敏印刷机 05.0273

thermal recalibration 热校正 05.0144

thermal resistance 热阻 07.0361

thermal sensor 热感器 07.0362

thermal wax-transfer printer 热蜡转印印刷机 05.0282

thermocompression bonding 热压焊 07.0269

thesaurus 类属词典 20.0192

thick film 厚膜 07.0289

thick film circuit 厚膜电路 07.0290

thick laminated plate 厚层压板 07.0291

thickness meter 厚度计 17.0239

thin film 薄膜 07.0292

thin film circuit 薄膜电路 07.0293

thin film disk 薄膜磁盘 05.0076

thin film magnetic head 薄膜磁头 05.0213

thin film transistor display 薄膜晶体管[液晶]显示器 05.0343

thinning 细化 22.0064

thin-wire Ethernet 细线以太网 14.0501

third generation computer 第三代计算机 01.0103

third generation language 第三代语言 09.0005

third normal form 第三范式 11.0142

third party 第三方 19.0490

thrashing 系统颠簸 10.0160

thread 线程 10.0991

thread control block 线程控制块 10.0140

thread scheduling 线程调度 10.0754

thread structure 线程结构 10.0845

threat 威胁 19.0395

threat analysis 威胁分析 19.0373

threat monitoring 威胁监控 10.0451

three-dimensional scanner 三维扫描仪 16.0063

three-dimensional window 三维窗口 16.0464

three-phase commitment protocol 三[阶]段提交协议 11.0226

three-point perspectiveness 三点透视 16.0426

three-satisfiability 三元可满足性 02.0248

three stage network 三级网络 04.0144

threshold 阈值 07.0205

threshold logic 阈值逻辑 02.0086

threshold search 阈值搜索 04.0416

throughput 吞吐量，＊通过量 01.0296

throughput capacity 吞吐能力 08.0319

through-the-window VR 窗口式虚拟现实 18.0033

thumbnail 索引图像 18.0063，略图 22.0011

Tibetan 藏文 15.0005

ticket 权证 19.0384

tight consistency 紧密一致性 11.0185

tightly coupled system　紧[密]耦合系统　04.0055

time　时间　01.0407

time and motion studies　时间动作研究　21.0175

time bomb　定时炸弹　19.0417

time-bounded Turing machine　时间有界图灵机　02.0265

time complexity　时间复杂性　02.0266，时间复杂度　02.0267

time constant　时间常数　07.0121

time constraint　时间约束　11.0346

timed Boolean function　时变布尔函数　03.0109

time delay　时延　14.0239

time-division multiplexing　时分复用　14.0334

time domain　时域　17.0065

time domain reflectometer　时域反射仪　07.0306

timed Petri net　时间佩特里网　02.0625

timed task　定时任务　10.0964

timed transition　时间变迁　02.0667

time hierarchy　时间谱系　02.0268

time-out　超时　14.0240

time-out control　超时控制　10.0129

time overlapping　时间重叠　04.0278

time Petri net　时间佩特里网　02.0625

time quantum　时间量子　10.0971

timer　计时器，＊定时器　01.0134

time sequence model　时间序列模型　21.0135

time sharing　分时　12.0383

time-sharing control task　分时控制任务　10.0963

time-sharing driver　分时驱动程序　10.0201

time-sharing dynamic allocator　分时动态分配程序　10.0075

time-sharing monitor system　分时监控系统　10.0909

time-sharing operating system　分时操作系统　10.0005

time-sharing priority　分时优先级　10.0574

time-sharing processing　分时处理　10.0616

time-sharing ready mode　分时就绪方式　10.0427

time-sharing running mode　分时运行方式　10.0428

time-sharing scheduler system　分时调度程序系统　10.0910

time-sharing scheduling rule　分时调度规则　10.0554

time-sharing system command　分时系统命令　10.0157

time-sharing user mode　分时用户方式　10.0429

time-sharing waiting mode　分时等待方式　10.0430

time slice　时间片　10.0972

time slicing　时间分片　10.0973

time slot　时隙，＊时槽　14.0498

timestamp　时间戳　19.0167

time synchronization problem　时间同步问题　04.0400

time-variant parameter　时变参数　19.0045

timing analysis　定时分析　03.0138

timing analyzer　计时分析程序　12.0384

timing constraint　定时约束　11.0345

timing pulse distributor　定时脉冲分配器　04.0581

T-invariant　*T*不变量[式]　02.0591

TIPS　万亿条指令每秒　23.0052

TLB　变换旁查缓冲器，＊[地址]转换后援缓冲器　04.0163

TM　事务消息传递　09.0239，业务量管理，＊流量管理　14.0394

TMR　三模冗余　03.0012

TMS　真值维护系统　13.0234

to fire a transition　实施变迁　02.0588

token　权标，＊令牌　14.0443

token-bus network　权标总线网，＊令牌总线网　14.0418

token flow path　标记流路　02.0605

token holder　权标持有站，＊令牌持有站　14.0514

token passing　权标传递，＊令牌传递　14.0445

token passing protocol　权标传递协议，＊令牌传递协议　14.0452

token-ring network　权标环网，＊令牌环网　14.0419

token rotation time　权标轮转时间，＊令牌轮转时间　14.0446

token type　标记类型　02.0681

token variable　标记变量　02.0682

tomography　层析成像，＊层析术　22.0223

tone　声调　15.0034

toner　色粉　05.0324

toner cartridge　色粉盒　05.0325

toolbox　工具箱　12.0018

toolkit　工具箱　12.0018

TOP　技术与办公协议　17.0248

top-down　自顶向下　12.0097

top-down design　自顶向下设计　21.0079

top-down method　自顶向下方法　12.0099

top-down parsing　自顶向下句法分析　20.0052

top-down reasoning　自顶向下推理　13.0224

top-down testing　自顶向下测试　12.0100

topic group　话题小组，＊课题小组　14.0687

top node　顶级结点　14.0739

topological attribute　拓扑属性　22.0121

topological retrieval　拓扑检索　11.0260

TOPS　万亿次运算每秒　23.0042

top secret　绝密级　19.0102

total correctness　完全正确性　12.0394

total distributed control　集散控制　17.0016

total-dose　全干扰　03.0069

totally self-checking　完全自检验　03.0103

totally self-checking circuit　全自检查电路　08.0320

total quality management　全面质量管理　21.0176

touch screen　触摸屏　05.0419

touch typing　盲打　15.0209

tournament algorithm　锦标赛算法　02.0416

tournament sort　联赛排序　21.0018

tpi　道每英寸　23.0021

TPS　事务处理系统　21.0103，事务处理每秒 23.0057

TQM　全面质量管理　21.0176

TQUEL　时态查询语言　11.0353

trace　跟踪　07.0424

trace language　迹语言　02.0606

tracer　追踪程序　12.0385

tracer controller　仿形控制器　17.0202

traceroute　跟踪路由［程序］　14.0609

track　道　02.0221

trackball　跟踪球　05.0427

track center-to-center spacing　磁道中心距　05.0089

track density　道密度　05.0051

track following servo system　磁道跟踪伺服系统 05.0133

track format　磁道格式　05.0094

tracking error　跟踪误差　17.0080

track seeking　寻道，＊查找　05.0124

tracks per inch　道每英寸　23.0021

track width　磁道宽度　05.0090

tractor feeder　牵引式输纸器　05.0319

trade-off　权衡　01.0325

traditional Chinese character　传承字　15.0047

traditional grammar　传统语法　20.0075

traditional Hanzi　传承字　15.0047

traffic　流量，＊业务量　14.0121

traffic analysis　通信量分析　19.0411

traffic contract　业务合同　14.0410

traffic control　业务量控制，＊流量控制　14.0402

traffic descriptor　业务量描述词　14.0409

traffic flow analysis　通信流量分析　19.0268

traffic management　业务量管理，＊流量管理 14.0394

traffic padding　通信量填充　19.0442

trailer　尾部　14.0123

training　培训　12.0386

training time limit　培训时间　15.0217

trajectory　迹线　16.0180

trajectory curve　轨迹曲线　16.0183

transaction　事务［元］　11.0157

transactional messaging　事务消息传递　09.0239

transaction analysis　事务分析　12.0432

transaction-driven system　事务驱动系统　10.0911

transaction failure　事务故障　11.0188

transaction processing system　事务处理系统 21.0103

transaction scheduling　事务调度　11.0342

transactions per second　事务处理每秒　23.0057

transaction throughput　事务处理吞吐量　10.0989

transaction time　事务时间　11.0355

transceiver　收发器　14.0428

transducer　传感器　17.0242

transfer function　传递函数　17.0066

transform analysis　变换分析　12.0044

transformation　变换　09.0275

transformation processing　变换处理　22.0187

transformation rule　变换规则　20.0045

transformation semantics　变换语义　09.0197

transformation system　变换系统　02.0068

transform center　变换中心　12.0045

transform coding　变换编码　18.0104

transient analysis 瞬态分析 08.0321

transient command 暂驻命令 10.0158

transient error 瞬时错误 08.0322, 瞬态误差 17.0079

transient fault 瞬时故障 03.0262

transient hazard 瞬时冒险 08.0323

transistor-transistor logic 晶体管晶体管逻辑 07.0015

transit delay 通过延迟, *转接延迟 14.0309

transition 变迁 02.0545

transition curve 过渡曲线 16.0181

transition effect 过渡效果 18.0148

transition firing rate 变迁实施速率 02.0665

transition network grammar 转移网络语法 20.0072

transition rule 变迁规则 02.0586

transition sequence 变迁序列 02.0607

transition surface 过渡曲面 16.0182

transitive closure 传递闭包 02.0430

transitive dependency 传递相关性 13.0079

transitive functional dependence 传递函数依赖 11.0131

transitive reduction 传递简约 13.0080

transitivity 传递性 02.0431

transit network 转接网 14.0252

translating program 翻译程序, *翻译器 09.0258

translation lookahead buffer 变换先行缓冲器 04.0164

translation lookaside buffer 变换旁查缓冲器, *[地址]转换后援缓冲器 04.0163

translation transformation 平移变换 16.0357

translator 翻译程序, *翻译器 09.0258

translucency 半透明 16.0412

transmission 传输 07.0153

Transmission Control Protocol 传输控制协议 14.0577

Transmission Control Protocol/Internet Protocol TCP/IP 协议 14.0576

transmission line 传输线 07.0152

transmission loss 传输损耗 07.0104

transmission medium 传输媒体 14.0441

transmission path delay 传输通路延迟 14.0513

transparency 透明[性] 01.0295, 透明度 16.0410

transparent bridging 透明桥接 14.0487

transparent gateway 透明网关 14.0563

transparent refresh 透明刷新 06.0100

transparent transfer 透明传送 14.0089

transport 运输 14.0741

transport connection 运输[层]连接 14.0743

transport layer 运输层 14.0038

transport service 运输[层]服务 14.0742

transposition 转置 11.0323

transposition cipher 错乱密码 19.0028

transverse scan 横向扫描 05.0179

trap *陷阱 01.0258

trapdoor 陷门 19.0366

trapdoor cryptosystem 陷门密码体制 19.0026

trapdoor one-way function 陷门单向函数 19.0029

trapping mode 设陷方式 10.0431

traveling salesman problem 旅行商问题 02.0253

traverse 遍历 09.0267

traverse of graphs 图的遍历 02.0432

tread binary tree 穿线二叉树 02.0330

tree 树 02.0433

tree adjoining grammar 树连接语法 20.0074

tree-connected structure 树连接结构 02.0440

tree contraction technique 树压缩技术 02.0475

tree grammar 树语法 20.0061

tree network 树状网 14.0006

tree structure transformation grammar 树结构变换语法 20.0060

trellis 格式结构 07.0249

trial-and-error search 试凑搜索 13.0134

triangular patch 三角面片 16.0159

triangulation 三角剖分 16.0220

tribit encoding 三位编码 05.0140

tributary station 支站 14.0207

triconnected component 三连通分支 02.0434

trie tree 检索树 02.0338

trigger 触发器 04.0478

trimmed surface 裁剪曲面 16.0138

triple 三元组 09.0290

triple-DES 三重数据加密标准 19.0034

triple modular redundancy 三模冗余 03.0012

tri-state gate 三态门 07.0034

trivial file transfer protocol 普通文件传送协议

14.0625

trivial functional dependence　平凡函数依赖
　11.0132

Trojan horse attack　特洛伊木马攻击　19.0269

trouble shooting　故障查找　03.0180

true dependence　真依赖　09.0299

truncated binary exponential backoff　截断二进制指
　数退避［算法］　14.0494

truncation error　截断误差　04.0464

trunk cable　干线电缆　14.0232

trunk connecting unit　干线连接单元　14.0467

trunk coupling unit　干线耦合单元　14.0466

trust　信任　19.0467

trust chain　信任链　19.0132

trusted agent　可信代理　19.0493

trusted computer system　可信计算机系统　19.0189

trusted computing base　可信计算基　19.0188

trusted process　可信进程　19.0168

trusted timestamp　可信时间戳　19.0158

trust logic　信任逻辑　19.0469

truth maintenance system　真值维护系统　13.0234

truth table　真值表　02.0021

truth-table reducibility　真值表可归约性　02.0293

truth-table reduction　真值表归约　02.0281

TS　运输［层］服务　14.0742

TSC　完全自检验　03.0103

TTL　晶体管晶体管逻辑　07.0015

tunnel diode　隧道二极管　07.0317

tuple　元组　11.0071

tuple calculus　元组［关系］演算　11.0112

Turing machine　图灵机　02.0004

Turing reducibility　图灵可归约性　02.0291

turn-key system　整套承包系统，＊交钥匙系统
　21.0094

turtle graphics　龟标，＊画笔　09.0122

twisted pair　双绞线　07.0156

two-aside network　双边网络　04.0143

two-key cryptosystem　双钥密码系统　19.0009

two-phase commitment protocol　两［阶］段提交协议
　11.0225

two-phase lock　两［阶］段锁　11.0166

two-point perspectiveness　二点透视　16.0425

two-rail code　双路码　03.0020

two-sided printed circuit board　双面印制板
　07.0261

two-stack machine　双栈机　02.0125

two-tape finite automaton　双带有穷自动机
　02.0126

two-tape Turing machine　双带图灵机　02.0127

two-way alternate communication　双向交替通信
　14.0111

two-way finite automaton　双向有穷自动机　02.0124

two-way infinite tape　双向无穷带　02.0123

two-way line　两倍线程　07.0216

two-way push-down automaton　双向下推自动机
　02.0122

two-way simultaneous communication　双向同时通信
　14.0110

type　类型　12.0387

0-type grammar　0 型文法　02.0229

1-type grammar　1 型文法　02.0230

2-type grammar　2 型文法　02.0231

3-type grammar　3 型文法　02.0232

type 0 language　0 型语言　20.0123

type 1 language　1 型语言　20.0124

type 2 language　2 型语言　20.0125

type 3 language　3 型语言　20.0126

type theory　类型论　02.0070

type theory-based method　基于类型理论的方法
　12.0076

typing by listening　听打　15.0208

typing by looking　看打　15.0206

typing by thinking　想打　15.0207

typing time equivalent　击键时间当量　15.0196

U

UA　用户区　10.0115，用户代理　14.0708

UART　通用异步接收发送设备　14.0213

UCS　通用多八位编码字符集　15.0018

UDP　用户数据报协议　14.0613

Uighur 维吾尔文 15.0006

UIMS 用户界面管理系统 01.0254

ultrasonic sensor 超声波传感器 22.0166

UMA 高端存储区 10.0114

UMB 高端存储块 10.0141

umbra 本影 16.0312

UML 统一建模语言 09.0123

unacknowledged connectionless-mode transmission 不确认的无连接方式传输 14.0476

unassured operation 非确保操作 14.0274

unbalanced tree 非平衡树 09.0325

unbiased estimation 无偏估计 17.0097

uncertain evidence 不确定证据 13.0081

uncertain knowledge 不确定知识 13.0082

uncertain reasoning 不确定推理 13.0227

uncertainty 非必然性 03.0155

undecidable problem 不可判定问题 02.0128

undeletion 恢复删除 10.0280

underflow 下溢 04.0455

underlying net 基网 02.0525

undershoot 反冲 07.0087

understandability 可理解性 12.0190

undo 撤销还原 11.0200

unfixed-length coding 不等长编码 15.0172

unformatted capacity 未格式化容量 05.0087

UNI 用户-网络接口 14.0358

unibus 单总线 04.0370

unicast 单播 14.0117

unicomputer system 单计算机系统 04.0029

unidirectional fault 单向故障 03.0126

unidirectional transmission 单向传输 14.0082

unification 合一 13.0199

unification-based grammar 基于合一语法 20.0080

unification unit 合一部件 04.0410

unified modeling language 统一建模语言 09.0123

unifier 合一子 13.0200

uniform memory access 均匀存储器访问 04.0233

uniform resource locater 统一资源定位地址，＊URL地址 14.0606

uninstallation 卸载 10.1013

uninterruptible power supply 不间断电源 07.0323

union 并 11.0096

union rule of functional dependencies 函数依赖合并律 11.0151

union theorem 并定理 02.0251

uniprocessor 单处理器 01.0119

unit 单元 01.0392，单位 01.0393

unit production 单一生成式 02.0188

unit test 单元测试 03.0125

universal address administration 全球地址管理 14.0463

universal asynchronous receiver/transmitter 通用异步接收发送设备 14.0213

universal installer 通用安装程序 12.0267

universal keyboard 通用键盘 15.0134

universal multiple-octet coded character set 通用多八位编码字符集 15.0018

universal quantifier 全称量词 11.0114

universal relation 泛关系 11.0139

universal serial bus 通用串行总线 04.0450

universal Turing machine 通用图灵机 02.0211

universal unification 泛合一 13.0201

UNIX UNIX 操作系统 10.1032

UNIX Shell UNIX 命令解释程序 10.1034

unlisted word 未登录词 20.0020

unload zone 卸载区 05.0120

unlock 解锁 10.0172

unordered list 无序[列]表 14.0669

un-original disassembly 无理据拆分 15.0147

unreachable destination 不可达目的地 14.0616

unreliable process 不可靠进程 10.0607

unrestricted grammar 非限制文法 02.0120

unscheduled maintenance 非预定维修 08.0275

unscheduled maintenance time 非预定维修时间 08.0276

unshield twisted pair 非屏蔽双绞线 14.0237

unsimplified Chinese character 繁体字 15.0049

unsimplified Hanzi 繁体字 15.0049

unsupervised learning 无监督学习 13.0410

unterminated line 无端接[传输]线 07.0179

UPC 使用参数控制 14.0407

update 更新 11.0085

update anomaly 更新异常 11.0125

update propagation 更新传播 11.0232

update transactions 更新事务处理 10.0995

uplink 上行链路 14.0507

upload 上载 18.0203

upper broadcast state 上播状态 04.0276

upper memory area 高端存储区 10.0114

upper memory block 高端存储块 10.0141

UPS 不间断电源 07.0323

upstream 上行数据流 18.0204

upward compatibility 向上兼容 12.0422

upward logic-transition 正逻辑转换 07.0068

upward transition 正跃变 07.0066

urgent transfer 加急传送 14.0712

URL 统一资源定位地址，＊URL 地址 14.0606

usability 可用性，＊易用性 01.0280

usage parameter control 使用参数控制 14.0407

USB 通用串行总线 04.0450

useless symbol 无用符［号］ 02.0118

user 用户 01.0399

user account 用户账号，＊用户登录号 10.0997

user agent 用户主体 13.0497，用户代理
    14.0708

user area 用户区 10.0115

user authorization file 用户特许文件 10.0277

user contract administrator 用户合同管理员
    12.0396

user coordinate 用户坐标 16.0320

user coordinate system 用户坐标系 16.0325

user CPU time 用户中央处理器时间，＊用户 CPU
    时间 04.0609

user datagram protocol 用户数据报协议 14.0613

user-defined character-formation program 用户造字程
    序 15.0283

user defined data type 用户［自］定义数据类型
    11.0285

user defined message 用户定义消息 10.0998

user-defined word-formation program 用户造词程序
    15.0282

user documentation 用户文档 12.0397

user encryption 用户加密 19.0049

user entry time 用户进入时间 10.0981

user file directory 用户文件目录 10.0192

user identification code 用户标识码 19.0118

user identity 用户标识 19.0117

user interest 用户兴趣 13.0498

user interface 用户界面 21.0060

user interface management system 用户界面管理系
    统 01.0254

user job 用户作业 10.0338

user journal 用户日志 10.1000

user key 用户密钥 19.0083

user log-in 用户注册 10.1004

user log-off 用户注销 10.1005

user log-on 用户注册 10.1004

user memory 用户内存 10.1006

user-network interface 用户–网络接口 14.0358

user option 用户选项 10.1007

user-oriented test 面向用户测试 08.0119

user partition 用户分区 10.0526

user profile 用户简介 19.0394

user requirements 用户需求 12.0034

user stack 用户栈 10.0829

user stack pointer 用户栈指针 10.0536

user state table 用户状态表 10.0933

user task 用户任务 10.0965

user task set 用户任务集 10.1008

user time-sharing 用户分时 10.0986

UTC 协调世界时间 14.0567

utility 实用程序 10.1010

utility frequency of Chinese character 汉字使用频度
    15.0043

utility frequency of component 部件使用频度
    15.0070

utility frequency of Hanzi 汉字使用频度 15.0043

utility frequency of word 词使用频度 15.0090

utility function 实用功能 10.1011

utility marker 公用设施标记 14.0293

utility package 实用程序包 10.1012

utility program 实用程序 10.1010

utility software 实用软件 12.0398

UTP 非屏蔽双绞线 14.0237

utterance analysis 话语分析 20.0034

V

vaccine 疫苗［程序］ 19.0234

vaccine program 防疫程序 19.0444

valency 配价 20.0088

validation 确认 14.0152

valid cell 有效信元 14.0367

valid input 有效输入 03.0086

valid item 有效项 02.0161

validity 有效性 12.0395

validity check 有效性检查 08.0325

valid request 有效请求 10.0692

valid［state］ 有效［状态］ 06.0009

valid time 有效时间 11.0354

value-added network 增值网 14.0014

value parameter 值参 09.0181

VAN 增值网 14.0014

vanishing point 灭点 16.0276

vanishing state 消失状态 02.0671

variable bit rate 可变比特率 14.0348

variable bit rate service 可变比特率业务 14.0320

variable length coding 变长编码 18.0105

variable partition 可变分区 04.0231

variable-structured system 可变结构系统 04.0053

variable word length 可变字长 01.0176

variance 变度 02.0654

variant 异体 15.0062

variant Chinese character 异体字 15.0050

variant Hanzi 异体字 15.0050

variational design 变量化设计 16.0081

VB 可视 Basic 语言 09.0155

VBR 可变比特率 14.0348

VC++ 可视 C++ 语言 09.0156

VC 虚通道 14.0374

VCD 影碟 05.0227

VDL 维也纳定义语言 09.0124

VDM 维也纳定义方法 09.0125，维也纳开发方法 12.0072

vector 向量 04.0436

vector coding 向量编码 18.0106

vector computer 向量计算机 04.0019

vector data structure 向量数据结构 11.0256

vector display 向量显示 16.0339

vector instruction 向量指令 04.0330

vector interrupt 向量中断 04.0377

vectorization 向量化 04.0111

vectorization ratio 向量化率 04.0112

vectorizing compiler 向量化编译器 04.0113

vector looping method 向量循环方法 04.0114

vector mask 向量屏蔽 04.0329

vector pipeline 向量流水线 04.0117

vector priority interrupt 向量优先级中断 10.0317

vector processor 向量处理器 04.0328

vector quantization 向量量化 18.0102

vector search 向量查找，＊向量搜索 11.0335

vector supercomputer 向量超级计算机 04.0327

velocity transducer 速度传感器 17.0233

verb phrase 动词短语 20.0029

verb semantics 动词语义学 20.0108

verification 验证 01.0302

verification algorithm 验证算法 02.0508

verification system 验证系统 19.0144

verified design 验证化设计 19.0203

verified protection 验证化保护 19.0244

verifier 验证者 02.0486

verifying unit 检验装置 08.0146

versatile message transaction protocol 通用消息事务协议 14.0589

version 版本 10.1014

version control 版本控制 12.0399

version management 版本管理 11.0307

version number 版本号 10.1015

version upgrade 版本升级 12.0420

vertex blending 顶点混合 16.0123

vertex cover 顶点覆盖 02.0435

vertical check 纵向检验 08.0165

vertical composition 竖排 15.0132

vertical fragmentation 垂直分片 11.0217

vertical magnetic recording 垂直磁记录 05.0029

vertical parity check 纵向奇偶检验 08.0166

vertical processing 垂直处理 04.0236

vertical redundancy check 纵向冗余检验 08.0167

very high level language 甚高级语言 09.0052

very high speed integrated circuit 超高速集成电路 16.0049

very long instruction word 超长指令字 01.0216

very low bit-rate coding 超低位速率编码 18.0118

VGA 视频图形阵列[适配器] 05.0373

VHSIC 超高速集成电路 16.0049

VHSIC hardware description language 超高速集成电路硬件描述语言 16.0050

via hole 过孔 07.0131

video 视像，＊视频[媒体] 18.0076

video adapter 视频卡 18.0080

video buffer 视频缓冲区 18.0139

video camera 摄像机 22.0165

video card 视频卡 18.0080

video CD 影碟 05.0227

video conferencing 视频会议，＊电视会议 18.0186

video graphic array 视频图形阵列[适配器] 05.0373

video memory 视频存储器 06.0054

videomessaging service 视频消息[处理]型业务 14.0328

video mode 视频模式 18.0136

video on demand 视频点播 18.0192

video RAM 视频随机存储器 18.0138

video-wall 电视墙 18.0132

Vienna definition language 维也纳定义语言 09.0124

Vienna definition method 维也纳定义方法 09.0125

Vienna development method 维也纳开发方法 12.0072

view 视图 11.0068

view box 视框 16.0319

view direction 视向 16.0317

viewing pyramid 视锥 16.0361

viewing transformation 取景变换 16.0362

view plane 视平面 16.0363

viewpoint 视点 16.0316

view port 视口，＊视区 16.0359

view ray 视线 16.0318

view reference point 视参考点 16.0364

view volume 视体 16.0360

vindictive employee 报复性雇员 19.0341

violation transition 事故变迁 02.0663

violator 违章者 19.0361

virtual 虚拟[的] 01.0394

virtual address 虚拟地址 10.0083

virtual addressing 虚拟寻址 10.0084

virtual addressing mechanism 虚拟寻址机制 10.0441

virtual assembly 虚拟装配 16.0057

virtual call 虚呼叫 14.0134

virtual call facility 虚呼叫设施 14.0135

virtual channel 虚通道 14.0374

virtual channel connection 虚通道连接 14.0376

virtual channel link 虚通道链路 14.0375

virtual circuit 虚电路 14.0137

virtual classroom 虚拟教室 18.0189

virtual computer 虚拟计算机 04.0017

virtual console 虚拟控制台 10.1017

virtual console spooling 虚拟控制台假脱机操作 10.1018

virtual control program interface 虚拟控制程序接口 10.0298

virtual cut-through 虚跨步 04.0234

virtual device driver 虚拟设备驱动程序 10.0202

virtual disk 虚拟盘 10.0873

virtual disk initialization program 虚拟盘初始化程序 10.0654

virtual disk system 虚拟磁盘系统 04.0369

virtual enterprise 虚拟企业 17.0259

virtual environment 虚拟环境 18.0038

virtual field device 虚拟现场设备 17.0255

virtual floppy disk 虚拟软盘 10.1019

virtual human 虚拟人 18.0044

virtual I/O device 虚拟输入输出设备 10.0184

virtual LAN 虚拟局域网 14.0479

virtual library 虚拟库 14.0663，虚拟图书馆 21.0191

virtual local area network 虚拟局域网 14.0479

virtually addressing cache　虚寻址高速缓存
　04.0227

virtual machine　虚拟机　04.0041

virtual manufacturing　虚拟制造　16.0058

virtual member　虚拟成员　09.0206

virtual memory　虚拟存储[器]　04.0179

virtual memory management　虚拟存储管理
　10.1016

virtual memory mechanism　虚存机制　10.0442

virtual memory operating system　虚存操作系统
　10.0008

virtual memory page swap　虚存页面对换　10.0865

virtual memory stack　虚拟存储栈　10.0830

virtual memory strategy　虚存策略　10.0551

virtual memory structure　虚拟存储结构，*虚存结
　构　10.0846

virtual memory system　虚存系统　10.0912

virtual mode　虚拟方式　10.0432

virtual operating system　虚拟操作系统　10.0033

virtual page　虚页　10.0515

virtual page number　虚页号　04.0228

virtual path　虚通路　14.0377

virtual path connection　虚通路连接　14.0379

virtual path link　虚通路链路　14.0378

virtual private network　虚拟专用网　14.0248

virtual processor　虚拟处理器　04.0058

virtual prototyping　虚拟原型制作　16.0059

virtual reality　虚拟现实　18.0030

virtual reality interface　虚拟现实界面　16.0084

virtual reality modeling language　虚拟现实建模语言
　09.0149

virtual region　虚区域　10.1021

virtual security network　虚拟安全网络　19.0257

virtual segment　虚段　10.0770

virtual segment structure　虚段结构　10.0847

virtual space　虚拟空间　04.0180

virtual system　虚拟系统　10.1020

virtual table　虚表　11.0067

virtual terminal　虚拟终端　04.0368

virtual terminal service　虚拟终端服务　14.0696

virtual world　虚拟世界　18.0040

virus　病毒　19.0287

virus signature　病毒签名　19.0443

VISC　科学计算可视化　16.0261

visibility　可见性　16.0235

visibility of a point　点可见性　16.0237

visibility problem　可见性问题　16.0236

visible point　可见点　16.0238

visible polygon　可见多边形　16.0239

vision　视觉　22.0126

vision model　视觉模型　22.0178

Visual Basic　可视 Basic 语言　09.0155

Visual C++　可视 C++ 语言　09.0156

visualization　可视化　16.0260

visualization in scientific computing　科学计算可视化
　16.0261

Visual J++　可视 J++ 语言　09.0157

visual language　可视语言　09.0154

visual phenomena　可视现象　22.0174

visual programming　可视程序设计　12.0198

visual programming language　可视编程语言
　16.0264

VJ++　可视 J++ 语言　09.0157

VLC　变长编码　18.0105

VLIW　超长指令字　01.0216

VLSI parallel algorithm　VLSI 并行算法　02.0452

VMOS　虚存操作系统　10.0008

VMTP　通用消息事务协议　14.0589

vocabulary　词汇　15.0025

VOD　视频点播　18.0192

voice　话音　18.0152

voice coil motor　音圈电机　05.0115

voice mail　话音邮件　14.0759

voice recognition　声音识别　13.0629

voice synthesis　声音合成　13.0635

volatile checkpoint　易失性检查点　03.0140

volatile memory　易失性存储器　06.0028

voltage-current curve　电压电流曲线　07.0050

voltage step　电压阶跃　07.0059

volume　卷　10.0716

volume matrix　体矩阵　16.0457

volume model　体模型　16.0259

volume rendering　体绘制　16.0269

volume visualization　体可视化　16.0262

von Neumann architecture　冯·诺依曼体系结构
　04.0001

· 418 ·

von Neumann machine 冯·诺依曼[计算]机
　　01.0081

voter 表决器 04.0286

voting system 表决系统 03.0147

voxel 体元 16.0277

VP 虚通路 14.0377

VPN 虚拟专用网 14.0248

VR 虚拟现实 18.0030

VRAM 视频随机存储器 18.0138

VRML 虚拟现实建模语言 09.0149

VSN 虚拟安全网络 19.0257

VTS 虚拟终端服务 14.0696

vulnerabilities 脆弱点 19.0175

W

wafer-scale integration 圆片规模集成 04.0418

WAIS 广域信息服务系统 14.0670

wait 等待 10.0796

waiting queue 等待队列 10.0672

waiting state 等待状态 10.0840

wait list 等待表 10.0389

wake-up 唤醒 10.0795

wake-up character 唤醒字符 10.1022

wake-up primitive 唤醒原语 10.0586

wake-up waiting 唤醒等待 10.1023

walking test 走步测试 03.0120

walk-through 走查 12.0203

Wallace tree 华莱士树 04.0275

WAN 广域网 14.0002

WAR 读后写 04.0207

warm backup 热备份 08.0073

warm start 热启动 04.0449

Warren abstract machine 沃伦抽象机 04.0044

wasted cycle 白消耗周期 04.0413

watchdog 把关[定时]器，*监视定时器 14.0241

waterfall model 瀑布模型 12.0102

waveform 波形 07.0056

wave guide 波导 19.0342

wavelet basis 小波基 22.0037

wavelet packet basis 小波包基 22.0038

wavelet transformation 小波变换 22.0036

wavepipeline 波形流水线 03.0142

wave-soldering 波峰焊 07.0271

WAW 写后写 04.0221

weak bit 弱位 19.0465

weak consistency model 弱一致性模型 04.0214

weak key 弱密钥 19.0063

weakly connected graph 弱连通图 02.0362

weak method 弱方法 13.0120

wearable computer 可穿戴计算机 01.0073

wearable computing 随身计算 18.0048

wear-out failure 磨损失效 07.0287，衰老失效
　　08.0013

Web 万维网 14.0651

Web address [万维]网[地]址 14.0655

Webcasting 万维网广播 14.0559

Web file system Web 文件系统 10.0899

Web page [万维]网页 14.0653

Web server 万维[网]服务器，*Web 服务器
　　14.0558

Web site 万维网站，*万维站点 14.0654

weighted graph 加权图 02.0370

weighted S-graph 加权 S 图 02.0701

weighted synchronic distance 加权同步距离
　　02.0657

weighted T-graph 加权 T 图 02.0700

weight function 权函数 02.0560

well-formed formula 合式公式 02.0022

well-structured program 良构程序 12.0117

what you see is what I see 你见即我见 18.0199

what you see is what you get 所见即所得 18.0198

whiteboard service 白板服务 14.0619

white-box 白箱 12.0408

white box testing 白箱测试 03.0058

white-collar crime 白领犯罪 19.0310

white noise emitter 白噪声发生器 19.0340

wide area information server 广域信息服务系统
　　14.0670

wide area network 广域网 14.0002

wide track 宽磁道 19.0466

Wiener filtering 维纳滤波 17.0095

wildcard　通配符　11.0337

Winchester disk drive　温[切斯特]盘驱动器　05.0084

Winchester technology　温切斯特技术　05.0083

window　窗口　16.0358

window function　窗口函数　11.0271

windowing　开窗口　22.0065

Windows　视窗操作系统　10.1026

Windows 95　视窗操作系统95　10.1028

Windows 98　视窗操作系统98　10.1029

Windows 2000　视窗操作系统2000　10.1030

window size　窗口大小　14.0315

Windows NT　新技术视窗操作系统　10.1027

Windows XP　视窗操作系统XP　10.1031

wire delay　线延迟　04.0411

wired-OR　线或　07.0040

wire frame　线框　16.0124

wireless mark up language　无线置标语言　21.0196

wire over ground　地上线　07.0158

wiretapping　窃取信道信息，* 搭线窃听　19.0322

wire wrap　绕接　07.0277

wiring　接线　07.0276

wiring rule　布线规则　07.0224

witness　证据　02.0490

wizard　向导　09.0232

WML　无线置标语言　21.0196

word　词　01.0172，字　01.0173

word category　词范畴　20.0016

word count　字计数　04.0554

word drive　字驱动　06.0077

word expert parsing　词专家句法分析　20.0056

word frequency　词频　15.0087

word length　字长　01.0175

word-parallel and bit-parallel　字并行位并行　04.0314

word-parallel and bit-serial　字并行位串行　04.0315

word processing　字处理　21.0141

word redundancy　字冗余　03.0079

word segmentation　词切分，* 分词　15.0261，词语切分　20.0026

word segmentation unit　分词单位　15.0262

word selection　译词选择　20.0196

word-serial and bit-parallel　字串行位并行　04.0316

word-serial and bit-serial　字串行位串行　04.0317

word slice　字片　04.0318

words per minute　字每分　23.0035

words per second　字每秒　23.0034

word usage　词的使用度　15.0088

work factor　工作因子　19.0104

workflow　工作流　11.0268

workflow enactment service　工作流制定服务　21.0179

workgroup computing　工作组计算　21.0177

working file　工作文件　10.0278

working memory area　工作存储区　10.0116

working page　工作页[面]　10.0516

working set　工作集　01.0372

working set dispatcher　工作集分派程序　10.0210

workload hazard model　负载冒险模型　03.0098

work queue　工作队列　10.0689

work queue directory　工作队列目录　10.0193

worksheet　电子表格　21.0167

workstation　工作站　01.0064

work storage　工作存储器　04.0169

work [time] slice　工作时间片　10.0975

world coordinate　世界坐标　16.0321

world coordinate system　世界坐标系　16.0324

world knowledge　世界知识　20.0180

world wide web　万维网　14.0651

worm　蠕虫　19.0296

wormhole routing　虫孔寻径，* 虫蚀寻径　04.0295

worst case analysis　最坏情况分析　02.0436

worst case input logic level　最坏情况输入逻辑电平　07.0204

worst pattern　最坏[情况]模式　06.0118

worst pattern test　最坏模式测试　08.0121

WPBP　字并行位并行　04.0314

WPBS　字并行位串行　04.0315

wpm　字每分　23.0035

wps　字每秒　23.0034

write　写　01.0271

write access　写访问　19.0393

write after read　读后写　04.0207

write after write　写后写　04.0221

write back　写回　04.0222

write broadcast　写广播　04.0220

write cycle 写周期 06.0087

write data line 写数据线 06.0073

write invalidate 写无效 04.0224

write lock 写锁 11.0163

write precompensation 写前补偿 05.0057

write protection 写保护 01.0272

write select line 写选择线 06.0074

write through 写直达，＊写通过 04.0223

［write-to-read］crossfeed 写读串扰 05.0194

write update protocol 写更新协议 04.0219

write while read 边写边读 05.0192

writing task 写任务 10.0951

written language 书面语 15.0036

written natural language processing 书面自然语言处理 20.0153

WSBP 字串行位并行 04.0316

WSBS 字串行位串行 04.0317

WWW 万维网 14.0651

WYSIWIS 你见即我见 18.0199

WYSIWYG 所见即所得 18.0198

X

XGA 扩展视频图形适配器 05.0380

XLL 可扩展链接语言 21.0198

XML 可扩展置标语言 09.0153

XSL 可扩展样式语言 21.0197

X-Y plotter XY 绘图机 05.0257

Y

YACC YACC 语言 09.0126

Year 2000 Problem 2000 年问题 09.0127

Yet Another Compiler Compiler YACC 语言 09.0126

Yi character 彝文 15.0008

Y2K 2000 年问题 09.0127

yoke 偏转线圈 05.0345

Z

ZBR 区位记录 05.0046

Z-buffer algorithm Z 缓冲器算法 16.0299

ZCAV 分区恒角速度 05.0108

zero 零点 17.0067

zero copy protocol 零拷贝协议 04.0339

zero crossing detector 过零检测器 05.0067

zero initial 零声母 15.0033

zero-knowledge 零知识 02.0476

zero-knowledge interactive argument 零知识交互式论证 02.0507

zero-knowledge interactive proof system 零知识交互式证明系统 02.0479

zero-knowledge proof 零知识证明 02.0477

zero-order holder 零阶保持器 17.0223

zero track 零道 05.0092

zigzag path 交错路径 03.0066

zone 区 15.0124

zone bit recording 区位记录 05.0046

zoned constant angular velocity 分区恒角速度 05.0108

zoom in 放大 16.0466

zooming 变焦 16.0354

zoom out 缩小 16.0467

汉 英 索 引

A

阿姆达尔定律　Amdahl's law　04.0422

阿姆斯特朗公理　Armstrong axioms　11.0148

*阿帕网　Advanced Research Project Agency network, ARPANET　14.0530

埃尔布朗基　Herbrand base　02.0088

埃尔米特函数　Hermite function　22.0098

安全标号　security label　19.0094

安全操作系统　secure operating system　10.0027

安全策略　security policy　19.0169

安全措施　security measure　19.0211

安全等级　security level　19.0092

安全电子交易　secure electronic transaction, SET　19.0215

安全功能评估　secure function evaluation　19.0212

安全过滤器　security filter　19.0438

安全检查　security inspection　19.0115

安全控制　security control　19.0154

安全类　security class　19.0161

安全路由器　secure router　19.0208

安全模型　security model　19.0160

安全内核　secure kernel　19.0093

安全认证授权　safety certification authority　12.0315

安全审计　security audit　19.0240

安全识别　secure identification　02.0495

安全事件　security event　19.0170

安全套接层　secure socket layer, SSL　19.0095

安全停机　safe shutdown　03.0080

安全网　safe net　02.0532

安全网关　secure gateway　19.0209

安全[性]　security　19.0173

安全许可　security clearance　19.0371

安全域　security domain　19.0202

安全运行模式　security operating mode　19.0191

安装　installation　01.0321, mount　07.0238

安装处理控制　installation processing control　10.0123

安装和检验阶段　installation and check-out phase　12.0266

安装技术　mounting technique　07.0002

[按]名调用　call by name　09.0178

按内容存取存储器　content accessable memory　06.0053

按需知密　need-to-know　19.0162

按序　in-sequence　14.0177

按序检测　sequential detection　08.0277

按序提交　in-order commit　04.0344

按序执行　in-order execution　04.0345

[按]值调用　call by value　09.0180

*案例　case　13.0142

凹多边形　concave polygon　16.0242

凹体　concave volume　16.0244

B

*八比特组　octet　01.0178

八叉树　octree　16.0210

八皇后问题　eight queens problem　02.0373

八进制　octal system　01.0185

八进制数字　octal digit　01.0186

八位[位]组　octet　01.0178

巴克斯范式　Backus normal form, BNF　09.0164

巴克斯－诺尔形式　Backus-Naur form, BNF　09.0163

把关[定时]器　watchdog　14.0241

白板服务　whiteboard service　14.0619

白领犯罪　white-collar crime　19.0310

白体　Bai Ti　15.0058

白箱　white-box　12.0408

白箱测试 white box testing 03.0058

白消耗周期 wasted cycle 04.0413

白噪声发生器 white noise emitter 19.0340

百万 mega-, M 23.0007, 23.0008

百万次浮点运算每秒 mega floating-point operations per second, million floating-point oprations per second, megaflops, MFLOPS 23.0045

百万次逻辑推理每秒 million logical inferences per second, MLIPS 23.0056

百万次事务处理每秒 million transactions per second, MTPS 23.0058

百万次运算每秒 million operations per second, MOPS 23.0040

百万条指令每秒 million instructions per second, MIPS 23.0050

百万位 megabit, Mb 23.0009

百万字节 megabyte, MB 23.0010

拜占庭弹回 Byzantine resilience 03.0168

板 board 07.0128

板内时钟分配 on-card clock distribution 07.0219

板上电源分配 on-card power distribution 07.0335

板外时钟分配 off-card clock distribution 07.0217

版本 version 10.1014

N 版本编程 N-version programming 03.0001

版本管理 version management 11.0307

版本号 version number 10.1015

版本控制 version control 12.0399

版本升级 version upgrade 12.0420

办公过程 office process 21.0142

办公活动 office activity 21.0140

办公流程 office procedure 21.0143

办公信息系统 office information system, OIS 21.0138

办公自动化 office automation, OA 21.0139

办公自动化模型 office automation model 21.0144

半导体存储器 semiconductor memory 06.0015

半加器 half adder 04.0517

半减器 half subtracter 04.0523

半联结 semijoin 11.0105

半色调 halftone 16.0310

半色调图像 halftone image 18.0062

半实物仿真 semi-physical simulation 17.0063

半双工传输 half-duplex transmission 14.0074

半透明 translucency 16.0412

半图厄系统 semi-thue system 02.0146

半线性集 semilinear set 02.0147

半影 penumbra 16.0311

伴随条件 side condition 02.0555

＊帮手主体 help agent 13.0463

帮助主体 help agent 13.0463

绑定 binding 09.0198

包 package, packet 01.0367

包封 envelope 14.0124

包过滤 packet filtering 19.0254

包加密 packet encryption 19.0050

包交换 packet switching 14.0126

包交换公用数据网 packet switched public data network, PSPDN 14.0244

包交换数据网 packet switched data network, PSDN 14.0243

包交换网 packet switching network 14.0019

包交换总线 packet switched bus 04.0372

包式终端 packet mode terminal 14.0221

包围盒 bounding box 16.0455

包围盒测试 bounding box test 16.0456

包装拆器 packet assembler/disassembler, PAD 14.0220

饱和磁记录 saturation magnetic recording 05.0030

保持依赖分解 dependency reserving decomposition 11.0147

保存区 save area 10.0105

保护 protection 01.0320

保护地 protected ground 07.0353

保护队列区 protected queue area 10.0103

保护方式 protected mode 10.0421

保留 reservation 10.0713

保留进位加法器 carry-save adder, CSA 04.0622

保留卷 reserved volume 10.0717

保留内存 reserved memory 10.0714

保留页选项 reserved page option 10.0715

保留站 reservation station 04.0247

保留字 reserved word 10.0718

保卫 safeguard 19.0228

保形插值 conforming interpolation 16.0185

保 P 映射 P-preserve mapping 02.0639

保 F 映射 F-preserve mapping 02.0640

堡垒主机　bastion host　19.0255

报表　report　11.0269

报表生成程序　report generator　21.0171

报表生成语言　report generation language，RPG
　09.0106

报表书写程序　report writer　09.0103

报酬分析　reward analysis　03.0105

报复性雇员　vindictive employee　19.0341

报警显示　alarm display　08.0001

报警信号　alarm signal　07.0416

报警站　beaconing station　14.0517

*报文　message　01.0267

*［报文］分组交换　packet switching　14.0126

报文加密　message passwording　02.0500

报文鉴别　message authentication　19.0143

报文鉴别码　message authentication code，MAC
　19.0124

报文交换　message switching　14.0125

报文摘译　message digest　19.0047

暴露　exposure　19.0398

贝尔－拉帕杜拉模型　Bell-Lapadula model
　19.0126

贝济埃曲面　Bezier surface　16.0172

贝济埃曲线　Bezier curve　16.0171

贝叶斯定理　Bayesian theorem　13.0099

贝叶斯分类器　Bayesian classifier　13.0093

贝叶斯分析　Bayes analysis　03.0027

贝叶斯决策方法　Bayesian decision method
　13.0095

贝叶斯决策规则　Bayesian decision rule　13.0094

贝叶斯逻辑　Bayesian logic　13.0098

贝叶斯推理　Bayesian inference　13.0096

贝叶斯推理网络　Bayesian inference network
　13.0097

备份　backup　01.0368

备份过程　backup procedure　19.0448

备份文件　backup file　10.0249

备份与恢复　backup and recovery　08.0362

备件　spare part　07.0430

备用　standby　01.0369

备用冗余　standby redundancy　10.0702

备用替代冗余　standby replacement redundancy
　10.0703

备用系统　standby system　10.0906

背包问题　knapsack problem　02.0391

背景色　background color　16.0278

倍密度软盘　double-density diskette　05.0160

被测变量　measured variable　08.0222

被调用者　callee　04.0292

被动查询　passive query　11.0339

被动威胁　passive threat　19.0396

被动站　passive station　14.0208

本地地址管理　local address administration
　14.0462

本地加电　local power on　07.0327

Java本地接口　Java native interface　09.0142

本地终端　local terminal　14.0223

本体论　ontology　13.0429

本影　umbra　16.0312

本原演绎　primitive deduction　02.0097

本质失效　inherent failure　17.0154

崩溃　crash　03.0048

泵作用引理　pumping lemma　02.0203

逼近　approximation　16.0186

比较并交换　compare and swap　04.0293

比较－交换　compare-exchange　02.0356

比较器　comparator　04.0285

比较器网络　comparator network　02.0448

比较语言学　comparative linguistics　20.0134

比例变换　scaling transformation　16.0356

比例带　proportional band　17.0269

比例积分微分控制　proportional plus integral plus
　derivative control，PID control　17.0021

比例控制　proportional control　17.0018

*比特　bit，b　23.0001

*比特每秒　bits per second，bps　23.0022

比值控制　ratio control　17.0033

笔画　stroke　15.0065

笔画编码　stroke coding　15.0180

笔画码　stroke code　15.0181

笔画显示　stroke display　16.0340

笔记本式计算机　notebook computer　01.0070

笔输入计算机　pen computer　01.0074

笔数　stroke count　15.0067

笔顺　stroke order　15.0066

必备服务　mandatory service　14.0044

闭包　closure　02.0152

闭合式　closed form　02.0355

闭合用户群　closed user group, CUG　14.0298

闭环电波探测器　closed-loop radar　07.0307

闭环控制　close loop control　17.0006

避错　fault avoidance　03.0261

边覆盖　edge cover　02.0372

边界　boundary　22.0067

边界表示　boundary representation　16.0173

边界错误　boundary error　08.0328

边界跟踪　boundary tracking　22.0068

边界检测　boundary detection　03.0061

边界建模　boundary modeling　16.0113

边界模型　boundary model　16.0112

边界扫描　boundary scan　03.0060

边界条件　boundary condition　02.0331

边界网关协议　border gateway protocol, BGP　14.0580

边界像素　boundary pixel　22.0069

边框　border　22.0066

边写边读　read while write, write while read　05.0192

边沿触发　edge trigging　07.0036

边缘　edge　03.0062

边缘操作　marginal operation　08.0330

边缘测试　marginal test　08.0329

边缘触发时钟　edge-triggered clocking　04.0294

边缘错觉　edge illusory　22.0077

边缘泛化　edge generalization　22.0110

边缘分割　edge segmentation　22.0112

边缘故障　edge fault, marginal fault　08.0018

边缘检测　edge detection　03.0063

边缘检验　marginal check　04.0602

边缘聚焦　edge focusing　22.0074

边缘连接　edge linking　22.0079

边缘拟合　edge fitting　22.0107

边缘匹配　edge matching　22.0106

边缘算子　edge operator　22.0080

边缘提取　edge extracting　22.0075

边缘调整　justified margin　08.0182

边缘图像　edge image　22.0078

边缘像素　edge pixel　22.0081

边缘增强　edge enhancement　22.0076

编程　programming　01.0151

编程语言　programming language　09.0097

编辑程序　editor　09.0250

＊编辑器　editor　09.0250

编解码器　codec　18.0090

编码　coding　01.0223

编码表示　coded representation　15.0170

编码方法　encoding method　05.0041

编码器　encoder　04.0586

编码效率　coding efficiency　05.0047

编码字符　coded character　15.0118

编码字符集　coded character set　01.0199

编译　compile　01.0154

编译程序　compiler　09.0259

Java 编译程序　Java compiler　09.0136

编译程序的编译程序　compiler-compiler　09.0128

编译程序的生成程序　compiler generator　09.0129

编译程序规约语言　compiler specification language　09.0036

＊编译器　compiler　09.0259

编址　addressing　04.0559

扁平电缆　flat cable　07.0160

扁平封装　flat pack, flat package　07.0241

便笺式存储器　scratchpad memory　06.0008

便携式计算机　portable computer　01.0066

变长编码　variable length coding, VLC　18.0105

变度　variance　02.0654

变更转储　change dump　10.0035

变化检测　change detection　22.0135

变换　transformation　09.0275

变换编码　transform coding　18.0104

变换处理　transformation processing　22.0187

变换分析　transform analysis　12.0044

变换规则　transformation rule　20.0045

变换旁查缓冲器　translation lookaside buffer, TLB　04.0163

变换系统　transformation system　02.0068

变换先行缓冲器　translation lookahead buffer　04.0164

变换语义　transformation semantics　09.0197

变换中心　transform center　12.0045

变焦　zooming　16.0354

变量化设计　variational design　16.0081

变流器　converter　17.0196

变频器　frequency converter　17.0194

变迁　transition　02.0545

变迁规则　transition rule　02.0586

变迁实施速率　transition firing rate　02.0665

变迁序列　transition sequence　02.0607

变迁子网　subnet of transition　02.0716

变形　morphing　16.0468

变异　mutation　13.0535

变址　index　04.0584

变址寄存器　index register, modifier register　04.0585

遍　pass　09.0345

遍历　traverse　09.0267

标号　label　09.0336

标号化安全　labeled security　19.0201

标号可达树　labeled reachable tree　02.0703

标号佩特里网　labeled Petri net　02.0706

标记变量　token variable　02.0682

标记类型　token type　02.0681

标记流路　token flow path　02.0605

标量　scalar　04.0435

标量处理器　scalar processor　04.0057

标量计算机　scalar computer　04.0020

标量流水线　scalar pipeline　04.0118

标量数据流分析　scalar data flow analysis　09.0281

标签集　tally set　02.0257

标识　identification　01.0306, marking　02.0565

标识变量　marking variable　02.0683

标识符　identifier　09.0201

标识鉴别　identity authentication　19.0127

标识权标　identity token　19.0387

标识确认　identity validation　19.0386

标识证明　proof of identity　19.0119

标志　tag　01.0230

标志序列　flag sequence　14.0175

标准程序法　standard program approach　04.0263

标准处理方式　standard processing mode　10.0425

标准单元　standard unit　16.0048

标准对象　standard object　10.0479

标准幅度带　master output tape　05.0183

标准扭斜带　master skew tape　05.0184

标准实施器　standard enforcer　12.0042

标准输出文件　standard output file　10.0269

标准输入文件　standard input file　10.0268

标准速度带　master speed tape　05.0185

标准通用置标语言　standard general markup language, SGML　09.0147

标准文件　standard file　10.0267

标准形式下推自动机　normal form PDA　02.0200

标准语言　standard language　09.0113

标准中断　standard interrupt　10.0314

表层格　surface case　20.0086

表处理　list processing　12.0152

表处理语言　list processing language　09.0064

表调度　list scheduling　10.0727

表格　table　01.0354

表[格]驱动法　table-driven technique　08.0304

表[格]驱动模拟　table-driven simulation　08.0305

表决器　voter　04.0286

表决系统　voting system　03.0147

表面　surface　07.0264

表面安装焊接　surface mount solder　07.0265

表面安装技术　surface mount technology, SMT　07.0239

表面安装器件　surface mount device, SMD　07.0240

表示　representation　09.0218

*PMS 表示　process-memory-switch representation, PMS representation　04.0262

表示层　presentation layer　14.0036

表头　list head　02.0396

表约束　table constraint　11.0184

别名　alias　12.0011

别名分析　alias analysis　09.0283

饼形图　pie chart　16.0090

并　union　11.0096

*并串行转换器　serializer　04.0598

并定理　union theorem　02.0251

并发变迁　concurrent transition　02.0675

并发操作系统　concurrent operating system　10.0009

并发程序设计　concurrent programming　09.0093

并发处理　concurrent processing　10.0618

并发读并发写　concurrent read concurrent write, CRCW　04.0165

*并发仿真　concurrent simulation　03.0081
并发公理　concurrency axiom　02.0576
并发故障检测　concurrent fault detection　08.0098
并发关系　concurrency relation　02.0561
并发进程　concurrent process　10.0593
并发控制　concurrency control　10.0117
并发控制机制　concurrent control mechanism　10.0437
并发控制系统　concurrent control system　10.0892
并发模拟　concurrent simulation　03.0081
并发信息系统　concurrent information system　21.0069
并发[性]　concurrency　01.0314
并联端接[传输]线　parallel terminated line　07.0178
并联匹配　parallel match　07.0170
并行编程语言　parallel programming language　09.0084
并行操作　parallel operation　04.0514
并行操作环境　parallel operation environment, POE　04.0093
并行查找存储器　parallel search memory　04.0173
并行程序设计　parallel programming　09.0094
并行处理　parallel processing　04.0441
并行处理机操作系统　parallel processor operating system　10.0021
并行传输　parallel transmission　14.0077
并行存储器　parallel memory　04.0172
并行度　degree of parallelism　04.0101
并行端口　parallel port　04.0446
*并行多元连接　parallel multiway join　11.0251
并行多元联结　parallel multiway join　11.0251
*并行二元连接　parallel two-way join　11.0250
并行二元联结　parallel two-way join　11.0250
*并行仿真　parallel simulation　03.0082
并行感染　parallel infection　19.0289
并行工程　concurrent engineering　17.0058
并行化　parallelization　04.0100
并行[化]编译程序　parallelizing compiler　09.0260
并行计算　parallel computing　01.0145
并行计算机　parallel computer　04.0003
并行计算论题　parallel computation thesis　02.0296
并行加法器　parallel adder　04.0518

并行建模　parallel modeling　16.0094
*并行连接　parallel join　11.0249
并行联结　parallel join　11.0249
并行模拟　parallel simulation　03.0082
并行排序算法　parallel sorting algorithm　02.0454
并行任务　parallel task　10.0957
并行任务派生　parallel task spawning　04.0103
并行实时处理　parallel real-time processing　10.0633
并行数据库　parallel database　11.0248
并行搜索　parallel search　13.0133
并行算法　parallel algorithm　02.0437
VLSI并行算法　VLSI parallel algorithm　02.0452
并行图论算法　parallel graph algorithm　02.0467
并行图形算法　parallel graphic algorithm　16.0265
并行推理机　parallel inference machine　04.0049
并行外排序　parallel external sorting　02.0456
并行性　parallelism　04.0096
并行虚拟机　parallel virtual machine　04.0094
并行选择算法　parallel selection algorithm　02.0455
并行指令队列　parallel instruction queue　04.0104
病毒　virus　19.0287
病毒签名　virus signature　19.0443
拨号终端　dial-up terminal　14.0225
波导　wave guide　19.0342
波峰焊　wave-soldering　07.0271
波斯特系统　Post system　02.0010
波特　baud　14.0068
波形　waveform　07.0056
波形流水线　wavepipeline　03.0142
玻尔兹曼机　Boltzmann machine　13.0561
玻璃环氧板　glass epoxy board　07.0262
伯德图　Bode diagram　17.0118
伯努利盘　Bernoulli disk　05.0166
博弈　game　13.0585
博弈论　game theory　13.0587
博弈树　game tree　13.0589
博弈树搜索　game tree search　13.0590
博弈图　game graph　13.0586
薄膜　thin film　07.0292
薄膜磁盘　thin film disk, film disk　05.0076
薄膜磁头　thin film magnetic head　05.0213
薄膜电路　thin film circuit　07.0293

薄膜键盘　membrane keyboard　05.0417

薄膜晶体管［液晶］显示器　thin film transistor display　05.0343

补偿　compensation　17.0082

补偿事务［元］　compensating transaction　03.0115

补偿网络　compensating network　17.0117

补码　complement　01.0227

补码器　complementer　04.0529

补色　complementary color　16.0384

不变代码移出　invariant code motion　09.0315

T 不变量［式］　T-invariant　02.0591

S 不变量［式］　S-invariant　02.0590

不变式　invariant　09.0285

不等长编码　unfixed-length coding　15.0172

不归零 1 制　non-return-to-zero change on one, NRZ1　05.0037

不归零制　non-return-to-zero, NRZ　05.0036

不合逻辑　illogicality　13.0198

不间断电源　uninterruptible power supply, UPS　07.0323

不交付项　non-deliverable item　12.0280

不精确推理　inexact reasoning　13.0255

不精确中断　imprecise interrupt　04.0617

不可达目的地　unreachable destination　14.0616

不可抵赖　non-repudiation　19.0151

不可分页动态区　non-pageable dynamic area　10.0102

不可靠进程　unreliable process　10.0607

不可逆加密　irreversible encryption　19.0377

不可判定问题　undecidable problem　02.0128

不可重复读　non-repeatable read　11.0172

不确定推理　uncertain reasoning　13.0227

不确定证据　uncertain evidence　13.0081

不确定知识　uncertain knowledge　13.0082

不确认的无连接方式传输　unacknowledged connectionless-mode transmission　14.0476

不透明度　opacity　16.0411

不完全排错　imperfect debugging　12.0258

不完全数据　incomplete data　13.0341

不完全信息　incomplete information　13.0342

不完全性　incompleteness　13.0343

不完全性理论　incompleteness theory　13.0197

不一致性　inconsistency　13.0344

不重性　nonce　19.0481

布尔表达式　Boolean expression　02.0019

布尔查找　Boolean search　11.0334

布尔代数　Boolean algebra　02.0018

布尔过程　Boolean process　03.0050

＊布尔搜索　Boolean search　11.0334

布尔运算　Boolean operation　02.0017

布局　layout, placement　07.0232

布局策略　placement strategy　10.0549

布局规则　layout rule　07.0220

布局接地规则　layout ground rule　07.0221

布思乘法器　Booth multiplier　04.0526

布思算法　Booth's algorithm　04.0423

布线　routing　16.0026

布线程序　router　16.0028

布线规则　wiring rule　07.0224

步　step　02.0614

步长值　step value　02.0615

步进　stepping　10.0802

步进电机　step motor　17.0222

步进控制　step-by-step control　17.0038

步可达性　reachability by step　02.0616

步序列　step sequence　02.0617

部分沉浸式虚拟现实　partial immersive VR　18.0036

部分函数依赖　partial functional dependence　11.0129

部分加电　partial power on　08.0259

部分正确性　partial correctness　12.0393

部件编码　component coding　15.0178

部件拆分　component disassembly　15.0140

部件码　component code　15.0179

部件使用频度　utility frequency of component　15.0070

部件组字频度　compositive frequency of component　15.0071

部首　indexing component　15.0072

C

擦除［磁］头　erase head　05.0208

财务主管　chief financial officer, CFO　21.0184

裁剪　clipping　16.0378

裁剪曲面　trimmed surface　16.0138

采样　sampling　13.0383

采样插件　sampling plug-in　07.0310

采样方式　sample mode　16.0380

采样分布　sampling distribution　13.0384

采样控制　sampling control　17.0022

采样频率　sampling frequency　13.0386

采样器　sampler　07.0308

采样速率　sampling rate　07.0309

采样误差　sampling error　13.0385

采样系统　sampling system　07.0311

采样噪声　sampling noise　13.0387

采样周期　sampling period　17.0121

彩色　color　05.0353

彩色打印机　color printer　05.0284

彩色图像　color image　22.0009

彩色图形适配器　color/graphics adapter, CGA　05.0377

彩色图形阵列［适配器］　multicolor graphics array, MCGA　05.0374

彩色显示　color display　05.0330

彩色显示器　color display　05.0336

*菜单　menu　01.0160

参考　reference　01.0404

参考电源　reference power supply　07.0320

参考监控　reference monitor　19.0164

参考码　reference code　07.0422

参考帧　reference frame　18.0092

参数测试　parameter testing　08.0254

参数传递　parameter passing　09.0269

参数估计　parameter estimation　17.0091

参数故障　parameter fault　03.0134

参数［化］曲面　parametric surface　16.0128

参数［化］曲线　parametric curve　16.0129

参数化设计　parametric design　16.0082

参数几何　parametric geometry　16.0126

参数空间　parametric space　16.0228

参数曲面拟合　parametric surface fitting　16.0127

参与者　participant　11.0224

参照完整性　referential integrity　11.0094

残错率　residual error rate　03.0192

残留数据　residual data　19.0429

藏文　Tibetan　15.0005

操纵杆　joy stick　05.0425

操作　operation　01.0234

*SPOOL 操作　simultaneous peripheral operations on line, SPOOL　10.0465

操作包　operation packet　04.0261

操作表　operation table　04.0558

操作测试　operational testing　03.0260

操作过程　operation process　12.0285

操作开关　joyswitch　07.0257

操作控制　operational control　21.0029

操作码　operation code　04.0556

*操作每秒　operations per second, OPS　23.0039

操作命令　operating command　10.0151

操作数　operand　04.0557

OS/2 操作系统　operating system/2, OS/2　10.0020

操作系统　operating system, OS　01.0027

Java 操作系统　Java OS　10.0015

Linux 操作系统　Linux　10.1033

UNIX 操作系统　UNIX　10.1032

操作系统病毒　operating system virus　10.0485

操作系统处理器　operating system processor　10.0483

操作系统功能　operating system function　10.0481

操作系统构件　operating system component　10.0480

操作系统管理程序　operating system supervisor　10.0484

操作系统监控程序　operating system monitor　10.0482

操作语义　operational semantics　09.0192

操作员命令　operator command　10.0152

操作员手册　operator manual　12.0287

槽　slot　10.0787

槽号　slot number　10.0790

槽排序　slot sorting　10.0788

槽群　slot group　10.0789

草稿质量　draft quality　05.0301

侧抑制　lateral inhibition　22.0179

测量　measurement　01.0370

测量范围　measuring range　17.0119

测量空间　measurement space　22.0219

测试　test　01.0371

α 测试　alpha test　03.0004

β 测试　beta test　03.0005

测试板　test board　08.0313

测试报告　test report　12.0382

测试程序　test program　08.0318

测试存取端口　test access port　03.0196

测试点　test point　08.0310

测试覆盖[率]　test coverage　12.0376

测试规约　test specification　08.0315

测试过程　test procedure　12.0380

测试环路　test loop　14.0312

*测试回路　test loop　14.0312

测试计划　test plan　08.0122

测试阶段　test phase　12.0379

测试可重复性　test repeatability　12.0381

测试例程　test routine　04.0605

测试[码]模式　test pattern　04.0408

测试码生成程序　test generator　08.0307

测试驱动程序　test driver　12.0378

测试驱动器　test driver　03.0197

测试任务　test task　10.0962

测试日志　test log　08.0087

测试设备　test equipment　08.0317

测试生成　test generation　03.0194

测试时间　testing time　08.0309

测试数据　test data　08.0123

测试数据生成程序　test data generator　12.0377

测试顺序　test sequence　08.0316

测试台　test desk, test bench　08.0312

测试探针　test probe　08.0314

测试套具　test suite　03.0199

测试文本　test text　15.0166

测试响应　test response　03.0198

测试仪　tester　03.0193

测试用例　test case　03.0195

测试用例生成程序　test case generator　12.0375

测试有效性　test validity　12.0202

测试语言　test language　09.0118

测试谕示　test oracle　03.0202

测试运行　test run　08.0311

测试症候　test syndrome　03.0200

*测试指示符　test indicator　08.0308

测试指示器　test indicator　08.0308

测试综合　test synthesis　03.0201

策略　strategy　01.0323

策略管理机构　policy management authority，PMA　19.0488

层　layer　14.0033

层次　hierarchy　01.0343

层次存储系统　hierarchical memory system　06.0012

层次分解　hierarchical decomposition　12.0055

层次分析处理　analytic hierarchy process，AHP　17.0120

层次结构　hierarchical structure　14.0032

层次结构图　hierarchical chart　17.0145

层次模型　hierarchical model　16.0098

层次式文件系统　hierarchical file system　10.0898

层次数据库　hierarchical database　11.0004

层次数据模型　hierarchical data model　11.0018

*层次网　hierarchical network　14.0005

层次序列键码　hierarchical sequence key　11.0064

层叠样式表　cascading style sheet，CSS　14.0667

层析成像　tomography　22.0223

*层析术　tomography　22.0223

层压板　laminate　07.0263

叉积　cross product　11.0101

n 叉树　n-ary tree　09.0327

*插补程序　interpolator　17.0199

插补器　interpolator　17.0199

插槽　slot　07.0149

[插件]边缘连接器　edge connector　07.0135

插件导轨　card guide　07.0250

插件架　card rack　07.0254

插接兼容计算机　plug-compatible computer
　　04.0013

插孔　jack　07.0255

插孔板　jack panel　07.0256

插入　plug-in　07.0253

插入排序　insertion sort　02.0387

插入异常　insertion anomaly　11.0155

插针　pin　07.0136

插针压力　pin force　07.0138

插值　interpolation　18.0023

插值法　interpolation method　16.0119

插座　socket　07.0251

查讫符号　checking off symbol　02.0190

查色表　color look-up table, CLUT　18.0069

查询优化　query optimization　11.0120

查询语言　query language, QL　11.0041

查验　ping　14.0615

*查找　seek, track seeking　05.0124

*查找时间　seek time　05.0123

差　difference　11.0098

差错　error　01.0330

差错表　error list　08.0052

差错范围　error range　08.0061

差错恢复　error recovery　03.0162

*差错检测　error detection　03.0163

*差错检测码　error detection code, EDC　03.0164

*差错控制　error control　08.0041

差错控制编码　error control coding　18.0117

差错潜伏期　error latency　03.0165

差错校验　error checking and correction, ECC
　　06.0119

差错校验系统　error checking and correcting system
　　08.0045

差错指示电路　error indication circuit　08.0049

差动信号驱动器　differential signal driver　07.0029

差分电压信号　differential voltage signal　07.0082

差分方式　differential mode　07.0210

差分脉码调制　differential pulse code modulation,
　　DPCM　18.0167

差分密码分析　differential cryptanalysis　19.0302

差分双绞线　differential twisted pair　07.0211

差压控制器　differential pressure controller　17.0234

拆分　split　10.0801

拆线　disconnecting　14.0161

产品安全　product security　19.0210

产品测试　product test　03.0067

产品规格说明　product specification　12.0295

*产品规约　product specification　12.0295

产品库　product library　12.0294

产品认证　product certification　12.0293

产品数据管理　product data management, PDM
　　21.0182

产生式规则　production rule　13.0071

产生式系统　production system　13.0072

产生式语言知识　production language knowledge
　　20.0182

长距离依存关系　long distance dependent relation
　　20.0098

长期相关性　long-range dependence　03.0028

长事务管理　long transaction management　11.0306

长线　long line　07.0164

常规密码体制　conventional cryptosystem　19.0017

常规信息系统　conventional information system
　　21.0097

常见问题　frequently asked questions, FAQ
　　14.0681

常量　constant　09.0167

常量说明　constant declaration　09.0168

常识　commonsense　13.0041

常识推理　commonsense reasoning　13.0254

常数传播　constant propagation　09.0284

常数合并　constant folding　09.0308

常用词　high frequency word　15.0080

常驻操作系统　resident operating system　10.0026

常驻磁盘操作系统　resident disk operating system
　　10.0025

常驻控制程序　resident control program　10.0650

场　field　16.0420

场地故障　site failure　11.0229

场地自治　site autonomy　11.0212

场频　field frequency　16.0421

唱碟　compact disc digital audio, CD-DA　05.0224

抄件　courtesy copy　14.0644

超标量　superscalar　04.0438

超标量结构　superscalar architecture　04.0034

超长文本　supertext　11.0303

*超长正文　supertext　11.0303

超长指令字　very long instruction word, VLIW　01.0216

超驰控制　override control　17.0034

超导存储器　superconducting memory　06.0023

超低位速率编码　very low bit-rate coding　18.0118

超高速集成电路　very high speed integrated circuit, VHSIC　16.0049

超高速集成电路硬件描述语言　VHSIC hardware description language　16.0050

超归结　hyper-resolution　02.0074

超级编译程序　supercompiler　09.0262

*超级编译器　supercompiler　09.0262

超级操作　super operation　14.0272

超级服务器　superserver　01.0124

超级计算　supercomputing　01.0146

*超级计算机　supercomputer　01.0062

超级视频图形适配器　super VGA, SVGA　05.0379

超级小型计算机　super-minicomputer　01.0060

超级影碟　super video compact disc, super VCD　05.0228

超类　super class　11.0291

超立方体　hypercube　02.0442

超链接　hyperlink　18.0009

超流水线　superpipeline　04.0439

超流水线结构　superpipelined architecture　04.0035

超媒体　hypermedia　18.0007

超前补偿　lead compensation　17.0235

超扇区　supersector　19.0464

超声波传感器　ultrasonic sensor　22.0166

超时　time-out　14.0240

超时控制　time-out control　10.0129

超视频　hypervideo　18.0010

超图数据结构　hypergraphic-based data structure　11.0259

超文本　hypertext　18.0008

超文本传送协议　hypertext transfer protocol, HTTP　14.0659

超文本置标语言　hypertext markup language, HTML　09.0146

超演绎　hyperdeduction　02.0098

超预解式　hyperresolvent　02.0099

朝鲜文　Korean　15.0007

撤除　stripping　14.0521

撤消　drop　11.0080

撤消原语　destroy primitive　10.0587

撤销还原　undo　11.0200

沉浸式虚拟现实　immersive VR　18.0035

陈述性知识　declarative knowledge　13.0043

*衬比度　contrast　05.0354

衬底　substrate　07.0295

成本效益分析　cost-benefit analysis　21.0086

成分语义学　compositional semantics　20.0106

成熟度　maturity　12.0189

成像　imaging　22.0004

成员　member　11.0062

成员问题　membership problem　02.0162

成字部件　character formation component　15.0143

成组编码记录　group coded recording, GCR　05.0045

成组传送　block transfer　06.0129

成组传送速率　burst rate　05.0033

[成]组地址　group address　14.0432

成组分页　block paging　10.0506

[成]组进位　group carry　04.0503

承诺　commitment　13.0443

城域网　metropolitan area network, MAN　14.0003

乘法器　multiplier　04.0525

乘积密码　product cipher　19.0030

乘积曲面　product surface　16.0143

乘商寄存器　multiplier-quotient register　04.0528

程序　program　01.0152

程序保护　program protection　12.0170

程序变异　program mutation　12.0169

程序重定位　program relocation　04.0255

程序重试　program retry　08.0177

程序存储计算机　stored-program computer　04.0614

程序代数　program algebra　09.0011

程序调度程序　program scheduler　10.0759

程序段　program segment　10.0767

程序段表　program segment table　10.0925

程序对换　program swapping　10.0866

程序分页功能　program paging function　10.0658

程序高手　hacker　19.0272

程序格式　program format　09.0121

程序隔离　program isolation　10.0656

程序规约 program specification 12.0171

程序划分 program partitioning 09.0335

程序计数器 program counter 04.0553

程序寄存器 program register 04.0549

程序界限监控 program limit monitoring 10.0657

程序局部性 program locality 04.0152

程序控制 programmed control 17.0037

程序库 program library 09.0087

程序块 program block 09.0088

程序扩展 program extension 12.0165

程序理解 program understanding 09.0089

程序逻辑单元 program logical unit 10.0659

程序敏感故障 program-sensitive fault 08.0022

程序确认 program validation 12.0174

程序设计 program design 01.0150

*程序设计 programming 01.0151

程序设计方法学 programming methodology 09.0090

程序设计环境 programming environment 09.0091

程序设计技术 programming techniques 09.0092

程序设计逻辑 programming logic 02.0061

程序设计语言 program design language, PDL, programming language 09.0002

*程序设计语言 programming language 09.0097

程序设计支持环境 programming support environment 12.0175

程序生成 program generation 09.0288

*程序生成程序 program generator 12.0118

程序生成器 program generator 12.0118

程序探测 program instrumentation 12.0168

程序体系结构 program architecture 12.0163

程序修改 program modification 08.0335

程序验证 program verification 02.0065

程序验证器 program verifier 02.0064

程序优先级 program priority 10.0571

程序员作业 programmer job 10.0332

程序暂停 program halt 08.0336

程序正确性 program correctness 12.0164

程序正确性证明 proof of program correctness 03.0238

程序支持库 program support library 12.0172

程序质量 program quality 09.0278

程序转换 program conversion 09.0276

程序转换方法 program transformation method 12.0078

程序装入操作 program loading operation 10.0468

程序装入程序 program loader 10.0365

程序状态 program state 09.0349

程序综合 program synthesis 12.0173

池 pool 10.0537

持久性 persistence 11.0297

尺寸驱动 dimension driven 16.0227

尺度传感器 dimension transducer 17.0236

尺度空间 scale space 22.0055

冲突 conflict 02.0636

冲突集 conflict set 13.0159

冲突鉴别 conflict discriminate 13.0156

冲突结构 conflict structure 02.0593

冲突调解 conflict reconcile 13.0157

冲突向量 collision vector 04.0115

冲突消解 conflict resolution 13.0158

冲撞 contact 02.0637

虫孔寻径 wormhole routing 04.0295

*虫蚀寻径 wormhole routing 04.0295

重传 retransmission 14.0157

重地址检验 duplicate address check 14.0182

重叠 overlap 10.0473

重叠处理 overlap processing 04.0442

重叠寄存器窗口 overlapping register window 04.0274

重定时 retiming 03.0208

重定时变换 retiming transformation 03.0209

重定向 redirection 10.0471

重定向操作符 redirection operator 10.0472

重读 reread 08.0269

*重发 retransmission 14.0157

重放攻击 replay attack 19.0278

重复标识 duplicate marking 02.0686

重复次数计数器 repeat counter 14.0242

重复检验 duplication check 04.0603

重复性 repetitiveness 02.0597

重复选择排序 repeated selection sort 21.0015

重构 reconstruction 12.0003

重汇聚扇出 reconvergent fan-out 03.0206

重建 reconstruction 22.0244

重建滤波器 reconstruction filter 22.0185

重码 coincident code 15.0223

重码字词数 amount of words in coincident code 15.0224

重配置 reconfiguration 07.0420

重入监督码 reentrant supervisory code 04.0259

重试 retry 01.0335

重现机器人 playback robot 17.0166

重写 rewrite 08.0270

重写规则［系统］ rewriting rule［system］ 02.0050

重写［状态］ dirty［state］ 06.0011

重新安装 reinstallation 04.0258

重新连接 reconnection 07.0237

重新启动 restart 01.0365

重［新］运行 rerun 08.0266

重演 replay 03.0211

重影 ghost 05.0347

*重邮程序 remailer 14.0645

重邮器 remailer 14.0645

重运行点 rerun point 08.0267

重运行例程 rerun routine 08.0268

重载 overloading 11.0293

重组 reintegration 03.0210

重做 redo 11.0201

抽象 abstraction 12.0205

抽象层次 level of abstraction 09.0219

抽象窗口工具箱 abstract window toolkit, AWT 12.0166

抽象方法 abstract method 09.0220

抽象机 abstract machine 09.0221

抽象数据类型 abstract data type, ADT 11.0284

抽象语言族 abstract family of languages 02.0170

K 稠密性 K-dense 02.0649

N 稠密性 N-dense 02.0648

丑恶报文 nastygram 14.0682

出错处理 error handling 01.0339

出错处理例程 error routine 10.0721

出错登记程序 error logger 08.0056

*出错封锁 error lock 08.0048

出错率 error rate 08.0062

出错文件 error file 08.0054

出错中断 error interrupt 08.0055

出错中断处理 error interrupt processing 10.0631

出点 out-point 16.0460

出口 exit 12.0143

出事件 outgoing event 14.0052

出现网 occurrence net 02.0524

出现序列 occurrence sequence 02.0608

初级视觉 early vision, primary vision 22.0152

初级输出 primary output 03.0101

初级输入 primary input 03.0100

初启程序 initiator 10.0291

初启序列 initializing sequence 03.0023

初始标识 initial marking 02.0566

初始程序装入 initial program load, IPL 07.0419

初始化 initialization 01.0236

初始模型 initial model 09.0356

初始微码装入 initial microcode load, IML 07.0418

初始序列 initiation sequence 10.0778

初始装入 initial load 10.0363

初始状态 initial state 02.0167

初值 initialization value 19.0480

*除错 debug 01.0327

除法 division 11.0099

除法回路 divide loop 04.0624

除法器 divider 04.0527

储存库 repository 10.0390

*处理单元 processor, processing unit 01.0116

处理单元存储器 processing element memory, PEM 04.0162

*处理机 processor, processing unit 01.0116

处理机对 processor pair 04.0406

处理机利用［率］ processor utilization 04.0075

处理机状态字 processor status word, PSW 04.0076

处理器 processor, processing unit 01.0116

处理器调度 processor scheduling 10.0746

处理器分配 processor allocation 10.0053

处理器管理 processor management 10.0400

处理器一致性模型 processor consistency model 04.0296

触点 contact 07.0139

触点插拔力 contact engaging and separating force 07.0141

触点间距 contact spacing 07.0140

触发器 flip-flop, trigger 04.0478

触摸屏　touch screen　05.0419

穿线二叉树　tread binary tree　02.0330

穿越序列　crossing sequence　02.0191

传播　propagation　13.0504

传播差错　propagation error　08.0261

传播误差　propagated error　13.0524

传承字　traditional Hanzi, traditional Chinese charac-
ter　15.0047

传导冷却　conduction cooling　07.0391

传递闭包　transitive closure　02.0430

传递函数　transfer function　17.0066

传递函数依赖　transitive functional dependence
11.0131

传递简约　transitive reduction　13.0080

传递相关性　transitive dependency　13.0079

传递性　transitivity　02.0431

传感器　transducer　17.0242

传热　heat transfer　07.0369

传声器　microphone　18.0164

传输　transmission　07.0153

传输错误　error of transmission　08.0057

传输控制协议　Transmission Control Protocol, TCP
14.0577

传输媒体　transmission medium　14.0441

传输损耗　transmission loss　07.0104

传输通路延迟　transmission path delay　14.0513

传输线　transmission line　07.0152

[传输]线畸变　line distortion　08.0184

传输延迟　propagation delay　07.0098

传统语法　traditional grammar　20.0075

*传值　call by value　09.0180

串　string　01.0181

串并[行]转换　serial-parallel conversion　04.0599

串并转换器　serial-parallel converter　04.0600

串归约机　string reduction machine　04.0048

串化器　serializer　04.0598

串级控制　cascade control　17.0061

串联端接　series termination　07.0175

串联端接线　series terminated line　07.0176

串联匹配　series match　07.0169

串联阻尼　series damped　07.0171

串联阻尼[传输]线　series damped line　07.0177

串联阻尼电阻[器]　series damping resistor

07.0172

串扰　cross talk　07.0190

串扰幅度　cross talk amplitude　07.0193

串行传输　serial transmission　14.0078

串行打印机　serial printer　05.0265

串行调度　serial scheduling　10.0749

串行端口　serial port　04.0447

串行计算机　sequential computer　04.0005

串行加法　serial addition　04.0515

串行加法器　serial adder　04.0519

串行排序　serial sort　21.0016

串行任务　serial task　10.0956

串行鼠标[器]　serial mouse　05.0409

串行线路网际协议　serial line internet protocol,
SLIP　14.0588

窗口　window　16.0358

窗口大小　window size　14.0315

窗口函数　window function　11.0271

窗口式虚拟现实　through-the-window VR　18.0033

创建日期　creation date　10.0169

创建原语　create primitive　10.0583

创作语言　authoring language　09.0021

垂直处理　vertical processing　04.0236

垂直磁记录　perpendicular magnetic recording, verti-
cal magnetic recording　05.0029

垂直分片　vertical fragmentation　11.0217

锤头　hammer　05.0291

纯网　pure net　02.0526

纯正可归约性　honest reducibility　02.0292

唇同步　lip-sync, lip-synchronism　18.0180

绰号　nickname　14.0641

词　word　01.0172

词的使用度　word usage　15.0088

词典学　lexicography　20.0145

词法　morphology　20.0010

词法分析　morpheme analysis　20.0024

词法分析器　lexical analyzer　02.0168

词范畴　word category　20.0016

词分类流通频度　circulation frequency of the word
classification　15.0091

词干　stem　09.0292

词汇　vocabulary　15.0025

词汇分析　lexical analysis　20.0025

词汇功能语法　lexical functional grammar　20.0078

词汇学　lexicology　20.0013

词汇语法　lexicon grammar　20.0077

词汇语义学　lexical semantics　20.0109

词类　parts of speech　20.0011

词流通频度　circulation frequency of word　15.0089

词码表　code list of words　15.0213

词频　word frequency　15.0087

词切分　word segmentation　15.0261

词使用频度　utility frequency of word　15.0090

词素　lexeme　15.0078

词性　part of speech　20.0012

词性标注　part-of-speech tagging　15.0263

词语码　code for Chinese word and phrase　15.0183

词语切分　word segmentation　20.0026

词语文本　text including words and phrases　15.0169

词语信息［数据］库　lexical information database 15.0280

词源学　etymology　20.0014

词专家句法分析　word expert parsing　20.0056

磁变阻头　magnetoresistive head　05.0214

磁表面记录　magnetic surface recording　05.0024

磁存储器　magnetic memory　06.0018

磁带　magnetic tape　05.0168

*DAT 磁带　data digital audio tape, DAT　05.0251

磁带标号　magnetic tape label　05.0186

磁带传送机构　magnetic tape transport mechanism 05.0182

磁带格式　magnetic tape format　05.0189

磁带后援系统　magnetic tape back-up system 05.0198

磁带控制器　magnetic tape controller　05.0199

磁带库　tape library　07.0427

磁带奇偶检验　magnetic tape parity　08.0212

磁带驱动器　magnetic tape drive　05.0180

磁带驱动系统　magnetic tape driving system 05.0200

磁带头标　beginning-of-tape marker　05.0187

磁带尾标　end-of-tape marker　05.0188

磁道　magnetic track　05.0088

磁道格式　track format　05.0094

磁道跟踪伺服系统　track following servo system 05.0133

磁道宽度　track width　05.0090

磁道中心距　track center-to-center spacing　05.0089

磁鼓　magnetic drum　05.0206

磁光存储器　magnetic-optical memory　06.0022

磁光碟　magnetic-optical disc　05.0234

磁记录介质　magnetic recording medium　05.0023

磁卡［片］　magnetic card　05.0385

磁卡［片］机　magnetic card machine　05.0386

磁膜　magnetic film　06.0027

磁盘　magnetic disk, disk　05.0069

磁盘操作系统　disk operating system, DOS 10.0002

磁盘高速缓存　disk cache　04.0452

磁盘划伤　disk crash　05.0104

［磁盘］记录块　fragmentation　05.0102

磁盘镜像　disk mirroring　05.0146

磁盘控制器　magnetic disk controller　05.0081

［磁］盘驱动器　magnetic disk drive　05.0078

磁盘冗余阵列　redundant arrays of inexpensive disks, RAID　05.0148

磁盘适配器　magnetic disk adapter　05.0082

磁盘双工　disk duplexing　05.0145

［磁盘］小车　carriage　05.0113

磁盘阵列　disk array　05.0147

磁泡　magnetic bubble　06.0026

磁条　magnetic stripe　05.0253

磁条阅读机　magnetic stripe reader　05.0254

磁头　magnetic head, head　05.0205

磁头定位机构　head positioning mechanism 05.0132

磁头读写槽　head slot　05.0155

磁头缝隙　head gap　05.0217

磁头加载机构　head loading mechanism　05.0131

磁头加载区　head loading zone　05.0117

磁头起落区　head landing zone　05.0118

磁头卸载区　head unloading zone　05.0119

磁心　magnetic core　06.0025

次递归性　subrecursiveness　02.0210

次动作函数　next move function　02.0163

*次密钥　secondary key　19.0062

次站　secondary station　14.0212

从站　slave station　14.0210

从　constellation　02.0627

粗糙集　rough set　13.0374

粗定位　coarse positioning　05.0126

粗粒度　coarse grain　04.0109

篡改信道信息　active wiretapping　19.0323

脆弱点　vulnerabilities　19.0175

存储板　memory board　06.0115

存储保护　memory protection　10.0611

存储带宽　memory bandwidth　06.0114

[存储]单元　cell　06.0131

存储单元　memory cell　06.0109

存储覆盖　storage overlay　10.0855

存储覆盖区　storage overlay area　10.0110

存储干扰　storage interference　10.0854

存储管理　storage management, memory management
　10.0401

存储管理部件　memory management unit, MMU
　06.0102

存储管理策略　storage management strategy
　10.0550

存储管理服务　storage management service
　10.0782

存储过程　stored procedure　11.0205

存储矩阵　memory matrix　06.0107

存储空间　storage space　01.0098

存储媒体　storage media　04.0181

存储密度　memory density　06.0111

存储模块　memory module　06.0117

存储模块驱动器接口　storage module drive inter-
　face, SMD interface　05.0151

存储配置　storage configuration　10.0856

存储器　memory, storage　01.0128

＊MOS 存储器　metal-oxide-semiconductor memory,
　MOS memory　06.0044

存储器层次　memory hierarchy　04.0154

存储器冲突　memory conflict　04.0183

存储器存取冲突　storage access conflict　10.0049

存储器存取管理　storage access administration
　10.0850

存储器存取模式　storage access scheme　10.0851

存储器带宽　bandwidth of memory　04.0155

存储器分配　storage allocation　10.0070

存储器分配程序　storage allocator　10.0074

存储器分配例程　storage allocation routine　10.0725

存储器交叉存取　memory across access　06.0126

存储器平均访问时间　average memory access time
　04.0156

存储器数据寄存器　memory data register　04.0157

存储器停顿　memory stall　04.0158

存储器无冲突存取　memory conflict-free access
　06.0127

存储器压缩　storage compaction　10.0852

存储器一致性　memory consistency　04.0159

存储器滞后写入　posted memory write　06.0122

存储器总线　rambus　06.0135

存储容量　memory capacity, storage capacity
　06.0112

存储碎片　storage fragmentation　10.0853

[存储]体　bank　06.0006

存储体　memory bank　06.0116

存储体冲突　bank conflict　04.0182

存储系统　memory system　06.0001

存储芯片　memory chip　06.0013

存储元件　memory element　06.0110

存储再配置　storage reconfiguration　10.0857

存储栈　storage stack　10.0827

存储阵列　memory array　06.0108

存储周期　memory cycle　06.0113

存储转发　store-and-forward　14.0129

存储转发网　store-and-forward network　14.0251

存档网点　archive site　14.0627

存根　stub　12.0179

＊存取　access　01.0255

存取臂　access arm　05.0111

存取表　access list　10.0380

存取冲突　access conflict　10.0048

存取队列　access queue　10.0665

＊存取范畴　access category　19.0380

存取方法　access method　05.0012

存取管理程序　access manager　10.0047

存取机构　access mechanism　05.0011

＊存取级别　access level　19.0381

＊存取矩阵　access matrix　19.0120

存取拒绝　access denial　10.0050

存取控制　access control　10.0045

存取控制机制　access control mechanism　19.0181

存取类型　access type　10.0046

*存取权　access right　19.0382
存取时间　access time　05.0013
存取特权　access privilege　11.0178
存取透明性　access transparency　10.0051
存取违例　access violation　10.0052
*存取许可　access permission　19.0383
存在量词　existential quantifier　11.0115
错接　misconnect　14.0090
错乱密码　transposition cipher　19.0028
错误　error　01.0331
错误捕获例程　error trapping routine　10.0720
错误传播受限码　error propagation limiting code　08.0060
错误代码　error code　08.0039
错误分析　error analysis　12.0131
错误封锁　error lock　08.0048

错误恢复过程　error recovery procedure　08.0063
错误检验码　error checking code　08.0043
错误控制　error control　08.0041
错误控制码　error control code　08.0042
错误跨度　error span　08.0064
错误扩散　error extension　03.0249
错误类别　error category　12.0132
错误模式　error pattern　08.0059
错误模型　error model　12.0134
错误撒播　error seeding　12.0137
错误数据　error data　12.0133
错误条件　error condition　08.0040
错误预测　error prediction　12.0135
错误预测模型　error prediction model　12.0136
错误诊断　error diagnosis　08.0047
错误状态字　error status word　08.0065

D

*搭线窃听　passive wiretapping, wiretapping　19.0322
打包安全　encapsulating security　19.0187
打印服务器　print server　14.0483
打印机　printer　05.0261
*打印机　impact printer　05.0264
打印机机芯　printer engine　05.0287
[打印机]托架　carriage　05.0288
打印头　print head　05.0290
打印质量　print quality　05.0300
大词表语音识别　large vocabulary speech recognition　18.0174
大地　earth ground　19.0343
大规模并行处理　massively parallel processing, MPP　04.0079
大规模并行计算机　massively parallel computer, MPC　04.0004
大规模并行人工智能　massive parallel artificial intelligence　13.0455
大屏幕显示器　large scale display　05.0342
大容量存储器　bulk memory　04.0160
大型计算机　large-scale computer　01.0061
大于搜索　great-than search　04.0291
大语种　majority language　20.0006

代价函数　cost function　13.0123
*代理　agent　13.0423
代理　proxy, agent　14.0554
代理服务　proxy service　19.0253
代理服务器　proxy server　14.0555
代理证明机构　agency CA　19.0495
[代]码　code　01.0226
代码表　code table　15.0099
代码扩充　code extension　15.0098
代码审查　code inspection　12.0112
代码审计　code audit　12.0110
代码生成　code generation　04.0619
*代码生成程序　code generator　12.0111
代码生成器　code generator　12.0111
代码移动　code motion　04.0620
代码优化　code optimization　09.0277
代码转换器　code converter　01.0225
代码走查　code walk-through　12.0113
代入　substitution　02.0035
代入复合　composition of substitution　02.0036
代数规约　algebraic specification　12.0075
代数简化　algebraic simplification　09.0307
代数逻辑　algebraic logic　02.0080
代数数据类型　algebraic data type　02.0055

代数语言 algebraic language 09.0009

代数语义 algebraic semantics 09.0195

带 tape 02.0192

带标号复用 labeled multiplexing 14.0372

带标号信道 labeled channel 14.0371

带符号 tape symbol 02.0197

带环立方体网络 3-cube connected-cycle network 04.0083

带减少 tape reduction 02.0196

带扭斜 tape skew 05.0197

带碰撞避免的载波侦听多址访问网络 carrier sense multiple access with collision avoidance network, CSMA/CA network 14.0492

带碰撞检测的载波侦听多址访问网络 carrier sense multiple access with collision detection network, CSMA/CD network 14.0491

带头 tape head 02.0193

带压缩 tape compression 02.0195

带注释的图像交换 annotated image exchange 14.0726

带状电缆 ribbon cable 07.0161

带状线 strip line 07.0154

带字母表 tape alphabet 02.0194

待命中断 armed interrupt 10.0305

待命状态 armed state 10.0832

待续数据标记 more data mark 14.0306

单板计算机 single-board computer 01.0053

单边网络 one-aside network 04.0084

单播 unicast 14.0117

单步操作 one-step operation 08.0244

单步法 one-step method 08.0243

单程序流多数据流 single program stream multiple data stream, SPMD 04.0297

单处理器 uniprocessor 01.0119

单纯词 simple word 15.0083

单纯形 simplex 16.0216

单地址计算机 single-address computer 04.0011

单点故障 single point of failure 04.0298

单点控制 single point of control 04.0299

单调曲率螺线 monotone curvature spiral 16.0224

单调推理 monotonic reasoning 13.0230

单端端接 single end termination 07.0182

单端方式 single ended mode 07.0209

单个错误 single error 08.0281

单[个]地址 individual address 14.0433

单工传输 simplex transmission 14.0076

单故障 single fault 08.0002

单回路控制 single loop control 17.0146

单回路数字控制器 single loop digital controller 17.0265

单回路调节 single loop regulation 17.0148

单击 click 05.0412

单级设备 single-level device 19.0376

单计算机系统 unicomputer system 04.0029

单校双检 single error correction-double error detection 03.0131

单缆宽带局域网 single-cable broadband LAN 14.0508

单列直插封装 single in-line package, SIP 07.0279

单列直插式内存组件 single in-line memory module, SIMM 06.0141

单目视觉 monocular vision 22.0132

单片存储器 monolithic memory 06.0014

*单片机 single-chip computer, computer on a chip 01.0052

单片计算机 single-chip computer, computer on a chip 01.0052

单片系统 system on a chip 01.0045

单入口点 single entry point 04.0300

单色图形适配器 monochrome graphics adapter, MGA 05.0375

单色显示 monochrome display 05.0329

单色显示适配器 monochrome display adapter, MDA 05.0376

单事件翻转 single event upset, SEU 03.0130

单事件锁定 single event latchup, SEL 03.0129

单事件效应 single event effect, SEE 03.0128

单数据速率 single data rate, SDR 06.0138

单位 unit 01.0393

单稳触发电路 monostable trigger circuit 04.0479

单系统映像 single system image, SSI 04.0301

单线程 single thread 10.0992

单向传播时间 one-way propagation time 14.0439

单向传输 unidirectional transmission 14.0082

单向工作 one-way only operation 14.0275

单向故障 unidirectional fault 03.0126

单向函数　one-way function　19.0044

单向密码　one-way cipher　19.0020

单向通信　one-way communication　14.0112

单向栈自动机　one-way stack automaton　02.0189

单选按钮　radio button　18.0016

单眼立体［测定方法］　one-eyed stereo　22.0140

单页纸　cut-sheet paper　05.0309

单一编址空间　single addressing space　04.0210

单一生成式　unit production　02.0188

单义　monosemy　15.0094

单用户操作系统　single-user operating system
　　10.0029

单用户计算机　single-user computer　01.0076

单元　unit　01.0392

单元编码　cell encoding　16.0446

单元测试　unit test　03.0125

单钥密码系统　one-key cryptosystem　19.0008

单指令［流］单数据流　single-instruction［stream］
　　single-data stream, SISD　04.0237

单指令［流］多数据流　single-instruction［stream］
　　multiple-data stream, SIMD　04.0238

单字节校正　single byte correction, SBC　03.0127

单总线　unibus　04.0370

淡出　fade-out　18.0143

淡入　fade-in　18.0142

当前活动栈　current activity stack　10.0820

当前默认目录　current default directory　10.0186

当前目录　current directory　10.0185

当前日期　current date　10.0170

当前行指针　current line pointer　10.0533

当前页［面］寄存器　current page register　10.0700

当前优先级　current priority　10.0555

档案文件　archive file　19.0449

导出表　derived table　11.0070

导出规则　derived rule　11.0276

导出水平分片　derived horizontal fragmentation
　　11.0218

导航　navigation　14.0661

导入规约　imported specification　09.0209

导数估计　derivative estimation　16.0202

倒带　rewind　05.0196

倒焊　face-down bonding　07.0267

倒排索引　reverse index　21.0008

道　track　02.0221

道间串扰　inter track crosstalk　05.0063

道每英寸　tracks per inch, tpi　23.0021

道密度　track density　05.0051

＊登录　log-in, log-on　10.1002

登录脚本　log-in script　10.0762

等长编码　fixed-length coding　15.0171

等待　wait　10.0796

等待避免　latency avoidance　04.0383

等待表　wait list　10.0389

等待队列　waiting queue　10.0672

＊等待时间　latency　04.0403

等待隐藏　latency hiding　04.0385

等待状态　waiting state　10.0840

等价标识　equivalent marking　02.0687

等价标识变量　equivalent marking variable
　　02.0689

等价关系　equivalence relation　02.0217

等价问题　equivalence problem　02.0218

等价运算　equivalence operation　04.0498

等离子［体］显示　plasma display　05.0333

等联结　equijoin　11.0107

等式逻辑　equational logic　02.0073

等式系统　equation system　02.0585

等值线图　contour map　16.0092

等轴测投影　isometric projection　16.0375

低成本自动化　low cost automation, LCA　17.0052

低电平状态特性　low-state characteristic　07.0049

低电压差动信号　low-voltage differential signal,
　　LVDS　07.0014

低电压晶体管晶体管逻辑　low voltage TTL, LVTTL
　　07.0016

低电压正电源射极耦合逻辑　low voltage positive
　　ECL, LVPECL　07.0019

低级格式化　low level formatting　05.0098

低级互斥　low level exclusive　10.0282

低级语言　low level language　09.0068

低通滤波器　low pass filter　08.0201

笛卡儿积　Cartesian product　11.0100

底板　back plane　07.0125

抵赖　repudiation　19.0437

地方注册机构　local registration authority, LRA
　　19.0486

地理信息系统 geographic information system, GIS 21.0124

*地球地 earth ground 19.0343

地上线 wire over ground 07.0158

地网 ground screen 07.0350

地震层析成像 seismic tomography 22.0245

地址 address 01.0218

*URL 地址 uniform resource locater, URL 14.0606

*IP 地址 IP address 14.0603

地址变换 address translation 04.0216

地址代换 address substitution 06.0124

地址格式 address format 04.0565

地址管理 address administration 14.0429

地址寄存器 address register 04.0550

地址解析协议 address resolution protocol, ARP 14.0604

地址空间 address space 12.0211

地址掩码 address mask 14.0600

地址映射 address mapping 04.0199

地址预约 address subscription 14.0292

*[地址]转换后援缓冲器 translation lookaside buffer, TLB 04.0163

地址字段 address field 14.0166

地址总线 address bus 01.0137

递归查询 recursive query 11.0280

递归定理 recursion theorem 02.0208

递归估计 recursive estimation 17.0093

递归函数 recursive function 02.0005

递归计算 recursive computation 17.0099

递归可枚举语言 recursively enumerable language 02.0207

递归块编码 recursive block coding 18.0109

递归例程 recursive routine 12.0307

递归算法 recursive algorithm 02.0377

递归向量指令 recursive vector instruction 04.0264

递归语言 recursive language 02.0209

递归转移网络 recursive transition network 20.0044

递阶控制 hierarchical control 17.0011

递推关系 recurrence relation 02.0412

第二代计算机 second generation computer 01.0102

第二代语言 second generation language, 2GL 09.0004

第二范式 second normal form, 2FN 11.0141

第二者虚拟现实 second-person VR 18.0034

第三代计算机 third generation computer 01.0103

第三代语言 third generation language, 3GL 09.0005

第三范式 third normal form, 3FN 11.0142

第三方 third party 19.0490

第四代计算机 fourth generation computer 01.0104

第四代语言 fourth generation language, 4GL 09.0006

第四范式 fourth normal form, 4FN 11.0144

第五代计算机 fifth generation computer 01.0105

第五代语言 fifth generation language, 5GL 09.0007

第五范式 fifth normal form, 5FN 11.0145

第一代计算机 first generation computer 01.0101

第一代语言 first generation language, 1GL 09.0003

第一范式 first normal form, 1FN 11.0140

点对点连接 point-to-point connection 14.0093

点对点通信 point-to-point delivery 18.0181

点对点协议 point-to-point protocol, PPP 14.0587

点对多点通信 point-to-multipoint delivery 18.0182

点[分]地址 dot address 14.0599

点分十进制记法 dotted decimal notation 14.0598

点光源 spot light source 16.0302

点击设备 pointing device 05.0396

点集 point set 16.0221

点检索 point retrieval 11.0262

点可见性 visibility of a point 16.0237

点每秒 dots per second, dps 23.0032

点每英寸 dots per inch, dpi 23.0017

点运算 point operation 22.0049

点阵打印机 dot matrix printer 05.0268

点阵精度 dot matrix size 15.0151

电报码 telegram code 15.0182

电擦除可编程只读存储器 electrically-erasable programmable ROM, EPROM 06.0043

电磁式打印头 electromagnetic print head 05.0294

*电镀薄膜磁盘 plating film disk, electroplated film disk 05.0075

电镀膜盘 plating film disk, electroplated film disk

05.0075

电荷耦合存储器 charge-coupled memory 06.0017

*IP电话 Internet phone, IP phone 14.0760

电流型逻辑 current mode logic, CML 07.0010

电流源 current source 07.0314

电路 circuit 07.0005

电路保护器 circuit protector 07.0333

电路传送模式 circuit transfer mode 14.0340

电路交换 circuit switching 14.0127

电路交换公用数据网 circuit switched public data network, CSPDN 14.0246

电路交换数据网 circuit switched data network, CSDN 14.0245

电路交换网 circuit switching network 14.0018

电路内测试 in-circuit test 07.0301

*电脑 electronic computer 01.0048

电平敏感扫描设计 level sensitive scan design 03.0057

电容式触摸屏 capacitive touch screen 05.0420

*电视会议 video conferencing 18.0186

电视墙 video-wall 18.0132

电压电流曲线 voltage-current curve 07.0050

电压阶跃 voltage step 07.0059

电液伺服电机 electrohydraulic servo motor 17.0225

电源 power supply 07.0318

电源分配系统 power distribution system 07.0334

电源跟踪 power supply trace 07.0328

电源控制微码 power control microcode 07.0331

电源屏幕 power supply screen 07.0329

电源总线 power bus 07.0336

电致变色显示器 electrochromic display 05.0338

电致发光显示器 electroluminescent display 05.0337

电灼式印刷机 electric discharge printer 05.0276

*电子CAD computer-aided electronic design 16.0011

电子表格 worksheet 21.0167

电子出版 electronic publishing 21.0170

电子出版系统 electronic publishing system, EPS 15.0289

电子耳 electronic ear 20.0117

电子服务 electronic service, E-service 21.0206

电子付款 electronic billing 14.0750

*电子函件 E-mail, e-mail 14.0630

*电子函件地址 e-mail address 14.0631

电子会议系统 electronic meeting system 21.0122

电子计算机 electronic computer 01.0048

电子监视 electronic surveillance 19.0311

*电子金融 electronic banking 14.0749

电子媒体 electronic media, E-media 21.0207

电子签名 electronic signature 19.0141

电子情报 electronic intelligence 19.0315

电子商务 electronic commerce, EC 21.0163

电子设计规则 electronic design rule, EDR 07.0208

电子设计自动化 electronic design automation, EDA 16.0034

电子渗入 electronic penetration 19.0335

电子市场 electronic market 14.0746

电子数据交换 electronic data interchange, EDI 14.0719

电子数据交换消息 EDI message, EDIM 14.0720

电子数据交换消息处理 EDI messaging, EDIMG 14.0721

电子图书馆 electronic library 21.0190

电子文本 e-text 14.0658

电子消息处理 electronic messaging 14.0717

电子银行业务 electronic banking 14.0749

电子邮件 E-mail, e-mail 14.0630

电子邮件别名 e-mail alias 14.0640

电子邮件地址 e-mail address 14.0631

电子杂志 electronic journal, e-zine 14.0688

电子照相印刷机 electrophotographic printer 05.0277

电子资金转账系统 electronic funds transfer system, EFTS 14.0748

电阻负载 resistive load 07.0113

电阻排 resistor array 07.0184

电阻损耗 resistive loss 07.0187

电阻引线电感 inductance of the resistor lead 07.0185

雕塑曲面 sculptured surface 16.0139

调度 scheduling 01.0290

调度表 schedule table 10.0915

调度策略 scheduling policy, scheduling strategy

10.0546

调度程序 scheduler 10.0205

调度程序等待队列 scheduler waiting queue
10.0677

调度程序工作区 scheduler work area, SWA
10.0106

调度队列 scheduling queue 10.0678

调度方式 scheduling mode 10.0422

调度规则 scheduling rule 10.0553

调度监控计算机 scheduling monitor computer
04.0077

调度模块 scheduler module 10.0446

调度算法 scheduling algorithm 10.0041

调度问题 scheduling problem 02.0282

调度信息池 scheduling information pool 10.0543

调度资源 scheduling resource 10.0710

调度作业 schedule job 10.0333

调用 call 10.0797

* 调用 invocation 14.0057

调用者 caller 04.0302

迭代 iteration 12.0147

迭代调度分配方法 iterative scheduling and alloca-
tion method 16.0039

迭代改进 iterate improvement 02.0474

迭代搜索 iterative search 13.0266

叠加 superposition 22.0186

叠片式磁头 laminated magnetic head 05.0219

叠印 overstrike 05.0323

蝶式排列 butterfly permutation 04.0105

蝶形［结构］ butterfly 02.0447

顶点覆盖 vertex cover 02.0435

顶点混合 vertex blending 16.0123

顶级结点 top node 14.0739

* 定比变换 scaling transformation 16.0356

定点计算机 fixed-point computer 04.0009

定点数 fixed-point number 01.0193

定点运算 fixed-point operation 04.0494

定界符 delimiter 14.0164

定理证明器 theorem prover 02.0051

定量图像分析 quantitative image analysis 22.0170

定期维护 schedule maintenance 08.0324

定时分析 timing analysis 03.0138

定时脉冲分配器 timing pulse distributor 04.0581

* 定时器 timer 01.0134

定时任务 timed task 10.0964

定时约束 timing constraint 11.0345

定时炸弹 time bomb 19.0417

定位 positioning 05.0125

定位重复误差 position repetitive error 05.0143

定位器 locator 16.0334

定位时间 positioning time 05.0017

定位信道 positioned channel 14.0373

定向搜索 beam search 13.0124

定性描述 qualitative description 13.0294

定性推理 qualitative reasoning 13.0253

定性物理 qualitative physics 13.0293

定义阶段 definition phase 12.0049

定义性出现 definitional occurrence 09.0187

定义性［列］表 defined list 14.0668

定义域 domain 02.0371

* 定址 addressing 04.0559

丢失中断处理程序 missing interrupt handler
10.0294

动词短语 verb phrase 20.0029

动词语义学 verb semantics 20.0108

动画 animation 18.0066

动态绑定 dynamic binding 09.0229

动态保护 dynamic protection 10.0610

动态测试 dynamic testing 08.0117

动态重定位 dynamic relocation 04.0254

动态重构 dynamic restructuring 12.0127

动态重码率 rate of dynamic coincident code
15.0230

动态处理 dynamic handling 08.0284

动态处理器分配 dynamic processor allocation
10.0056

动态存储分配 dynamic memory allocation 10.0065

动态存储管理 dynamic memory management
10.0402

动态存储器 dynamic memory 06.0035

动态错误 dynamic error 08.0283

动态地址转换 dynamic address translation
04.0198

动态调度 dynamic scheduling 10.0733

动态仿真 dynamic simulation 16.0070

动态分派虚拟表 dynamic dispatch virtual table,

DDVT 10.0918

动态分配 dynamic allocation 12.0124

动态分析 dynamic analysis 12.0125

动态分析器 dynamic analyzer 12.0126

动态规划[法] dynamic programming 02.0343

动态汉字平均码长 dynamic average code length of Hanzi 15.0229

动态缓冲 dynamic buffering 10.0093

动态缓冲区 dynamic buffer 10.0095

动态缓冲区分配 dynamic buffer allocation 10.0068

动态记忆 dynamic memory 13.0017

动态键位分布系数 dynamic coefficient for key-element allocation 15.0228

动态控制 dynamic control 17.0035

动态链接库 dynamic link library, DLL 11.0206

动态流水线 dynamic pipeline 04.0121

动态冒险 dynamic hazard 08.0285

动态扭斜 dynamic skew 05.0203

动态冗余 dynamic redundancy 03.0071

*动态生成程序 dynamic analyzer 12.0126

动态世界规划 dynamic world planning 13.0180

动态刷新 dynamic refresh 06.0094

动态随机存储器 dynamic RAM, DRAM 06.0032

动态停机 dynamic stop 08.0286

动态网络 dynamic network 04.0085

动态误差 dynamic error 17.0077

动态显示 dynamic display, dynamic rendering 16.0399

动态相关性检查 dynamic coherence check 04.0267

动态优先级 dynamic priority 10.0556

动态优先级调度 dynamic priority scheduling 10.0734

动态优先级算法 dynamic priority algorithm 10.0039

动态SQL语言 dynamic SQL 11.0119

动态转移预测 dynamic branch prediction 04.0303

动态资源分配 dynamic resource allocation 10.0061

动态字词平均码长 dynamic average code length of words 15.0231

动态字词重码率 dynamic coincident code rate for words 15.0227

动压[式]浮动磁头 dynamical pressure flying head 05.0220

冻结标记 frozen token 02.0618

抖动 jitter, dithering 07.0089

读 read 01.0273

读出电路 sense circuit 06.0068

读出时间 read-out time 06.0086

读出线 sense line 06.0067

读访问 read access 19.0392

读放大器 sense amplifier 06.0084

读后写 write after read, WAR 04.0207

读均衡 read equalization 05.0061

读取 fetch 06.0059

读入原语 read primitive 10.0589

读数据线 read data line 06.0071

读锁 read lock 11.0162

读写[磁]头 read/write head 05.0207

读写孔 access hole 05.0154

读写周期 read-write cycle 06.0085

读信号 read signal 06.0069

读选择线 read select line 06.0072

读噪声 read noise 06.0070

独立程序 stand-alone program 10.0651

独立程序装入程序 independent program loader 10.0362

独立型故障 autonomous fault 08.0010

独立验证和确认 independent verification and validation 12.0262

独立于机器的操作系统 machine independent operating system 10.0016

度 degree 02.0259

度量 measure 02.0261

端点 endpoint 14.0191

端点编码 end point encoding 16.0447

端端加密 end-to-end encryption 19.0055

端端密钥 end-to-end key 19.0084

端对端传送 end-to-end transfer 14.0192

端记号 endmarker 02.0227

端接 termination 07.0173

端接[传输]线 terminated line 07.0174

端接电压 termination voltage 07.0341

端接电源 termination power 07.0340

端接电阻［器］ terminating resistor 07.0183

端接二极管 terminating diode 07.0181

端接器 terminator 14.0500

端系统 end system 14.0190

短路故障 shorted fault 08.0024

短期调度 short-term scheduling 10.0751

短线 short line 07.0163

短语 phrase 15.0085

短语结构规则 phrase structure rule 20.0046

短语结构歧义 ambiguity of phrase structure 20.0030

短语结构树 phrase structure tree 20.0047

短语结构语法 phrase structure grammar 20.0048

段 segment 01.0171

段表 segment table 10.0928

段表地址 segment table address 10.0080

段长度 segment size 10.0774

段地址 segment address 14.0431

段覆盖 segment overlay 10.0773

段号 segment number 10.0772

段式存储系统 segmented memory system 04.0187

段首大字 drop cap 15.0133

段映射 sector mapping 04.0201

断点开关 breakpoint switch 08.0372

断开 disconnection 14.0096

断路故障 broken fault 08.0025

断路器 circuit breaker, breaker 07.0332

断路位置 off position 08.0257

断言 assertion 13.0214

堆 heap 02.0382

堆排序 heap sort 02.0383

队列 queue 01.0244

队列表 queue list 10.0663

队列控制块 queue control block, QCB 10.0664

对比度操纵 contrast manipulation 22.0188

对比度扩展 contrast stretch 22.0127

对比灵敏度 contrast sensitivity 22.0175

对策 countermeasure 19.0418

*对策 game 13.0585

对策仿真 gaming simulation 13.0591

*对策论 game theory 13.0587

对称操作系统 symmetric operating system 10.0032

对称传输线 balanced line 07.0157

对称密码 symmetric cryptography 19.0379

对称密码系统 symmetric cryptosystem 19.0010

对称［式］多处理机 symmetric multiprocessor, SMP 04.0066

对称［式］多处理器 symmetric multiprocessor, SMP 04.0451

对称［式］计算机 symmetric computer 04.0023

对等［层］实体 peer entities 14.0042

对地平衡 balanced to ground 07.0212

对话控制块 session control block, SCB 10.0139

对话模型 dialog model 20.0144

对话系统 dialog system 20.0222

对换 swapping 01.0348

对换表 swap table 10.0930

对换程序 swapper 10.0864

对换方式 swap mode 10.0426

对换分配单元 swap allocation unit 10.0860

对换集 swap set 10.0863

对换时间 swap time 10.0980

对换优先级 swapping priority 10.0572

对角化方法 diagonalization 02.0135

对角线测试 diagonal test 03.0049

对流 convection 07.0387

对偶产生器 pair generator 02.0136

对偶网 dual net 02.0528

对偶原理 duality principle 13.0639

对偶运算 dual operation 04.0497

对齐 justification, align 21.0026

对象 object 01.0395

对象标识符 object identifier, OID 11.0287

对象管理结构 object management architecture, OMA 09.0247

对象管理组 object management group, OMG 09.0248

对象建模技术 object modeling technique, OMT 09.0241

对象连接 object connection 09.0205

对象链接与嵌入 object link and embedding, OLE 11.0298

对象模型 object model 21.0150

对象请求代理 object request broker, ORB 09.0245

*对象式 object-oriented 01.0108

多回路控制 multiloop control 17.0147

多级 multistage 04.0133

多级安全 multilevel security 19.0194

多级反馈队列 multilevel feedback queue 10.0674

多级高速缓存 multilevel cache 04.0166

多级模拟 multilevel simulation 16.0040

多级设备 multilevel device 19.0375

多级网络 multistage network 04.0134

多级优先级中断 multilevel priority interrupt 10.0309

多级中断 multilevel interrupt 10.0304

多计算机 multicomputer 04.0059

多计算机系统 multicomputer system 04.0027

多类逻辑 many-sorted logic 02.0054

多链路 multilink 14.0104

多路分配器 demultiplexer 07.0025

多路推理 multiline inference 13.0287

多路转换通道 multiplexor channel 04.0592

多媒体 multimedia 18.0001

多媒体编目数据库 multimedia cataloging database 18.0201

多媒体个人计算机 multimedia PC, MPC 18.0004

多媒体会议 multimedia conferencing 14.0724

多媒体计算机 multimedia computer 01.0089

多媒体技术 multimedia technology 01.0038

多媒体扩展 multimedia extension 10.0221

多媒体数据版本管理 multimedia data version management 11.0319

多媒体数据存储管理 multimedia data storage management 11.0318

多媒体数据检索 multimedia data retrieval 11.0320

多媒体数据库 multimedia database 11.0012

多媒体数据库管理系统 multimedia database management system 11.0315

多媒体数据类型 multimedia data type 11.0317

多媒体数据模型 multimedia data model 11.0316

多媒体通信 multimedia communication 18.0003

多媒体系统 multimedia system 18.0002

多媒体信息系统 multimedia information system 21.0126

多媒体业务 multimedia service 14.0322

多米诺效应 Domino effect 03.0077

多面体裁剪 polyhedron clipping 16.0441

多面体简化 polyhedron simplification 16.0101

多面体模型 polyhedral model 16.0100

多模式接口 multimodal interface 18.0019

多模型虚拟环境 multimodel virtual environment 16.0083

多区黑板 multipartitioned blackboard 13.0288

多任务 multitask 10.0954

多任务处理 multitasking 10.0967

多任务管理 multitask management 10.0955

多属性决策系统 multiattribute decision system 21.0111

多数决定门 majority gate 04.0473

多态编程语言 polymorphic programming language, PPL 09.0098

多态性 polymorphism 11.0296

多通道 multichannel 18.0135

多通道传输 multichannel transmission 18.0183

多头图灵机 multihead Turing machine 02.0149

多维存取 multidimensional access, MDA 04.0185

多维分析 multidimensional analysis 11.0270

多维数据结构 multidimensional data structure 11.0325

多维图灵机 multidimensional Turing machine 02.0151

多文种操作系统 multilingual operating system 15.0286

多文种信息处理 multilingual information processing 15.0012

多线程 multithread 10.0993

多线程处理 multithread processing 10.0637

多项式对数深度 polylog depth 02.0302

多项式对数时间 polylog time 02.0301

多项式可归约[的] polynomial reducible 02.0297

多项式可转换[的] polynomial transformable 02.0298

多项式空间 polynomial space 02.0263

多项式谱系 polynomial hierarchy 02.0303

多项式时间 polynomial time 02.0264

多项式时间归约 polynomial time reduction 02.0300

多项式有界[的] polynomial-bounded 02.0299

多协议 multiprotocol 14.0259

多芯电缆 multiconductor cable 07.0162

多芯片模块 multichip module, MCM 03.0078

多一可归性 many-one reducibility 02.0290

多义 polysemy 15.0095

多义文法 ambiguous grammar 02.0148

多用户 multiuser 10.0339

多用户操作系统 multiple user operating system 10.0030

多用户控制 multiple user control 10.0124

多用户系统 multiuser system 01.0077

多用途因特网邮件扩充 multipurpose Internet mail extensions, MIME 14.0632

多优先级 multipriority 10.0567

多语种处理机 multilanguage processor 20.0218

多语种翻译 multilingual translation 20.0213

多语种信息处理系统 multilingual information processing system 20.0219

多元随机推理 multivariable stochastic reasoning 13.0245

多元统计推理 multivariable statistic reasoning 13.0244

多值逻辑 multiple value logic 02.0041

多值依赖 multivalued dependence 11.0128

多指令发射 multiinstruction issue 04.0305

多指令〔流〕单数据流 multiple-instruction〔stream〕 single-data stream, MISD 04.0239

多指令〔流〕多数据流 multiple-instruction〔stream〕 multiple-data stream, MIMD 04.0240

多终端监控程序 multiterminal monitor 10.0456

多周期实现 multicycle implementation 04.0306

多主体 multiagent 13.0424

多主体处理环境 multiagent processing environment, MAPE 13.0479

多主体推理 multiagent reasoning 13.0425

多主体系统 multiagent system 13.0480

多字节图形字符集 multibyte graphic character set 15.0020

多总线 multibus 04.0371

多作业 multijob 10.0326

多作业处理 multiple-job processing 10.0636

E

额定电压 rated voltage 07.0342

额定负载 rated load 07.0343

额外磁道 extra track 19.0459

额外扇区 extra sector 19.0458

恶意逻辑 malicious logic 19.0299

恶意软件 malicious software 19.0344

儿童语言模型 model of child language 20.0143

二叉查找树 binary search tree 02.0336

二叉排序树 binary sort tree 02.0335

二叉判定图 binary decision diagram, BDD 03.0009

二叉树 binary tree 02.0329

二次型性能指标 quadratic performance index 17.0075

二点透视 two-point perspectiveness 16.0425

二分插入 binary insertion 02.0325

二分搜索 binary search 02.0328

二分图 bipartite graph 02.0337

二级高速缓存 second level cache 06.0057

二级密钥 secondary key 19.0062

二阶参数连续 C^2 continuity 16.0200

二阶几何连续 G^2 continuity 16.0198

二阶逻辑 second order logic 02.0040

二进制 binary system 01.0182

二进制大对象 binary large object, BLOB 11.0286

二进制单元 binary cell 01.0192

二进制数字 binary digit 01.0184

〔二进制〕位 bit, b 23.0001

二进制运算 binary operation 04.0461

二进制字符 binary character 01.0191

二路归并 binary merge 02.0326

二难推理 dilemma reasoning 02.0084

二元关系 binary relation 02.0327

二元语法 bigram 20.0187

二元预解式 binary resolvent 02.0090

二值图像 binary image 22.0010

F

发光二极管显示　light emitting diode display，LED display　05.0331

发光二极管印刷机　LED printer　05.0281

发散束卷积法　convolution method for divergent beams　22.0228

发射　emanation　19.0345

发射极点接　emitter dotting　07.0041

发射极下拉电阻　emitter pull down resistor　07.0042

发生权　concession　02.0628

法线流　normal flow　22.0138

翻译程序　translator，translating program　09.0258

＊翻译器　translator，translating program　09.0258

繁体字　unsimplified Hanzi，unsimplified Chinese character　15.0049

反编译程序　decompiler　09.0265

＊反编译器　decompiler　09.0265

反驳　refutation　13.0300

反差　contrast　05.0354

反冲　undershoot　07.0087

反传网络　back-propagation network　13.0558

反读　reverse read，backward read　05.0195

反汇编程序　disassembler　09.0266

反馈边集合　feedback edge set　02.0379

反馈控制　feedback control　17.0009

反馈桥接故障　feedback bridging fault　08.0125

反例　negative example　13.0371

反码　radix-minus-one complement，complement on N−1　01.0228

反窃听装置　anti-eavesdrop device　19.0258

反射　reflection　13.0299

反射的面向对象编程　reflective object-oriented programming　03.0022

反射电压　reflected voltage　07.0102

反射定律　reflection law　16.0416

反射率　reflectance　16.0418

反射体　reflective body　16.0417

反射系数　reflection coefficient　07.0100

反投影算子　backprojection operator　22.0225

ATM 反向复用　ATM inverse multiplexing　14.0380

反向恢复　backward recovery　03.0021

反向计费接受　reverse charging acceptance　14.0295

反向局域网信道　reverse LAN channel，backward LAN channel　14.0505

反向推理　backward reasoning，backward chained reasoning　13.0219

反向信道　backward channel　14.0100

反依赖　antidependence　09.0300

反绎推理　abductive reasoning　13.0212

反应主体　reactive agent　13.0489

返回恢复　back recovery　10.0696

返回路径　return path　14.0646

泛关系　universal relation　11.0139

泛光　flood light　16.0306

泛合一　universal unification　13.0201

泛化　generalization　13.0397

泛滥　flooding　19.0413

范畴　category　20.0166

范畴分析　categorical analysis　02.0082

范畴语法　categorical grammar　20.0089

范例　case　13.0142

范例表示　case representation　13.0145

范例重存　case restore　13.0146

范例重用　case reuse　13.0149

范例检索　case retrieval　13.0147

范例检索网　case retrieval net　13.0148

范例结构　case structure　13.0151

范例库　case base　13.0143

范例修正　case revision　13.0150

范例验证　case validation　13.0152

范例依存相似性　case dependent similarity　13.0144

范式　normal form　09.0165

BC 范式　BC normal form，BCFN　11.0143

范围　extent　10.0219

范围界限　range limit　10.0695

方法　method　11.0290

方法库　method base　21.0195

方位角磁记录　azimuth magnetic recording　05.0032

方向向量　direction vector　09.0287

方言　dialect　09.0042

方言学　dialectology　20.0146

防病毒　antivirus　19.0097

防病毒程序　antivirus program　19.0227

防火墙　firewall　19.0252

防窃听　anti-eavesdrop　19.0331

防信息泄漏　Tempest　19.0346

防信息泄漏测试接收机　Tempest test receiver　19.0348

防信息泄漏控制范围　Tempest control zone　19.0347

防疫程序　vaccine program　19.0444

仿射变换　affine transformation　16.0289

仿宋体　Fangsong Ti　15.0055

仿形控制器　tracer controller　17.0202

仿真　emulation, simulation　01.0317

＊仿真程序　emulator　12.0130

仿真定性推理　simulation qualitative reasoning　13.0315

仿真计算机　simulation computer　04.0016

仿真器　emulator　12.0130

仿真终端　emulation terminal　14.0226

访问　access　01.0255

＊访问表　access list　10.0380

＊访问冲突　access conflict　10.0048

访问范畴　access category　19.0380

访问共享　access sharing　19.0225

访问级别　access level　19.0381

访问局部性　locality of reference　04.0193

＊访问局守性　locality of reference　04.0193

访问矩阵　access matrix　19.0120

＊访问控制　access control　10.0045

访问控制字段　access control field　14.0518

＊访问类型　access type　10.0046

访问权　access right　19.0382

访问授权　access authorization　19.0226

＊访问特权　access privilege　11.0178

访问许可　access permission　19.0383

访问周期　access cycle　06.0007

放大　zoom in　16.0466

放弃序列　abort sequence　14.0176

放射性核素　radionuclide　22.0242

放缩　scaling　16.0465

飞行高度　flight height　05.0109

非饱和磁记录　non-saturation magnetic recording　05.0031

非必然性　uncertainty　03.0155

非常规编码　extraordinary coding　15.0173

非成字部件　character non-formation component　15.0144

非传统计算机　non-traditional computer　01.0082

非单调推理　non-monotonic reasoning　13.0231

非对称密码　asymmetric cryptography　19.0378

非对称密码系统　asymmetric cryptosystem　19.0011

非对称[式]多处理机　asymmetric multiprocessor　04.0067

非对称选择网　asymmetric choice net　02.0542

非过程语言　non-procedural language　09.0077

非击打式印刷机　non-impact printer　05.0263

非计算延迟　non-compute delay　04.0307

非交换连接　non-switched connection　14.0279

非接触式磁记录　non-contact magnetic recording　05.0027

非均匀存储器存取　non-uniform memory access, NUMA　04.0308

非均匀对象模型　heterogeneous object model　16.0105

非均匀有理 B 样条　non-uniform rational B-spline, NURBS　16.0168

非流形　non-manifold　16.0096

非流形造型　non-manifold modeling　16.0097

非门　NOT gate　04.0471

非秘密性　non-confidentiality　19.0239

非抹除栈自动机　non-erasing stack automaton　02.0179

非平凡函数依赖　non-trivial functional dependence　11.0133

非平衡树　unbalanced tree　09.0325

非屏蔽双绞线　unshield twisted pair, UTP　14.0237

非抢先调度　non-preemptive scheduling　10.0744

非抢先多任务处理　non-preemptive multitasking

10.0969

非请求分页　non-demand paging　10.0511

非确保操作　unassured operation　14.0274

非确定计算　non-deterministic computation
　02.0273

非确定空间复杂性　non-deterministic space complex-
　ity　02.0276

非确定时间复杂性　non-deterministic time complex-
　ity　02.0274

非确定时间谱系　non-deterministic time hierarchy
　02.0275

非确定型图灵机　non-deterministic Turing machine
　02.0182

非确定型有穷自动机　non-deterministic finite autom-
　aton　02.0181

非确定性控制系统　non-deterministic control system
　17.0159

非识别型 DTE 业务　non-identified DTE service
　14.0267

非特　fit, failure in term　07.0288

非线性　non-linear　18.0028

非线性编辑　non-linear editing　18.0146

非线性导航　non-linear navigation　18.0147

非线性控制系统　non-linear control system
　17.0178

非线性量化　non-linear quantization　18.0029

非线性流水线　non-linear pipeline　04.0123

非限制文法　unrestricted grammar　02.0120

非易失性存储器　non-volatile memory　06.0029

非预定维修　unscheduled maintenance　08.0275

非预定维修时间　unscheduled maintenance time
　08.0276

非远程存储器存取　non-remote memory access
　04.0309

非终极符　non-terminal　02.0180

非主属性　non-prime attribute　11.0075

非自反性　irreflexivity　02.0178

非阻塞交叉开关　non-blocking crossbar　04.0311

分包商　sub-contractor　12.0180

分辨率　resolution　18.0068

分别编译　separate compilation　09.0347

分布参数控制系统　distributed parameter control
　system　17.0180

分布等待图　distributed wait-for graph, DWFG
　11.0236

分布电容　distributed capacitance　07.0119

分布负载　distributed load　07.0115

分布模式　allocation schema　11.0221

分布式表示管理　distributed presentation manage-
　ment　10.0398

分布式操作系统　distributed operating system
　10.0003

分布式程序设计　distributed programming　12.0197

分布[式]处理　distributed processing　21.0003

分布式存储器　distributed memory　06.0056

分布式定序算法　distributed ranking algorithm
　02.0458

分布式队列双总线　distributed queue dual bus,
　DQDB　14.0523

分布式对象计算　distributed object computing,
　DOC　12.0182

分布式对象技术　distributed object technology,
　DOT　09.0238

分布式多媒体　distributed multimedia　18.0006

分布[式]多媒体系统　distributed multimedia
　system, DMS　04.0087

分布式公共对象模型　distributed common object
　model, DCOM　09.0235

分布[式]共享存储器　distributed shared memory,
　DSM　04.0153

分布式构件对象模型　distributed component object
　model, DCOM　09.0236

分布式计算环境　distributed computing environment,
　DCE　10.0167

分布[式]计算机　distributed computer　04.0026

分布[式]控制　distributed control　04.0138

分布式排序算法　distributed sorting algorithm
　02.0459

分布式群体决策支持系统　distributed group decision
　support system　21.0121

分布[式]人工智能　distributed artificial intelligence,
　DAI　13.0454

分布式容错　distributed fault-tolerance　03.0015

分布[式]数据库　distributed database　11.0008

分布[式]数据库管理系统　distributed database
　management system, DDBMS　11.0010

分布[式]数据库系统 distributed database system 11.0009

分布[式]刷新 distributed refresh 06.0099

分布式算法 distributed algorithm 02.0451

分布式网 distributed network 14.0011

分布[式]问题求解 distributed problem solving 13.0453

分布式系统 distributed system 21.0059

分布式系统对象模式 distributed system object mode, DSOM 09.0240

分布式选择算法 distributed selection algorithm 02.0457

分布式应用 distributed application 11.0209

分布式语言翻译 distributed language translation 20.0214

分布透明性 distribution transparency 11.0213

分槽环网 slotted-ring network 14.0420

分层 layering 16.0032

分层检测 layer detection 22.0234

分叉 fork 10.0392

分程序结构语言 block-structured language 09.0027

*分词 word segmentation 15.0261

分词单位 word segmentation unit 15.0262

分段 segmentation, fragmentation 10.0771

分段和重装 segmentation and reassemble, SAR 14.0368

分段确定性的 piece-wise deterministic, PWD 03.0016

分发型业务 distribution service 14.0331

分发应用 distribution application 14.0324

分割 subdivision 16.0121

分隔安全 compartmented security 19.0196

分隔安全模式 compartmented security mode 19.0213

*分级存储系统 hierarchical memory system 06.0012

分级管理 hierarchical management 10.0405

*分级控制 hierarchical control 17.0011

分级网 hierarchical network 14.0005

分接头 tap 14.0442

分解 decomposition 02.0103

分解协调 composition decomposition 17.0056

分类 sort 21.0005

分类器 classifier 22.0168

分立电路 discrete circuit 07.0007

分立元件 discrete component 07.0006

分量 component 09.0171

分派 dispatch 10.0203

分派表 dispatch table 10.0914

分派程序 dispatcher 10.0204

分派优先级 dispatching priority 10.0557

分配 allocation 01.0304

分配单位 allocation unit 10.0076

*分配模式 allocation schema 11.0221

分片模式 fragmentation schema 11.0220

分片透明 fragmentation transparency 11.0219

[分]情况语句 case statement 09.0161

分区 partition 05.0101

分区表 partition table 10.0923

分区存取法 partition access method 10.0520

分区恒角速度 zoned constant angular velocity, ZCAV 05.0108

分散 decentralization 10.0626

分散格式 scatter format 10.0284

分散控制 decentralized control 17.0010

分散式处理 decentralized processing 10.0627

分散式数据处理 decentralized data processing 10.0628

分散装入 scatter loading 10.0366

分时 time sharing 12.0383

分时操作系统 time-sharing operating system 10.0005

分时处理 time-sharing processing 10.0616

分时等待方式 time-sharing waiting mode 10.0430

分时调度程序系统 time-sharing scheduler system 10.0910

分时调度规则 time-sharing scheduling rule 10.0554

分时动态分配程序 time-sharing dynamic allocator 10.0075

分时监控系统 time-sharing monitor system 10.0909

分时就绪方式 time-sharing ready mode 10.0427

分时控制任务 time-sharing control task 10.0963

分时驱动程序 time-sharing driver 10.0201

分时系统命令 time-sharing system command 10.0157

分时用户方式 time-sharing user mode 10.0429

分时优先级 time-sharing priority 10.0574

分时运行方式 time-sharing running mode 10.0428

分析攻击 analytical attack 19.0401

分析阶段 analysis phase 12.0012

分析模型 analytical model 12.0013

分析学习 analytic learning 13.0402

分析属性 analytic attribute 22.0119

分形 fractal 16.0297

分形编码 fractal encoding 22.0198

分形几何 fractal geometry 16.0298

分页 paging 10.0512

分页程序 pager 10.0500

分支 branch 09.0160

分支电缆 drop cable 14.0468

分支线 stub 07.0165

分支限界[法] branch and bound 02.0345

分支限界搜索 branch-and-bound search 13.0126

分支指令 branch instruction 04.0543

分治[法] divide and conquer 02.0341

分组层 packet layer 14.0265

分组长度 packet size 14.0314

分组传送模式 packet transfer mode 14.0341

*分组交换公用数据网 packet switched public data network, PSPDN 14.0244

*分组交换数据网 packet switched data network, PSDN 14.0243

*分组交换网 packet switching network 14.0019

分组密码 block cipher 19.0004

*分组式终端 packet mode terminal 14.0221

*分组装拆器 packet assembler/disassembler, PAD 14.0220

风险分析 risk analysis 19.0179

风险接受 risk acceptance 19.0372

风险评估 risk assessment 19.0338

风险容忍 risk tolerance 19.0491

风险指数 risk index 19.0197

封闭安全环境 closed security environment 19.0205

封闭世界假设 closed world assumption 13.0251

*封闭用户群 closed user group, CUG 14.0298

封锁 lockout 08.0188

封锁粒度 lock granularity 11.0168

封装 packaging, encapsulation 01.0322

封装可靠性 package reliability 07.0285

峰位漂移 peak shift 05.0060

峰值检测 peak detection 05.0062

冯·诺依曼[计算]机 von Neumann machine 01.0081

冯·诺依曼体系结构 von Neumann architecture 04.0001

冯方法 Phong method 16.0285

冯模型 Phong model 16.0284

*逢1变化不归零制 non-return-to-zero change on one, NRZ1 05.0037

否认 negative acknowledgement, NAK 14.0153

服务 service 14.0043

服务比特率 service bit rate 14.0318

服务程序 service program 08.0280

服务队列 service queue 10.0679

服务发起者 service initiator 14.0045

服务访问点 service access point, SAP 14.0047

服务监控程序 service monitor 10.0455

*服务接入点 service access point, SAP 14.0047

服务接受者 service acceptor 14.0046

服务例程 service routine 08.0279

服务器 server 01.0123

*Web服务器 Web server 14.0558

服务请求块 service request block 10.0783

服务请求中断 service request interrupt 10.0303

服务数据单元 service data unit, SDU 14.0049

服务原语 service primitive 14.0048

服务质量 quality of service, QoS 14.0308

IEEE 754浮点标准 IEEE 754 floating-point standard 04.0420

浮点处理单元 floating-point processing unit, FPU 04.0312

浮点计算机 floating-point computer 04.0008

浮点数 floating-point number 01.0194

浮点运算 floating-point operation 04.0495

浮点运算每秒 floating-point operations per second, FLOPS 23.0044

浮动磁头 float head, flying head 05.0218

浮动块 slider 05.0110

浮动装入程序　relocating loader　10.0369

符号　symbol　01.0212

符号编码　symbolic coding　22.0196

符号操纵语言　symbol manipulation language　09.0116

符号分析　symbolic analysis　09.0297

符号间干扰　intersymbol interference　08.0180

符号逻辑　symbolic logic　02.0109

符号设备　symbolic device　10.0183

符号文件　symbolic file　10.0271

符号演算　symbolic calculus　02.0066

符号语言　symbolic language　09.0117

符号执行　symbolic execution　12.0365

符号智能　symbolic intelligence　13.0077

符合停机　match stop　08.0205

幅度分割　amplitude segmentation　22.0111

幅度检测　amplitude detection　05.0068

幅值裕度　magnitude margin　17.0074

辐射　radiation　19.0349

辐射度方法　radiosity method　16.0266

辅[键]码　secondary key　11.0046

辅助存储器　auxiliary memory　06.0048

辅助段　secondary segment　10.0768

辅[助]副本　secondary copy　11.0244

辅助集　supplementary set　15.0017

辅助空间分配　secondary space allocation　10.0066

辅助平面　supplementary plane　15.0110

辅助任务　secondary task　10.0952

辅助索引　secondary index　21.0009

腐蚀　erosion　22.0082

腐蚀切割　etch cutting　07.0297

付费电视　pay TV　18.0124

负逻辑转换　negative logic-transition, downward logic-transition　07.0069

负沿　negative edge　07.0062

负跃变　downward transition　07.0067

负载　load　07.0111

负载电阻　load resistance　07.0112

负载端　load end　07.0110

负载规则　loading rule　07.0222

负载冒险模型　workload hazard model　03.0098

负载线图　load-line diagram　07.0093

附加任务　append task　10.0945

附加维修　supplementary maintenance　08.0289

附加文档　attached document　14.0643

附属处理器　attached processor　04.0074

复合标记　compound token　02.0684

复合标识　compound marking　02.0679

复合磁带　composite tape　05.0173

复合[键]码　compound key　11.0047

复合控制　compound control　17.0007

复合序列　composite sequence　15.0121

复位　reset　01.0353

复位脉冲　reset pulse　07.0038

复位序列　homing sequence　03.0159

复形　complex　16.0217

复用库互操作组织　reuse library interoperability group, RLIG　12.0185

复原请求　resume requirement　03.0160

复杂事务　complex transaction　11.0304

复杂适应性系统　complex adaptive system, CAS　21.0102

复杂数据类型　complex data type　11.0283

复杂特征集　set of complex features　20.0079

复杂性　complexity　02.0242

复杂性类　complexity class　02.0246

复杂指令集计算机　complex instruction set computer, CISC　04.0043

*复执　retry　01.0335

复制　copy　01.0344

复制保护　copy protection　19.0237

复制传播　copy propagation　09.0310

复制型数据库　replicated database　11.0247

副本　copy, backup copy　01.0345

副控台　secondary console　07.0409

副作用　side effect　12.0319

傅里叶描述子　Fourier descriptor　22.0029

赋逻辑[论]　enlogy　02.0572

赋值　assignment　09.0183

赋值语句　assignment statement　09.0159

覆盖　overlay　10.0474

覆盖标识　covering marking　02.0685

覆盖测试　coverage test　03.0263

G

改进调频［制］ modified frequency modulation, MFM 05.0040

改善性维护 perfective maintenance 12.0284

改正性活动 corrective action 12.0236

盖写 overwrite 05.0058

概率 probability 13.0514

概率并行算法 probabilistic parallel algorithm 02.0453

概率测试 probabilistic testing 03.0244

概率传播 probability propagation 13.0523

概率分布 probability distribution 13.0520

概率分析 probability analysis 13.0516

概率函数 probability function 13.0521

概率弧 probabilistic arc 02.0676

概率加密 probability encryption 19.0051

概率逻辑 probabilistic logic 02.0087

概率密度 probability density 13.0518

概率密度函数 probability density function 13.0519

概率模型 probability model 13.0522

概率松弛法 probabilistic relaxation 22.0123

概率算法 probabilistic algorithm 02.0346

概率推理 probabilistic reasoning 13.0242

概率误差估计 probabilistic error estimation 13.0515

概率系统 probabilistic system 21.0109

概率校正 probability correlation 13.0517

概念词典 concept dictionary 20.0163

概念发现 concept discovery 13.0330

概念分类 concept classification 20.0168

概念分析 conceptual analysis 15.0248

概念获取 concept acquisition 13.0329

概念检索 conceptual retrieval 13.0335

概念结点 concept node 13.0048

概念库 conceptual base 11.0344

概念模式 conceptual schema 11.0023

概念模型 conceptual model 11.0024

概念图 conceptual graph 13.0334

概念相关 conceptual dependency 13.0332

概念学习 concept learning 13.0331

概念依存 concept dependency 20.0099

* 概念依赖 conceptual dependency 13.0332

概念因素 conceptual factor 13.0333

概要设计 preliminary design 12.0051

干扰 jam, interference 19.0336

干涉技术 interference technique 16.0053

干线电缆 trunk cable 14.0232

干线连接单元 trunk connecting unit, TCU 14.0467

干线耦合单元 trunk coupling unit, TCU 14.0466

感应同步器 inductosyn 17.0198

感知 perception 13.0015

感知机 perceptron 13.0556

* 钢结构 CAD computer-aided steelwork design 16.0016

高保真 hi-fi 18.0163

高层调度 high-level scheduling 10.0740

高电平状态特性 high-state characteristic 07.0048

高度平衡树 height-balanced tree 09.0326

高端存储块 upper memory block, UMB 10.0141

高端存储区 upper memory area, UMA 10.0114

高光 high light 16.0307

高级佩特里网 high level Petri net 02.0623

高级数据链路控制［规程］ high level data link control［procedures］, HDLC［procedures］ 14.0162

高级研究计划局网络 Advanced Research Project Agency network, ARPANET 14.0530

高级语言 high level language 09.0051

高阶逻辑 higher order logic 02.0039

高阶语言 high-order language, HOL 09.0054

高宽比 aspect ratio 16.0337

高密度软盘 high-density diskette 05.0161

高密度装配 high-density assembly 07.0244

高密度组装 high-density packaging 07.0243

高频［字词］先见 priority of high frequency［words］ 15.0193

高清晰度电视 high definition television, HDTV

18.0129

高斯分布　Gaussian distribution　13.0500

高斯曲率逼近　Gaussian curvature approximation 16.0201

*高速缓冲存储器　cache　04.0194

高速缓存　cache　04.0194

高速缓存冲突　cache conflict　04.0195

高速缓存共享　cache memory sharing　10.0391

高速缓存块　cacheline　06.0002

高速缓存块替换　cache block replacement　04.0208

高速缓存缺失　cache miss　04.0161

高速缓存一致性　cache coherence　04.0196

高速缓存一致性协议　cache coherent protocol 04.0209

高速总线　high speed bus　07.0054

高通滤波　highpass filtering　22.0099

高维索引　high dimensional indexing　22.0215

高性能计算和通信　high performance computing and communication, HPCC　04.0313

高性能计算机　high performance computer　04.0030

高性能文件系统　high performance file system 10.0895

高优先级　high priority　10.0560

高优先级中断　high-priority interrupt　10.0308

戈登曲面　Gordon surface　16.0174

哥德尔配数　Gödel numbering　02.0008

割点　cutpoint　02.0366

格　case　20.0082

格局　configuration　02.0206

格框架　case frame　20.0085

格雷巴赫范式　Greibach normal form　02.0236

格式化　formatting　05.0097

格式化容量　formatted capacity　05.0086

格式化实用程序　formatting utility　10.1009

格式化数据　formatted data　11.0055

格式结构　trellis　07.0249

格语法　case grammar　20.0083

格支配理论　case dominance theory　20.0084

隔离级　isolation level　11.0167

隔行　interlaced　18.0144

隔行扫描　interlaced scanning　05.0369

隔震器　shock isolator　07.0338

个人标识号　personal identification number, PIN

19.0159

个人词语[数据]库　personal word and phrase database　15.0238

个人计算机　personal computer, PC　01.0057

个人计算机存储卡国际协会　Personal Computer Memory Card International Association, PCMCIA 04.0444

个人数字助理　personal digital assistant, PDA 01.0075

个人通信系统　personal communication system, PCS 14.0716

个体标识　individual marking　02.0680

个性标记　individual token　02.0626

铬氧磁带　chromium-oxide tape　05.0175

根　root　10.0188

根编译程序　root compiler　09.0131

根目录　root directory　10.0189

根[文件]名　root name　10.0461

跟进　tailgate　19.0403

跟踪　trace　07.0424

跟踪路由[程序]　traceroute　14.0609

跟踪球　trackball　05.0427

跟踪误差　tracking error　17.0080

更改控制　change control　12.0400

更新　update　11.0085

更新报酬　renewal reward　03.0111

更新传播　update propagation　11.0232

更新过程　renewal process　03.0110

更新事务处理　update transactions　10.0995

更新异常　update anomaly　11.0125

*工程CAD　computer-aided engineering design 16.0012

工程数据库　engineering database, EDB　11.0011

工程图　engineering drawing　16.0054

工具箱　toolbox, toolkit　12.0018

工效学　ergonomics　01.0248

工业标准结构总线　ISA bus　04.0431

工业标准体系结构　industry standard architecture, ISA　04.0430

工业计算机　industrial computer　17.0203

工业控制计算机　industrial control computer 17.0204

工业自动化　industrial automation　17.0050

工艺图 artwork 16.0021

工作存储器 work storage 04.0169

工作存储区 working memory area 10.0116

工作队列 work queue 10.0689

工作队列目录 work queue directory 10.0193

工作集 working set 01.0372

工作集分派程序 working set dispatcher 10.0210

工作链路 active link 14.0103

工作流 workflow 11.0268

工作流制定服务 workflow enactment service 21.0179

工作时间片 work〔time〕slice 10.0975

工作温度 operating temperature 07.0375

工作文件 working file 10.0278

工作信道状态 active channel state 14.0310

工作页〔面〕 working page 10.0516

工作因子 work factor 19.0104

工作站 workstation 01.0064

工作站机群 cluster of workstations, COW 04.0091

工作站网络 network of workstations, NOW 04.0092

工作组计算 workgroup computing 21.0177

公告板服务 bulletin board service, BBS 14.0683

公告板系统 bulletin board system, BBS 14.0684

公共对象模型 common object model, COM 09.0233

公共对象请求代理体系结构 common object request broker architecture, CORBA 09.0237

公共服务区 common service area, CSA 10.0097

公共接地点 common ground point 07.0355

公共事件标志 common event flag 10.0228

公共数据模型 common data model 11.0282

公共网关接口 common gateway interface, CGI 14.0665

公共系统区 common system area 10.0098

公共应用服务要素 common application service element, CASE 14.0692

公共语言 common language 09.0034

公共桌面环境 common desktop environment 10.0218

公共资源 common resource 10.0707

公共子表达式删除 common subexpression elimination 09.0309

公共总线 common bus 01.0139

公理复杂性 axiomatic complexity 02.0244

公理语义 axiomatic semantics 09.0191

公平网 fair net 02.0531

公平性 fairness 02.0613

公用设施标记 utility marker 14.0293

公用数据网 public data network 14.0017

公钥 public key 19.0072

X.509 公钥构架 public key infrastructure x.509, PKIX 19.0454

公钥构架 public key infrastructure, PKI 19.0090

公钥加密 public key encryption 19.0048

公钥密码 public key cryptography 19.0005

公正 notarization 19.0441

功耗 power consumption, power dissipation 07.0358

功率密度 power density 07.0359

功能 function 01.0356

功能部件 functional unit 12.0023

功能测试 functional test 03.0031

功能存储器 functional memory 06.0051

功能分解 functional decomposition 12.0053

功能故障 functional fault 03.0030

功能规约 functional specification 12.0022

功能合一语法 functional unification grammar 20.0081

功能块 function block 17.0115

功能模型 functional model 21.0152

功能软盘 function diskette 07.0404

功能设计 functional design 12.0052

功能无关测试 function independent testing 08.0140

功能性 functionality 12.0024

功能性配置审计 functional configuration audit, FCA 12.0257

功能需求 functional requirements 12.0021

功能语法 functional grammar 20.0076

功能语言学 functional linguistics 20.0133

攻击 attack 19.0260

攻击程序 attacker 19.0261

供方 supplier 12.0363

供应过程 supply process 12.0425

共模扼流程 common-mode choke 19.0350

共谋　collusion　19.0301
共生矩阵　co-occurrence matrix　22.0101
共享　share　01.0246
共享白板　shared whiteboard　18.0185
共享变量　shared variable　10.0988
共享操作系统　shared operating system　10.0028
共享磁盘的多处理器系统　shared disk multiprocessor system　04.0064
共享存储器　shared memory　06.0050
共享段　shared segment　10.0769
共享高速缓存　shared cache　06.0105
共享内存的多处理器系统　shared memory multiprocessor system　04.0063
共享软件　shareware　21.0169
共享锁　shared lock　11.0160
共享文件　shared file　10.0254
共享虚拟存储器　shared virtual memory, SVM　04.0211
共享虚拟区　shared virtual area　10.0107
共享页表　shared page table　10.0929
共享执行系统　shared executive system　10.0903
构词法　productive morphology　20.0015
构件　component　09.0214
构件编程　component programming　21.0065
构件存储库　component repository　09.0231
构件对象模型　component object model, COM　09.0234
构件库　component library　09.0215
构件块　building block　12.0221
构件描述语言　component description language, CDL　09.0230
构件软件工程　component software engineering　03.0141
构件语法　component grammar　20.0091
构造程序　builder　09.0249
构造函数　constructor　11.0294
构造几何　constructive geometry　16.0106
*构造器　builder　09.0249
构造性证明　constructive proof　02.0069
孤儿消息　orphan message　03.0137
孤立词语音识别　isolate word speech recognition　18.0173
骨架代码　skeleton code　10.0077

骨架化　skeletonization　22.0208
鼓式打印机　drum printer　05.0285
鼓式扫描仪　drum scanner　05.0422
固定存储器　permanent memory　06.0030
固定短语　fixed phrase　15.0086
*固定故障　permanent fault　03.0055
固定开路故障　stuck-open fault　03.0135
固定型故障　stuck-at fault　03.0136
固定性错误　solid error　08.0282
固定字长　fixed word length　01.0177
固件　firmware　01.0148
固态存储器　solid-state memory　06.0024
固态盘　solid state disc　05.0252
固有多义性　inherently ambiguity　02.0177
固有线电容　intrinsic line capacitance　07.0117
故事分析　story analysis　13.0630
故障　fault, failure, fail　01.0329
故障安全　fail-safe　03.0171
故障安全电路　fault secure circuit　08.0100
故障包容　fault containment　03.0169
*故障避免　fault avoidance　03.0261
故障测试　fault testing　03.0181
故障插入　fault insertion　12.0255
故障查找　trouble shooting　03.0180
故障沉默　fail silent　03.0174
故障处理　fault handling　04.0427
故障辞典　fault dictionary　03.0188
故障等效　fault equivalence　03.0185
故障定位　fault location　03.0176
故障定位测试　fault location testing　08.0103
故障定位问题　fault location problem　08.0096
故障冻结　fail-frost　03.0173
故障访问　failure access　19.0407
故障分析　fault analysis　08.0086
故障覆盖　fault-coverage　04.0407
故障覆盖率　fault-coverage rate　03.0191
故障隔离　fault isolation　03.0186
故障恢复　recovery from the failure　11.0191
故障记录　failure logging　03.0170
故障检测　fault detection　03.0184
故障禁闭　fault confinement　03.0187
故障矩阵　fault matrix　08.0099
故障控制　failure control　08.0105

故障类别　fault category　12.0254

故障模拟　fault simulation　03.0189

故障模型　fault model　03.0190

故障屏蔽　fault masking　03.0179

故障切换　fail-over　04.0429

故障弱化　fail-soft　03.0182

故障弱化逻辑　fail-soft logic　08.0107

故障弱化能力　fail-soft capability　08.0106

故障撒播　fault seeding　12.0256

故障时间　fault time　08.0102

故障收缩　fault collapsing　03.0172

故障树分析　fault tree analysis　08.0104

故障特征　fault signature　08.0101

故障停止失效　fail-stop failure　03.0183

*故障无碍　fail-safe　03.0171

故障诊断　fault diagnosis　03.0175

故障诊断程序　fault diagnostic program　08.0091

故障诊断例程　fault diagnostic routine　08.0092

故障诊断试验　fault diagnostic test　08.0090

故障支配　fault dominance　08.0097

故障注入　fault injection　03.0177

挂起　suspension　10.0792

挂起进程　suspend process　10.0602

挂起时间　suspension time　10.0979

挂起原语　suspended primitive　10.0588

挂起状态　suspend state　10.0416

关机　shut down　10.1025

关键部分优先　critical piece first　12.0238

关键成功因素　critical success factor　21.0054

关键程度　criticality　12.0239

关键词　keyword　01.0243

关键计算　critical computation　03.0070

关键路径　critical path　04.0269

关键帧　key frame　18.0091

*关键字　keyword　01.0243

关节点　articulation point　02.0316

关联　incident　02.0385

关联处理机　associative processor　04.0070

关联矩阵　incident matrix　02.0589

关联失效　relevant failure　17.0155

关系　relation　11.0065

关系代数　relational algebra　11.0095

关系逻辑　relational logic　02.0049

关系模式分解　decomposition of relation schema　11.0146

关系数据库　relational database　11.0006

关系数据模型　relational data model　11.0020

关系网　relation net　02.0538

关系系统　relation system　02.0037

关系演算　relational calculus　11.0110

观测器　observer　17.0084

观察学习　learning by observation　13.0414

[观察]允许角　acceptance angle　05.0348

管道　pipe　10.0528

管道通信机制　pipe communication mechanism　10.0438

管道同步　pipe synchronization　10.0529

管道文件　pipe file　10.0265

管理　management　01.0362

管理程序　supervisor, supervisory program　10.0411

管理程序调用　supervisor call　10.0132

管理程序调用中断　supervisor call interrupt　10.0315

管理过程　management process　12.0423

管理计算机　supervisory computer　04.0078

管理控制　management control　21.0030

管理例程　supervisory routine　10.0726

管理信息系统　management information system, MIS　21.0096

惯性矩　moment of inertia　22.0159

惯用型词典　expression dictionary　20.0171

光笔　light pen　05.0391

光标　cursor　05.0370

光磁软盘　floptical disk　05.0165

光存储器　optical memory　06.0019

光带　optical tape　05.0236

光[电]耦合器　photo-coupler　14.0233

光碟　optical disc, disc, compact disc, CD　05.0223

光碟[读]头　optical pickup　05.0247

光[碟]轨　optical track　05.0249

光碟库　optical disc library　05.0237

光碟驱动器　optical disc drive　05.0241

光碟伺服控制系统　optical disc servo control system　05.0246

光碟塔　optical disc tower　05.0239

光[碟]头　optical head　05.0248

光碟阵列 optical disc array 05.0240

光度学 photometry 22.0180

光隔离器 opto-isolator 14.0235

光轨间距 optical track pitch 05.0250

光机械鼠标[器] optomechanical mouse 05.0407

光计算机 optical computer 01.0086

光记录 optical recording 05.0242

光记录介质 optical recording media 05.0243

光亮度 intensity 16.0271

光流 optic flow 22.0141

光流场 optic flow field 22.0142

光能 light energy 16.0406

光钮 light button 16.0315

*光盘 optical disc, disc, compact disc, CD 05.0223

光强 light intensity 16.0407

光鼠标[器] optical mouse 05.0411

光顺 fairing 16.0117

光顺性 fairness 16.0118

光纤 optical fiber 14.0234

光纤分布式数据接口 fiber distributed data interface, FDDI 14.0423

光线跟踪 ray tracing 16.0282

光线投射 ray cast 16.0469

*光线追踪 ray tracing 16.0282

光[学]标记阅读机 optical mark reader, OMR 05.0390

光学图像 optical image 22.0143

光[学]字符阅读机 optical character reader, OCR 05.0389

光栅扫描 raster scan 16.0313

光栅显示 raster display 16.0338

光照模型 illumination model 16.0267

广播 broadcast 14.0119

广播地址 broadcast address 14.0435

广度优先搜索 breadth first search 02.0332

广义短语结构语法 general phrase structure grammar 20.0049

广义随机佩特里网 generalized stochastic Petri net 02.0666

广义相容运算 generalized compatible operation 16.0215

广义序列机 generalized sequential machine

02.0112

广域网 wide area network, WAN 14.0002

广域信息服务系统 wide area information server, WAIS 14.0670

归并 merge 02.0397

归并插入 merge insertion 02.0398

归并排序 merge sort, order by merging 21.0013

归并扫描法 merged scanning method 11.0092

归档文件 archived file 19.0450

归结 resolution 02.0044

归结原理 resolution principle 02.0092

归结主体 resolution agent 13.0491

归零[道] return to zero, RTZ[track] 05.0122

归零制 return-to-zero, RZ 05.0035

归纳断言 inductive assertion 13.0347

归纳断言法 inductive assertion method 12.0264

归纳泛化 inductive generalization 13.0348

归纳公理 induction axiom 02.0089

归纳逻辑 inductive logic 13.0349

归纳逻辑程序设计 inductive logic programming 13.0350

归纳命题 inductive proposition 13.0351

归纳推理 inductive reasoning, inductive inference 13.0235

归纳学习 inductive learning 13.0399

归纳综合方法 inductive synthesis method 12.0080

归约 reduce, reduction 02.0028

归约机 reduction machine 04.0046

龟标 turtle graphics 09.0122

*HDLC 规程 high level data link control[procedures], HDLC[procedures] 14.0162

规程 procedures 14.0148

规范化 normalization 11.0124

规范化语言 normalized language 20.0121

规范名 canonical name 13.0647

规格化 normalization 04.0462

规格化处理 normalizing processing 15.0194

规格化设备坐标 normalized device coordinate 16.0336

*规格说明 specification 12.0073

规划 planning 13.0089

规划库 planning library 13.0485

规划生成 planning generation 13.0484

规划失败　planning failure　13.0483

规划系统　planning system　13.0486

规模估计　sizing　12.0321

规约　specification　12.0073

规约验证　specification verification　12.0361

规约语言　specification language　12.0360

规则　rule　13.0067

*ECA 规则　ECA rule, event-condition-action rule
11.0340

规则集　rule set　13.0075

规则库　rule base　13.0391

规则推理　rule-based reasoning　13.0216

规则子句　rule clause　13.0066

硅编译器　silicon compiler　16.0044

轨道控制　orbit control　17.0040

轨迹曲线　trajectory curve　16.0183

滚动条　scroll bar　18.0017

滚筒绘图机　drum plotter　05.0258

国家信息基础设施　national information infrastruc-
ture, NII　14.0529

过程　procedure　12.0292

过程程序设计　procedural programming　12.0193

过程重构　process reengineering　17.0057

过程分析　procedure analysis　13.0064

过程间数据流分析　interprocedural data flow analysis
09.0280

过程控制　process control　17.0017

过程控制软件　process control software　17.0256

过程逻辑　process logic　02.0060

过程模型　process model　21.0158

过程实现方法　procedural implementation method
12.0081

过程数据　procedure data　11.0301

过程数据高速公路协议　proway protocol　17.0262

过程同步　procedure synchronization　10.0859

过程性知识　procedural knowledge　13.0044

过程语言　procedural language　09.0099

过程语义　procedural semantics　09.0194

过冲　overshoot　07.0086

过渡曲面　transition surface　16.0182

过渡曲线　transition curve　16.0181

过渡效果　transition effect　18.0148

过孔　via hole　07.0131

过零检测器　zero crossing detector　05.0067

过期检查点　obsolete checkpoint　03.0099

过期数据　stale data　06.0005

H

哈佛结构　Harvard structure　04.0319

哈密顿回路　Hamilton circuit　02.0347

哈密顿回路问题　Hamilton circuit problem
02.0249

哈密顿路径　Hamilton path　02.0348

海量存储器　mass storage　06.0047

函数　function　01.0357

函数程序设计　functional programming　12.0195

函数调用　function call　09.0268

函数[式]语言　functional language　09.0065

函数依赖　functional dependence　11.0127

函数依赖闭包　functional dependence closure
11.0134

函数依赖分解律　decomposition rule of functional
dependencies　11.0149

函数依赖合并律　union rule of functional dependen-
cies　11.0151

函数依赖伪传递律　pseudotransitive rule of function-
al dependencies　11.0150

汉卡　Hanzi card, Chinese character card　15.0269

汉明距离　Hamming distance　03.0056

汉明码　Hamming code　06.0125

汉语　Chinese　15.0002

汉语词语编码　Chinese word and phrase coding
15.0155

汉语词语处理机　Chinese word processor　15.0265

汉语词语库　Chinese word and phrase library
15.0195

汉语分析　Chinese analysis　15.0249

汉语计算机辅助教学系统　Chinese computer-aided
instruction system　15.0292

汉语理解　Chinese language understanding　15.0148

汉语拼音[方案]　Pinyin, scheme of the Chinese
phonetic alphabet　15.0030

汉语人机界面 man-machine interface for Chinese 15.0281

汉语生成 Chinese generation 15.0250

汉语信息处理 Chinese information processing 15.0010

*汉语言语分析 Chinese speech analysis 15.0243

*汉语言语合成 Chinese speech synthesis 15.0244

*汉语言语理解系统 Chinese speech understanding system 15.0291

*汉语言语识别 Chinese speech recognition 15.0242

*汉语言语输入 Chinese speech input 15.0185

*汉语言语数字信号处理 Chinese speech digital signal processing 15.0246

*汉语言语信息处理 Chinese speech information processing 15.0247

*汉语言语信息库 Chinese speech information library 15.0245

汉语语音分析 Chinese speech analysis 15.0243

汉语语音合成 Chinese speech synthesis 15.0244

汉语语音理解系统 Chinese speech understanding system 15.0291

汉语语音识别 Chinese speech recognition 15.0242

汉语语音输入 Chinese speech input 15.0185

汉语语音数字信号处理 Chinese speech digital signal processing 15.0246

汉语语音信息处理 Chinese speech information processing 15.0247

汉语语音信息库 Chinese speech information library 15.0245

汉语自动分词 automatic segmentation of Chinese word 15.0260

汉语自动切分 automatic Chinese word segmentation 20.0027

汉字 Hanzi, Chinese character 15.0003

汉字编码 Hanzi coding, Chinese character coding 15.0154

汉字编码方案 Hanzi coding scheme, Chinese character coding scheme 15.0156

汉字编码计算机辅助设计 computer-aided design for Hanzi coding 15.0163

汉字编码技术 Hanzi coding technique 15.0162

汉字编码输入方法 Hanzi coding input method, Chinese character coding input method 15.0157

汉字编码输入方法评测 evaluation of Hanzi coding input method 15.0160

汉字编码输入评测软件 evaluation software for Hanzi coding input 15.0164

汉字编码字符集 Hanzi coded character set, Chinese character coded character set 15.0015

汉字部件 Hanzi component, Chinese character component 15.0069

汉字打印机 Hanzi printer, Chinese character printer 15.0271

汉字公用程序 Hanzi utility program, Chinese character utility program 15.0279

汉字激光印刷机 Hanzi laser printer, Chinese character laser printer 15.0273

汉字集 Hanzi set, Chinese character set 15.0038

汉字检字法 Hanzi indexing system, Chinese character indexing system 15.0159

汉字键盘 Hanzi keyboard 15.0135

汉字键盘输入方法 Hanzi keyboard input method, Chinese character keyboard input method 15.0158

汉字交换码 Hanzi code for interchange, Chinese character code for interchange 15.0100

汉字结构 Hanzi structure, Chinese character structure 15.0068

汉字控制功能码 Hanzi control function code, Chinese character control function code 15.0107

汉字扩展内码规范 Hanzi expanded internal code specification 15.0106

汉字流通频度 circulation frequency of Hanzi, circulation frequency of Chinese character 15.0042

[汉]字码表 code list of Hanzi 15.0212

汉字内码 Hanzi internal code, Chinese character internal code 15.0105

汉字喷墨印刷机 Hanzi ink jet printer, Chinese character ink jet printer 15.0274

汉字区位码 Hanzi section-position code 15.0104

汉字热敏印刷机 Hanzi thermal printer, Chinese character thermal printer 15.0275

汉字生成器 Hanzi generator 15.0277

汉字识别 Hanzi recognition, Chinese character recognition 15.0241

汉字识别系统 Hanzi recognition system, Chinese character recognition system 15.0294

汉字使用频度 utility frequency of Hanzi, utility frequency of Chinese character 15.0043

汉字手持终端 Hanzi handheld terminal, Chinese character handheld terminal 15.0267

汉字输出 Hanzi output, Chinese character output 15.0022

汉字输入 Hanzi input, Chinese character input 15.0021

汉字输入程序 Hanzi input program 15.0165

汉字输入键盘 Hanzi input keyboard, Chinese character input keyboard 15.0268

汉字输入码 Hanzi inputing code, Chinese character inputing code 15.0191

汉字属性 Hanzi attribute, attribute of Chinese character 15.0045

汉字属性字典 Hanzi attribute dictionary, Chinese character attribute dictionary 15.0046

汉字特征 Hanzi features, Chinese character features 15.0044

汉字显示终端 Hanzi display terminal, Chinese character display terminal 15.0270

汉字信息处理 Hanzi information processing, Chinese character information processing 15.0011

汉字信息处理技术 Hanzi information processing technology 15.0013

汉字信息交换码 Hanzi code for information interchange, Chinese character code for information interchange 15.0101

汉字信息特征编码 information feature coding of Chinese character 15.0192

汉字信息压缩技术 Hanzi information condensed technology, Chinese character condensed technology 15.0278

汉字样本 Hanzi specimen, Chinese character specimen 15.0040

汉字样本库 Hanzi specimen bank, Chinese character specimen bank 15.0041

汉字针式打印机 Hanzi wire impact printer, Chinese character wire impact printer 15.0272

汉字终端 Hanzi terminal, Chinese character terminal 15.0266

汉字字形库 Hanzi font library, Chinese character font library 15.0149

汉字字形码 Hanzi font code, Chinese character font code 15.0177

焊盘 bonding pad 07.0266

行 row 01.0381, line 05.0312

行八位 row-octet 15.0127

行地址 row address 06.0062

行地址选通 row address strobe 06.0081

行每分 lines per minute, lpm 23.0026

行每秒 lines per second, lps 23.0027

行每英寸 lines per inch, lpi 23.0020

行密度 line density 05.0326

行频 line frequency 05.0366

行扫描 line scanning 05.0365

行式打印机 line printer 05.0266

[行首]缩进 indentation 21.0027

行位偏斜 line skew 08.0186

行选 row selection 06.0079

行译码 row decoding 06.0064

行主向量存储 row-major vector storage 04.0226

*合并扫描法 merged scanning method 11.0092

合成部件 compound component, synthetic component 15.0142

合成词 compound word 15.0084

合成环境 synthetic environment 18.0039

合成器 synthesizer 18.0160

合成世界 synthetic world 18.0043

合成视频 synthetic video 18.0078

合成数字音频 synthetic digital audio 18.0157

合法性撤消 revocation 12.0419

*合法性取消 revocation 12.0419

合格性测试 qualification testing 08.0118

合取查询 conjunctive query 11.0279

合取范式 conjunctive normal form 02.0025

合式公式 well-formed formula 02.0022

合同 contract 12.0234

合同网 contract net 13.0168

合一 unification 13.0199

合一部件 unification unit 04.0410

合一子 unifier 13.0200

合作主体 collaborative agent 13.0442

核磁共振 nuclear magnetic resonance 22.0237

核基安全　kernelized security　19.0190

核心映像库　core image library　10.0376

盒式磁带　cartridge magnetic tape　05.0170

盒式磁盘　cartridge disk　05.0074

赫夫曼编码　Huffman encoding　18.0110

黑板　blackboard　13.0055

黑板策略　blackboard strategy　13.0105

黑板记忆组织　blackboard memory organization　13.0102

黑板结构　blackboard structure　13.0056

黑板模型　blackboard model　13.0103

黑板体系结构　blackboard architecture　13.0100

黑板系统　blackboard system　13.0106

黑板协商　blackboard negotiation　13.0104

黑板协调　blackboard coordination　13.0101

黑底屏　black matrix screen　05.0352

黑洞　black hole　14.0647

黑色　black　19.0354

黑体　Hei Ti　15.0057

黑箱　black-box　12.0407

黑箱测试　black box testing　03.0241

黑信号　black signal　19.0353

恒定比特率　constant bit rate, CBR　14.0347

恒定比特率业务　constant bit rate service　14.0319

恒角速度　constant angular velocity, CAV　05.0107

恒线速度　constant linear velocity, CLV　05.0106

横跨边　cross edge　02.0365

横排　horizontal composition　15.0131

横向　landscape　18.0015

横向检验　horizontal check　08.0163

横向冗余检验　horizontal redundancy check　08.0164

横向扫描　transverse scan　05.0179

哄骗　spoof　19.0405

红黑工程　red/black engineering　19.0355

红色　red　19.0352

红信号　red signal　19.0351

宏病毒　macro virus　19.0356

宏处理程序　macro processor　09.0344

宏观计量经济模型　macroeconometric model　21.0133

宏观经济模型　macroeconomic model　21.0130

宏结点　macro node　02.0712

宏块　macro block　18.0083

宏理论　macro-theory　13.0023

宏流水线算法　macropipelining algorithm　02.0469

宏任务化　macrotasking　09.0352

宏语言　macro language　09.0071

宏指令　macro instruction, macros　01.0220

后备软盘　backup diskette　08.0075

*后备系统　backup system　08.0076

后处理　post processing　07.0236

后端网　back-end network　14.0013

后集　post-set　02.0551

后继标识　successor marking　02.0578

后继丛　follower constellation　02.0629

后继站　successor　14.0448

后加安全　add-on security　19.0217

后进先出　last-in first-out, LIFO　10.0731

后精简指令集计算机　post-RISC　04.0060

后门　backdoor　19.0297

后台　background　10.0329

后台操作方式　background mode　10.0420

后台初启程序　background initiator　10.0293

后台调度程序　background scheduler　10.0756

后台分区　background partition　10.0522

后台分页　background paging　10.0502

后台监控程序　background monitor　10.0453

后台区　background region　10.0693

后台任务　background task　10.0947

后台作业　background job　10.0330

后同步码　postamble　05.0191

后向串扰　backward cross talk　07.0192

后向显式拥塞通知　backward explicit congestion notification, BECN　14.0405

后像　after-image　11.0198

后援存储器　backup storage　06.0130

后援电池　backup battery　07.0330

后援高速缓存　backup cache　06.0058

后援系统　backup system　08.0076

后[置]条件　postcondition　02.0553

后缀　postfix　09.0294

厚层压板　thick laminated plate　07.0291

厚度计　thickness meter　17.0239

厚膜　thick film　07.0289

厚膜电路　thick film circuit　07.0290

回车　carriage return　05.0313

回答模式　answer schema　13.0632

回复　reply　14.0180

回归测试　regression test　03.0074

回叫　call-back　19.0425

回路　cycle　02.0367

回扫时间　flyback time　05.0360

回收程序　reclaimer　10.0698

回送　echo　01.0349

回送测试　loopback test　03.0075

回送方式　echoplex　14.0159

回送关闭　echo off　10.0213

回送检验　echo check, loopback checking　14.0158

回送检验系统　loopback checking system　08.0168

回送开放　echo on　10.0214

回溯[法]　backtracking　02.0344

回弹力　resilience　14.0189

回退　rollback　11.0193

汇编　assemble　12.0015

汇编程序　assembler　09.0256

*汇编器　assembler　09.0256

汇编语言　assembly language　09.0001

汇点　sink　02.0420

汇流条　bus bar　07.0337

会话　conversation　03.0068

会话层　session layer　14.0037

会话密钥　session key　19.0064

会话式分时　conversational time-sharing　10.0982

会话型业务　conversational service　14.0326

会面时间　face time　14.0568

会议连接　conference connection　14.0091

[会议]召集人　convenor　14.0736

[会议]主持人　conductor　14.0735

绘图　plot　16.0093

绘图机　plotter　05.0255

XY绘图机　X-Y plotter　05.0257

绘制　rendering　16.0268

混沌　chaos　17.0136

混沌动力学　chaotic dynamics　13.0565

混合　hybrid, blending　16.0122

混合编码　hybrid coding　18.0113

混合动态系统　hybrid dynamic system, HDS　17.0176

混合集成电路　hybrid integrated circuit, HIC　07.0012

混合计算机　hybrid computer　01.0051

混合结构　hybrid structure　10.0843

混合模拟　hybrid simulation　16.0043

混合系统　hybrid system　13.0501

混合[型]关联处理机　hybrid associative processor　04.0072

混合主体　hybrid agent　13.0466

混乱性　confusion　19.0015

混洗　shuffle　04.0107

混洗交换　shuffle-exchange　02.0446

混洗交换网络　shuffle-exchange network　04.0141

混音器　audio mixer　18.0159

活变迁　live transition　02.0611

活动　activity　12.0210

活动地板　false floor, free access floor　07.0356, elevated floor, raised floor　07.0429

活动分区　active partition　10.0521

活动进程　active process　10.0599

活动驱动器　active driver　10.0197

活动文件　active file　12.0209

活动页　active page　10.0504

活动主体　active agent　13.0426

活动状态　active state　10.0831

活化边表　active edge list　16.0432

活锁　livelock　10.0178

活性　liveness　02.0609

伙伴系统　buddy system　10.0890

或非门　NOR gate　04.0470

或门　OR gate　04.0469

获取　acquisition　12.0208

获取过程　acquisition process　12.0424

霍恩子句　Horn clause　02.0047

霍尔逻辑　Hoare logic　02.0059

霍夫变换　Hough transformation　22.0032

霍普菲尔德神经网络　Hopfield neural network　13.0557

击打式打印机 impact printer 05.0264

击打噪声 hit noise 05.0292

击键时间当量 typing time equivalent 15.0196

击键验证 keystroke verification 19.0420

LISP 机 LISP machine 13.0643

机电一体化 mechanotronics 17.0130

机顶盒 set-top box, STB 18.0126

机房 machine room 08.0208

机房管理 room management 08.0209

机房维护 room maintenance 08.0210

*机柜 chassis, case, cabinet 07.0248

机密级 secret 19.0101

机器词典 machine dictionary 20.0172

机器发现 machine discovery 13.0404

机器翻译 machine translation, MT 20.0195

机器翻译评价 evaluation of machine translation 20.0215

机器检查中断 machine check interrupt 08.0206

机器浪费时间 machine-spoiled time 08.0211

机器码 machine code 04.0460

机器人 robot 13.0626

机器人工程 robot engineering 13.0605

机器人学 robotics 13.0606

机器视觉 machine vision 22.0155

机器学习 machine learning 13.0395

机器语言 machine language 09.0069

机器运行 machine run 08.0207

机器指令 machine instruction 04.0541

机器智能 machine intelligence 13.0033

机器周期 machine cycle 01.0238

机群 cluster 04.0088

机箱 chassis, case, cabinet 07.0248

*机械 CAD computer-aided mechanical design 16.0010

机械式翻译 mechanical translation 20.0204

机械手 manipulator 17.0173

机械鼠标[器] mechanical mouse 05.0410

机械学习 rote learning 13.0398

J

机译最高研讨会 machine translation summit, MT summit 20.0217

机制 mechanism 01.0293

机助翻译 machine-aided translation 20.0209

机助人译 machine-aided human translation, MAHT 20.0210

迹线 trajectory 16.0180

迹语言 trace language 02.0606

积分控制 integral control 17.0019

积木世界 block world 13.0250

基本操作 basic operation 14.0270

基本词 primary word 15.0079

基本多文种平面 basic multilingual plane, BMP 15.0109

*基本规程 basic mode link control [procedures] 14.0150

基本集 primary set 15.0016

基本块 basic block 04.0612

基本密钥 basic key 19.0075

基本平台 basic platform 10.0532

基本输入输出系统 basic I/O system, BIOS 10.0904

基本网系统 elementary net system 02.0619

基本型链路控制[规程] basic mode link control [procedures] 14.0150

基本优先级 base priority 10.0559

基表 base table 11.0066

基础部件 basic component 15.0141

Java 基础类[库] Java foundation class 09.0139

基础设施 infrastructure 12.0265

基础网 infranet 17.0249

基带传输 baseband transmission 14.0084

基带局[域]网 baseband LAN 14.0415

基函数 basis function 16.0203

基数排序 radix sorting 02.0409

基网 underlying net 02.0525

基线 baseline 12.0401

基页 base page 10.0487

基于博弈论协商　game theory-based negotiation 13.0588

基于代价的查询优化　cost-based query optimization 11.0123

基于范例的推理　case-based reasoning, CBR 13.0153

基于构件的软件工程　component-based software engineering, CBSE 12.0415

基于构件的软件开发　component-based software development, CBSD 12.0414

基于规划的协商　plan-based negotiation 13.0482

基于规则的程序　rule-based program 13.0580

基于规则的系统　rule-based system 13.0581

基于规则的演绎系统　rule-based deduction system 13.0578

基于规则的专家系统　rule-based expert system 13.0579

基于规则语言　rule-based language 09.0107

基于合一语法　unification-based grammar 20.0080

基于解释[的]学习　explanation-based learning, EBL 13.0403

基于类型理论的方法　type theory-based method 12.0076

基于面的表示　face-based representation 16.0111

基于内容的检索　content-based retrieval 18.0202

基于内容的图像检索　content-based image retrieval 22.0212

基于实例[的]学习　instance-based learning 13.0400

基于特征的逆向工程　feature-based reverse engineering 16.0074

基于特征的设计　feature-based design 16.0071

基于特征的造型　feature-based modeling 16.0073

基于特征的制造　feature-based manufacturing 16.0072

基于物理的造型　physically-based modeling 16.0290

基于语法的查询优化　syntax-based query optimization 11.0122

基于语义的查询优化　semantics-based query optimization 11.0121

基于知识的仿真系统　knowledge-based simulation system 13.0575

基于知识的机器翻译　knowledge-based machine translation 20.0205

基于知识[的]推理　knowledge-based inference 13.0222

基于知识[的]推理系统　knowledge-based inference system 13.0209

基于知识的问答系统　knowledge-based question answering system 20.0220

基于知识的咨询系统　knowledge-based consultation system 13.0574

基于主体[的]软件工程　agent-based software engineering 13.0434

基于主体[的]系统　agent-based system 13.0435

基于资源的调度　resource-based scheduling 09.0320

基址寄存器　base register 04.0583

基准　reference 01.0405, benchmark 03.0222

基准测试　benchmark test 01.0156

基准程序　benchmark program 01.0155

*基准电源　reference power supply 07.0320

*基准码　reference code 07.0422

基准网络　baseline network 04.0142

基准线　guide line 16.0060

基子句　ground clause 02.0046

畸变　distortion 07.0103

激光存储器　laser memory 06.0020

激光印刷机　laser printer 05.0272

激光影碟　laser vision, LV 05.0226

激光照排机　laser typesetter 15.0276

激活　enable, activate 01.0350

激活函数　activation function 13.0567

激活机制　activate mechanism 10.0436

激活原语　activate primitive 10.0584

及时编译程序　Just In Time compiler, JIT compiler 09.0141

及时生产　just-in-time production, JIT 17.0129

吉比特以太网　gigabit Ethernet 14.0503

吉布森混合法　Gibson mix 01.0095

*吉位　gigabit, Gb 23.0011

吉周期　gigacycle, GC 23.0038

*吉字节　gigabyte, GB 23.0012

级控　stage control 04.0320

级联　cascade connection 07.0039

16.0001

计算机辅助钢结构设计 computer-aided steelwork design 16.0016

计算机辅助工程 computer-aided engineering, CAE 16.0002

计算机辅助工程设计 computer-aided engineering design 16.0012

计算机辅助工艺规划 computer-aided process planning, CAPP 16.0008

计算机辅助后勤保障 computer-aided logistic support, CALS 21.0127

计算机辅助机械设计 computer-aided mechanical design 16.0010

计算机辅助几何设计 computer-aided geometry design, CAGD 16.0003

计算机辅助建筑设计 computer-aided building design 16.0013

计算机辅助教学 computer-aided instruction, CAI 16.0004

计算机辅助流程工厂设计 computer-aided process plant design 16.0014

计算机辅助配管设计 computer-aided piping design 16.0015

计算机辅助软件工程 computer-aided software engineering, CASE 12.0001

计算机辅助设计 computer-aided design, CAD 01.0035

计算机辅助设计与制造 CAD/CAM 16.0007

计算机辅助系统工程 computer-aided system engineering, CASE 21.0064

计算机辅助语法标注 computer-aided grammatical tagging 20.0101

计算机辅助制造 computer-aided manufacturing, CAM 16.0005

计算机工程 computer engineering 01.0006

计算机管理 computer management 01.0010

[计算机]黑客 hacker 19.0271

计算机化 computerization 01.0106

计算机化小交换机 computerized branch exchange, CBX 14.0216

计算机集成制造 computer-integrated manufacturing, CIM 16.0006

计算机集成制造系统 computer-integrated manufac-

turing system, CIMS 17.0170

计算机技术 computer technology 01.0005

计算机间谍 computer espionage 19.0332

计算机监控系统 supervisory computer control system 17.0165

计算机科学 computer science 01.0004

计算机可靠性 computer reliability 01.0019

计算机控制 computer control 01.0037

计算机类型 computer category 01.0047

计算机理解 computer understanding 20.0114

计算机乱用 computer abuse 19.0292

计算机密码学 computer cryptology 19.0038

计算机软件 computer software 01.0114

计算机软件的法律保护 legal protection of computer software 12.0430

计算机实现 computer implementation 04.0606

计算机视觉 computer vision 13.0627

计算机数据 computer data 12.0114

计算机数控 computer numerical control, CNC 17.0054

计算机体系结构 computer architecture 04.0002

计算机图形学 computer graphics 01.0036

计算机网络 computer network 01.0032

计算机维护与管理 computer maintenance and management 01.0023

计算机系统 computer system 01.0044

计算机系统审计 computer system audit 19.0431

计算机下棋 computer chess 13.0583

计算机显示 computer display 16.0393

*计算机型谱 computer category 01.0047

计算机性能 computer performance 01.0091

计算机性能评价 computer performance evaluation 01.0092

计算机艺术 computer art 16.0293

计算机疫苗 computer vaccine 19.0233

计算机应用 computer application 01.0008

计算机应用技术 computer application technology 01.0009

计算机硬件 computer hardware 01.0113

计算机语言 computer language 09.0037

计算机诈骗 computer fraud 19.0293

计算机支持协同工作 computer supported cooperative work, CSCW 18.0194

计算机制图 computer draft 16.0392

计算机资源 computer resource 01.0090

计算机字 computer word 01.0174

计算几何 computational geometry 16.0177

计算技术 computing technology 01.0003

计算零知识 computational zero-knowledge 02.0504

计算逻辑 computational logic 02.0067

计算器 calculator 04.0031

计算使用 computation use, c-use 03.0026

计算系统 computing system 01.0043

计算语言学 computational linguistics 01.0040

计算语义学 computational semantics 20.0107

计算语音学 computational phonetics 20.0004

计算智能 computational intelligence 13.0548

记法 notation 12.0281

记录 record 01.0170

记录方式 recording mode 05.0034

记录密度 recording density 05.0049

记录锁定 record lock 10.0375

记忆保持度 duration of remembering 15.0197

记忆表示 memory representation 13.0025

记忆组织包 memory organization packet, MOP 13.0024

记账策略 account policy 10.0545

记账码 accounting code 10.0142

技术可行性 technical feasibility 21.0082

技术与办公协议 technical and office protocol, TOP 17.0248

技术主管 chief technology officer, CTO 21.0185

继承 inheritance 13.0086

继承误差 inherited error 08.0169

继电控制 bang-bang control 17.0032

寄存器 register 04.0483

寄存器长度 register length 04.0484

寄存器着色 register coloring 09.0319

寄生电容 parasitic capacitance 07.0091

寄生振荡 parasitic oscillation 07.0090

加标图 marked graph 02.0539

加博变换 Gabor transformation 22.0030

加法器 adder 04.0516

加急传送 urgent transfer 14.0712

加减器 adder-subtracter 04.0530

加亮 highlight 05.0362

加密 encryption, encipherment 19.0105

加密算法 cryptographic algorithm 19.0056

加密协议 cryptographic protocol 02.0487

加权同步距离 weighted synchronic distance 02.0657

加权 S 图 weighted S-graph 02.0701

加权 T 图 weighted T-graph 02.0700

加权图 weighted graph 02.0370

加速比 speed-up ratio 04.0271

加速测试 accelerated test 03.0032

加速定理 speed-up theorem 02.0252

加速键 accelerator key 10.0360

加速时间 acceleration time 05.0015

加锁 lock 10.0171, padlocking 19.0455

加载和存储体系结构 load/store architecture 04.0321

夹具 fixture 07.0313

家态 home state 02.0632

家庭办公 telecommuting 14.0757

架装安装 rackmount 08.0377

架装结构 rack construction 08.0376

假冒攻击 impersonation attack 19.0280

假色 pseudocolor 22.0191

假设 hypothesis 13.0213

假设验证 hypothesis verification 22.0203

假脱机［操作］ simultaneous peripheral operations on line, SPOOL 10.0465

假脱机操作员特权级别 spooling operator privilege class 10.0807

假脱机队列 spool queue 10.0681

假脱机管理 spool management 10.0407

假脱机文件 spool file 10.0266

假脱机文件标志 spool file tag 10.0806

假脱机文件级别 spool file class 10.0805

假脱机系统 spooling system 10.0905

假脱机作业 spool job 10.0334

假信号 glitch 07.0107

假言推理 modus ponens 02.0027

间发错误 intermittent error 08.0020

间隔计时器 interval timer 04.0582

间接地址 indirect address 04.0563

间隙 gap 02.0254

间隙定理 gap theorem 02.0255

间歇故障　intermittent fault　03.0124

兼容计算机　compatible computer　04.0012

兼容性　compatibility　01.0277

兼容字符　compatibility character　15.0120

监督控制　supervisory control　17.0059

监督学习　supervised learning　13.0409

监控　monitoring　17.0114

监控程序　monitor, monitor program　08.0230

监控方式　monitor mode　08.0229

监控任务　monitor task　10.0961

监控台　control and monitor console　17.0217

监控与数据采集系统　supervisory control and data acquisition system, SCADAS　17.0172

*监视定时器　watchdog　14.0241

监视器　monitor　05.0344

监视信元　monitoring cell　14.0395

监视状态　monitored state　08.0228

监听　snoop　06.0004

拣取设备　pick device　16.0335

减法器　subtracter　04.0522

减速时间　deceleration time　05.0016

减震器　shock absorber　07.0339

剪裁　tailoring　10.0794

剪裁过程　tailoring process　12.0428

剪切变换　shear transformation　16.0365

*剪取　clipping　16.0378

剪贴板　clipboard　10.0161

$\alpha-\beta$ 剪枝　α-β pruning　13.0122

检测　detection　03.0227

*检查　check　01.0336

检查表　checklist　03.0225

检查程序　checker　01.0337

检查点　checkpoint　03.0226

检查点再启动　checkpoint restart　08.0373

检查和　checksum　03.0224

检错　error detection　03.0163

检错例程　error detecting routine　08.0046

检错码　error detection code, EDC　03.0164

检错停机　check stop　03.0231

检索　retrieve　01.0241

检索树　trie tree　02.0338

检索型业务　retrieval service　14.0329

检验　check　01.0336

检验板测试　checkboard test　03.0229

检验步骤　checking procedure　08.0153

检验程序　check program　08.0148

检验电路　checking circuit　08.0151

检验计算　checking computation　08.0152

检验例程　check routine　08.0149

检验码　checking code　19.0457

检验器　checker　03.0230

检验位　check bit, check digit　08.0147

检验序列　checking sequence　03.0228

检验装置　verifying unit　08.0146

检验总线　check bus, check trunk　08.0145

简便的目录访问协议　lightweight DAP, LDAP　14.0621

简单安全特性　simple security property　19.0165

简单多边形　simple polygon　16.0247

简单链表　simply linked list　02.0395

简单网　simple net　02.0529

简单网关监视协议　simple gateway monitoring protocol, SGMP　14.0582

简单网[络]管[理]协议　simple network management protocol, SNMP　14.0590

简单邮件传送协议　simple mail transfer protocol, SMTP　14.0633

简化字　simplified Hanzi, simplified Chinese character　15.0048

简洁性　conciseness　08.0359

简码　brief-code　15.0199

*建立　setup　01.0259

建立时间　setup time　04.0125

建模　modeling　01.0390

*建筑 CAD　computer-aided building design　16.0013

渐变　morphing　22.0033

*溅射薄膜磁盘　sputtered film disk　05.0073

溅射膜盘　sputtered film disk　05.0073

鉴别　authentication　19.0121

鉴别交换　authentication exchange　19.0370

鉴别逻辑　logic of authentication　19.0472

鉴别数据　authentication data　19.0123

鉴别头　authentication header　19.0122

鉴别信息　authentication information　19.0369

鉴定　qualification　12.0303

鉴定需求　qualification requirements　12.0304

键　key　01.0363

键码　key code　05.0416

[键]码　key　11.0045

键帽　key cap　05.0415

键盘　keyboard　05.0413

键盘打印机　keyboard printer　05.0269

键位　key mapping　15.0200

键位表　key mapping table　15.0201

键位布局　keyboard layout　15.0202

键元　key-element　15.0203

键元串　key-element string　15.0204

键元集　key-element set　15.0205

讲授学习　learning by being told　13.0411

降级　degradation　08.0262

降级恢复　degraded recovery　03.0154

降级运行　degraded running　03.0153

降维　dimension reduction　22.0214

交　intersection　11.0097

交叉编译　cross compiling　09.0263

交叉存储器　interleaved memory　04.0170

交叉存取　interleaving access　04.0184

交叉感染　cross infection　19.0290

交叉汇编程序　cross assembler　12.0240

交叉开关　crossbar　04.0310

交叉开关网　crossbar network　04.0129

交叉连接[单元]　cross connect　14.0390

交叉链接文件　cross-linked file　10.0259

交叉耦合　cross coupling　07.0195

交叉耦合噪声　cross coupling noise　07.0197

交叉搜索　intersection search　13.0131

交错路径　zigzag path　03.0066

交错因子　interleave factor　05.0100

交付　delivery　14.0193

交互　interactive　18.0018

交互错误　interaction error　03.0065

交互方式　interactive mode　07.0230

交互故障　interaction fault　08.0019

交互技术　interactive technique　16.0463

交互设备　interactive device　16.0462

交互式查找　interactive searching　08.0179

交互式处理　interactive processing　10.0634

交互式电视　ITV, interactive television　18.0123

交互式翻译系统　interactive translation system　20.0212

交互式分时　interactive time-sharing　10.0983

交互式论证　interactive argument　02.0501

交互式批处理　interactive batch processing　10.0635

交互[式]系统　interactive system　12.0272

交互式协议　interactive protocol　02.0483

交互式语言　interactive language　09.0057

交互式SQL语言　interactive SQL　11.0117

交互式证明　interactive proof　02.0503

交互式证明协议　interactive proof protocol　02.0484

交互图形系统　interactive graphic system　16.0255

交互型业务　interactive service　14.0325

交互运作　interworking　15.0122

交互主体　interaction agent　13.0471

交互[作用]　interaction　14.0062

交换　exchange　14.0066

ATM交换机　asynchronous transfer mode switch, ATM switch　14.0342

交换码　code for interchange　15.0102

交换排列　exchange permutation　04.0106

交换排序　exchange sort　02.0374

交换线路　switched line　14.0228

交换虚电路　switched virtual circuit, SVC　14.0278

交换虚拟网　switched virtual network　14.0247

交谈[服务]　talk　14.0618

*交钥匙系统　turn-key system　21.0094

角度位置传感器　angular position transducer　17.0243

角色模型　actor model　13.0428

脚本　script　01.0169

Java脚本　Java script　09.0143

脚本知识表示　script knowledge representation　13.0049

校正信号　correcting signal　10.0784

较低指令字部　lower instruction parcel　04.0625

教育点播　education on demand, EOD　14.0753

阶层[类]状态管理程序　bracket state manager　10.0415

阶跃发生器　step generator　07.0060

阶跃函数　step function　07.0057

接触电阻　contact resistance　07.0142

接触起停　contact start stop，CSS　05.0121

接触式磁记录　contact magnetic recording　05.0026

接触压力　contact force　07.0143

接地平面　grounding plane　07.0349

接地系统　grounding system　07.0351

接合　linkage　19.0410

接口　interface　01.0129

＊IPI 接口　intelligent peripheral interface，IPI　05.0152

＊SMD 接口　storage module drive interface，SMD interface　05.0151

＊SCSI 接口　small computer system interface，SCSI　05.0150

＊ESDI 接口　enhanced small device interface，ESDI　05.0149

接口测试　interface testing　08.0114

接口定义语言　interface definition language，IDL　09.0055

接口分析　interface analysis　08.0191

接口规约　interface specification　12.0145

接口净荷　interface payload　14.0362

接口开销　interface overhead　14.0363

接口描述语言　interface description language，LDL　09.0056

接口速率　interface rate　14.0364

接口需求　interface requirements　12.0144

接口主体　interface agent　13.0473

接入　access　01.0256

接收端　receiving end　07.0109

接收门　receiving gate　07.0033

接收器　receiver　07.0024

接收证实　confirmation of receipt，COR　14.0188

接受者　recipient　14.0187

接受状态　accepting state　02.0212

接线　wiring　07.0276

揭露　disclosure　19.0363

＊节点　node　01.0373

节点插值　knot interpolation　16.0204

节点删除　knot removal　16.0205

结点　node　01.0373

结点关系度　relation degree of node　02.0709

结构　structure　12.0084

结构查询语言　structured query language，SQL

11.0116

结构冲突　structural hazard　04.0322

结构存储器　structural memory　04.0171

结构分页系统　structured paging system　10.0907

结构化保护　structured protection　19.0245

结构化编辑程序　structured editor　09.0252

＊结构化编辑器　structured editor　09.0252

结构化操作系统　structured operating system　10.0031

结构化程序　structured program　12.0176

结构化程序设计　structured programming　12.0177

结构化程序设计语言　structured programming language　12.0178

结构化方法　structured method　12.0085

结构化分析　structured analysis　12.0043

结构化分析与设计技术　structured analysis and design technique，SADT　12.0089

结构化规约　structured specification　12.0074

结构化设计　structured design　12.0050

结构理据　structure origin　15.0145

结构模式识别　structural pattern recognition　22.0210

结构式多处理机系统　structured multiprocessor system　04.0061

结构图　structure chart　12.0087

结构性　structuredness　08.0357

结构有界性　structural boundedness　02.0705

结构主义语言学　structuralism linguistics　20.0132

结温　junction temperature　07.0376

结至环境热阻　junction-to-ambient thermal resistance　07.0365

截除　cut　02.0052

截断二进制指数退避［算法］　truncated binary exponential backoff　14.0494

截断误差　truncation error　04.0464

截面　cross section　16.0192

截面曲线　cross section curve　16.0193

解除分配　deallocation　10.0060

解答抽取　answer extraction　13.0631

＊解码　decoding　01.0224

解码器　decoder　18.0089

解耦　decoupling　17.0098

解释　interpret　12.0146

解释程序　interpreter　09.0257

Java 解释程序　Java interpreter　09.0140

＊解释器　interpreter　09.0257

解树　solution tree　13.0111

解锁　unlock　10.0172

解图　solution graph　13.0110

解压缩　decompress　18.0085

介电常数　dielectric constant　07.0120

介电损耗　dielectric loss　07.0189

介质　media　05.0019

介质隔离　dielectric isolation　07.0294

介质故障　media failure　11.0190

介质转换　media conversion　05.0022

界面　interface　01.0130

借线进入　piggyback entry　19.0402

金属粉末磁带　alloy magnetic particle tape　05.0176

金属化孔　plated through hole　07.0132

金属[化]陶瓷模块　metallized ceramic module 07.0399

金属氧化物半导体存储器　metal-oxide-semiconductor memory, MOS memory　06.0044

金字塔结构　pyramid structure　02.0441

紧急断电　emergency-off　07.0347

紧急开关　emergency switch　07.0348

紧[密]耦合系统　tightly coupled system　04.0055

紧密一致性　tight consistency　11.0185

紧致测试　compact testing　03.0219

锦标赛算法　tournament algorithm　02.0416

尽力投递　best-effort delivery　14.0566

近端耦合噪声　near-end coupled noise　07.0198

近邻　neighbor　22.0089

近似算法　approximation algorithm　02.0315

近似推理　approximate reasoning　13.0241

近线　near line　01.0276

进程　process　10.0592

进程变迁　process transition　02.0659

进程存储器开关表示　process-memory-switch representation, PMS representation　04.0262

进程调度　process scheduling　10.0596

进程定性推理　process qualitative reasoning 13.0065

进程间通信　interprocess communication, IPC 10.0598

进程迁移　process migration　10.0220

进程同步　process synchronization　10.0595

进程优先级　process priority　10.0570

进程状态　process state　10.0594

进化　evolution　03.0122

进化策略　evolution strategy　13.0529

进化程序　evolution program　13.0527

进化程序设计　evolution programming　13.0528

进化发展　evolutionary development　13.0531

进化机制　evolutionism　13.0533

进化计算　evolutionary computing　13.0530

进化检查　evolution checking　03.0123

进化优化　evolutionary optimization　13.0532

进位　carry　04.0502

进位传递加法器　carry-propagation adder, CPA 04.0621

进栈　push　09.0271

浸焊　dip-soldering　07.0270

禁闭　confinement　12.0233

禁集　immune set　02.0258

禁用字符　forbidden character　08.0131

禁用组合　forbidden combination　08.0132

禁用组合检验　forbidden combination check 08.0130

禁止　disable, inhibition　01.0351

禁止表　forbidden list　04.0281

禁止电路　inhibit circuit　07.0031

禁止脉冲　inhibit pulse　08.0171

禁止输入　inhibiting input　08.0170

禁止信号　inhibit signal　08.0172

禁止中断　interrupt disable　04.0569

禁止状态　forbidden state　02.0694

经典逻辑　classical logic　02.0056

经济可行性　economic feasibility　21.0083

经济模型　economic model　21.0129

经济信息系统　economic information system, EIS 21.0100

经理信息系统　executive information system, EIS 21.0117

经理支持系统　executive support system, ESS 21.0116

[经]认可的运营机构　recognized operating agency, ROA　14.0255

经验法则　empirical law　13.0084

经验系统　empirical system　20.0221

晶体管晶体管逻辑　transistor-transistor logic，TTL　07.0015

晶体振荡器　crystal oscillator　07.0316

精定位　fine positioning　05.0127

精度　precision　12.0031

精化　refinement　13.0296

精化策略　refinement strategy　13.0298

精化准则　refinement criterion　13.0297

精简指令　reduced instruction　01.0217

精简指令集计算机　reduced instruction set computer，RISC　04.0042

景物　scene　22.0160

景物分析　scenic analysis　22.0161

净荷　payload　14.0360

净化电源　power conditioner　07.0321

净室　cleanroom　12.0109

净室软件工程　cleanroom software engineering　12.0188

径向伺服　radial servo　05.0244

竞争变迁　competitive transition　02.0674

竞争网络　competition network　13.0560

静电绘图机　electrostatic plotter　05.0260

静电印刷机　electrostatic printer　05.0278

静启动　dead start　07.0413

静态绑定　static binding　12.0200

静态测试　static testing　08.0116

静态重定位　static relocation　04.0253

静态处理器分配　static processor allocation　10.0055

静态存储分配　static memory allocation　10.0069

静态存储器　static memory　06.0034

静态调度　static scheduling　10.0732

静态多功能流水线　static multifunctional pipeline　04.0120

静态分析　static analysis　12.0046

静态分析程序　static analyzer　12.0047

静态汉字重码率　static coincident code rate for Hanzi　15.0225

静态汉字平均码长　static average code length of Hanzi　15.0232

静态缓冲　static buffering　10.0094

静态缓冲区　static buffer　10.0096

静态缓冲区分配　static buffer allocation　10.0067

静态检验　static check　08.0150

静态键位分布系数　static coefficient for code element allocation　15.0198

静态流水线　static pipeline　04.0119

静态冒险　static hazard　08.0287

静态扭斜　static skew　05.0204

静态冗余　static redundancy　03.0258

静态数据区　static data area　10.0109

静态刷新　static refresh　06.0095

静态随机存储器　static RAM，SRAM　06.0033

静态网络　static network　04.0132

静态相关性检查　static coherence check　04.0266

静态知识　static knowledge　13.0323

静态字词重码率　static coincident code rate for words　15.0226

静态字词平均码长　static average code length of words　15.0233

静压[式]浮动磁头　static pressure flying head　05.0221

静止图像　still image　22.0007

JPEG[静止图像压缩]标准　Joint Photographic Experts Group，JPEG　18.0121

镜面反射光　specular reflection light　16.0415

镜像　mirror　11.0171

纠错　error correction　01.0338

纠错例程　error correcting routine　08.0044

纠错码　error correction code，ECC　03.0059

就绪　ready　01.0297

就绪状态　ready state　10.0414

局部变量　local variable　09.0170

局部存储[器]　local memory　04.0177

局部等待图　local wait-for graph，LWFG　11.0235

局部故障　local fault　08.0008

局部光照模型　local illumination model，local light model　16.0404

局部模式　local schema　11.0237

局部确定[性]公理　local-deterministic axiom　02.0573

局部失效　local failure　08.0066

局部死锁　local deadlock　11.0233

局部性　locality　06.0120

局部应用　local application　11.0210

PCI 局部总线　peripheral component interconnection local bus　04.0434

局部坐标系　local coordinate system　16.0323

局域网　local area network, LAN　14.0004

局域网[成]组地址　LAN group address　14.0458

局域网单[个]地址　LAN individual address　14.0457

局域网多播　LAN multicast　14.0451

局域网多播地址　LAN multicast address　14.0460

局域网服务器　LAN server　14.0454

局域网管理程序　LAN manager　14.0486

局域网广播　LAN broadcast　14.0450

局域网广播地址　LAN broadcast address　14.0459

局域网交换机　LAN switch　14.0456

局域网网关　LAN gateway　14.0455

菊花链　daisy chain　04.0453

橘皮书　orange book　19.0096

矩描述子　moment descriptor　22.0205

句柄　handle　02.0138

句法　syntax　01.0386

句法范畴　syntax category　20.0035

句法分析　syntax analysis　20.0038

句法关系　syntactic relation　15.0093

句法规则　syntactic rule　20.0037

句法结构　syntactic structure　20.0036

句法理论　syntax theory　20.0031

句法模式识别　syntactic pattern recognition　22.0211

句法歧义　syntax ambiguity, syntactic ambiguity　20.0039

句法生成　syntax generation　20.0041

句法树　syntactic tree　20.0032

句法语义学　syntactic semantics　20.0105

句法制导编辑程序　syntax-directed editor　09.0253

*句法制导编辑器　syntax-directed editor　09.0253

句型　sentential form, sentence pattern　02.0137

句子　sentence　15.0092

句子片段　sentence fragment　20.0040

句子歧义消除　sentence disambiguation　20.0042

巨磁变阻头　giant magnetioresistive head, GMR head　05.0215

巨型计算机　supercomputer　01.0062

拒绝　reject　14.0179

拒绝服务　denial of service　19.0305

距离向量　distance vector　09.0286

聚簇索引　clustered index　11.0090

聚光　spot light　16.0305

聚集　aggregation　11.0324

聚焦　focusing　05.0361

聚焦伺服　focus servo　05.0245

聚类　cluster　22.0201

聚类分析　cluster analysis　22.0202

聚酯色带　mylar ribbon　05.0298

卷　volume　10.0716

卷回传播　rollback propagation　03.0132

卷回恢复　rollback recovery　03.0133

卷积　convolution　22.0227

卷积核　convolution kernel　22.0100

卷积投影数据　convolved projection data　22.0230

决策　decision　01.0324

决策表　decision table　13.0624

决策规则　decision rule　13.0623

决策过程　decision procedure　13.0175

决策函数　decision function　13.0622

决策计划　decision plan　13.0173

决策矩阵　decision matrix　13.0172

决策空间　decision space　13.0176

决策控制　decision-making control　21.0031

决策论　decision theory　13.0178

决策模型　decision-making model　21.0149

决策树　decision tree　13.0625

决策树系统　decision tree system　21.0110

决策问题　decision problem　13.0174

决策支持系统　decision support system, DSS　21.0101

决策支持中心　decision support center　21.0120

决策制定　decision making　13.0171

决策准则　decision criteria　13.0621

决定　resolution　14.0060

绝对地址　absolute address　04.0562

绝对分辨率　absolute resolution　05.0372

绝对机器代码　absolute machine code　12.0204

绝密级　top secret　19.0102

均衡器　equalizer　05.0066

均匀存储器访问　uniform memory access　04.0233

K

卡 card 07.0127

PCMCIA卡 PCMCIA card 04.0445

卡尔曼滤波 Kalman filtering 17.0094

卡-洛变换 Karhunen-Loeve transformation 22.0031

卡片穿孔[机] card punch 05.0431

卡片读入机 card reader 05.0384

卡普可归约性 Karp reducibility 02.0295

卡式磁带 cassette magnetic tape 05.0169

卡纸 paper jam 05.0320

开窗口 windowing 22.0065

开发方法学 development methodology 12.0244

Java开发工具箱 Java development kit 12.0167

开发规约 development specification 12.0247

开发过程 development process 12.0246

开发环境模型 development environment model 21.0160

开发进展 development progress 12.0245

开发生存周期 development life cycle 12.0008

开发者 developer 12.0242

开发者合同管理员 developer contract administrator 12.0243

开发周期 development cycle 12.0007

开放安全环境 open security environment 19.0204

开放的数据库连接 open database connectivity, ODBC 11.0207

开放式图形库 open GL 16.0301

开放体系结构框架 open architecture framework, OAF 12.0184

开放系统 open system 01.0079

开放系统互连 open system interconnection, OSI 14.0031

开关 switch 07.0206

开关电流 switched current 07.0207

开关时间 switching time 07.0079

开关枢纽 switching tie 04.0288

开关网格 switch lattice 04.0140

开关箱 switch box 04.0395

开关噪声 switching noise 07.0200

开环控制 open loop control 17.0005

开路故障 open fault 08.0026

开始符号 start symbol 02.0121

开始-结束块 begin-end block 09.0025

开销 overhead 10.0476

楷体 Kai Ti 15.0056

坎尼算子 Canny operator 22.0070

看打 typing by looking 15.0206

抗恶劣环境计算机 severe environment computer 01.0080

抗干扰 anti-interference 17.0106

抗震 antivibration 07.0403

*拷贝 copy 01.0344

科尔莫戈罗夫复杂性 Kolmogrov complexity 02.0245

科学计算可视化 visualization in scientific computing, VISC 16.0261

科学数据库 scientific database 11.0309

壳站点 shell site 19.0452

可安装设备驱动程序 installable device driver 10.0198

可安装输入输出过程 installable I/O procedure 10.0580

可安装文件系统 installable file system, IFS 10.0896

可安装性 installability 08.0379

可编程控制计算机 programmable control computer 17.0193

可编程逻辑控制器 programmable logic controller, PLC 17.0192

可编程逻辑器件 programmable logic device, PLD 04.0491

可编程逻辑阵列 programmable logic array, PLA 04.0492

可编程通信接口 programmable communication interface 04.0381

可编程阵列逻辑[电路] programmable array logic, PAL 04.0489

可编程只读存储器　programmable ROM，PROM　06.0039

可变比特率　variable bit rate，VBR　14.0348

可变比特率业务　variable bit rate service　14.0320

可变分区　variable partition　04.0231

可变结构系统　variable-structured system　04.0053

可变字长　variable word length　01.0176

可擦[可]编程只读存储器　erasable PROM，EPROM　06.0041

可测试性　testability　03.0038

可测试性设计　design for testability　03.0039

可承受风险级　acceptable level of risk　19.0324

可持续信元速率　sustainable cell rate，SCR　14.0351

可重定位程序库模块　relocatable library module　10.0445

可重定位机器代码　relocatable machine code　12.0311

可重定位库　relocatable library　10.0377

可重复向量　repetitive vector　02.0596

可重复性　repeatability　01.0374

可重构系统　reconfigurable system　04.0052

可重排网　rearrangeable network　04.0135

可重生标识　reproducible markings　02.0631

可重写光碟　CD-rewritable，CD-RW　05.0233

可穿戴计算机　wearable computer　01.0073

可串行性　serializability　11.0173

可存取性　accessibility　03.0033

可达标识　reachable marking　02.0579

可达标识集　set of reachable markings　02.0580

可达标识图　reachable marking graph　02.0702

可达森林　reachable forest　02.0704

可达树　reachability tree　02.0581

可达图　reachability graph　02.0582

可达性　reachability　02.0410

可达性关系　reachability relation　02.0411

可调度性　schedulability　01.0291

可调整视频　scalable video　18.0140

可分页动态区　pageable dynamic area　10.0101

可分页分区　pageable partition　10.0524

可分页区域　pageable region　10.0499

可服务时间　serviceable time　08.0278

可服务性　serviceability　07.0406

可复用构件　reusable component　12.0413

可复用性　reusability　12.0392

可覆盖树　coverability tree　02.0583

可覆盖图　coverability graph　02.0584

可观测误差　observable error　08.0246

可观察性　observability　03.0034

可管理性　manageability　01.0289

可归约性　reducibility　02.0289

可焊性　solderability　07.0272

可恢复性　recoverability　04.0148

可计算函数　computable function　02.0133

可检测性　detectability　07.0302

可见点　visible point　16.0238

可见多边形　visible polygon　16.0239

可见性　visibility　16.0235

可见性问题　visibility problem　16.0236

可靠性　reliability　01.0279

可靠性度量　reliability measurement　03.0044

可靠性分析　reliability analysis　08.0363

可靠性工程　reliability engineering　03.0041

可靠性模型　reliability model　12.0310

可靠性评价　reliability evaluation　03.0043

可靠性认证　reliability certification　17.0153

可靠性设计　reliability design　03.0042

可靠性数据　reliability data　12.0309

可靠性统计　reliability statistics　03.0045

可靠性预计　reliability prediction　03.0046

可靠性增长　reliability growth　03.0047

可控制性　controllability　03.0040

可扩充性　expandability　01.0285

可扩缩性　scalability　01.0283

可扩缩一致性接口　scalable coherent interface，SCI　06.0133

可扩展的　extensible　01.0288

可扩展链接语言　extensible link language，XLL　21.0198

可扩展性　extensibility　01.0284

可扩展样式语言　extensible stylesheet language，XSL　21.0197

可扩展语言　extensible language　09.0150

可扩展置标语言　extensible markup language，XML　09.0153

可理解性　understandability　12.0190

可录光碟　compact disc-recordable, CD-R　05.0232

可满足性问题　satisfiability problem　02.0247

可能性理论　possibility theory　13.0240

可屏蔽中断　maskable interrupt　04.0458

可区别状态　distinguishable state　02.0134

可实现性　realizability　17.0085

可视编程语言　visual programming language　16.0264

可视程序设计　visual programming　12.0198

可视化　visualization　16.0260

可视现象　visual phenomena　22.0174

可视语言　visual language　09.0154

可视 Basic 语言　Visual Basic, VB　09.0155

可视 C++ 语言　Visual C++, VC++　09.0156

可视 J++ 语言　Visual J++, VJ++　09.0157

可替换参数　replaceable parameter　10.0519

可维护性　maintainability　01.0281

可信代理　trusted agent　19.0493

可信度函数　belief function　20.0191

可信计算　dependable computing　03.0037

可信计算机系统　trusted computer system　19.0189

可信计算基　trusted computing base　19.0188

可信进程　trusted process　19.0168

可信时间戳　trusted timestamp　19.0158

可信性　dependability　03.0036

可行解　feasible solution　02.0378

可行性　feasibility　08.0260

可行性研究　feasibility study　12.0009

可修改性　modifiability　08.0355

可移植的操作系统　portable operating system　10.0023

可移植性　portability　01.0282

可用性　availability, usability　01.0280

可用性模型　availability model　12.0217

可诊断性　diagnosability　03.0035

可执行程序　executable program　10.0644

可执行文件　executable file　10.0260

可转换签名　convertible signature　19.0150

可装入模块　loadable module　10.0444

克林闭包　Kleene closure　02.0237

刻面　facet　09.0212

刻蚀　etch　07.0296

客户　customer　01.0398

客户对客户　customer to customer, C to C　21.0204

客户服务　customer service　12.0241

客户－服务器模型　client/server model　11.0208

客户化　customization　07.0417

客体　object　19.0374

课件　courseware　18.0206

＊课题小组　topic group　14.0687

空白符　blank　02.0171

空白软盘　blank diskette　05.0153

空操作指令　no-op instruction　04.0545

空地址　null address　14.0436

空集　empty set　02.0173

空间　space　01.0408

空间布局　spatial layout　13.0320

空间分割　spatial subdivision　16.0231

空间复杂度　space complexity　02.0271

空间复杂性　space complexity　02.0270

空间检索　spatial retrieval　11.0261

空间局部性　spatial locality　04.0150

空间控制　space control　17.0041

空间谱系　space hierarchy　02.0272

空间数据库　spatial database　11.0253

空间索引　spatial index　11.0254

空间推理　spatial reasoning　13.0321

空间知识　spatial knowledge　13.0319

空间拓扑关系　spatial topological relation　11.0255

空间需要［量］　space requirement　02.0421

空间有界图灵机　space-bounded Turing machine　02.0269

空气过滤器　air filter　07.0385

空气流　airflow　07.0383

空气流速　air flow rate　07.0384

［空］闲　idle　01.0299

空闲信道状态　idle channel state　14.0311

空心字　outline font　15.0152

空栈　empty stack　02.0172

空值　null　11.0063

孔斯曲面　Coons surface　16.0163

控制　control　17.0001

＊PID 控制　proportional plus integral plus derivative control, PID control　17.0021

控制板　control board　17.0205

控制变量　control variable　17.0138

控制策略 control strategy 17.0110

控制冲突 control hazard 04.0335

控制顶点 control vertex 16.0208

控制多边形 control polygon 16.0207

控制工程 control engineering 17.0003

控制关系 control relationship 17.0143

控制柜 control cabinet, control cubicle 17.0206

控制回路 control loop 17.0213

控制机 controlling machine 17.0215

控制计算机接口 control computer interface 17.0207

控制技术 control technique 17.0004

控制结构 control structure 12.0086

控制精度 control accuracy 17.0139

控制开发工具箱 control development kit, CDK 09.0242

控制块 control block 10.0134

控制理论 control theory 17.0137

控制流 control flow 12.0069

控制流程图 control-flow chart 17.0219

控制流分析 control-flow analysis 09.0282

控制流计算机 control-flow computer 04.0025

控制论 cybernetics 17.0116

控制媒体 control medium 17.0220

控制模块 control module 17.0142

控制屏 control screen 17.0208

控制器 control unit 01.0127, controller 05.0007

控制器接口 control unit interface 17.0214

控制驱动 control-driven 04.0241

控制软件 control software 17.0209

控制输入位置 control input place 02.0697

控制数据 control data 12.0235

控制算法 control algorithm 17.0124

控制台 control console 17.0210

控制台命令处理程序 console command processor 10.0149

控制通道 control channel 17.0218

控制网格 control mesh 16.0206

控制系统 control system 17.0187

控制箱 control box 17.0211

控制依赖 control dependence 09.0303

控制语句 control statement 09.0162

控制站 control station 17.0216

控制帧 control frame 14.0511

控制字符 control character 15.0114

控制总线 control bus 04.0284

口令攻击 password attack 19.0279

口令句 passphrases 19.0137

口令[字] password 19.0136

口语 spoken language 15.0037

库 library 01.0164

库克可归约性 Cook reducibility 02.0294

跨步测试 marching test 03.0246

跨接 cross-over 07.0147

跨接线 jumper 07.0148

*跨行业电子数据交换[标准] EDI for administration, commerce and transport 14.0722

块 block 01.0231

块封锁状态 block lock state 10.0834

块结构语言 block-structured language 09.0026

块净荷 block payload 14.0361

块优先级控制 block priority control 10.0578

快[可]擦编程只读存储器 flash EPROM 06.0042

Java 快速编译程序 Java flash compiler 09.0138

快速排序 quicksort 02.0408

快速消息 fast message 04.0336

快速选择 fast select 14.0138

快速以太网 fast Ethernet 14.0502

快速有序运输[协议] fast sequenced transport, FST 14.0591

快照 snapshot 22.0006

宽磁道 wide track 19.0466

宽带接入 broadband access 14.0370

宽带局[域]网 broadband LAN 14.0416

宽带综合业务数字网 broadband integrated service digital network, B-ISDN 14.0317

宽度优先分析 breadth first analysis 20.0055

框架 framework 09.0202

框架理论 frame theory 20.0138

框架语法 frame grammar 13.0036

框架知识表示 frame knowledge representation 13.0047

框图 block diagram 01.0263

窥孔优化 peephole optimization 09.0318

NP 困难问题 NP-hard problem 02.0310

扩充 expansion 01.0286

扩充槽　expansion slot　07.0150

扩充的工业标准结构　extended industry standard architecture，EISA　04.0432

扩充的工业标准结构总线　EISA bus　04.0433

扩充数据输出　expanded data out，EDO　06.0132

扩充转移网络　augmented transition network，ATN　20.0043

扩充转移网络语法　ATN grammar　20.0090

扩散性　diffusion　19.0016

扩展　extension　01.0287

扩展操作　extended operation　14.0271

扩展器　expander　07.0021

扩展视频图形适配器　extended VGA，XGA　05.0380

扩展随机佩特里网　extended stochastic Petri net　02.0672

扩展语义网络　extended semantic network　20.0116

扩张规则　expansion rule　02.0662

L

拉东变换　Radon transform　22.0243

拉偏测试　high low bias test　07.0303

栏　column　15.0129

朗伯模型　Lambert's model　16.0309

老化　burn-in　07.0298

老化试验　degradation testing　07.0299

乐器数字接口　music instrument digital interface，MIDI　18.0166

勒文海姆－斯科伦定理　Löwenheim-Skolem theorem　02.0038

类　class　11.0289

类比推理　analogical inference　13.0229

类比学习　analogical learning　13.0401

类规则表示　rule-like representation　13.0074

类属词典　thesaurus　20.0192

类型　type　12.0387

类型论　type theory　02.0070

类SQL语言　SQL-like language　11.0327

累加寄存器　accumulator register，ACAR　04.0628

累加器　accumulator　04.0521

冷备份　cold backup　08.0074

冷启动　cold start　04.0448

冷却　cooling　07.0381

冷却剂　coolant　07.0382

冷站点　cold site　19.0451

离散重建问题　discrete reconstruction problem　22.0232

离散对数　discrete logarithm　02.0498

离散对数问题　discrete logarithm problem，DLP　19.0041

离散卷积　discrete convolution　22.0231

离散控制系统　discrete control system　17.0157

离散时间算法　discrete-time algorithm　17.0125

离散事件动态系统　discrete event dynamic system，DEDS　17.0175

离散松弛法　discrete relaxation　22.0125

离散文本　discrete text　15.0167

*离线　off-line　01.0275

离线图灵机　off-line Turing machine　02.0280

离子沉积印刷机　ion-deposition printer　05.0280

李雅普诺夫定理　Lyapunov theorem　17.0100

里程碑　milestone　12.0278

DS理论　Dempster-Shafer theory　13.0035

理论语言学　theoretical linguistics　20.0135

理性　rationality　13.0488

理性主体　rational agent　13.0487

历史规则　historical rule　11.0351

历史数据　historical data　11.0349

历史数据库　historical database　11.0350

立方[连接]环　cube-connected cycles　02.0445

立方连接结构　cube-connected structure　02.0443

n立方体网　n-cube network　04.0128

立即地址　immediate address　04.0564

立体匹配　stereo matching　22.0063

立体声　stereo　18.0161

立体视觉　stereo vision　22.0156

立体显示　stereoscopic displaying　18.0133

立体印刷设备　stereo lithography apparatus　16.0064

立体影像　stereopsis　16.0275

立体映射　stereomapping　22.0172

立体字　shaded font　15.0153

例程　routine　09.0173

例示　instantiation　13.0087

例图　instance　16.0087

粒度　granularity　22.0062

粒子系统　particle system　16.0286

连贯性　coherence　16.0280

连接　connection, link　09.0295

连接编辑程序　linkage editor　12.0151

连接单元接口　attachment unit interface, AUI　14.0471

连接端点　connection end point, CEP　14.0389

连接［方］式　connection mode　14.0184

连接方式传输　connection-mode transmission　14.0478

连接机　connection machine　04.0051

连接机制　connectionism　13.0554

连接机制神经网络　connectionist neural network　13.0550

连接机制体系结构　connectionist architecture　13.0549

连接建立　connection establishment　14.0094

连接接纳控制　connection admission control, CAC　14.0406

连接器　connector　07.0134

连接时间　connect time　14.0569

连接释放　connection release　14.0095

连接学习　connectionist learning　13.0406

连接原语　link primitive　10.0582

连接装配区　link pack area　10.0104

连接装入程序　linking loader　10.0368

k 连通度　k-connectivity　02.0389

连通分支　connected components　02.0363

连通网　connected net　02.0530

连通性　connectivity　02.0360

连通域　connected domain　16.0387

连网　networking　14.0254

连线表　netlist　07.0235

＊C^1 连续　C^1 continuity　16.0199

＊C^2 连续　C^2 continuity　16.0200

＊G^1 连续　G^1 continuity　16.0197

＊G^2 连续　G^2 continuity　16.0198

连续变量动态系统　continuous variable dynamic system, CVDS　17.0174

连续［格式］纸　continuous form paper　05.0310

连续控制　continuous control　17.0060

连续控制系统　continuous control system　17.0156

连续模拟语言　continuous simulation language　09.0038

连续算子　continuous operator　02.0062

连续文本　continuous text　15.0168

连续性检验　continuity check, CC　14.0398

连续语音识别　continuous speech recognition　18.0172

联邦模式　federated schema　11.0240

联邦数据库　federative database　11.0014

联合迭代重建法　simultaneous iterative reconstruction technique　22.0246

联合控制服务要素　association control service element, ACSE　14.0694

联机　on-line　01.0274

联机测试　on-line test　08.0238

联机测试例程　on-line test routine　08.0241

联机测试执行程序　on-line test executive program, OLTEP　03.0239

联机处理　on-line processing　21.0001

联机存储器　on-line memory　08.0235

联机分析处理　on-line analytical processing, OLAP　11.0267

联机分析过程　on-line analysis process, OLAP　13.0649

联机分析挖掘　on-line analytical mining, OLAM　21.0208

联机故障检测　on-line fault detection　08.0240

联机命令语言　on-line command language　10.0373

＊联机排错　on-line debug　08.0237

联机任务处理　on-line task processing　10.0632

联机设备　on-line unit, on-line equipment　08.0234

联机事务处理　on-line transaction processing, OLTP　11.0266

联机调试　on-line debug　08.0237

联机系统　on-line system　08.0236

联机诊断　on-line diagnostics　08.0239

联机作业控制　on-line job control　10.0118

联结　join　11.0104

联络　handshaking　14.0128

联赛排序　tournament sort　21.0018

联系　relationship　11.0026

联想存储器　associative memory　06.0052

联想记忆　associative memory　13.0552

联想输入　associating input　15.0210

联想网络　associative network　13.0559

链　chain　09.0332

链表　linked list　02.0392

链接　link　09.0296

链［接］表　chained list　12.0108

链路管理　link management　14.0393

链路加密　link encryption　19.0054

链路控制规程　link control procedures　14.0149

链轮输纸　sprocket feed　05.0316

链码跟踪　chain code following　22.0071

链式调度　chain scheduling　10.0738

链式感染　chain infection　19.0291

链式连接　chain connection　14.0738

链式文件　chain file　10.0250

链式文件分配　chained file allocation　10.0059

链式邮件　chain letter　19.0416

链式栈　chained stack　10.0821

链式作业　chain job　10.0324

良构程序　well-structured program　12.0117

两倍线程　two-way line　07.0216

两［阶］段锁　two-phase lock　11.0166

两［阶］段提交协议　two-phase commitment protocol　11.0225

亮度　brightness　16.0405

亮度比　brightness ratio　05.0349

量词　quantifier　11.0113

量化　quantization　18.0022

量化知识复杂度　quantify knowledge complexity　02.0506

量子计算机　quantum computer　01.0088

量子密码　quantum cryptography　19.0031

列　column　11.0072

列表　listing　12.0153

［列］表　list　01.0355

列地址　column address　06.0063

列地址选通　column address strobe　06.0082

列选　column selection　06.0080

列译码　column decoding　06.0065

邻接表结构　adjacency list structure　02.0311

邻接关系　adjacency relation　02.0313

邻接矩阵　adjacency matrix　02.0312

邻近查找　nearest neighbor search　11.0322

*邻近搜索　nearest neighbor search　11.0322

邻域　neighborhood　22.0090

邻域分类规则　neighborhood classification rule　13.0372

邻域运算　neighborhood operation　22.0035

邻站通知　neighbor notification　14.0520

临界负载线　critical load line　07.0094

临界控制　critical control　17.0260

临界路径　critical path　03.0156

临界区　critical region, critical section　10.0100

临界停闪频率　critical fusion frequency　05.0355

临界通路测试产生法　critical path test generation　08.0327

临界资源　critical resource　10.0705

临时表　temporary table　11.0069

临时对换文件　temporary swap file　10.0276

临时文件　temporary file　10.0275

灵活性　flexibility　08.0361

零道　zero track　05.0092

零点　zero　17.0067

零件库　element library　16.0062

零件图　part drawing　16.0055

零阶保持器　zero-order holder　17.0223

零拷贝协议　zero copy protocol　04.0339

零声母　zero initial　15.0033

零知识　zero-knowledge　02.0476

零知识交互式论证　zero-knowledge interactive argument　02.0507

零知识交互式证明系统　zero-knowledge interactive proof system　02.0479

零知识证明　zero-knowledge proof　02.0477

领域工程师　domain engineer　12.0409

领域规约　domain specification　13.0638

领域建模　domain modeling, DM　12.0405

领域模型　domain model　13.0637

领域无关　field independence　20.0176

领域无关规则　domain-independent rule　13.0073

领域相关　field dependence　20.0175

领域知识　domain knowledge　13.0039

领域主体　domain agent　13.0456

领域专家　domain expert　20.0174

领域专指性　domain specificity　20.0152

＊令牌　token　14.0443

＊令牌持有站　token holder　14.0514

＊令牌传递　token passing　14.0445

＊令牌传递协议　token passing protocol　14.0452

＊令牌环网　token-ring network　14.0419

＊令牌轮转时间　token rotation time　14.0446

＊令牌总线网　token-bus network　14.0418

浏览　browsing　19.0230

浏览器　browser　14.0656

流　stream, flow　01.0260

＊流程工厂 CAD　computer-aided process plant design　16.0014

流程模型　procedural model　21.0146

流程图　flowchart, flow diagram　01.0261

流方式　streaming mode　14.0392

流关系　flow relation　02.0547

流过时间　flushing time　04.0126

流控制　flow control　14.0142

流量　traffic　14.0121

＊流量管理　traffic management, TM　14.0394

＊流量控制　traffic control　14.0402

流[密]码　stream cipher　19.0002

流式磁带机　streaming tape drive　05.0181

流水线　pipeline　04.0116

流水线处理　pipeline processing　10.0531

流水线互锁控制　pipeline interlock control　04.0340

流水线计算机　pipeline computer　04.0018

流水线控制　pipeline control　10.0530

流水线排空　draining of pipeline　04.0341

流水线数据冲突　pipeline data hazard　04.0342

流水线算法　pipelining algorithm　02.0462

流水线停顿　pipeline stall　04.0343

流水线效率　pipeline efficiency　04.0124

流依赖　flow dependence　09.0301

漏洞　loophole　19.0357

漏码　drop-out　05.0056

漏脉冲　missing pulse　05.0054

露点　dew point　07.0374

鲁棒辨识　robust identification　17.0108

鲁棒控制　robust control　17.0029

＊鲁棒性　robustness　01.0366

滤波器　filter　22.0184

路径　path　02.0403

路径表达式　path expression　12.0290

路径分析　path analysis　08.0375

＊路径敏化　path sensitization　08.0258

路径名　path name　10.0460

路径命令　path command　10.0153

路径搜索　path search　13.0135

路径条件　path condition　12.0289

路径折叠技术　path doubling technique　02.0473

路由　route　14.0139

路由器　router　14.0424

路由选择　routing　14.0140

路由[选择]算法　routing algorithm　14.0141

路由[选择]信息协议　routing information protocol, RIP　14.0584

旅行商问题　traveling salesman problem　02.0253

绿色计算机　green computer　01.0085

乱序提交　out-of-order commit　04.0346

乱序执行　out-of-order execution　04.0347

略图　thumbnail　22.0011

轮廓　profile, contour outline　16.0194

轮廓编码　contour coding　18.0114

轮廓跟踪　contour tracing　22.0072

轮廓控制系统　contouring control system　17.0183

轮廓生成　skeleton generation　16.0230

轮廓识别　contour recognition, outline recognition　16.0389

轮廓线　profile curve, silhouette curve　16.0195

轮廓预测　contour prediction　18.0115

DTE 轮廓指定符　DTE profile designator　14.0302

轮廓字型　outlined font　15.0150

轮转法调度　round-robin scheduling　10.0747

论坛　forum　14.0686

论题选择器　subject selector　14.0677

论域　domain　02.0033

逻辑编程语言　logic programming language　09.0066

逻辑布局　logic placement　16.0045

逻辑布线　logic routing　16.0046

逻辑部件　logic unit　04.0533

逻辑测试　logic testing　08.0198

逻辑测试笔　logic test pen　08.0195
逻辑程序　logic program　02.0101
逻辑程序设计　logic programming　12.0194
逻辑地　logic ground　07.0354
逻辑地址　logical address　10.0078
逻辑电路　logic circuit　04.0486
逻辑定时分析仪　logic timing analyzer　08.0194
逻辑访问控制　logical access control　19.0389
逻辑分析　logic analysis　08.0190
逻辑分页　logical paging　10.0510
逻辑格式化　logical formatting　05.0099
逻辑跟踪　logical tracing　08.0189
逻辑工作单元　logical unit of work　11.0158
逻辑故障　logic fault　08.0028
逻辑划分　logic partitioning　16.0030
逻辑环　logical ring　14.0444
逻辑记录　logical record　12.0157
逻辑句法分析系统　logic parsing system　20.0100
逻辑控制　logical control　17.0015
逻辑库　logical base, LB　21.0194
逻辑链路控制　logical link control, LLC　14.0464
逻辑链路控制协议　logical link control protocol, LLC
　　protocol　14.0472
逻辑冒险　logic hazard　08.0192
逻辑模拟　logic simulation　03.0235
逻辑驱动器　logical driver　10.0199
逻辑设备　logical device　10.0179
逻辑设备表　logic device list　10.0383
逻辑设备名　logical device name　10.0459

逻辑输入设备　logical input device　16.0333
逻辑输入输出设备　logical I/O device　10.0180
逻辑数据独立性　logical data independence
　　11.0036
逻辑探头　logic probe　08.0196
逻辑探头指示器　logic probe indicator　08.0197
逻辑推理　logical reasoning　13.0223
逻辑推理每秒　logical inferences per second, LIPS
　　23.0055
逻辑文件　logical file　12.0156
逻辑系统　logical system　02.0053
逻辑信令信道　logical signaling channel　14.0382
逻辑演算　logic calculus　02.0058
逻辑验证系统　logic verification system　08.0199
逻辑页　logical page　10.0509
逻辑移位　logical shift　04.0508
逻辑语法　logic grammar　20.0073
逻辑运算　logic operation　04.0496
逻辑蕴涵　logical implication　02.0023
逻辑炸弹　logic bomb　19.0307
逻辑状态分析仪　logic state analyzer　08.0193
逻辑综合　logic synthesis　16.0029
逻辑综合自动化　logic synthesis automation
　　16.0047
逻辑坐标　logical coordinates　16.0308
螺旋磁道　spiral track　19.0463
螺旋模型　spiral model　12.0104
螺旋扫描　helical scan　05.0177

M

马赫带　Mach band　22.0176
马赫带效应　Mach band effect　16.0394
(2, 7)码　(2, 7) code　05.0043
*码本　code list　15.0211
码表　code list　15.0211
码独立数据通信　code-independent data communica-
　　tion　14.0116
码透明数据通信　code-transparent data communica-
　　tion　14.0115
码元　code-element　15.0214
码元串　code-element string　15.0215

码元集　code-element set　15.0216
码字　code word　19.0116
埋层伺服　buried servo　05.0135
脉冲　pulse　07.0073
脉冲步进　pulse step　07.0411
脉冲幅度　pulse amplitude　07.0077
脉冲控制技术　pulse control technique　17.0025
脉冲宽度　pulse width　07.0074
脉冲频率　pulse frequency　07.0078
脉冲效应　pulse effect　22.0183
脉冲噪声　pulse noise　07.0201

脉动算法　systolic algorithm　02.0470

脉动阵列　systolic arrays　04.0348

脉动阵列结构　systolic array architecture　04.0037

脉码调制　pulse code modulation，PCM　14.0202

蛮干攻击　brute-force attack　19.0276

曼哈顿距离　Manhattan distance　13.0597

慢速邮递　slow mail，snail mail　14.0634

漫反射光　diffuse reflection light　16.0414

漫游　roaming　14.0660

忙等待　busy waiting　10.0791

忙［碌］　busy　01.0298

盲打　touch typing　15.0209

盲目搜索　blind search　13.0125

盲签　blind signature　19.0152

毛刺　spike　07.0108

冒充　masquerade　19.0304

冒码　drop-in　05.0055

冒脉冲　extra pulse　05.0053

冒名　impersonation　19.0308

冒泡排序　bubble sort　02.0333

冒险　hazard　03.0158

枚举　enumeration　02.0174

媒介语　intermediate language　20.0005

媒体　media　05.0020

媒体访问控制　medium access control，MAC　14.0465

媒体访问控制协议　medium access control protocol，MAC protocol　14.0473

媒体接口连接器　medium interface connector，MIC　14.0469

媒体控制接口　media control interface，MCI　18.0020

媒体控制驱动器　media control driver　10.0200

媒体相关接口　medium dependent interface，MDI　14.0470

门　gate　04.0466

门延迟　gate delay　04.0475

门阵列　gate array　04.0474

蒙古文　Mongolian　15.0004

蒙塔古语法　Montague grammar　20.0069

迷失消息　missing message　03.0205

米利机［器］　Mealy machine　02.0240

秘密级　confidential　19.0100

秘密密钥　secret key　19.0074

秘密性　confidentiality　19.0174

密度比率　density ratio　05.0048

密封　seal　08.0378

密封胶　sealant　07.0400

密封连接器　sealed connector　07.0402

密封器　sealer　07.0401

密级　classification　19.0099

密级数据　classified data　19.0112

密级信息　classified information　19.0113

密码保密　cryptosecurity　19.0037

密［码］本　codebook　19.0027

密码传真　cifax　19.0052

密码分析　cryptanalysis　19.0259

密码分析攻击　crypt analytical attack　19.0265

密码检验和　cryptographic checksum　19.0155

密码界　cryptography community　19.0036

密码模件　cryptographic module　19.0473

密码设施　cryptographic facility　19.0006

*密码体制　cryptosystem，cryptographic system　19.0007

密码系统　cryptosystem，cryptographic system　19.0007

密码学　cryptology　19.0001

密切平面　osculating plane　16.0135

密文　cipher text　19.0108

密文反馈　cipher feedback　19.0014

密文分组链接　cipher block chaining，CBC　19.0013

密钥　［cryptographic］key　19.0060

密钥长度　key size　19.0078

密钥短语　key phrase　19.0082

密钥对　key pair　19.0182

密钥分配中心　key distribution center，KDC　19.0067

密钥服务器　key server　19.0071

密钥公证　key notarization　19.0080

密钥管理　key management　19.0066

密钥环　key ring　19.0070

密钥恢复　key recovery　19.0079

密钥加密密钥　key-encryption key　19.0059

密钥建立　key establishment　19.0081

密钥交换　key exchange　19.0077

密钥流　key stream　19.0065

密钥搜索攻击　key search attack　19.0277

密钥托管　key escrow　19.0069

密钥证书　key certificate　19.0068

免费软件　freeware　21.0173

免费网　free-net　14.0685

面表　surface list　16.0430

面光源　area light source　16.0304

面检索　area retrieval, region retrieval　11.0264

面密度　area density　05.0052

面伺服　surface servo　05.0138

面向比特协议　bit-oriented protocol　14.0145

面向代数语言　ALGebraic-Oriented Language　09.0010

面向对话模型　dialogue-oriented model　21.0156

面向对象编程语言　Object-Oriented Programming Language, OOPL　09.0080

面向对象表示　object-oriented representation　13.0054

面向对象操作系统　object-oriented operating system　10.0010

面向对象测试　object-oriented test　08.0120

面向对象程序设计　object-oriented programming, OOP　12.0094

面向对象的　object-oriented　01.0108

面向对象的体系结构　object-oriented architecture　04.0038

面向对象方法　object-oriented method　12.0091

面向对象分析　object-oriented analysis, OOA　12.0092

面向对象建模　object-oriented modeling　16.0095

面向对象设计　object-oriented design, OOD　12.0093

面向对象数据库　object-oriented database　11.0013

面向对象数据库管理系统　object-oriented database management system, OODBMS　11.0299

面向对象数据库语言　object-oriented database language　11.0300

面向对象数据模型　object-oriented data model　11.0022

面向对象语言　object-oriented language　09.0079

面向分析的设计　design for analysis, DFA　16.0065

面向功能层次模型　function-oriented hierarchical model　17.0111

面向过程模型　process-oriented model　21.0157

面向过程语言　procedure-oriented language　09.0014

面向机器语言　machine-oriented language　09.0070

面向控制的体系结构　control-oriented architecture　17.0135

面向连接协议　connection-oriented protocol　14.0256

面向数据结构的方法　data structure-oriented method　12.0088

面向特征的领域分析方法　feature-oriented domain analysis method, FODA　12.0187

面向问题语言　problem-oriented language　09.0013

面向消息的正文交换系统　message-oriented text interchange system, MOTIS　14.0697

面向应用语言　application-oriented language　09.0012

面向用户测试　user-oriented test　08.0119

面向知识体系结构　knowledge-oriented architecture　13.0577

面向制造的设计　design for manufacturing, DFM　16.0067

面向主体[的]程序设计　agent-oriented programming　13.0436

面向装配的设计　design for assembly, DFA　16.0066

面向字符协议　character-oriented protocol　14.0144

面型图像传感器　area image sensor　22.0164

描述符表　descriptor table　10.0913

描写语言学　descriptive linguistics　20.0131

灭点　vanishing point　16.0276

民族语言支撑能力　national language support　15.0014

敏感度　susceptibility　19.0358

敏感故障　sensitive fault, anaphylaxis failure　08.0021

敏感数据　sensitive data　19.0177

敏感图案　sensitivity pattern　08.0023

敏感性　sensitivity　19.0176

敏感元件　sensor　17.0240

敏感元件接口　sensor interface　17.0241

敏化　sensitization　03.0223

名称机构　naming authority　19.0483

名词短语　noun phrase　20.0028

＊名录服务　directory service　14.0620

名字抽取　names extraction　13.0645

明暗处理　shading　16.0273

明文　plaintext, cleartext　19.0107

命令　command　01.0221

命令重试　command retry　08.0178

命令处理程序　command processor　10.0148

命令缓冲区　command buffer　10.0091

命令级语言　command-level language　09.0033

命令接口　command interface　10.0296

命令解释程序　command interpreter　10.0320

UNIX 命令解释程序　UNIX Shell　10.1034

命令控制块　command control block　10.0147

命令控制系统　command control system　10.0891

命令系统　command system　10.0150

命令行接口　command line interface　10.0297

命令语言　command language　09.0032

命令作业　command job　10.0325

命名约定　naming convention　14.0678

命题逻辑　propositional logic　02.0013

命题演算　propositional calculus　02.0014

命中率　hit ratio　04.0197

模板方法　template method　09.0204

模糊　blur　22.0102

模糊查询语言　fuzzy query language　11.0330

模糊查找　fuzzy search　11.0331

模糊化　fuzzification　13.0509

模糊集　fuzzy set　02.0520

模糊集合论　fuzzy set theory　13.0511

模糊控制　fuzzy control　17.0031

模糊逻辑　fuzzy logic　02.0042

模糊神经网络　fuzzy-neural network　13.0513

模糊数据　fuzzy data　11.0328

模糊数据库　fuzzy database　11.0329

模糊数学　fuzzy mathematics　13.0510

模糊松弛法　fuzzy relaxation　22.0124

＊模糊搜索　fuzzy search　11.0331

模糊推理　fuzzy reasoning　13.0228

模糊遗传系统　fuzzy-genetic system　13.0512

模具设计　mould design　16.0061

模块　module　01.0159

模块测试　module testing　03.0252

模块分解　modular decomposition　12.0054

模块化　modularization　17.0144

模块化程序设计　modular programming　12.0159

模块化方法　modular method　12.0158

模块强度　module strength　12.0160

模块性　modularity　12.0391

模拟　simulation, analogy　01.0318

＊模拟程序　simulator　12.0320

模拟计算机　analog computer　01.0050

模拟控制技术　analog control technique　17.0024

模拟器　simulator　12.0320

模拟输出　analog output　05.0400

模拟输入　analog input　05.0399

模拟退火　simulated annealing　22.0207

模拟系统　simulation system　21.0165

模拟验证方法　simulation verification method　16.0051

模拟语言　simulation language　09.0110

模拟者　simulator　02.0489

N 模冗余　N-modular redundancy, NMR　03.0002

模式　pattern, schema　01.0375

模式分类　pattern classification　13.0600

模式分析　pattern analysis　13.0599

模式概念　schema concept　13.0301

模式基元　pattern primitive　13.0603

模式描述　pattern description　13.0601

模式敏感故障　pattern sensitive fault　03.0251

模式敏感性　pattern sensitivity　03.0250

模式匹配　pattern matching　13.0602

模式识别　pattern recognition　01.0031

模式搜索　pattern search　13.0604

模数转换　analog-to-digital convert　18.0024

模数转换器　analog-to-digital converter, ADC　05.0428

模态　modality　02.0076

模态逻辑　modal logic　02.0077

模型　model　01.0389

3C 模型　concept, content and context; 3C　12.0416

模型变换　model transferring　13.0282

模型表示　model representation　13.0280

模型参考自适应　model reference adaptive　17.0113

模型定性推理 model qualitative reasoning 13.0278

模型简化 model simplification 16.0099

模型库 model base 21.0136

模型库管理系统 model base management system 21.0137

模型论 model theory 13.0281

模型论语义 model-theoretic semantics 13.0285

模型驱动 model drive 21.0161

模型驱动方法 model-driven method 13.0284

模型生成器 model generator 13.0276

模型识别 model recognition 13.0279

模型引导推理 model-directed inference 13.0283

摩擦输纸 friction feed 05.0318

摩尔定律 Moore law 04.0387

摩尔机[器] Moore machine 02.0241

磨损失效 wear-out failure 07.0287

魔集 magic set 11.0278

*抹头 erase head 05.0208

末端器 end-effector 17.0167

墨水罐 ink tank 05.0296

墨水盒 ink cartridge 05.0295

默认 default 01.0347

默认推理 default reasoning 13.0233

母板 motherboard, mainboard, masterboard 07.0123

母语 native language 20.0008

目标 target 01.0403

目标程序 object program, target program 09.0342

目标[代]码 target code, object code 09.0343

目标导向推理 goal-directed reasoning 13.0221

目标对象 goal object 13.0187

目标范例库 goal case base 13.0185

目标回归 goal regression 13.0188

目标机 target machine 04.0040

目标集 goal set 13.0189

目标计算机 target computer 12.0027

目标目录 target directory 10.0191

目标驱动 goal driven 13.0218

目标系统 target system 12.0026

目标引导行为 goal-directed behavior 13.0190

目标语生成 target language generation 20.0200

目标语输出 target language output 20.0201

目标语言 target language 20.0199

目标语言词典 target language dictionary 20.0169

目标子句 goal clause 13.0186

目的地址 destination address 14.0168

目录服务 directory service 14.0620

目录排序 directory sorting 10.0786

N

内部对象 internal object 09.0207

内部函数 intrinsic function 09.0314

内部级 restricted 19.0098

内部寄存器 internal storage, internal memory 04.0178

内部碎片 internal fragmentation 10.0287

内部网关协议 interior gateway protocol, IGP 14.0581

内部威胁 inside threat 19.0478

内[部]中断 internal interrupt 04.0567

内部转发 inter forwarding 04.0356

内裁剪 interior clipping 16.0443

内存保护 memory protection 04.0186

内存分配覆盖 memory allocation overlay 10.0475

内存碎片 memory fragmentation 10.0288

内涵数据库 intensional database 11.0275

内核 kernel 10.0779

内核程序 kernel program 04.0256

内核服务 kernel service 10.0781

内核进程 kernel process 10.0601

内核码 kernel code 10.0143

内核模块 kernel module 10.0443

内核数据结构 kernel data structure 10.0844

内核语言 kernel language 04.0257

内核原语 kernel primitive 10.0590

内核栈 kernel stack 10.0780

内环 interior ring 16.0114

内建函数 built-in function 11.0048

内建自测试 built-in self-test, BIST 03.0014

内聚性 cohesion 12.0390

*内连网 intranet 14.0525

内联网 intranet 14.0525

内联网安全　intranet security　19.0207

内模式　internal schema　11.0033

内排序　internal sort　02.0388

内热阻　internal thermal resistance　07.0363

内务操作　housekeeping operation　10.0464

内务处理程序　housekeeping program　10.0649

内像素　interior pixel　22.0047

内在故障　indigenous fault　12.0263

内置式可编程逻辑控制器　build-in PLC　17.0190

奈奎斯特采样频率　Nyquist sampling frequency　22.0238

奈奎斯特准则　Nyquist criteria　17.0102

难解型问题　intractable problem　02.0279

挠进程　skew process　02.0656

脑成像　brain imaging　13.0003

脑功能模块　brain function module　13.0002

脑科学　brain science　13.0005

脑模型　brain model　13.0004

能力　capability　13.0440

能力表　capability list　19.0385

能力成熟[度]模型　capability maturity model, CMM　12.0222

能行性　effectiveness　02.0001

你见即我见　what you see is what I see, WYSIWIS　18.0199

拟合　fitting　16.0116

逆变换缓冲器　inverse translation buffer, ITB　04.0213

逆变器　inverter　17.0195

逆变迁　reverse transition　02.0556

逆代换　inverse substitution　02.0198

逆地址解析协议　reverse address resolution protocol, RARP　14.0605

逆拉东变换　inverse Radon transformation　22.0233

逆同态　inverse homomorphism　02.0199

逆完全混洗　inverse perfect shuffle　04.0145

逆网　reverse net　02.0527

逆向工程　reverse engineering　12.0002

匿名登录　anonymous login　19.0474

匿名服务器　anonymous server　14.0626

匿名文件传送协议　anonymous FTP　14.0624

匿名性　anonymity　19.0309

匿名转账　anonymous refund　19.0330

2000 年问题　Year 2000 Problem, Y2K　09.0127

凝聚　condensation　02.0359

诺亚效应　Noah effect　03.0220

O

欧拉回路　Euler circuit　02.0349

欧拉路径　Euler path　02.0350

偶发故障　chance fault　08.0017

偶检验　even-parity check　08.0162

偶然事故　accident　12.0206

偶然威胁　accidental threat　19.0328

偶然中断　contingency interrupt　10.0307

耦合　coupling　07.0194

耦合传输线　coupled transmission line　07.0196

耦合度　coupling degree　04.0102

P

爬山法　hill climbing method　13.0121

*拍[它]位　petabit, Pb　23.0015

*拍[它]字节　petabyte, PB　23.0016

*排错　debug　01.0327

排队　queuing　01.0245

排队表　queuing list　10.0386

排队规则　queuing discipline　10.0552

排队进程　queuing process　10.0603

排队模型　queuing model　04.0268

排队注册请求　queued logon request　10.0691

排列　permutation　02.0404

排它锁　exclusive lock　11.0161

排序　sorting, ordering　21.0006

排序策略　ordering strategy　21.0019

排序网络　sorting network　02.0461

*派生　fork　10.0392

*盘　magnetic disk, disk　05.0069

盘[片]组　disk pack　05.0070

* 盘驱 magnetic disk drive 05.0078

判定表语言 decision table language 09.0152

判定符号 decision symbol 13.0177

判定逻辑 decision logic 13.0170

判定使用 predicate use, p-use 03.0102

旁路 bypassing 04.0386

旁路电容 bypass capacitor 07.0344

抛光 polishing 16.0178

跑纸 paper throw 05.0321

泡网 surfing 14.0575

培训 training 12.0386

培训时间 training time limit 15.0217

裴波那契立方体 Fibonacci cube 03.0256

佩特里网 Petri net 02.0521

* 配管 CAD computer-aided piping design 16.0015

配价 valency 20.0088

配线架 distribution frame 07.0275

配置 configuration 10.0393

配置标识 configuration identification 12.0230

配置管理 configuration management 10.0395

配置控制 configuration control 10.0394

配置控制委员会 configuration control board 12.0229

配置审核 configuration audit 08.0371

配置项 configuration item 12.0231

配置状态 configuration status 08.0370

配置状态报告 configuration status accounting 12.0232

喷墨绘图机 ink jet plotter 05.0256

喷墨印刷机 ink jet printer 05.0271

喷泉模型 fountain model 12.0105

膨胀 dilatation 22.0073

碰撞 collision 14.0437

碰撞检测 collision detection 16.0052

碰撞强制[处理] collision enforcement 14.0493

批 batch 01.0397

批处理 batch processing 10.0619

批处理操作系统 batch processing operating system 10.0006

批处理文件 batch file 10.0258

批处理系统 batch processing system 10.0887

批量控制 batch control 17.0049

批作业 batch job 10.0323

匹配滤波 matched filtering 22.0204

匹配筛选器 matched filter 13.0273

匹配算法 matching algorithm 13.0274

匹配误差 matching error 13.0275

片 slice 02.0563

片段 fragment 11.0215

片断 clip 18.0141

片选 chip selection 06.0083

偏差控制 deviation control 17.0047

偏旁 radical 15.0073

偏调 offset 05.0128

偏移磁道 offset track 19.0461

偏移电压 offset voltage 07.0083

偏移量 offset 04.0454

偏转 deflection 05.0357

偏转线圈 yoke 05.0345

篇章 text 01.0168

篇章分析 text analysis 20.0149

篇章理解 text understanding 20.0115

篇章生成 text generation 20.0159

篇章语言学 text linguistics 20.0128

漂移失效 floating failure 08.0071

漂移误差补偿 drift error compensation 17.0131

拼接 concatenation 01.0292

拼音编码 Pinyin coding, phonological coding 15.0188

频域 frequency domain 17.0064

品质属性 metric attribute 22.0120

乒乓过程 ping-pong procedure 03.0064

乒乓模式 ping pong scheme 04.0388

平板绘图机 flat-bed plotter 05.0259

平板扫描仪 flat-bed scanner 05.0423

平板显示器 flat panel display 05.0339

平凡函数依赖 trivial functional dependence 11.0132

平方非剩余 quadratic non-residue 02.0515

平方剩余 quadratic residue 02.0496

平方剩余交互式证明系统 quadratic residues interactive proof system 02.0516

平衡归并排序 balanced merge sort 21.0012

平衡树 balanced tree 09.0324

平衡型链路接入规程 link access procedure balanced, LAPB 14.0258

平滑　smoothing　22.0061

平均存取时间　average access time　01.0097

平均等待时间　average waiting time　01.0096

*平均访问时间　average access time　01.0097

平均归约[性]　average reducibility　02.0481

平均失效间隔时间　mean time between failure, MTBF　03.0052

平均未崩溃时间　mean time to crash, MTTC　03.0053

平均无故障时间　mean time to failure, MTTF　03.0051

平均性态分析　average-behavior analysis　02.0317

平均修复时间　mean time to repair, MTTR　03.0054

平均寻道时间　average seek time　05.0014

平均指令周期数　cycles per instruction, CPI　04.0389

平面　plane　15.0108

平面八位　plane-octet　15.0126

平面地址空间　flat address space　10.0800

平面点集　planar point set　16.0222

平面文件　flat file　10.0279

平面文件系统　flat file system　10.0897

平面向量场　plane vector field　16.0395

平面性　planarity　02.0405

平台　platform　01.0109

平行束卷积法　convolution method for parallel beams　22.0229

平行投影　parallel projection　16.0367

平移变换　translation transformation　16.0357

评测规则　evaluation rule　15.0161

*评估　evaluation　12.0138

评价　evaluation　12.0138

评价函数　evaluation function　13.0119

评审　review　01.0376

凭证　credentials　19.0130

屏蔽　masking　03.0161

屏蔽寄存器　masking register　04.0378

屏蔽双绞线　shield twisted pair, STP　14.0236

屏蔽向量　masking vector　04.0390

屏幕　screen　05.0341

屏幕共享　screen sharing　14.0737

屏幕坐标　screen coordinate　16.0391

破译者　code-breaker　19.0270

普通话　Putonghua　15.0029

普通文件传送协议　trivial file transfer protocol, TFTP　14.0625

普通语言学　general linguistics　20.0130

谱分析　spectrum analysis　03.0257

瀑布模型　waterfall model　12.0102

Q

期望　desire　13.0452

期望驱动型推理　expectation driven reasoning　20.0118

期望速率因子　expected velocity factor　15.0218

欺骗　cheating　19.0273

欺诈　fraud　19.0300

齐次坐标系　homogeneous coordinate system　16.0390

奇检验　odd-parity check　08.0161

奇偶归并排序　odd-even merge sort　04.0392

奇偶检验　parity checking, odd-even check　01.0316

奇偶检验位　parity bit　08.0160

奇偶[性]　parity　01.0315

奇异系　singular set　11.0059

歧义　ambiguity　15.0096

歧义消解　ambiguity resolution　20.0148

企业对客户　business to customer, B to C　21.0203

企业对企业　business to business, B to B　21.0202

企业对政府　business to government, B to G　21.0205

企业过程建模　business process modeling　21.0178

企业过程再工程　business process reengineering, BPR　21.0055

企业模型　enterprise model, business model　21.0154

企业网　enterprise network　14.0745

企业系统规划　business system planning, BSP　21.0052

企业资源规划　enterprise resource planning, ERP

21.0180

企业 Java 组件　enterprise Java bean，EJB　09.0244

启动　start　01.0364

启动输入输出　start I/O　10.0808

启动输入输出指令　start I/O instruction　10.0809

启发式程序　heuristic program　13.0195

启发式方法　heuristic approach　13.0192

启发式规则　heuristic rule　13.0068

启发式函数　heuristic function　13.0193

启发式技术　heuristic technique　13.0196

启发式搜索　heuristic search　13.0118

启发式算法　heuristic algorithm　13.0191

启发式推理　heuristic inference　13.0204

启发式信息　heuristic information　13.0194

启发式知识　heuristic knowledge　13.0040

启用　invocation　14.0057

起始间隔集合　initiation interval set　04.0393

*起始目录　home directory　10.0187

起始信号　start signal　14.0086

起止式传输　start-stop transmission　14.0085

气冷　air cooling　07.0386

器件　device　07.0003

恰当覆盖问题　exact cover problem　02.0278

千　kilo-，k　23.0003，Kilo-，K　23.0004

千万亿次浮点运算每秒　peta floating-point operations per second，petaflops，PFLOPS　23.0048

千万亿次运算每秒　peta operations per second，POPS　23.0043

千万亿条指令每秒　peta instructions per second，PIPS　23.0053

千万亿位　petabit，Pb　23.0015

千万亿字节　petabyte，PB　23.0016

千位　kilobit，Kb　23.0005

千位每秒　kilobits per second，Kbps　23.0024

千字节　kilobyte，KB　23.0006

千字节每秒　kilobytes per second，KBps　23.0025

迁移开销　migration overhead　04.0394

牵引式输纸器　tractor feeder　05.0319

铅字质量　letter quality　05.0303

签名模式　signature scheme　02.0509

签名算法　signature algorithm　02.0510

签名文件　signature file　14.0642

签名验证　signature verification　19.0146

前端处理器　front-end processor　01.0122

前集　pre-set　02.0550

前景色　foreground color　16.0279

前馈控制　feedforward control　17.0008

前驱站　predecessor　14.0447

前束范式　prenex normal form　02.0034

前台　foreground　10.0327

前台操作方式　foreground mode　10.0419

前台初启程序　foreground initiator　10.0292

前台调度程序　foreground scheduler　10.0755

前台分区　foreground partition　10.0523

前台分页　foreground paging　10.0505

前台监控程序　foreground monitor　10.0452

前台区　foreground region　10.0694

前台任务　foreground task　10.0948

前台作业　foreground job　10.0328

前提　antecedent，premise　13.0069

前同步码　preamble　05.0190

前向串扰　forward cross talk　07.0191

前向显式拥塞指示　forward explicit congestion indication，FECI　14.0404

前像　before-image　11.0197

前序　preorder　02.0406

前沿　leading edge　07.0063

前[置]条件　precondition　02.0552

前缀　prefix　02.0201

前缀性质　prefix property　02.0202

潜伏时间　latency　04.0403

嵌入式计算机　embedded computer　04.0014

嵌入式控制器　embedded controller　17.0191

嵌入式软件　embedded software　12.0129

嵌入式语言　embedded language　11.0043

嵌入式 SQL 语言　embedded SQL　11.0118

嵌入伺服　embedded servo　05.0137

嵌套　nest　12.0162

嵌套事务　nested transaction　11.0305

嵌套循环　nested loop　09.0317

嵌套循环法　nested loop method　11.0091

嵌套中断　nested interrupt　10.0310

强度削弱　strength reduction　09.0321

强类型　strong type　09.0224

强连通分支　strongly connected components　02.0427

强连通图　strongly connected graph　02.0361

强连通问题　strong connectivity problem　02.0284

强行显示　forced display　08.0133

强一致性　strong consistency　10.0168

强制保护　mandatory protection　19.0243

强制对流　forced convection　07.0393

强制访问控制　mandatory access control　19.0157

强制冷却　forced cooling　08.0248

强制气冷　forced air cooling　07.0392

抢先　preemption　10.0968

抢先调度　preemptive schedule　04.0249

抢先多任务处理　preemptive multitasking　10.0970

乔姆斯基层次结构　Chomsky hierarchy　20.0122

乔姆斯基范式　Chomsky normal form　02.0233

乔姆斯基谱系　Chomsky hierarchy　02.0234

桥接故障　bridging fault　08.0029

桥接结点　bridging node　14.0740

桥路由器　brouter　14.0484

窃取程序　snooper　19.0360

窃取信道信息　passive wiretapping, wiretapping
　19.0322

窃听　eavesdropping　19.0321

清除　clear　01.0270

清除请求　clear request　14.0290

*清洁盘　cleaning diskette　05.0167

清洁软盘　cleaning diskette　05.0167

清晰　sharp　22.0059

清晰度　definition　05.0356

清晰性　legibility　08.0360

情报检索语言　information retrieval language
　11.0333

情感符号　emoticon, smiley　14.0680

情感建模　emotion modeling　13.0457

情景记忆　episodic memory　13.0018

情景行动系统　situation-action system　13.0389

情景演算　situation calculus　13.0317

情景主体　scenario agent　13.0492

情景自动机　situated automaton　13.0316

情态公理　case axiom　02.0575

情态集　case class　02.0630

请求　request　14.0053

请求参数表　request parameter list　10.0387

请求处理　demand processing　10.0620

请求分时处理　demand time-sharing processing
　10.0621

请求分页　demand paging　10.0507

请求评论［文档］　request for comment, RFC
　14.0539

穷举测试　exhaustive testing　03.0112

穷举攻击　exhaustive attack　19.0286

穷举搜索　exhaustive search　19.0306

丘奇论题　Church thesis　02.0002

求解路径学习　learning from solution path　13.0418

球阵列封装　ball grid array, BGA　07.0284

区　zone　15.0124

区分序列　distinguishing sequence　03.0017

区间　span　16.0419

区间查询　interval query　11.0199

区间时态逻辑　interval temporal logic　02.0072

区位记录　zone bit recording, ZBR　05.0046

区位码　code by section-position　15.0103

区域　region　22.0083

区域保护　area protection　19.0229

区域标定　region labeling　22.0171

区［域］地址　regional address　14.0430

区域分割　region segmentation　22.0084

区域合并　region merging　22.0085

区域聚类　region clustering　22.0086

区域控制任务　region control task　10.0953

区域描述　region description　22.0087

区域生长　region growing　22.0088

区域填充　area filling　16.0332

曲面　surface　16.0137

曲面逼近　surface approximation　16.0190

曲面插值　surface interpolation　16.0184

曲面分割　surface subdivision　16.0145

曲面光顺　surface smoothing　16.0148

曲面模型　surface model　16.0152

曲面拟合　surface fitting　16.0147

曲面匹配　surface matching　16.0151

曲［面］片　patch　16.0157

曲面拼接　surface joining　16.0153

曲面求交　surface intersection　16.0150

曲面造型　surface modeling　16.0125

曲面重构　surface reconstruction　16.0191

曲线光顺　curve smoothing　16.0149

曲线拟合　curve fitting　16.0146
驱动安全　drive security　19.0183
驱动程序　driver　10.0195
驱动电流　drive current　06.0076
驱动脉冲　drive pulse　06.0075
驱动门　driving gate　07.0032
驱动器　driver　07.0026
取景变换　viewing transformation　16.0362
取轮廓　contouring　18.0116
取消　revoke　11.0082
去焊枪　desoldering gun　07.0273
去模糊　deblurring　22.0103
全沉浸式虚拟现实　full immersive VR　18.0037
全称量词　universal quantifier　11.0114
*全称域名　fully qualified domain name，FQDN
　14.0596
全动感视频　full motion video　18.0077
全干扰　total-dose　03.0069
全高速缓存存取　cache only memory access，COMA
　04.0204
全共享的多处理器系统　shared everything multipro-
　cessor system　04.0065
全混洗　perfect shuffle　04.0108
全加器　full adder　04.0520
全减器　full subtracter　04.0524
全局变量　global variable　09.0169
全局查询　global query　11.0227
全局查询优化　global query optimization　11.0228
全局存储器　global memory　06.0049
全局共享资源　global shared resource　10.0708
全局故障　global fault　08.0009
全局事务　global transaction　11.0222
全局死锁　global deadlock　11.0234
全局搜索　global search　13.0184
全局一致性存储器　global coherent memory，GCM
　04.0205
全局应用　global application　11.0211
全局优化　global optimization　13.0183
全局知识　global knowledge　13.0182
全连接网　fully connected network　14.0012
全面质量管理　total quality management，TQM
　21.0176
全名　full name　14.0639

全屏幕　full screen　18.0075
全球地址　global address　14.0434
全球地址管理　global address administration，univer-
　sal address administration　14.0463
全球定位系统　global position system，GPS
　21.0125
全球信息基础设施　global information infrastructure，
　GII　14.0528
全双工传输　full-duplex transmission　14.0075
全文检索　full-text retrieval　21.0024
全文索引　full-text indexing　18.0200
全息　hologram　06.0134
全息存储器　holographic memory　06.0021
全息图　holograph　16.0314
全限定域名　fully qualified domain name，FQDN
　14.0596
全相联高速缓存　fully-associative cache　04.0206
全相联映射　fully-associative mapping　04.0202
全自检查电路　totally self-checking circuit　08.0320
权标　token　14.0443
权标持有站　token holder　14.0514
权标传递　token passing　14.0445
权标传递协议　token passing protocol　14.0452
权标环网　token-ring network　14.0419
权标轮转时间　token rotation time　14.0446
权标总线网　token-bus network　14.0418
权函数　weight function　02.0560
权衡　trade-off　01.0325
权限　right　19.0109
权宜状态　expedient state　10.0836
权证　ticket　19.0384
缺失率　miss rate　04.0425
缺失损失　miss penalty　04.0426
缺陷　defect　01.0334
缺陷管理　defect management　14.0396
缺陷跳越　defect skip　05.0065
缺页　page fault　10.0490
缺页频率　page fault frequency　10.0491
缺页中断　missing page interrupt　10.0312
确保　assurance　19.0475
确保操作　assured operation　14.0273
确保等级　assurance level　19.0476
确定变迁　deterministic transition　02.0691

· 496 ·

确定和随机佩特里网 deterministic and stochastic Petri net 02.0690

确定型上下文有关语言 deterministic CSL 02.0213

确定型图灵机 deterministic Turing machine 02.0216

确定型下推自动机 deterministic pushdown automaton 02.0215

确定型有穷自动机 deterministic finite automaton 02.0214

确定性调度 deterministic scheduling 10.0737

确定性控制系统 deterministic control system 17.0158

确定性算法 deterministic algorithm 20.0190

确认 acknowledgement, ACK, validation 14.0152

确认的无连接方式传输 acknowledged connectionless-mode transmission 14.0477

确信度 certainty factor, CF 13.0237

确证 corroborate 19.0131

*群集 cluster 04.0088

群集分析 cluster analysis 03.0240

群体决策支持系统 group decision support system, GDSS 21.0105

群体智能 swarm intelligence 13.0022

R

染料升华印刷机 dye sublimation printer 05.0275

绕接 wire wrap 07.0277

热备份 warm backup 08.0073

热备份机群 hot standby cluster 04.0080

热表 hotlist 14.0666

热插拔 hot plug 05.0105

热传导 heat conduction 07.0380

热导模块 thermal conduction module 07.0398

热对流 heat convection 08.0380

热辐射 heat radiation 08.0381

热感器 thermal sensor 07.0362

热[固化]环氧黏合剂 thermabond epoxy 07.0394

热管 heat pipe 07.0397

热合金 thermalloy 07.0395

热交换 hot swapping 07.0368

热校正 thermal recalibration 05.0144

热控制 thermal control 07.0357

热蜡转印印刷机 thermal wax-transfer printer 05.0282

热流 heat flow 07.0371

热敏印刷机 thermal printer 05.0273

热启动 warm start 04.0449

热特性 thermal characteristic 07.0366

热梯度 heat gradient 07.0367

热通量 heat flux 07.0360

热压焊 thermocompression bonding 07.0269

热源 heat source 07.0370

热站点 hot site 19.0453

热转印刷机 heat transfer printer 05.0279

热阻 thermal resistance 07.0361

人工测试 manual testing 08.0112

人工干预 manual intervention 07.0425

人工交换机 manual exchanger 08.0080

人工进化 artificial evolution 13.0525

人工控制 manual control 08.0078

人工录入 manual entry 08.0079

人工模拟 manual simulation 08.0083

人工认知 artificial cognition 13.0001

人工神经网络 artificial neural network 13.0545

人工神经元 artificial neuron 13.0546

人工生命 artificial life 13.0526

人工世界 artificial world 18.0042

人工纹理 artificial texture 22.0116

人工现实 artificial reality 18.0032

人工信息系统 manual information system 21.0098

人工语言 artificial language 01.0026

人工约束 artificial constraint 13.0083

人工智能 artificial intelligence, AI 01.0030

人工智能程序设计 artificial intelligence programming 13.0642

人工智能语言 artificial intelligence language 13.0641

人工专门知识 artificial expertise 20.0181

人机对话 human-computer dialogue, man-machine dialogue 01.0253

人机工程 man-machine engineering 08.0382

人机环境　man-machine environment　01.0249

人机环境系统　man-machine-environment system　08.0383

人机交互　human-computer interaction，man-machine interaction　01.0252

*人机接口　human-machine interface　01.0131

人机界面　human-machine interface　01.0131

人机控制系统　man-machine control system　01.0250

人机模拟　man-machine simulation　08.0077

人机权衡　man-machine trade-off　01.0251

人机系统　man-machine system　17.0181

人际消息　interpersonal message，IP-message　14.0714

人际消息处理　interpersonal messaging，IPM　14.0715

[人为]干扰信号　jam signal　03.0010

人为故障　human-made fault　03.0011

人主体　human agent　13.0465

人助机译　human-aided machine translation，HAMT　20.0211

认可模型　model of endorsement　13.0277

认识学　epistemology　13.0019

认证　certification　19.0085

认证机构　certification authority，CA　19.0087

认证链　certification chain　19.0471

认知　cognition　13.0007

认知仿真　cognitive simulation　13.0011

认知过程　cognitive process　13.0009

认知机　cognitron　13.0555

认知科学　cognitive science　13.0014

认知模型　cognitive model　13.0016

认知系统　cognitive system　13.0012

认知心理学　cognitive psychology　13.0010

认知映射　cognitive mapping　13.0008

认知映射系统　cognitive mapping system　21.0112

认知主体　cognitive agent　13.0441

任务　task　01.0247

任务池　task pool　10.0542

任务处理　task processing　10.0641

任务代码字　task code word　10.0934

任务调度　task scheduling　10.0753

任务调度程序　task scheduler　10.0761

任务调度优先级　task scheduling priority　10.0573

任务队列　task queue　10.0688

任务对换　task swapping　10.0940

任务范畴　mission category　19.0487

任务分担　task-sharing　13.0496

任务分派程序　task dispatcher　10.0207

任务分配　task allocation　10.0072

任务管理　task management　10.0410

任务管理程序　task supervisor，task manager　10.0939

任务集　task set　10.0936

任务集库　task set library　10.0378

任务集装入模块　task set load module　10.0447

任务交换　task switching　10.0941

任务控制块　task control block，TCB　10.0135

任务描述符　task descriptor　10.0935

任务模型　task model　21.0151

任务启动　task start　10.0937

任务迁移　task immigration　10.0938

任务输出队列　task output queue　10.0687

任务输入队列　task input queue　10.0686

任务输入输出表　task I/O table　10.0932

任务图　task graph　04.0396

任务协调　task coordinate　13.0495

任务虚拟存储器　task virtual storage　10.0943

任务异步出口　task asynchronous exit　10.0229

任务栈描述符　task stack descriptor　10.0944

任务执行区　task execution area　10.0113

任务终止　task termination　10.0942

任选的预约时可选业务　optional subscription-time selectable service　14.0296

任选用户设施　optional user facility　14.0294

任意多边形　arbitrary polygon　16.0248

日期提示符　date prompt　10.0660

日志　journal　10.0999

容错　fault-tolerance　01.0319

容错计算　fault-tolerant computing　01.0018

容错计算机　fault-tolerant computer　03.0214

容错控制　fault-tolerant control　17.0042

容量　capacity　01.0165

容量函数　capacity function　02.0559

容器类　container class　09.0210

熔断丝　blown fuse　07.0345

熔丝［可］编程只读存储器 fusible link PROM
  06.0040

熔丝连接 fusible link 07.0346

融合 fusion 09.0312

冗余 redundancy 01.0326

冗余存储器 redundant memory 06.0036

冗余检验 redundancy check 08.0154

柔性制造系统 flexible manufacturing system，FMS
  17.0171

蠕虫 worm 19.0296

入点 enter-point 16.0459

入呼叫 incoming call 14.0283

入侵检测系统 intrusion detection system，IDS
  19.0274

入侵者 intruder 19.0275

入射电压 sending voltage 07.0101

入事件 incoming event 14.0051

软差错 soft error 03.0151

软磁盘 floppy disk，flexible disk，diskette 05.0072

软故障 soft fault 08.0007

软计算 soft computing 13.0508

软件 software 01.0149

软件安全 software security 19.0186

软件安全性 software safety 12.0356

软件版权 software copyright 12.0431

软件包 software package 12.0116

软件保护 software protection 19.0235

软件采购员 software purchaser 12.0345

软件操作员 software operator 12.0343

软件测试 software testing 08.0341

软件产品 software product 12.0344

软件产品维护 software product maintenance
  08.0350

软件储藏库 software repository 12.0354

软件错误 software error 08.0058

软件单元 software unit 12.0358

软件盗窃 software piracy 19.0359

软件度量学 software metrics 12.0349

软件方法学 software methodology 12.0095

软件风险 software hazard 12.0337

软件复用 software reuse 12.0355

软件更改报告 software change report 08.0347

软件工程 software engineering，SE 01.0029

软件工程方法学 software engineering methodology
  12.0096

软件工程环境 software engineering environment
  12.0020

软件工程经济学 software engineering economics
  12.0429

软件工具 software tool 12.0017

软件构件 software component 12.0322

软件故障 software fault 08.0006

软件过程 software process 12.0412

软件获取 software acquisition 12.0324

软件监控程序 software monitor 12.0342

软件结构 software structure 12.0106

软件经验数据 software experience data 12.0336

软件开发方法 software development method
  12.0107

软件开发过程 software development process
  12.0333

软件开发环境 software development environment
  12.0019

软件开发计划 software development plan 12.0332

软件开发库 software development library 12.0330

软件开发模型 software development model
  12.0101

软件开发手册 software development notebook
  12.0331

软件开发周期 software development cycle 12.0329

软件可靠性 software reliability 12.0352

软件可靠性工程 software reliability engineering
  03.0150

软件可维护性 software maintainability 08.0346

软件可移植性 software portability 08.0352

软件库 software library 12.0339

软件库管理员 software librarian 12.0338

软件量度 software metric 03.0149

软件轮廓 software profile 08.0342

软件配置 software configuration 12.0326

软件配置管理 software configuration management
  12.0327

软件平台 software platform 01.0111

软件评测 software evaluation 12.0335

软件潜行分析 software sneak analysis 12.0357

软件缺陷 software defect 08.0343

软件容错策略 software fault-tolerance strategy 08.0351

软件冗余检验 software redundancy check 08.0157

软件生产率 software productivity 12.0004

软件生存周期 software life cycle 12.0340

软件失效 software failure 08.0349

软件事故 software disaster 08.0348

软件数据库 software database 12.0328

软件体系结构 software architecture 12.0410

软件体系结构风格 software architectural style, SAS 12.0418

软件维护 software maintenance 08.0345

软件维护环境 software maintenance environment 08.0353

软件维护员 software maintainer 12.0341

软件文档 software documentation 12.0334

软件陷阱 software trap 10.0994

软件性能 software performance 12.0388

软件验收 software acceptance 12.0323

软件验证程序 software verifier 12.0359

*软件易维护性 software maintainability 08.0346

*软件易移植性 software portability 08.0352

软件再工程 software reengineering 12.0411

软件质量 software quality 12.0346

软件质量保证 software quality assurance 12.0350

软件质量评判准则 software quality criteria 12.0351

软件中断 software interruption 08.0344

软件主体 software agent 13.0493

软件注册员 software registrar 12.0353

软件资产管理程序 software asset manager 12.0325

软件资源 software resource 01.0361

软件自动化方法 software automation method 12.0077

软件总线 software bus 13.0650

*软盘 floppy disk, flexible disk, diskette 05.0072

软盘抖动 floppy disk flutter 08.0129

软盘驱动器 floppy disk drive, FDD 05.0080

软盘套 disk jacket 05.0158

软盘纸套 disk envelop 05.0159

*软驱 floppy disk drive, FDD 05.0080

软扇区格式 soft sectored format 05.0096

软停机 soft stop 08.0204

软硬件协同设计 hardware/software co-design 03.0152

软中断 soft interrupt 01.0258

软中断处理方式 soft interrupt processing mode 10.0424

软中断机制 soft interrupt mechanism 10.0439

软中断信号 soft interrupt signal 10.0785

锐化 sharpening 22.0060

弱方法 weak method 13.0120

弱连通图 weakly connected graph 02.0362

弱密钥 weak key 19.0063

弱位 weak bit 19.0465

弱一致性模型 weak consistency model 04.0214

S

撒播 seeding 12.0316

三点透视 three-point perspectiveness 16.0426

三段论 syllogism 02.0020

三级网络 three stage network 04.0144

三角测距 range of triangle 22.0146

三角面片 triangular patch 16.0159

三角剖分 triangulation 16.0220

三[阶]段提交协议 three-phase commitment protocol 11.0226

三连通分支 triconnected component 02.0434

三模冗余 triple modular redundancy, TMR 03.0012

三态门 tri-state gate 07.0034

三维窗口 three-dimensional window, 3D window 16.0464

三维扫描仪 three-dimensional scanner, 3D scanner 16.0063

三维鼠标 3D mouse 18.0055

三维数字化仪 3D digitizer 18.0053

三维眼镜 3D glasses 18.0056

三维重建 3D reconstruction 18.0054

三位编码 tribit encoding 05.0140

三元可满足性 three-satisfiability 02.0248

三元组 triple 09.0290

三重数据加密标准 triple-DES 19.0034

散焦测距 range of defocusing 22.0145

散列函数 hash function 19.0039

散列索引 hash index 21.0011

散乱数据点 scattered data points 16.0218

散热技术 heat dissipation techniques 07.0378

散热片 thermal fin 07.0396

散热器 heat dissipator, heat sink 07.0379

*扫成曲面 sweep surface 16.0175

扫描 sweeping 16.0232

扫描多边形 sweep polygon 16.0233

扫描模式 scanning pattern 16.0435

扫描平面 scan plane 16.0434

扫描曲面 sweep surface 16.0175

扫描设计 scan design 03.0083

扫描输出 scan-out 03.0085

扫描输入 scan-in 03.0084

扫描体 sweep volume 16.0234

扫描线算法 scan line algorithm 16.0433

扫描选择器 scanner selector 10.0764

扫描仪 scanner 05.0421

扫描转换 scan conversion 16.0272

*色 color 05.0353

色饱和度 color saturation 16.0409

色纯度 color purity 16.0408

色带 inked ribbon 05.0297

色调 hue 05.0346

色度 chromaticity 16.0386

色度图 chromaticity diagram 16.0452

色度学 colorimetry 22.0181

色度坐标 chromaticity coordinate 16.0451

色粉 toner 05.0324

色粉盒 toner cartridge 05.0325

色集 color set 22.0058

色键 color key 18.0072

色矩 color moment 22.0057

色空间 color space 16.0450

色模型 color model 16.0453

色匹配 color matching 22.0182

色匹配函数 color-matching function 16.0449

色平衡 color balance 18.0073

色深度 color depth 18.0071

色适应性 chromatic adaption 22.0177

色温 color temperature 05.0358

色映射 color mapping 18.0070

*色彰度 color saturation 16.0409

筛选主体 filtering agent 13.0461

删除 delete 11.0083

删除异常 deletion anomaly 11.0156

闪烁 blinking 16.0344

闪速存储器 flash memory 06.0140

扇出 fan-out 03.0216

扇出模块 fan-out modular 04.0397

扇出限制 fanout limit 07.0223

*扇段 sector 05.0093

扇区 sector 05.0093

扇区对准 sector alignment 19.0462

扇区伺服 sector servo 05.0136

扇入 fan-in 03.0215

商务访问提供者 commercial access provider 14.0544

商务因特网交换中心 commercial Internet exchange, CIX 14.0543

商业数据交换 business data interchange, BDI 14.0718

熵 entropy 21.0045

熵编码 entropy coding 18.0111

上播状态 upper broadcast state 04.0276

ATM 上的多协议 multiprotocol over ATM, MPOA 14.0345

ATM 上的网际协议 internet protocol over ATM, IPOA 14.0346

上升时间 rise time 07.0080

上升沿 rising edge 07.0064

上推 push-up 12.0302

上推队列 push-up queue 10.0676

上推排序 shifting sort 21.0017

上下位关系 hyponymy 15.0097

*上下文 context 01.0387

*上下文分析 context analysis 20.0156

上下文内关键字 keyword in context 20.0151

上下文切换 context switch 04.0398

上下文外关键字 keyword out of context 20.0150

上下文无关文法 context-free grammar, CFG

02.0114

上下文无关语法 context-free grammar 20.0071

上下文无关语言 context-free language，CFL
02.0115

上下文有关文法 context-sensitive grammar，CSG
02.0116

上下文有关语言 context-sensitive language，CSL
02.0117

上行链路 uplink 14.0507

上行数据流 upstream 18.0204

上载 upload 18.0203

蛇形行主编号 snake-like row-major indexing
04.0399

舍入误差 rounding error 04.0463

设备管理 device management 10.0404

设备描述 device description 17.0251

设备描述语言 device description language 17.0252

设备名 device name 10.0462

设备驱动程序 device driver 10.0196

设备指派 device assignment 10.0086

设备坐标 device coordinate 16.0322

设备坐标系 device coordinate system 16.0326

设定点控制 set-point control 17.0044

设计编辑程序 design editor 09.0251

*设计编辑器 design editor 09.0251

设计差错 design error 03.0097

设计多样性 design diversity 03.0096

设计方法学 design methodology 12.0060

设计分析 design analysis 12.0057

*设计分析程序 design analyzer 12.0058

设计分析器 design analyzer 12.0058

设计规划 design plan 16.0068

设计规约 design specification 12.0064

设计阶段 design phase 12.0061

设计库 design library 16.0041

设计评审 design review 12.0063

设计审查 design inspection 12.0059

设计需求 design requirement 12.0062

设计验证 design verification 12.0065

设计语言 design language 09.0041

设计约束 design constraint 16.0069

设计自动化 design automation，DA 16.0019

设计走查 design walk-through 12.0066

设施 facility 01.0135

设施分配 facility allocation 10.0073

设施管理 facility management 10.0399

设施请求 facility request 10.0690

设施主体 facilitation agent 13.0459

设陷方式 trapping mode 10.0431

设置 setup 01.0259

射极耦合逻辑 emitter coupled logic，ECL 07.0017

涉密范畴 sensitivity category 19.0198

摄像管 pickup tube 05.0426

摄像机 video camera 22.0165

摄像机标定 camera calibration 22.0131

*申请令牌帧 claim-token frame 14.0515

申请权标帧 claim-token frame 14.0515

申请栈 request stack 10.0826

*申述性语言 compiler specification language
09.0036

DTE 身份 DTE identity 14.0269

深层格 deep case 20.0087

深度暗示 depth cueing 16.0270

深度缓存 depth buffer 16.0281

深度计算 depth calculation 16.0439

深度图 depth map 22.0151

深度优先分析 depth first analysis 20.0054

深度优先搜索 depth first search 13.0127

神经计算 neural computing 13.0537

神经计算机 neural computer 01.0084

神经模糊主体 neural fuzzy agent 13.0539

神经网络 neural network 13.0553

神经网络模型 neural network model 13.0540

神经元 neuron 13.0544

神经元仿真 neuron simulation 13.0543

神经元函数 neuron function 13.0541

神经元模型 neuron model 13.0542

神经元网络 neuron network 17.0107

神经专家系统 neural expert system 13.0538

审查 inspection 01.0377

审计 audit 19.0231

审计跟踪 audit trail 19.0421

甚高级语言 very high level language 09.0052

渗入测试 penetration test 19.0337

生产线方法 product line method 09.0203

生成式 production 02.0139

生成树　spanning tree　02.0424

生成树问题　spanning-tree problem　02.0140

生成语言学　generative linguistics　20.0136

生存周期　life cycle　12.0006

生存周期模型　life-cycle model　12.0150

生日攻击　birthday attack　19.0282

生物测定　biometric　19.0424

生物计算机　biocomputer　01.0087

声调　tone　15.0034

声卡　sound card　18.0162

声明　declaration　09.0185

声母　initial　15.0031

声频存储器　audio memory　06.0055

声图会议　audiographic conferencing　14.0725

声学模型　acoustic model　18.0177

声音　sound　18.0151

声音合成　voice synthesis　13.0635

声音检索型业务　sound retrieval service　14.0330

声音识别　voice recognition　13.0629

声音输出设备　audio output device　05.0398

声音输入设备　audio input device　05.0397

绳　rope　02.0647

*失败　failure　01.0328

失配　mismatch　07.0168

失效　failure　01.0328

失效比　failure ratio　12.0252

失效测试　failure testing　08.0088

失效分布　failure distribution　08.0135

失效恢复　failure recovery　12.0253

失效检测　failure detection　08.0089

失效节点　failure node　08.0139

失效类别　failure category　12.0250

失效率　failure rate　08.0134

失效模式效应与危害度分析　failure mode effect and criticality analysis　08.0138

失效数据　failure data　12.0251

失效预测　failure prediction　08.0137

失序　out-of-sequence　14.0178

*失真　distortion　07.0103

十进制　decimal system　01.0187

十进制数字　decimal digit　01.0188

十六进制　hexadecimal system　01.0189

十六进制数字　hexadecimal digit　01.0190

十亿次浮点运算每秒　giga floating-point operations per second, gigaflops, GFLOPS　23.0046

十亿次运算每秒　giga operations per second, GOPS　23.0041

十亿条指令每秒　giga instructions per second, GIPS　23.0051

十亿位　gigabit, Gb　23.0011

十亿位每秒　gigabits per second, Gbps　23.0030

十亿字节　gigabyte, GB　23.0012

十亿字节每秒　gigabytes per second, GBps　23.0031

时变布尔函数　timed Boolean function　03.0109

时变参数　time-variant parameter　19.0045

*时槽　time slot　14.0498

*时槽间隔　slot time　14.0499

时分复用　time-division multiplexing, TDM　14.0334

时间　time　01.0407

时间变迁　timed transition　02.0667

时间常数　time constant　07.0121

时间重叠　time overlapping　04.0278

时间戳　timestamp　19.0167

时间动作研究　time and motion studies　21.0175

时间分片　time slicing　10.0973

时间复杂度　time complexity　02.0267

时间复杂性　time complexity　02.0266

时间局部性　temporal locality　04.0151

时间量子　time quantum　10.0971

时间佩特里网　timed Petri net, time Petri net　02.0625

时间片　time slice　10.0972

时间谱系　time hierarchy　02.0268

时间同步问题　time synchronization problem　04.0400

时间序列模型　time sequence model　21.0135

时间延迟　delay　03.0108

时间有界图灵机　time-bounded Turing machine　02.0265

时间约束　time constraint　11.0346

时空权衡　space versus time trade-offs　02.0423

时空图　space-time diagram　04.0279

时态查询语言　temporal query language, TQUEL　11.0353

时态关系代数　temporal relational algebra　11.0352

时态数据库　temporal database　11.0348

时隙　time slot　14.0498

时隙间隔　slot time　14.0499

时序综合　sequential synthesis　16.0042

时延　time delay　14.0239

＊时延　delay　03.0108

时延分配　delay assignment　03.0106

时延偏差大小　delay defect size　03.0107

时域　time domain　17.0065

时域反射仪　time domain reflectometer, TDR　07.0306

时钟　clock　04.0577

时钟步进　clock step　07.0412

时钟分配驱动器　clock distribution driver　07.0028

时钟寄存器　clock register　04.0548

时钟脉冲　clock pulse　04.0579

时钟脉冲发生器　clock-pulse generator　04.0580

时钟偏差　clock skewing　07.0218

时钟驱动器　clock driver　07.0027

时钟周期　clock cycle, clock tick, clock period　04.0610

识别　recognition　01.0305

识别项　identification item　02.0499

识别型 DTE 业务　identified DTE service　14.0266

实参　actual parameter　09.0177

实存状态　tangible state　02.0670

实地址　physical address　06.0061

实分区　real partition　10.0525

实际存储页表　real storage page table　10.0926

实际页数　real page number　10.0518

实践学习　learning by doing　13.0412

实例学习　learning from example　13.0416

实名　real name　14.0679

实施变迁　to fire a transition　02.0588

实施规则　firing rule　02.0587

实施向量　firing count vector　02.0595

实时　real-time　12.0306

实时并发操作　real-time concurrency operation　10.0469

实时操作系统　real-time operating system　10.0004

实时处理　real-time processing　10.0617

实时多媒体　real-time multimedia　18.0005

实时计算机　real-time computer　04.0015

实时监控程序　real-time monitor　10.0448

实时控制　real-time control　17.0014

实时批处理　real-time batch processing　10.0638

实时批处理监控程序　real-time batch monitor　10.0449

实时时钟分时　real-time clock time-sharing　10.0984

实时视频　real-time video, RTV　18.0079

实时输出　real-time output　17.0152

实时输入　real-time input　17.0151

实时数据库　real-time database, RTDB　11.0245

实时系统　real-time system　10.0901

实时系统执行程序　real-time system executive　10.0216

实时约束　real-time constraint　11.0347

实时执行程序　real-time executive　10.0215

实时执行例程　real-time executive routine　10.0724

实时执行系统　real-time executive system　10.0900

实时主体　real-time agent　13.0490

实体　entity　11.0025

实体鉴别　entity authentication　19.0142

实体联系图　entity-relationship diagram　11.0030

实体模型　solid model　16.0109

实体完整性　entity integrity　11.0093

实体造型　solid modeling　16.0291

实现　implementation　12.0259

实现阶段　implementation phase　12.0260

实现需求　implementation requirements　12.0261

实线　solid line　07.0071

实寻址高速缓存　physically addressing cache　04.0167

实验电路板　breadboard　07.0259

实验学习　learning by experimentation　13.0413

实用程序　utility program, utility　10.1010

实用程序包　utility package　10.1012

实用功能　utility function　10.1011

实用软件　utility software　12.0398

＊拾取设备　pick device　16.0335

矢列式　sequent　02.0048

＊使能　enable, activate　01.0350

使用参数控制　usage parameter control, UPC　14.0407

适配器　adapter　01.0133

适应性维护　adaptive maintenance　08.0354

释放　release　14.0160

释放保护　release guard　10.0612

释放一致性模型　release consistency model
　04.0359

收发器　transceiver　14.0428

手持计算机　handheld computer　01.0071

手持游标器　puck　05.0418

手动输入　manual input　08.0081

手动输入键　manual load key　08.0082

手段目的分析　means-end analysis　13.0117

手势识别　gesture recognition　18.0058

手势消息　gesture message　18.0057

手写汉字输入　handwriting Hanzi input　15.0184

手写体　handwritten form　15.0052

手写体汉字识别　handwritten Hanzi recognition
　15.0256

手眼系统　eye-on-hand system　22.0153

守恒性　conservativeness　02.0598

守护程序　demon, damon　10.0655

守卫　guard　19.0439

首部　header　14.0122

*首席执行官　chief executive officer, CEO
　21.0183

受保护资源　protected resource　10.0709

受控安全　controlled security　19.0195

受控安全模式　controlled security mode　19.0218

受控标识图　controlled marking graphs　02.0695

*受控存取　controlled access　19.0200

受控对象　controlled object　17.0141

受控访问　controlled access　19.0200

受控访问区　controlled access area　19.0219

受控访问系统　controlled access system　19.0391

受控空间　controlled space　19.0220

受控佩特里网　controlled Petri net　02.0693

受控事件　controlled event　02.0696

受控系统　controlled system　17.0186

受控装置　controlled plant　17.0140

受限访问　limited access　19.0221

受限禁区　limited exclusion area　19.0222

受限语言　controlled language, restricted language
　20.0120

授权　grant　11.0081

授权表　authorization list　19.0125

书面语　written language　15.0036

书面自然语言处理　written natural language process-
　ing　20.0153

书签　bookmark　18.0207

书写方向　presentation direction　15.0130

输出　output　01.0402

输出带　output tape　02.0226

[输]出度　output degree　02.0711

输出断言　output assertion　09.0359

输出分组反馈　output block feedback, OFM
　19.0021

输出进程　output process　10.0609

输出流　output stream　08.0245

输出脉冲　output pulse　07.0076

输出模式　export schema　11.0238

输出设备　output device, output equipment, output
　unit　05.0006

输出特性　output characteristic　07.0047

输出提交　output commit　03.0248

输出下拉电阻　output pull down resistor　07.0043

输出依赖　output dependence　09.0302

输出优先级　output priority　10.0569

输出字母表　output alphabet　02.0225

输出阻抗　output impedance　07.0046

输入　input　01.0401

输入错误率　error rate for input　15.0219

输入带　input tape　02.0223

[输]入度　input degree　02.0710

输入断言　input assertion　09.0358

输入方式转换键　input mode shift key　15.0236

输入符号　input symbol　02.0224

输入规模　input size　02.0386

输入进程　input process　10.0608

输入流　input stream　10.0842

输入脉冲　input pulse　07.0075

输入模式　import schema　11.0239

输入设备　input device, input equipment, input unit
　05.0005

输入输出处理器　I/O processor　04.0056

输入输出队列　I/O queue　10.0668

输入输出管理　I/O management　10.0406

输入输出设备 input/output device, input/output equipment 05.0001

输入输出设备指派 I/O device assignment 10.0085

输入输出适配器 input/output adaptor 17.0189

输入速率 input velocity 15.0175

输入特性 input characteristic 07.0045

输入文本类型 input text type 15.0220

输入依赖 input dependence 09.0304

输入优先级 input priority 10.0568

输入正确率 correct rate for input 15.0176

输入字母表 input alphabet 02.0222

输入阻抗 input impedance 07.0044

输纸孔 sprocket hole 05.0322

输纸器 paper transport 05.0315

属性 attribute 11.0073

属性闭包 attribute closure 11.0135

属性语法 attribute grammar 09.0193

署名用户 subscriber 19.0492

鼠标[器] mouse 05.0406

术语抽取 terminology extraction 13.0646

术语空间 term space 09.0213

术语[数据]库 terminological database 15.0239

树 tree 02.0433

B 树 B tree 09.0328

B+ 树 B+ tree 09.0329

树结构变换语法 tree structure transformation grammar 20.0060

树连接结构 tree-connected structure 02.0440

树连接语法 tree adjoining grammar 20.0074

树网[格] mesh of trees 02.0438

树压缩技术 tree contraction technique 02.0475

树语法 tree grammar 20.0061

树状网 tree network 14.0006

竖排 vertical composition 15.0132

竖向 portrait 18.0014

数据 data 01.0161

数据安全 data security 19.0171

数据保护 data protection 19.0236

数据报 datagram 14.0136

IP 数据报 IP datagram 14.0614

数据并行性 data parallelism 04.0360

数据采集 data acquisition 21.0035

数据采集系统 data acquisition system 17.0164

数据采掘 data mining 13.0339

数据仓库 data warehouse 11.0265

数据操纵网 data-manipulator network 04.0127

数据操纵语言 data manipulation language, DML 11.0039

数据测试 data test 08.0331

数据差错 data error 08.0333

数据冲突 data hazard 04.0361

数据重建 data reconstruction 19.0446

数据重组 data reconstitution 19.0447

数据抽象 data abstraction 09.0222

数据初始加工 data origination 21.0037

数据处理 data processing, DP 01.0016

数据处理系统 data processing system, DPS 01.0017

数据传输 data transmission 14.0072

数据传输指令 data transfer instruction 04.0611

数据[磁]头 data head 05.0209

数据存取路径 data access path 11.0089

数据电路透明性 data circuit transparency 14.0105

数据电路终接设备 data circuit-terminating equipment, DCE 14.0199

*数据定义语言 data definition language 11.0038

数据独立性 data independence 11.0035

数据[多路]复用器 data multiplexer 14.0206

数据多样性 data diversity 03.0243

*数据访问路径 data access path 11.0089

数据分布 data distribution 09.0333

数据分析 data analysis 13.0337

数据分析系统 data analysis system 21.0107

数据封装 data encapsulation 09.0227

数据服装 data clothes 18.0050

数据腐烂 data corruption 19.0412

数据高速缓存 data cache 06.0103

数据高速通道 data highway 14.0231

数据格式 data format 21.0033

数据格式转换 data format conversion 11.0332

数据共享 data sharing 01.0162

数据管理 data management 10.0396

数据管理程序 data management program 10.0643

数据划分 data partitioning 09.0334

数据环境 data environment 21.0162

数据恢复　data restoration　19.0445

数据汇　data sink　14.0070

数据获取　data acquisition　13.0336

数据集市　data mart　11.0272

数据集中器　data concentrator　14.0205

数据加密标准　data encryption standard, DES　19.0032

数据加密密钥　data encryption key　19.0058

数据加密算法　data encryption algorithm, DEA　19.0057

数据交换机　data switching exchange, DSE　14.0200

数据结构　data structure　01.0163

数据局部性　data locality　09.0226

数据空间　data space　10.0799

数据控制语言　data control language, DCL　11.0040

数据库　database　01.0028

数据库安全　database security　11.0174

数据库保密　database privacy　11.0175

数据库重构　database restructuring　11.0053

数据库重组　database reorganization　11.0054

数据库管理系统　database management system, DBMS　11.0007

数据库管理员　database administrator　11.0003

数据库环境　database environment　11.0002

数据库机　database machine　04.0045

数据库集成　database integration　11.0281

数据库[键]码　database key　11.0056

Java 数据库连接　Java DataBase Connectivity, JDBC　09.0137

数据库模型　database model　21.0148

数据库完整性　database integrity　11.0182

数据库系统　database system　11.0001

数据库知识发现　knowledge discovery in database, KDD　13.0354

数据类型　data type　09.0223

数据链路　data link　14.0102

数据链路层　data link layer　14.0040

数据链路[层]连接　data link connection　14.0280

数据流　data flow　12.0070

数据流分析　data-flow analysis　09.0279

数据流计算机　data-flow computer　04.0024

数据流图　data-flow graph　01.0262

数据流语言　data-flow language　09.0151

数据录入　data entry　21.0032

数据媒体　data medium　05.0021

数据描述语言　data description language, DDL　11.0038

数据模型　data model　11.0017

数据目录　data directory　11.0050

数据偏斜　data skew　11.0252

数据欺诈　data diddling　19.0295

数据驱动　data driven　01.0266

数据驱动型分析　data driven analysis　20.0058

数据权标　data token　04.0251

数据确认　data validation　19.0419

数据冗余　data redundancy　21.0038

数据手套　data glove　18.0049

数据属性　data attribute　13.0338

数据数字音频磁带　data digital audio tape, DAT　05.0251

＊数据宿　data sink　14.0070

数据通道　data channel　04.0590

数据通路　data path　04.0362

数据通信　data communication　01.0033

＊数据挖掘　data mining　13.0339

数据完整性　data integrity　11.0183

数据完整性保护　data integrity protection　08.0332

数据网　data network　14.0015

数据网标识码　data network identification code, DNIC　14.0305

数据相关冲突[危险]　data-dependent hazard　04.0363

数据项　data item　01.0265

数据信号[传送]速率　data signaling rate　14.0071

数据一致性　data consistency　04.0250

数据依赖　data dependence　11.0126

数据有效性　data validity　08.0334

数据源　data source　14.0069

数据站　data station　14.0195

数据帧　data frame　21.0034

数据终端设备　data terminal equipment, DTE　14.0198

数据字典　data dictionary, DD　11.0049

数据总线　data bus　01.0140

数据组织　data organization　21.0036

数控系统　numerical control system, NCS　17.0177

数理语言学　mathematical linguistics　20.0129

数模转换　digital-to-analog convert　18.0025

数模转换器　digital-to-analog converter, DAC　05.0429

数学发现　mathematical discovery　13.0369

数学公式　mathematical axiom　02.0030

数学归纳　mathematical induction　13.0370

数学形态学　mathematical morphology　22.0028

数值精度　numerical precision　17.0126

数值数据　numerical data　11.0302

数制　number system　01.0180

数字　digit　01.0195

数字编码　digit coding　15.0187

数字传输通路　digital transmission path　14.0386

数字磁记录　digital magnetic recording　05.0025

数字地球　digital Earth　21.0192

数字电路　digital circuit　07.0008

数字段　digital section　14.0387

数字对象　digital object　21.0189

数字[多功能光]碟　digital versatile disc, DVD　05.0230

数字仿形控制　numerical tracer control, NTC　17.0212

数字化　digitalization　22.0014

数字化仪　digitizer　05.0393

数字计算机　digital computer　01.0049

数字控制技术　digital control technique　17.0023

数字模拟　digital simulation　08.0085

*数字模拟计算机　hybrid computer　01.0051

数字配线架　digital distribution frame　14.0385

数字签名　digital signature　19.0145

数字签名标准　digital signature standard, DSS　19.0042

数字视频特技机　digital video effect generator　18.0149

数字输出　digital output　05.0402

数字输入　digital input　05.0401

数字数据网　digital data network, DDN　14.0250

数字水印　digital watermarking　19.0224

数字图书馆　digital library, DL　21.0188

数字图像　digital image　22.0019

数字图像处理　digital image processing　22.0001

数字信封　digital envelope　19.0423

数字信号处理器　digital signal processor, DSP　04.0364

数字影碟　digital video disc, DVD　05.0229

数字影碟[播放]机　DVD player　05.0231

数字照相机　digital camera　18.0074

数字政府　digital government　21.0193

数字字符　numeric character　01.0204

数字字符集　numeric character set　01.0205

数组　array　09.0182

数组处理器　array processor　04.0036

刷新　refresh　06.0089

刷新测试　refresh testing　06.0093

刷新电路　refresh circuit　06.0090

刷新[速]率　refresh rate　06.0092

刷新周期　refresh cycle　06.0091

衰变失效　decay failure　08.0070

衰减　attenuation　07.0105

衰减时间　decay time　07.0106

衰老失效　wear-out failure　08.0013

双边闭合用户群　bilateral closed user group　14.0299

双边网络　two-aside network　04.0143

双处理器　dual processor　01.0120

双带图灵机　two-tape Turing machine　02.0127

双带有穷自动机　two-tape finite automaton　02.0126

双分支　bicomponent　02.0320

双份编码　dual coding　12.0122

双工传输　duplex transmission　14.0073

双机协同　double computer cooperation　03.0018

双极存储器　bipolar memory　06.0016

双绞线　twisted pair　07.0156

双精度　double precision　04.0465

双缆宽带局域网　dual-cable broadband LAN　14.0509

双连通度　biconnectivity　02.0323

双连通分支　biconnected components　02.0321

双连通性　biconnectivity　02.0322

双列直插封装　dual-in-line package, DIP　07.0278

双列直插式内存组件　double in-line memory module, DIMM　06.0142

双路码 two-rail code 03.0020

双面印制板 two-sided printed circuit board 07.0261

双模冗余 duplication redundancy 04.0404

双目成像 binocular imaging 22.0167

双拼 binary syllabification 15.0035

双三次曲面 bicubic surface 16.0160

双三次曲面片 bicubic patch 16.0161

双数据速率 double data rate，DDR 06.0137

双位编码 dibit encoding 05.0139

双稳触发电路 bistable trigger circuit 04.0480

双线性内插 bilinear interpolation 22.0226

双线性曲面 bilinear surface 16.0162

双线性系统 bilinear system 17.0179

双向传输 bidirectional transmission 14.0081

双向打印 bidirectional printing 05.0304

双向交替通信 two-way alternate communication 14.0111

双向链表 doubly linked list 02.0394

双向搜索 bidirectional search 13.0129

双向通信 both-way communication 14.0109

双向同时通信 two-way simultaneous communication 14.0110

双向推理 bidirection reasoning 13.0220

双向无穷带 two-way infinite tape 02.0123

双向下推自动机 two-way push-down automaton 02.0122

双向有穷自动机 two-way finite automaton 02.0124

双向总线 bidirectional bus 01.0138

双校三验 double error correction-three error detection 03.0019

双语对齐 bilingual alignment 20.0193

双语机器可读词典 bilingual machine readable dictionary 20.0170

双元小波变换 dyadic wavelet transformation 22.0040

双钥密码系统 two-key cryptosystem 19.0009

双栈机 two-stack machine 02.0125

双栈系统 dual stack system 10.0888

双正交小波变换 bi-orthogonal wavelet transformation 22.0041

双重口令 double password 19.0138

双重数据加密标准 double-DES 19.0033

水平处理 horizontal processing 04.0235

水平分片 horizontal fragmentation 11.0216

顺串 run 02.0414

顺序操作 sequential operation 04.0513

顺序程序设计 sequential programming 12.0196

顺序处理 sequential processing 04.0440

顺序存取 sequential access 05.0009

顺序调度 sequential scheduling 10.0750

顺序调度系统 sequential scheduling system 10.0902

顺序调用 sequence call 10.0131

顺序发生 sequential occurrence 02.0635

*顺序号 sequence number，SN 14.0307

顺序加电 sequence power on 07.0325

顺序进程 sequential processes 12.0317

顺序局部性 sequential locality 06.0121

顺序控制 sequential control 17.0036

顺序批处理 sequential batch processing 10.0639

顺序搜索 sequential search 02.0417

顺序索引 sequential index 21.0007

顺序推理机 sequential inference machine 04.0050

顺序文件 sequential file 10.0255

顺序一致性模型 sequential consistency model 04.0215

顺序栈作业控制 sequential-stacked job control 10.0126

瞬时变迁 immediate transition 02.0668

瞬时错误 transient error 08.0322

瞬时故障 transient fault 03.0262

瞬时冒险 transient hazard 08.0323

瞬时描述 instantaneous description 02.0228

瞬态分析 transient analysis 08.0321

瞬态误差 transient error 17.0079

说话人确认 speaker verification 18.0176

说话人识别 speaker recognition 18.0175

*说明 declaration 09.0185

说明性语言 declarative language 09.0039

说明语义学 declarative semantics 13.0634

私用 private 19.0482

私有高速缓存 private cache 06.0106

私钥 private key 19.0073

思维科学 noetic science 13.0013

思想生成系统 idea generation system 21.0113

死变迁　dead transition　02.0610

死标识　dead marking　02.0688

死［代］码删除　dead code elimination　09.0311

死锁　deadlock　01.0400

死锁避免　deadlock avoidance　10.0175

死锁恢复　deadlock recovery　03.0087

死锁检测　deadlock test　10.0177

死锁消除　deadlock absence　10.0174

死锁预防　deadlock prevention　10.0176

四叉树　quadtree　16.0209

四面扁平封装　quad flat package，QFP　07.0282

四元组　quadruple　09.0291

伺服［磁］头　servo head　05.0210

伺服道录写器　servo track writer，STW　05.0134

伺服电机　servo motor　05.0116

似然比　likelihood ratio　22.0109

似然方程　likelihood equation　22.0108

似真推理　plausible reasoning　13.0291

似真性排序　plausibility ordering　13.0290

松弛法　relaxation　22.0122

松弛算法　relaxed algorithm　02.0464

松［散］耦合系统　loosely coupled system　04.0054

松散时间约束　loose time constraint　12.0191

松散一致性　loose consistency　11.0186

宋体　Song Ti　15.0054

搜索　search　01.0240

搜索表　search list　13.0307

搜索博弈树　search game tree　13.0306

搜索策略　search strategy　13.0139

搜索规则　search rule　13.0137

搜索机　search engine　13.0304

搜索空间　search space　13.0138

搜索求解　search finding　13.0305

搜索树　search tree　13.0140

搜索算法　search algorithm　13.0302

搜索图　search graph　13.0136

搜索周期　search cycle　13.0303

速度传感器　velocity transducer　17.0233

速率控制　rate control　18.0081

［宿］主机　host machine　04.0039

宿主系统　host system　10.0874

［宿］主语言　host language　11.0042

算法　algorithm　01.0144

CYK 算法　CYK algorithm　02.0235

KMP 算法　KMP algorithm　02.0390

算法保密　algorithm secrecy　19.0238

算法分析　algorithm analysis　12.0010

算法类　class of algorithms　02.0353

算法语言　algorithmic language　09.0015

算法正确性　correctness of algorithm　02.0364

算术逻辑部件　arithmetic and logic unit，ALU　04.0534

算术平均　arithmetic mean　04.0401

算术平均测试　arithmetical mean test　03.0255

算术上溢　arithmetic overflow　04.0500

算术下溢　arithmetic underflow　04.0501

算术移位　arithmetic shift　04.0507

算术运算　arithmetic operation　04.0499

随动控制　follow-up control　17.0062

随机变化　random variation　08.0030

随机测试　random testing　03.0236

随机测试产生［法］　random test generation　08.0032

随机查找　random searching　08.0038

随机差错　random error　08.0015

随机处理　random processing　08.0034

随机存储器　random access memory，RAM　06.0031

随机存取　random access　05.0010

随机存取机器　random access machine　02.0339

随机调度　random schedule　04.0248

随机多路访问　random multiple access　10.0044

随机高级佩特里网　stochastic high-level Petri net　02.0678

随机故障　random fault　08.0014

随机归约［性］　random reducibility　02.0480

随机开关　random switching　02.0669

随机控制系统　stochastic control system　17.0160

随机佩特里网　stochastic Petri nets　02.0664

随机扫描　random scan　08.0037

随机失效　random failure　08.0031

随机数　random number　08.0035

随机数生成程序　random number generator　08.0033

随机数生成器　random number generator　19.0040

随机数序列　random number sequence　08.0036

随机文件　random file　10.0253
随机页替换　random page replacement　10.0517
随机噪声　random noise　08.0016
随机自归约[性]　random self-reducibility　02.0482
随身计算　wearable computing　18.0048
碎片　fragmentation　10.0286
隧道二极管　tunnel diode　07.0317
损坏　defective　08.0374
损失　loss　19.0397
缩微胶卷　microfilm　05.0387
*缩微胶片　microfiche　05.0388
缩微平片　microfiche　05.0388
缩小　zoom out　16.0467
缩写抽取　abbreviation extraction　13.0644
缩址呼叫　abbreviated address calling　14.0131

所见即所得　what you see is what you get,
　WYSIWYG　18.0198
索引　index　01.0242
索引标志　index marker　05.0157
索引孔　index hole　05.0156
索引图像　thumbnail　18.0063
索引[信号]　index　05.0141
锁步　lock-step　10.0173
锁步操作　lock-step operation　10.0463
锁存器　latch　04.0481
锁定　locking　08.0187
锁归结　lock resolution　02.0091
锁相容性　lock compatibility　11.0165
锁演绎　lock deduction　02.0096

T

踏步测试　crippled leapfrog test　08.0326
台式计算机　desktop computer　01.0067
*太位　terabit, Tb　23.0013
*太字节　terabyte, TB　23.0014
贪婪三角剖分　greedy triangulation　16.0219
贪心[法]　greedy　02.0342
贪心周期　greedy cycle　04.0391
谈判支持系统　negotiation support system　21.0123
弹出式选单　pop-up menu　16.0382
探测　instrumentation　12.0269
探测工具　instrumentation tool　12.0270
探查　probe　14.0061
探头　probe　07.0312
探询　polling　14.0154
碳膜色带　carbon ribbon　05.0299
*趟　pass　09.0345
套件　suite　09.0115
套具驱动器　suite driver　03.0213
*特大型机　mainframe　04.0032
特定领域软件体系结构　domain-specific software
　architecture, DSSA　12.0417
*特定人言语识别　speaker-dependent speech recog-
　nition　15.0255
特定人语音识别　speaker-dependent speech recogni-
　tion　15.0255

特定应用服务要素　special application service
　element, SASE　14.0693
特洛伊木马攻击　Trojan horse attack　19.0269
特权　privilege, concession　11.0176
特权方式　privileged mode　19.0163
特权命令　privileged command　10.0145
特权指令　privileged instruction　10.0159
特殊网论　special net theory　02.0568
特殊字符　special character　01.0207
特性阻抗　characteristic impedance　07.0166
特许　special permit　19.0111
特许状态　authorized state　10.0833
特征　feature　22.0091
特征编码　feature coding　22.0104
特征方程　characteristic equation　17.0104
特征分析　signature analysis　03.0218
特征函数　characteristic function　02.0007
特征集成　feature integration　22.0052
特征检测　feature detection　22.0105
特征交互　feature interaction　16.0075
特征空间　feature space　22.0054
特征轮廓　feature contour　16.0080
特征模型转换　feature model conversion　16.0076
特征生成　feature generation　16.0079
特征识别　feature recognition　16.0077

特征提取　feature extraction　13.0085

特征选择　feature selection　22.0053

梯格图　lattice diagram　07.0095

梯形图　ladder diagram　17.0086

提交　commit, submission　11.0192

提交单元　commit unit　04.0616

提交状态　submit state　10.0839

提取　scavenge　19.0404

提取策略　fetch strategy　10.0547

提示　prompt　16.0349

体绘制　volume rendering　16.0269

体矩阵　volume matrix　16.0457

体可视化　volume visualization　16.0262

体模型　volume model　16.0259

体素构造表示　constructive solid geometry, CSG　16.0176

N 体问题　N-body problem　04.0421

体系结构　architecture　01.0020

体系结构建模　architecture modeling, AM　12.0406

体元　voxel　16.0277

替代攻击　substitution attack　19.0281

替代密码　substitution cipher　19.0024

替代选择　replacement selection　02.0413

替换　replacement　06.0128

替换策略　replacement policy　04.0191

替换算法　replacement algorithm　10.0040

填充　fill　14.0519

填充区　fill area　16.0331

条件　condition　01.0378

条件冲突　branch hazard　04.0355

条件断点　conditional breakpoint　10.0884

条件控制结构　conditional control structure　12.0228

条件临界段　conditional critical section　04.0283

条件逻辑　conditional logic　02.0085

条件式　conditions　13.0070

条件－事件系统　condition/event system, C/E system　02.0620

条件同步　conditional synchronization　04.0282

条件项重写系统　conditional term rewriting system　02.0102

条码　bar code　05.0403

条码扫描器　bar code scanner　05.0405

条码阅读器　bar code reader　05.0404

条形图　bar chart　16.0089

调节　regulation　17.0083

调频［制］　frequency modulation, FM　05.0039

调色板　palette　16.0343

调试　debug　01.0327

调试程序　debugging program　08.0339

调试程序包　debugging package　08.0338

调试工具　debugging aids　08.0340

调试例程　debugging routine　08.0337

调试模型　debugging model　12.0048

调相［制］　phase modulation, PM　05.0038

调整　justification, justify　08.0181

调整用软盘　alignment diskette　05.0163

调整用硬盘　alignment disk　05.0164

调制传递函数　modulation transfer function　22.0235

调制解调器　modem　14.0203

跳　jump　02.0652

跳步测试　galloping test, leapfrog test　03.0247

铁电非易失存储器　ferroelectric non-volatile memory　06.0139

铁氧磁带　ferrooxide tape　05.0174

铁氧体薄膜［磁］盘　ferrite film disk　05.0162

铁氧体磁头　ferrite magnetic head　05.0222

听打　typing by listening　15.0208

停机　stop　08.0202

停机问题　halting problem　02.0381

停用页　stop page　10.0514

停止信号　stop signal　14.0087

通道　channel　01.0132

通道调度程序　channel scheduler　10.0146

通道和仲裁开关　channel and arbiter switch, CAS　04.0627

通道接口　channel interface　04.0596

通道控制器　channel controller　04.0595

通道命令　channel command　10.0144

通道命令字　channel command word, CCW　04.0626

通道适配器　channel adapter　04.0379

*通过量　throughput　01.0296

通过延迟　transit delay　14.0309

通孔　pin-through-hole, feed-through　07.0133

通路 path 14.0097

通路敏化 path sensitization 08.0258

通配符 wildcard 11.0337

通信 communication 14.0020

通信安全 communications security 19.0368

通信处理机 communication processor 14.0214

通信[端]口 communication port 14.0219

通信故障 communication failure 11.0230

通信接口 communication interface 14.0218

通信控制器 communication controller 14.0215

通信控制字符 communication control character 14.0151

通信量分析 traffic analysis 19.0411

通信量填充 traffic padding 19.0442

通信流量分析 traffic flow analysis 19.0268

通信模型 communication model 21.0159

通信情报 communication intelligence 19.0314

通信软件 communication software 14.0108

通信适配器 communication adapter 14.0227

通信协议 communication protocol 14.0107

通信性 communicativeness 08.0356

通信子网 communication subnet 14.0021

通用安装程序 universal installer 12.0267

通用编程语言 general purpose programming language 09.0048

通用操作系统 general purpose operating system 10.0001

通用串行总线 universal serial bus, USB 04.0450

通用词 commonly-used word 15.0081

通用词语[数据]库 general word and phrase database 15.0237

通用多八位编码字符集 universal multiple-octet coded character set, UCS 15.0018

通用计算机 general purpose computer 04.0006

通用寄存器 general purpose register 04.0531

通用键盘 universal keyboard 15.0134

通用接口总线 general purpose interface bus 04.0373

通用图灵机 universal Turing machine 02.0211

通用网论 general net theory 02.0569

通用问题求解程序 general problem solver, GPS 13.0116

通用系统模拟语言 general purpose systems simula-

tion, GPSS 09.0049

通用消息事务协议 versatile message transaction protocol, VMTP 14.0589

通用异步接收发送设备 universal asynchronous receiver/transmitter, UART 14.0213

通用阵列逻辑[电路] generic array logic, GAL 04.0488

通知 notification 14.0056

同步 synchronization 01.0309

同步并行算法 synchronized parallel algorithm 02.0468

同步操作 synchronous operation 10.0467

同步传输 synchronous transmission 14.0079

同步传送模式 synchronous transfer mode, STM 14.0339

同步多媒体集成语言 synchronized multimedia integration language, SMIL 09.0148

同步和会聚功能 synchronization and convergence function, SCF 14.0744

同步缓冲区队列 synchronizing buffer queue 10.0685

同步静态随机存储器 synchronized SRAM, SSRAM 06.0136

同步距离 synchronic distance 02.0655

同步控制 synchronous control 10.0120

同步[论] synchrony 02.0570

同步时分复用 synchronous time-division multiplexing 14.0336

同步刷新 synchronous refresh 06.0096

同步算法 synchronized algorithm 02.0449

同步通信 synchronous communication 14.0113

同步[性] synchronism 10.0858

同步序列 synchronizing sequence 03.0073

同步原语 synchronization primitive 10.0591

同步总线 synchronous bus 01.0141

同构[型]多处理机 homogeneous multiprocessor 04.0068

同构型系统 homogeneous system 11.0241

同时性 simultaneity 04.0149

同态 homomorphism 02.0153

*同形词 homograph 20.0021

同形异义词 homograph 20.0021

同轴电缆 coaxial cable 07.0159

铜线分布式数据接口 copper distributed data interface, CDDI 14.0481

统计比特率 statistic bit rate, SBR 14.0349

统计编码 statistical coding 18.0103

统计测试模型 statistical test model 12.0201

统计假设 statistical hypothesis 13.0327

统计决策方法 statistical decision method 13.0325

统计决策理论 statistical decision theory 13.0326

统计零知识 statistic zero-knowledge 02.0505

统计模式识别 statistical pattern recognition 22.0209

统计模型 statistical model 13.0328

统计时分复用 statistical time-division multiplexing, STDM 14.0337

统计数据库 statistical database 11.0321

统计推理 statistic inference 13.0243

统计语言学 statistical linguistics 20.0183

统计仲裁 statistical arbitration 13.0324

统一建模语言 unified modeling language, UML 09.0123

统一资源定位地址 uniform resource locater, URL 14.0606

桶链算法 brigade algorithm 13.0547

桶排序 bucket sort 02.0334

桶形失真 barrel distortion 05.0350

*头部 header 14.0122

头戴式显示器 head mounted display, HMD 18.0052

头端［器］ headend 14.0449

头盔 helmet 18.0051

头盘界面 head/disk interface 05.0112

头盘组合件 head disk assembly, HDA 05.0085

*投递 delivery 14.0193

投递证实 delivery confirmation 14.0291

投影 project, projecting 11.0103

投影变换 projective transformation 16.0427

投影平面 projection plane 16.0366

投影中心 center of projection 16.0371

透录 print-through 05.0201

透明传送 transparent transfer 14.0089

透明度 transparency 16.0410

透明桥接 transparent bridging 14.0487

透明刷新 transparent refresh 06.0100

透明网关 transparent gateway 14.0563

透明［性］ transparency 01.0295

透视变换 perspective transformation 16.0428

透视投影 perspective projection 16.0370

凸凹性 convexity-concavity 16.0240

凸包 convex hull 16.0188

凸包逼近 convex-hull approximation 16.0189

凸多边形 convex polygon 16.0241

凸分解 convex decomposition 16.0245

凸体 convex volume 16.0243

突触 synapse 13.0551

突发传输 burst transmission 14.0083

突发噪声 noise burst 03.0204

突然失效 suddenly failure 08.0069

图 graph 01.0264

*E－R图 E-R diagram 11.0030

图标 icon 18.0013

图表句法分析程序 chart parser 20.0057

图表语法 chart grammar 20.0062

图的遍历 traverse of graphs 02.0432

图的非同构 graph non-isomorphism 02.0519

图的着色 graph coloring 02.0380

图段 segment 16.0351

图符 icon 16.0381

图归约机 graph reduction machine 04.0047

图例查询 query by pictorial example 11.0308

图灵机 Turing machine 02.0004

图灵可归约性 Turing reducibility 02.0291

图示化工具 diagrammer 09.0158

图搜索 graph search 13.0130

图同构 graph isomorphism 02.0497

图同构的交互式证明系统 graph isomorphism interactive proof system 02.0518

图文电视 teletext TV 18.0125

图像 image 22.0003

图像逼真［度］ image fidelity 22.0023

图像编码 image encoding 22.0192

图像变换 image transformation 22.0027

图像并行处理 image parallel processing 22.0002

图像重建 image reconstruction 22.0045

图像处理 image processing 01.0042

图像分割 image segmentation 22.0020

图像分类 image classification 22.0216

图像复原　image restoration　22.0046

图像函数　image function　22.0024

图像几何学　image geometry　22.0026

图像检索　image retrieval　22.0218

图像空间　image space　16.0423

图像理解　image understanding　22.0200

图像匹配　image matching　22.0217

图像拼接　image mosaicking　22.0016

图像平滑　image smoothing　22.0017

图像平面　image plane　22.0013

图像去噪　image denoising　22.0015

图像识别　image recognition　22.0199

图像输入设备　image input device　05.0394

图像数据库　image database　11.0312

图像序列　image sequence　22.0018

图像压缩　image compression　22.0042

图像元　image primitive　22.0021

图像增强　image enhancement　22.0022

图像质量　image quality　22.0025

图形　graphic　18.0065

图形包　graphic package　16.0252

图形保真　anti-aliasing　16.0353

图形处理　graphic processing　16.0254

图形打印机　graphic printer　05.0270

图形符号　graphic symbol　15.0112

图形工作站　graphic workstation　01.0065

图形核心系统　graphical kernel system, GKS
　16.0256

图形结构　graphical structure　16.0396

图形库　graphic library, GL　16.0300

图形设备　graphics device　16.0342

图形失真　aliasing　16.0352

图形识别　graphical recognition　16.0388

图形输入板　plotting tablet　05.0395

图形数据库　graphics database　11.0313

图形系统　graphic system　16.0257

图形学　graphics　16.0017

图形用户界面　graphic user interface, GUI
　21.0066

图形语言　graphic language　16.0253

图形字符　graphic character　01.0206

图形字符合成　graphic character combination
　15.0136

图语法　graph grammar　20.0063

图元　primitive　16.0327

图元属性　primitive attribute　16.0328

涂覆磁盘　coating disk　05.0077

团集　clique　02.0354

团集覆盖问题　clique cover problem　02.0250

团块理论　clumps theory　20.0139

推迟　deference　14.0497

推迟转移技术　postponed-jump technique　04.0273

推导树　derivation tree　13.0141

推理　reasoning, inference　13.0203

推理步　inference step　04.0409

推理策略　inference strategy　13.0205

推理层次　inference hierarchy　13.0258

推理程序　inference program　13.0264

推理方法　inference method　13.0260

推理规则　inference rule　13.0265

推理过程　inference procedure　13.0263

推理机　inference machine　13.0259

推理结点　inference node　13.0262

推理链　inference chain　13.0256

推理每秒　inferences per second, IPS　23.0054

推理模型　inference model, reasoning model
　13.0206

推理网络　inference network　13.0261

推理子句　inference clause　13.0257

*退出　exit　12.0143

退出配置　deconfiguration　07.0421

退化失效　degeneracy failure　08.0068

退役　retirement　01.0379

退役阶段　retirement phase　12.0313

退栈　pop　09.0272

吞吐量　throughput　01.0296

吞吐能力　throughput capacity　08.0319

托管加密标准　escrowed encryption standard, EES
　19.0053

拖动　dragging　16.0376

拖放　dragging and dropping　16.0461

脱机　off-line　01.0275

脱机测试　off-line test　03.0234

脱机处理　off-line processing　21.0002

脱机存储器　off-line memory　08.0255

脱机故障检测　off-line fault detection　08.0256

脱机设备　off-line equipment　05.0004
脱机邮件阅读器　off-line mail reader　14.0648
脱机作业控制　off-line job control　10.0119
脱密　decryption, decipherment　19.0106

椭圆曲线密码体制　elliptic curve cryptosystem，ECC　19.0035
拓扑检索　topological retrieval　11.0260
拓扑属性　topological attribute　22.0121

W

*外部设备　peripheral equipment，peripheral device，peripherals　01.0021
外部威胁　outside threat　19.0479
外部页表　external page table　10.0496
外[部]中断　external interrupt　04.0566
外裁剪　exterior clipping　16.0442
外存储器　external storage　05.0002
外环　exterior ring　16.0115
外[键]码　foreign key　11.0079
外壳　shell　10.0154
外壳脚本　shell script　10.0763
外壳进程　shell process　10.0604
外壳命令　shell command　10.0155
外壳提示符　shell prompt　10.0661
外壳语言　shell language　10.0374
*外连网　extranet　14.0526
外联结　outer join　11.0108
外联网　extranet　14.0526
外路长度　external path length　02.0375
外模式　external schema　11.0031
外排序　external sorting　02.0376
外热阻　external thermal resistance　07.0364
*外设　peripheral equipment, peripheral device, peripherals　01.0021
外围处理机　peripheral processor　04.0367
外围计算机　peripheral computer　04.0033
外围设备　peripheral equipment, peripheral device, peripherals　01.0021
外像素　exterior pixel　22.0048
外延　extension　02.0554
外延公理　extension axiom　02.0574
外延数据库　extensional database　11.0274
外延网　extension net　02.0541
S 完备化　S completion　02.0653
T 完备化　T-completion　02.0658
完美零知识　perfect zero-knowledge　02.0502

完美零知识证明　perfect zero-knowledge proof　02.0478
完全保密　perfect secrecy　19.0114
完全二叉树　complete binary tree　02.0357
完全函数依赖　full functional dependence　11.0130
完全恢复　full recovery　03.0104
完全集　complete set　02.0256
完全图　complete graph　02.0358
NP 完全问题　NP-complete problem　02.0309
P 完全问题　P-complete problem　02.0288
完全问题　complete problem　02.0165
完全性　completeness　02.0493
完全正确性　total correctness　12.0394
完全自检验　totally self-checking, TSC　03.0103
完整性　integrity　11.0180
完整性检查　integrity checking　08.0176
完整性控制　integrity control　08.0175
完整性约束　integrity constraint　11.0181
万维网　Web, world wide web, WWW　14.0651
[万维]网[地]址　Web address　14.0655
万维[网]服务器　Web server　14.0558
万维网广播　Webcasting　14.0559
[万维]网页　Web page　14.0653
万维网站　Web site　14.0654
*万维站点　Web site　14.0654
万亿次浮点运算每秒　tera floating-point operations per second, teraflops, TFLOPS　23.0047
万亿次运算每秒　tera operations per second, TOPS　23.0042
万亿条指令每秒　tera instructions per second, TIPS　23.0052
万亿位　terabit, Tb　23.0013
万亿字节　terabyte, TB　23.0014
网　net　02.0522
*B - ISDN 网　broadband integrated service digital network, B-ISDN　14.0317

* CSMA/CA 网 carrier sense multiple access with collision avoidance network, CSMA/CA network 14.0492

* CSMA/CD 网 carrier sense multiple access with collision detection network, CSMA/CD network 14.0491

* ISDN 网 integrated service digital network, ISDN 14.0316

网变换 net transformation 02.0602

ISDN 网标识码 ISDN network identification code 14.0304

网层次 level of net 02.0708

网虫 surfer 14.0574

* 网盾 firewall 19.0252

网格 mesh, grid 01.0380

网格化 meshing 16.0214

网格曲面 grid surface, mesh surface 16.0142

网格生成 mesh generation 16.0213

网关 gateway 14.0425

网关到网关协议 gateway to gateway protocol, GGP 14.0583

网合成 net composition 02.0600

网化简 net reduction 02.0599

网际呼叫重定向或改发 internetwork call redirection/deflection, ICRD 14.0286

网际互连 internetworking 14.0026

网际互连协议 internetworking protocol 14.0257

网际 ORB 间协议 internet inter-ORB protocol, IIOP 09.0246

网际协议 internet protocol, IP 14.0578

网际协议地址 IP address 14.0603

网件 netware 13.0564

网论 net theory 02.0567

网[络] network 14.0001

网络参数控制 network parameter control, NPC 14.0408

网络操作系统 network operating system 10.0019

网络层 network layer 14.0039

网络带宽 network bandwidth 04.0086

网[络单]元 network element, NE 14.0253

网络地址 net address 14.0602

网络分割 network partitioning 11.0231

网络公用设施 network utility 14.0028

网络攻击 network attack 19.0283

网络管理 network management 14.0027

* 网络互连 internetworking 14.0026

网络计算机 network computer, NC 14.0560

网络结点接口 network node interface, NNI 14.0369

网络乱用 net. abuse 14.0570

网络平台 network platform 01.0112

网络驱动程序接口规范 network driver interface specification, NDIS 14.0147

网络蠕虫 network worm 19.0362

网络设施 network facility 14.0029

网络时间协议 network time protocol, NIP 14.0586

网络适配器 network adapter 14.0482

网络体系结构 network architecture 14.0024

网络通信 network communication 14.0120

网络拓扑 network topology 14.0025

网络外围设备 network peripheral 14.0561

网络-网络接口 network-network interface, NNI 14.0359

网络文件传送 network file transfer 14.0699

网络文件系统 network file system, NFS 14.0552

网络新闻 network news, netnews 14.0674

网络新闻传送协议 network news transfer protocol, NNTP 14.0675

网络信息服务 network information services, NIS 14.0649

网络信息中心 network information center, NIC 14.0541

网络应用 network application 14.0689

网络拥塞 network congestion 14.0030

网络迂回 network weaving 19.0400

网络运行中心 network operation center, NOC 14.0542

网络字节顺序 network byte order 14.0629

网民 net.citizen, netizen 14.0571

网桥 bridge 14.0426

网上老手 oldbie 14.0572

网上新手 newbie 14.0573

网射 net morphism 02.0638

网同构 net isomorphism 02.0641

网拓扑 net topology 02.0571

网系统 net system 02.0577

网语言　net language　02.0603

网元　net element　02.0543

网运算　net operation　02.0601

网展开　net unfolding　02.0643

*网站　site　14.0607

*网站名　site name　14.0608

网折叠　net folding　02.0642

网知计算　network-aware computing　03.0089

网状数据库　network database　11.0005

网状数据模型　network data model　11.0019

网状网　mesh network　14.0007

往返传播时间　round-trip propagation time　14.0438

往复寻道[测试]　accordion seek　05.0142

威胁　threat　19.0395

威胁分析　threat analysis　19.0373

威胁监控　threat monitoring　10.0451

微编程语言　microprogramming language　09.0085

微程序　microprogram　01.0153

微程序控制　microprogrammed control　04.0575

微程序设计　microprogramming　04.0574

微程序只读存储器　microm　08.0225

微处理器　microprocessor　01.0117

微带线　micro strip　07.0155

微分控制　differential control　17.0020

微观经济模型　microeconomic model　21.0131

*微机　microcomputer　01.0056

微结构　microstructure　07.0246

微理论　micro-theory　13.0032

微逻辑　micrologic　08.0226

微码　microcode　01.0229

微命令　microcommand　01.0222

微模块　micromodule　07.0247

微内核操作系统　microkernel OS　04.0402

微任务化　microtasking　09.0351

微型计算机　microcomputer　01.0056

微诊断　microdiagnosis　03.0242

微诊断微程序　microdiagnostic microprogram　08.0224

*微诊断装入程序　microdiagnostic loader　08.0223

微诊断装入器　microdiagnostic loader　08.0223

微指令　microinstruction, micros　01.0219

微中断　microinterrupt　08.0227

微组装　micropackage　07.0245

违背　breach　19.0399

违章者　violator　19.0361

惟密文攻击　cipher text-only attack　19.0263

维护　maintenance　01.0278

维护程序　maintenance program　08.0216

维护费用　maintenance cost, maintenance charge　08.0213

维护分析过程　maintenance analysis procedure　08.0220

维护服务程序　maintenance service program　08.0217

维护过程　maintenance process　12.0426

维护计划　maintenance plan　12.0275

维护阶段　maintenance phase　12.0274

维护控制面板　maintenance control panel　08.0214

维护面板　maintenance panel　08.0215

维护屏幕　maintenance screen　08.0364

维护时间　maintenance time　08.0218

维护陷阱　maintenance hook　19.0409

维护延期　maintenance postponement　03.0232

维护者　maintainer　12.0273

维护准备时间　maintenance standby time　08.0219

维纳滤波　Wiener filtering　17.0095

q 维网格　q-dimensional lattice　02.0444

维吾尔文　Uighur　15.0006

维修策略　maintenance policy　03.0233

维也纳定义方法　Vienna definition method, VDM　09.0125

维也纳定义语言　Vienna definition language, VDL　09.0124

维也纳开发方法　Vienna development method, VDM　12.0072

伪[代]码　pseudocode　09.0102

伪多色射线和　pseudopolychromatic ray sum　22.0241

伪多项式变换　pseudo polynomial transformation　02.0306

伪微分算子　pseudodifferential operator　22.0240

伪像　artifact　22.0224

伪语义树　pseudo semantic tree　09.0331

伪造　forge　19.0298

伪造检测　manipulation detection　19.0433

伪造检测码　manipulation detection code, MDC

19.0435

伪造码字 fraudulent codeword 19.0318

伪造算法 forging algorithm 02.0517

伪造算法证明 proof of forgery algorithm 02.0512

*伪造信道信息 active wiretapping 19.0323

伪指令 pseudo-instruction 04.0613

尾部 trailer 14.0123

尾递归 tail recursion 09.0322

尾递归删除 tail recursion elimination 09.0323

卫星直播 direct broadcast satellite, DBS 18.0130

未登录词 unlisted word 20.0020

未格式化容量 unformatted capacity 05.0087

位标识 bit-identify 15.0137

位脉冲拥挤 bit pulse crowding 05.0059

位每秒 bits per second, bps 23.0022

位每英寸 bits per inch, bpi 23.0018

位密度 bit density 05.0050

位片计算机 bit-slice computer 01.0055

位平面 bitplane 18.0064

位驱动 bit drive 06.0078

位提交 bit commitment 02.0488

位图 bitmap 22.0012

位误差率 bit error rate, BER 18.0026

位移传感器 displacement transducer 17.0229

位置 place 02.0544

位置编码器 position coder 17.0246

位置-变迁系统 place/transition system, P/T system 02.0621

位置传感器 position transducer 17.0232

位置检测器 position detector 17.0245

位置控制系统 position control system 17.0185

位置偏差信号 position error signal, PES 05.0129

位置透明性 location transparency 11.0214

位置子网 subnet of place 02.0717

位姿定位 pose determination 22.0144

谓词 predicate 02.0104

谓词变量 predicate variable 02.0107

谓词-变迁系统 predicate/transition system 02.0622

谓词符号 predicate symbol 02.0108

谓词逻辑 predicate logic 02.0106

谓词演算 predicate calculus 02.0105

谓词转换器 predicate converter 09.0101

温度变送器 temperature transmitter 17.0238

温度传感器 temperature transducer, temperature sensor 17.0237

温度控制 temperature control 08.0384

温度控制器 temperature controller 17.0226

温度循环试验 temperature cycling test 08.0385

温切斯特技术 Winchester technology 05.0083

温[切斯特]盘驱动器 Winchester disk drive 05.0084

文本 text 01.0166

文本编辑 text editing 21.0022

文本编辑程序 text editor 09.0254

文本采掘 text mining 13.0648

文本检索 text retrieval 21.0023

文本校对 text proofreading 20.0223

文本库 text library 10.0379

*文本数据库 text database 11.0311

*文本挖掘 text mining 13.0648

文档 document 01.0158

*RFC[文档] request for comment, RFC 14.0539

文档编制 documentation 12.0248

文档等级 level of documentation 12.0148

文档翻译 document translation 13.0636

文档级别 documentation level 12.0249

文档检索 document retrieval 21.0021

*文档数据库 document database 11.0310

LR(k)文法 LR(k) grammar 02.0239

LR(0)文法 LR(0) grammar 02.0238

文化程序设计 literate programming 12.0199

文件 file 01.0157

文件安全 file security 08.0128

文件保护 file protection 10.0236

文件备份 file buckup 10.0240

文件传送 file transfer 10.0239

文件传送、存取和管理 file transfer, access and management；FTAM 14.0698

文件传送存取方法 file transfer-access method, FT-AM 14.0701

文件传送协议 file transfer protocol, FTP 14.0623

文件创建 file creation 10.0242

文件存储器 file memory 04.0218

文件存取 file access 10.0231

文件大小 file size 10.0247

文件定义 file definition 10.0233
文件分段 file fragmentation 10.0289
文件分配 file allocation 10.0062
文件分配表 file allocation table, FAT 10.0917
文件分配时间 file allocation time 10.0976
文件服务器 file server 14.0553
文件共享 file sharing 14.0702
文件管理 file management 10.0230
文件管理系统 file management system, FMS 10.0894
文件管理协议 file management protocol 14.0700
文件规约 file specification 10.0244
文件检验程序 file checking program 08.0126
文件结构 file structure 10.0237
文件句柄 file handle 10.0245
文件空间 file space 10.0798
文件控制 file control 10.0232
文件控制块 file control block, FCB 10.0137
文件名 file name 10.0457
文件名扩展 file name extension 10.0243
文件目录 file directory 10.0234
文件事件 file event 10.0227
文件锁 file lock 19.0248
文件维护 file maintenance 08.0127
文件系统 file system 10.0238
Web文件系统 Web file system 10.0899
文件争用 file contention 10.0241
文件属性 file attribute 10.0087
文件状态表 file status table, FST 10.0920
文件子系统 file subsystem 10.0246
文件组织 file organization 10.0235
文献分析 document analysis 20.0155
文献数据库 document database 11.0310
文语转换 text-to-speech convert 18.0179
文语转换系统 text-to-speech system 15.0293
文章理解 article understanding 20.0157
文章生成 article generation 20.0158
文字 literal, script 01.0346
纹理 texture 22.0115
纹理编码 texture coding 22.0197
纹理分割 texture segmentation 22.0114
纹理图像 texture image 22.0221
纹理映射 texture mapping 16.0402

稳定的排序算法 stable sorting algorithm 02.0425
稳定化协议 stabilizing protocol 03.0254
稳定时间 settling time 05.0018
稳定性 stability 12.0362
稳定裕度 stability margin 17.0072
稳健性 robustness 01.0366
稳态冒险 steady state hazard 08.0288
稳态误差 steady state error 17.0078
稳态信号 steady state signal 07.0070
稳压电源 constant voltage power supply 07.0319
稳压稳频电源 constant voltage and constant frequency power, CVCF power 07.0324
问答式标识 challenge-response identification 19.0135
问题 problem 13.0059
问题报告 problem report 12.0032
问题陈述分析程序 problem statement analyzer, PSA 12.0037
问题陈述语言 problem statement language, PSL 12.0036
问题重构 problem reformulation 13.0061
问题归约 problem reduction 13.0109
问题回答系统 question answering system 13.0295
问题空间 problem space 13.0062
问题求解 problem solving 13.0108
问题求解系统 problem solving system 21.0106
问题诊断 problem diagnosis 13.0060
问题状态 problem state 13.0063
沃伦抽象机 Warren abstract machine 04.0044
污染 contamination 19.0414
无差错 error free 03.0024
无错操作 error-free operation 08.0053
无错误 error free 08.0050
无错运行期 error-free running period 08.0051
无端接[传输]线 unterminated line 07.0179
无共享的多处理器系统 shared nothing multiprocessor system 04.0062
无故障 fault-free 04.0428
无故障运行 failure free operation 08.0136
无饥饿性 starvation-free 02.0699
无监督学习 unsupervised learning 13.0410
无类别域际路由选择 classless interdomain routing, CIDR 14.0611

无理据拆分 un-original disassembly 15.0147

无连接[方]式 connectionless mode 14.0185

无连接业务 connectionless service 14.0321

无偏估计 unbiased estimation 17.0097

H 无穷辨识 H ∞ identification 17.0109

无穷集 infinite set 02.0119

无穷目标 infinite goal 13.0115

无伤害测试 non-destructive testing 22.0236

无失真图像压缩 lossless image compression 22.0043

无死锁性 deadlock-free 02.0698

无损分解 non-loss decomposition 11.0136

无损联结 lossless join 11.0137

无损压缩 lossless compression 18.0087

无我程序设计 egoless programming 12.0128

无线置标语言 wireless mark up language, WML 21.0196

无限网 infinite net 02.0537

无向网 indirected net 02.0523

无效信元 invalid cell 14.0366

无效[状态] invalid [state] 06.0010

无序[列]表 unordered list 14.0669

无循环设置 cycle-free allocation 02.0100

无引线芯片载体 leadless chip carrier, LLCC 07.0280

无用符[号] useless symbol 02.0118

无用信息 garbage 11.0088

无用信息区 garbage area 10.0099

无用信息收集程序 garbage collector 10.0162

无源底板 passive backplane 08.0386

无源底板总线 passive backplane bus 08.0387

无纸办公室 paperless office 18.0190

物理安全 physical security 19.0184

物理布局 physical placement 16.0036

物理布线 physical routing 16.0037

物理层 physical layer 14.0041

*物理地址 physical address 06.0061

物理访问控制 physical access control 19.0390

物理分页 physical paging 10.0513

物理符号系统 physical symbol system 13.0034

物理隔绝网络 physically isolated network 19.0256

物理故障 physical fault 03.0143

物理媒体连接 physical medium attachment, PMA 14.0475

物理模拟 physical simulation 08.0084

物理模式 physical schema 11.0034

物理配置审计 physical configuration audit, PCA 12.0291

物理设备 physical device 10.0181

物理设备表 physical device table 10.0924

物理数据独立性 physical data independence 11.0037

物理信号[收发]子层 physical signaling sublayer, PLS sublayer 14.0474

物理信令信道 physical signaling channel 14.0381

物理需求 physical requirements 12.0030

物体空间 object space 16.0422

物位开关 level switch 17.0224

物资需求规划 materials requirements planning, MRP 21.0099

误差 error 01.0332

误差估计 error estimation 13.0499

误动作 malfunction 01.0333

误分类 misclassification 22.0206

误检 false drop 14.0662

*误码 error code 08.0039

*误码率 error rate 08.0062

X

吸墨性 absorbency 05.0306

吸锡器 solder sucker 07.0274

析构函数 destructor 11.0295

析取范式 disjunctive normal form 02.0024

稀疏集 sparse set 02.0260

稀疏数据 sparse data 11.0326

膝上计算机 laptop computer 01.0068

系 set 11.0060

系统安装 system installation 21.0091

系统边界 system boundary 21.0078

系统编程语言 system programming language 09.0086

系统辨识　system identification　17.0090

系统测试　system test　03.0114

系统测试方式　system test mode　08.0303

系统错误　system error　08.0292

系统地　system ground　07.0352

系统颠簸　churning, thrashing　10.0160

系统调查　system investigation　21.0070

系统调度　system scheduling　10.0752

系统调度程序　system scheduler　10.0760

系统调度检查点　system schedule checkpoint　10.0885

系统调用　system call　10.0133

系统动力模型　system dynamics model　21.0134

系统队列区　system queue area, SQA　10.0111

系统对　system pair　04.0405

系统分派　system dispatching　10.0206

系统分析　system analysis　21.0071

系统服务　system service　08.0302

系统辅助连接　system assisted linkage　10.0869

系统概述　system survey　21.0076

系统高安全　system high security　19.0193

系统高安全方式　system high-security mode　19.0214

系统工作栈　system work stack　10.0828

系统功能　system function　21.0074

系统攻击　system attack　19.0284

系统故障　system failure　11.0189

系统管理　system management, system administration　10.0408

系统管理监控程序　system management monitor　10.0450

系统管理设施　system management facility　10.0880

系统管理文件　system management file　10.0274

系统管理员　system administrator　10.0868

系统核心　system nucleus　10.0881

系统互连　system interconnection　07.0122

系统环境　system environment　21.0075

系统活动　system activity　10.0867

系统级综合　system level synthesis　16.0035

系统集成　system integration　21.0090

系统兼容性　system compatibility　01.0093

*系统结构　architecture　01.0020

系统进程　system process　10.0606

系统开销　system overhead　10.0477

系统可靠性　system reliability　12.0370

系统可行性　system feasibility　21.0081

系统可用性　system availability　04.0424

系统控制　system control　10.0128

系统控制程序　system control program　10.0652

系统控制文件　system control file　10.0272

系统库　system library　12.0369

系统扩充　system expansion　21.0092

系统密钥　system key　19.0076

系统命令　system command　10.0156

系统命令解释程序　system command interpreter　10.0321

系统模拟　system simulation　08.0298

系统目标　system objective　21.0073

系统目录　system directory　10.0190

系统目录表　system directory list　10.0388

系统内核　system kernel　10.0878

系统盘　system disk　10.0872

系统盘组　system disk pack　10.0882

系统配置　system configuration　21.0089

系统评价　system evaluation　08.0294

系统破坏者　system saboteur　19.0317

系统启动　system start-up　08.0299

系统确认　system validation　12.0372

系统任务　system task　10.0960

系统任务集　system task set　10.0886

系统日志　system journal　10.1001

系统软件　system software　12.0371

系统设计　system design　12.0367

系统设计规格说明　system design specification　21.0087

系统渗入　system penetration　19.0339

系统升级　system upgrade　07.0423

系统生成　system generation　10.0875

系统生存周期　system life cycle　21.0095

*系统 CPU 时间　system CPU time　04.0608

系统实施　system implementation　21.0088

系统实用程序　system utility program　10.0653

系统死锁　system deadlock　08.0296

系统锁　system lock　10.0879

系统提示符　system prompt　10.0662

系统体系结构　system architecture　12.0366

系统退化　system degradation　08.0293

系统完整性　system integrity　19.0216

系统维护　system maintenance　08.0295

系统维护处理机　system maintenance processor　04.0073

系统文档　system documentation　12.0368

系统文件　system file　10.0273

系统文件夹　system folder　10.0876

系统误差　system error　17.0076

系统性能　system performance　21.0077

系统性能监视器　system performance monitor　08.0297

系统需求　system requirements　21.0072

系统验证　system verification　12.0373

系统页表　system page table　10.0931

系统优化　system optimization　21.0085

系统再启动　system restart　08.0300

系统诊断　system diagnosis　03.0113

系统执行程序　system executive　10.0871

系统中断　system interrupt　10.0316

系统中断请求　system interrupt request　10.0877

系统中央处理器时间　system CPU time　04.0608

系统驻留卷　system resident volume　10.0883

系统驻留区　system residence area　10.0112

系统转轨　system conversion　21.0093

系统装配　system assembly　10.0870

系统装入程序　system loader　10.0367

系统状况　system status　08.0301

系统资源　system resource　10.0712

系统资源管理　system resource management　10.0409

系统资源管理程序　system resource manager　10.0412

系序　set order　11.0057

系值　set occurrence　11.0058

系主　owner　11.0061

细胞自动机　cellular automata　02.0063

细分　refinement　02.0187

细化　thinning　22.0064

细节层次　level of detail, LOD　16.0292

细菌　bacterium　19.0415

细粒度　fine grain　04.0110

细索引　fine index　21.0010

细线以太网　thin-wire Ethernet　14.0501

隙含金属磁头　metal-in-gap head, MIG head　05.0216

瑕点　flaw　03.0245

下播状态　lower broadcast state　04.0277

下降时间　fall time　07.0081

下降沿　falling edge　07.0065

下拉式选单　pull-down menu　16.0383

下推　push-down　10.0614

下推表　push-down list　10.0385

下推队列　push-down queue　10.0675

下推式存储器　push-down storage　12.0301

下推自动机　push-down automaton, PDA　02.0113

下行链路　downlink　14.0506

下一状态计数器　next-state counter　04.0357

下溢　underflow　04.0455

下载　download　03.0013

下指令字部　next instruction parcel, NIP　04.0618

先辈　ancestor　02.0314

先进操作环境　advanced operating environment　10.0217

先进操作系统　advanced operating system　10.0012

先进后出　first-in last-out, FILO　10.0730

先进控制　advance [process] control　17.0046

先进先出　first-in first-out, FIFO　10.0729

先行分页　anticipatory paging　10.0501

先行控制　advanced control, look ahead control　04.0139

先行算法　look ahead algorithm　04.0358

先行指令站　advanced instruction station　04.0576

闲置时间　standby unattended time　10.0978

衔铁　armature　05.0289

显示　display　05.0327

显示方式　display mode　16.0347

显示格式　display format　16.0346

显示器　display　05.0328

*CRT显示器　CRT display　05.0335

显示算法　display algorithm　16.0287

显示文件　display file　16.0345

显示终端　display terminal　05.0381

显式并行性　explicit parallelism　04.0099

现场可编程逻辑阵列　field programmable logic array, FPLA　07.0013

现场可编程门阵列　field programmable gate array，
　FPGA　04.0493
现场可换单元　field replaceable unit　07.0431
现场可换件　field replaceable part　07.0432
现场控制站　field control station　17.0263
现场设备　field devices　17.0254
现场升级　field upgrade　08.0124
现场置换单元　field replacement unit　03.0144
现场主体　field agent　13.0460
现场总线　field bus　17.0087
现场总线控制系统　field bus control system，FCS
　17.0261
现代汉语　contemporary Chinese language　15.0028
现代汉语词语切分规范　contemporary Chinese lan-
　guage word segmentation specification　15.0259
现代通用汉字　current commonly-used Hanzi，cur-
　rent commonly-used Chinese character　15.0039
现货产品　off-the-shelf product　12.0282
现用目录　active directory　14.0622
线　line　02.0646
线表　line list　16.0431
线程　thread　10.0991
线程调度　thread scheduling　10.0754
线程结构　thread structure　10.0845
线程控制块　thread control block，TCB　10.0140
线电阻　line resistance　07.0116
线［段］裁剪　line clipping　16.0444
线光源　linear light source　16.0303
线或　wired-OR　07.0040
线间进入　between-the-lines entry　19.0408
线检索　line retrieval　11.0263
线框　wire frame　16.0124
线缆　cable　14.0238
线缆调制解调器　cable modem　14.0204
线路噪声　line noise　08.0185
线密度　line density　05.0367
线确认　line justification　03.0146
线衰减　line attenuation　07.0186
线条检测　line detection　22.0163
线型　line style　16.0350
线性　linear　18.0027
线性定常控制系统　linear time-invariant control
　system　17.0162

线性归结　linear resolution　02.0071
线性规划　linear programming　02.0185
线性加速定理　linear speed-up theorem　02.0277
线性检测　linear detection　03.0145
线性控制系统　linear control system　17.0184
线性流水线　linear pipeline　04.0122
线性时变控制系统　linear time-varying control
　system　17.0161
线性搜索　linear search　21.0020
线性探查　linear probing　08.0183
线性图像传感器　linear image sensor　22.0162
线性文法　linear grammar　02.0183
线性系统　linear system　17.0150
线性演绎　linear deduction　02.0095
线性有界自动机　linear bounded automaton
　02.0184
线性语言　linear language　02.0186
线性预测编码　linear predictive coding，LPC
　18.0169
线延迟　wire delay　04.0411
限定推理　circumscription reasoning　13.0232
＊陷阱　trap　01.0258
陷门　trapdoor　19.0366
陷门单向函数　trapdoor one-way function　19.0029
陷门密码体制　trapdoor cryptosystem　19.0026
相变碟　phase change disc　05.0235
相对地址　relative address　04.0561
相对化　relativization　02.0307
相对弦长参数化　relative chord length parameteriza-
　tion　16.0131
相关测试　dependence test　09.0298
相关分析独立生成　dependent analysis and inde-
　pendent generation　20.0051
相关规则　dependency rule　13.0179
相关检查　coherence check　08.0368
相关控制部件　correlation control unit　04.0290
相关匹配　correlation matching　22.0213
相关驱动　dependence-driven　04.0242
相关探测　correlation detection　13.0252
相关型故障　dependence fault　08.0011
［相］邻层　adjacent layer　14.0034
相容收敛　consistency-convergent　03.0203
＊相容性　consistency　03.0006

相似性　similarity　13.0312

相似性测度　similarity measure　13.0314

相似[性]查找　similarity search　11.0336

相似性度量　similarity measurement　22.0220

相似性弧　similarity arc　13.0313

*相似[性]搜索　similarity search　11.0336

相位编码　phase encoding, PE　05.0044

相位裕度　phase margin　17.0073

相信　belief　19.0468

相信逻辑　belief logic　19.0470

香农采样定理　Shannon's sampling theorem
　　17.0101

详细设计　detailed design　12.0056

响应　response　14.0055

响应窗口　response window　14.0181

响应分析　response analysis　04.0270

响应时间　response time　21.0172

响应时间窗口　response time window　14.0512

想打　typing by thinking　15.0207

向导　wizard　09.0232

向后可达性　backward reachability　02.0633

向量　vector　04.0436

向量编码　vector coding　18.0106

向量查找　vector search　11.0335

向量超级计算机　vector supercomputer　04.0327

向量处理器　vector processor　04.0328

向量化　vectorization　04.0111

向量化编译器　vectorizing compiler　04.0113

向量化率　vectorization ratio　04.0112

向量计算机　vector computer　04.0019

向量量化　vector quantization　18.0102

向量流水线　vector pipeline　04.0117

向量屏蔽　vector mask　04.0329

向量数据结构　vector data structure　11.0256

*向量搜索　vector search　11.0335

向量显示　vector display　16.0339

向量循环方法　vector looping method　04.0114

向量优先级中断　vector priority interrupt　10.0317

向量与栅格混合数据结构　combined vector and
　　raster data structure　11.0258

向量指令　vector instruction　04.0330

向量中断　vector interrupt　04.0377

向前可达性　forward reachability　02.0634

向上兼容　upward compatibility　12.0422

向下兼容　downward compatibility　12.0421

向心模型　centripetal model　16.0103

项　term, item　01.0232

项目簿　project notebook　12.0298

项目管理　project management　12.0297

项目计划　project plan　12.0299

项目进度[表]　project schedule　12.0300

项目文件　project file　12.0296

像素　pixel　18.0067

橡皮筋方法　rubber band method　16.0283

消磁　degauss　19.0334

消耗件　consumptive part　07.0428

消解规则　resolution rule　02.0661

消密　sanitizing　19.0428

消失状态　vanishing state　02.0671

消息　message　01.0267

*EDI 消息　EDI message, EDIM　14.0720

*EDI 消息处理　EDI messaging, EDIMG　14.0721

消息处理　message handling, MH　14.0704

消息处理系统　message handling system, MHS
　　14.0703

消息[处理]型业务　messaging service　14.0327

消息传递　message passing　01.0268

消息传递接口[标准]　message passing interface,
　　MPI　04.0365

消息传递库　message passing library, MPL
　　04.0366

消息传送代理　message transfer agent, MTA
　　14.0707

消息传送系统　message transfer system, MTS
　　14.0706

消息存储[单元]　message storage　14.0705

消息方式　message mode　14.0391

消息排队　message queueing　10.0673

消息日志　message logging　03.0217

消隐　blanking　05.0351

销售点　point of sales, POS　21.0164

小背板　mezzanine　07.0126

小波包基　wavelet packet basis　22.0038

小波变换　wavelet transformation　22.0036

小波基　wavelet basis　22.0037

小服务程序　servlet　14.0565

小计算机系统接口 small computer system interface, SCSI 05.0150

小键盘 keypad 05.0414

小巨型计算机 mini-supercomputer 01.0063

小平面 facet 09.0211

小型计算机 minicomputer 01.0058

小引出线封装 small outline package, SOP 07.0281

小应用程序 applet 14.0564

Java 小应用程序 Java applet 09.0133

小语种 minority language 20.0007

肖特基二极管端接 Schottky diode termination 07.0180

协处理器 coprocessor 01.0118

协商 negotiation 14.0059

协调 coordination 13.0451

协调程序 coordinator 10.0165

协调公式 consistent formula 02.0093

协调控制 coordinated control 17.0012

协调世界时间 coordinated universal time, UTC 14.0567

协调者 coordinator 11.0223

协同操作程序 cooperating program 10.0646

协同操作进程 cooperating process 10.0600

协同处理 coprocessing 10.0623

协同多媒体 collaborative multimedia 18.0197

协同多任务处理 cooperative multitasking 10.0966

协同工作 collaborative work 18.0195

协同计算 cooperative computing 10.0166

协同检查点 cooperative check point 03.0072

协同例程 coroutine 09.0175

协同著作 collaborative authoring 18.0196

*LLC 协议 logical link control protocol, LLC protocol 14.0472

*MAC 协议 medium access control protocol, MAC protocol 14.0473

TCP/IP 协议 Transmission Control Protocol/Internet Protocol, TCP/IP 14.0576

协议 protocol 14.0143

协议规范 protocol specifications 14.0146

协议鉴别符 protocol discriminator 14.0303

协议失败 protocol failure 02.0514

协议实体 protocol entity 14.0262

协议数据单元 protocol data unit, PDU 14.0050

协议套 protocol suite 14.0264

协议映射 protocol mapping 14.0261

协议栈 protocol stack 14.0263

协议转换 protocol conversion 14.0260

协作 cooperation 13.0446

协作处理 cooperative processing 10.0624

协作对象 collaboration object 09.0208

协作分布[式]问题求解 cooperative distributed problem solving 13.0449

协作环境 cooperation environment 13.0448

协作事务处理 cooperative transaction processing 10.0630

协作体系结构 cooperation architecture 13.0447

协作信息系统开发 collaborative information system development 21.0057

协作信息主体 cooperative information agent 13.0445

协作知识库系统 cooperating knowledge base system 13.0450

斜等轴测投影 cavalier projection 16.0374

斜二轴测投影 cabinet projection 16.0373

斜坡函数 ramp function 07.0058

斜体 inclined form 15.0061

斜投影 oblique projection 16.0369

谐波信号 harmonic signal 22.0097

写 write 01.0271

写保护 write protection 01.0272

写读串扰 [write-to-read] crossfeed 05.0194

写访问 write access 19.0393

写更新协议 write update protocol 04.0219

写广播 write broadcast 04.0220

写后读 read after write, RAW 05.0193

写后写 write after write, WAW 04.0221

写回 write back 04.0222

写前补偿 write precompensation, prewrite compensation 05.0057

写任务 writing task 10.0951

写数据线 write data line 06.0073

写锁 write lock 11.0163

*写通过 write through 04.0223

写无效 write invalidate 04.0224

写选择线 write select line 06.0074

写直达　write through　04.0223

写周期　write cycle　06.0087

泄密　compromise　19.0364

泄密发射　compromising emanation　19.0365

卸载　uninstallation　10.1013

卸载区　unload zone　05.0120

谢尔排序　Shell sort　02.0418

心理主体　psychological agent　13.0427

心智机理　mental mechanism　13.0029

心智能力　mental ability　13.0026

心智图像　mental image　13.0027

心智心理学　mental psychology　13.0031

心智信息传送　mental information transfer　13.0028

心智状态　mental state　13.0030

芯件　chipware　04.0412

芯片　chip　07.0004

Java 芯片　Java chip　09.0135

新技术视窗操作系统　Windows NT　10.1027

新认知机　neocognitron　13.0536

新闻点播　news on demand，NOD　18.0193

新因特网知识系统　new Internet knowledge system
　　14.0548

信道　channel　14.0098

信道容量　channel capacity　14.0101

信号　signal　01.0211

信号摆幅　signal swing　07.0055

信号重构　signal reconstruction　17.0089

信号处理　signal processing　17.0088

信号传输　signal transmission　07.0092

信号电压降　signal voltage drop　07.0085

＊信号交换　handshaking　14.0128

信号量　semaphore　10.0987

信号情报　signal intelligence　19.0316

信号退化　signal degradation　07.0084

信号线　signal line　07.0151

信号预处理　signal pretreatment　17.0103

[信号]源阻抗　source impedance　07.0315

信令　signaling　14.0088

信令虚通道　signaling virtual channel　14.0383

信令终端　signaling terminal　14.0276

信念　belief　13.0236

信念－期望－意图模型　belief-desire-intention
　　model，BDI model　13.0439

信念修正　belief revision　13.0438

信任　trust　19.0467

信任链　trust chain　19.0132

信任逻辑　trust logic　19.0469

信息　information　01.0011

信息编码　information coding　21.0051

信息采集　information acquisition　21.0040

信息产业　information industry　01.0002

信息处理　information processing，IP　01.0012

信息处理系统　information processing system，IPS
　　01.0013

信息处理语言　information processing language，IPL
　　09.0058

信息存储技术　information storage technology
　　01.0022

信息点播　information on demand，IOD　18.0191

信息反馈　information feedback　21.0042

信息分类　information classification　21.0050

信息工程　information engineering　12.0005

信息估计　information estimation　21.0047

信息管理　information management，IM　01.0014

信息管理系统　information management system，IMS
　　01.0015

信息技术　information technology，IT　01.0001

信息检索　information retrieval　21.0044

信息结构　information structure　21.0043

信息净荷容量　information payload capacity
　　14.0365

信息客体　information object　14.0711

信息空间　cyberspace　14.0527

信息浏览服务　information browsing service
　　14.0657

信息流　information flow　21.0046

信息流模型　information flow model　21.0145

信息流[向]控制　information flow control　19.0153

信息模型　information model　21.0153

信息内容　information content　21.0041

信息冗余　information redundancy　03.0157

信息冗余检验　information redundancy check
　　08.0159

信息系统　information system　01.0041

信息系统安全官　information system security officer，
　　ISSO　19.0494

信息隐蔽　information hiding　09.0225

信息隐形性　information invisibility　19.0320

信息源　information source　21.0039

信息中心　information center　21.0049

信息主管　chief information officer, CIO　21.0166

信息主体　information agent　13.0467

信息资源管理　information resource management,
　　IRM　21.0048

信息字段　information field　14.0170

信元　cell　14.0354

信元传送延迟　cell transfer delay, CTD　14.0411

信元丢失率　cell loss ratio, CLR　14.0413

信元划界　cell delineation　14.0353

信元头　cell header　14.0355

信元延迟变动量　cell delay variation, CDV
　　14.0412

星环网　star/ring network　14.0421

星特性　*-property　19.0166

星状网　star network　14.0009

行程编码　run coding　22.0193

行程长度　run length　22.0051

行程长度编码　run-length encoding　22.0194

行程长度受限码　run-length limited code, RLLC
　　05.0042

*(2,7)行程长度受限码　(2,7) code　05.0043

行为动画　behavioral animation　18.0060

行为模型　behavioral model　21.0147

行为主体　behavioral agent　13.0437

行政安全　administrative security　19.0367

形参　formal parameter　09.0176

形式方法　formal method　12.0071

形式规约　formal specification　12.0082

形式规则　formation rule　02.0031

形式描述　formal description　14.0194

形式推理　formal reasoning　13.0208

形式系统　formal system　02.0015

形式演算　formal calculus　02.0057

形式语言　formal language　02.0166

形式语义学　formal semantics　20.0110

形状分割　shape segmentation　22.0113

形状描述　shape description　22.0118

形状曲线　pattern curve　16.0136

形状特征　form feature　16.0078

形状推理　shape reasoning　16.0229

形状因子　form factor　07.0130

0 型文法　0-type grammar　02.0229

1 型文法　1-type grammar　02.0230

2 型文法　2-type grammar　02.0231

3 型文法　3-type grammar　02.0232

0 型语言　type 0 language　20.0123

1 型语言　type 1 language　20.0124

2 型语言　type 2 language　20.0125

3 型语言　type 3 language　20.0126

性能　performance　01.0358

性能保证　performance guarantee　02.0304

性能比　performance ratio　02.0305

性能测量　measurement of performance　08.0369

性能管理　performance management　14.0399

性能规约　performance specification　12.0029

性能监视　performance monitoring　14.0400

性能评价　performance evaluation　04.0245

性能需求　performance requirements　12.0028

性态　behavior　02.0319

休眠　sleep　10.0793

休眠队列　sleep queue　10.0680

休眠方式　sleep mode　10.0423

休眠状态　sleep state　10.0837

修补　patch　01.0382

修改　modify　11.0086

修改检测　modification detection　19.0434

修改检测码　modification detection code, MDC
　　19.0436

修剪　prune　10.0613

修理　repair　08.0263

修理时间　repair time　08.0264

修理延误时间　repair delay time　08.0265

锈污　tarnishing　08.0306

虚表　virtual table　11.0067

虚参数　dummy parameter　12.0123

虚存操作系统　virtual memory operating system,
　　VMOS　10.0008

虚存策略　virtual memory strategy　10.0551

虚存机制　virtual memory mechanism　10.0442

*虚存结构　virtual memory structure　10.0846

虚存系统　virtual memory system　10.0912

虚存页面对换　virtual memory page swap　10.0865

虚电路　virtual circuit　14.0137

虚段　virtual segment　10.0770

虚段结构　virtual segment structure　10.0847

虚呼叫　virtual call　14.0134

虚呼叫设施　virtual call facility　14.0135

虚假扇区　fake sector　19.0460

虚跨步　virtual cut-through　04.0234

虚拟安全网络　virtual security network，VSN　19.0257

虚拟操作系统　virtual operating system　10.0033

虚拟成员　virtual member　09.0206

虚拟处理器　virtual processor　04.0058

虚拟磁盘系统　virtual disk system　04.0369

虚拟存储管理　virtual memory management　10.1016

虚拟存储结构　virtual memory structure　10.0846

虚拟存储[器]　virtual memory　04.0179

虚拟存储栈　virtual memory stack　10.0830

虚拟[的]　virtual　01.0394

虚拟地址　virtual address　10.0083

虚拟方式　virtual mode　10.0432

虚拟环境　virtual environment　18.0038

虚拟机　virtual machine　04.0041

Java 虚拟机　Java virtual machine，JVM　09.0144

虚拟计算机　virtual computer　04.0017

虚拟教室　virtual classroom　18.0189

虚拟局域网　virtual local area network，virtual LAN　14.0479

虚拟空间　virtual space　04.0180

虚拟控制程序接口　virtual control program interface　10.0298

虚拟控制台　virtual console　10.1017

虚拟控制台假脱机操作　virtual console spooling　10.1018

虚拟库　virtual library　14.0663

虚拟盘　virtual disk　10.0873

虚拟盘初始化程序　virtual disk initialization program　10.0654

虚拟企业　virtual enterprise　17.0259

虚拟人　virtual human　18.0044

虚拟软盘　virtual floppy disk　10.1019

虚拟设备驱动程序　virtual device driver　10.0202

虚拟世界　virtual world　18.0040

虚拟输入输出设备　virtual I/O device　10.0184

虚拟图书馆　virtual library　21.0191

虚拟系统　virtual system　10.1020

虚拟现场设备　virtual field device　17.0255

虚拟现实　virtual reality，VR　18.0030

虚拟现实建模语言　virtual reality modeling language，VRML　09.0149

虚拟现实界面　virtual reality interface　16.0084

虚拟寻址　virtual addressing　10.0084

虚拟寻址机制　virtual addressing mechanism　10.0441

虚拟原型制作　virtual prototyping　16.0059

虚拟制造　virtual manufacturing　16.0058

虚拟终端　virtual terminal　04.0368

虚拟终端服务　virtual terminal service，VTS　14.0696

虚拟专用网　virtual private network，VPN　14.0248

虚拟装配　virtual assembly　16.0057

虚区域　virtual region　10.1021

虚顺串　dummy run　02.0415

虚通道　virtual channel，VC　14.0374

虚通道连接　virtual channel connection　14.0376

虚通道链路　virtual channel link　14.0375

虚通路　virtual path，VP　14.0377

虚通路连接　virtual path connection　14.0379

虚通路链路　virtual path link　14.0378

虚线　dashed line　07.0072

虚寻址高速缓存　virtually addressing cache　04.0227

虚页　virtual page　10.0515

虚页号　virtual page number　04.0228

需方　acquirer　12.0207

需求　requirement　12.0033

需求分析　requirements analysis　12.0035

需求工程　requirements engineering　21.0058

需求规约　requirements specification　12.0040

需求规约语言　requirements specification language　09.0104

需求函数　demand function　10.0290

需求阶段　requirements phase　12.0039

需求驱动　demand-driven　04.0243

需求审查　requirements inspection　12.0038

需求验证　requirements verification　12.0041

许可 permission 19.0110
许可权清单 permission log 11.0177
序列号 sequence number, SN 14.0307
序列密码 sequential cipher 19.0003
悬边 dangling edge 16.0110
旋转 revolution, rotation 16.0120
旋转变换 rotation transformation 16.0355
旋转曲面 rotating surface, surface of revolution 16.0144
选单 menu 01.0160
选件 option 01.0300
*选路 routing 14.0140
选取 select 11.0102
选通信号 strobe signal 06.0066
选项 option 01.0301
选择 selecting 14.0155
选择密文攻击 chosen-cipher text attack 19.0264
选择明文攻击 chosen-plain text attack 19.0262
选择通道 selector channel 04.0591
选择网络 selection network 02.0460
选择注意 selective attention 22.0148
学习策略 learning strategy 13.0421
学习程序 learning program 13.0419
学习风范 learning paradigm 13.0396
学习功能 learning function 20.0162
学习简单概念 learning simple conception 13.0420
学习理论 learning theory 13.0422

学习模式 learning mode 20.0177
学习曲线 learning curve 13.0415
学习主体 learning agent 13.0476
学习自动机 learning automaton 13.0388
寻道 seek, track seeking 05.0124
寻道时间 seek time 05.0123
寻径函数 routing function 04.0146
寻址 addressing 04.0560
寻址方式 addressing mode 04.0252
巡游 perambulation 18.0045
询问站 inquiry station 08.0173
循环 loop 01.0239
循环不变式 loop invariant 09.0316
循环测试 loop testing 08.0200
循环重构技术 loop restructuring technique 09.0355
循环调度 cyclic scheduling 10.0739
循环缓冲 circular buffering 10.0092
循环借位 end-around borrow 04.0505
循环进位 end-around carry 04.0504
循环链表 circular linked list 02.0393
循环冗余检验 cycle redundancy check, CRC 03.0237
循环网 recirculating network 04.0131
循环移位 cyclic shift, end-around shift 04.0506
循环展开 loop unrolling 04.0382

Y

压电式打印头 piezoelectric print head 05.0293
压电式力传感器 piezoelectric force transducer 17.0228
压感纸 action paper 05.0307
压焊 bonding 07.0268
压力变送器 pressure transmitter 17.0227
压缩 compress 18.0084
压缩比 compression ratio 18.0088
压缩函数 compression function 19.0043
延迟 delay 07.0096
延迟加载 delayed load 04.0384
延迟任务 delay task 10.0946
延迟时间 delay time 04.0476

延迟线 delay line 07.0097
延迟转移 delayed branch 04.0352
延期处理 deferred processing 10.0625
严重错误 gross error 08.0141
严重性 severity 12.0318
言语 speech 15.0023
*言语合成 speech synthesis 15.0257
言语行为理论 speech act theory 13.0494
颜色系统 color system 16.0448
颜色直方图 color histogram 22.0056
掩码 mask 04.0459
掩模图 mask artwork 16.0031
掩模型只读存储器 mask ROM 06.0038

演化模型　evolutionary model　12.0103

演示程序　demonstration program, demo　21.0168

λ演算　λ-calculus　02.0009

演绎　deduce　02.0026

演绎规则　deduction rule　02.0016

演绎模拟　deductive simulation　03.0253

演绎树　deduction tree　02.0094

演绎数据　deductive data　11.0277

演绎数据库　deductive database　11.0016

演绎数学　deductive mathematics　02.0029

演绎推理　deductive inference　13.0211

演绎综合方法　deductive synthesis method　12.0079

验收　acceptance　19.0326

验收测试　acceptance testing　01.0383

验收检查　acceptance inspection　19.0327

验收准则　acceptance criteria　01.0384

*验算　checking computation　08.0152

验证　verification　01.0302

验证化保护　verified protection　19.0244

验证化设计　verified design　19.0203

验证算法　verification algorithm　02.0508

验证系统　verification system　19.0144

验证者　verifier　02.0486

扬声器　speaker　18.0165

样本　sample　13.0375

样本分布　sample distribution　13.0378

样本集　sample set　22.0173

样本矩　sample moment　13.0381

样本均值　sample mean　13.0380

样本空间　sample space　13.0382

样本离差　sample dispersion　13.0377

样本区间　sample interval　13.0379

样本协方差　sample covariance　13.0376

样条　spline　16.0164

B样条　B-spline　16.0165

样条拟合　spline fitting　16.0134

样条曲面　spline surface　16.0170

B样条曲面　B-spline surface　16.0167

样条曲线　spline curve　16.0169

B样条曲线　B-spline curve　16.0166

遥操作　teleoperation　18.0047

遥现　telepresence　18.0046

业务合同　traffic contract　14.0410

*业务量　traffic　14.0121

业务量管理　traffic management, TM　14.0394

业务量控制　traffic control　14.0402

业务量描述词　traffic descriptor　14.0409

业务特定协调功能　service specific coordination function, SSCF　14.0414

页边空白　margin　21.0028

页表　page table　04.0189

页表查看　page table lookat　10.0497

页表项　page table entry, PTE　10.0495

页池　page pool　10.0541

页等待　page wait　10.0498

页地址　page address　10.0079

页调出　page-out　10.0493

页调入　page-in　10.0492

页分配表　page assignment table, PAT　10.0921

页回收　page reclamation　10.0494

页控制块　page control block, PCB　10.0489

页[面]　page　10.0486

页面存取时间　page access time　10.0977

页面描述语言　page description language　09.0082

页[面]失效　page fault　04.0190

页[面]替换　page replacement　06.0123

页面替换策略　page replacement strategy　10.0548

页模式　page mode　04.0232

页式存储系统　paged memory system　04.0188

页式打印机　page printer　05.0286

页映射表　page map table, PMT　10.0488

页帧　page frame　10.0285

页帧表　page frame table, PFT　10.0922

液晶显示　liquid crystal display, LCD　05.0332

液晶印刷机　liquid crystal printer　05.0274

液冷　liquid cooling　08.0247

一般用户　general user　15.0221

一次一密乱数本　one-time pad　19.0019

一点透视　one-point perspectiveness　16.0424

一对一联系　one to one relationship　11.0027

一阶参数连续　C^1 continuity　16.0199

一阶几何连续　G^1 continuity　16.0197

一阶矩　first moment　22.0158

一阶理论　first order theory　02.0012

一阶逻辑　first order logic　02.0011

一致估计　consistent estimation　13.0162

异构机群　heterogeneous cluster　04.0089

异构计算　heterogeneous computing　04.0090

异构［型］多处理机　heterogeneous multiprocessor　04.0069

异构型系统　heterogeneous system　11.0242

异构主体　heterogeneous agent　13.0464

异［或］门　exclusive-OR gate　04.0472

异体　variant　15.0062

异体字　variant Hanzi, variant Chinese character　15.0050

抑止弧　inhibitor arc　02.0558

译词选择　word selection　20.0196

译码　decoding　01.0224

译码器　decoder　04.0587

*易调度性　schedulability　01.0291

*易管理性　manageability　01.0289

*易扩充性　expandability　01.0285

*易扩缩性　scalability　01.0283

*易扩展的　extensible　01.0288

*易扩展性　extensibility　01.0284

易失性存储器　volatile memory　06.0028

易失性检查点　volatile checkpoint　03.0140

*易维护性　maintainability　01.0281

*易修改性　modifiability　08.0355

*易移植性　portability　01.0282

*易用性　availability, usability　01.0280

疫苗［程序］　vaccine　19.0234

意识　consciousness　13.0444

意图　intention　13.0469

意外停机　hang up　08.0142

意向锁　intention lock　11.0164

意向系统　intentional system　13.0470

意义域　meaning domain　13.0088

溢出　overflow　08.0249

溢出检查　overflow check　04.0604

溢出控制程序　overflow controller　10.0163

溢出区　overflow area　08.0250

溢出桶　overflow bucket　10.0090

因果分析系统　causal analysis system　21.0108

因果逻辑　causal logic　02.0078

因果图　cause effect graph　12.0192

因果推理　causal reasoning　13.0154

因果消息日志　causal message logging　03.0076

因果性　causality　13.0155

因特网　Internet　14.0524

因特网编号管理局　Internet Assigned Numbers Authority, IANA　14.0534

因特网电话　Internet phone, IP phone　14.0760

因特网服务清单　Internet services list　14.0612

因特网服务提供者　Internet service provider, ISP　14.0547

因特网工程备忘录　Internet engineering note, IEN　14.0540

因特网工程［任务］部　Internet Engineering Task Force, IETF　14.0532

因特网工程指导组　Internet Engineering Steering Group, IESG　14.0536

因特网接力闲谈　Internet relay chat, IRC　14.0617

因特网接入提供者　Internet access provider, IAP　14.0545

因特网控制消息协议　Internet Control Message Protocol, ICMP　14.0579

因特网内容提供者　Internet content provider, ICP　14.0546

因特网平台提供者　Internet presence provider, IPP　21.0200

因特网商务提供者　Internet business provider, IBP　21.0199

因特网商业中心　Internet Business Center, IBC　14.0538

因特网［体系］结构委员会　Internet Architecture Board, IAB　14.0531

因特网协会　Internet Society, ISOC　14.0535

因特网信息服务器　Internet information server, IIS　14.0650

因特网研究［任务］部　Internet Research Task Force, IRTF　14.0533

因特网研究指导组　Internet Research Steering Group, IRSG　14.0537

因特网主体　Internet agent　13.0474

因子分解法　factoring method　19.0303

阴极射线管　cathode-ray tube, CRT　05.0334

阴极射线管显示器　CRT display　05.0335

阴影　shadow　16.0274

音轨　audio track　18.0155

音乐　music　18.0153

音频　audio　18.0150

音频合成　audio synthesis　18.0156

音频流　audio stream　18.0154

音频数据库　audio database　11.0314

音圈电机　voice coil motor　05.0115

音效　sound effect　18.0158

音形结合编码　phonological and calligraphical synthesize coding　15.0189

引导程序　bootstrap, boot　10.0434

引导口令　boot password　19.0140

引导装入程序　bootstrap loader　12.0218

引脚　pin　07.0137

引脚分配　pin assignment　16.0033

引脚阵列封装　pin grid array, PGA　07.0283

引址调用　call by reference　09.0179

隐蔽信道　covert channel　19.0266

隐藏面消除　hidden surface removal　16.0438

隐藏文件　hidden file　10.0261

隐藏线消除　hidden line removal　16.0437

隐错　bug　12.0219

隐错撒播　bug seeding　12.0220

隐含属性　hidden attribute　10.0088

隐马尔可夫模型　hidden Markov model　20.0189

隐面　hidden surface　07.0229

隐式并行性　implicit parallelism　04.0098

隐式实体模型　implicit solid model　16.0107

隐式栈　hidden stack　10.0823

隐线　hidden line　07.0228

印刷机　printer　05.0262

印刷体　print form　15.0053

印刷体汉字识别　printed Hanzi recognition　15.0254

*印制板　printed-circuit board, PCB　07.0129

印制板布局　PCB layout　07.0233

印制板布线　PCB routing　07.0234

印制板测试　PCB testing　07.0300

印制电路板　printed-circuit board, PCB　07.0129

应变过程　contingency procedure　19.0432

应答　answering　14.0156

应急按钮　emergency button　07.0426

应急备用设备　on-premise stand by equipment　08.0242

应急计划　contingency planning, emergency plan　08.0253

应急维修　emergency maintenance　08.0252

应急转储　panic dump　08.0251

应用　application　01.0396

Java应用　Java application　09.0134

应用层　application layer　14.0035

应用程序接口　application program interface, API　09.0243

应用服务　application service　14.0690

应用服务器　application server　14.0556

应用服务提供者　application service provider, ASP　21.0201

应用服务要素　application service element, ASE　14.0691

应用环境　application environment　09.0216

应用进程　application process　17.0253

应用开发工具　application development tool　21.0067

应用领域　application domain　09.0217

应用逻辑　applied logic　02.0043

应用软件　application software　12.0014

*应用生成程序　application generator　12.0119

应用生成器　application generator　12.0119

应用协议实体　application protocol entity, APE　14.0695

1/4英寸盒式磁带　quarter inch cartridge tape, QIC　05.0172

荧光数码管　fluorescent character display tube　05.0424

影碟　video CD, VCD　05.0227

映射　mapping　16.0401

映射程序　map program　12.0276

映射地址　mapping address　04.0217

映射方式　mapping mode　13.0503

映射函数　mapping function　13.0502

硬磁盘　hard disk, rigid disk　05.0071

硬错误　hard error　08.0143

硬故障　hard fault　08.0005

硬件　hardware　01.0115

硬件安全　hardware security　19.0185

硬件测试　hardware testing　08.0113

硬件多线程　hardware multithreading　04.0414

硬件故障　hardware fault　08.0004

硬件监控器　hardware monitor　08.0144

硬件检验　hardware check　08.0155

硬件描述语言　hardware description language，HDL
　07.0225

硬件配置项　hardware configuration item，HCI
　12.0025

硬件平台　hardware platform　01.0110

硬件冗余　hardware redundancy　07.0226

硬件冗余检验　hardware redundancy check
　08.0158

硬件设计语言　hardware design language，HDL
　09.0050

硬件验证　hardware verification　01.0143

硬件资源　hardware resource　01.0360

硬连线控制　hardwired control　04.0415

硬连线逻辑［电路］　hardwired logic　04.0487

*硬盘　hard disk，rigid disk　05.0071

硬盘驱动器　hard disk drive，HDD　05.0079

硬扇区格式　hard sectored format　05.0095

硬停机　hard stop　08.0203

拥塞控制　congestion control　14.0403

永久对换文件　permanent swap file　10.0264

永久故障　permanent fault　03.0055

永久虚电路　permanent virtual circuit，PVC
　14.0277

用户　user　01.0399

用户标识　user identity　19.0117

用户标识码　user identification code　19.0118

用户标识专用　privacy of user's identity　19.0247

用户产权设备　customer premises equipment，CPE
　14.0333

用户产权网络　customer premises network，CPN
　14.0332

用户代理　user agent，UA　14.0708

*用户登录号　user account　10.0997

用户定义消息　user defined message　10.0998

用户分区　user partition　10.0526

用户分时　user time-sharing　10.0986

用户合同管理员　user contract administrator
　12.0396

用户加密　user encryption　19.0049

用户简介　user profile　19.0394

*用户建筑群设备　customer premises equipment,

CPE　14.0333

*用户建筑群网络　customer premises network，CPN
　14.0332

用户界面　user interface　21.0060

用户界面管理系统　user interface management
　system，UIMS　01.0254

用户进入时间　user entry time　10.0981

用户密钥　user key　19.0083

用户内存　user memory　10.1006

用户区　user area，UA　10.0115

用户任务　user task　10.0965

用户任务集　user task set　10.1008

用户日志　user journal　10.1000

*用户 CPU 时间　user CPU time　04.0609

用户数据报协议　user datagram protocol，UDP
　14.0613

用户特许文件　user authorization file　10.0277

用户 – 网络接口　user-network interface，UNI
　14.0358

用户文档　user documentation　12.0397

用户文件目录　user file directory　10.0192

用户线路　subscriber line　14.0282

用户兴趣　user interest　13.0498

用户需求　user requirements　12.0034

用户选项　user option　10.1007

用户造词程序　user-defined word-formation program
　15.0282

用户造字程序　user-defined character-formation
　program　15.0283

用户栈　user stack　10.0829

用户栈指针　user stack pointer　10.0536

用户账号　user account　10.0997

用户指定型 DTE 业务　customized DTE service
　14.0268

用户中央处理器时间　user CPU time　04.0609

*用户终端业务　teleservice　14.0758

用户主体　user agent　13.0497

用户注册　user log-on，user log-in　10.1004

用户注销　user log-off　10.1005

用户状态表　user state table　10.0933

用户［自］定义数据类型　user defined data type
　11.0285

用户作业　user job　10.0338

用户坐标 user coordinate 16.0320

用户坐标系 user coordinate system 16.0325

优化 optimization 09.0270

优化操作 optimization operation 17.0122

优先队列 priority queue 02.0407

优先级 priority 01.0308

优先级表 priority list 10.0384

优先级调度 priority scheduling 10.0745

优先级控制 priority control, PC 14.0401

优先级调整 priority adjustment 10.0562

优先级选择 priority selection 10.0579

优先级中断 priority interrupt 10.0311

优先级作业 priority job 10.0331

优先数 priority number 10.0577

优先约束 precedence constraint 10.0164

邮件发送清单 mailing list, maillist 14.0638

邮件分发器 mail exploder 14.0637

邮件管理员 postmaster 14.0635

邮局协议 post office protocol, POP 14.0636

＊邮政局长 postmaster 14.0635

游标 cursor 11.0087

＊游程长度受限码 run-length limited code, RLLC 05.0042

友元 friend 09.0228

有界网 bounded net 02.0533

K 有界网 K-bounded net 02.0534

有界性 boundedness 02.0612

有理贝济埃曲线 rational Bezier curve 16.0132

有理几何设计 rational geometric design 16.0133

有理据拆分 original disassembly 15.0146

有穷性问题 finiteness problem 02.0157

有穷转向下推自动机 finite-turn PDA 02.0158

有穷状态系统 finite state system 02.0156

有穷自动机 finite automaton 02.0154

有穷自动机最小化 minimization of finite automaton 02.0155

有入口的闭合用户群 closed user group with incoming access 14.0300

有失真图像压缩 lossy image compression 22.0044

有损压缩 loss compression 18.0086

有限点集 finite point set 16.0223

有限控制器 finite controller 02.0159

有限轮转法调度 limited round-robin scheduling 10.0743

有限目标 finite goal 13.0114

有限网 finite net 02.0536

有限元法 finite element method, FEM 16.0212

有限元分析 finite element analysis, FEA 16.0211

有限状态机 finite state machine 12.0068

有限状态语法 finite state grammar 13.0640

＊有限自动机 finite automaton 02.0154

有向弧 directed arc 02.0557

有向图 digraph, directed graph 02.0369

有效过程 effective procedure 02.0160

有效请求 valid request 10.0692

有效时间 valid time 11.0354

有效输入 valid input 03.0086

有效数字 significant digit 01.0208

有效位 significant bit 01.0183

有效项 valid item 02.0161

有效信元 valid cell 14.0367

有效性 validity 12.0395

有效性检查 validity check 08.0325

有效［状态］ valid［state］ 06.0009

有效字 significant word 01.0209

有效字符 significant character 01.0210

有效字数 effective character number 15.0174

有序搜索 ordered search 13.0132

有源底板 active backplane 08.0388

有仲裁的新闻组 moderated newsgroup 14.0672

右句型 right sentential form 02.0144

右匹配 right-matching 02.0143

右线性文法 right-linear grammar 02.0145

右移 shift right 04.0510

诱发故障 induced fault 08.0027

逾限［传输］ jabber 14.0495

逾限控制 jabber control 14.0496

与非门 NAND gate 04.0468

与门 AND gate 04.0467

语法 grammar 01.0385

语法范畴 grammatical category 20.0064

语法分析 grammatical analysis, parsing 20.0066

语法分析程序 parser 09.0188

语法关系 grammatical relation 20.0065

语法描述语言 grammar description language 20.0119

语法属性　grammatical attribute　20.0067

＊语构　syntax　01.0386

语境　context　01.0387

语境分析　context analysis　20.0156

语境机制　context mechanism　13.0633

语句　statement　01.0233

语料库　corpus, corpora　20.0185

语料库语言学　corpus linguistics　20.0184

语素分解　morphological decomposition　20.0022

语素生成　morphemic generation　20.0023

语言　language　01.0024

Ada 语言　Ada　09.0008

ALGOL 60 语言　ALGOrithmic Language, ALGOL 60　09.0016

ALGOL 68 语言　ALGOL 68　09.0017

Alpha 语言　Alpha　09.0018

APL 语言　A Programming Language, APL　09.0019

APT 语言　Automatically Programmed Tools, APT　09.0020

BASIC 语言　Beginner's All-purpose Symbolic Instruction Code, BASIC　09.0022

BCPL 语言　Bootstrap Combined Programming language, BCPL　09.0023

BLISS 语言　Basic Language for Implementation of System Software, BLISS　09.0024

C 语言　C　09.0028

C++ 语言　C++　09.0029

CHILL 语言　CHILL　09.0030

COBOL 语言　COmmon Business-Oriented language, COBOL　09.0031

Common LISP 语言　Common LISP　09.0035

Delphi 语言　Delphi　09.0040

Eiffel 语言　Eiffel　09.0043

Forth 语言　Forth　09.0044

FORTRAN 语言　FORTRAN, FORmula TRANslator　09.0045

FORTRAN 77 语言　FORTRAN 77　09.0046

Fortran 90/95 语言　Fortran 90/95　09.0047

Java 语言　Java　09.0132

JOVIAL 语言　Jules' Own Version of International Algorithmic language, JOVIAL　09.0059

Lex 语言　LEX, Lex　09.0062

LISP 语言　LISt Processing, LISP　09.0063

LOGO 语言　LOGO　09.0067

ML 语言　Meta Language, ML　09.0073

Modula 2 语言　MODULA II, Modula 2, MODUlar LAnguage II　09.0074

MUMPS 语言　Massachusetts general hospital Utility Multi-Programming System, MUMPS　09.0075

NELIAC 语言　Navy Electronics Laboratory International Algorithmic Compiler, NELIAC　09.0076

Occam 语言　Occam　09.0078

OPS 5 语言　Official Production System 5, OPS 5　09.0081

Pascal 语言　Pascal　09.0083

PL/1 语言　Programming Language/1, PL/1　09.0096

Prolog 语言　PROgramming in LOGic, PROLOG, Prolog　09.0100

roff 语言　roff　09.0105

SDL 语言　Specification and Description Language, SDL　09.0108

Simula 语言　Simula　09.0109

Smalltalk 语言　Smalltalk　09.0111

SNOBOL 语言　StriNg-Oriented symBOlic Language, SNOBOL　09.0112

＊SQL 语言　structured query language, SQL　11.0116

TeX 语言　TeX　09.0119

YACC 语言　Yet Another Compiler Compiler, YACC　09.0126

语言标准　language standard　09.0061

语言成员证明系统　language membership proof system　02.0492

语言处理程序　language processor　09.0255

语言串理论　linguistics string theory　20.0137

语言获取　language acquisition　20.0178

语言描述语言　language-description language　09.0060

语言模型　language model　20.0141

语言识别　language recognition　02.0308

语言信息　language information　20.0009

语言学理论　linguistic theory　20.0127

语言学模型　linguistic model　20.0142

语言知识库　language knowledge base　15.0027

语义　semantic　20.0102

语义场 semantic field 20.0104

语义词典 semantic dictionary 20.0167

语义分析 semantic analysis 20.0111

语义合一 semantic unification 13.0612

语义记忆 semantic memory 13.0611

语义检查 semantic test 20.0112

语义距离 semantic distance 13.0609

语义理论 semantic theory 20.0140

语义树 semantic tree 09.0330

语义属性 semantic attribute 13.0607

语义数据模型 semantic data model 11.0021

语义网络 semantic network 20.0173

语义相关性 semantic dependency 13.0608

语义信息 semantic information 13.0610

语义学 semantics 20.0103

语音 speech sound 15.0024

语音处理 speech processing 13.0628

语音合成 speech synthesis 15.0257

语音识别 speech recognition 18.0171

语用 pragmatics 09.0196

语用分析 pragmatic analysis 15.0258

语用学 pragmatics 20.0003

浴盆曲线 bathtub curve 08.0072

预编码 precoding 18.0112

预编译程序 precompiler 09.0261

预测编码 predictive coding 22.0195

预测控制 predicted control 17.0030

预测模型 forecasting model 21.0128

预充电 precharge 06.0101

预处理程序 preprocessor 10.0358

预调度算法 prescheduled algorithm 02.0471

预订维修时间 scheduled maintenance time 08.0274

预定故障检测 scheduled fault detection 08.0272

预定维修 scheduled maintenance 08.0273

预防性维护 preventive maintenance 08.0221

预分配 preallocation 10.0063

预取 prefetch 06.0060

预取技术 prefetching technique 04.0272

预生成操作系统 pregenerated operating system 10.0024

预先计划分配 preplanned allocation 10.0064

预约表 reservation table 04.0280

域 domain 03.0221

域分解 domain decomposition 10.0194

域[关系]演算 domain calculus 11.0111

域际策略路由选择 interdomain policy routing, IDPR 14.0610

域名 domain name, DN 14.0592

域名服务 domain name service, DNS 14.0594

域名服务器 domain name server 14.0595

域名解析 domain name resolution 14.0597

域名系统 domain name system, DNS 14.0593

谕示 oracle 02.0286

谕示机 oracle machine 02.0287

阈下信道 subliminal channel 19.0319

阈值 threshold 07.0205

阈值逻辑 threshold logic 02.0086

阈值搜索 threshold search 04.0416

N 元 N-ary 12.0161

元编译程序 metacompiler 09.0130

元规划 metaplanning 13.0090

元规则 metarule 13.0053

元数据 metadata 11.0051

元数据库 metadatabase 11.0052

元推理 metareasoning 13.0226

元文件 metafile 16.0470

元信令 meta-signaling 14.0384

n 元语法 n-gram 20.0188

元语言 metalanguage 09.0166

元知识 metaknowledge 13.0052

元综合 metasynthesis 17.0112

元组 tuple 11.0071

元组[关系]演算 tuple calculus 11.0112

园区网 campus network 14.0480

原地 in-place 02.0384

原理图 schematic 16.0022

原色 primary color 16.0385

原始递归函数 primitive recursive function 02.0006

原始数据 raw data 09.0273

原型 prototype 12.0402

原型结构 prototype construction 07.0258

原型速成 rapid prototyping 12.0404

原型制作 prototyping 12.0403

原语 primitive 10.0581

原子操作 atomicity operation 04.0417

原子公式　atomic formula　02.0032

原子广播　atomic broadcasting　03.0212

原子性　atomicity　11.0159

圆弧插补　circular interpolation　17.0133

圆角　fillet　16.0158

圆片规模集成　wafer-scale integration　04.0418

圆扫描　circular scanning　05.0359

源　source　01.0406

源程序　source program　09.0340

源[代]码　source code　09.0341

源到源转换　source to source transformation　09.0264

源地址　source address　14.0167

源范例库　source case base　13.0318

源路由桥接　source-route bridging, SRB　14.0488

源路由算法　source-route algorithm　14.0489

源数据鉴别　origin data authentication　19.0134

源语言　source language　20.0197

源语言词典　source language dictionary　20.0165

源语言分析　source language analysis　20.0198

远程办公　telework　14.0756

远程查询　remote inquiry　10.0300

远程登录协议　TELNET protocol　14.0628

远程方法调用　remote method invocation, RMI　12.0186

远程访问　remote access　14.0751

远程访问服务器　remote access server　14.0557

远程服务　teleservice　14.0758

远程购物　teleshopping　14.0747

远程过程调用　remote procedure call，RPC　11.0204

远程会议　teleconferencing　14.0723

远程加电　remote power on　07.0326

远程教室　teleclass　14.0754

远程教学　remote instruction　18.0188

远程教育　teleeducation, distance education　14.0752

远程进程调用　remote process call，RPC　10.0597

远程数据库访问　remote database access，RDA　11.0203

远程信息处理信息　telematic information　14.0728

远程诊断　remote diagnosis　08.0365

远程支持设施　remote support facility　07.0405

远程终端　remote terminal　14.0224

远程咨询　telereference　14.0755

远程作业处理程序　remote job processor　10.0357

远程作业输出　remote job output　10.0356

远程作业输入　remote job input　10.0355

远端耦合噪声　far-end coupled noise　07.0199

远端缺陷指示　remote defect indication, RDI　14.0397

约定　convention　14.0067

约瑟夫效应　Joseph effect　03.0088

约束　constraint　01.0294

约束传播　constraint propagation　13.0248

约束方程　constraint equation　13.0164

约束规则　constraint rule　13.0167

约束函数　constraint function　13.0165

约束矩阵　constraint matrix　13.0166

约束满足　constraint satisfaction　13.0249

约束条件　constraint condition　13.0163

约束推理　constraint reasoning　13.0246

约束知识　constraint knowledge　13.0247

[阅]读任务　reading task　10.0950

越界记录　spanned record　10.0701

允许信元速率　allowed cell rate, ACR　14.0350

允许中断　interrupt enable　04.0570

运动　motion　18.0097

运动补偿　motion compensation　18.0099

运动重建　restructure from motion　22.0150

运动分析　motion analysis　22.0134

运动估计　motion estimation　18.0101

运动检测　motion detection　22.0133

运动控制　motion control　17.0055

运动图像　motion image　18.0061

MPEG[运动图像压缩]标准　Motion Picture Experts Group, MPEG　18.0122

运动向量　motion vector　18.0098

运动预测　motion prediction　18.0100

运输　transport　14.0741

运输层　transport layer　14.0038

运输[层]服务　transport service, TS　14.0742

运输[层]连接　transport connection, TC　14.0743

运算　operation　01.0235

运算寄存器　arithmetic register　04.0532

运算控制器　operation control unit　04.0588

运算流水线 arithmetic pipeline 04.0535

运算每秒 operations per second, OPS 23.0039

运算器 arithmetic unit 01.0126

运算速度 arithmetic speed 01.0099

运算速度评价 arithmetic speed evaluation 01.0094

运行 run 01.0269

*运行测试 operational testing 03.0260

运行方式 run mode 12.0314

运行和维护阶段 operation and maintenance phase 12.0283

运行可靠性 operational reliability 12.0286

运行可行性 operational feasibility 21.0084

运行剖面 operational profile 03.0121

［运行］日志 log 11.0196

运行时间 running time 01.0388

运行时诊断 run-time diagnosis 08.0271

运行系统 run-time system, running system 09.0350

运作主管 chief operation officer, COO 21.0187

韵母 final 15.0032

Z

杂交 crossover 13.0569

灾难恢复 disaster recovery 19.0251

灾难恢复计划 disaster recovery plan 19.0250

载波侦听 carrier sense 14.0453

载波侦听多址访问 carrier sense multiple access, CSMA 14.0490

再工程 reengineering 21.0063

再聚合 reintegration 04.0147

*再启动 restart 01.0365

再生 restore, regeneration 06.0088

再生段 regenerator section 14.0388

再压缩 recompaction 10.0699

*在线 on-line 01.0274

*暂存器 scratchpad memory 06.0008

暂时故障 temporary fault 08.0012

暂停 pause, halt 07.0415

*暂停状态 suspend state 10.0416

暂驻命令 transient command 10.0158

脏读 dirty read 11.0170

早期失效 early failure 07.0286

*造型 modeling 01.0390

造型变换 modeling transformation 16.0088

噪声 noise 08.0231

噪声抗扰度 noise immunity 07.0203

噪声清除 noise cleaning 03.0259

噪声容限 noise margin 07.0202

噪声消除器 noise killer 08.0232

噪声抑制 noise reduction 22.0137

噪声种类 noise type 08.0233

责任性 accountability 19.0149

增量编译 incremental compilation 09.0346

增量精化 incremental refinement 13.0346

增量学习 incremental learning 13.0345

增量转储 incremental dump 11.0195

增强［彩色］图形适配器 enhanced graphics adapter, EGA 05.0378

增强现实 augment reality 18.0031

增强型小设备接口 enhanced small device interface, ESDI 05.0149

增值网 value-added network, VAN 14.0014

*增殖转储 incremental dump 11.0195

栅格数据结构 raster data structure 11.0257

粘着位 sticky bit 04.0615

占用空间 space usage 02.0422

战略规划 strategic planning 21.0056

战略情报 strategic intelligence 19.0313

战略数据规划 strategic data planning 21.0053

战术情报 tactical intelligence 19.0312

栈 stack 01.0311

栈标记 stack marker 10.0817

栈单元 stack cell 10.0812

栈底 stack bottom 10.0810

栈地址 stack address 10.0081

栈机制 stack mechanism 10.0440

栈控制 stack control 10.0127

栈内容 stack content 10.0814

栈区 stack area 10.0108

栈容量 stack capability 10.0811

栈上托 stack pop-up 01.0312

栈设施 stack facility 10.0816

栈算法　stack algorithm　10.0042

栈桶式算法　stack bucket algorithm　10.0043

栈下推　stack push-down　01.0313

栈向量　stack vector　10.0819

栈寻址　stack addressing　10.0082

栈溢出　stack overflow　10.0818

栈溢出中断　stack overflow interrupt　10.0313

栈元素　stack element　10.0815

栈指针　stack pointer　10.0534

栈字母表　stack alphabet　02.0205

栈自动机　stack automaton　02.0204

栈组合　stack combination　10.0813

栈作业处理　stack job processing　10.0640

站点　site　14.0607

站点保护　site protection　19.0246

站点名　site name　14.0608

张力计　tensometer　17.0230

掌上计算机　palmtop computer　01.0072

障栅同步　barrier synchronization　04.0324

招标　request for proposal　12.0312

*兆　mega-, M　23.0007, 23.0008

*兆位　megabit, Mb　23.0009

兆位每秒　megabits per second, Mbps　23.0028

兆周期　megacycle, MC　23.0037

*兆字节　megabyte, MB　23.0010

兆字节每秒　megabytes per second, MBps　23.0029

照片　picture　22.0005

遮挡　occlusion　22.0139

折叠［式打印］纸　fan-fold paper　05.0305

折线　polyline　16.0329

针式打印机　stylus printer　05.0267

针式输纸　pin feed　05.0317

帧　frame　01.0340

帧定位　frame alignment　05.0364

帧封装　frame encapsulation　14.0173

帧格式　frame format　14.0163

帧缓存器　frame buffer　16.0341

帧间编码　interframe coding　18.0095

帧间时间填充　inter-frame time fill　14.0174

帧间压缩　interframe compression　18.0096

帧检验序列　frame check sequence, FCS　14.0171

帧［结构］接口　framed interface　14.0357

帧控制字段　frame control field　14.0169

帧率　frame rate　18.0082

帧每秒　frames per second, fps　23.0036

帧面问题　frame problem　22.0128

帧内编码　intraframe coding　18.0093

帧内压缩　intraframe compression　18.0094

帧频　frame frequency　05.0363

帧首定界符　frame start delimiter, starting-frame delimiter　14.0165

帧尾定界符　frame end delimiter, ending-frame delimiter　14.0172

帧中继网　frame relaying network, FRN　14.0249

真点播电视　real video on demand, RVOD　18.0128

真实感图形　photo-realism graphic　16.0258

真实感显示　realism display, realism rendering　16.0398

真实世界　real world　18.0041

真依赖　true dependence　09.0299

真值表　truth table　02.0021

真值表归约　truth-table reduction　02.0281

真值表可归约性　truth-table reducibility　02.0293

真值维护系统　truth maintenance system, TMS　13.0234

诊断　diagnosis　03.0116

诊断测试　diagnosis testing　08.0109

诊断程序　diagnostic program　03.0119

诊断错误处理　diagnostic error processing　08.0095

诊断分辨率　diagnosis resolution　08.0110

诊断记录　diagnostic logout　08.0093

诊断检验　diagnostic check　08.0094

PMC 诊断模型　PMC model　03.0003

诊断屏幕　diagnostic screen　03.0118

诊断软盘　diagnostic diskette　07.0304

诊断系统　diagnostic system　03.0117

阵列　array　04.0437

阵列处理　array processing　04.0325

阵列计算机　array computer　04.0021

阵列控制部件　array control unit　04.0289

阵列流水线　array pipeline　04.0326

振荡周期　oscillating period　17.0069

振铃　ringing, ring　07.0088

争用　contention　14.0440

争用时间间隔　contention interval　10.0299

征兆测试　syndrome testing　03.0139

蒸发冷却　evaporative cooling　07.0390

整流器　rectifier　17.0197

整数分解难题　integer factorization problem，IFP　19.0249

整数线性规划　integer linear programming　02.0285

整套承包系统　turn-key system　21.0094

整体磁头　monolithic magnetic head　05.0212

整体光照模型　global illumination model，global light model　16.0403

整体失效　global failure　08.0067

整直器　aligner　07.0030

整字分解　decomposing Chinese character to component　15.0235

正闭包　positive closure　02.0130

正常响应　normal response　08.0366

*正常运行　failure free operation　08.0136

正电压射极耦合逻辑　positive voltage ECL，PECL　07.0018

正二测投影　dimetric projection　16.0429

正规文法　regular grammar　02.0131

正交树　orthogonal tree　02.0439

正交小波变换　orthogonal wavelet transformation　22.0039

正例　positive example　13.0373

正逻辑转换　positive logic-transition，upward logic-transition　07.0068

正确性　correctness　13.0169

正确性证明　correctness proof　12.0237

正式测试　formal testing　12.0083

正体　standardized form　15.0060

正投影　orthographic projection　16.0368

正文　text　01.0167

*正文编辑　text editing　21.0022

*正文编辑器　text editor　09.0254

正文格式语言　text formatting language　09.0120

*正文检索　text retrieval　21.0023

*正文库　text library　10.0379

正文数据库　text database　11.0311

正向恢复　forward recovery　11.0202

正向局域网信道　forward LAN channel　14.0504

正向推理　forward reasoning，forward chained reasoning　13.0217

正向信道　forward channel　14.0099

正沿　positive edge　07.0061

正跃变　upward transition　07.0066

正则表达式　regular expression　09.0199

正则化　regularization　22.0050

正则集　regular set　02.0132

正则形式　canonical form　15.0115

正则序　canonical order　02.0129

正则语言　regular language　09.0200

证据　witness　02.0490

证据理论　evidence theory　13.0239

证据推理　evidential reasoning　13.0181

证明　proof　02.0511

证明策略　proof strategy　02.0075

证明树　proof tree　13.0292

证明者　prover　02.0485

证实　confirm，certify　01.0341

证书　certificate　19.0128

证书[代理]机构　certificate agency，CA　19.0086

证书废除　certificate revocation　19.0129

证书管理机构　certificate management authority，CMA　19.0485

证书鉴别　certificate authentication，CA　19.0089

证书链　certificate chain　19.0133

证书状态机构　certificate status authority　19.0496

证书作废表　certificate revocation list，CRL　19.0477

证伪　refutation　02.0081

政商运电子数据交换[标准]　EDI for administration，commerce and transport　14.0722

症兆　symptom　03.0178

支持　support　01.0391

支持程序　support program　08.0290

支持过程　supporting process　12.0427

支持集　support set　02.0592

支持软件　support software　12.0364

支持系统　support system　08.0291

支站　tributary station　14.0207

知识　knowledge　13.0038

知识编辑器　knowledge editor　13.0355

知识编译　knowledge compilation　13.0269

知识表示　knowledge representation，KR　13.0042

知识表示方式　knowledge representation mode　13.0045

知识操作化　knowledge operationalization　13.0364

知识查询操纵语言　knowledge query manipulation language, KQML　13.0367

知识产业　knowledge industry　13.0359

知识处理　knowledge processing　13.0366

知识单元　blocks of knowledge　20.0179

知识发现　knowledge discovery　13.0353

知识复杂性　knowledge complexity　13.0270

知识工程　knowledge engineering, KE　13.0037

知识工程师　knowledge engineer　13.0357

知识获取　knowledge acquisition, KA　13.0393

知识交互式证明系统　knowledge interactive proof system　02.0491

知识结构　knowledge structure　13.0058

知识精化　knowledge refinement　13.0352

知识库　knowledge base, KB　13.0390

知识库管理系统　knowledge base management system, KBMS　13.0392

知识库机　knowledge base machine　13.0267

知识库系统　knowledge base system　13.0268

知识块　chunk　13.0006

知识利用系统　knowledge utilization system　13.0573

知识密集型产业　knowledge concentrated industry　13.0271

知识模式　knowledge schema　13.0046

知识模型　knowledge model　13.0363

知识冗余　knowledge redundancy　13.0572

知识提取　knowledge extraction　13.0356

知识提取器　knowledge extractor　02.0494

知识同化　knowledge assimilation　13.0394

知识图像编码　knowledge image coding　13.0358

知识推理　knowledge reasoning　13.0272

知识相容性　consistency of knowledge　13.0161

知识信息处理　knowledge information processing　13.0361

知识信息处理系统　knowledge information processing system　13.0362

知识信息格式　knowledge information format, KIF　13.0360

知识引导数据库　knowledge-directed database　13.0576

知识源　knowledge source　13.0057

知识证明　knowledge proof　02.0513

知识主管　chief knowledge officer, CKO　21.0186

知识主体　knowledge agent　13.0475

知识子系统　knowledge subsystem　13.0368

知识组织　knowledge organization　13.0365

执法访问区　law enforcement access area　19.0223

执行　execution　12.0139

执行程序　executive program　12.0142

执行调度维护　executive schedule maintenance　10.0433

执行管理程序　executive supervisor　10.0849

执行机构　actuator　05.0130

执行开销　executive overhead　10.0478

执行控制程序　executive control program　10.0645

执行例程　executive routine　10.0722

执行流　executive stream　10.0841

执行时间　execution time　12.0140

执行时间理论　execution time theory　12.0141

执行系统　executive system　10.0893

执行栈　execution stack　10.0822

执行支持　executive support　10.0848

执行主管　chief executive officer, CEO　21.0183

执行主体　executive agent　13.0458

执行状态　executive state　10.0418

执行作业调度　executive job scheduling　10.0736

直方图　histogram　16.0091

直方图修正　histogram modification　22.0189

直角平面显像管　flat squared picture tube　05.0340

直角坐标型机器人　rectangular robot, Cartesian robot　17.0168

直接插入　inlining　09.0313

直接成分语法　immediate constituent grammar　20.0068

直接存储器存取　direct memory access, DMA　04.0375

直接存取　direct access　05.0008

直接呼叫设施　direct call facility　14.0133

直接耦合晶体管逻辑　direct coupled transistor logic, DCTL　07.0011

直接数字控制　direct digital control, DDC　17.0045

直接相联高速缓存　direct-associative cache　04.0225

直接液冷　direct liquid cooling　07.0389

直接映射　direct mapping　04.0200

直接组织　direct organization　10.0470

直觉主义逻辑　intuitionistic logic　02.0079

直线位移传感器　linear displacement transducer　17.0244

值参　value parameter　09.0181

职责分开　separation of duties　19.0430

只读　read-only　10.0697

只读存储器　read-only memory, ROM　06.0037

只读碟　compact disc-read only memory, CD-ROM　05.0225

只读属性　read-only attribute　10.0089

纸带穿孔[机]　tape punch　05.0430

纸带读入机　tape reader　05.0383

指称语义　denotational semantics　09.0190

指令　instruction　01.0213

指令步进　instruction step　07.0410

指令重试　instruction retry　07.0407

指令处理部件　instruction processing unit, IPU　04.0623

指令地址寄存器　instruction address register　04.0547

指令调度程序　instruction scheduler　10.0757

指令队列　instruction queue　10.0669

指令高速缓存　instruction cache　06.0104

指令格式　instruction format　04.0539

指令跟踪　instruction trace　12.0268

指令级并行　instruction level parallelism, ILP　04.0337

指令集　instruction set　01.0214

指令集体系结构　instruction set architecture, ISA　04.0607

指令计数器　instruction counter　04.0552

指令寄存器　instruction register　04.0546

指令控制器　instruction control unit　04.0589

指令类型　instruction type　01.0215

指令流　instruction stream　04.0338

指令流水线　instruction pipeline　04.0555

指令码　instruction code　04.0536

指令每秒　instructions per second, IPS　23.0049

指令停机　instruction stop　07.0414

*指令系统　instruction set　01.0214

指令相关性　instruction dependency　04.0265

指令预取　instruction prefetch　04.0540

指令栈　instruction stack　04.0573

指令周期　instruction cycle　04.0538

指令字　instruction word　04.0537

指派　assignment　01.0303

指派优先级　assigned priority　10.0558

指示　indication　14.0054

指示符　indicator　14.0301

指示器　indicator　07.0020

指数变迁　exponential transition　02.0692

指数密码体制　exponential cryptosystem　19.0018

指数时间　exponential time　02.0262

指纹　fingerprint　19.0147

指纹分析　fingerprint analysis　19.0148

*指引元　pointer　01.0307

指针　pointer　01.0307

制导系统　guidance system　17.0163

制造执行系统　manufacturing execution system　17.0258

制造资源规划　manufacturing resource planning, MRP-II　21.0181

制造自动化协议　manufacturing automation protocol, MAP　17.0247

质量保证　quality assurance　12.0347

质量度量学　quality metrics　12.0348

质量工程　quality engineering　12.0305

质量和性能测试　quality and performance test　03.0148

质子层析成像　proton tomography　22.0239

致命错误　fatal error　10.1024

智力犯罪　intellectual crime　19.0333

智能　intelligence　13.0020

智能代理　intelligent agent　14.0709

智能仿真　intelligence simulation　13.0593

智能放大器　intelligence amplifier　13.0592

智能机器人　intelligent robot　13.0596

智能计算机　intelligent computer　01.0083

智能计算机辅助设计　intelligent computer aided design　16.0009

智能检索　intelligent retrieval　13.0594

智能决策系统　intelligent decision system　13.0619

智能卡　smart card, IC card　01.0078

智能科学　intelligent science　13.0021

智能控制　intelligent control　17.0013

智能模拟支持系统　intelligent simulation support system　21.0115

智能输入输出接口　intelligent I/O interface　04.0380

智能外围接口　intelligent peripheral interface, IPI　05.0152

智能系统　intelligent system　13.0107

智能线　smart line　16.0018

智能[型]交互式集成决策支持系统　intelligent interactive and integrated decision support system, IDSS　21.0119

智能仪表　intelligent instrument　17.0257

智能支持系统　intelligent support system, ISS　21.0104

智能终端　intelligent terminal　05.0382

智能主体　intelligent agent　13.0468

智能自动机　intelligent automaton　13.0595

滞后　lag　07.0099

置标语言　markup language　09.0072

置换密码　permutation cipher　19.0023

置位　set　01.0352

置位脉冲　set pulse　07.0037

置信测度　confidence measure　13.0238

中断　interrupt　01.0257

中断处理　interrupt handling, interrupt processing　10.0301

中断队列　interrupt queue　10.0670

中断机制　interrupt mechanism　04.0376

中断寄存器　interrupt register　04.0572

中断屏蔽　interrupt mask　04.0571

中断请求　interrupt request　04.0568

中断驱动　interrupt drive　10.0318

中断驱动输入输出　interrupt-driven I/O　04.0332

中断事件　interrupt event　10.0319

中断向量　interrupt vector　04.0456

中断向量表　interrupt vector table　04.0457

中断信号互连网络　interrupt-signal interconnection network, ISIN　04.0082

中断优先级　interrupt priority　10.0565

中继器　repeater　14.0427

中继站　relay station　14.0196

中间代码　intermediate code　09.0289

中间件　middleware　04.0419

中间结点　intermediate node　14.0023

中间设备　intermediate equipment　14.0197

中间语言　interlingua　20.0202

中介主体　mediation agent　13.0477

中期调度　medium-term scheduling　10.0742

中日韩统一汉字　CJK unified ideograph　15.0113

中文　Chinese, Chinese languages　15.0001

中文操作系统　Chinese operating system　15.0285

中文平台　Chinese platform　15.0009

中文文本校改系统　Chinese text correcting system　15.0287

中文信息处理　Chinese information processing　01.0034

中文信息处理设备　Chinese information processing equipment　15.0264

中文信息检索系统　Chinese information retrieval system　15.0288

中文语料库　Chinese corpus　15.0026

中心词　head　20.0017

中心词驱动短语结构语法　head driven phrase structure grammar　20.0050

中心动词　head verb　20.0018

中心机构　central authority, CA　19.0088

中心矩　central moment　22.0157

中心名词　head noun　20.0019

中型计算机　medium-scale computer　01.0059

*中央处理机　central processing unit, CPU　01.0125

中央处理器　central processing unit, CPU　01.0125

中央队列　central queue　10.0666

中值滤波器　median filter　22.0190

中止键　abort key　10.0359

中级　infix　09.0293

忠实度　informativeness　20.0203

*终点地址　destination address　14.0168

*终端　terminal device, terminal equipment　05.0003

终端访问控制器　terminal access controller, TAC　14.0562

*终端接入控制器　terminal access controller, TAC　14.0562

终端控制系统　terminal control system　10.0908

终端设备　terminal device, terminal equipment 05.0003

终端用户　terminal user　10.0996

终端作业　terminal job　10.0336

终端作业标识　terminal job identification　10.0337

终极符　terminal　02.0175

*终接器　terminator　14.0500

终结模型　final model　09.0357

终结状态　final state　02.0176

终止性证明　termination proof　12.0374

种群　population　13.0568

种子填充算法　seed fill algorithm　16.0445

仲裁　arbitration　10.0038

仲裁单元　arbitration unit　04.0287

仲裁系统　arbitration system　10.0889

仲裁员　moderator　14.0673

重尾分布　heavy-tailed distribution　03.0207

重心坐标　barycentric coordinate　16.0156

重言式　tautology　02.0110

重言式规则　tautology rule　13.0078

周期　cycle　01.0237

周期窃取　cycle stealing　04.0374

周期性定义　period definition　10.0281

周期性中断　cyclic interrupt　10.0302

周期帧　periodic frame　14.0356

轴测投影　axonometric projection　16.0372

轴向进给　axial feed　17.0132

逐步求精　step-wise refinement　09.0348

逐次性　succession　10.0804

逐面分类法　faceted classification　12.0183

逐行　non-interlaced　18.0145

逐行扫描　non-interlaced scanning　05.0368

*主板　motherboard, mainboard, masterboard 07.0123

主从调度　master/slave scheduling　10.0741

主从复制　leader follower replication　03.0029

主从计算机　master/slave computer　04.0022

主从式操作系统　master/slave operating system 10.0017

*主存　main memory　06.0045

主存储器　main memory　06.0045

主存储器分区　main storage partition　10.0527

主存数据库　main memory database, MMDB 11.0246

主存栈　main memory stack　10.0825

主调度程序　master scheduler　10.0758

主动查询　active query　11.0338

主动攻击　active attack　19.0285

主动决策支持系统　active decision support system 21.0114

主动轮　capstan　05.0202

主动视觉　active vision　22.0129

主动数据库　active database　11.0015

主动威胁　active threat　19.0329

主段　primary segment　10.0765

主分页设备　primary paging device　10.0182

主副本　primary copy　11.0243

主干网　backbone network　14.0550

主干总线　backbone bus　04.0331

主机　mainframe　04.0032

主机操作系统　host operating system　10.0013

主机传送文件　host transfer file　10.0262

主机密钥　host key　19.0091

主[键]码　primary key　11.0078

主控台　primary console　07.0408

主库　master library　12.0277

主密钥　master key　19.0061

主目录　home directory　10.0187

主任务　main task　10.0949

主时间片　major time slice　10.0974

主时钟　master clock　04.0578

主属性　prime attribute　11.0074

主题探查　subject probe　14.0713

主体　agent　13.0423

主体技术　agent technology　13.0433

主体间活动　inter-agent activity　13.0472

主体体系结构　agent architecture　13.0430

主体通信语言　agent communication language 13.0431

主体组　agent team　13.0432

主文件　master file　10.0248

主页　homepage　14.0652

主页池　main page pool　10.0540

主站　master station, primary station　14.0209

主轴　spindle　05.0114

主轴速度控制单元　spindle speed control unit

17.0201

助听器[程序] audio helper 14.0664

助忆符号 mnemonic symbol 12.0279

注册 log-in, log-on 10.1002, registration 14.0058

注册过程 registration process 12.0308

注册机构 registration authority, RA 19.0484

注释 remark, comment 09.0274

注销 log-out, log-off, cancellation 10.1003

注意力聚焦 attention focusing 22.0130

柱面 cylinder 05.0091

柱面坐标型机器人 cylindrical robot 17.0169

著作 authoring 18.0205

著作工具 authoring tool 18.0011

专家经验 expertise 13.0617

专家问题求解 expert problem solving 13.0616

专家系统 expert system, ES 13.0613

专家系统工具 expert system tool 13.0614

专家系统外壳 expert system shell 13.0615

*专线 dedicated line 14.0229

专线接入 dedicated access 14.0281

专业词典 terminological dictionary 20.0164

*专业词库 terminological database 15.0239

*专用 private 19.0482

专用安全模式 dedicated security mode 19.0192

专用保护 privacy protection 19.0422

专用词 special term 15.0082

专用集成电路 application specific integrated circuit, ASIC 04.0490

专用计算机 special purpose computer 04.0007

专用平面 private use plane 15.0111

专用数据网 private data network, dedicated data network 14.0016

专用文件 dedicated file 10.0256

专用线路 dedicated line 14.0229

专用自动小交换机 private automatic branch exchange, PABX 14.0217

专职操作员 professional operator 15.0222

转插[头] patch plug 07.0144

转储 dump 10.0034

转储清除 flush 06.0003

转发 forwarding 04.0349

*转发器 repeater 14.0427

转换 conversion 07.0035

转换器 converter 07.0022

转接板 patch panel 07.0145

转接网 transit network 14.0252

转接线 patch cord 07.0146

*转接延迟 transit delay 14.0309

转轮密码 rotor cipher 19.0025

转入转出 roll-in/roll-out 10.0728

转速传感器 revolution speed transducer 17.0231

转移历史表 branch history table 04.0350

转移目标地址 branch target address 04.0351

转移网络语法 transition network grammar 20.0072

转移延迟槽 branch delay slot 04.0353

转移预测 branch prediction 04.0354

转移预测缓冲器 branch prediction buffer 04.0168

转移指令 jump instruction 04.0542

转义 escape 15.0138

转义序列 escape sequence 15.0139

转置 transposition 11.0323

装配件 subassembly 07.0252

装配图 assembly drawing 16.0056

装入 load 10.0361

装入程序 loader 12.0155

装入例程 loader routine 10.0723

装入模块 load module 10.0370

装入映射[表] load map 12.0154

装箱问题 bin packing 02.0324

状态 state 02.0169

状态爆炸 state explosion 02.0707

状态队列 state queue 10.0682

状态方程 state equation 02.0594

状态机 state machine 02.0564

状态空间 state space 13.0050

状态空间表示 state space representation 13.0076

状态空间搜索 state space search 13.0322

状态图 state graph 13.0051

状态栈 state stack 10.0535

追加 append 11.0084

追踪程序 tracer 12.0385

准点播电视 near video on demand, NVOD 18.0127

准铅字质量 near-letter quality 05.0302

准许 clearing 19.0427

桌面　desktop　18.0012

桌面操作系统　desktop operating system　10.0011

桌面出版系统　desktop publishing system, DPS　15.0290

桌面会议　desktop conferencing　18.0187

桌面检查　desk checking　12.0067

桌面文件　desk file　10.0257

着色佩特里网　colored Petri net　02.0624

着色数　chromatic number　02.0352

着色数目问题　chromatic number problem　02.0283

咨询系统　consulting system　13.0618

姿态轨道控制电路　attitude and orbit control electronics, AOCE　17.0188

姿态控制　attitude control　17.0039

姿态识别　posture recognition　18.0059

资料员　librarian　12.0149

资源　resource　01.0359

资源池　resource pool　10.0706

资源重复　resource-replication　04.0246

资源调度　resource scheduling　10.0748

资源分配　resource allocation　01.0342

资源分配表　resource allocation table　10.0927

资源共享　resource sharing　10.0704

资源共享分时系统　resource sharing time-sharing system　10.0985

资源共享控制　resource sharing control　10.0125

资源管理　resource management　10.0403

资源管理程序　resource manager　10.0413

资源子网　resource subnet　14.0022

子板　daughter board　07.0124

子步　substep　10.0803

子采样　sub sampling　18.0021

*PLS 子层　physical signaling sublayer, PLS sublayer　14.0474

子插件板　daughtercard　08.0389

子程序　subprogram　09.0172

子池　subpool　10.0544

子池队列　subpool queue　10.0683

子带编码　subband coding　18.0107

子段　subsegment　10.0766

子队列　subqueue　10.0684

子分配　suballocation　10.0071

子分配文件　suballocation file　10.0270

子集　subset　09.0114

子集覆盖　subset cover　02.0429

子监控程序　submonitor　10.0454

子进程　subprocess　10.0605

子句　clause　02.0045

子句语法　clause grammar　20.0070

子块编码　subblock coding　18.0108

子类　subclass　11.0292

子例程　subroutine　09.0174

子模式　subschema　11.0032

子目标　subgoal　13.0113

子任务　subtask　10.0958

子任务处理　subtasking　10.0959

子孙　descendant　02.0368

子图　subgraph　02.0428

子网　subnet　02.0540

子网层次　hierarchy of subnet　02.0714

子网度　degree of subnet　02.0713

子网访问协议　subnetwork access protocol, SNAP　14.0585

子网门　door of subnet　02.0715

子网掩码　subnet mask　14.0601

子系统　subsystem　12.0181

子语言　sublanguage　11.0044

子作业　subjob　10.0335

字　word　01.0173

字并行位并行　word-parallel and bit-parallel, WPBP　04.0314

字并行位串行　word-parallel and bit-serial, WPBS　04.0315

字长　word length　01.0175

字处理　word processing　21.0141

字串行位并行　word-serial and bit-parallel, WSBP　04.0316

字串行位串行　word-serial and bit-serial, WSBS　04.0317

字段　field　01.0179

字符　character　01.0196

字符边界　character boundary　15.0117

字符串　character string　01.0197

[字符]串匹配　string matching　02.0426

字符串资源　string resource　10.0711

字符打印机　character printer　05.0283

字符发生器 character generator 05.0371

字符集 character set 01.0198

字符每秒 characters per second, cps 23.0033

字符识别 character recognition 13.0582

字符[式]终端 character mode terminal 14.0222

字符输入设备 character input device 05.0392

字符相关 character dependence 19.0103

字号 Hanzi number, character number 15.0059

字汇 repertoire 15.0123

字计数 word count 04.0554

字节 byte, B 23.0002

字节多路转换通道 byte multiplexor channel 04.0593

字节每秒 bytes per second, Bps 23.0023

字节每英寸 bytes per inch, Bpi 23.0019

字量 Hanzi quantity, character quantity 15.0074

字每分 words per minute, wpm 23.0035

字每秒 words per second, wps 23.0034

字面常量 literal constant 09.0184

字模点阵 dot matrix font 15.0063

字母表 alphabet 01.0200

字母数字字符集 alphanumeric character set 01.0202

字母字 alphabetic word 01.0203

字母字符集 alphabetic character set 01.0201

字幕 subtitle 18.0134

字片 word slice 04.0318

字频 Hanzi frequency, character frequency 15.0075

字驱动 word drive 06.0077

字冗余 word redundancy 03.0079

字体 Hanzi style, character style 15.0051

字位 cell 15.0116

字位八位 cell-octet 15.0128

字形 Hanzi form, character form 15.0064

字形编码 calligraphical coding 15.0186

字序 Hanzi order, character order 15.0077

字音 Hanzi pronunciation, character pronunciation 15.0076

字组多路转换通道 block multiplexor channel 04.0594

自测试 self-testing 03.0093

自重定位 self-relocation 10.0777

自底向上 bottom-up 12.0098

自底向上方法 bottom-up method 12.0090

自底向上句法分析 bottom-up parsing 20.0053

自底向上设计 bottom-up design 21.0080

自底向上推理 bottom-up reasoning 13.0225

自调度 self-scheduling 09.0354

自调度算法 self-scheduled algorithm 02.0472

自顶向下 top-down 12.0097

自顶向下测试 top-down testing 12.0100

自顶向下方法 top-down method 12.0099

自顶向下句法分析 top-down parsing 20.0052

自顶向下设计 top-down design 21.0079

自顶向下推理 top-down reasoning 13.0224

自定标 self-calibration 22.0149

自动安全监控 automated security monitor 19.0178

自动标引 automatic indexing 20.0160

自动并行化 automatic parallelization 04.0323

自动补偿 autocompensation 17.0105

自动布局 autoplacement 16.0024

自动布线 autorouting 16.0025

自动测试 automatic testing, autotest 08.0111

自动测试设备 automatic test equipment, ATE 03.0091

自动测试生成 automatic test pattern generation, ATPG 03.0090

自动测试生成器 automated test generator 12.0214

自动测试数据生成器 automated test data generator 12.0213

自动测试用例生成器 automated test case generator 12.0212

自动程序设计 automatic programming 09.0095

自动程序中断 automatic program interrupt 10.0306

自动尺寸标注 automatic dimensioning 16.0023

自动导航仪 avigraph 17.0268

自动电话翻译系统 automatic telephone translation system 20.0207

自动翻译 automatic translation 20.0206

自动分段和控制 automatic segmentation and control 10.0122

自动分页 automatic paging 10.0503

自动化孤岛 island of automation 17.0128

自动换碟机 optical jukebox 05.0238

自动绘图　automated drafting　16.0020

自动机　automaton　02.0111

自动记忆　automatic memory　15.0240

自动驾驶仪　autopilot　17.0266

自动检验　automatic check　08.0156

自动进给　automatic feed　17.0127

自动控制　automatic control　17.0002

自动逻辑推理　automated logic inference　13.0210

自动密钥密码　autokey cipher　19.0012

自动模型获取　automatic model acquisition
　16.0104

自动启动　autostart　10.0776

自动任务化　autotasking　09.0353

自动设计工具　automated design tool　12.0016

自动送纸器　automatic sheet feeder　05.0308

自动搜索服务　automated search service　14.0671

自动同步器　autosyn　17.0267

自动推理　automated reasoning　13.0207

自动文摘　automatic abstract　20.0161

自动演绎　automatic deduction　13.0215

自动验证工具　automated verification tool　12.0216

自动验证系统　automated verification system
　12.0215

自动邮寄　robopost　14.0676

自反传递闭包　reflexive and transitive closure
　02.0164

自规划　self-planning　13.0091

自划界块　self-delineating block　14.0352

自检电路　self-checking circuit　04.0601

自检验　self-checking　03.0095

自校正控制　self-tuning control　17.0026

＊自连接　self-join　11.0109

自联结　self-join　11.0109

自描述　self-description　13.0310

自描述性　self-descriptiveness　08.0358

自模型　self-model　13.0505

自启动　self-booting　10.0775

自嵌［入］　self-embedding　09.0337

白圈　selfloop　02.0562

自然对流　natural convection, free convection
　07.0388

自然非序　natural disorder　02.0651

自然景物　natural object, natural scene　16.0400

自然联结　natural join　11.0106

自然推理　natural inference　02.0083

自然纹理　natural texture　22.0117

自然序　natural order　02.0650

自然语言　natural language　01.0025

自然语言处理　natural language processing　20.0001

自然语言概念分析　conceptual analysis of natural
　language　20.0154

自然语言理解　natural language understanding
　20.0113

自然语言生成　natural language generation　18.0178

自然语言数据库　database for natural language
　20.0194

自然语言语法　grammar for natural language
　20.0059

自适应　self-adapting　13.0309

自适应差分脉码调制　adaptive differential pulse
　code modulation, ADPCM　18.0168

自适应控制　adaptive control　17.0028

自适应神经网络　adaptive neural network　13.0563

自适应性　adaptability　12.0389

［自］适应学习　adaptive learning　13.0407

自适应用户界面　adaptive user interface　10.0295

自适应预测编码　adaptive predictive coding, APC
　18.0170

［自］适应子波　adaptive wavelet　13.0566

自调整　self-regulating　13.0092

自同步密码　self-synchronous cipher　19.0022

自同步［时钟］　self-clocking　05.0064

自相交　self-intersection　16.0226

自相似网络业务　self-similar network traffic
　03.0094

自省知识　self-knowledge　13.0311

自修理　self-repair　03.0092

自学习　self-learning　13.0408

自寻优控制　self-optimizing control　17.0027

自引用　self-reference　13.0507

自由表　free list　10.0381

自由词检索　free-word retrieval　21.0025

自由空间表　free space list　10.0382

自由模式　free schema　13.0584

自由曲面　free-form surface　16.0155

自由曲线　free-form curve　16.0154

自由软件 free software 21.0174

自由选择网 free choice net 02.0535

自由主体 free agent 13.0462

自展 bootstrap 10.0435

自诊断功能 self-diagnosis function 17.0134

自治系统 autonomous system 14.0549

自主安全 discretionary security 19.0199

自主保护 discretionary protection 19.0242

自主访问控制 discretionary access control 19.0156

自主通道操作 autonomous channel operation 04.0597

*自主系统 autonomous system 14.0549

自组织神经网络 self-organizing neural network 13.0562

自组织系统 self-organizing system 17.0182

自组织映射 self-organization mapping 13.0506

自作用 self-acting 13.0308

综合编辑修改 synthesized editing and updating 15.0284

综合操作系统 integrated operating system 10.0014

综合测试 integration testing 08.0115

综合测试系统 integrated test system 08.0174

综合决策支持系统 synthetic decision support system 21.0118

综合业务数字网 integrated service digital network, ISDN 14.0316

总体模型 overall model 21.0155

总线 bus 01.0136

总线隔离模式 bus isolation mode 08.0108

总线寂静信号 bus-quiet signal 14.0510

总线结构 bus structure 04.0443

总线鼠标[器] bus mouse 05.0408

总线网 bus network 14.0417

总线仲裁 bus arbitration 04.0333

纵向磁记录 longitudinal magnetic recording 05.0028

纵向检验 vertical check, longitudinal check 08.0165

纵向奇偶检验 vertical parity check, longitudinal parity check 08.0166

纵向冗余检验 vertical redundancy check, longitudinal redundancy check 08.0167

纵向扫描 longitudinal scan 05.0178

走步测试 walking test 03.0120

走查 walk-through 12.0203

租用线路 leased line 14.0230

阻抗匹配 impedance matching 07.0167

阻尼作用 damping action 17.0081

阻塞网络 blocking network 04.0081

阻塞原语 block primitive 10.0585

阻塞状态 blocked state 10.0835

阻止本地计费 local charging prevention 14.0297

组八位 group-octet 15.0125

组合策略 combined strategy 13.0620

组合[磁]头 combined head 05.0211

组合[键]码 composite key 11.0076

组合逻辑电路 combinational logic circuit 04.0477

组合逻辑综合 combinational logic synthesis 16.0038

组合曲面 composite surface 16.0141

组合曲线 composite curve 16.0140

组合用字符 combining character 15.0119

组合站 combined station 14.0211

Java组件 Java bean 09.0145

组相联高速缓存 set-associative cache 04.0229

组相联映射 set-associative mapping 04.0203

组织过程 organizational process 12.0288

组织界面 organizational interface 21.0061

组织惟一标识符 organization unique identifier, OUI 14.0461

组装技术 packaging technique 07.0001

组装密度 packaging density 07.0242

钻取[查询] drill down query 11.0273

最大超调[量] maximum overshoot 17.0070

最大低阈值输入电压 maximum low-threshold input-voltage 07.0052

最大开路线长度 maximum open line length 07.0215

最大线长 maximum line length 07.0213

最大延迟路径 maximum delay path 07.0214

最大允许偏差 maximum allowed deviation 17.0071

最大最小测试 minimax test 16.0454

最低保护 minimal protection 19.0241

最短路径 shortest path 02.0419

最短作业优先法 shortest job first, SJF 10.0354

最高优先级 highest priority 10.0561

最高优先级优先法 highest priority-first, HPF 10.0575

最高优先数 highest priority number 10.0576

最高允许结温 maximum allowable junction temperature 07.0377

最广合一子 most general unifier 13.0202

最后优先级 last priority 10.0564

最坏模式测试 worst pattern test 08.0121

最坏情况分析 worst case analysis 02.0436

最坏[情况]模式 worst pattern 06.0118

最坏情况输入逻辑电平 worst case input logic level 07.0204

最佳适配[法] best fit 10.0283

最佳优先搜索 best first search 13.0128

最近使用字词先见 priority of the latest used words 15.0234

最近最少使用 least recently used, LRU 04.0192

最近最少使用替换算法 least recently used replacement algorithm 04.0230

最小范围 minimum zone 16.0225

最小高阈值输入电压 minimum high-threshold input-voltage 07.0051

最小回路 minimal tour 02.0400

最小平方逼近 least square approximation 16.0187

最小生成树 minimal spanning tree 02.0399

最小特权 minimum privilege 19.0388

最小特权原则 principle of least privilege 19.0180

最优编码 optimum coding 15.0190

最优并行算法 optimal parallel algorithm 02.0465

最优估计 optimal estimation 17.0092

最优归并树 optimal merge tree 02.0340

最优控制 optimal control 17.0043

最优凸分解 optimal convex decomposition 16.0246

最优性 optimality 02.0401

最优圆弧插值 optimal circular arc interpolation 16.0397

最右派生 rightmost derivation 02.0220

最终用户编程 end user programming 21.0068

最左派生 leftmost derivation 02.0219

左匹配 left-matching 02.0141

左线性文法 left-linear grammar 02.0142

左移 shift left 04.0509

作业 job 10.0322

作业表 job table, JT 10.0352

作业步 job step 10.0350

作业处理 job processing 10.0349

作业调度 job scheduling 10.0353

作业队列 job queue 10.0671

作业分割处理 divided job processing 10.0629

作业分类 job classification 10.0341

作业管理 job management 10.0348

作业控制 job control 10.0342

作业控制程序 job controller 10.0344

作业控制块 job control block, JCB 10.0138

作业控制语言 job control language, JCL 10.0343

作业流 job stream, job flow 10.0351

作业录入 job entry 10.0347

*作业描述 job description 10.0346

作业名 job name 10.0458

作业目录 job catalog 10.0340

作业说明 job description 10.0346

作业吞吐量 job throughput 10.0990

作业文件 job file 10.0263

作业优先级 job priority 10.0566

作业栈 job stack 10.0824

作业周期 job cycle 10.0345

作业状态 job state 10.0838

作用域 scope 09.0186